学术研究专著系列·材料科学与工程

XIANWEI ZENGQIANG SHUZHIJI FUHE CAILIAO JI QI SHISHI MOCAXUE XINGNENG

纤维增强树脂基复合材料及其湿式摩擦学性能

黄剑锋　李文斌　李贺军　曹丽云　费　杰
刘一军　潘利敏　汪庆刚　付业伟　著

国家自然科学基金(51272146)
国家自然科学基金(51472152)
陕西省重点科技创新团队基金(2013KCT－06)
国家自然科学基金(51672166)
陕西省科技厅青年科技新星计划项目(2014KJXX－68)
国家重点研发计划课题：高性能纸基摩擦材料制备及摩擦磨损性能调控关键技术

西北工业大学出版社

【内容简介】 本书全面系统地介绍应用于湿式传动领域的纤维增强树脂基复合材料的基础理论和发展概况；论述碳纤维、莫来石纤维或木纤维增强的环氧树脂或(腰果壳油、硼或丁腈橡胶改性的)酚醛树脂基复合材料的制备工艺、结构表征、机械和湿式摩擦学性能、增强改性机理及应用；阐明纤维改性和工况条件对该类材料复合结构及性能的影响规律，并对其性能进行综合性评价；还通过数值分析和有限元的方法，模拟该类复合材料在湿式结合过程中的扭矩曲线和温度场，为从事相关领域研究的科研工作者提供参考。

本书既可作为本科生、硕士生及博士生的教材及参考书，也可供从事材料科学研究的科技人员、研究院所的研究人员以及工厂、企业的相关从业人员参考使用。

图书在版编目(CIP)数据

纤维增强树脂基复合材料及其湿式摩擦学性能/黄剑锋等著．—西安：西北工业大学出版社，2016.12

ISBN 978-7-5612-5185-0

Ⅰ.①纤… Ⅱ.①黄… Ⅲ.①树脂基复合材料—湿式—摩擦—研究 Ⅳ.①TB332

中国版本图书馆CIP数据核字(2016)第305016号

策划编辑： 雷 军
责任编辑： 胡莉巾

出版发行： 西北工业大学出版社
通信地址： 西安市友谊西路127号　　**邮编：** 710072
电　　话： (029)88493844　88491757
网　　址： www.nwpup.com
印 刷 者： 兴平市博闻印务有限公司
开　　本： 787 mm×1 092 mm　　1/16
印　　张： 20.5
字　　数： 502千字
版　　次： 2016年12月第1版　　2016年12月第1次印刷
定　　价： 62.00元

前　　言

随着车辆向高速重载方向发展，用户对湿式传动系统的安全性和稳定性提出了更高的要求。作为一种重要的传动部件，高性能湿式摩擦片生产核心技术的缺乏一直是限制中国汽车行业发展的重要一环，其生产已成为汽车配套行业一个重要的新兴高新技术产业，不仅存在着巨大的商业利润空间，而且对于推动汽车自动变速箱及其配件国产化进程有着重要的意义。

湿式摩擦材料指工作于润滑介质（主要是润滑油）中的摩擦材料，主要应用于自动变速器、差速器、扭矩管理器和同步器等湿式传动系统中。由于使用条件不同，传动系统的速度、压力和载荷差别很大，单一某种材料难以满足所有工况的使用要求，从而发展出多种湿式摩擦材料。其中，纤维增强树脂基复合材料由于其特有的孔隙结构、较小的比强、优异的力学性能和易于制备等特性，被视为一种最有前景的湿式摩擦材料。湿式摩擦材料的摩擦学性能涉及摩擦因数、扭矩、稳定性及磨损等，并不是材料本身的固有特性，而是一个受很多因素影响的系统响应，它涵盖了接触力学、传热学、流体力学、化学、物理学、材料学及机械学等宽泛的基础知识。

通过在纤维增强树脂基复合材料领域中的多年研究，我们对这种复合材料及其湿式摩擦学性能有了较为全面的认识。为了进一步促进我国摩擦材料的发展，结合近期国际、国内对湿式摩擦材料的研究进展，我们系统总结近几年陕西省陶瓷材料绿色制造与新型功能化应用创新团队（以下简称为本团队）在该领域的研究成果，编写了这本《纤维增强树脂基复合材料及其湿式摩擦学性能》。

本书全面系统地介绍应用于湿式传动领域的纤维增强树脂基复合材料的基础理论和发展概况；论述碳纤维、莫来石纤维或木纤维增强的环氧树脂或（腰果壳油、硼或丁腈橡胶改性的）酚醛树脂基复合材料的制备工艺、结构表征、机械和湿式摩擦学性能、增强改性机理及应用；阐明纤维改性和工况条件对该类材料复合结构及性能的影响规律，并对其性能进行综合性评价；还通过数值分析和有限元的方法，模拟该类复合材料在湿式结合过程中的扭矩曲线和温度场，为从事相关领域研究的科研工作者提供参考。

在这里，特别感谢为本书的撰写提供较大帮助的已毕业的王文静博士，王洪坤、杨朝和罗威硕士，同时也对本书中所引用参考资料的作者表示衷心的感谢！

此外，感谢国家自然科学基金（51272146，51472152 及 51672166），陕西省重点科技创新团队基金（2013KCT－06），陕西省科技厅青年科技新星计划项目（2014KJXX－68），国家重点研发计划课题（高性能纸基摩擦材料制备及摩擦磨损性能调控关键技术）的大力支持！

鉴于摩擦材料涉及内容广泛，其发展也是日新月异，本书仅总结本团队近几年的研究成果及其相关内容。由于水平有限，本书难免有疏漏、不妥乃至错误之处，恳请广大读者多多指正和赐教。

黄剑锋

于陕西科技大学

2016 年 6 月

目　录

第1章 绪 论

1.1 摩擦材料简介及其发展概况

1.1.1 摩擦材料简介

摩擦材料是一种应用在动力机械上，依靠摩擦作用来实现制动和传动功能的部件材料。它最主要的功能是通过摩擦来吸收或传递动力，以达到变速的目的。任何机械设备与运动的各种车辆都必须要有制动或传动装置，摩擦材料正是这些装置上的关键性部件。它主要包括制动器衬片（刹车片）和离合器面片（离合器片）。刹车片用于制动，起着吸收动能和使传动装置制动的作用，离合器片用于传动，起着传递动力和变速的作用，它们使机械设备与各种机动车辆能够安全可靠地工作。

从组成上来说，摩擦材料是一种高分子三元复合材料，是物理与化学的复合体。它是由高分子黏结剂（树脂与橡胶）、增强纤维和摩擦性能调节剂三大类组成及其他配合剂构成的，经一系列生产加工而制成的制品。摩擦材料的特点是具有良好的摩擦因数和耐磨损性能，同时具有一定的耐热性和机械强度，能满足车辆或机械传动与制动的性能要求。

从功能上来说，摩擦材料用于制造诸多运动机械和装备中起传动、制动、减速、转向、驻车等作用的功能配件，按功能及安装的部位主要分为制动器衬片和离合器面片。

根据工作环境的不同，摩擦材料可以分为工作于干燥环境中的干式摩擦材料和工作于润滑介质（主要是润滑油，也可以是水等）中的湿式摩擦材料，如图 1－1 所示。干式摩擦材料主要应用于汽车、航天航空、轨道交通以及工程机械等的制动部件上，而湿式摩擦材料主要应用于自动变速器、差速器、扭矩管理器和同步器等湿式传动系统中。

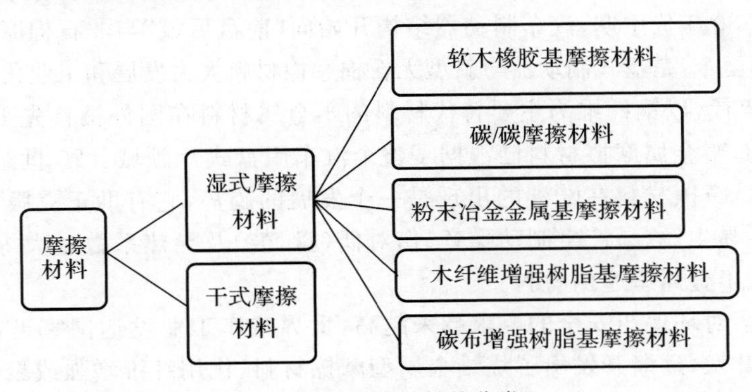

图 1－1 摩擦材料的分类

从应用上来说，摩擦材料不仅被广泛应用于各种交通运输工具（如汽车、火车、飞机、舰船等）和各类工程机械设备，也被应用于民用品（如自行车、洗衣机等）。摩擦材料在汽车工业中属于关键的安全件，汽车的启动、制动和驻车都离不开摩擦材料，摩擦材料的好坏、优劣直接关系着人民的生命财产安全，其功能地位不言而喻。

现代汽车摩擦材料是一类以摩擦为主要功能，兼有机械性能、热性能和结构性能要求的复合材料。其在工作时主要承受反复变化的机械应力场与热应力场，而力与热的发生源是无限形成新工作面的摩擦界面。汽车用摩擦材料主要是制动摩擦片和离合器片。它们既是保安件，又是易损件。

1.1.2 摩擦材料的发展概况

自世界上出现动力机械和机动车辆后，在其传动和制动机构中就已经使用摩擦片。初期的摩擦片用棉花、棉布、皮革等作为基材，如将棉花纤维或其织品浸渍橡胶浆液后，进行加工成型制成刹车片或刹车带。其缺点是耐热性较差，当摩擦面温度超过 120℃时，棉花和棉布会逐渐焦化甚至燃烧。随着车辆速度和载重的增加，其制动温度也相应提高，这类摩擦材料已经不能满足使用要求。人们开始寻求耐热性好的、新的摩擦材料类型，石棉摩擦材料由此诞生。

石棉是一种天然的矿物纤维，它具有较高的耐热性和机械强度，还具有较长的纤维长度，很好的散热性、柔软性和浸渍性，可以进行纺织加工制成石棉布或石棉带，并浸渍黏结剂。石棉短纤维和其布、带织品都可以作为摩擦材料的基材。更由于其具有较低的价格(性价比)，所以很快就取代了棉花与棉布而成为摩擦材料中的主要基材。1905 年石棉刹车带开始被应用，其制品的摩擦性能和使用寿命、耐热性和机械强度均有较大的提高。1918 年开始，人们用石棉短纤维与沥青混合制成模压刹车片。20 世纪 20 年代初，酚醛树脂开始工业化应用，由于其耐热性明显高于橡胶，所以很快就取代了橡胶，成为摩擦材料中主要的黏结剂材料。由于酚醛树脂与其他各种耐热型的合成树脂相比价格较低，故从那时起，石棉-酚醛型摩擦材料就被世界各国广泛使用至今。

20 世纪 60 年代，人们逐渐认识到石棉对人体健康有一定的危害。在开采或生产过程中，微细的石棉纤维易飞扬在空气中被人吸入肺部，长时间处于这种环境，人们比较容易患上“石棉肺”一类的疾病。此外，石棉基摩擦材料的热衰退性大，并且又是强致癌物质，因此人们开始寻求能取代石棉的其他纤维材料来制造摩擦材料，即无石棉摩擦材料或非石棉摩擦材料。20 世纪 70 年代中期至 80 年代中期，汽车制动器结构开始向“前盘后鼓”与非石棉摩擦材料过渡。20 世纪 80 年代中期至今，是盘式制动器与新型无石棉摩擦材料大力发展和工业化生产应用时期。

20 世纪 70 年代，以钢纤维为主要替代材料的半金属材料在国外被首先采用。20 世纪 80 年代至 90 年代初，半金属摩擦材料已占据了整个汽车用盘式片领域。20 世纪 90 年代后期以来，NAO(少金属)摩擦材料在欧洲的出现是一个发展的趋势，它有助于克服半金属型摩擦材料固有的高比重、易生锈、易产生制动噪音、伤对偶(盘、鼓)及导热系数过大等缺陷，并且已得到广泛应用，取代半金属型摩擦材料。

基于现代社会对环保与安全的要求越来越高，世界汽车工业发达国家迅速开展了非石棉摩擦材料的研究开发，逐渐开发出了烧结金属型摩擦材料、代用纤维增强或聚合物粘接摩擦材料、复合纤维摩擦材料及陶瓷纤维摩擦材料等，它们具有如下特点：

(1)无石棉，符合环保要求；

(2)采用代用纤维或聚合物作为增强材料；

(3)无金属和多孔性材料的使用，可降低制品密度，有利于减少制动盘(鼓)的损伤；

(4)摩擦材料不生锈,不腐蚀;

(5)磨耗低,粉尘少;

(6)加入了多种添加剂或填料,改善了摩擦平稳性和抗黏着性,降低了制动噪声和震颤现象。

1.2 湿式摩擦材料简介及分类

湿式摩擦材料指工作于润滑介质(主要是润滑油)中的摩擦材料,主要应用于自动变速器、差速器、扭矩管理器和同步器等湿式传动系统中[1-2]。一方面该类材料需要承受高转速剪切和压缩、摩擦高温冲击以及高温润滑油浸蚀等苛刻工作条件;另一方面湿式传动系统主要采用多片盘式结构,空间紧凑,摩擦片为圆环状,由摩擦材料和芯板组成,摩擦材料厚度仅0.40~2.00 mm,增加了材料的制备难度。由于使用条件不同,传动系统的速度、压力和载荷差别很大,单一某种材料难以满足所有工况使用要求,从而发展出多种湿式摩擦材料,主要包括软木橡胶基摩擦材料、碳/碳复合材料、粉末冶金金属基摩擦材料、木纤维增强树脂基摩擦材料及碳布增强树脂基摩擦材料,目前应用最为广泛的是粉末冶金金属基摩擦材料、木纤维增强树脂基摩擦材料和碳布增强树脂基摩擦材料,见表1-1。

表1-1 三种典型湿式摩擦材料的性能对比

	粉末冶金金属基摩擦材料	木纤维增强树脂基摩擦材料	碳布增强树脂基摩擦材料
优点	机械强度高 导热性好 承载能力强	摩擦因数高 传动平稳	高摩擦磨损性能 自润滑性 高比强 低密度
缺点	摩擦因数低 传动不平稳 易粘连	在恶劣工况条件下易失效 仅应用于中低能载工况	与树脂的结合强度较低

1.2.1 软木橡胶基摩擦材料

在湿式摩擦材料中,软木橡胶基摩擦材料是最早被开发应用的一个品种,它主要由软木粒子、填料、橡胶和摩擦性能调节剂等组分混炼而成,是一种多孔、回弹性较大的、用处较广的摩擦材料[3-4]。

软木橡胶摩擦片由摩擦面片、金属或非金属衬板以及黏结剂三个主要部分组成。软木橡胶基摩擦材料中黏结剂的主要作用是将摩擦性能调节剂和各种辅料均匀地黏合在一起,通过一定的物理和化学作用,使制品具有优良的摩擦磨损性能和足够的力学强度。黏结剂大都采用耐油丁睛橡胶及耐高温硫化体系。如果单纯采用丁睛橡胶作黏结剂,耐高温性能有限,可通过与酚醛树脂等高聚物改性的办法来解决。摩擦性能调节剂通常采用摩擦阻力适中,润滑性能、耐磨性能和热稳定性能好的无机物和有机物。这种摩擦材料中加入一定量的调节剂以及辅料,以改善制品的摩擦磨损性能,加入的惰性辅料主要为炭黑等,以降低摩擦材料的制作成本。单纯采用1~2种无机物或有机物不能满足材料的使用要求,通常该材料的制备采用有机无机复合材料,如矿物填料和高聚物粉末等。

软木橡胶基摩擦材料的主要优点在于动摩擦因数大(可达 0.16)、孔隙率大、回弹性好、摩擦因数高和吸能效果好,但是缺点在于动/静摩擦因数比过大,制动摩擦力矩变化较大,制动平稳性差,而且不到 200℃就开始分解,因此只能在较小载荷下使用。它目前在小排量的摩托车离合器中得以继续使用。

1.2.2 碳/碳复合材料

碳/碳(C/C)复合材料是目前研究较广的复合材料之一。20 世纪 50 年代末,研究人员开始对其摩擦性能进行探究。研究发现,碳/碳复合材料具有优异的摩擦磨损性能,且具有较低的密度以及优良的导热性能。因此,它在航空制动系统中的应用得到了广泛的研究,这方面技术的发展水平高低被认为是衡量一个国家在航空制造业水平方面的重要依据之一[5-6]。碳/碳复合材料应用在摩擦材料领域,与其他摩擦材料相比,具有较低的密度、较高的模量以及良好的高温力学强度。

顾名思义,碳/碳摩擦材料主要组成部分是碳,它主要以热解碳或者树脂碳等作为基体,以碳纤维或者石墨纤维作为增强纤维而组成,通常是采用化学气相沉积的方法制备出来的。目前,60%的碳/碳摩擦材料主要被用在飞机的刹车盘上,这主要是因为碳/碳摩擦材料比其他刹车盘使用寿命长(一般约为钢制刹车盘的 4~10 倍)。而且如上所述,它还具有密度小、摩擦性能稳定以及导热性能优异等优点,使得其摩擦磨损性能远远优于其他的摩擦材料[7]。碳/碳摩擦材料首次被成功用在飞机摩擦装置中是在 20 世纪 70 年代中期,它的生产厂家为英国邓洛普航空公司。后来,关于碳/碳复合材料的研究大量展开。到了 20 世纪 90 年代,碳/碳摩擦材料在摩擦领域的研究基本发展成熟,为其工程化应用奠定了坚实的基础。截至目前,碳/碳摩擦材料已广泛应用于 F16,F18 超音速战斗机以及空客 A320,B767,B787 等大型民航客机上[8]。但是,不同的生产厂商制备的碳/碳摩擦材料性能差别较大,目前,能够成熟地制备航空制动用碳/碳摩擦材料的厂家并不是很多,主要集中在一些欧美国家,比如法国的 Messier、美国的 Goodrich 以及英国的 Dunlop 等技术较为领先的公司[9]。

我国对于碳/碳摩擦材料的研究和制备起步较晚,是在 20 世纪 70 年代开始研究的。当时,负责该方面技术的单位只有中国科学院金属研究所,他们率先研制成功了碳/碳摩擦材料的制备技术。后来,越来越多的生产厂家和单位都加入了该领域的研究,技术比较成熟的科研单位主要有中国科学院金属研究所、西北工业大学以及中南大学。同时,中国航天科技集团公司第四研究院第四十三研究所,华兴航空机轮刹车系统有限公司等也成功制备了碳/碳摩擦材料[10]。我国的研究者们经过近 40 年的努力,使得我国在这方面的技术得到了大力发展,并将其成功地应用在了我国的某些型号运输机和战斗机上[11]。

碳/碳摩擦材料应用于湿式摩擦材料中,具有稳定的摩擦因数,较低的磨损率,较高的耐热性能,较小的制动噪声以及平稳的制动性能,是目前最为理想的高性能湿式摩擦材料[12-14]。但是由于该材料原料价格高昂、制造周期长、制作成本较高等,限制了其在摩擦材料领域的大范围应用,目前只应用于一级方程式赛车和飞机的一些特殊装置之中。

1.2.3 粉末冶金金属基摩擦材料

粉末冶金金属基摩擦材料是指以基体金属、润滑组元和非金属摩擦材料为三种基元,通过粉末冶金的方法制成的摩擦材料,也叫烧结金属基摩擦材料,分为主要应用于湿式离合器中的铜基摩擦材料和主要应用于制动器中的铁基摩擦材料。其中金属基元主要为铜、铁或其合金，润滑组元主要为铅、石墨或二硫化钼等，摩擦组元主要为二氧化硅或石棉等，它们之间的关系为具有特殊性能的各种非金属质点均匀地分布在连续的金属基体中。金属基体发挥良好的导热性并承受机械应力，质点提供所需的摩擦性能，因而它具有机械强度高，导热性好以及承载能力强等优点[15-16]，但存在摩擦因数低，传动不平稳以及长时间工作易与对偶材料粘连等缺陷。国内外学者对铜基湿式摩擦材料进行了大量的理论和试验研究，主要集中于长时间结合过程中铜基摩擦材料表面形貌的变化规律及其对摩擦磨损性能的影响[17]，孔隙率对铜基摩擦材料摩擦学性能的影响[18]以及短切碳纤维的引入对铜基摩擦材料摩擦磨损性能的影响等方面[19-20]。

粉末冶金金属基摩擦材料的基体材料主要有铁基和铜基两种，但是由于单一金属作为基体，强度不是很高，在实际应用中常需在基体中添加一些合金来强化基体。通常主要以 Sn，Ni，Zn，Fe，Ti，Mo，Al，V 等合金元素作为强化基体元素。在两大类基体材料中，以铜合金为基体的粉末冶金金属基摩擦材料仍是目前应用较广的材料，即便是以铁作为基体的摩擦材料，也往往需要在其中加入铜或者铜合金，将其作为黏结剂来使用。在铜基摩擦材料中，Cu - Sn 合金、Cu - Pb 合金以及铝青铜仍是研究较多的铜基金属基体。强化基体元素种类较多，不同的国家通常使用不同的强化基体元素，在欧洲国家，V，Al，Ti，Ni，Si，Zn 等是常用的强化基体组元元素，而在日本和美国等国家，Si，Zn，Ti 则较多地被用在粉末冶金金属基摩擦材料领域。对于铜基和铁基两类粉末冶金金属基摩擦材料，都有各自的应用前景，铜基摩擦材料具有稳定的摩擦因数，且它的抗黏结和卡滞性能也较好，应用较广。而铁基摩擦材料能够在高温和高负载下显示出更加优异的摩擦性能，且其机械强度较高，在 400～1 100℃范围内仍然具有较好的性能，因此常被用在高温条件[21]。

润滑组元是粉末冶金金属基摩擦材料体系中必不可少的一个组成部分，按照其熔点主要被分为以下几类：低熔点金属润滑组元（如 Pb，Sn，Bi 等）、固体化合物润滑剂（如石墨，MoS_2，云母，SbS，WS_2 和 CuS）以及一些金属化合物，例如氮化硼、硫酸钡、硫酸亚铁等。在上述三大类润滑组元中，层片状的石墨和 MoS_2 是应用最广的润滑组元。对于 MoS_2 来说，由于其能够改善材料的物理机械性能和摩擦性能，被广泛应用在铁基摩擦材料领域中。但是，它的加入量对材料的性质具有较大的影响，过多地加入 MoS_2 使得体系中非金属成分增大，削弱了金属基体之间的结合，降低了材料的摩擦性能。

用于湿式条件下的金属基摩擦材料其制备方法和上述方法相同，只是所采用的基体组分略有变化，通常主要是以各种不同的金属作为基体，在其中添加锡、铅、硫以及石墨等强化组元和润滑组元，采用粉末冶金的技术制备而成。但是，密度大、硬度高以及压缩回弹性能差是这类材料的主要缺点，它虽然也具有多孔隙结构，但是对冷却油利用率仍然较低，且在制动过程中动/静摩擦因数比差别较大，引起使用过程中产生较大的噪音。这些不足之处影响了这类材料在车辆应用领域的发展，降低了车辆的舒适性能，减少了材料的使用寿命。因此，粉末冶金金属基湿式摩擦材料仅在低速-大扭矩工况下使用。

1.2.4　木纤维增强树脂基摩擦材料

木纤维增强树脂基摩擦材料（也称纸基摩擦材料）是以短切纤维为增强体，加入摩擦性能调节剂和填料，采用造纸工艺成型预制体，浸渍树脂后热压固化而成的复合材料[22-23]。由于其主要以植物纤维(棉纤维)和加强材料(碳纤维、芳纶纤维)为基础骨架材料,同时加入晶体氧化矿物质、减摩材料(石墨)、黏结剂、摩擦性能调节剂等组分,并且通常采用造纸的方式生产,因而也被称为"纸基摩擦材料"。其中,增强纤维决定了摩擦材料强度并对材料的耐热性和摩擦学性能有着重要的影响。目前可用于木纤维增强树脂基摩擦材料的增强纤维有天然动植物纤维、天然矿物纤维、陶瓷纤维、有机合成纤维以及碳纤维等,约有200种[24-25]。基体树脂作为黏结剂,一方面起着黏结各组分并传递和均衡载荷的作用,另一方面也赋予了摩擦材料整体强度和影响其摩擦磨损性能。树脂可分为热固性树脂和热塑性树脂,在木纤维增强树脂基摩擦材料中常用的是酚醛树脂(腰果壳油改性、丁腈橡胶改性和硼改性酚醛树脂等)、环氧树脂和聚醚醚酮等[26-27]。作为摩擦性能调节剂的填料在木纤维增强树脂基摩擦材料中主要起着调节其摩擦磨损性能的作用。目前应用于木纤维增强树脂基摩擦材料中的填料种类较多,主要包括二氧化硅、硫酸钡、硅藻土、黏土、长石粉、氧化铝、氧化锆等无机填料以及橡胶颗粒等有机填料[28]。

上述组成特点决定了木纤维增强树脂基摩擦材料是具有多孔性、压缩回弹性、吸收性的湿式摩擦材料,这种材料不仅克服了单一材料的缺陷,而且可以通过不同原料之间的性能耦合来发挥单一组分本身所没有的性能,比单一材料具有更优异的综合性能[29-31]。在经历了纤维素纤维、石棉纤维作为增强纤维的两个发展阶段之后,木纤维增强树脂基摩擦材料采用多种高性能合成纤维(碳纤维、Kevlar纤维等)代替石棉作为增强纤维,已成为湿式摩擦材料的主导品种,目前主要应用于汽车自动变速器和各种湿式离合制动装置中,代替原来的软木橡胶基摩擦材料和铜基摩擦材料。木纤维增强树脂基摩擦材料的主要特点是动摩擦因数高而稳定、静/动摩擦因数比接近于1、传递扭矩能力强、摩擦噪音小、结合过程柔和平稳、耐磨性能良好等,但是它在高转速、大压力以及润滑不充分等非正常条件下易失效,仅应用于中、低能载工况条件下。国内外学者对木纤维增强树脂基湿式摩擦材料同样开展了大量的理论和试验研究,主要集中在孔隙率[32]、润滑膜[33]、纤维种类[34]以及碳纤维表面处理、均匀化分散、预制体成型和均匀施胶等对木纤维增强树脂基摩擦材料摩擦磨损性能的影响。

1.2.5 碳布增强树脂基摩擦材料

随着车辆向高速重载方向发展,对湿式传动系统的安全性和稳定性提出了更高的要求,克服粉末冶金金属基摩擦材料和木纤维增强树脂基摩擦材料的上述缺陷成为了解决问题的关键。作为一种高性能湿式摩擦材料,碳布增强树脂基摩擦材料是以碳纤维布为增强体,以树脂为黏结基体,并在其中引入填料的一类摩擦材料[35]。其中碳布由长碳纤维编织而成,可以有平纹、斜纹、缎纹以及单向布等编织结构和1K,3K,6K以及12K等编织密度,它具有高的比强度、优异的耐热性能、良好的化学稳定性、自润滑性以及高耐磨等特性,因而是一种很好的摩擦材料增强体。纤维束在碳布摩擦中形成整体结构,使材料显示出较强整体性,具有承载能力高、耐冲击、不易破裂与剥离等特点,克服了短切纤维(碳纤维、Kevlar纤维、陶瓷纤维)增强聚合物易分层破坏的缺点,作为摩擦衬层材料在苛刻工况条件下具有广阔的应用前景[36-39],但也存在着与树脂基体结合差的缺点。

研究者利用碳布增强树脂基复合材料低的热导率和高的残碳率,将其应用于热保护系统[40],利用优异的耐热性和高的强重比将其应用于轻质结构件[41],利用介孔、高的电导率及三维连通结构将其应用于超级电容器[42],利用高的比模量和强度将其应用于汽车零部件[43]

等领域。而碳布增强树脂基摩擦材料的研究主要集中在树脂的种类和含量、碳布的编织类型和编织密度、碳布碳纤维的表面改性以及纳米/微米颗粒增强对摩擦材料机械和摩擦磨损性能的影响四个方面。

1.3 湿式摩擦材料在湿式离合器中的应用

汽车发动机与驱动轮之间的动力传递装置称为汽车的传动系统。传动系统是汽车的核心部分(见图1-2),它的性能直接决定着汽车的动力性、经济性、舒适性和可靠性。汽车的传动系统主要包括离合器(使发动机与传动装置平顺接合,把发动机的动力传给传动装置,或者使两者分开,切断传动)、变速器(实现变速、变扭和变向)、传动轴(将变速器传出的动力传给主减速器)、主减速器(降低转速,增加扭矩)、差速器(将主减速器传来的动力分配给左、右轴)以及半轴(将动力由差速器传给驱动轮)等部分。

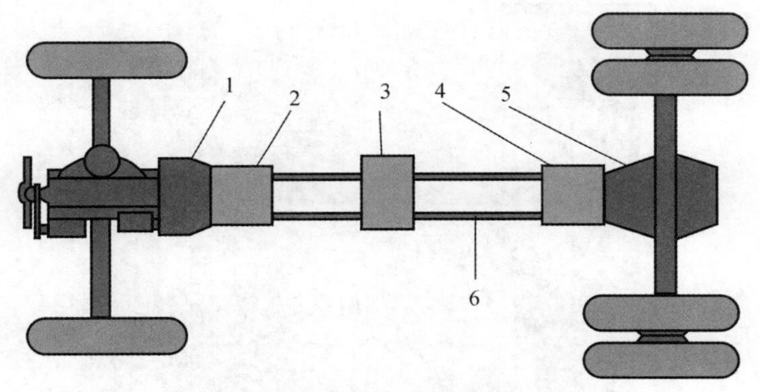

图1-2 汽车传动系统示意图

1—离合器; 2—变速器; 3—万向节; 4—驱动桥; 5—差速器; 6—传动轴

车辆启动后,为了减少开动—关停过程对发动机的冲击和磨损,发动机一直保持转动状态,而车轮却需随时转动和停止。为了使车辆能够在不损害发动机的情况下静止或运动、前进或后退、加速或减速,驱动车轮的动力需要不停地进行传递、增减或切断。离合器是设在发动机与变速箱之间的一个装置,它的主要作用就是传递、增减或切断发动机的动力。传递动力的目的是让车辆前进,增减动力的目的是实现变速,切断动力的目的通常是便于换挡。离合器的另一个作用是当车辆突然遇到较大冲击时,它能在主动磨擦片和被动磨擦片之间产生打滑,在一定程度上缓解外力对发动机的冲击,从而能对发动机产生一定的保护作用。发动机发出的动力经离合器、变速器、万向传动装置传到驱动桥。在驱动桥处,动力经过主减速器、差速器和半轴传给驱动车轮。

离合器的结构由多片环状的对偶钢片和摩擦片组成,对偶钢片和摩擦片相间布置,作为主动片或从动片。主、从动片处于封闭壳体内的冷却润滑油中,离合器工作时,输入轴及连在其上的主动片旋转,通过油压压紧活塞使主、被动部分相互压紧,产生摩擦转矩,如图1-3所示。因此,汽车传动系统的动力传递作用是通过离合器中的摩擦材料来实现的,摩擦材料是离合器的核心组成部分,其性能的优劣直接关系到传动系统中动力的传递效能。

摩擦离合器和制动装置都遵循在摩擦力的作用下使两个相对转动的表面达到一个相对转

速为零的状态准则。对于离合器，两个表面通常都是相对转动的，并且其中一个相对于另一个产生摩擦力的表面是从动的。制动装置，相当于是其中一个表面静止的离合器，因而产生了制动扭矩。离合器允许扭矩在两个可控摩擦面之间传递，它可以在湿式和干式环境中进行工作。由于润滑油在离合器中能够起到冷却的作用，因此对于需要长时间滑动的应用环境，湿式离合器是比较适合的。相对于干式离合器，湿式离合器产生的摩擦是比较低的，因此在湿式离合器中，通常是多个摩擦盘为一组进行工作，以至于它能提供足够的传递扭矩，如图 1-3 所示。该机构大部分情况下称为混合盘湿式离合器，它通过花键固定方式将摩擦盘连接到轴上，对偶盘也是由相似的方式被连接于另一个轴上。当脱离时，离合器仅仅传递由黏性摩擦产生的较小的拖曳扭矩，同时两个轴进行自由而独立的转动。在液压缸产生压力的作用下，离合器出现制动，夹紧摩擦盘和对偶盘，进而允许扭矩在轴之间输入和输出。

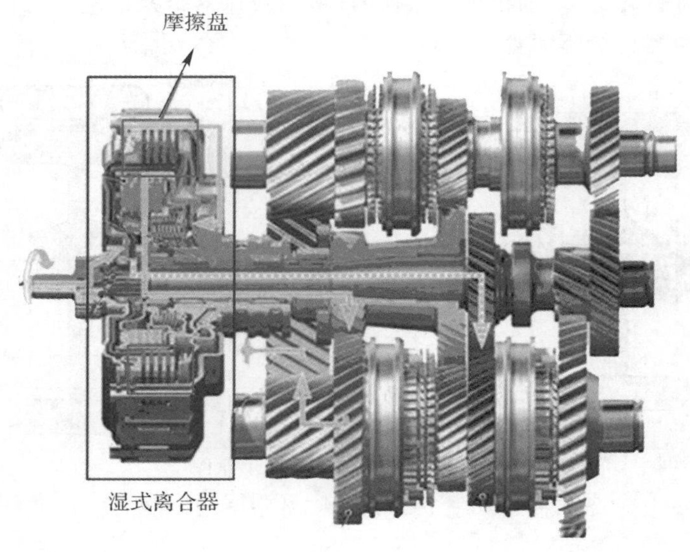

图 1-3　混合盘湿式离合器

湿式离合器可以应用于各种不同的需要进行扭矩传递控制的机械中，包括湿式制动器、锁定离合器、启动离合器以及差速器等，尤其是应用于车辆传动系统中的扭矩分配。大部分湿式离合器是在汽车和卡车的自动变速器中使用，因而大部分的研究也主要集中于这些应用领域中。Kato Y 等人[44]已经对湿式离合器进行了详细的介绍，许多研究者也从实验[45-47]和理论[48]两方面对自动变速器中的湿式离合器开展了大量研究。

汽车传动系统中湿式离合器的摩擦行为对汽车整个行为有着非常重要的作用，因此在设计新的湿式离合器系统时需要对其进行全面的研究。在湿式离合器不同的应用领域，摩擦行为将会有很大的不同。在自动变速器中的离合器通常拥有相当高的制动速度，同时在运行过程中，大部分的时间都处于全油膜润滑状态。摩擦行为的研究通常是在测试装置中进行的，在测试过程中，完整的摩擦盘需要处于与实际离合器驱动机构具有相似的工况条件中。值得一提的是，目前仿真离合器的摩擦行为也是完全可以实现的，它可以将实际条件无法测试的实验，通过模拟仿真的方式来实现。此外，与通过实验的方式设计湿式离合器相比，模拟仿真的方式具有设计更快、更有效的特点。

1.4 碳纤维在摩擦材料中的应用

碳纤维因其优异的力学和热学性能受到了广大研究者们的重视，碳纤维的制备方法较为复杂，不同的生产厂家制造的碳纤维性质差别较大。但是，碳纤维的常规制造方法就是将有机纤维先经过预氧化处理，然后进一步碳化，最终得到碳纤维。从微观结构来看，碳纤维是一种具有乱层石墨结构的微晶石墨材料[49]，它的碳含量一般都在90%以上。碳纤维本身具有高强度、抗疲劳、抗蠕变、耐高温、耐磨、自润滑性、耐腐蚀、较好的尺寸稳定性、较高的刚性等优点[50]。在有惰性气体保护的环境下，碳纤维在加热到1 000℃时仍然能够保持其强度[51]。近年来，随着摩擦材料的发展以及应用领域的不断深入，需要摩擦材料具有更好的性能和较高的承载能力。基于碳纤维的上述优异性能，其作为增强纤维已成为摩擦材料领域的研究热点。

1.4.1 碳纤维简介

碳纤维的研究起源于19世纪末期对白炽灯的探索。美国人T. A. Edison将棉质纤维与竹纤维碳化得到碳纤维并以此申请了世界上第一个与碳纤维相关的专利——碳纤维灯丝灯，这是碳纤维最早的商业化应用案例，但随后钨灯丝的出现使得碳纤维的研究进入了停滞状态。20世纪中期，随着人们对材料性能要求的不断提高，碳纤维再次出现在材料研究的舞台上。1959—1963年这几年间，聚丙烯腈(PAN)基碳纤维和沥青基碳纤维的相继问世，开启了碳纤维商业化应用的新纪元。时至今日，人们已经通过多种前驱物制备出了不同性能的碳纤维并将其广泛应用于军事、航天工业和民用领域。目前碳纤维的研究已经成为了材料科学发展的前沿领域之一[52-56]。

一般认为碳纤维是碳含量在90%以上的纤维，其制备需要1 500℃左右的高温。作为一种人工合成纤维，碳纤维按照不同前驱物大致可以分为聚丙烯腈(PAN)基、沥青基和黏胶基碳纤维三种，其相关特性可总结如下：

聚丙烯腈(PAN)基。以聚丙烯腈纤维作为前驱物制备的碳纤维称为聚丙烯腈基碳纤维，具有生产工艺简单及产品综合性能指标优异等特点，是目前应用最多也最为成功的碳纤维[57-58]。

沥青基。以煤沥青与石油沥青为主要原料制备的碳纤维称为沥青基碳纤维，其原材料来源广泛，制造成本较低，但也存在纤维强度较低，重复使用性差等缺点，限制了其应用[59]。此类碳纤维目前约占世界碳纤维总产量的10%。

黏胶基。黏胶基碳纤维是全世界第一种商品化碳纤维，是以各类纤维素纤维为前驱物制备而成的。它具有耐高温、耐烧蚀、热稳定性好等优点。但是其制备工艺烦琐，条件要求高，对环境污染较大，综合性能指标也不如PAN基和沥青基碳纤维，极大地限制了其应用，目前其产量已不足世界碳纤维总产量的1%。

下面以PAN基碳纤维为代表介绍碳纤维的基本制造工艺，包括原丝预氧化、碳化工艺(石墨化工艺)和表面处理(上浆)三个过程，如图1-4所示。

(1)原丝预氧化。预氧化是生产碳纤维中十分重要的步骤，其预氧化温度在250～350℃，这一过程中原丝前躯体会由线性分子链转化为耐热性能优异的梯形结构预氧丝，从而保证后续碳化过程预氧丝结构不会因高温而损坏。

(2)碳化工艺(石墨化工艺)。碳化工艺是使预氧丝中的非碳原子不断剔除,预氧丝石墨化程度不断提升的过程,其反应温度在 1 000～1 500℃;当反应温度上升至 2 000℃以上时,预氧丝中的非碳原子进一步减少,其石墨化程度可以达到 99%以上,此时制备的碳纤维被称为石墨纤维。

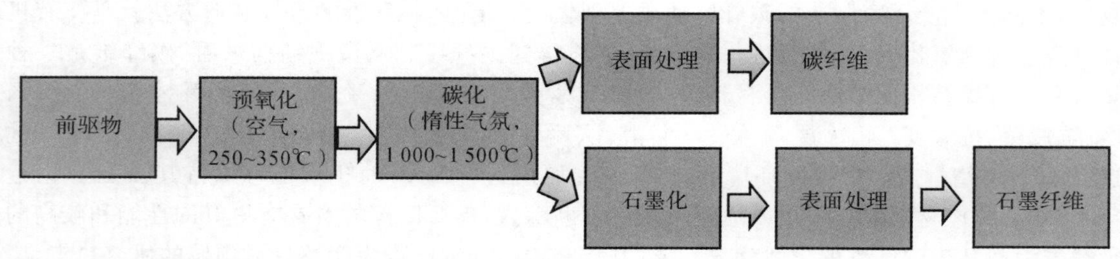

图 1-4　碳纤维制造工艺

(3)表面处理(上浆)。由于碳纤维表面活性低、吸附特性差,因此商品碳纤维都需要进行表面改性。目前工业应用中,使用有机上浆剂对纤维进行包覆,以此提高碳纤维与树脂基体的结合。

1.4.2　碳纤维增强摩擦材料的研究进展

到目前为止,关于碳纤维在摩擦材料领域的应用已有大量的报道。Fu H 等人研究发现[60],向摩擦材料中加入 4%(如未做特别说明,本书复合材料中组分含量为质量分数)的碳纤维之后,摩擦材料的热衰退性能明显得到了改善,且随着碳纤维含量的增加,材料的摩擦因数也明显得到了提高,他们认为造成这个结果的主要原因是由于碳纤维较高的热稳定性能。同时,他们研究发现,材料的磨损率随着碳纤维的加入逐渐减小,并认为这主要是由于碳纤维在摩擦表面起到了润滑作用。Hong U S 等人对碳纤维的含量与摩擦材料各种性能之间的关系进行了研究,结果表明[61]:当碳纤维在摩擦材料中体积分数达到 20%时,整个体系能够很好地形成一个网状结构,这种网络结构有利于提高材料的摩擦磨损性能,且此时材料的动摩擦因数会随着主轴压力的增加逐渐增加,随着主轴转速的增大而逐渐减少。但是,直接将碳纤维用于复合材料中,由于碳纤维表面光滑且惰性较强,不能够和各组分形成较高的界面结合,导致复合材料的性能受到一定的影响。对于摩擦复合材料来说,较差的界面结合使得材料在摩擦过程中纤维和树脂等容易脱落,造成材料的失效。因此,研究者们开始研究如何改善碳纤维在复合材料中的界面结合问题。在碳纤维改性方面,研究者们主要采取了物理和化学两种方法进行改性处理。物理方法主要就是添加表面活性剂,通常使用的表面活性剂为十二烷基苯磺酸钠和一些常用偶联剂等。化学方法一般指的是氧化法。研究结果发现,用氧化法处理碳纤维后,碳纤维表面出现了沟槽等缺陷,且其表面有羰基、羟基和羧基等活性基团,这些基团容易和复合材料中其他组分发生化学键合,从而可以得到界面结合致密的碳纤维增强复合材料。Li J 等人[62]研究了碳纤维表面改性对摩擦材料性能的影响,他们主要采取了空气氧化处理和稀土溶液改性处理两种方法相结合的手段,通过将改性后的碳纤维添加到聚酰亚胺基摩擦材料中进行摩擦性能测试,发现碳纤维与聚酰亚胺之间形成了较好的界面结合,这主要是因为在两者界面中存在着新的官能团,这种化学键合使得材料的磨损率明显降低,有效改善了摩擦材料的磨损性能。同时,赵东宇等人[63]用硫酸(40%)和次氯酸钾(KClO,15%)混合溶液对碳纤维进行了表面氧化改性处理，发现在碳纤维表面出现了大量的羧基，纤维表面的极性有了很大提高，改善了纤维与树脂之间的结合。西北工业大学的付业伟等人研究发现[64]，将碳纤维引入到纸基摩擦材料后，试样的耐热性能和抗热衰退性能有了很大的提高，且材料的动摩擦因数能够达到0.136～0.149，材料的摩擦稳定性和耐磨性能均优于纤维素纤维增强的纸基摩擦材料。

参考文献

[1] Marklund P, Larsson R. Wet clutch friction characteristics obtained from simplified pin on disc test[J]. Tribology International, 2008, 41(9-10):824-830.

[2] Enomoto Y, Yamamoto T. New materials in automotive tribology[J]. Tribology Letters, 1998, 5(5):13-24.

[3] 任长明. 判断摩擦片优劣的方法[J]. 摩托车技术, 2004(7):20-21.

[4] 胡志远. 软木橡胶摩擦片材料与成型工艺探讨(1)[J]. 摩托车技术, 1997(8):11-14.

[5] Yoo J S, Sung D U, Kim C G, et al. Mechanical strength experiments of carbon-carbon brake disk[J]. Proceedings of ACCM-2000 Kyongju(Korea): AICIT, 2000: 715-719.

[6] Zhang Y, Xu Y, Gao L, et al. Preparation and microstructural evolution of carbon/carbon composites[J]. Materials Science & Engineering A, 2006, 430(1):9-14.

[7] 刘文川, 邓景屹. C/C材料市场调查分析报告[J]. 材料导报, 2000, 14(11):65-67.

[8] Hutton T J, Mcenaney B, Crelling J C. Structural studies of wear debris from carbon-carbon composite aircraft brakes[J]. Carbon, 1999, 37(6):907-916.

[9] Krenkel W. Carbon Fiber Reinforced CMC for High-Performance Structures[J]. International Journal of Applied Ceramic Technology, 2005, 1(2):188-200.

[10] 杨尊社. 航空机轮、刹车系统研究新进展[J]. 航空精密制造技术, 2002, 38(6): 20-23.

[11] 李江鸿. 航空刹车用C/C复合材料摩擦磨损行为研究[D]. 长沙:中南大学, 2002.

[12] 李克智, 李新涛, 李贺军, 等. 化学液相汽化沉积法制备碳/碳复合材料的湿态摩擦磨损性能研究[J]. 摩擦学学报, 2008, 28(1):50-55.

[13] 王秀飞, 黄启忠, 苏哲安, 等. C/C-SiC复合材料的制备及其湿式摩擦磨损性能研究[J]. 摩擦学学报, 2007, 27(6):534-538.

[14] 张明瑜, 黄启忠, 朱建军, 等. 湿式C/C制动材料的摩擦特性及其数值模拟[J]. 中南大学学报:自然科学版, 2007, 38(2):195-199.

[15] 樊毅, 刘伯威. 烧结压力对湿式铜基烧结摩擦材料性能的影响[J]. 粉末冶金材料科学与工程, 2002, 7(3):228-233.

[16] Ho S C, Lin J H C, Ju C P. Effect of fiber addition on mechanical and tribological properties of a copper/phenolic-based friction material[J]. Wear, 2005, 258(5): 861-869.

[17] Nyman P, Mäki R, Olsson R, et al. Influence of surface topography on friction

characteristics in wet clutch applications[J]. Wear, 2006, 261(1):46－52.

[18] Marklund P, Berglund K, Larsson R. The Influence on Boundary Friction of the Permeability of Sintered Bronze[J]. Tribology Letters, 2008, 31(1):1－8.

[19] 王秀飞，黄启忠，尹彩流，等. 铜基粉末冶金摩擦材料的湿式摩擦性能[J]. 中南大学学报:自然科学版，2008，39(3):517－521.

[20] 严深浪，张兆森，宋招权，等. 含碳纤维湿式铜基摩擦材料的性能[J]. 粉末冶金材料科学与工程，2010，15(2):186－190.

[21] 周作平，申小平. 粉末冶金机械零件实用技术[M]. 北京:化学工业出版社，2006.

[22] 付业伟，李贺军，李克智. 纸基摩擦材料绿色制备工艺与摩擦磨损性能研究[J]. 摩擦学学报，2004，24(2):172－176.

[23] Milayzaki T, Matsumoto T, Yamamoto T. Effect of Visco－Elastic Property on Friction Characteristics of Paper－Based Friction Materials for Oil Immersed Clutches [J]. Journal of Tribology, 1998, 120(2):393－398.

[24] 陈蓉，胡键. 纤维摩擦材料的发展[J]. 造纸科学与技术，2000(2):38－40.

[25] 费杰，李贺军，付业伟，等. 增强纤维对纸基摩擦材料性能的影响[J]. 润滑与密封，2010，35(10):1－4.

[26] 杨瑞丽，付业伟. 纸基摩擦材料的国内研究进展[J]. 材料导报，2006，20(10):17－20.

[27] 梁云，黄小华，胡健，等. 树脂对湿式纸基摩擦材料性能的影响[J]. 造纸科学与技术，2005，24(6):69－72.

[28] 费杰，李贺军，齐乐华，等. Al_2O_3 含量对碳纤维增强纸基摩擦材料摩擦磨损性能的影响[J]. 润滑与密封，2008，33(4): 70－73.

[29] 邓海金，李雪芹，任钢，等. 纸基摩擦材料纤维、树脂含量和孔隙率对压缩回弹性能的影响[J]. 理化检验:物理分册，2005，41(2):55－60.

[30] 李贺军，费杰，齐乐华，等. 孔隙率对碳纤维增强纸基摩擦材料摩擦磨损性能的影响[J]. 无机材料学报，2007，22(6):1159－1164.

[31] 杨瑞丽，杨振，付业伟. 影响碳纤维增强纸基摩擦材料孔隙率的因素研究[J]. 咸阳师范学院学报，2005，20(6):26－29.

[32] Matsumoto T. A Study of the Durability of a Paper－Based Friction Material Influenced by Porosity[J]. Journal of Tribology, 1995, 117(2):272－278.

[33] Eguchi M, Yamamoto T. Shear characteristics of a boundary film for a paper－based wet friction material: friction and real contact area measurement [J]. Tribology International, 2005, 38(3):327－335.

[34] 邓海金，李雪芹，李明. 孔隙率对纸基摩擦材料的压缩回弹和摩擦磨损性能影响的研究[J]. 摩擦学学报，2007，27(6):544－549.

[35] 张兆民，付业伟，张翔，等. 编织密度对碳布增强树脂基摩擦材料湿式摩擦学性能影响* [J]. 润滑与密封，2013(5):64－68.

[36] Zhou X H, Sun Y S, Wang W S. Influences of carbon fabric/epoxy composites fabrication process on its friction and wear properties [J]. Journal of Materials

Processing Technology，2009，209(9):4553 - 4557.

[37] Tiwari S，Bijwe J，Panier S. Influence of Plasma Treatment on Carbon Fabric for Enhancing Abrasive Wear Properties of Polyetherimide Composites[J]. Tribology Letters，2011，41(1):153 - 162.

[38] Dong C P，Kim S S，Kim B C，et al. Wear characteristics of carbon - phenolic woven composites mixed with nano - particles[J]. Composite Structures，2006，74(1):89 -98.

[39] Kim S S，Yu H N，Hwang I U，et al. The Sliding Friction of Hybrid Composite Journal Bearing Under Various Test Conditions[J]. Tribology Letters，2009，35(3):211 - 219.

[40] Srikanth I，Padmavathi N，Kumar S，et al. Mechanical，thermal and ablative properties of zirconia，CNT modified carbon/phenolic composites[J]. Composites Science & Technology，2013，80(80):1 - 7.

[41] Chen S，Feng J. Epoxy laminated composites reinforced with polyethyleneimine functionalized carbon fiber fabric：Mechanical and thermal properties[J]. Composites Science & Technology，2014，101(8):145 - 151.

[42] Lv P，Zhang P，Li F，et al. Vertically aligned carbon nanotubes grown on carbon fabric with high rate capability for super - capacitors[J]. Synthetic Metals，2012，162(162):1090 - 1096.

[43] Lee H S，Kim S Y，Ye J N，et al. Design of microwave plasma and enhanced mechanical properties of thermoplastic composites reinforced with microwave plasma - treated carbon fiber fabric[J]. Composites Part B Engineering，2014，60(4):621 - 626.

[44] Kato Y，Shibayama T. Mechanisms of Automatic Transmissions and Their requirements for Wet Clutch and Wet Brakes[J]. Journal of Tribology，1994(39):1427 - 1437.

[45] Holgerson M. Apparatus for measurement of engagement characteristics of a wet clutch[J]. Wear，1997，213(1 - 2):140 - 147.

[46] Holgerson M. Optimizing the Smoothness and Temperatures of a Wet Clutch Engagement Through Control of the Normal Force and Drive Torque[J]. Journal of Tribology，2000，122(1):119 - 123.

[47] Yoshizawa K，Akashi T，Yoshioka T. Proposal of New Criteria and Test Methods for the Dynamic Performance of ATF [C] // International Congress & Exposttion，1990.

[48] Zagrodzki P. Analysis of thermomechanical phenomena in multidisc clutches and brakes[J]. Wear，1990，140(2):291 - 308.

[49] 李东风，王浩静，贺福，等. T300 和 T700 碳纤维的结构与性能[J]. 新型碳材料，2007，22(1):59 - 64.

[50] 贺福. 碳纤维及其复合材料[M]. 北京:科学出版社，1995.

[51] Venkataraman B，Sundararajan G. The influence of sample geometry on the friction

behaviour of carbon-carbon composites[J]. Acta Materialia, 2002, 50(5):1153－1163.

[52] Jia Y, Yan W, Liu H Y. Carbon fibre pullout under the influence of residual thermal stresses in polymer matrix composites[J]. Computational Materials Science, 2012, 62:79－86.

[53] Zhang J, Liu S, Lu Y, et al. Liquid rolling of woven carbon fibers reinforced Al5083－matrix composites[J]. Materials & Design, 2016, 95:89－96.

[54] 陈伟明，王成忠，周同悦，等. 高性能 T800 碳纤维复合材料树脂基体[J]. 复合材料学报，2006，23(4):29－35.

[55] 贺福，孙微. 碳纤维复合材料在大飞机上的应用[J]. 高科技纤维与应用，2007，32(6):5－8.

[56] 李威，郭权锋. 碳纤维复合材料在航天领域的应用[J]. 中国光学，2011，4(3):201－212.

[57] 李昭锐. PAN 基碳纤维表面物理化学结构对其氧化行为的影响研究[D]. 北京:北京化工大学，2013.

[58] Zhong W, Wang S, Li J, et al. Design of carbon fiber reinforced boron nitride matrix composites by vacuum－assisted polyborazylene transfer molding and pyrolysis[J]. Journal of the European Ceramic Society, 2013, 33(15－16):2979－2992.

[59] Zhu H, Li X, Han F, et al. The effect of pitch－based carbon fiber microstructure and composition on the formation and growth of SiC whiskers via reaction of such fibers with silicon sources[J]. Carbon, 2015, 99(3):174－185.

[60] Fu H, Liao B, Qi F J, et al. The application of PEEK in stainless steel fiber and carbon fiber reinforced composites[J]. Composites Part B: Engineering, 2008, 39(4):585－591.

[61] Hong U S, Jung S L, Cho K H, et al. Wear mechanism of multiphase friction materials with different phenolic resin matrices[J]. Wear, 2009, 266(7－8):739－744.

[62] Li J, Cheng X H. Friction and wear properties of surface－treated carbon fiber－reinforced thermoplastic polyimide composites under oil－lubricated condition[J]. Materials Chemistry & Physics, 2008, 108(1):67－72.

[63] 赵东宇，李滨耀，余赋生. 碳纤维表面的液相氧化处理改性[J]. 应用化学，1997，14(4):114－116.

[64] 付业伟，李贺军，李克智，等. 一种新型短切碳纤维增强纸基摩擦材料研究[J]. 材料科学与工程学报，2004，22(6):802－805.

第 2 章 湿式摩擦材料的制备工艺及表征方法

2.1 湿式摩擦材料的制备工艺

2.1.1 木纤维增强树脂基摩擦材料的制备工艺

木纤维增强树脂基摩擦材料的制备方法较为简单，主要是将植物纤维、增强纤维、摩擦性能调节剂等按照一定的比例充分混合均匀后，以造纸的方法在纸张成型器上抄片，将所抄的纸片浸渍于一定浓度的黏结剂(通常为树脂)溶液中，取出后自然晾干(烘干)，并热压成型，得到最终的木纤维增强树脂基摩擦材料，如图 2-1 所示。其中，热压成型通常使用的是平板硫化机。这种方法相较于粉末冶金法以及化学气相沉积法(CVD)，具有简单、易于操作、制备过程环境温和的特点，大大降低了试样制备过程中的能耗。此外，植物纤维、增强纤维和摩擦性能调节剂等的混合主要在疏解机中进行制浆处理，然后得到均匀的悬浮液。疏解机，又名纤维解离器，是实验室快速疏解浆料的仪器，通过本仪器把交织的纤维在水中进行湿解离，使浆料在水中分离而不改变纤维的原结构性质。

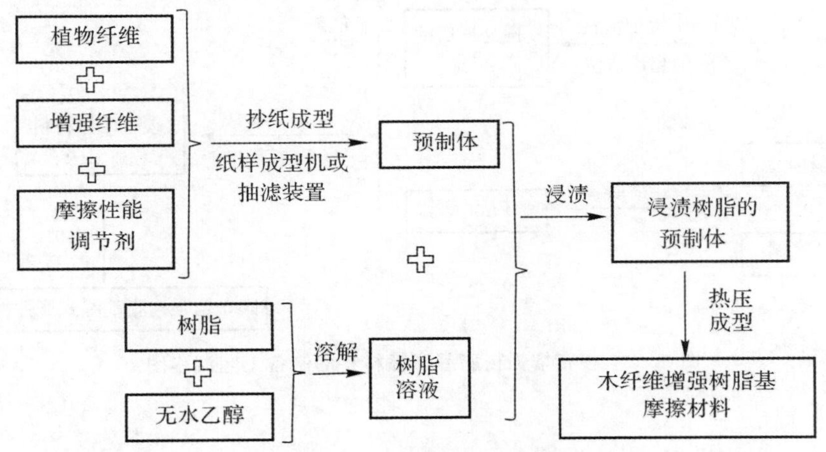

图 2-1 木纤维增强树脂基摩擦材料的制备工艺流程图

值得注意的是：①当原料易得、需要制备大尺寸的样品时，主要采用抄纸成型工艺，而当原料较少、所需样品也较少时，适宜采用抽滤工艺。②在热压成型过程中，需要在浸渍树脂的预制体周边垫上具有一定厚度的塞尺，以达到控制最终样片厚度的目的。③树脂的添加工艺，除了可以用浸渍工艺外，还可以使用喷涂工艺。④木纤维增强树脂基摩擦片的成型工艺的核心为利用负压产生的抽力将悬浮液中的原料和溶剂通过滤网快速分离。当分离的速度较慢时，原料中较重的组分将优先沉降，这将导致最终样片的两面性问题。因此，负压越大，越有利于原料与溶剂的快速分离。在实际操作过程中，应尽可能地通过控制负压来提高成型的速度，进而缓解最终样片的两面性问题。⑤热压成型过程中,需要控制压力、温度和时间三个主要变量。

本制备工艺根据所用溶剂(分散剂)的不同,可以分为水相体系制备工艺和油相体系制备工艺两种。

水相体系制备过程:首先将植物纤维、增强纤维、摩擦性能调节剂等按照一定的比例混合于水中得到均匀分散的悬浮体系,将该悬浮体系倒入纸样成型器中制备出样片,烘干。然后,向样片中浸渍一定量的树脂溶液,自然晾干。将晾干后的样片于硫化机上热压成型,制备出最终的木纤维增强树脂基摩擦片。

油相体系制备过程:首先将各种原料及树脂同时均匀混合于有机溶剂中,采用真空抽滤成型工艺制备出含有一定量树脂的预制体。然后将该预制体直接热压成型,即可得到最终的木纤维增强树脂基摩擦片。

2.1.2 碳布增强树脂基摩擦材料的制备工艺

首先对碳布进行预处理,即将碳布置于丙酮溶液中浸泡一定时间后取出,在乙醇中超声一定时间后烘干备用。然后,将树脂溶解于乙醇中配置成一定质量分数的树脂溶液。紧接着将预处理后的碳布浸渍于树脂溶液一定时间后取出,在一定温度下蒸发掉碳布上的乙醇并称量其质量。重复此操作直至设计量树脂被添加到碳布上。最后采用热压技术对上述碳布摩擦材料预制体进行热压固化,获得最终的碳布增强树脂基湿式摩擦材料。具体流程如图 2-2 所示。

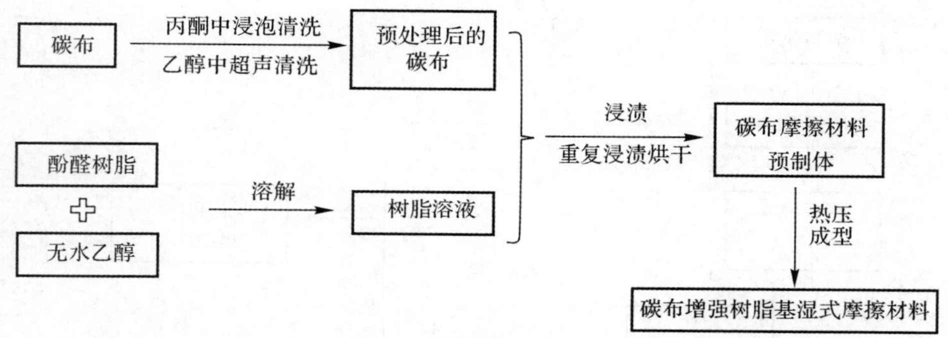

图 2-2 碳布增强树脂基摩擦材料的制备工艺流程图

2.2 湿式摩擦材料的表征方法

在湿式摩擦材料的应用中,主要涉及摩擦学、机械及热三大性能,如图 2-3 所示。而影响这三大性能的主要有材料的组成、各组分之间的界面以及材料的结构三个方面。因此,湿式摩擦材料的性能测试主要包括摩擦学性能的测试(主要包括摩擦因数、摩擦扭矩、摩擦稳定性能、磨损率及磨损形貌五个方面)、机械性能的测试(主要包括硬度、压缩回弹性、拉伸性能、剪切性能、抗折性能及韧性六个方面)及热性能测试(主要包括滑动过程中的温度、膨胀系数、导热系数、比热容及热扩散系数五个方面)。

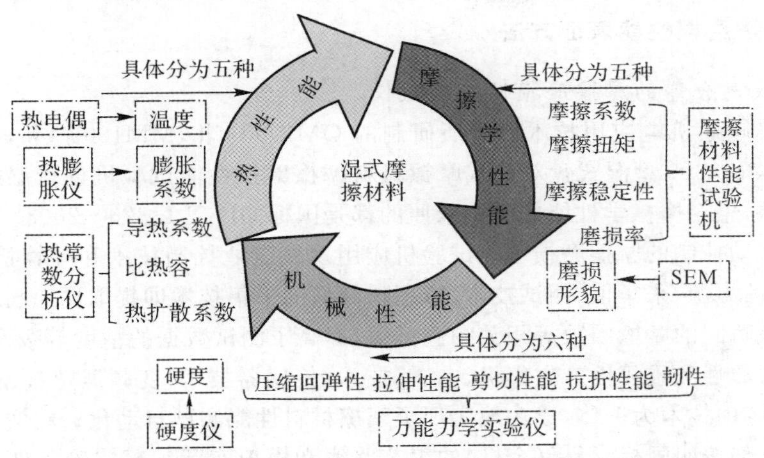

图 2-3　湿式摩擦材料的性能及其对应的测试方法

材料组成的表征涉及 X 射线衍射(XRD)、扫描电子显微镜(SEM)、透射电子显微镜(TEM)、傅里叶红外光谱(FTIR)、拉曼光谱及 X 光电子能谱(XPS)等,以实现对摩擦材料中各组分的物相、微观形貌、相对位置、有机官能团、无机官能团及存在价态等的表征。各组分之间的界面涉及界面状态和界面强度两个方面。界面状态包括物理结合和化学结合两种,通过 FTIR、拉曼光谱及 XPS 可以确定在两种组分之间有无新的化学键存在,继而确定是物理结合还是化学结合。界面强度主要是通过热机械分析或力学性能分析来实现的,其中热机械分析是比较全面准确的界面强度分析方法。材料的结构表征涉及表面结构、孔隙结构及断面结构三个方面。其中表面结构主要通过 SEM 和三维共聚焦显微镜来表征,孔隙结构主要通过压汞法和排液法两种方法进行表征,断面结构主要通过断面扫描来表征。湿式摩擦材料的结构表征及其对应的测试方法如图 2-4 所示。

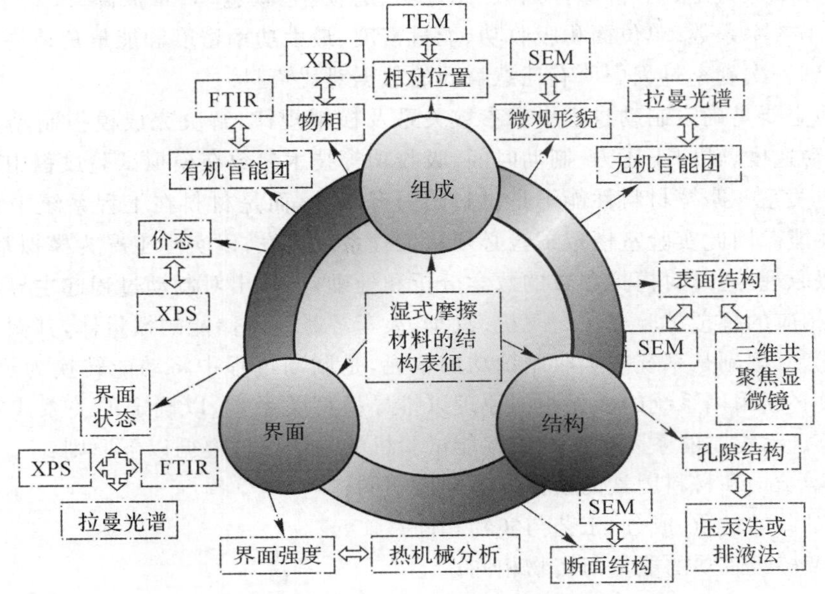

图 2-4　湿式摩擦材料的结构表征及其对应的测试方法

2.2.1 摩擦磨损性能表征方法

1.模拟湿式离合器的摩擦磨损性能测试仪

使用由西安顺通机电应用技术研究所研制的 QM1000－Ⅱ，MM1000－Ⅱ，MM1000－Ⅲ，MM2000 以及 MM3000 型湿式盘对盘式摩擦材料摩擦磨损性能试验机进行湿式摩擦材料的摩擦学性能测试，整个摩擦学性能的测试依照的都是国标 GB/T 13826—2008。

该系列全自动控制的摩擦磨损性能试验机应用现代工业控制技术和计算机应用技术，通过主机的结构、动力源、采集值、测试技术、应用瞬间值的采集技术即提取同一瞬间的压力值和扭矩值计算出该瞬间的摩擦因数等相关的测试值，提高了测试数据的精度等级及准确性，实现了测试数据的可靠性和重复性。它集机、电、气技术，传感器技术，变频调速技术，现代工业控制技术，计算机应用技术为一体，成功地实现了摩擦材料性能测试自动化。在实现全自动控制的工艺过程中全部按照国标、行标(企标)的工艺路线和模拟实际工况实验条件设置进行。应用现代先进的科学技术，提供科学的试验方法和准确的测试数据，使该试验机具备了小样试验和整片 1∶1 台架试验功能。它保持了与产品工况的一致性，又保持了与台架试验的一致性，与路试、航式有稳定的对应关系，应用小样试验的跟踪工艺性强，满足了快速变化的试验步骤。

全自动控制的系列摩擦磨损性能试验机应用了小样缩比模拟制动惯性试验原理，建立了模拟制动的试验方法；应用了全自动控制技术，实现了实验室条件下小样缩比模拟制动试验的功能；应用了多元相似原理模拟实际工况，完成了(惯性制动)热冲击刹车试验的功能。

该系列设备具有高速、高压、低速、低压、变速、变压、变温等技术条件下的测试功能，能模拟飞机、坦克、火车、汽车、轨道列车等重载大惯量等制动工况的摩擦材料的摩擦磨损、热负荷及可靠性的试验研究要求，以材料可承载的最大负荷完成各种试验项目和极限试验功能，对于全部试验参数的采集频率高、采集精度高、采集速度快、采集数量大。在整个制动曲线中反映出实验全过程绘制的五条曲线并记录其任一瞬间的压力、转速、扭矩、温度值，即可计算出这一状态下的动/静摩擦力矩、动/静摩擦因数、摩擦功、磨损率、减速率、摩擦温升、刹车力矩、刹车稳定系数、刹车效率系数、单位面积吸收功、能量密度、最大功率密度和能量负荷许用值等试验数据，并可得到一次刹车过程中所有任意瞬间的数据对比资料。

模拟试验主要是确定制动过程中的参数关系及模拟规律，解决完成模拟制动、小样缩比、转动惯量、制动速度、轴向正压力、制动时间、吸收功等技术参数在模拟试验过程中与实际组合体的相互对应关系。摩擦材料性能不是材料的固有属性，而是材料在工程系统中特定工作条件下的综合性能。因此实验室模拟试验必须从工程系统出发，以实际工况为模拟基础，采用系统分析和相似原理，通过对模拟参数的数学分析和处理，选择出对制动过程起主导作用的物理系数，并建立相应的模拟试验方法。飞机、汽车、火车等是一个储能的惯量体，其刹车装置即为制动工程系统，摩擦副是系统中吸收制动功的单元，是制动过程中将动能转换为热能的系统。选择模拟参数必须采用系统的多元相似原理以推导模拟关系式，以确定的关系式完成模拟制动试验。故全自动控制的系列摩擦磨损性能试验机的制动原理遵循以下原则：

(1)制动器结构和材料因素的模拟以及介质相同；

(2)摩擦对偶的材质、成分、工艺与实物相同；

(3)单位摩擦吸收功的能量与实物相同；

(4)制动速度与实际使用速度相同；

(5)制动时间与实际制动状态相似；

(6)热传递与实际摩擦热状态相似。

根据制动工程系统对模拟参数的数学分析和机械系统模拟原理设计出试验机的主体结构和控制系统。试验机系统由三大部分组成，即主机体系统、动力系统和控制系统。

该系列设备主要测试功能是模拟实际工况完成以下试验：

(1)热冲击(惯性制动)刹车试验。测试刹车力矩、刹车稳定系数、刹车效率系数、单位面积吸收的滑摩功以及磨损率等。具体包括：在相同的比压、相同的配置惯量条件下，以不同的速度测定其摩擦性能；在相同的线速度、相同的惯量条件下，以不同的比压测定其摩擦特性；在相同的比压、相同的速度条件下，以不同的配置惯量测试其摩擦特性。

(2)热冲击稳定性试验。在一定的比压和一定的惯量下，以不同的速度测试摩擦材料的摩擦因数和吸收功；在相同的比压、相同的速度和相同的惯量条件下，以不同的起始温度进行热稳定试验。

(3)湿式摩擦性能测试。以不同的速度、不同的比压、不同的配置惯量测定其动/静摩擦力矩、动/静摩擦因数、摩擦功、摩擦功率及磨损率。

本节以 MM1000－Ⅱ型湿式盘对盘式摩擦材料摩擦磨损性能试验机为例对摩擦材料摩擦学性能的测试进行详细说明，图 2－5 所示为其实物图。由于这台实验机是按照实际湿式离合器 1∶1 设计而成的，因而更能反映实际工况条件下湿式摩擦材料的摩擦学性能。压力、转速和转动惯量的测试范围分别为 0～2 MPa，500～10 000 r/min 和 0.01～4.00 kg·m^2。试验机的结构原理如图 2－6(a)所示。

该设备由主机体系统、动力系统、控制系统三大部分组成。试验机(台)采用圆环试件端面摩擦的方式，动力件装在转动卡具盘内，静试件或对偶件装在静卡具盘内，动试件达到给定的速度旋转并稳定后启动离合器拔叉气缸使主轴与电机主动力脱开，同时给气缸施加正压力，压力值由压力传感器测出，产生的扭矩值由传感器测出。由计算机输出开关信号，打开或关闭通过逻辑电路进行交换控制来完成瞬间值的测试，即得到试验过程中任一瞬间值的测试数据。通过同一瞬间的压力和扭矩值计算出这一状态下的测试数据。在进行模拟刹车试验时，应先配置好模拟惯量，启动主电机达到设定转速后，脱开主动力施加设定压力，依靠转动惯量使试样对磨，实现一次刹车。

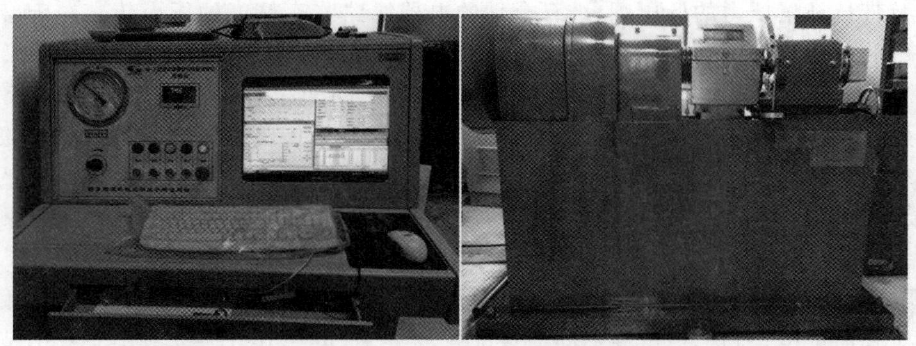

图 2－5　MM1000－Ⅱ湿式盘对盘式摩擦材料摩擦磨损性能试验机实物图

现对该设备系统配置做一简介。

(1)调频调速系统。该系统通过主调速装置、测速装置来完成功能，通过计算机控制形成一个闭环,满足试样中 500~10 000 r/min 可任意设置速度挡的要求。选择配置相关功率精度等级的调频调速器、光电传感器,可以将速度控制在各类标准要求范围内,完全满足设备的试验要求,达到控制快捷、运转平稳、速度准确的目的。

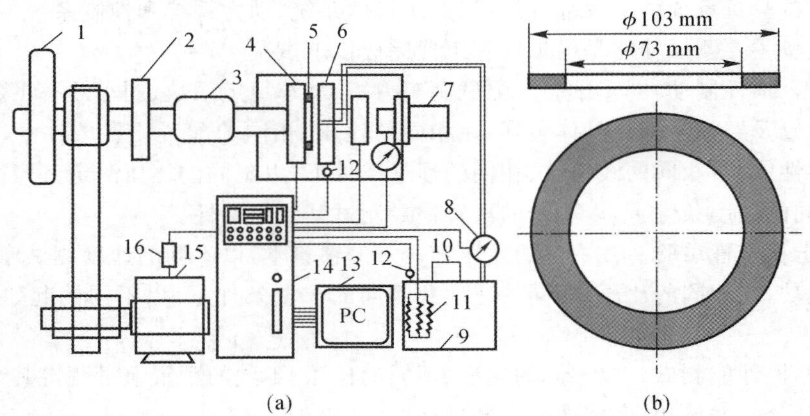

图 2-6　本书所使用的摩擦学性能测试仪及其所装样品的结构原理图

(a)MM1000-Ⅱ湿式盘对盘式摩擦材料摩擦磨损性能试验机；(b)测试样品的结构原理图

1—惯量盘；2—测速法兰；3—离合器；4—摩擦盘；5—样品；6—对偶盘；7—气缸；8—流量计
9—油箱；10—直流电动机；11—加热装置；12—热电偶；13—计算机；14—控制器；15—主电机；16—传感器

(2)自控温供油系统。完成试验过程中工作油温的控制。其中,工作油温控制配有油温控制仪和电加热器,在 0~150℃温度区间可自动控制。制动温度的采集绘图,智能温度控制0~1 000℃装置,A/D 输出口与计算机对接,完成温度试验数据的采集。在进行摩擦材料的性能对比试验时,同一温度区间进行试验尤为重要。所以在该设备上,设计了摩擦盘温度采集装置。试验过程中可以直观测出摩擦盘产生的摩擦热,测试出该材料摩擦性能与温度的关系。人工调整主轴冷却油量:由冷却油泵通过冷却油控制阀为主轴轴承提供循环冷却油,保证在高速制动、高温状态下的正常工作,提高主轴旋转效率和使用寿命。如果试样温度较高,还可以给水冷腔内供水,以确保正常进行。

(3)无阻力自补偿供压系统。采用氮气或空气加压的方式,配有燕尾辊道式、无阻力全封闭式汽缸及带自补偿压力的调压阀,结合合理的电器线路与高精度的压力传感器配套以达到试验过程中的施压和采压要求。

(4)测试数据采集系统。它是数据采集的准确性、测试重复性的关键环节,根据各类标准不同规定,该设备采用四方面装置完成。选用精度 0.05%的传感器件来保证数据采集的准确性和精度级;选用合理的电器线路实现自动控制方式来完成速度、压力、扭矩、温度值的采集要求;排除模拟量采集信号的干扰以达到数据的准确性;采用瞬间值的测试技术以实现测试数据的精确性。

(5)惯量盘配置系统。根据试验对模拟惯量的不同要求,配置了惯量盘组合,适用于各类摩擦材料对其惯量组合和模拟试验不同惯量配置的要求,可在 0.01~4.00 kg·m^{2}范围内进行组合。

(6)主动力系统。它是完成试验过程中的动力来源装置,输入电源为 380 V,50 Hz。其主要包括主电机、调频调速器、主轴、离合器、自控油箱等,通过配电柜控制完成试验过程中的动力配置。全系统设置为 3 级安全保险，系统电路出现故障时自动跳转，以确保设备运行安全。

(7)自动控制系统。它是完成试验过程中的自动化控制的主要部分。它包括工业计算机、接口板、中心处理单元等各类端子板，通过控制柜完成与调频调速系统、自控油供油系统、供压系统、动力系统、数据采集系统的连接，完成各部位自动化控制功能的要求；设计合理的电器线路实现采样的自动化；选用高灵敏度的工业控制接口板，为计算机软件提供信号。采用计算机控制技术排除人为因素的干扰，将同一瞬间的速度、压力、扭矩、温度等摩擦性能测试数据进行采集，以达到准确、可靠、重复性好的要求；通过对变频器和电磁阀的逻辑控制，完成试验过程中的能量储存，实现刹车制动试验和热稳定性试验。

(8)专用软件控制系统。在 Windows 平台下编辑的控制软件。专用软件的控制系统是依照国家现行考核摩擦材料性能各类标准的工艺要求编制的，有人机对话窗口，可全程监视试验过程。根据工艺技术测试项目，控制界面同时显示全部试验要求。试验条件可自行设定，操作简便，快捷稳定。适用于干、湿式摩擦材料的试验要求，各试验参数可根据试验要求记录任一瞬间的压力、转速、扭矩、温度值，即可计算出这一状态下摩擦功、面积载能、减速率、摩擦温升、摩擦因数等试验数据，并可得到一次刹车过程中所有瞬间的数据对比资料。

(9)主机和整机的调试系统。主机体包括床身、惯量支座、主轴支座、气缸支座等。从加工精度、装配精度到配件的质量都进行了周密的确认，以完成测试功能和自动化控制的精度要求。确定机械零部件的加工精度、装配精度，以及外购件、配件的质量要求，以达到设备装配的质量水平。线路系统、供电供压系统、信号处理系统保证了整机的技术质量要求，动态值输入准确、采集值一致、瞬间值真实等综合性能保证了设备的先进性。

(10)试验结果处理系统。本系统从控制、监视、打印、储存等功能通过彩屏显示和键盘、鼠标的操作可得到各试验测试数据及计算结果。试验完成后，启动打印机便自动打印、绘制压力-扭矩曲线图、扭矩-摩擦因数曲线图、扭矩-速度曲线图、扭矩-温升曲线图和摩擦因数-摩擦功曲线图，所有数据可入档保存、随阅。

本书所涉及摩擦学性能的测试实验条件的选择：当主电机达到设定转速时，由气缸产生的法向力施加于对偶盘，继而在摩擦力的作用下摩擦盘和对偶盘达到相同的速度，传动完成。在整个传动过程中，润滑油(32# 机油)的温度和流速分别保持在 25～120℃和5～300 mL/min。对偶盘是由洛氏硬度为 35、表面粗糙度为 0.8 μm 的 45# 钢(优质碳素结构钢，碳含量为 0.42%～0.50%)制成的。摩擦片的内径为 73 mm、外径为 103 mm，其结构原理如图 2－6(b)所示。按照国标 GB/T 13826—2008，为了使摩擦片和对偶盘充分接触，在测试之前需要将湿式摩擦材料在油中浸泡 24 h 以上，然后在 1.0 MPa，1 000 r/min 和 0.13 kg·m^2的条件下，进行 120min 的磨合。在设定比压、转速和转动惯量的基础上，通过扭矩传感器，获得不同时间点的摩擦扭矩，传送到电脑，进而绘制出扭矩曲线，并且将混合粗糙接触阶段的扭矩平均值用于动摩擦因数的计算，计算方法为

$$\mu_d = \frac{3M_d}{2\pi p(R_o^3 - R_i^3)} \tag{2-1}$$

式中，μ_d 是动摩擦因数；M_d 是动摩擦力矩，N·m；p 是制动比压，MPa；R_o 是摩擦片的外径，m；R_i 是摩擦片的内径，m。每个测试条件下，重复 3 次制动离合试验，对 3 次试验制动比压 p 和摩擦力矩 M_d 计算的动摩擦因数取算术平均值。

静摩擦因数的测定。启动试验机，使主轴转速达到(150±5) r/min，运转 30 s 后停机，加

载荷，使湿式摩擦材料承受 1.0 MPa 压力，5 s 后对主轴连续缓慢增加驱动力矩至打滑，试验重复 5 次，按照

$$\mu_s = \frac{3M_s}{2\pi p(R_o^3 - R_i^3)} \tag{2-2}$$

计算静摩擦因数。式中，μ_s 为静摩擦因数；M_s 为摩擦片滑动时的最大摩擦力矩，N·m。计算中，比压 p 和摩擦力矩 M 分别取 3 次试验的算术平均值(去掉最高值和最低值)。

磨损率的测定。磨合好的摩擦副在试验机主轴惯量为 0.10 kg·m²，转动速度为 2 000 r/min，比压为 1.0 MPa 的条件下，进行 500 次制动离合试验，按照

$$V = A \cdot \frac{\Delta h}{n} \cdot \frac{1}{2} I_0 \omega^2 \tag{2-3}$$

测定磨损前后试样 5 点(均匀分布、应做记号)的厚度差(精确到 0.001 mm)，继而计算得到磨损率。 式中，V 是磨损率，单位为 cm³/J；A 是试样的表观接触面积，cm²；Δh 是磨损试验前后摩擦片的厚度差，cm；n 是制动离合次数；ω 是制动初始角速度，rad/s；I_0 为试验机的总惯性量值，kg·m²，按下式计算：

$$I_0 = I_1 + I_2 \tag{2-4}$$

式中，I_1 为试验机主轴惯量，具体值为 0.029 4 kg·m²；I_2 为试验机配置惯量，kg·m²。

为了更好地反映摩擦材料在长时间连续结合条件下的摩擦稳定性，引入变异系数定量表征这种稳定性。通过计算 500 次制动离合试验中摩擦因数的变异系数，可以获得 500 次连续制动实验下，摩擦因数的稳定性，其具体计算式为

$$C.V = \frac{\sigma}{\mu_m} \times 100\% \tag{2-5}$$

式中，$C.V$ 为变异系数；σ 为标准差；μ_m 为 500 次连续结合过程中动摩擦因数的平均值。

2. 表面综合性能测试仪

通过由兰州中科凯华科技有限公司设计制造的表面综合性能测试仪对湿式摩擦学性能进行表征，本节主要介绍 CFT－Ⅰ型多功能材料表面综合性能测试仪。

CFT－Ⅰ型多功能材料表面综合性能测试仪由多元化的功能模块组成，是集旋转、往复、环块等多种测量方式为一体的高端材料测试仪器，如图 2－7 所示。它可以对不同种类的材料涂层、聚合物、金属及陶瓷复合材料的摩擦学性能进行测试。所有的被测参数，包括材料的摩擦因数、摩擦力、耐磨性、载荷、试验温度及材料涂层的磨损量以数据和图形方式在试验进行中实时显示。该仪器可广泛应用于材料表面加工工艺的研究、材料的失效与可靠性的评价、工业产品质量检验及控制。

图 2－7　CFT－Ⅰ型表面综合性能测试仪的实物图

该仪器的测量方式有旋转摩擦测试、往复摩擦测试、环块摩擦测试及磨损量的测试四种测试方式。

(1)旋转摩擦方式的加载范围为0.1～1 N,1～10 N,10～200 N,并可实现自动连续加荷;旋转半径为2～25 mm;样品台转速为200～3 000 r/min;下试样尺寸:厚度为0.5～30 mm、半径为2～30 mm;上试样尺寸:ϕ3～6 mm钢珠或ϕ3～5 mm圆柱(可根据用户要求加工)。图2-8所示为旋转摩擦组件的结构,它主要由样品盘、电机和底座三大部分组成。

图2-8　旋转摩擦组件结构图

1—样品盘；　2—电机；　3—底座

(2)往复摩擦方式的加载范围为0.1～1 N,1～10 N,10～200 N,同样可实现自动连续加荷;往复频率为3～50Hz;运行长度为0.5～25 mm;样品台升降高度为0～100 mm;下试样尺寸:厚度为0.5～30 mm、半径为2～30 mm;上试样尺寸:ϕ3～6 mm钢珠或ϕ3～5 mm圆柱(可根据用户要求加工)。图2-9所示为环块摩擦组件的结构,主要由下试样(环)和固定环螺母两部分组成。

(3)环块摩擦方式的加载范围为1～10 N,10～200 N,也可实现自动连续加荷;环块尺寸为7×7×30(mm),19.05×12.32×12.32(mm);摩擦环尺寸为ϕ40×10(mm),ϕ49.22×13.06(mm)(可根据用户要求加工)。图2-10所示为往复摩擦组件的结构,主要由样品台、底座和往复长度调整块三部分构成。

图2-9　环块摩擦组件结构图

1—下试样(环)；　2—固定环螺母

图 2-10　往复摩擦组件结构图

1—样品台；　2—底座；　3—往复长度调整块

(4)磨损量的测量。加载载荷为 0.098 N，表面粗糙度分辨率为 0.1 μm。图 2-11 所示为磨损量测量组件的结构，主要由固定手柄、升降杆、传感器支架及位移传感器四部分组成。

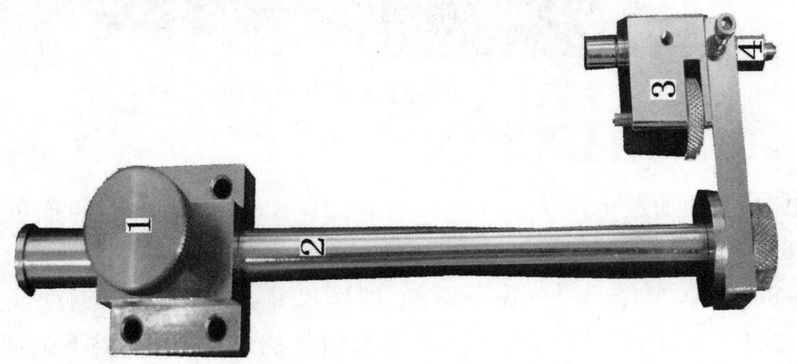

图 2-11　磨损量测量组件结构图

1—固定手柄；　2—升降杆；　3—传感器支架；　4—位移传感器

本书主要以往复式摩擦为主要测试手段，其摩擦过程原理如图 2-12 所示。所有的测量参数，其中包括样品的动摩擦因数、摩擦力矩、压力、温度及样品的磨损量，都能以图形和数据等手段在测试中实时显示。该仪器也能在不同的介质或不同的温度中对样品进行测试，本书主要在润滑油为润滑介质和室温条件下进行测试。测试仪主要的性能指标有以下几个方面：摩擦方式为面-面接触；转速为 200～3 000 r/min，加载压力为 0.1～200 N；对偶滑块为不锈钢块，尺寸为(19.05×12.32×12.32) mm，摩擦面尺寸为(19.05×12.32) mm；润滑油为 N32# 机油。

测试前，将样品放入烧杯中用润滑油浸透，时间应超过 24 h，并进行磨合处理，在低压力、低转速下，在 30 min 内多次进行摩擦磨损实验，使样品摩擦因数稳定在一定范围。在往复测试过程中，往复长度为 3 mm，润滑油的滴加速度为 100～200 mL/h。摩擦因数和磨损率的计算过程如下：

$$f=\frac{F_{\mathrm{f}}}{F_{\mathrm{n}}} \tag{2-6}$$

$$V=\frac{\sum_{i=1}^{n}(\Delta Y_i-M)\times\Delta X_i\times d}{f\times F_n\times v\times t}\tag{2-7}$$

式中，f 为摩擦因数；F_f 为摩擦力，N；F_n 为正向压力，N；V 为体积磨损量，$mm^3/(N\cdot m)$；d 为磨痕长度，m；(ΔY_i-M) 为磨痕深度，m；ΔX_i 为磨痕宽度，m；M 为表面基线，m；n 为磨痕宽度的采样点；v 为滑动速度，m/s；t 为滑动时间，s。

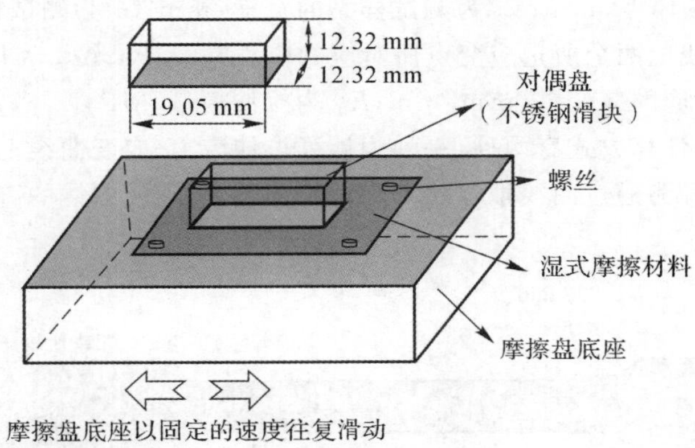

图 2-12　往复摩擦过程原理示意图

2.2.2　机械性能表征方法

本书所涉及机械性能的测试主要在微机控制电子万能试验机上实现，主要包括拉伸性能测试、剪切性能测试、弯曲性能测试、压缩回弹性能测试、硬度测试及韧性测试六种。整个机械性能的测试是在干燥、室温条件下进行的。此外，所有的测试都重复五次，去掉最高值和最低值后中间三次测试结果的平均值用于进一步的分析。其中，拉伸性能常用的测试标准为 ASTM D3039/D3039M-14，剪切性能常用的测试标准为 ASTM C1425-13，弯曲性能常用的测试标准为 ASTM D7264/D7264M-15，压缩回弹性常用的测试标准为 ASTM F36-99(2009)。

1. 拉伸性能(tensile properties)测试

在拉伸性能测试之前，测试样品应该加工成如图 2-13 所示的形状。在测试过程中，样品两端被紧紧固定在夹头上，然后沿着箭头的方向以 5 mm/min 的速度拉伸试样，直至其断裂，在此过程中以一定的频率记录拉伸应力和应变。为了降低测试过程中连接处的失效和滑移，可以采用织带尾。在整个测试过程中，工程拉伸应力、工程拉伸应变、真实拉伸应力、真实拉伸应变以及拉伸模量的计算过程如下(其中，拉伸应力-应变曲线上的最高点所对应的纵坐标即为该摩擦材料的拉伸强度)：

$$\sigma_{et}=\frac{F_t}{h_t\times w_t}\tag{2-8}$$

$$\varepsilon_{et}=\frac{s_t}{L_t}\tag{2-9}$$

$$\sigma_{tt}=\frac{F_t}{h_t\times w_t}\times\left(1+\frac{s_t}{L_t}\right)\tag{2-10}$$

$$\varepsilon_{tt}=\ln\left(1+\frac{s_t}{L_t}\right) \tag{2-11}$$

$$E_{tt}=\frac{\Delta\sigma_{tt}}{\Delta\varepsilon_{tt}} \tag{2-12}$$

式中，σ_{et} 和 σ_{tt} 分别为工程拉伸应力和实际拉伸应力，MPa；ε_{et} 和 ε_{tt} 分别为工程拉伸应变和实际拉伸应变，mm/mm；F_t 和 s_t 分别为载荷-位移曲线上给定点的载荷和位移，单位为 N 和 mm；h_t 为测试样品的厚度，mm；w_t 为测试样品的宽度，mm；L_t 为测试样品的长度，mm；$\Delta\sigma_{tt}$ 为拉伸应力-应变曲线上两个所选应变点所对应的应力差，MPa；$\Delta\varepsilon_{tt}$ 为拉伸应力-应变曲线上两个所选应变点所对应的应变差，mm/mm；E_{tt} 为拉伸模量，MPa。

通常拉伸模量的计算方式有两种：一种为计算拉伸应力-应变曲线上直线部分的两个端点所对应的斜率，另一种为通过曲线拟合的方式对拉伸应力-应变曲线的直线部分数据进行线性拟合所得到的斜率。

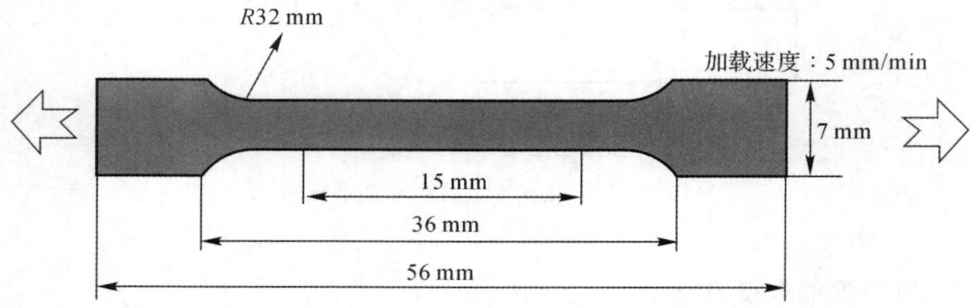

图 2-13　拉伸性能测试样品的结构原理示意图

2. 弯曲性能(flexural properties)测试

为了评价湿式摩擦材料增强 / 增韧的效果，需要对长条样品进行三点弯曲试验。测试样品的结构原理示意图如图 2-14 所示，样品长度为 40 mm、宽度为 12 mm。压头的下压速度为 2 mm/min。直至弯曲断裂出现，三点弯曲试验终止。在整个压缩过程中，通过压力和位移传感器记录载荷和位移值，进而通过

$$\sigma_f=\frac{3F_fL_f}{2w_fh_f} \tag{2-13}$$

$$\varepsilon_f=\frac{6s_fh_f}{L_f}\times 100\% \tag{2-14}$$

计算得出弯曲过程中的应力、应变值，并绘制应力-应变曲线，然后通过

$$E_f=\frac{\Delta\sigma_f}{\Delta\varepsilon_f} \tag{2-15}$$

计算得到弯曲模量(其中，弯曲应力-应变曲线上最高点对应的纵坐标即为该摩擦材料的弯曲强度)。式中，σ_f 为弯曲应力，MPa；ε_f 为弯曲应变，mm/mm；F_f 和 s_f 分别为载荷-位移曲线上给定点的载荷和位移(即压头的位移)，N 和 mm；L_f 为支座跨距，mm；w_f 为试件宽度，mm；h_f 为试件厚度，mm；$\Delta\sigma_f$ 为弯曲应力-应变曲线上两个所选应变点所对应的应力差，MPa；$\Delta\varepsilon_f$ 为弯曲应力-应变曲线上两个所选应变点所对应的应变差，mm/mm；E_f 为弯曲模量，MPa。

通常弯曲模量的计算方式有两种：一种为计算弯曲应力-应变曲线上直线部分的两个端点所对应的斜率，另一种为通过曲线拟合的方式对弯曲应力-应变曲线的直线部分数据进行线性

拟合所得到的斜率。

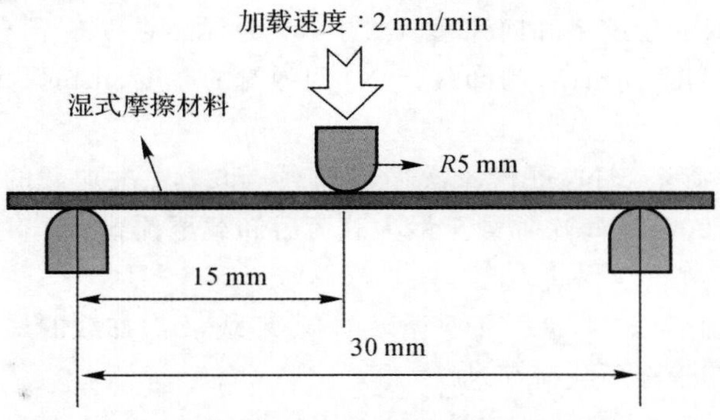

图 2-14　弯曲性能测试样品的结构原理示意图

3. 剪切性能(shear properties)测试(材料内抗剪强度试验)

在剪切性能测试之前，测试样品应该首先被加工成如图 2-15 所示的长 15 mm、宽 15 mm 的形状。然后，通过树脂黏结剂，将该试样固定在长×宽=90 mm×15 mm 的钢片的一端处，紧接着在 160℃，1.0 MPa 的条件下进行热压。最后，将黏结好的一对包含样品的钢片紧紧固定在夹头上，以 5 mm/min 的速率向两端拉，直至剪切断裂出现。在整个测试过程中，通过载荷和位移传感器分别记录了剪切载荷和位移。通过下式，可以计算得到材料的剪切强度：

$$\tau = \frac{F_s}{L_s B_s} \tag{2-16}$$

式中，τ 为剪切强度，MPa；F_s 为剪切测试过程中出现的最大载荷，N；L_s 为剪切测试样品的长度，mm；B_s 为剪切测试的宽度，mm。

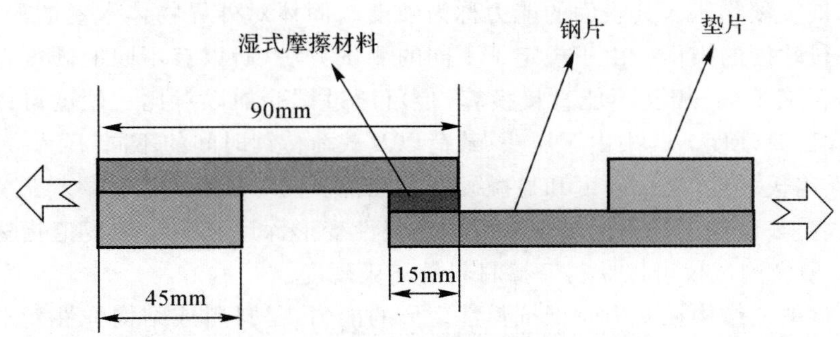

图 2-15　剪切性能测试样品的结构原理示意图

4. 压缩/回弹性能(compressibility/recovery properties)测试

试验条件：试样尺寸为 $l \times b \times h = [10 \times 10 \times (0.4 \sim 1.0)]$ mm，试验速度为 $v=0.5$ mm/min，预载荷为 5 N。为了确保材料表面与压头的充分接触，在加载和卸载时均加预载至 5 N。通过载荷传感器和计算机可以采集到力-位移曲线、应力-应变曲线、压缩强度、弹性模量、压缩率以及回弹率等数据，测试原理如图 2-16 所示。按照

$$\psi = \frac{h_0 - h_1}{h_0} \times 100\% \tag{2-17}$$

$$\xi=\frac{h_2-h_1}{h_0-h_1}\times 100\% \tag{2-18}$$

可以计算得到摩擦材料的压缩率和回弹率。式中，h_0 为样品在 5 N 预载荷下初始厚度，mm；h_1 为加载压下样品的厚度，mm；h_2 为卸载(5 N)回弹时的厚度，mm。其测试方法可以分为两种：

方法一：先预加载荷至 5 N，进行 4 次循环加载-卸载，4 次加载的最大载荷逐次分别为 50 N，100 N，150 N 和 200 N，每次加载至最大载荷后卸载至预载荷 5 N，停留 10 s 后进行下次循环。

方法二：先预加载荷至 5 N，进行 4 次循环加载-卸载，4 次加载的最大载荷均为 100 N，每次加载至最大载荷后卸载至预载荷 5 N。

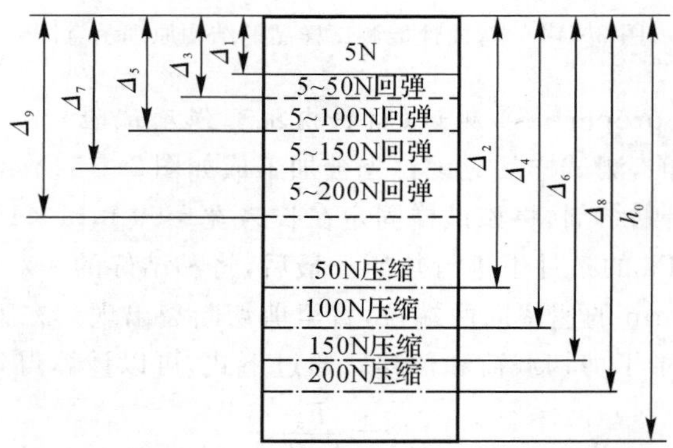

图 2-16　压缩 / 回弹性能测试样品的结构原理示意图

5. 硬度(hardness)和刚度(stiffness)测试

材料局部抵抗硬物压入其表面的能力称为硬度。固体对外界物体入侵的局部抵抗能力，是比较各种材料软硬的指标。由于规定了不同的测试方法，所以有不同的硬度标准。各种硬度标准的力学含义不同，相互不能直接换算，但可通过试验加以对比。硬度可以分为划痕硬度、压入硬度和回跳硬度。其中由于压头、载荷以及载荷持续时间的不同，压入硬度有多种，主要是布氏硬度、洛氏硬度、维氏硬度和显微硬度等几种。而对于湿式摩擦材料最常用的硬度为洛氏硬度，其次是显微硬度。洛氏硬度是以压痕塑性变形深度来确定硬度值指标的。通过使用 ARK 600K 硬度测试仪可以获得摩擦材料的洛氏硬度。

刚度是指材料或结构在受力时抵抗弹性变形的能力，是材料或结构弹性变形难易程度的表征，通常用弹性模量 E 来衡量。在宏观弹性范围内，刚度是零件荷载与位移成正比的比例系数，即引起单位位移所需的力。它的倒数称为柔度，即单位力引起的位移。刚度可分为静刚度和动刚度。摩擦材料的接触刚度可以在万能力学试验机上以压缩模式进行测试，其中压头选用直径为 10 mm 的钢球。

6. 韧性(toughness) 测试

韧性是指当承受应力时对折断的抵抗，其定义为材料在破裂前所能吸收的能量与体积的比值，表示材料在塑性变形和断裂过程中吸收能量的能力，通常分为断裂韧性和冲击韧性。

断裂韧性是材料阻止宏观裂纹失稳扩展能力的度量，也是材料抵抗脆性破坏的韧性参数。它和裂纹本身的大小、形状及外加应力大小无关，是材料固有的特性，只与材料本身、热处理及加工工艺有关，是应力强度因子的临界值。常用断裂前物体吸收的能量或外界对物体所做的功表示(例如应力-应变曲线下的面积)。韧性材料因具有大的断裂伸长值，所以有较大的断裂韧性，而脆性材料一般断裂韧性较小。可以通过对弯曲应力-应变曲线所包围的区域求面积积分，获得摩擦材料的断裂韧性。

冲击韧性是反映材料对外来冲击负荷的抵抗能力，一般由冲击韧性值(a_k)和冲击功(A_k)表示，其单位分别为 J/cm^2 和 J。冲击韧性或冲击功试验(简称“冲击试验”)，因试验温度不同而分为常温、低温和高温冲击试验三种；若按试样缺口形状又可分为“V”形缺口和“U”形缺口冲击试验两种。冲击韧度指标的实际意义在于揭示材料的变脆倾向。

2.2.3　热性能表征方法

本书涉及的湿式摩擦材料的热性能测试主要包括热常数测试(导热系数、比热容及热扩散系数)、热膨胀系数测试及界面温度测试三大部分。其中摩擦界面的温度测试主要是通过MM1000－Ⅱ型湿式盘对盘式摩擦材料摩擦磨损性能试验机中的热电偶来实时监测的。

测量材料的热常数一般有稳态法和非稳态法两大类，非稳态法指的是实验测量过程中试样温度随时间变化，其分析的出发点是不稳态导热微分方程。非稳态法的测量原理是对处于热平衡状态的试样施加热干扰并测量材料对所施加的热干扰做出的响应，最后根据热响应曲线计算材料的热物理性能参数，包括热扩散系数、导热系数以及热容等。本书中湿式摩擦材料的热常数采用 Hot Disk 热常数分析仪测量，该设备测量材料的导热性能是根据非稳态脉冲平面热源法来进行的，该方法适合导热系数在 0.05～50 W/(m·K) 范围内的材料，可以测量均质固体材料、非均质材料以及多孔材料。Hot Disk 热常数分析仪测试原理示意图如图 2－17 所示。由于在摩擦过程中，对偶盘的温度约为 90℃，因此，为了反映材料在相应温度下的热性能，在本书中，测试条件为：试样长宽为(3×3) cm，测试温度为 90℃，测试气氛为空气气氛。测试结果为 5 次测试求平均值所得。

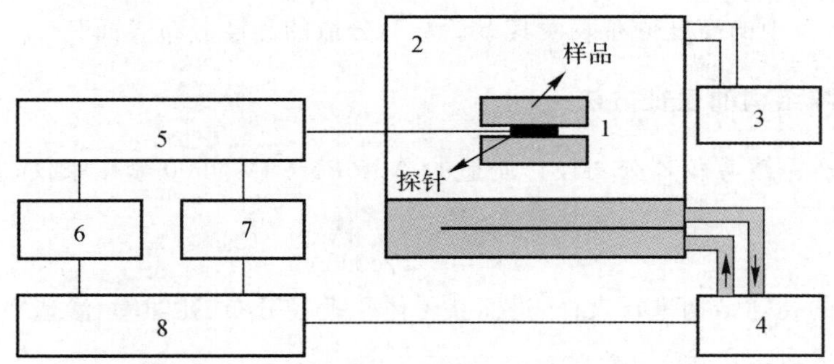

图 2－17　Hot Disk 热常数分析仪测试原理示意图

1－带有探针的样品；　2－测试室；　3－真空泵；　4－自动控温器；　5－桥接电路；
6－电压计；　7－电压电源；　8－电脑

热膨胀系数为固体在温度每升高 1 K 时长度或体积发生的相对变化量，可以分为线膨胀系数和体膨胀系数。对于湿式摩擦材料，使用较多的是线膨胀系数，其测试可以有两种方法，一种为静态热机械分析法(TMA)，另一种为热膨胀仪法。静态热机械分析法为采用微机控制电子万能试验机，分别在拉伸和压缩两种模式下，测试在温度由常温升温到 300℃(通常升温速率 5 K/min）过程中材料发生的长度和厚度变化，继而计算得到湿式摩擦材料在平面和厚度方向的热膨胀系数的方法。热膨胀仪法主要采用由德国 NETZSCH 生产的 DIL402PC 热膨胀仪分别对湿式摩擦材料的平面和厚度方向进行热膨胀系数测试，升温速度通常也为 5 K/min。在测试之前，需要对样品进行平整化处理，以降低测试误差。其中，静态热机械分析法的温度控制精度较低，而热膨胀仪法的温度控制精度相对较高。此外，通过热膨胀仪法得到的膨胀系数-温度曲线可以获得材料的各项性能指标，如软化温度和融化温度等性能。通过热膨胀仪的 c-DTA 功能，可通过图谱分析计算得到差热 DTA 曲线，使得仪器在测得热膨胀系数的同时还能测得样品的吸放热效应。

2.2.4 三维表面轮廓的表征方法

本书选择由日本设计制造的 OPTELICS C130 激光共聚焦显微镜对湿式摩擦材料和对偶盘的三维表面轮廓进行分析，最终获得材料的三维表面粗糙度、表面倾斜度（S_{sk}）、轮廓陡峭度（S_{ku}）、微观不平度（S_z）以及轮廓的最大峰高（S_p）等数据。通过

$$S_a = \frac{1}{MN}\sum_{j=1}^{N}\sum_{i=1}^{M}\eta^2(x_i, y_j) \tag{2-19}$$

$$S_q = \sqrt{\frac{1}{MN}\sum_{j=1}^{N}\sum_{i=1}^{M}\eta^2(x_i, y_j)} \tag{2-20}$$

求解表面粗糙峰高度的算术平均差和均方根偏差，继而获得 3D 表面粗糙度 S_a 和 S_q。式中，S_a 为算术平均差；S_q 为均方根偏差；M 和 N 分别为 x 方向和 y 方向粗糙峰的数量；$\eta(x_i, y_j)$ 为第 (i,j) 个粗糙峰的高度值。其中，微观不平度也叫表面十点高度，在一个取样范围内，实际轮廓上五个最大轮廓峰高的平均值与五个最大轮廓谷深的平均值之和，能够反映表面的微观集合形状特征。表面倾斜度：若表面高度对称分布，则偏斜度为零；若表面分布在基准面之下有大的尖峰，$S_{sk} < 0$，相反，表面分布在基准面之上有大的尖峰，则 $S_{sk} > 0$。轮廓的陡峭度：对于高斯表面的陡峭度，集中的高度分布表面其 $S_{ku} > 3$，分散的高度分布表面其 $S_{ku} < 3$。

2.2.5 孔隙结构的表征方法

本书采用由美国麦克仪器公司设计制造的 AutoPore IV 9500 型压汞仪，基于 Washburn 方程

$$Pr = -2\gamma\cos\theta \tag{2-21}$$

对湿式摩擦材料的孔隙结构进行表征，进而获得体积孔径分布、孔隙率、渗透率、分形维数和骨架密度等数据。通过

$$\rho_f = \frac{m}{V - V_p} \tag{2-22}$$

可以获得湿式摩擦材料的骨架密度，通过

$$K_{per} = \frac{ND_f}{8\tau^2}\left|\frac{1-\lambda^{5-D_f}}{\lambda^{-D_f}-1}\right|\frac{r_m^5}{5-D_f} \tag{2-23}$$

$$\lambda = r_0/r_m \tag{2-24}$$

$$\tau = L_c/L_m \tag{2-25}$$

可以获得湿式摩擦材料的渗透率。式中，P 为高压进汞的压力；r 为孔隙半径；γ 为汞的表面张

力；θ 为试样的接触角；ρ_f 为试样的骨架密度；m 为试样的质量；V 为试样的体积；V_p 为试样孔隙的体积；K_{per} 为试样的渗透率；D_f 为试样的分形维数；r_m 为大孔尺寸；r_0 为小孔尺寸；N 为单位体积内孔的数量；τ 为毛细管的平均曲率；L_c 为毛细管的半径；L_m 为毛细管的长度。仪器的测试范围为3.6 nm ～ 1 mm，湿式摩擦材料的接触角通常取 130°。汞的表面张力和密度分别取 485 dyn/cm(1dyn(达因)＝10^{-5} N) 和 13.53 g/mL。

对于固体多孔材料，不同的孔可以视作固体内的孔、通道或空腔，或者是形成床层、压制体以及团聚体的固体颗粒间的空间（如裂缝或空隙）。除了可测定孔外，固体中可能还有一些闭孔，这些孔与外表面不相通，且流体不能渗入。压汞仪所测孔不包括这些闭孔。根据孔的大小，固体多孔材料中的孔可以分为微孔（＜2 nm）、介孔（2 ～ 50 nm）和大孔（＞50 nm）。根据孔的通畅程度，可以分为交连孔（开孔）、通孔（开孔）、盲孔（开孔）和闭孔，如图 2-18(a) 所示。根据孔形可以分为筒形孔、裂缝孔、锥形孔、球形孔（墨水瓶孔），如图 2-18(b) 所示。孔隙度通常为深度大于宽度的表面特征。孔隙率通常是用来表示固体材料的孔特性，其更为准确的定义为一定量固体中的可测定孔和空隙的体积（孔体积和空体积）与其占有的总体积之比。通过

$$P_b = K_\gamma / D \tag{2-26}$$

$$D_{eff} = D_b \theta_c / \tau \tag{2-27}$$

可以计算得到固体多孔材料的颗粒粒径和孔曲率。式中，P_b 为穿透压力，N/m；K_γ 为比例常数；D 为颗粒直径，μm；D_{eff} 为为有效扩散系数；D_b 为自由（散装）流体的扩散系数；θ_c 为孔体积分数；τ 为扭曲系数。孔曲率可以表征孔弯曲的性质和状态。与普通维数(0,1,2,3) 相对应的维数称为分形维数，通常它们的维数值不是整数。分形维数是表征表面粗糙度的参数，最完美的平坦表面的分形维数为 2，最粗糙表面的分形维数为 3。

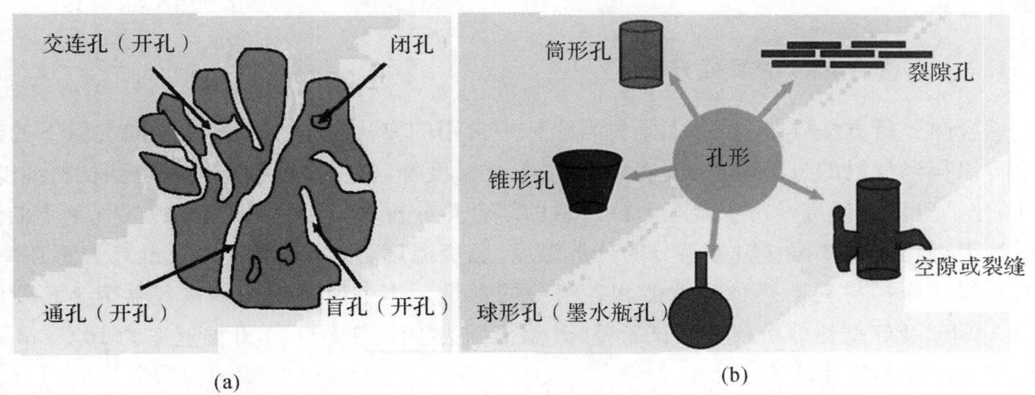

图 2-18　孔的类型及结构[1]

(a) 孔的类型；(b) 孔形的分类

2.2.6　界面性能的表征方法

本书中湿式摩擦材料界面性能的表征主要采用的是热机械分析中的动态法，即动态力学分析。动态力学分析仪(Dynamic Mechanical Analysis，DMA) 测量的是材料的动态模量、力学损耗与温度之间的一种关系，可以有拉伸测试、压缩测试和剪切测试三种模式。温度范围为

−150～600℃，温度精度为±0.01℃，加热速率为0.1～100℃/min(最小可以以0.01℃/min步进)。对于黏弹性材料来说，当它受到交变应力作用时，它的模量可以用以下几种形式表示：

$$E^{*}=\sigma/\varepsilon=E'+\mathrm{i}E''=E'(1+\mathrm{i}\tan\delta) \tag{2-28}$$

$$E'=|E^{*}|\cos\delta \tag{2-29}$$

$$E''=|E^{*}|\sin\delta \tag{2-30}$$

$$\tan\delta=E''/E' \tag{2-31}$$

式中，E^{*} 为材料在动态变化过程中的复合模量；σ 为材料所受应力，MPa；ε 为材料在应力下的应变；E' 为储能模量(弹性模量，表征的是材料的刚度)；E'' 为损耗模量(表征的是材料的黏性)；$\tan\delta$ 为阻尼；δ 为材料所受应力与应变的相位角。

对于碳纤维增强高分子基湿式摩擦材料，在温度较低时，摩擦过程中材料的储能模量较高，材料呈现刚性，随着温度的升高，材料中的酚醛树脂等有机高分子黏度增加，此时，摩擦材料的储能模量将会下降，在此过程中伴随着材料损耗模量上升，当材料中酚醛树脂以及其他有机成分达到其玻璃化转变温度时，材料的损耗模量也达到最大值[2-3]，损耗模量峰值所对应的温度即为材料中有机组分的玻璃化转变温度。如果继续升高材料温度，酚醛树脂的黏性将会下降，酚醛树脂内发生交联反应，此时材料的损耗模量下降，储能模量上升。温度达到一定值后，材料内酚醛树脂将会发生分解，材料的储能模量又开始下降。

2.2.7 表面、截面和断面形貌表征方法

本书选用JEOL6460型扫描电子显微镜(Field Emission Scanning Electron Microscopy，FESEM)和OPTELICS C130激光共聚焦显微镜对湿式摩擦材料的表面、截面和断面结构进行观察分析。为了获得样品清晰的微观形貌、各组分之间的相互关系和结构，需要对其表面进行喷金处理。

2.2.8 综合热分析表征方法

综合热分析方法(DSC－TG)是材料表征中常用的方法之一。通过在不同气氛下的恒速升温可以得到材料的分解温度、玻璃化温度、氧化温度等，依据这些数据可以得到材料纯度、稳定性、分子质量等信息。对于湿式摩擦材料的综合热分析表征，通常依靠在氮气气氛下的恒速升温过程得到湿式摩擦材料各组分的分解温度、燃烧温度、重结晶温度以及最终失重速率，从而判断湿式摩擦材料的热稳定性能和各组分的含量。本书所采用的热重仪器为NETZSCH STA 409PC/PG型热分析仪。测试条件：升温范围为40～1 200℃，升温速率为10℃/min，氮气保护气和吹扫气速流为40 mL/min。

2.2.9 接触角表征

本书采用德国KRUSS公司的DSA100型视频光学接触角测试仪对样品的浸润性进行测试。视频光学接触角测试仪主要用于测量液体对固体的接触角，即液体对固体的浸润性，可以测量各种液体对各种材料的接触角，也可以用于纳米材料、高分子复合材料、生物复合材料、油漆、涂料、涂层、信息材料等领域表面/界面性能的研究。接触角测量范围：0～180°；测量精度：±0.1°；表面/界面张力测量范围：$1\times10^{-2}\sim2\times10^{3}$ mN/m；分辨率：±0.01 mN/m。测量方法可以分为座滴法、斜板法、悬滴法、震荡滴法、单纤维测量方法等。采用座滴法、悬滴法

来测量液体的静态、动态接触角及液体的表面/界面张力。采用薄层法测量熔融聚合物或高黏液体的表面张力,可动态记录吸附材料的吸附过程,并可计算固体的表面自由能及分布等。

2.2.10 红外光谱表征方法

采用美国 Bruker 公司生产的 VERTE70 型傅里叶红外光谱仪(FTIR)通过溴化钾压片法对碳纤维表面的结构和基团进行分析表征。

2.2.11 拉曼光谱表征方法

采用英国 Renishaw 公司生产的 Renishaw-invia 型拉曼(Raman)光谱仪对改性前、后的碳纤维进行分析表征。

2.2.12 X射线光电子能谱表征方法

采用日本 Kratos 公司生产的 Kratos Axis 165 Spectrometer 型 X 射线光电子能谱(XPS)仪对改性前、后的碳纤维表面官能团变化及纤维表面生长无机纳米颗粒进行分析表征。所有测试结果都按照 C1s 能级在 284.8eV 进行修正。

2.2.13 TEM 表征方法

采用美国 FEI 公司生产的 FEI Tecnai G2 F20 S-TWIN 透射电子显微镜对改性前、后的碳纤维进行分析,尤其是将其用于分析在碳纤维表面生长的无机纳米颗粒及其与碳纤维之间的界面结合。

2.2.14 XRD 表征方法

采用 D/max 2200PC X 光衍射仪对碳纤维表面生长的无机纳米颗粒进行物相分析。

2.3 湿式摩擦材料摩擦学性能的影响因素

表面物质运动主要包括机械运动、化学作用和热作用。机械作用使摩擦表面发生物质损失及物理变形。化学作用使摩擦表面发生性状的改变。热作用使摩擦的表面发生形状的改变。其他作用造成各种作用的产生。摩擦是两个相互接触的固体表面产生滑动或滚动时所遇到的阻力,与运动方向相反的切向阻力称为摩擦力。摩擦不是材料的固有特性,而是摩擦副的一种系统响应。没有化学膜和吸附物的两个洁净表面将产生很大的摩擦。表面污染物或薄膜将减小摩擦,润滑表面通常表现出较弱的黏着和很低的摩擦。但是界面上的少量液体会导致润滑面的黏着,从而产生很大的摩擦力,这对两个光滑表面尤为明显。摩擦有利有弊。没有摩擦,人们将无法行走,汽车在公路上也无法行驶,人们无法拾起物体。在某些机械部件中,如交通工具的制动系统和离合器、摩擦传动(带传动),还要设法增大摩擦。对于大多数的滑动和转动零件(如轴承和密封件),摩擦是不希望出现的,它将引起能耗和接触表面的磨损,所以应尽量减小它们的摩擦。因此,对于本书所涉及的湿式摩擦材料,其主要应用为湿式传动系统,这就要求摩擦因数在一定范围内越大越好。摩擦学性能主要包括摩擦因数、摩擦稳定性和磨损三大部分。

磨损是两个相互接触的固体表面在滑动、滚动或冲击运动中的表面损伤或脱落。在大多数情况下，磨损是表面微凸体相互作用引起的。当发生相对运动时，接触表面材料先产生变形，表面或表面附近的固体材料性能将发生变化，但几乎不引起材料损失。随后，材料从表面剥离，转移到配副表面或者以磨屑形式挣脱表面。对于材料从一个表面转移到另一个表面的情况，虽然有一个表面被磨损使其体积或质量损失，但就界面总体而言，并没有体积或质量的净损失。在材料发生实际损耗之前，一般先产生损伤。磨损一般都被认为是材料发生损耗，固体材料变形(通过显微镜可观察到)虽然不引起质量或体积的变化，但也能引起磨损。同摩擦一样，磨损不是材料的固有特性，而是摩擦副的一种系统响应，运行工况能够影响界面的磨损。有时，人们错误地认为高摩擦因素的界面就有高磨损率，这是不完全正确的。例如固体润滑材料和聚合物界面虽然有较低的摩擦，但却出现较大的磨损，而陶瓷界面只有中度摩擦，却产生极低的磨损。磨损有益也有害。用铅笔写字、车削、抛光和刨削等都是主动利用磨损的实例，它们都需要对磨损过程进行主动控制。而几乎所有机械的使用过程中都不希望发生磨损，对于轴承、密封、齿轮和凸轮等零件，出现非常少的磨损或表面过度粗糙就需要维修更换。对于一个设计良好的摩擦系统，材料磨损是一个非常缓慢的过程，这个过程是稳定和连续的。在机械运行中，如果磨粒尺寸大于零件的配合间隙，那么磨屑积累及循环将是一个比磨损量更严重的问题。

固体表面，确切地说是固气或固液表面，具有很复杂的结构和特性，这些特性与材料性能、表面处理方法、周围环境作用等都有很大关系。固体表面特性对实际接触面积、摩擦、磨损和润滑性能等表面相互作用行为也有重要影响。除了摩擦学功能之外，表面特性还对光学、导电、传热、着色及外观等性能产生影响。任何加工方法形成的固体表面都存在不规则性，它们与理想几何平面有一定偏差，这种不规则性从宏观的外形偏差到原子级的表面偏差都有表现。目前，尚无精密方法可以把常规材料加工到分子精度的平面，即使一些晶体解理所获得的最平整表面也存在大于原子尺度的不规则表面粗糙度。就工程应用而言，表面的宏观形貌、微观形貌和纳米形貌都很重要。除了表面偏差之外，固体表面包括一些独特的物理化学特性区域。由于成形方法的原因，金属和合金表面存在一个硬化层和材料变形层，它们上面是一个微晶或非晶结构区，被称为贝氏层，这个变形层在陶瓷和聚合物表面上也会出现。许多表面都能产生化学反应。除了一些贵重金属之外，大多数金属、合金和非金属表面在空气中都能形成氧化层，在其他环境中也能形成氮化层、硫化层或氯化层。除了化学反应层之外，环境气氛在表面还会形成吸附膜，例如氧气、水气、碳氢化合物的物理吸附膜或化学吸附膜，偶尔还会形成油脂或润滑油膜。这些表面膜在金属和非金属表面都存在。表面膜影响着摩擦磨损性能，吸附膜对表面的相互作用有很大影响。有时，表面膜在运转初期被磨损掉，之后它就不再产生影响。表面的油脂膜或润滑膜可使接触表面的摩擦学性能降低一个或几个数量级。表面化学反应和分子吸附属于表面的外在性质，而表面张力和自由能则是不可忽略的表面内在性能，它们影响表面的吸附能力。表面纹理是三维表面形貌的随机性偏差，它包括表面粗糙度、波纹度、形貌走向和瑕疵。表面粗糙度是微纳米尺度上的表面不规则性，它由短波长的表面波动构成，表面为不同幅度和间隔的局部高峰(凸峰)和局部低谷(凹谷)，凸峰可以看作是二维轮廓上的顶峰或三维表面上的极点。微纳米表面粗糙度反应了加工过程的固有特性，例如横向进刀的振动痕迹，它包括表面粗糙度取样长度内的所有不规则性。波纹度是宏观的表面粗糙度，它由较大波长的表面起伏构成。波纹度产生于机床和工件的变形、振动、热处理、翘曲变形等，它包括间距大于表面粗糙度的取样长度、小于波纹度的取样长度的所有不规则性。形貌走向支配表面形貌的主方向，它通常取决于加工方法。瑕疵是一种无意的纹理间断。另外，表面上还可能有一种很大波长的偏差，它被称为形状误差，通常它不作为表面纹理看待。大多数表面纹理都具有随机性，它们属于各向同性或各向异性，呈现高斯(正态)分布或非高斯分布。加工方法决定了表面粗糙度是否各向同性或服从于高斯分布。多点加工过程(例如喷砂、电解抛光、研磨等)成形的表面是大量随机离散成形点的累积结果，如果忽略各个成形点的分布，其累积效应将具有高斯分布，这已被统计学的中心极限定理所证明。而像车削、刨削这样的单点过程和磨削、洗削这样的极值过程，一般都形成各向异性的非高斯分布表面。高斯分布是表面的主要类型。

由于表面粗糙度的影响，两个表面的实际接触发生在离散的微凸体上。所有微凸体的接触面积之和是实际接触面积(或简称接触面积)。对于大多数材料，实际接触面积仅占名义接触面积的很小一部分，除非接触表面是理想的光滑表面。实际接触面积与表面纹理、材料特性及界面载荷状况有关。当表面上的微凸体很接近时，原子之间的作用力使微凸体产生黏着，一旦有相对滑动，微凸体之间的黏着力和其他作用力即构成摩擦力。接触界面的相互作用将产生磨粒，最终破坏表面。接触面积越小，表面的相互作用越小，磨损就越少。表面纹理和材料特性对摩擦磨损的影响与实际接触面积有关。两个表面开始进入接触时，最初的接触只发生在几个粗糙体上，表面承受着法向载荷。随着载荷增大，表面进一步贴近，更多高微凸体都进入接触状态，同时也使已发生的接触面积进一步增大，以承受增大的载荷。接触区发生的变形将产生抗衡外载荷的应力，表面变形包括弹性、塑性、黏弹性或黏塑性等形式，具体的变形形式取决于名义正应力和切应力、表面粗糙度和材料性能。显然，接触点的局部应力远大于名义应力，尽管名义应力可能处于弹性范围，但局部应力却可能超出弹性极限或屈服强度，使接触点发生塑性屈服。在大多数接触状态中，一部分微凸体发生弹性变形，另一部分微凸体发生塑性变形。一般情况下，固体表面产生弹性变形，但微凸体顶端却可能发生塑性变形。两个粗糙表面接触时，有大量形状各异、尺寸不同的微凸体相互挤压。为了简化分析，有时把表面微凸体的顶端视作球面，这就把两个表面的接触问题简化为一系列球面发生接触的模型。

原子级的力学、化学和电现象一般都靠热能辅助或激发，因而大多数的表面行为都与温度有关。在滑动过程中，工况条件(载荷、速度和惯量)对摩擦磨损的影响往往是由温升引起的，许多材料的力学性能(弹性模量和硬度)和润滑性能都将随着界面温升而退化，从而影响其摩擦学性能。因此，摩擦界面的温升计算是十分重要的。在滑动过程中，大部分摩擦能量都消耗于塑性变形而被直接转化为接触面表层材料的热能。塑性变形加剧了原子晶格的振动，产生一种光子的声波，声能最终转化为热能。接触弹性变形的 0.1%～10%(一般少于 1%)能量损失消耗于光子。在黏弹性变形中，弹性滞后也会产生热能。在无润滑剂的条件下，这些热量通过接触点传入两个滑动体。两个物体的接触可以近似看作单微凸体接触和多微凸体接触。在高应力接触情况下，实际接触面积接近于名义接触面积，它可以近似为滑动过程中的单体接触。在很低的载荷下，两个非常光滑表面的接触也可以近似为单体接触，在常见的工程表面接触中，低应力接触情况普遍存在，此时微凸体的相互作用导致温度很高的瞬间闪温，闪温出现在几微米的面积上，温度高达几百摄氏度，持续时间只有几纳秒到几微秒。它们在滑动过程中随时都在变化。因而热量仅释放在微小接触点上，所以接触微凸体上的温升很高。若其中一个滑动体是软质材料(例如聚合物),温升就不会很高,因为聚合物的实际接触面积较大,它降低了单位面积上的热量。较大接触面的摩擦温升可以比较精确地测量,而孤立的微小接触点上的温升却很难测量。很多技术试图用于测量滑动接触的瞬间温升,但收效甚微。因此,瞬间温升一般只是通过计算得到,而非测量得到。

2.3.1 影响摩擦因数的因素

摩擦因数是指两表面间的摩擦力和作用在其一表面上的垂直力之比值。它与表面的粗糙度有关,而与接触面积的大小无关。依运动的性质,它可分为动摩擦因数和静摩擦因数。滑动摩擦力是两物体相互接触发生相对滑动而产生的。因此影响湿式摩擦材料摩擦因数的主要因素为表面粗糙度。在湿式制动过程中,影响湿式摩擦材料表面粗糙度的因素主要有材料的种类及制备工艺(包括摩擦衬片材料和对偶材料)、材料所处的工作环境及润滑油的性质。本书主要研究摩擦衬片材料表面粗糙度对其摩擦因数的影响。第一,通过添加固体颗粒在某种程度上可以增加材料的表面粗糙度,继而增加其摩擦因数;第二,通过纤维表面改性或采用不同的高分子基体可以增加纤维与基体之间的界面结合,使材料的表面粗糙峰能够被很好地固定,进而可以使其维持较高的摩擦因数;第三,材料的压缩模量越小,越容易被压缩,那么在相同的压力下,接触粗糙峰的数量就会多,摩擦因数就大;第四,材料所受的工况条件越严苛(压力越大、转速越高、惯量越大),那么整个滑动过程中的温度就会越高,材料就越易于发生软化,那么基体对表面粗糙峰的固定强度就会下降,这将导致较低的摩擦因数;第五,材料的孔隙率越高,润滑油就越易于进入材料内部,导致材料的表面粗糙峰充分暴露,进而使摩擦因数增大。

2.3.2 影响摩擦稳定性的因素

摩擦稳定性主要通过整个滑动过程中的摩擦力矩或摩擦因数的波动性来衡量。影响湿式摩擦材料摩擦稳定性的因素主要有压缩模量和摩擦界面的温度。在实际工作中,湿式摩擦材料所受到的压力是有一定浮动的,因此对于具有较小压缩模量的材料,其表面粗糙峰也是易于浮动变化的,这导致了较差的摩擦稳定性。高的摩擦界面温度易使材料发生软化,从而降低材料的强度,影响摩擦稳定性。而影响摩擦界面温度的主要因素有工况条件和材料的孔隙率。大的孔隙率有利于润滑油进出其中,继而能够保证润滑油充分发挥其降温作用。

2.3.3 影响磨损的因素

磨损主要是指摩擦副相对运动时,表面物质不断损失或产生残余变形的现象。磨损过程的一般分为三个阶段:磨合阶段、稳定磨损阶段和剧烈磨损阶段。磨合阶段:磨损量随时间的增加而增加,一般出现在初始运动阶段,由于表面存在粗糙度,微凸体接触面积小,接触应力大,磨损速度快。稳定磨损阶段:摩擦表面磨合后达到稳定状态,磨损率保持不变,标志着磨损条件保持相对稳定,是零件整个寿命范围内的工作过程。剧烈磨损阶段:工作条件恶化,磨损量急剧增大,精度降低,间隙增大,温度升高,产生冲击、振动和噪声,最终导致零部件完全失效。影响磨损的因素主要包括材料本身的组成、界面结合及摩擦界面温度。通过在摩擦材料中添加耐磨组分可以在一定程度上改善材料的耐磨性能。优异的界面结合能够很好地阻止纤维拔出、基体断裂、粗糙峰断裂,继而阻止磨粒的形成,最终达到改善磨损性能的目的。高的摩擦界面温度易于软化摩擦材料，甚至破坏材料，这将加重材料的磨损。

2.3.4 磨损机理

磨损源于表面的力学作用或化学作用，摩擦温升将加剧磨损。磨损有六种主要形式：黏着磨损、磨粒磨损、疲劳磨损、冲击磨损、化学磨损（或腐蚀磨损）和电弧感应磨损。它们的共同特征是从摩擦表面剥离固体材料。其他常见的磨损形式还有微动磨损或微动腐蚀，但它们不是独立的磨损，而是黏着磨损、腐蚀磨损和磨粒磨损的复合形式。据估计，工程中有 2/3 的磨损是黏着磨损和磨粒磨损。除了疲劳磨损之外，所有磨损机理的材料剥离都是渐进发生的。一个摩擦副可有一种或多种磨损机理。在大多数情况中，开始的磨损是一种机理引起的，逐渐发展成另一种磨损机理起主要作用，这使磨损失效分析变得更加复杂。一般的分析都是面对零件最终失效的磨损机理，而不是磨损过程中某个阶段的磨损机理。对于湿式摩擦材料，主要有黏着磨损、磨粒磨损和疲劳磨损，在摩擦过程中这些磨损机理经常是同时发生的。

1. 黏着磨损

黏着磨损是由两个相互接触的摩擦面在摩擦过程中发生剪切作用后引起的。由于摩擦材料和对偶盘在摩擦过程中作相对运动，因此，它们两者界面之间存在着剪切力，这个剪切力的大小以及材料本身的性质决定了黏着磨损的程度，薄片状磨损是黏着磨损的主要表现形式[4-5]。两个固体平面发生滑动接触时，无论是干摩擦还是润滑摩擦都会产生黏着磨损。黏着起源于界面的微凸体接触，滑动使这些接触点产生剪切作用，导致碎片从接触点一侧被剥离，黏着到另一侧的微凸体上。当滑动继续时，转移的碎片从其黏着的表面上脱落，又转移到原来的表面上，否则就成为游离的磨粒。经过反复加载和卸载的疲劳作用，有些转移碎片将发生断裂，它们也能成为游离的磨粒。在纤维增强树脂基摩擦材料中，参与摩擦的是树脂基复合材料以及对偶盘 45# 钢，黏着磨损首先表现出的就是树脂基材料向对偶盘上转移，然后根据摩擦材料自身的性质决定两者之间的黏着磨损形式。纤维增强树脂基摩擦材料在黏着磨损过程中，往往会在摩擦界面之间形成一个边界层，这个边界层的性质是由摩擦过程中的主轴转速、表面稳定以及主轴压力等几个因素决定的。

2. 磨粒磨损

硬粗糙度表面和硬颗粒在软表面上滑动时产生的塑性变形或断裂将引起表面损伤，这就是磨粒磨损。对于具有高断裂韧度的延展性材料，硬质微凸体或硬质颗粒在表面上产生塑性流动，大多数金属和陶瓷表面在滑动过程中也出现明显的塑性变形。对于低断裂韧度的脆性材料而言，脆性断裂是磨损的原因，此时在磨损区域上将出现很明显的裂纹。磨粒磨损一般有两种情况。第一种情况是两体磨粒磨损，两个摩擦表面中硬度较高者充当硬质体，机械加工中的磨削、切削和车削就是这类情况。第二种情况是三体磨粒磨损，两个表面中有第三体物质充当硬质体，这类物质通常是夹在两个表面之间的小颗粒，它们的硬度很高，使一个或两个表面都产生磨损，研磨和抛光就是这类磨损。在大多数情况下，滑动开始阶段的磨损就是黏着磨损，表面上积累磨粒之后就引起三体磨粒磨损。湿式摩擦材料的磨损就属于这种三体磨粒磨损。

3. 疲劳磨损

在反复的滚动和滑动作用下，接触表面将出现疲劳。重复性的加载、卸载循环会产生表面变形和表面裂纹，超过一定循环次数之后，表面最终剥离出大碎片，在表面上留下大量凹坑，它们被称为点蚀。临界循环加载次数可能是数百次、数千次或数万次，在达到临界循环次数之前，磨损不是十分明显。这与黏着磨损或磨粒磨损机理有很大区别，后者的磨损开始时就在表面产生渐进破坏。因此，材料损耗量不是疲劳磨损的表征参数，它的表征参数是疲劳失效之前的使用寿命，一般以循环次数或磨损时间为单位。陶瓷材料中常见的化学诱导裂纹扩展通常称作静态疲劳。许多陶瓷材料的裂纹尖端存在拉应力和水蒸气，这种环境诱发裂纹尖端发生化学断裂，因而加快了裂纹的扩展速度。化学诱导断裂加剧了滚动和滑动状态下的表面磨损。

参考文献

[1] Rouquerol F, Rouquerol J, Sing K. Adsorption by Powders and Porous Solids[M]. Pittsburgh, America: Academic Press, 2013.

[2] 陈平. 高聚物的结构与性能[M]. 北京:化学工业出版社, 2013.

[3] Jae - Do N, Seferis J C. Viscoelastic characterization of phenolic resin - carbon fiber composite degradation process[J]. Journal of Polymer Science Part B: Polymer Physics, 1999, 37(9):907 - 918.

[4] Swanson M T. Geometry and kinematics of adhesive wear in brittle strike - slip fault zones[J]. Journal of Structural Geology, 2005, 27(5):871 - 887.

[5] Talib R J, Muchtar A, Azhari C H. Microstructural characteristics on the surface and subsurface of semimetallic automotive friction materials during braking process[J]. Journal of Materials Processing Technology, 2003, 140(1 - 3):694 - 699.

第 3 章　碳纤维增强木纤维/树脂基摩擦材料

3.1　碳纤维增强木纤维/树脂基摩擦材料概述

木纤维/树脂基摩擦材料是一种具有多孔性的湿式摩擦材料，主要应用于汽车自动变速器、差速器、扭矩管理器和同步器等湿式离合结合装置以及锁止装置中[1-3]。它具有摩擦因数高、传扭能力强、结合平稳、使用寿命长以及结构可设计等突出优点。摩擦材料通常是多孔的和可变形的，在宽泛的压力、转速、温度和其他一些工况条件的作用下，它们应该保持适度高的、稳定的摩擦因数和低的磨损。为了满足上述需要，木纤维/树脂基摩擦材料通常是由多种组分组成的，主要包括纤维增强体、黏结剂、填料和摩擦性能调节剂。纤维在维持摩擦材料强度、热稳定性以及摩擦性能方面起着关键的作用。由于其优异的性能和低的成本，许多年来石棉一直被用作纤维增强体。然而，石棉将引起长期的健康问题限制了它的发展。不同种类的纤维，如芳纶纤维、陶瓷纤维、纤维素纤维以及它们的混合逐渐作为增强体在木纤维/树脂基摩擦材料中得到应用[4]。碳纤维具有一系列优异的性能，如高的强度、高的模量、优异的摩擦磨损性能和低的热膨胀系数，这使它在许多摩擦材料里作为增强体被使用[5-7]。1997 年，Winckler P S[8]发明了一种碳纤维增强湿式摩擦材料，摩擦特性良好。20 世纪 90 年代初，我国开始出现有关木纤维/树脂基摩擦材料的研究报道[9]，然而涉及碳纤维作为木纤维/树脂基摩擦材料增强纤维的研究报道较少。直到 2004 年，付业伟等人[10]发明了一种毫米级碳纤维增强木纤维/树脂基摩擦材料，该材料的起始分解温度和失重速率等耐热性能指标优良，摩擦因数稳定，耐磨性能优异。此后，费杰等人[11]研究了不同增强纤维对木纤维/树脂基摩擦材料性能的影响，实验证明，碳纤维增强木纤维/树脂基摩擦材料性能远优于纤维素纤维、芳纶纤维增强木纤维/树脂基摩擦材料。随着机动车辆向高速度、大载荷和无环境污染的方向发展，具有优异摩擦学性能、热性能以及机械性能的碳纤维增强木纤维/树脂基摩擦材料也已经被广泛地研究和使用[11-13]。木纤维/树脂基摩擦材料中的增强纤维、摩擦性能调节剂、黏结剂树脂以及填料等对材料的摩擦学性能、热性能以及机械性能等都有着重要影响，且这种影响具有明显的相关性[14-15]。

3.1.1　碳纤维增强木纤维/树脂基摩擦材料的组分研究

Gao H 等人[16]制备的木纤维/树脂基摩擦材料主要是由纤维素纤维、硬颗粒填料和树脂组成的；Kimura Y 等人[17]制备的木纤维/树脂基摩擦材料主要是由合成纤维（如纤维素、聚芳酰胺）、固体润滑剂和其他微粒（如石墨、二硫化钼、腰果粉、丙烯酸橡胶），通过热固性树脂浸渍后热压而成的。而碳纤维增强木纤维/树脂基摩擦材料的主要成分为碳纤维、黏结剂、填料以及摩擦性能调节剂。在这些原材料的选择方面，国内外研究工作者一直进行着研究探索，以期获得更为合适的材料组分。

1. 黏结剂树脂

黏结剂的作用是将木纤维/树脂基摩擦材料中的各组分黏结在一起，为整个摩擦材料提供一定的机械性能与摩擦性能，是材料中载荷的传递媒介。酚醛树脂一直是木纤维/树脂基摩擦材料的主要黏结剂，但由于纯酚醛树脂具有耐热性差、脆性大、硬度高等缺点，目前研究人员主要采用改性酚醛树脂。常用的改性酚醛树脂包括腰果壳油改性酚醛树脂、硼改性酚醛树脂以及丁腈改性酚醛树脂等。另外，由于可以提高摩擦材料的弹性和动摩擦因数，硅酮树脂也是木纤维/树脂基摩擦材料使用较多的黏结剂，与酚醛树脂混用可以改善单一硅酮树脂引起的摩擦材料分层和剪切强度过低的问题，制备的摩擦材料通常具有较高的摩擦稳定性和耐热性。胡健等人[18]研究了丁腈改性酚醛树脂含量对湿式木纤维/树脂基摩擦材料的摩擦学性能和微观特征的影响。结果表明，材料的孔隙率随树脂含量的增加而降低，当树脂含量为25%时，材料的综合性能较高，摩擦因数的压力稳定性和转速稳定性较好，材料的摩擦力矩曲线较为平稳，并且材料磨损后的微观特征也较好。Fei J 等人[19]制备出具有 4 种不同腰果壳油改性酚醛树脂含量的碳纤维增强木纤维/树脂基摩擦材料，并对其摩擦磨损性能进行了研究，结果表明，在碳纤维增强木纤维/树脂基摩擦材料中，当改性酚醛树脂含量在35%～40%时，样品具有高的摩擦因数，良好的摩擦稳定性，良好的耐热性和合理的强度。由此可见，国内外对碳纤维增强木纤维/树脂基摩擦材料黏结剂的研究主要集中在对酚醛树脂的改性上，致使木纤维/树脂基摩擦材料黏结剂树脂品种过于单一。为了改善摩擦材料的柔韧性和耐热性，李贺军等人[20]制备出了一种橡胶-树脂共混型碳纤维增强木纤维/树脂基摩擦材料，其具有木纤维/树脂基摩擦材料的摩擦稳定、耐高温和耐磨损的基本特征，通过融入橡胶组分的高摩擦因数特征大大增加了这种橡胶-树脂共混木纤维/树脂基摩擦材料的动摩擦因数，并改善了它的弹性。

2. 摩擦性能调节剂

摩擦性能调节剂对木纤维/树脂基摩擦材料的摩擦磨损性能起着重要的调节作用。费杰等人[21]通过对不同石墨含量的碳纤维增强木纤维/树脂基摩擦材料进行摩擦磨损性能的研究，发现随着石墨含量的增加，摩擦材料的摩擦稳定性增加、摩擦因数减小、磨损率降低；不含石墨的摩擦材料的磨损面存在尺寸较大的磨粒且出现裂纹；随着石墨增加，摩擦面出现了润滑性能良好的润滑膜，一定程度上降低了材料的磨损率。Zhang X 等人[22]研究了 4 种不同石墨粒度的碳纤维增强木纤维/树脂基摩擦材料的动摩擦因数、静摩擦因数、磨损率及表面形貌。结果表明：随着石墨粒度的降低，结合所需时间增加，摩擦力矩曲线中间部分比较平直；动、静摩擦因数降低，磨损率减小。同时，摩擦因数随着结合转速和压力的增大而减小。随着石墨粒度的减小，摩擦表面形成了润滑性能优异的固体润滑膜，有利于降低材料的磨损率。费杰等人[23]还研究了 Al_2O_3 含量对碳纤维增强木纤维/树脂基摩擦材料摩擦学性能的影响，发现 Al_2O_3 含量对材料的气孔率影响较小，随着 Al_2O_3 含量的增大，摩擦材料结合稳定性增加，摩擦因数增大，磨损率升高。

3. 碳纤维表面改性

碳纤维增强复合材料的综合性能不仅与基体相、增强相有关，更与两相的界面结合状态有着密切联系。良好的结合界面能有效传递载荷，充分发挥碳纤维高模量、高强度的特性，提升碳纤维增强复合材料的力学性能。近年来通过对碳纤维表面进行改性处理，改善碳纤维与树脂基体之间的界面结合状态,充分发挥碳纤维优异的力学性能,一直是研究的重点。目前常用的表面处理方法,主要是在碳纤维表面进行一系列物理化学反应,增加其极性基团的含量和微观形貌的复杂性,从而改善碳纤维与树脂基体的界面结合状态,实现提高复合材料整体力学性能的最终目的。王赫等人[24]综述了液相氧化法、阳极氧化法、气相氧化法、表面涂层改性法、等离子体氧化法等碳纤维表面处理技术原理及进展,并详细论述了气液双效法复合表面处理技术,认为复合处理技术将会成为今后碳纤维表面处理技术的主要研究方向。Li J 等人[25]将碳纤维表面进行空气氧化处理和稀土溶液浸泡处理后,进行了摩擦磨损实验。实验结果表明,用稀土溶液处理过后可以大大减少碳纤维增强聚酰亚胺复合材料的磨损率。碳纤维/聚酰亚胺复合物用稀土溶液处理过后有强烈的界面黏附作用和光滑的摩擦面,碳纤维和聚酰亚胺复合材料界面间增加了大量有机官能团,从而降低了磨损率和摩擦因数。由此可以看出,进行碳纤维表面改性处理可以有效改善摩擦材料的摩擦磨损性能,这将是碳纤维增强木纤维/树脂基摩擦材料的一个重要研究方向。

3.1.2 碳纤维增强木纤维/树脂基摩擦材料的性能研究

1. 理化性能

碳纤维增强木纤维/树脂基摩擦材料的孔隙率、压缩回弹性以及剪切强度等对其整体性能有着重要的影响,国内外学者对碳纤维增强木纤维/树脂基摩擦材料的物理/力学性能进行了广泛的研究。费杰、杨瑞丽等人[26-27]研究了孔隙率对碳纤维增强木纤维/树脂基摩擦材料摩擦磨损性能的影响。试验结果表明,短切碳纤维能在酚醛树脂中均匀分散,相互链接,形成大小不一的贯穿性气孔;随着气孔率的增大,摩擦力矩曲线趋于平稳,静摩擦因数减小,动摩擦因数增大,磨损率升高。邓海金等人[28]研究了气孔率对混杂纤维增强木纤维/树脂基摩擦材料压缩回弹性和摩擦磨损性能的影响。结果表明:在相同载荷下,随着气孔率增大,材料的压缩率增大而回弹率减小,随着载荷增加,高气孔率材料的回弹率先显著增大,而后趋于平稳;在相同转速和压力下,气孔率越大,材料的摩擦因数越大,随着压力增大,气孔率高的材料摩擦因数逐渐减小,且不同气孔率材料的摩擦因数慢慢趋于一致;在连续循环结合时,高气孔率材料的摩擦因数逐渐减小并趋于稳定。这是由于在较高压力下,高气孔率材料的孔隙会引起塌陷,使其气孔率减小,从而影响材料的压缩回弹性和摩擦学性能。

2. 摩擦磨损性能与机理

碳纤维增强木纤维/树脂基摩擦材料的摩擦磨损性能受材料组成、工况条件、润滑状态和温度等诸多因素影响,研究不同状态下摩擦材料的摩擦磨损性能显得尤为重要。付业伟等人[12]研究了碳纤维含量与摩擦材料耐热性能和摩擦磨损性能的相关性,发现随着碳纤维含量的增加,摩擦材料的动摩擦因数呈增加趋势,静摩擦因数和体积磨损率呈减小趋势;当碳纤维含量≥10%时,相应地木纤维/树脂基摩擦材料的摩擦稳定性优异。杨化龙等人[29]设计了4种油槽形式的碳纤维增强木纤维/树脂基摩擦材料摩擦片,并进行了摩擦磨损性能研究。试验结果表明,油槽对碳纤维增强木纤维/树脂基摩擦片的耐热性和结合性能有较大影响,不同油槽摩擦片的摩擦力矩曲线出现差异,增加表面接触面积可以有效提高摩擦片结合负载能力,并且油槽在一定程度上提高了木纤维/树脂基摩擦片的动摩擦因数及稳定性,使得动、静摩擦因数更接近，从而表现出良好的摩擦性能，其中双圆弧槽木纤维/树脂基摩擦片摩擦因数和结合稳定性最好。Fei J 等人[30]研究发现，当工况条件（比压、润滑油流量、转速、油温）达到一定水平时，碳纤维增强木纤维/树脂基摩擦材料的动摩擦因数开始降低，结合稳定性变差，工况条件影响程度顺序为：结合压力＞润滑油流量＞转速＞油温。任远春等人[31]则研究了固化压力对碳纤维增强木纤维/树脂基摩擦材料摩擦磨损性能的影响，指出孔隙率随固化压力增加而下降；动摩擦因数随结合压力的增加呈下降趋势；静/动摩擦因数比随结合压力的增加分布趋势较为复杂，较低的固化条件下，静/动摩擦因数比略有上升，而较高的固化压力使得静/动摩擦因数比有下降趋势；摩擦力矩曲线随固化压力升高有轻微翘起。付业伟等人[32]研究了温度对碳纤维增强木纤维/树脂基摩擦材料摩擦性能的影响。结果表明，在较低温度时，摩擦力矩曲线中间部分趋于平直，呈现两头略低、中间略高的形态，摩擦力矩曲线对称性好。随着摩擦片对偶盘温度升高，摩擦力矩曲线对称性变差，摩擦力矩曲线尾部翘起现象加重，且曲线尾部翘起趋势在高结合压力下更为显著。费杰等人[33-34]制备出一种碳纤维增强木纤维/树脂基摩擦材料，研究了长时间连续结合条件下碳纤维增强木纤维/树脂基摩擦材料的摩擦磨损性能变化规律及样品的摩擦磨损行为。结果表明：随着结合次数的增加，摩擦因数减小，摩擦力矩曲线波动现象严重，由于摩擦表面形成了润滑性能良好的摩擦膜，所以磨损率大幅度降低；摩擦表面粗糙度大幅度减小，材料磨损过程经历了从“磨合磨损”到“稳定磨损”的转变；材料在磨损过程中凸起逐渐被磨平，孔隙逐渐被填充，表现出疲劳磨损的特征；磨损后样品表层的热重曲线在 320～450℃范围出现了新的剧烈失重峰，表现为热磨损。

3.2 工况条件对木纤维树脂基摩擦材料的影响

木纤维/树脂基摩擦材料的摩擦磨损性能不仅取决于材料的固有性质（如材料的化学和物理属性），同时也受到工况条件（如压力、转速、温度及润滑等）的影响。Lloyd F A 等人[35]研究了工况条件对湿式摩擦材料性能的影响。Gopal P 等人[36]研究了碳纤维增强树脂基摩擦材料对工况条件的敏感性，并且揭示了相比于速度而言，动摩擦因数对载荷和温度更敏感。Satapathy B K 等人[37]报道了与单个有机纤维的变化相比，结合压力和滑动速度对摩擦性能的影响更大。木纤维/树脂基摩擦材料的摩擦稳定性可以通过两种方式来研究，一种是能够公平解释结合稳定性的摩擦扭矩曲线，一种是在不同工况条件下动摩擦因数的波动程度。在复杂的工况条件下，摩擦曲线越平，动摩擦因数的变化越小，摩擦稳定性越好。本节以摩擦扭矩曲线和动摩擦因数为准则，采用单因素实验和正交实验设计方法，系统研究碳纤维增强木纤维/树脂基摩擦材料对工况条件的摩擦稳定性。图 3－1 显示了待测碳纤维增强木纤维/树脂基摩擦材料样片的表面相貌。从图中可以看出，短切碳纤维均匀地分散在树脂基体里，形成了不同尺寸的孔，这能够使润滑油到达并流进接触区域，起到润滑和带走摩擦热的作用，进而有效降低材料的磨损[1]。本节中所制备的碳纤维增强木纤维/树脂基摩擦材料以长度为 3～8 mm、直径为5～8 μm的聚丙烯腈基碳纤维为增强体，以腰果壳油改性的酚醛树脂作为黏结剂，以石墨和氧化铝颗粒为摩擦性能调节剂，以硫酸钡、高岭土、氧化镁、氧化锌作为填料。所有颗粒在经过粉化和过滤后，颗粒尺寸都小于 45 μm。

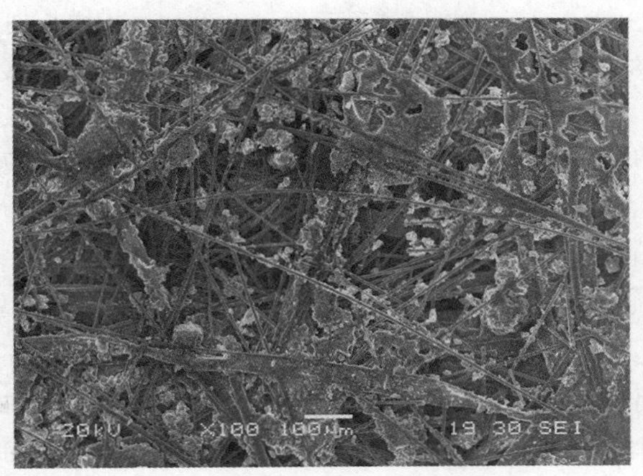

图 3－1　测试样品的表面 SEM 图

3.2.1　比压对摩擦学性能的影响

图 3－2(a)显示了当转速为 2 000 r/min、油温为 70～75℃、润滑油流速为 90 mL/min 时，样品在不同比压条件下的摩擦扭矩曲线。从图中可以看出，随着比压从 0.3 MPa 增长到 1.0 MPa，结合时间从 1.2 s 缩短到了 0.48 s。然而，在低比压的条件下，摩擦扭矩曲线是更平的，这意味着低比压条件下的摩擦稳定性优于高比压条件下的摩擦稳定性。图 3－2(b)显示了比压对动摩擦因数的影响。从图中可以看出，随着比压的增大，动摩擦因数从 0.142 减小到了 0.111。在高压下，结合时间的减小将使更多的润滑油累积到接触表面，进而形成油膜，这层油膜能够覆盖更多的粗糙峰继而降低机械接触。因此，随着压力的增大，动摩擦因数出现了较大的下降。

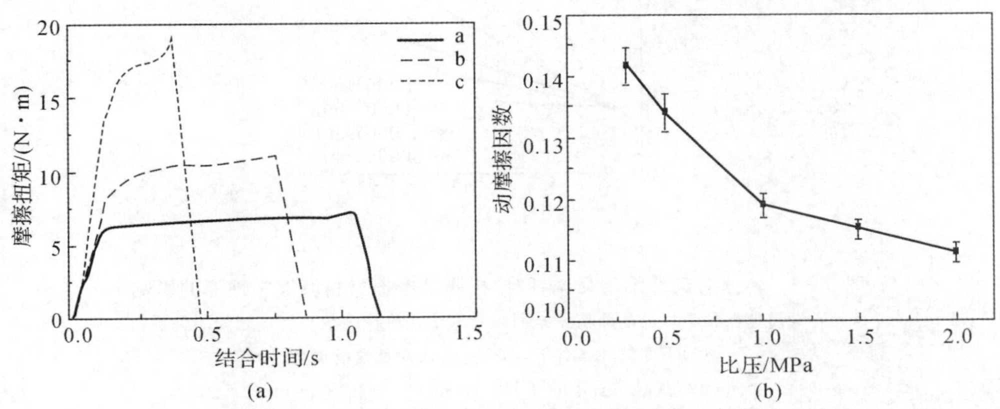

图 3－2　比压对碳纤维增强木纤维/树脂基摩擦材料摩擦性能的影响

(a)不同比压条件下样品的摩擦扭矩曲线；　(b)动摩擦因数与比压之间的关系

a—0.3 MPa；　b—0.5 MPa；　c—1.0 MPa

3.2.2　转速对摩擦学性能的影响

图 3－3(a)显示了转速对摩擦扭矩曲线的影响。当比压、油温和润滑油流速分别控制在

0.5 MPa,70～75℃和 90 mL/min 时,随着转速从 1 000 r/min 增长到 4 000 r/min,结合时间从 0.9 s 延长到了 1.48 s,但是摩擦扭矩值减小。同时,摩擦扭矩曲线变得波动,意味着摩擦稳定性下降。图 3-3(b)显示了与上述相同的工况条件下动摩擦因数和转速之间的关系。从图中可以看出,当转速从 1 000 r/min 增长到 2 000 r/min 时,动摩擦因数增长,然而当转速继续增长到 4 000 r/min 时,动摩擦因数减小。这主要归因于结合过程中摩擦界面的温度。然而直接测试结合过程中摩擦界面的温度是困难的,但对偶盘的温度是可以通过温度传感器进行测量的。如图 3-3(c)所示,随着转速从 1 000 r/min 增长到 4 000 r/min,对偶盘的温度从 68℃增长到了 82℃,这导致了润滑油黏度的下降。因此,由油膜产生的剪切应力趋于减小,继而动摩擦因数减小。另外,在高转速下,高的动能和长的结合时间增加了机械接触面积,这导致了动摩擦因数的增大。在本节中,动摩擦因数的改变主要归因于油膜和机械接触的交互作用。

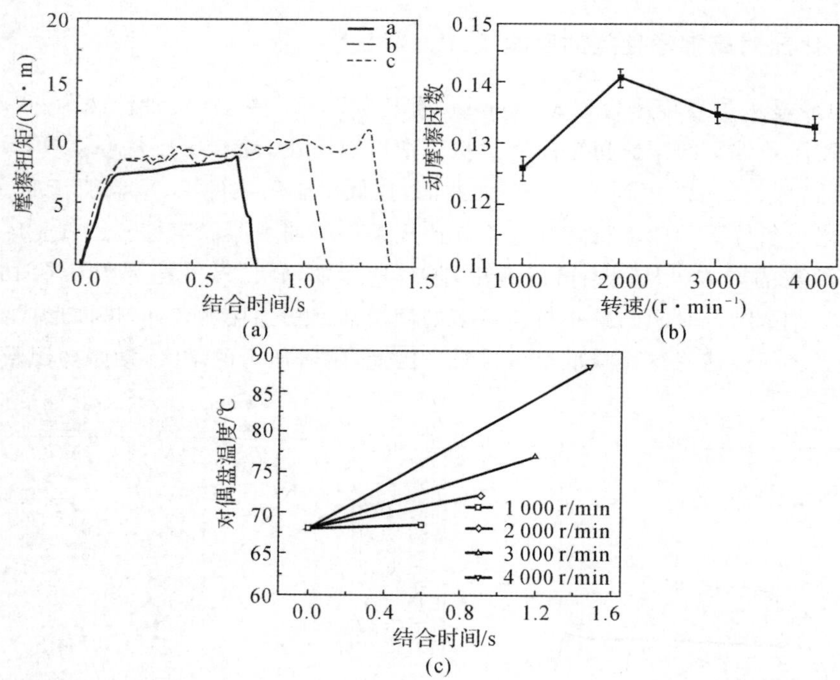

图 3-3　转速对碳纤维增强木纤维/树脂基摩擦材料摩擦学性能的影响

(a)不同转速条件下样品的摩擦扭矩曲线；(b)动摩擦因数与转速之间的关系；

(c)不同转速条件下,结合过程中对偶盘的温度

a—2 000 r/min；　b—3 000 r/min；　c—4 000 r/min

3.2.3　油温对摩擦学性能的影响

图 3-4(a)显示了不同油温条件下的摩擦扭矩曲线。从图中可以看出,随着油温升高,结合时间延长,摩擦扭矩曲线变得波动,这意味着在高油温条件下摩擦稳定性下降。当保持其他工况条件不变时,发现动摩擦因数随着油温的增高而降低,如图 3-4(b)所示。这主要是由于随着油温的升高,润滑油黏度降低,导致油膜产生的剪切力减小,最终导致摩擦因数降低。

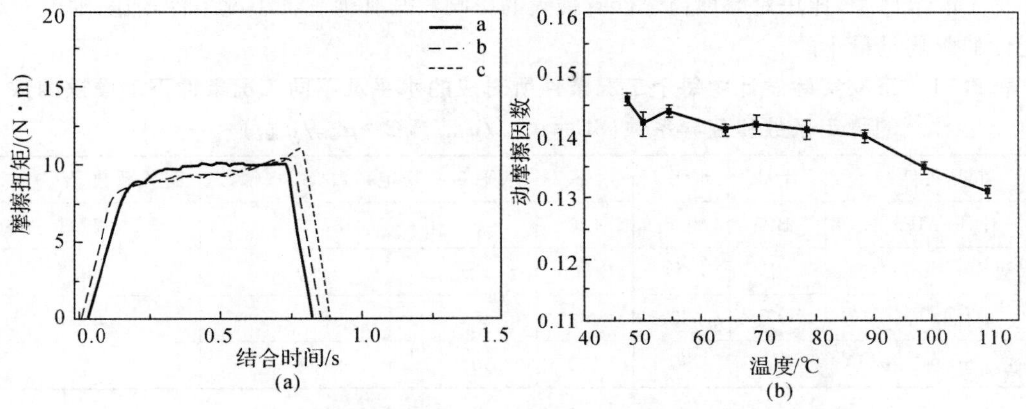

图 3-4　油温对碳纤维增强木纤维/树脂基摩擦材料摩擦性能的影响

(a)不同油温条件下样品的摩擦扭矩曲线；(b)动摩擦因数与油温之间的关系

a—47℃；b—70℃；c—109℃

3.2.4　润滑油流速对摩擦学性能的影响

图 3-5(a)显示了不同润滑油流速条件下样品的摩擦扭矩曲线。从图中可以看出，当润滑油流速即将达到最大值时，结合时间出现缓慢增长，并且摩擦扭矩曲线表现出了跟油温增长所引起的扭矩曲线变化一样的趋势。也就是说，在高的润滑油流速条件下，摩擦稳定性下降。图 3-5(b)显示了动摩擦因数和润滑油流速之间的关系。在整个结合过程中，随着润滑油流速的增大，油膜增厚，致使摩擦材料和对偶盘界面间的油膜成为了主要的接触状态(相对于粗糙峰机械接触而言)，这将导致动摩擦因数的下降。

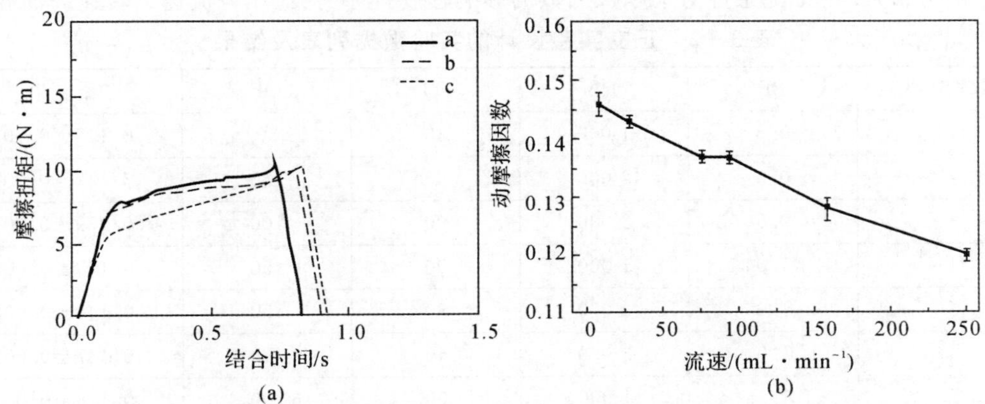

图 3-5　润滑油流速对碳纤维增强木纤维/树脂基摩擦材料摩擦性能的影响

(a)不同润滑油流速条件下样品的摩擦扭矩曲线；(b)动摩擦因数与润滑油之间的关系

a—8 mL/min；b—95 mL/min；c—251 mL/min

3.2.5　工况条件对摩擦学性能的影响

表 3-1 给出了不同工况条件下，动摩擦因数的稳定系数和变异系数。从表中可以看出，与其他三种工况条件相比，不同比压条件下的稳定系数和变异系数值都是最小的，这意味着所

有四种工况条件中，比压对摩擦稳定性有最大的影响。与其他三种工况条件相比，油温对摩擦稳定性的影响是最小的。

表 3-1 正交实验设计中每个工况条件所对应的水平及不同工况条件下动摩擦因数的稳定系数和变异系数($SC=\mu_{mean}/\mu_{max}$，$VC=\mu_{min}/\mu_{max}$)

工况条件	代号	水平 1	水平 2	水平 3	稳定系数(SC)/(%)	变异系数(VC)/(%)
比压/MPa	BP	0.5	1.0	1.5	87.6	78.1
转速/($r \cdot min^{-1}$)	RS	1 000	2 000	3 000	94.9	89.3
油温/℃	OT	30	60	90	96.2	89.6
流速/($mL \cdot min^{-1}$)	OF	50	100	150	92.7	82.4

为了有效地研究工况条件对动摩擦因数的影响，我们采用了正交实验设计和分析[38]。由于本节选取了四种工况条件作为四个因素，因此采用预先设计好的正交阵列 $L_9(3^4)$来分析工况条件对动摩擦因数的影响。表 3-2 给出了正交实验设计参数细节和相应的值以及实验变化和结果。图 3-6 显示了正交实验设计中，工况条件对动摩擦因数的影响，在该图中，每一个点都是三次测试的平均值。从图 3-6(a)中可以发现，随着比压从 0.5 MPa 增大到 1.5 MPa，动摩擦因数缓慢下降，这意味着比压对动摩擦因数影响是有效的。就转速而言(见图 3-6(b))，随着转速的加快，动摩擦因数先增大后减小，并且在 2 000 r/min 处出现最大值，这与之前的研究结果(见图 3-3(b))是一致的。从油温与动摩擦因数的图(见图 3-6(c))中可以发现，随着油温的增高，动摩擦因数缓慢下降。对于润滑油流速而言(见图 3-6(d))，随着流速从 50 mL/min 增加到 150 mL/min，动摩擦因数减小，这个结果与之前的研究也是一致的。通过上述的分析，发现工况条件对动摩擦因数的影响程度排序为：比压＞流速＞转速＞油温。

表 3-2 正交实验设计的实验数据列表及结果

试验编号	BP	RS	OT	OF	结　果
1	0.5	1 000	30	50	0.147±0.003
2	0.5	2 000	60	150	0.142±0.002
3	0.5	3 000	90	100	0.139±0.001
4	1.0	1 000	90	150	0.123±0.002
5	1.0	2 000	30	100	0.141±0.002
6	1.0	3 000	60	50	0.137±0.002
7	1.5	1 000	60	100	0.118±0.001
8	1.5	2 000	90	50	0.129±0.002
9	1.5	3 000	30	150	0.123±0.001
m1	0.143	0.129	0.137	0.138	
m2	0.133	0.137	0.132	0.133	
m3	0.123	0.133	0.13	0.129	
R	0.02	0.008	0.007	0.009	

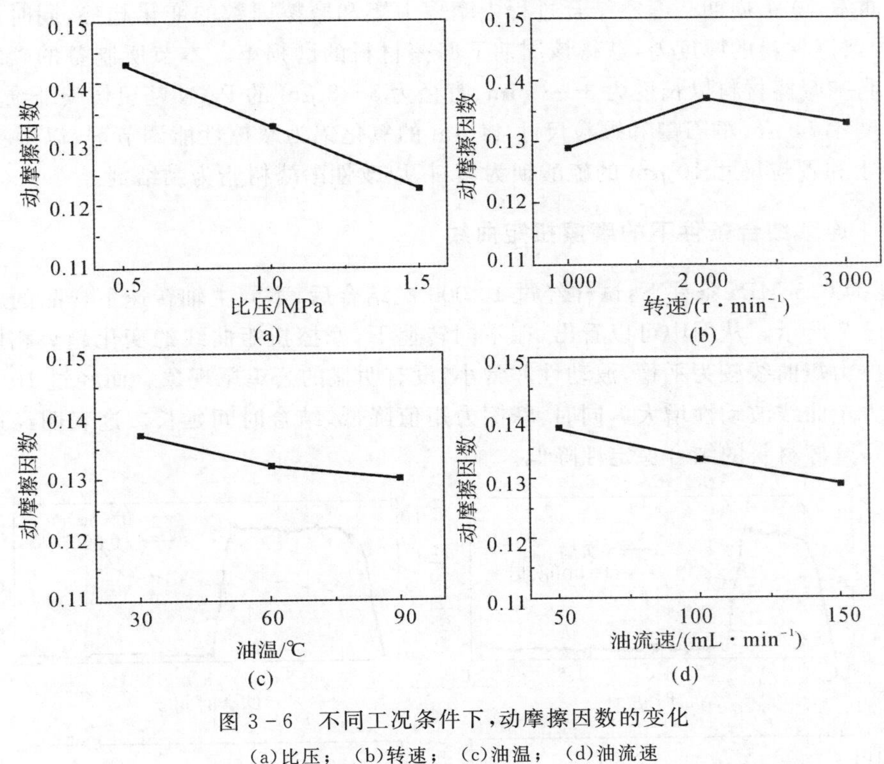

图 3-6　不同工况条件下，动摩擦因数的变化

(a)比压；　(b)转速；　(c)油温；　(d)油流速

3.2.6　小结

在本节中，采用抄片工艺，制备了碳纤维增强木纤维/树脂基摩擦材料，继而通过单因素实验和正交实验分析了工况条件对摩擦稳定性的影响，主要结论如下：

(1)比压、转速、油温和润滑油流速对碳纤维增强木纤维/树脂基摩擦材料的摩擦稳定性都存在一定程度的影响。恶劣的工况条件将导致波动性较大的摩擦扭矩曲线，如高的比压和高的转速。

(2)随着工况条件的增长，碳纤维增强木纤维/树脂基摩擦材料的动摩擦因数减小。单因素实验和正交实验分析揭示了工况条件对动摩擦因数的影响程度为：比压＞流速＞转速＞油温。

3.3　连续结合条件下木纤维/树脂基摩擦材料的变化

从应用角度而言，碳纤维增强木纤维/树脂基摩擦材料是用于湿式离合装置中的关键材料，其使用环境苛刻，如油温高、变速频繁、结合压力大等。为了满足上述要求，碳纤维增强木纤维/树脂基摩擦材料应该具有适中的摩擦因数、较低的磨损率、优异的耐热性以及良好的机械性能[39-40]，从而提高零部件的使用寿命，减少更换周期。本节在前期研究的基础上，制备出一种碳纤维增强木纤维/树脂基摩擦材料，系统地研究碳纤维增强木纤维/树脂基摩擦材料在连续长时间重复结合过程中摩擦磨损性能的变化规律。连续性结合的研究以 1 000 次结合为一个周期，重复10个周期。考察结合过程中摩擦力矩和摩擦因数的变化趋势，同时测量一个周期过程中摩擦材料的厚度差，获得该周期下摩擦材料的磨损率。本节所制备的碳纤维增强木纤维/树脂基摩擦材料以长度为3～8 mm、直径为5～8 μm的PAN基短切碳纤维为增强纤维，以颗粒尺寸74 μm的石墨和颗粒尺寸44 μm的氧化铝为摩擦性能调节剂、以颗粒尺寸10 μm的高岭土和颗粒尺寸10 μm的硫酸钡为填料，以改性酚醛树脂为黏结剂。

3.3.1 连续结合条件下的摩擦扭矩曲线

在比压为0.5 MPa条件下，试样经过10 000次结合后，不同主轴转速下样品的摩擦扭矩曲线如图3-7所示。从图中可以看出，在不同转速下，摩擦扭矩曲线的变化趋势相同。连续结合前，摩擦力矩曲线较为平稳，波动性非常小，没有明显的公鸡尾现象。而经过10 000次连续结合后，力矩曲线波动性增大。同时，摩擦力矩值降低，结合时间延长。这表明经过长时间连续结合后，摩擦材料的结合稳定性降低。

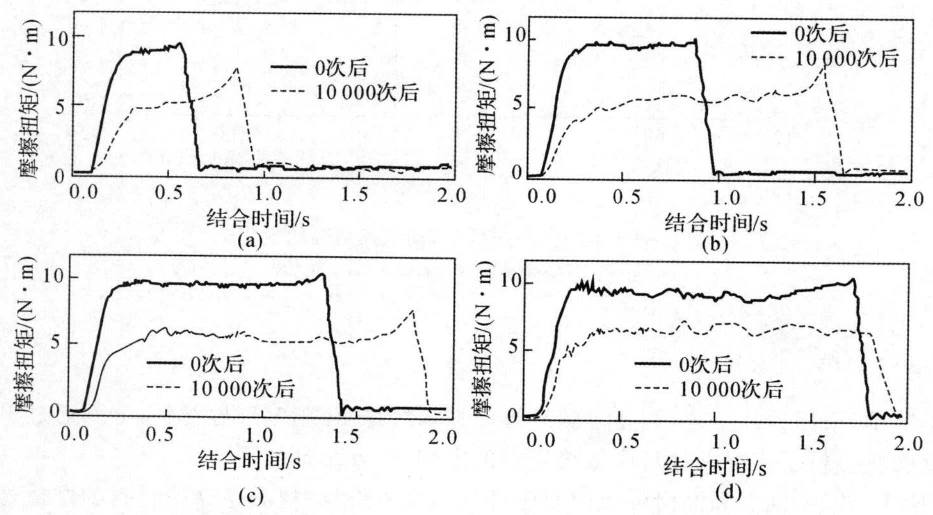

图3-7 结合10 000次前、后不同转速下的摩擦力矩曲线

(a)1 000 r·min^{-1}；(b)2 000 r·min^{-1}；(c)3 000 r·min^{-1}；(d)4 000 r·min^{-1}

3.3.2 连续结合条件下的摩擦因数

经过10 000次连续结合后，动摩擦因数随压力的变化趋势如图3-8(a)所示。从图中可以看出，随着结合压力的增大，动摩擦因数降低，经过10 000次磨损后，摩擦因数随压力的变化幅度大于磨损之前的变化幅度，同时动摩擦因数从0.130左右降低到0.100左右，降幅约为23%。一方面，连续结合之前，摩擦材料表面粗糙，摩擦材料和对偶盘粗糙峰之间接触的概率较大，而经过若干次磨损，摩擦表面被抛光磨平，粗糙度降低。另一方面，润滑油反复浸渗到材料中，润滑油中的极性分子可能与摩擦材料的组成形成物理或化学结合，从而在局部形成润滑油膜，降低动摩擦因数。连续结合后，摩擦材料的静摩擦因数如图3-8(b)所示。与动摩擦因数类似，静摩擦因数降低，相对而言下降幅度较小，只有5%左右。图3-8(c)所示是在比压为1.0 MPa，转速为2 000 r/min的条件下，不同结合周期动摩擦因数的变化趋势。总体而言，动

摩擦因数降低。前几个结合周期，动摩擦因数变化幅度较小，基本维持水平。随后，动摩擦因数下降趋势明显(第 7,10 结合周期)，这与图 3-8(a)显示的结果一致。

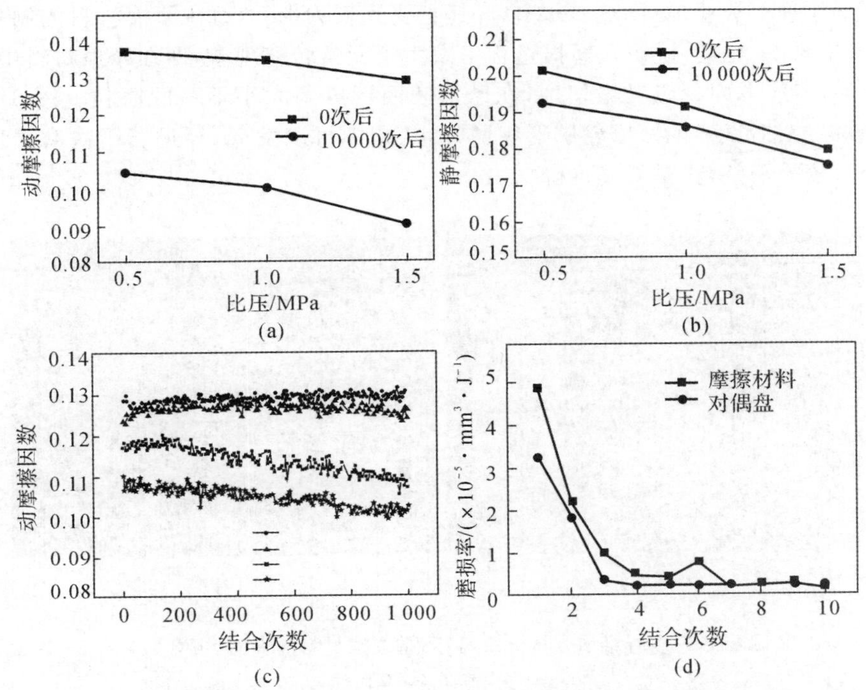

图 3-8　连续结合条件下，碳纤维增强木纤维/树脂基摩擦材料的摩擦学性能变化

(a)连续结合前、后动摩擦因数随压力的变化趋势；(b)连续结合前、后静摩擦因数随压力的变化趋势

(c)不同结合周期过程中，动摩擦因数的变化情况；(d)不同结合周期过程中，摩擦盘和对偶盘的磨损率

3.3.3　连续结合条件下的磨损率

不同结合周期过程中，摩擦盘和对偶盘的磨损率如图 3-8(d)所示。从图中可以看出，摩擦材料的磨损率从 4.8×10^{-5} mm^3/J 降低到并基本稳定在 2.0×10^{-6} mm^3/J 左右，降幅高达 95.8%。同时对偶盘的磨损率从 3.2×10^{-5} mm^3/J 降低到 2.0×10^{-5} mm^3/J，幅度也较大。结合初期，摩擦材料与对偶面的接触以凸起的粗糙峰接触为主，是部分接触，摩擦材料中的黏结剂树脂和较软的填料颗粒在对偶盘的反复剪切压缩下，更容易脱离摩擦材料，而其中较硬的颗粒(如增摩剂三氧化二铝)和增强纤维则能够继续保留在摩擦表面上，因此在结合初期，磨损率较高。随着磨损的进行，摩擦材料表面凸起被磨平，磨粒被接触面的润滑油带走，接触面积增大，因此磨损率大幅降低并逐渐稳定。

3.3.4　连续结合条件下的磨损形貌

图 3-9 所示是碳纤维增强木纤维/树脂基摩擦材料磨损前、后的 SEM 照片，从图中可以看出，磨损前摩擦材料表面粗糙，孔隙较为明显，经过 10 000 次结合，摩擦材料表面局部变暗，主要为凸起的局部区域逐渐被磨平，形成了摩擦膜，同时产生少量的第三体磨粒，导致摩擦因数降低和磨损率减小。图 3-10 所示是磨损表面的高倍 SEM 照片，可以看出，摩擦表面既有

致密光滑的摩擦膜(见图 3-10(a)),也能观察到纤维拔出后形成的空位和纤维的断头(见图 3-10(b)和(c))。由图 3-10(d)可以看出摩擦表面产生尺寸不一的第三体磨粒。同时,对磨损表面较亮颗粒进行分析(见图 3-11(b)),其主要元素为 Fe。而在摩擦材料的制备过程中,并没有加入 Fe 和 Si 元素,说明在磨损过程中发生了元素转移现象,即在摩擦材料中的硬质颗粒和碳纤维的作用下,对偶盘被微切削,在摩擦表面形成了大小不一的磨粒。图 3-11(c)和(d)所示是磨损前、后试样的三维轮廓形貌照片,从图中可以发现,经过若干次磨损后,凸凹不平的表面变得较为平整,粗糙峰高度降低。

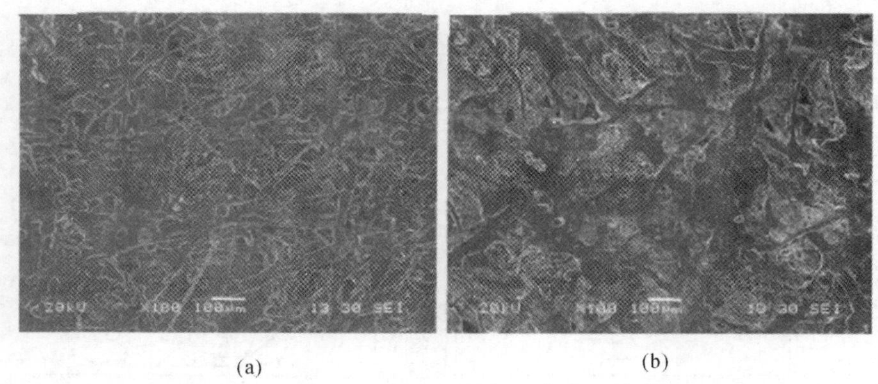

(a) (b)

图 3-9 碳纤维增强木纤维/树脂基摩擦材料的表面 SEM 照片

(a)磨损前; (b)摩损后

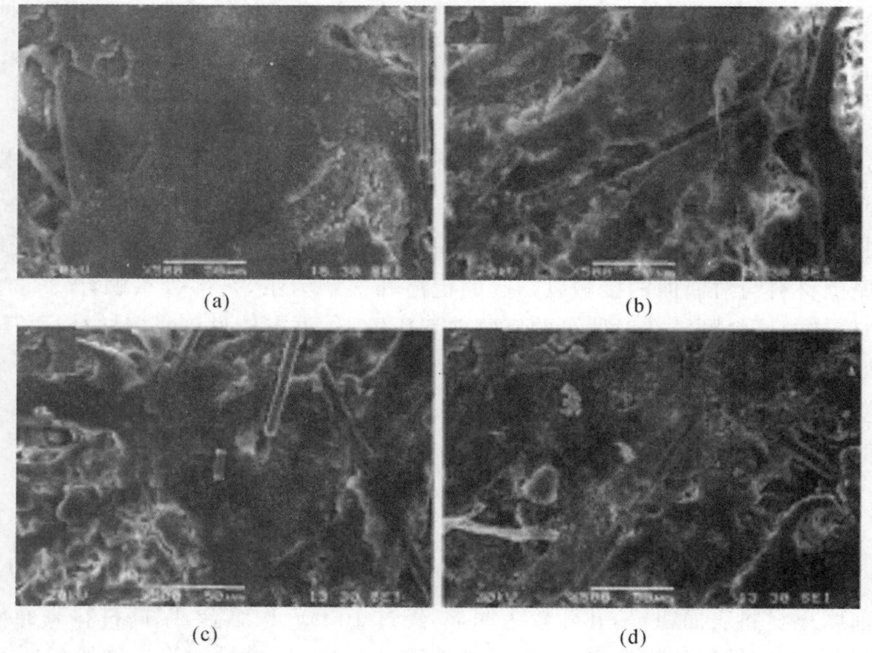

(a) (b) (c) (d)

图 3-10 碳纤维增强木纤维/树脂基摩擦材料磨损表面的 SEM 照片

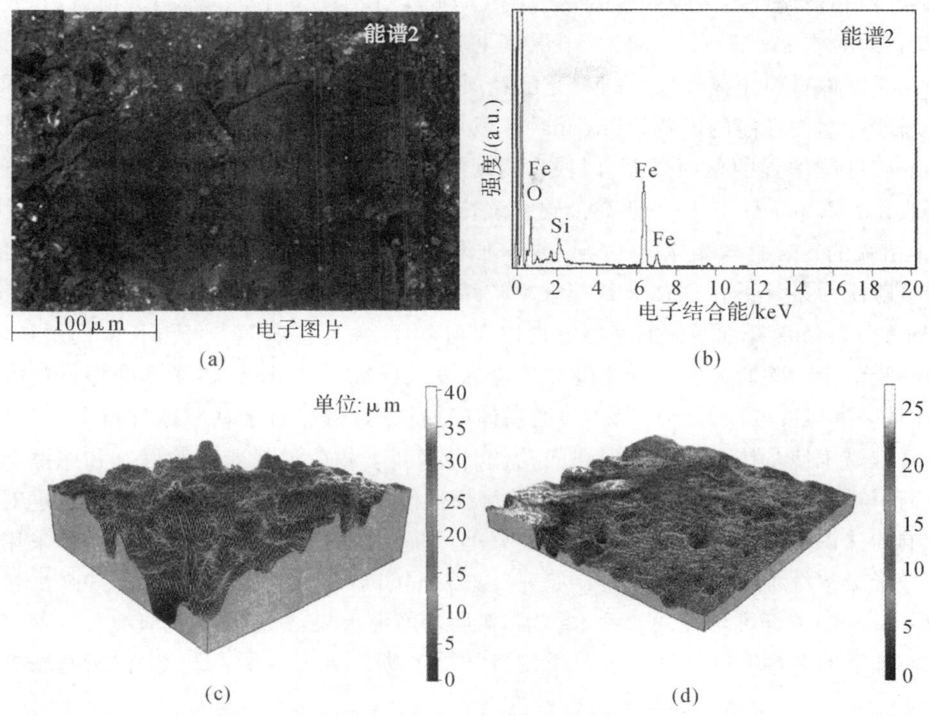

图 3-11　对碳纤维增强木纤维/树脂基摩擦材料磨损表面的分析

(a)SEM 照片；（b)磨粒 EDS 图谱；（c)磨损前的三维轮廓照片；（d)磨损后的三维轮廓照片

3.3.5　小结

(1)在连续结合条件下，随着摩擦次数的增加，碳纤维增强木纤维/树脂基摩擦材料的摩擦力矩曲线平稳性下降，摩擦因数降低，磨损率逐渐降低并稳定为 2.0×10^{-6} mm^3/J。

(2)在碳纤维增强木纤维/树脂基摩擦材料磨损表面，主要形成了光滑致密的摩擦膜(这有助于材料磨损率的降低)，同时伴随着磨粒的产生以及增强纤维的磨损、拔出和折断等现象。

3.4　碳纤维长度对木纤维/树脂基摩擦材料的影响

增强纤维对于改善摩擦材料的强度、热稳定性和摩擦性能扮演着重要着角色。在之前的研究中，木纤维/树脂基摩擦材料中的增强纤维主要为具有较好摩擦性能和较低成本的纤维素纤维和石棉纤维[4,41]。然而，由于纤维素纤维相对低的纤维载荷能力和石棉纤维引起的健康问题，限制了它们的发展。为了适应特殊工况条件(如超高转速、过高的比压和不充足浸入湿式离合器的油润滑)，合成纤维逐渐被发展用于纤维增强体。由于层状类石墨片的组成，碳纤维拥有优异的自润滑特性[42]。同时，碳纤维的化学惰性、难燃烧、融化或软化特性使它在摩擦材料里得到广泛应用。Liu L 等人[43]研究了短纤维增强铝复合材料的摩擦磨损性能，发现摩擦因数和磨耗量都随着纤维含量的增大而减小。Xian 等人[44]发现短纤维能够大大降低聚醚酰亚胺的摩擦因数和磨损率，尤其是在高的温度和高的 pv 因素条件下。Davim J P 和 Cardoso R 等人[45]研究了纯聚醚醚酮、碳纤维和玻璃纤维增强的聚醚醚酮在长时间干式滑动条件下的摩擦磨损行为，发现与其他摩擦材料相比，添加30%碳纤维的聚醚醚酮呈现出了最好的摩擦学性能。许多关于纤维类型、含量和取向对摩擦材料摩擦学性能的研究已经展开[46-48]。相反，有很少的研究关注于纤维长度对摩擦材料摩擦磨损性能的影响。Sharma M 等人[48]制备了长度为 10 mm，5 mm，2 mm，1 mm 和 0.5 mm 碳纤维增强的聚丙烯复合材料，发现复合材料的稳定性能和阻尼性能随着纤维长度的增加而改善。Zhang H 等人[49]研究了碳纤维长度对环氧树脂耐磨性能的影响，结果表明与 90 μm 碳纤维增强的复合材料相比，400 μm 碳纤维增强的复合材料展现出了较好的耐磨性能，尤其是在高的接触压力条件下。Öztürk B 等人[50]制备了长度为(150±25) μm，(300±50) μm，(650±150) μm 的 Lapinus 纤维增强的摩擦材料作为刹车片，并且指出随着纤维长度的增长，摩擦因数和磨损率降低。一些研究者通过实验和理论的方法研究了木纤维/树脂基摩擦材料的摩擦磨损性能，并且毫米尺度的碳纤维逐渐作为增强体应用在木纤维/树脂基摩擦材料中[1,30,51]。毫米尺度的碳纤维易于使基体中出现不规则的孔，这将不利于载荷承载能力的提升和摩擦学性能的改善。然而，与对纤维类型和纤维含量对摩擦磨损性能研究的认识相比，关于纤维长度对摩擦磨损性能影响的认识仍然存在着不足。为了克服上述提到的微米碳纤维的不足，本节采用具有不同长度的微米级碳纤维作为增强纤维制备了 100 μm(CP100)、400 μm(CP400)、600 μm(CP600)和 800 μm(CP800)碳纤维增强的四种木纤维/树脂基摩擦材料，紧接着系统研究了这些摩擦材料在油润滑条件下的摩擦磨损性能。本节所制备的微米碳纤维增强的木纤维/树脂基摩擦材料的配方见表 3-3。

表 3-3　微米碳纤维增强的木纤维/树脂基摩擦材料的配方

组分类别	组分	质量分数/(%)
增强纤维	碳纤维	45
	芳纶纤维	3
	纤维素纤维	2
黏结剂	腰果壳油改性酚醛树脂	20
填料	$BaSO_4$	6
	MgO	6
	$CaCO_3$	8

3.4.1　微观结构

图 3-12 显示了微米碳纤维增强的木纤维/树脂基摩擦材料的微观形貌。从图中可以看出，在摩擦材料里形成了不同尺寸(0～100 μm)的孔，并且孔的尺寸和数量随着纤维长度的增长而增大。在 CP600 和 CP800 摩擦材料中，碳纤维的桥接和覆盖形成了不规则的孔。随着纤维长度的增长，更多的表面孔可能导致碳纤维和基体之间的界面黏附力减小。如图 3-13 所示，孔直径和孔的体积分数大小次序为 CP100＜CP400＜CP600＜CP800，这与表面形貌是相对应的。图 3-14 显示了样品的 2D 表面轮廓。从图中可以看出，随着纤维长度的增长，轮廓曲线变得更波动，主要的表面粗糙度参数(Ra，Rp 和 Rv)出现了较大的增长，意味着更粗糙的

表面，这将对摩擦磨损性能产生较大的影响。

3.4.2　摩擦性能

1. 摩擦扭矩曲线

湿式摩擦材料的结合过程能够分为三个阶段：压膜阶段、混合粗糙接触阶段和粗糙接触阶段。摩擦扭矩曲线对于表征摩擦材料结合过程中的变化是非常重要的。图 3-15 所示为当比压为 0.5 MPa、转速为 2 000 r/min 时，样品的摩擦扭矩曲线。从图中可以看出，随着纤维长度的增加，结合时间从 2.28 s 缩短到了 2.19 s，并且 CP400，CP600，CP800 摩擦材料所对应的混合粗糙接触阶段的摩擦扭矩曲线的波动性较小，意味着优异的摩擦稳定性。然而，CP100 摩擦材料在混合粗糙接触阶段的摩擦扭矩曲线波动性明显增大，并且在粗糙接触阶段的公鸡尾现象也非常明显，这极有可能引起湿式离合器结合振动。

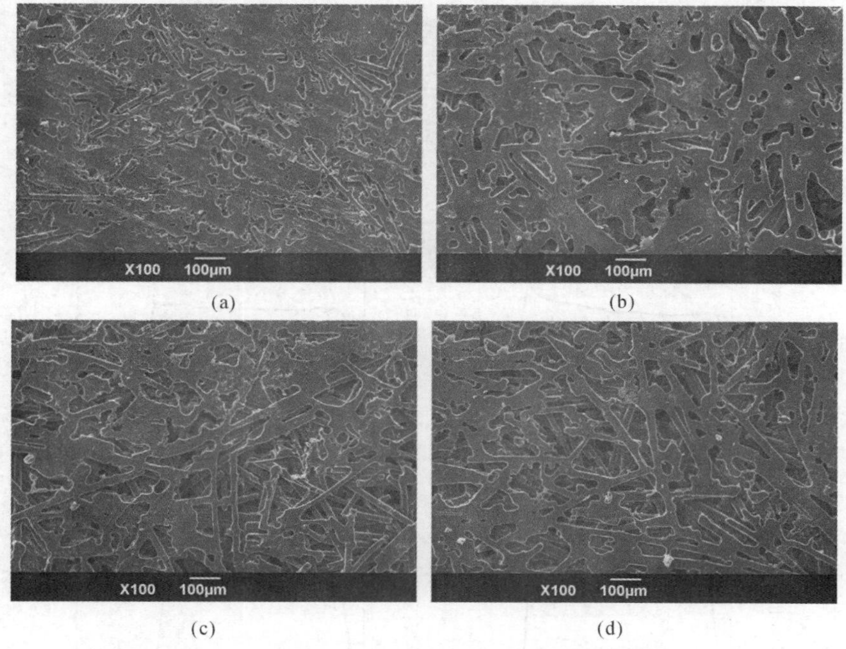

(a)　(b)　(c)　(d)

图 3-12　具有不同碳纤维长度样品的微观形貌

(a)CP100；(b)CP400；(c)CP600；(d)CP800

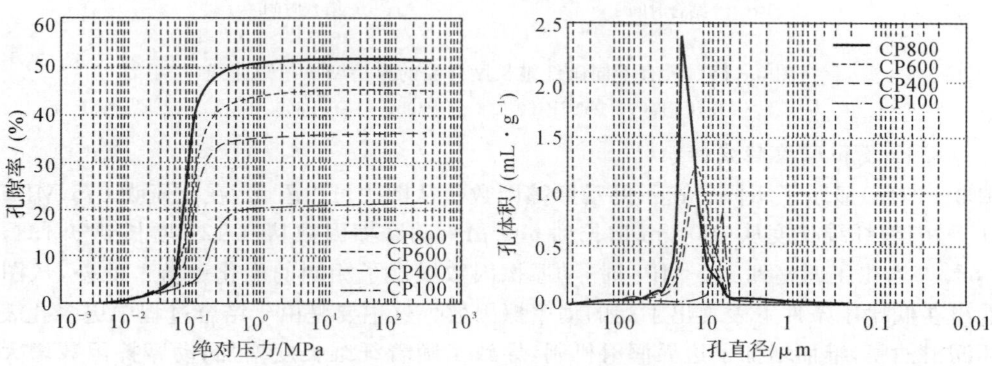

图 3-13　具有不同碳纤维长度样品的孔隙结构

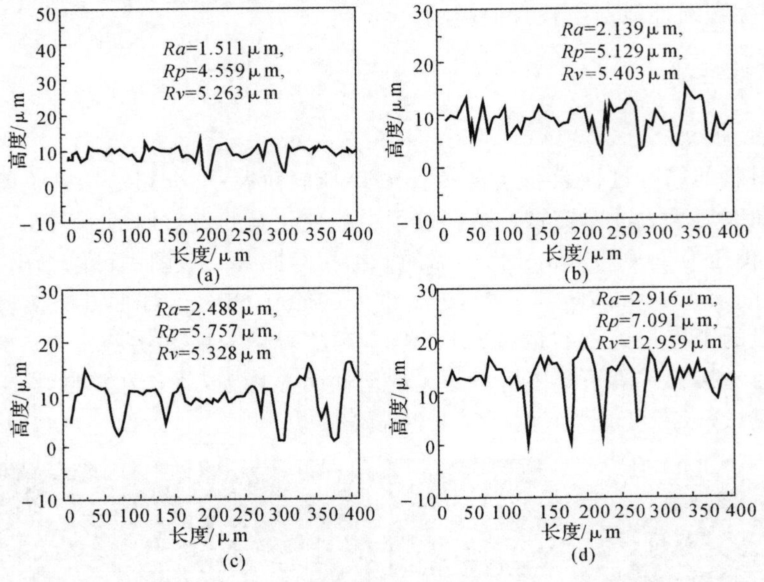

图 3-14 具有不同碳纤维长度样品的 2D 表面轮廓

(a)CP100; (b)CP400; (c)CP600; (d)CP800

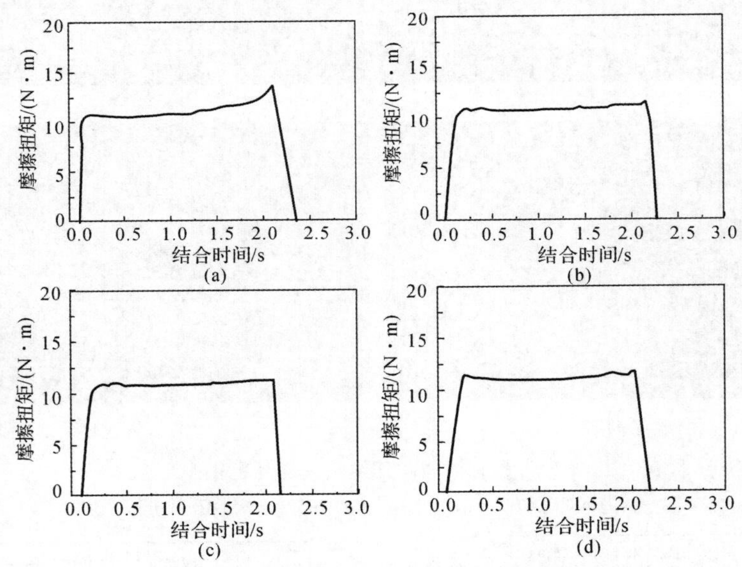

图 3-15 具有不同碳纤维长度样品的典型摩擦扭矩曲线

(a)CP100; (b)CP400; (c)CP600; (d)CP800

2.摩擦因数和摩擦稳定性

图 3-16(a)显示了不同转速下的动摩擦因数。从图中可以看出,在比压为 0.5 MPa 的前提条件下,随着纤维长度从 100 μm 增长到 600 μm,动摩擦因数从 0.121 增长到 0.134,增加了 10.5%。当比压调整到 1.5 MPa 时,动摩擦因数展现了相同的变化趋势。此外,从图中还可以看出在低比压条件下表现出了高的动摩擦因数。这主要是由于结合过程中更多孔表面易于破坏润滑油膜,继而增加了边界润滑机制,导致了随着纤维长度增加,动摩擦因数增大。但是,在结合过程中,CP800 摩擦材料表面易于暴露更多的碳纤维,很少的树脂覆盖于其表面,

导致了动摩擦因数出现轻微下降。在连续结合过程中，较小的动摩擦因数振动意味着较好的摩擦稳定性，预示着优异的摩擦性能。

图 3 - 16(b)显示了当比压为 1.0MPa、转速为 2 000 r/m 时，连续结合过程中动摩擦因数的变化。从图中可以看出，CP100 摩擦材料的动摩擦因数在前 550 圈的连续结合过程中出现了明显的下降。CP400，CP600 和 CP800 摩擦材料的动摩擦因数在前 200 圈的连续结合过程中出现轻微的下降，在之后的结合过程中基本保持为同一常数，表明了优异的摩擦稳定性。因此，可以推断在 1 000 圈的连续结合过程中，摩擦材料的磨损阶段逐渐实现了从磨合磨损阶段到稳定磨损阶段的转变。这主要是由于 CP100 摩擦材料中的碳纤维逐渐从摩擦表面抛光和拔出，导致了动摩擦因数的下降。因此，对于 CP100 摩擦材料，在连续结合过程中，需要较长的时间建立稳定的摩擦阶段。

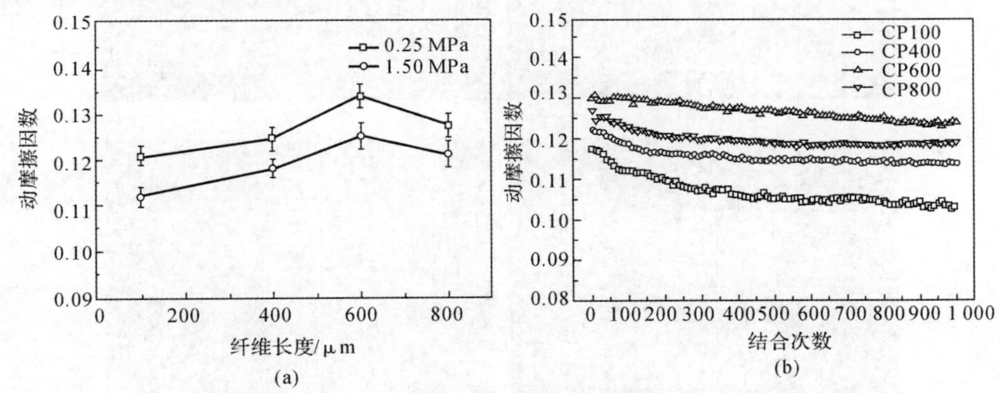

图 3 - 16　不同纤维长度样品的摩擦性能

(a)具有不同碳纤维长度样品的动摩擦因数；　(b)在连续结合过程中，动摩擦因数的变化

3.4.3　磨损性能和磨损机理

正如上述分析所预期的，纤维长度对摩擦材料的耐磨性能有明显的影响，如图 3 - 17 所示。随着碳纤维长度从 100 μm 增长到 800 μm，摩擦材料的磨损率从 1.40×10^{-5} mm^3/J 增长到了 10.33×10^{-5} mm^3/J。同时，对于摩擦副而言，对偶盘的磨损率也是一个非常重要的性能。CP100 摩擦材料所对应的对偶盘的磨损率仅为 1.02×10^{-5} mm^3/J，而 CP600 摩擦材料所对应的对偶盘的磨损率上升到了一个最大值 6.12×10^{-5} mm^3/J。因此，具有较短碳纤维的摩擦副拥有较好的耐磨性能。

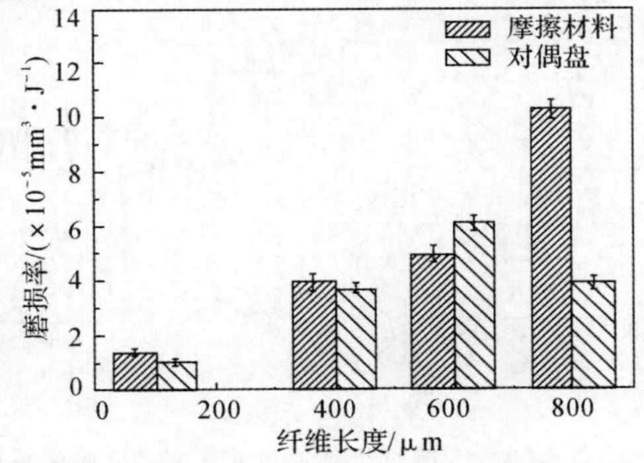

图 3 - 17　不同纤维长度摩擦材料和对偶盘的磨损率

图 3-18 显示了碳纤维增强的木纤维/树脂基摩擦材料表面的低倍磨损形貌。从图中可以清楚地看到，与其他样品相比，CP100 摩擦材料的磨损表面是非常平滑的，这对应着其优异的耐磨性能。在 CP400，CP600 和 CP800 摩擦材料的磨损表面，可以清楚地看到断裂的纤维、裂纹和空洞。此外，随着碳纤维长度从 100 μm 增长到 800 μm，摩擦材料的平均表面粗糙度从磨损前的 1.726 μm 增长到磨损后的 9.293 μm，增长了大约 5 倍(见图 3-19)。

图 3-18 具有不同碳纤维长度样品的 SEM 微观形貌

(a)CP100； (b)CP400； (c)CP600； (d)CP800

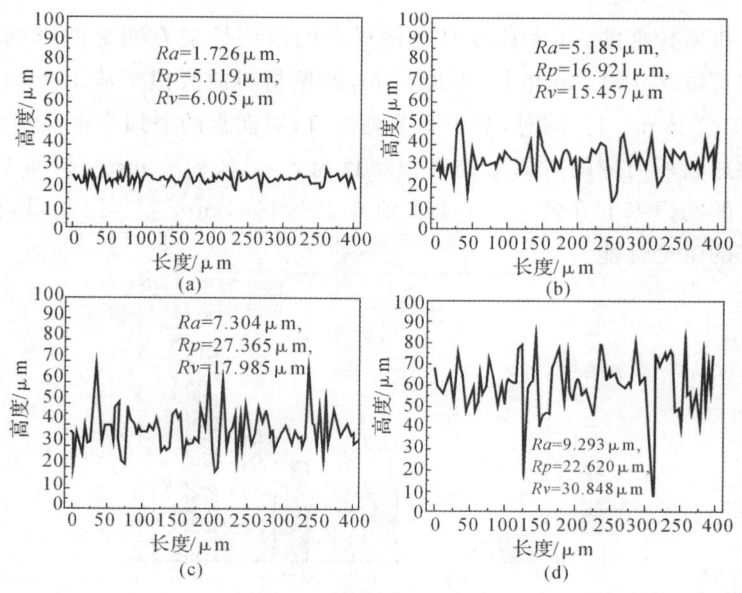

图 3-19 具有不同碳纤维长度样品磨损后的 2D 表面轮廓和参数

(a)CP100； (b)CP400； (c)CP600； (d)CP800

为了更全面地了解摩擦材料的磨损表面，我们对磨损表面的高倍放大 SEM 图进行了详细观察。从图 3-20(a)(b)可以清楚地看到，在结合过程中，碳纤维逐渐被抛光，但是没有任何一种明显的断裂和裂纹，这主要是由于纤维与基体之间更好的结合所造成的。同时，对于 CP100 摩擦材料，在没有巨型磨屑的磨损表面形成了黑的和平滑的摩擦膜，获得了最好的耐磨性能。对于 CP400 摩擦材料，在其磨损表面(见图 3-20(c)(d))可以看到许多断裂纤维和空洞，但是没有抛光的碳纤维。相对较弱的碳纤维与树脂基体之间的黏着力易于引起纤维从基体中拔出，留下很多空洞，这导致在结合过程中，表面形貌变得粗糙并伴随着磨屑的形成。在结合过程中，断裂的纤维和磨屑严重地磨损对偶盘，导致了较大的摩擦副磨损。在 CP600 摩擦材料的磨损表面发现了大量的断裂纤维和空洞，如图 3-20(e)(f)所示。碳纤维保护和支持的缺乏，使基体被对偶盘严重抛光，导致了大的摩擦副的磨耗。如图 3-20(g)(h)所示，与 CP400 和 CP600 相比，CP800 摩擦材料的磨损程度是非常严重的。在结合过程中，更多的断裂纤维从基体中剥离，伴随着第三体磨料磨屑的形成，导致了 CP800 摩擦材料出现了最大的磨损。

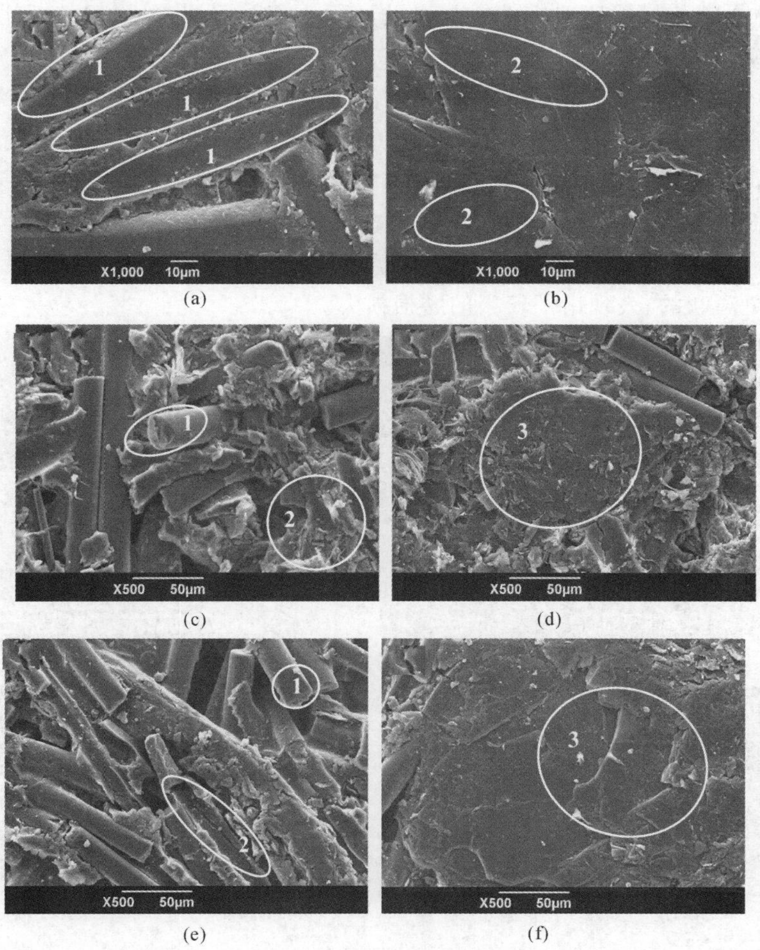

图 3-20　不同碳纤维长度样品的磨损表面

(a)(b)CP100 摩擦材料的磨损表面((1)抛光的碳纤维,(2)摩擦膜);

(c)(d)CP400 摩擦材料的磨损表面((1)断裂纤维,(2)空洞,(3)粗糙的表面);

(e)(f)CP600 摩擦材料的磨损表面((1)抛光的纤维,(2)空洞,(3)犁削的基体);

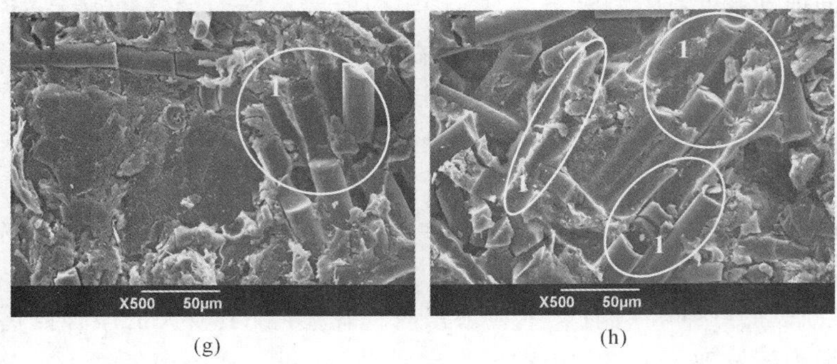

(g) (h)

续图 3-20 不同碳纤维长度样品的磨损表面

(g)(h)CP800 摩擦材料的磨损表面((1)严重断裂的纤维,(2)空洞)

图 3-21 显示了具有不同碳纤维长度样品所对应的对偶盘的磨损表面。从图 3-21(a)中可以看出,CP100 摩擦材料所对应的对偶盘的磨损表面是平滑的,并且表面分布着很小的磨粒和轻微的划痕,对应于最小的磨损率。CP400 摩擦材料所对应的对偶盘的磨损表面(见图 3-21(b))上很明显地分布着磨屑和剥离的空洞,表现出了典型的黏着磨损特性。在 CP600 摩擦材料所对应的对偶盘的磨损表面上(见图 3-21(c))可以清楚地看到大量严重的划痕,对应着最大的对偶盘磨损。从上述分析可以得出,CP600 摩擦材料所对应的对偶盘的主要磨损机理是黏着磨损和疲劳磨损。从 CP800 摩擦材料所对应的对偶盘的磨损表面(见图 3-21(d))可以明显地看到磨屑和划痕。与 CP600 摩擦材料所对应的对偶盘的磨损表面相比,这些摩擦和划痕是更温和的,表现出了较小的磨损损失。

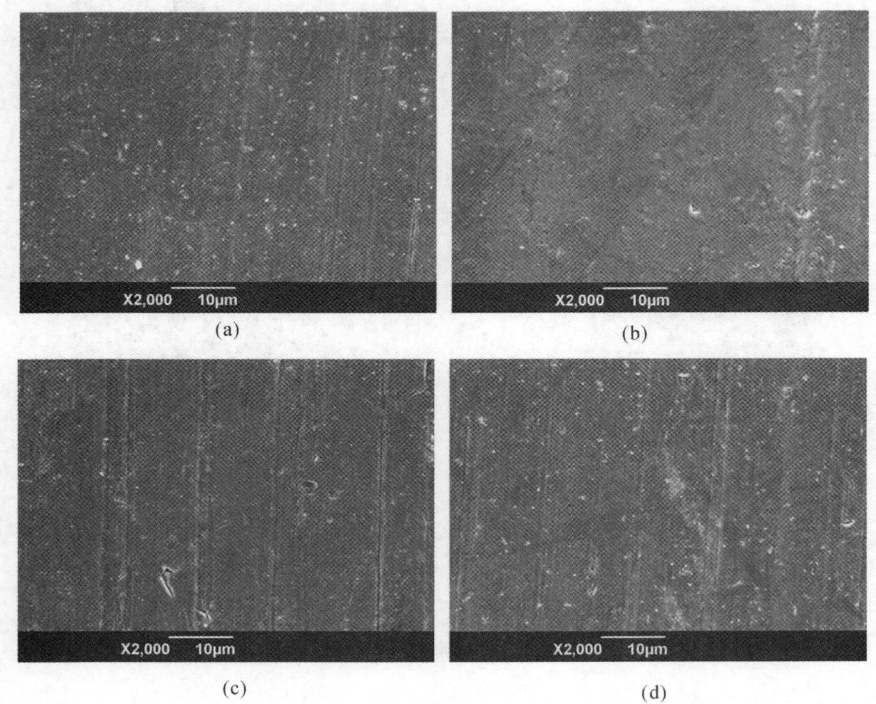

(a) (b) (c) (d)

图 3-21 具有不同碳纤维长度样品所对应的对偶盘的磨损表面

(a)CP100; (b)CP400; (c)CP600; (d)CP800

3.4.4 小结

本节通过抄片的方式制备了微米级碳纤维增强的木纤维/树脂基摩擦材料，得到的主要结论如下：

(1)随着碳纤维长度的增长，在摩擦材料里形成了大量不规则孔和严重重叠的碳纤维，导致了摩擦材料的不均匀性，同时摩擦材料表面也逐渐变得粗糙。

(2)随着碳纤维长度的增长，摩擦材料的扭矩曲线逐渐变得平滑。CP600摩擦材料展现出了最大的动摩擦因数。CP100摩擦材料表现出了最好的耐磨性能和对对偶盘最小的损伤。

(3)对于CP100摩擦材料，主要的磨损机理为在磨损表面上小尺寸磨屑和平滑摩擦膜的出现。然而，随着碳纤维长度的增长，碳纤维和树脂基体被对偶盘严重犁削，显示了典型的黏着磨损和疲劳磨损特性。

3.5 树脂种类对木纤维/树脂基摩擦材料的影响

作为木纤维/树脂基摩擦材料的一个重要组成部分，树脂起着将其他组分黏结成整体，并传递和均衡载荷的重要作用，对木纤维/树脂基摩擦材料的性能有着非常重要的影响。梁云等人采用腰果壳油-三聚氰胺和丁腈改性酚醛树脂，通过抄片工艺制备了两种木纤维/树脂基摩擦材料，发现由丁腈改性酚醛树脂制备的摩擦材料磨损率低，动摩擦因数的压力稳定性和转速稳定性较好，离合特性曲线平稳[52]。Fei J等人采用抄片工艺制备了腰果壳油改性酚醛树脂基摩擦材料，并研究了树脂含量对其摩擦学性能的影响，发现较低树脂含量的摩擦材料具有更高的摩擦因数，更好的稳定性以及耐热性[19]。邓海金等人研究了酚醛树脂含量对木纤维/树脂基摩擦材料压缩回弹性能的影响，结果表明树脂含量对材料压缩率的影响较大，且树脂含量的增加会造成木纤维/树脂基摩擦材料压缩率的降低和回弹率的升高[53]。然而，在这些研究中，木纤维/树脂基摩擦材料的制备工艺大都为利用纸样抄取器进行抄片，然后浸渍树脂溶液，这可能造成树脂在试样表面和内部分布不均匀，试样表面树脂含量较多，而试样内部树脂含量较少，使得研究结果存在一定的局限性。

为了制备树脂均匀分布的木纤维/树脂基摩擦材料，并研究不同改性酚醛树脂在材料中的作用，本节采用真空抽滤工艺，在油相(乙醇)中制备出碳纤维增强木纤维/树脂基摩擦材料，重点研究改性酚醛树脂种类对其摩擦学性能的影响。本节所制备的碳纤维增强木纤维/树脂基摩擦材料以长度为75～150 μm、直径为5～8 μm的P-100型短切碳纤维和打浆度为90°SR的竹纤维为增强纤维，以分散在十二烷基磺酸钠(SDS)水溶液中的碳纳米管(CNTs)为摩擦性能调节剂，以纳米碳化硅为填料，以分析纯无水乙醇为溶剂，以硼改性酚醛树脂(BMP)、腰果壳油改性酚醛树脂(YMP)、丁腈橡胶改性酚醛树脂(DMP)为黏结剂。图3-22所示为在腰果壳油改性酚醛树脂基摩擦材料中，碳纳米管与竹纤维界面结合的情况。由图可知，碳纳米管附着于竹纤维表面，大大减小了竹纤维在摩擦过程中受到的剪切破坏，且碳纳米管优异的耐热性能使得竹纤维避免了在摩擦过程中表面摩擦热所带来的结构破坏，有效地改善了摩擦材料各组分之间的界面结合。

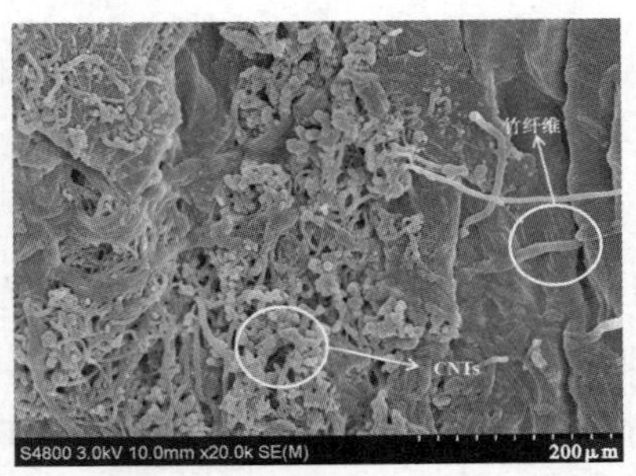

图 3-22 碳纳米管与竹纤维界面结合的扫描图

3.5.1 不同改性酚醛树脂基摩擦材料的动摩擦因数

动摩擦因数是表征离合器传递扭矩能力的关键指标，摩擦材料本身（表面粗糙度及孔隙率）和工况条件（比压及转速）对其有着重要的影响[54-55]。图 3-23 所示为在总惯量为 0.129 4 kg·m^2的条件下，动摩擦因数随比压和转速的关系。由图 3-23(a)(b)可知，YMP 和 BMP 基摩擦材料的动摩擦因数随着比压的增大而减小，随着转速的增大而增大。由图 3-23(c)可知，DMP 基摩擦材料的动摩擦因数没有明显的变化规律。同时，也可以发现，YMP 基摩擦材料表现出了较大动摩擦因数，并且与抄片工艺制备的摩擦材料相比，动摩擦因数也有所提高[9-10]。这主要是由于 YMP 基摩擦材料试样表面较为粗糙（见图 3-24），微凸体之间接触的概率较大，啮合程度较大，再加上碳纳米管的加入改善了各组分之间的界面结合[13]，导致了较大的动摩擦因数。

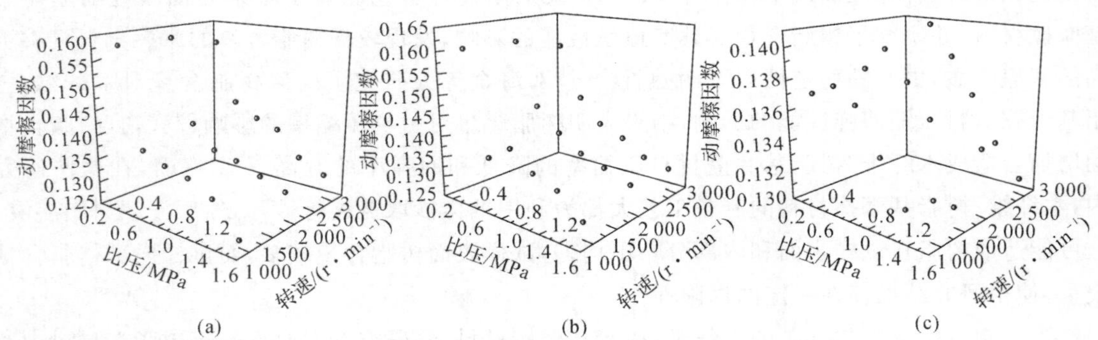

图 3-23 动摩擦因数随比压和转速的变化
(a)BMP 基摩擦材料；(b)YMP 基摩擦材料；(c)DMP 基摩擦材料

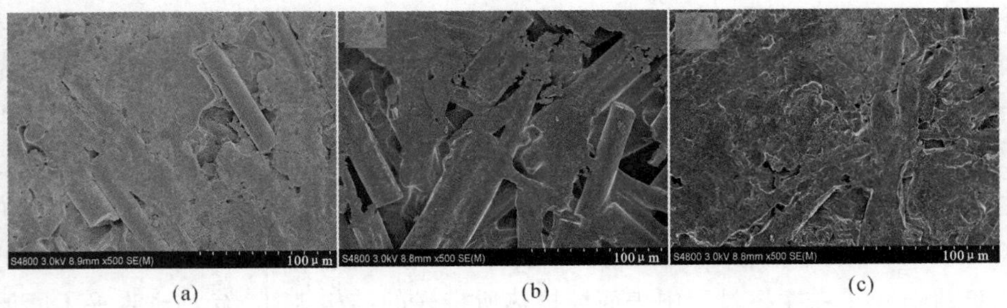

图 3-24 磨损前样品表面的 SEM 微观形貌
(a)BMP 基摩擦材料；(b)YMP 基摩擦材料；(c)DMP 基摩擦材料

3.5.2　不同改性酚醛树脂基摩擦材料的摩擦稳定性

在长时间的结合过程中，动摩擦因数的波动性对结合稳定性有着至关重要的影响。动摩擦因数的变异系数越小，结合稳定性越好。图 3－25(a)所示为不同改性酚醛树脂基摩擦材料在连续 500 次结合过程中动摩擦因数的变异系数。由图可知，YMP 基摩擦材料的变异系数最小，说明其长时间结合稳定性最好。同时，由于在配方中引入了碳纳米管，改善了各组分之间的界面结合，再加上真空抽滤使制备的摩擦材料更加均匀，从而使试样比抄片工艺条件下制备的摩擦材料表现出更好的摩擦稳定性[33,55]。

3.5.3　改性酚醛树脂种类对结合过程中对偶盘温度的影响

在结合过程中，对偶盘温度过高，容易烧蚀摩擦材料表面，造成传动不稳定，并且损坏润滑油及机件，产生噪声；温度波动性过大，容易产生较大的热应力，加速摩擦材料的损坏[56-57]。因此，结合过程中的温度越低越好，波动性越小越好。图 3－25(b)所示为在总惯量为 0.129 4 kg·m^2，比压为 1.0MPa，转速为 2 000 r/min 的条件下，经过 500 次连续结合，获得的单次结合过程中对偶盘的最高温度随结合次数的变化图。由图可知，结合次数较少时，对偶盘温度迅速上升；在结合 100 次以后，温度逐渐达到稳定，此时整个摩擦系统达到了热平衡。同时，还可以发现三种摩擦材料的温度最后都稳定于 70℃附近，且 YMP 基摩擦材料具有最好的温度稳定性。

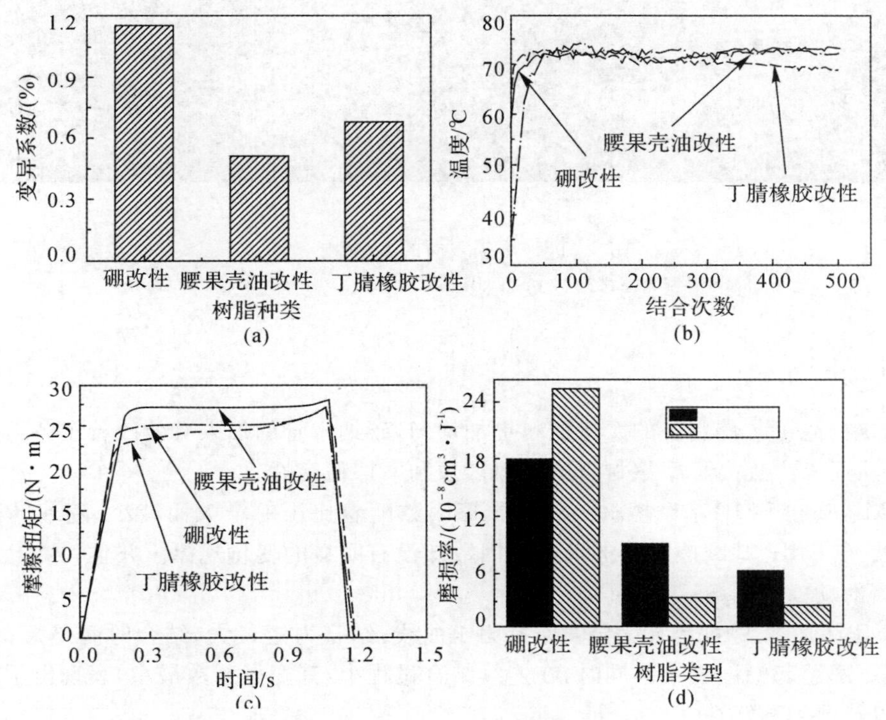

图 3－25　不同酚醛树脂基摩擦材料的摩擦学性能

(a)变异系数；(b)温度随结合次数的变化；(c)摩擦扭矩曲线；(d)不同酚醛树脂基摩擦材料及相应对偶盘的磨损率

3.5.4 改性酚醛树脂种类对摩擦材料摩擦扭矩曲线的影响

摩擦力矩曲线是表征摩擦材料起步静摩擦，锁止静摩擦和动摩擦力矩及动、静摩擦因数特征的重要参数[33,58]。图 3－25(c)所示为在总惯量为 0.129 4 kg·m^2，比压为 1.0 MPa，转速为 2 000 r/min 的条件下，不同改性酚醛树脂对摩擦材料摩擦扭矩曲线的影响。从图中可以看出：YMP 基摩擦材料的结合力矩最大，结合时间最短，摩擦力矩曲线波动程度最小，曲线中间部分趋于平直，尾部翘起幅度最小。这表明其结合速度更快，结合过程更加平稳，引起摩擦振颤或摩擦噪声的可能性更小。

3.5.5 改性酚醛树脂种类对磨损率的影响

木纤维/树脂基摩擦材料的耐磨性主要是由材料的表面结构和各组分之间的结合强度决定的，而酚醛树脂作为黏结剂，尤为关键。由图 3－25(d)可知，YMP 基摩擦材料及相应对偶盘的磨损率远远小于 BMP 基摩擦材料的，略大于 DMP 基摩擦材料的。这主要是由于 BMP 与纤维的结合能力较差，表面易产生微裂纹，出现纤维拔出形成的空位和断头，继而导致 BMP 基摩擦材料的表面出现较大的磨损，大部分树脂被磨掉(见图 3－26(a))。同时，由于 YMP 基摩擦材料的表面结构较为粗糙，突出的部分较多(见图 3－26(b))，在对偶盘反复磨削下，较 DMP 基摩擦材料(见图 3－26(c))纤维更易被磨断，出现较大的磨损。

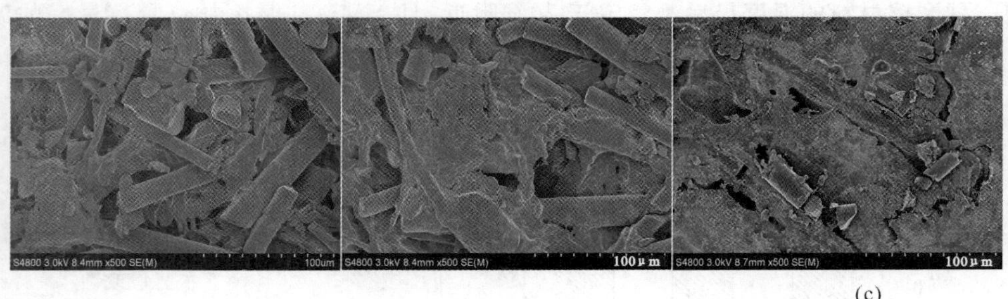

(c)

图 3－26 磨损表面的 SEM 显微图

(a)BMP 基摩擦材料； (b)YMP 基摩擦材料； (c)DMP 基摩擦材料

3.5.6 小结

(1)真空抽滤工艺使制备的摩擦材料更加均匀，碳纳米管的加入有效改善了各组分之间的界面结合，从而大大提高了摩擦材料的摩擦因数和摩擦稳定性。

(2)YMP 基和 BMP 基摩擦材料的动摩擦因数随着比压的增大而减小，随着转速的增大而增大。然而，DMP 基摩擦材料的动摩擦因数却没有明显的变化规律。并且，YMP 基摩擦材料有着较大的动摩擦因数。

(3)YMP 基摩擦材料具有优异的摩擦力矩曲线：结合力矩最大，结合时间最短，曲线波动程度最小，尾部翘起幅度最小。同时，在连续结合过程中，其变异系数最小，表现出了最佳的摩擦稳定性以及温度稳定性。

(4)YMP 基摩擦材料及相应对偶盘的磨损率分别为 8.62×10^{-8} cm^3/J 和 3.12×10^{-8} cm^3/J，远远小于 BMP 基摩擦材料的，略大于 DMP 基摩擦材料的。

3.6　树脂含量对木纤维/树脂基摩擦材料的影响

木纤维/树脂基摩擦材料中的基体(也叫黏结剂)起着牢牢黏结其他组分的作用,因此它们必须在摩擦材料中很好地起到预期的作用。从实用的角度讲,由于与其他组分良好的相容性、优异的机械性能和适度的耐热性能,酚醛树脂(改性和未改性)在许多摩擦材料里都被当作黏结剂使用。Kim S J 和 Jang H[59]研究了芳纶纤维增强的包含两种类型酚醛树脂的摩擦材料的摩擦磨损性能,发现改性酚醛树脂摩擦材料拥有更好的热稳定性。Yun C K 等人[60]测试了结合过程中,不同含量酚醛树脂、钛酸钾和腰果壳油组成的摩擦材料的平均摩擦因数、磨损率和摩擦引起的噪音倾向,指出酚醛树脂有助于摩擦因数的改善,但是伴随着高的摩擦噪音倾向。同时,酚醛树脂的添加也改善了摩擦材料的耐磨性能。因此,通过控制酚醛树脂含量(具体的比例)来获得摩擦材料预期的摩擦磨损特性的研究是非常有意义的。一些文献通过实验[1,4,40]和理论[61-63]两种方法研究了木纤维/树脂基摩擦材料的性能,但是很少有文献报道酚醛树脂含量对木纤维/树脂基摩擦材料的影响。

本节通过抄片的方法制备了具有 35%,40%,45%和 50%腰果壳油改性酚醛树脂的木纤维/树脂基摩擦材料。短碳纤维是主要的增强体,为了进一步改善摩擦材料的性能,同时引入了芳纶纤维和纤维素纤维。摩擦性能调节剂主要使用的是石墨和氧化铝。空间填充和平衡填料主要使用的是硫酸钡、高岭土、氧化镁和其他一些颗粒,所有颗粒通过粉化和筛分后尺寸都小于 45μm。本节所制备的不同腰果壳油改性酚醛树脂含量的木纤维/树脂基摩擦材料的配方见表 3-4。

表 3-4　腰果壳油改性酚醛树脂基摩擦材料的配方及孔隙率　　单位:%

原　料	R1	R2	R3	R4
增强纤维	27	25	23	21
摩擦性能调节剂	16	15	14	13
填料	22	20	18	16
黏结剂	35	40	45	50
孔隙率(体积分数)	44.1±1.1	40.2±1.5	33.4±1.7	28.7±1.4

3.6.1　树脂含量对木纤维/树脂基摩擦材料机械性能的影响

由于内部孔的尺寸和分布能够改变热导率和隔音能力,因而孔隙率对于摩擦材料的热和声性能有着非常重要的作用[60]。表 3-4 给出了具有不同树脂含量的木纤维/树脂基摩擦材料的孔隙率。从表中可以看出,随着酚醛树脂含量的增大,孔隙率呈现下降的趋势。如图 3-27 所示,纤维均匀地分散于树脂基体中,形成了具有不同尺寸的孔。随着树脂含量的增加,孔的尺寸和数量下降,这与孔隙率的测试结果是完全一致的。这些孔的微观结构使润滑油易于到达和流过接触区域,提供润滑和带走热量,从而可以有效地降低材料的磨损。

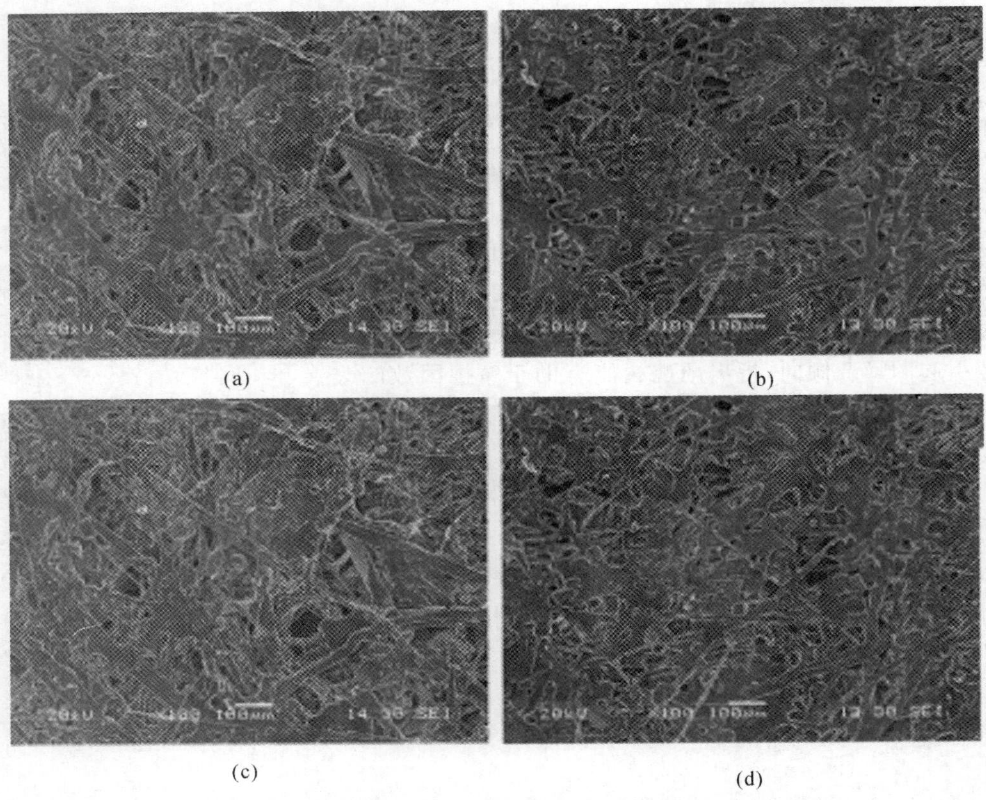

图 3-27　具有不同树脂含量的木纤维/树脂基摩擦材料的表面 SEM 形貌图

(a)35%；(b)40%；(c)45%；(d)50%

图 3-28 显示了不同树脂含量的木纤维/树脂基摩擦材料的硬度和拉伸强度。从图中可以看出,硬度和拉伸强度随着树脂含量的增加而增高。众所周知,在固化过程中,树脂通过构建亚甲基和甲基键形成了三维难熔分子。随着拉伸载荷的增加,界面脱黏现象出现,并且纤维从树脂基体中被拔出。因此,我们推断,树脂含量的增加增强了纤维和树脂基体之间的界面结合,使得硬度和拉伸强度增加。

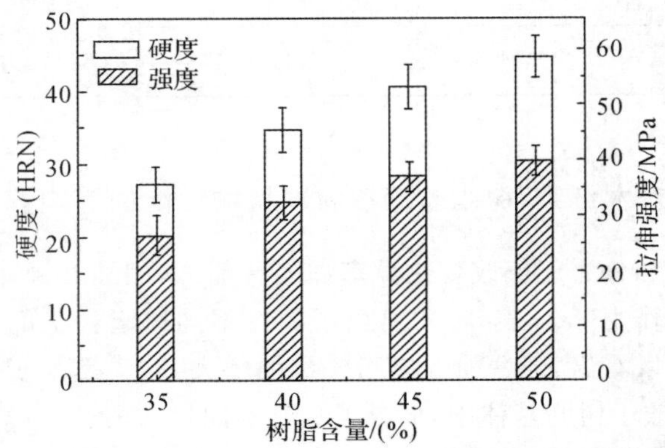

图 3-28　具有不同树脂含量的木纤维/树脂基摩擦材料的硬度和拉伸强度

3.6.2　树脂含量对木纤维/树脂基摩擦材料热性能的影响

为了研究树脂含量对摩擦材料热衰退性能的影响，我们对其进行了 TG－DTG 分析，如图 3－29 所示。从图中可以获得摩擦材料典型的热衰退温度和失重速率，见表 3－5。TG 曲线明显呈现出三种不同的失重区域，对应于 DTG 曲线上的三个主要峰，意味着摩擦材料至少有三个阶段的衰退。第一阶段为 250～370℃，第二阶段为 370～600℃，第三阶段为 600～850℃。在每一个衰退阶段的峰位置对应于这个阶段最大的失重速率，并且摩擦材料在第一阶段和第三阶段的失重速率几乎是相同的。树脂含量主要影响的是第二阶段的热稳定性，并且当树脂含量从 35％增长到 50％时，失重速率从 41％增长到了 56％。同时，当温度为 530℃时，R4 表现出了最大的失重速率。在第二阶段，失重的主要来源为树脂被氧化成挥发性元素和纤维素纤维的氧化，如破裂、脱氢和脱水作用。随着树脂含量的增加，摩擦材料的热稳定性下降。

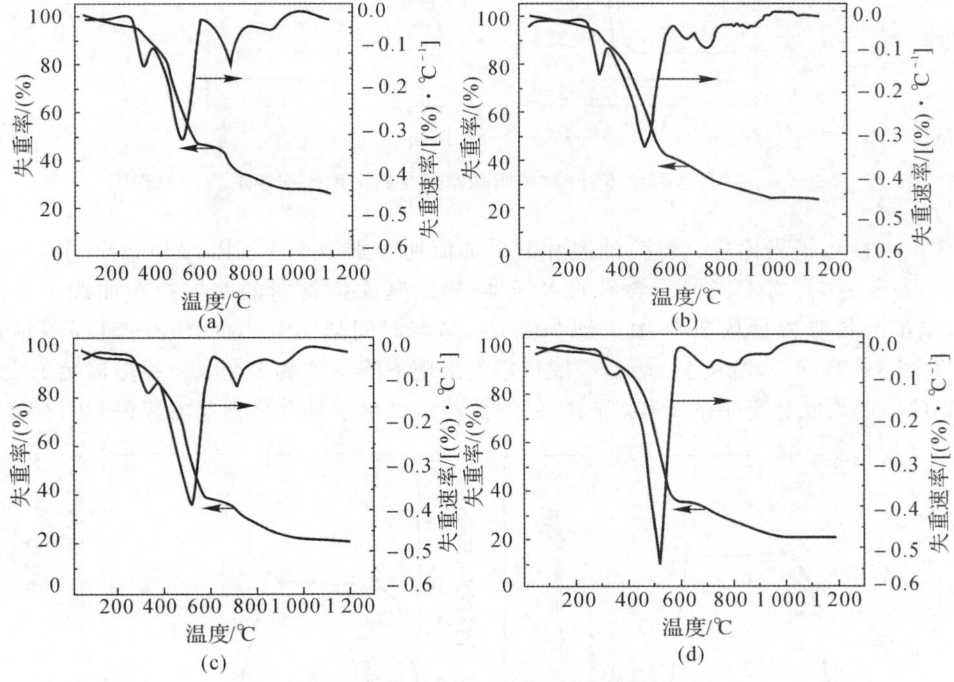

图 3－29　具有不同树脂含量的木纤维/树脂基摩擦材料的 TG－DTG 曲线

(a)35％；(b)40％；(c)45％；(d)50％

表 3－5　腰果壳油改性酚醛树脂基摩擦材料典型的失重温度和失重速率（T^a_{1max}，T^a_{2max} 和 T^a_{3max} 分别为第一、第二和第三阶段峰位置所对应的衰退温度；W^b_1，W^b_2 和 W^b_3 分别为第一、第二和第三阶段的失重速率）

编　号	T^a_{1max}/℃	T^a_{2max}/℃	T^a_{3max}/℃	W^b_1/(％)	W^b_2/(％)	W^b_3/(％)
R1	334	507	736	7	41	14
R2	332	513	765	8	46	12
R3	338	517	721	8	50	12
R4	342	530	714	6	56	11

3.6.3 树脂含量对木纤维/树脂基摩擦材料摩擦学性能的影响

在湿式离合器的结合过程中，润滑接触过程可以分为压膜、混合粗糙接触和粗糙接触三个阶段，对应的摩擦因数为 μ_i，μ_d 和 μ_o，如图 3-30 所示。μ_i 为靠近初始结合过程压膜阶段的摩擦因数；μ_d 为混合粗糙接触阶段的摩擦因数的代表；μ_o 为靠近终止结合过程粗糙接触阶段的摩擦因数。

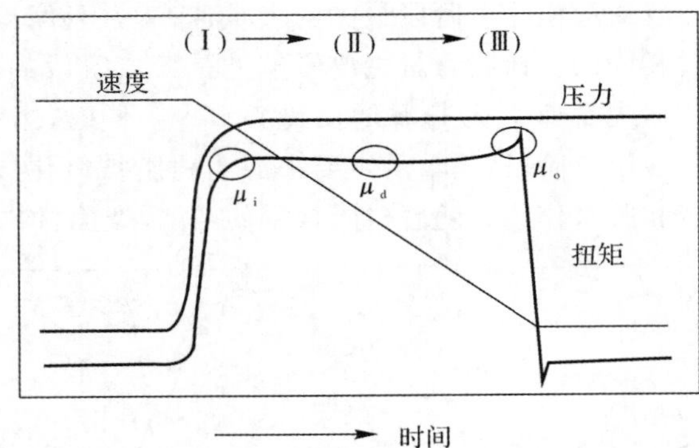

图 3-30 结合过程中木纤维/树脂基摩擦材料的摩擦扭矩曲线的原理图

图 3-31 显示了当比压、转速、油温和润滑油流速分别为 0.5 MPa，2 000 r/min，70～75℃和 90 mL/min 时，具有不同树脂含量的木纤维/树脂基摩擦材料的摩擦扭矩曲线。从图中可以看出，当酚醛树脂含量从 35%增长到 50%时，结合时间从 1.0 s(见图 3-31(a))延长到了 1.25 s(见图 3-31(d))，增长了 25%，摩擦扭矩值出现下降。尤其是在混合粗糙接触阶段，R1 的摩擦扭矩曲线的形状是更平的，意味着 R1 的摩擦稳定性优于具有高含量酚醛树脂的摩擦材料。

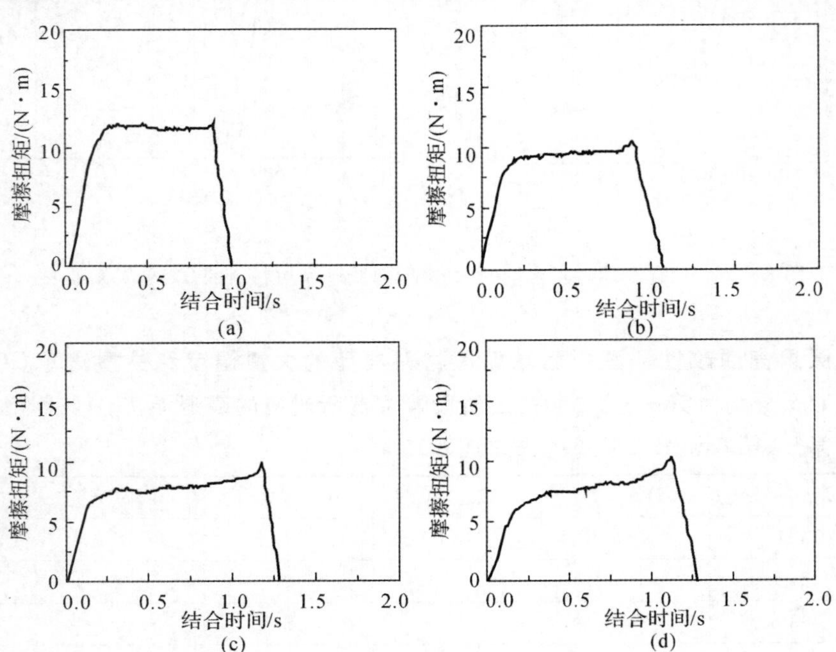

图 3-31 具有不同树脂含量的木纤维/树脂基摩擦材料的摩擦扭矩曲线

(a)35%； (b)40%； (c)45%； (d)50%

图 3－32 显示了树脂含量对动摩擦因数的影响。从图中可以看出，随着树脂含量从 35％增长到 50％，动摩擦因数从 0.15 下降到了 0.11。这种动摩擦因数的变化主要归因于湿式条件下油膜和粗糙峰接触的交互作用。由于低树脂含量的摩擦材料具有较高的孔隙率，导致润滑油能够顺利流进摩擦材料并在滑动表面扩散，这种边界润滑导致了高的动摩擦因数。随着树脂含量的增长，在平滑的表面易于形成润滑油膜，导致了动摩擦因数的下降。

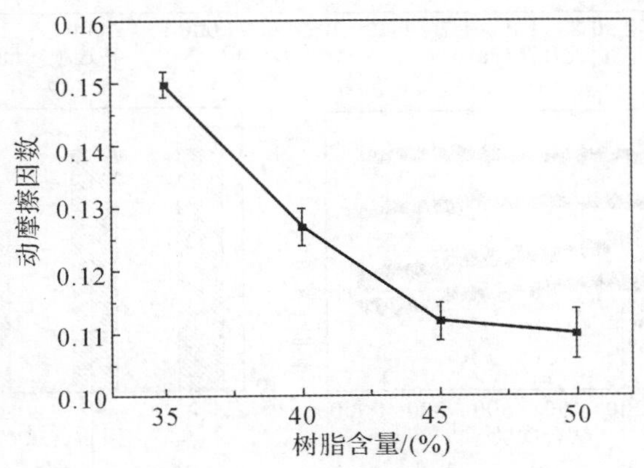

图 3－32　动摩擦因数和树脂含量之间的关系

通常，当工况条件变化时，材料的摩擦因数将发生变化，导致驱动力发生改变，但仍然期望将驱动力的改变降到最低。因此，在复杂的工况条件下，总是期望获得稳定的动摩擦因数。在本节中，我们主要讨论比压和转速对木纤维/树脂基摩擦材料摩擦稳定性的影响。图 3－33(a)显示了比压对动摩擦因数的影响，可以发现，随着比压的增高动摩擦因数出现下降。在较高的比压下，结合时间缩短，润滑油能够覆盖更多的粗糙峰并且降低机械接触，因而动摩擦因数下降。表 3－6 给出了腰果壳油改性酚醛树脂基摩擦材料样品在不同比压和转速条件下的稳定系数。在所有样品中，当在实验过程中改变比压时，R2 的稳定系数是最大的，这意味着它的摩擦稳定性是最好的。图 3－33(b)显示了动摩擦因数和转速之间的关系，随着转速的增高，动摩擦因数下降。同时，随着转速从 1 000 r/min 增长到 4 000 r/min，结合时间延长，导致了较高的界面温度。按照润滑油的黏-温关系，油黏度的下降能够导致润滑油膜产生剪切应力的下降。另外，增长的温度将引起材料的软化，导致摩擦因数的下降。如表 3－6 所示，当转速改变时，R1 的稳定系数是最大的，意味着最好的摩擦稳定性。

在 1.0 MPa 的比压、2 000 r/min 的转速、70～75℃的转速和 90 mL/min 的润滑油流速条件下，我们研究了 1 000 次的连续结合过程中摩擦材料动摩擦因数的变化，如图 3－33(c)所示。从图中可以清楚地看到，R1 和 R2 的动摩擦因数的变化是非常小的，意味着在连续结合过程中它们表现出了优异的摩擦稳定性。然而，R3 和 R4 的动摩擦因数却出现了明显的下降，这主要是由在连续结合过程中摩擦材料表面形貌的变化引起的。具有较高树脂含量的摩擦材料(R3 和 R4)的磨损表面易于被犁削，导致了动摩擦因数的下降。

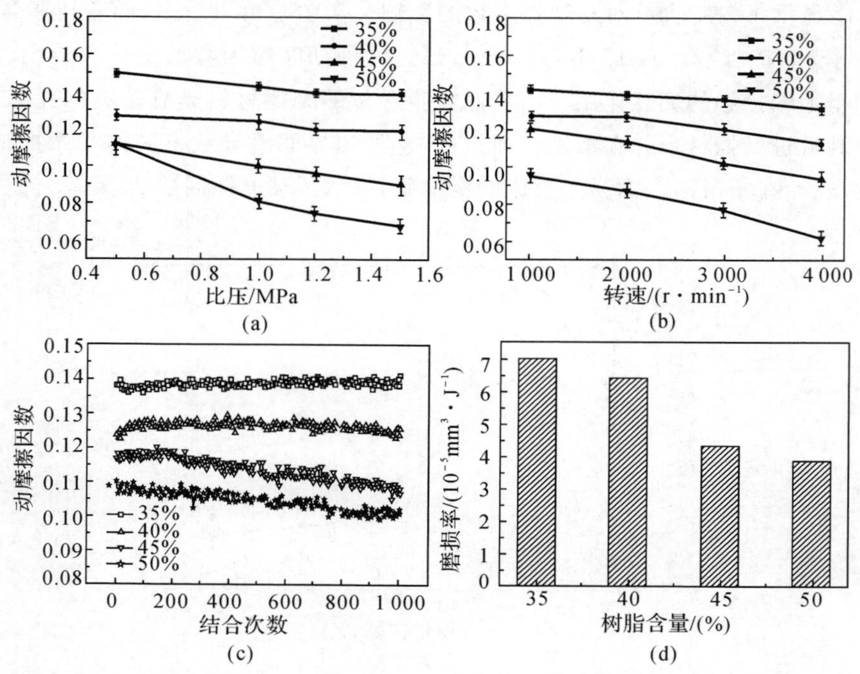

图 3-33　不同树脂含量样品的摩擦学性能

(a)动摩擦因数和比压的关系；(b)动摩擦因数和转速的关系；

(c)在连续结合过程中动摩擦因数的变化；(d)树脂含量对磨损率的影响

表 3-6　腰果壳油改性酚醛树脂基摩擦材料样品在不同比压和转速条件下的稳定系数

编　号	在不同的比压下	在不同的转速下
R1	95.3	96.6
R2	96.4	95.5
R3	88.8	89.5
R4	75.5	84.5

图 3-33(d)显示了树脂含量对木纤维/树脂基摩擦材料磨损率的影响。从图中可以看出，随着树脂含量从 35%增长到 50%，摩擦材料的耐磨性能得到改善。如图 3-34(a)(b)所示，在具有较低树脂含量的摩擦材料的表面易于形成微孔。在连续的滑动之后，产生了微裂纹和磨粒，最终从磨损表面剥离。另外，如图 3-34(c)和(d)所示，随着树脂含量的增高，在其表面可以清楚地看到摩擦膜的形成，这得到了优异的耐磨性能。

3.6.4　小结

本节通过抄片的方式制备了腰果壳油改性酚醛树脂基摩擦材料，继而研究了树脂含量对它们的机械、热和摩擦学性能的影响，得到如下结论：

(1)增强纤维能够被均匀地分散在腰果壳油改性酚醛树脂基摩擦材料中。随着树脂含量的增高，它们的孔隙率下降，但是硬度和拉伸强度增长。

(2)腰果壳油改性酚醛树脂基摩擦材料的热衰退由三个阶段组成。树脂含量主要影响的是第二阶段(370～600℃)。在大约 530℃,具有 50%树脂含量的摩擦材料拥有最大的失重速率。随着树脂含量的增长,摩擦材料的热稳定性下降。

(3)随着树脂含量的增长,摩擦扭矩曲线逐渐变得波动,动摩擦因数出现下降但耐磨性能得到改善,这主要是由于连续结合过程中磨损表面形成的摩擦膜。此外,随着比压和转速的增高,动摩擦因数下降。在不同的比压和转速条件下,具有较低树脂含量的摩擦材料表现出了优异的摩擦稳定性,并且在连续结合过程中,它们的动摩擦因数能够保持不变。

(4)综合考虑它们的机械性能、耐热性能以及摩擦磨损性能,具有 35%～40%树脂含量的腰果壳油改性酚醛树脂基摩擦材料表现出了最优异的综合性能。

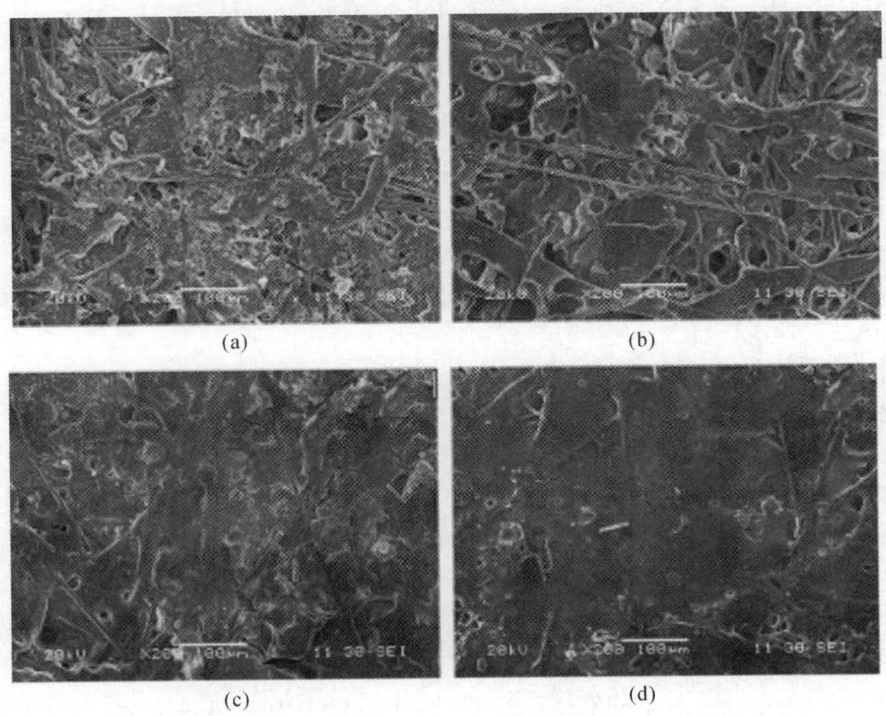

(a)　(b)　(c)　(d)

图 3-34　具有不同树脂含量的木纤维/树脂基摩擦材料磨损表面的 SEM 图

(a)35%；(b)40%；(c)45%；(d)50%

参考文献

[1] Nyman P, Mäki R, Olsson R, et al. Influence of surface topography on friction characteristics in wet clutch applications[J]. Wear, 2006, 261(1):46-52.

[2] Ingram M, Spikes H, Noles J, et al. Contact properties of a wet clutch friction material[J]. Tribology International, 2010, 43(4):815-821.

[3] Marklnnd P, Larsson R, Lundström T S. Measurements of sintered and paper based friction materials for wet clutches and brakes[J]. SAE International Journal of

Fuels&Lubricants, 2016, 3(2): 857 - 864.

[4] Matsumoto T. A Study of the Durability of a Paper - Based Friction Material Influenced by Porosity[J]. Journal of Tribology, 1995, 117(2):272 - 278.

[5] Xian G, Zhang Z. Sliding wear of polyetherimide matrix composites: Ⅰ Influence of short carbon fibre reinforcement[J]. Wear, 2005, 258(5 - 6):776 - 782.

[6] Bijwe J, Rattan R, Fahim M. Abrasive wear performance of carbon fabric reinforced polyetherimide composites: Influence of content and orientation of fabric [J]. Tribology International, 2007, 40(5):844 - 854.

[7] Davim J P, Marques N, Baptista A M. Effect of carbon fibre reinforcement in the frictional behaviour of Peek in a water lubricated environment[J]. Wear, 2001, 251 (1 - 12):1100 - 1104.

[8] Winckler P S. Carbon - based friction material for automotive continuous slip service: US, US5662993[P]. 1995 - 09 - 08.

[9] 曹洪，严浙生. 纸基摩擦材料的开发应用[J]. 非金属矿，1991(3):52 - 54.

[10] 付业伟，李贺军，李克智，等. 一种新型短切碳纤维增强纸基摩擦材料研究[J]. 材料科学与工程学报，2004，22(6):802 - 805.

[11] 费杰，李贺军，付业伟，等. 增强纤维对纸基摩擦材料性能的影响[J]. 润滑与密封，2010，35(10):1 - 4.

[12] 付业伟，李贺军，李克智，等. 碳纤维对纸基摩擦材料摩擦磨损性能的影响[J]. 摩擦学学报，2004，24(6):555 - 559.

[13] 何鹏，冯新，汪怀远，等. 纤维/Ekonol/PTFE 复合材料的力学与摩擦学性能研究[J]. 功能材料，2007，38(12):2044 - 2047.

[14] 高家诚，伍沙，王勇. 纸基摩擦材料的研究现状[J]. 功能材料，2009，40(3): 353 -356.

[15] 杨瑞丽，付业伟，强俊超. 纸基摩擦材料的组成与工艺研究进展[J]. 咸阳师范学院学报，2005，20(2):23 - 26.

[16] Gao H, Barber G C, Chu H. Friction characteristics of a paper - based friction material [J]. International Journal of Automotive Technology, 2002, 3 (12): 171 -176.

[17] Kimura Y, Otani C. Contact and wear of paper - based friction materials for oil - immersed clutches - wear model for composite materials[J]. Tribology International, 2005, 38(11):943 - 950.

[18] 胡健，梁云，郑炽嵩，等. 树脂含量对湿式纸基摩擦材料性能的影响[J]. 机械工程材料，2006，30(11):39 - 42.

[19] Fei J, Li H J, Fu Y W, et al. Effect of phenolic resin content on performance of carbon fiber reinforced paper - based friction material[J]. Wear, 2010, 269(7 - 8): 534 - 540.

[20] 李贺军，付业伟，齐乐华，等. 柔性纸基摩擦材料：中国，CN101024760[P]. 2008 - 08 - 29.

[21] 费杰，李贺军，齐乐华，等. 石墨含量对纸基摩擦材料摩擦磨损性能的影响[J]. 摩擦学学报，2007，27(5):451 - 455.

[22] Zhang X，LI Kezhi，LI Hejun，et al. Effect of Graphite Particle Size on Friction and Wear Performance of Paper - based Friction Material[J]. Journal of Inorganic Materials，2011，26(6):638 - 642.

[23] 费杰，李贺军，齐乐华，等. Al_2O_3含量对碳纤维增强纸基摩擦材料摩擦磨损性能的影响[J]. 润滑与密封，2008，33(4)：70 - 73.

[24] 王赫，刘亚青，张斌. 碳纤维表面处理技术的研究进展[J]. 合成纤维，2007，36(1)：29 - 32.

[25] Li J，Cheng X H. Friction and wear properties of surface - treated carbon fiber - reinforced thermoplastic polyimide composites under oil - lubricated condition[J]. Materials Chemistry & Physics，2008，108(1):67 - 72.

[26] 李贺军，费杰，齐乐华，等. 孔隙率对碳纤维增强纸基摩擦材料摩擦磨损性能的影响[J]. 无机材料学报，2007，22(6):1159 - 1164.

[27] 杨瑞丽，杨振，付业伟. 影响碳纤维增强纸基摩擦材料孔隙率的因素研究[J]. 咸阳师范学院学报，2005，20(6):26 - 29.

[28] 邓海金，李雪芹，李明. 孔隙率对纸基摩擦材料的压缩回弹和摩擦磨损性能影响的研究[J]. 摩擦学学报，2007，27(6):544 - 549.

[29] 杨化龙，齐乐华，付业伟，等. 油槽对碳纤维增强纸基摩擦片摩擦制动性能和耐热性的影响[J]. 机械科学与技术，2010，29(12):1623 - 1627.

[30] Fei J，Li H J，Qi L H，et al. Carbon - Fiber Reinforced Paper - Based Friction Material：Study on Friction Stability as a Function of Operating Variables[J]. Journal of Tribology，2008，130(4):786 - 791.

[31] 任远春，李贺军，李克智. 固化压力对一种纸基摩擦材料摩擦性能的影响[J]. 复合材料学报，2007，24(4):118 - 122.

[32] 付业伟，李贺军，费杰，等. 温度对碳纤维增强纸基摩擦材料摩擦磨损性能的影响[J]. 摩擦学学报，2005，25(6):583 - 587.

[33] 费杰，李贺军，付业伟，等. 连续制动条件下碳纤维增强纸基摩擦材料摩擦磨损性能研究[J]. 无机材料学报，2010(4):344 - 348.

[34] 费杰，李贺军，付业伟，等. 碳纤维增强纸基摩擦材料磨损机理研究[J]. 摩擦学学报，2011(31):540 - 545.

[35] Lloyd F A，Anderson J N，Bowles L S. Effects of Operating Conditions on performance of Wet Friction Materials：A Guide to Material Selection[C] // SAE International off - Highway and Powerplant Congress and Exposition，1988.

[36] Gopal P，Dharani L R，Blum F D. Load，speed and temperature sensitivities of a carbon - fiber - reinforced phenolic friction material[J]. Wear，1995，s 181 - 183 (95):913 - 921.

[37] Satapathy B K，Bijwe J. Composite friction materials based on organic fibres：Sensitivity of friction and wear to operating variables[J]. Composites Part A：Applied

Science & Manufacturing, 2006, 37(10):1557 - 1567.

[38] Cho M H, Bahadur S, Pogosian A K. Friction and wear studies using Taguchi method on polyphenylene sulfide filled with a complex mixture of MoS_2, Al_2O_3, and other compounds[J]. Wear, 2005, 258(11 - 12):1825 - 1835.

[39] Milayzaki T, Matsumoto T, Yamamoto T. Effect of Visco - Elastic Property on Friction Characteristics of Paper - Based Friction Materials for Oil Immersed Clutches [J]. Journal of Tribology, 1998, 120(2):393 - 398.

[40] Zagrodzki P, Truncone S A. Generation of hot spots in a wet multidisk clutch during short - term engagement[J]. Wear, 2003, 254(5 - 6):474 - 491.

[41] Ost W, Baets P D, Degrieck J. The tribological behaviour of paper friction plates for wet clutch application investigated on SAE#II and pin - on - disk test rigs[J]. Wear, 2001, 249: 361 - 371.

[42] Song H J, Zhang Z Z, Luo Z Z. A study of tribological behaviors of the phenolic composite coating reinforced with carbon fibers[J]. Materials Science & Engineering A, 2007, s 445 - 446(6):593 - 599.

[43] Liu L, Li W, Tang Y, et al. Friction and wear properties of short carbon fiber reinforced aluminum matrix composites[J]. Wear, 2009, 266(7 - 8):733 - 738.

[44] Xian G, Zhang Z, Friedrich K. Tribological properties of micro - and nanoparticles - filled poly(etherimide) composites[J]. Journal of Applied Polymer Science, 2006, 101(3):1678 - 1686.

[45] Davim J P, Cardoso R. Effect of the reinforcement (carbon or glass fibres) on friction and wear behaviour of the PEEK against steel surface at long dry sliding[J]. Wear, 2009, 266(7 - 8):795 - 799.

[46] Suresha B, Kumar K S, Seetharamu S, et al. Friction and dry sliding wear behavior of carbon and glass fabric reinforced vinyl ester composites [J]. Tribology International, 2010, 43(3):602 - 609.

[47] Rasheva Z, Zhang G, Burkhart T. A correlation between the tribological and mechanical properties of short carbon fibers reinforced PEEK materials with different fiber orientations[J]. Tribology International, 2010, 43(8):1430 - 1437.

[48] Sharma M, Rao I M, Bijwe J. Influence of fiber orientation on abrasive wear of unidirectionally reinforced carbon fiber - polyetherimide composites[J]. Tribology International, 2010, 43(5 - 6):959 - 964.

[49] Zhang H, Zhang Z, Friedrich K. Effect of fiber length on the wear resistance of short carbon fiber reinforced epoxy composites[J]. Composites Science & Technology, 2007, 67(2):222 - 230.

[50] Öztürk B, Öztürk S. Effects of Resin Type and Fiber Length on the Mechanical and Tribological Properties of Brake Friction Materials[J]. Tribology Letters, 2011, 42(3):339 - 350.

[51] Hattori Y, Kato Y. Dynamic Friction Behavior of Paper - Based Wet Friction

Material Subjected to Contact Pressure Fluctuation[J]. Tribology Online, 2012, 7(3):184-189.

[52] 梁云，黄小华，胡健，等. 树脂对湿式纸基摩擦材料性能的影响[J]. 造纸科学与技术，2005，24(6):69-72.

[53] 邓海金，李雪芹，任钢，等. 纸基摩擦材料纤维、树脂含量和孔隙率对压缩回弹性能的影响[J]. 理化检验:物理分册，2005，41(2):55-60.

[54] Hong Gao, Gary C Barber. Engagement of a Rough, Lubricated and Grooved Disk Clutch ith a Porous Deformable Paper-Based Friction Material[J]. Tribology Transactions, 2002, 45(4):464-470.

[55] 范培育，付业伟，李贺军，等. 碳纳米管双层纸基摩擦材料研究[J]. 机械科学与技术，2011，30(12):2107-2110.

[56] 钟林新，付时雨，周雪松，等. 纸基摩擦材料的摩擦性能及其机理研究现状[J]. 中国造纸学报，2010，25(1):96-101.

[57] 宋晓东，杨方，齐乐华，等. 碳纤维长度与取向对纸基摩擦材料热负荷及摩擦学性能影响[J]. 摩擦学学报，2014，14(1):65-72.

[58] 付业伟，李贺军，李爱军，等. 一种纸基摩擦材料的摩擦特性[J]. 复合材料学报，2005，22(2):78-82.

[59] Kim S J, Jang H. Friction and wear of friction materials containing two different phenolic resins reinforced with aramid pulp[J]. Tribology International, 2000, 33(7):477-484.

[60] Yun C K, Min H C, Kim S J, et al. The effect of phenolic resin, potassium titanate, and CNSL on the tribological properties of brake friction materials[J]. Wear, 2008, 264(3-4):204-210.

[61] Davis C L, Sadeghi F, Krousgrill C M, et al. A Simplified Approach to Modeling Thermal Effects in Wet Clutch Engagement: Analytical and Experimental Comparison[J]. Journal of Tribology, 2000, 122(1):110-118.

[62] Natsumeda S, Miyoshi T. Numerical Simulation of Engagement of Paper Based Wet Clutch Facing[J]. Journal of Tribology, 1994, 116(2):232-237.

[63] Yang Y, Lam R C, Fujii T. Prediction of Torque Response During the Engagement of Wet Friction Clutch[J]. SAE Transactions, 1998, 107:1625-1635.

第4章　碳纳米管改性木纤维/树脂基摩擦材料

4.1　碳纳米管改性木纤维/树脂基摩擦材料概述

本章所述的碳纳米管改性木纤维/树脂基摩擦材料以竹纤维为木纤维，以碳纤维为增强纤维，以腰果壳油、丁腈橡胶和硼改性酚醛树脂为黏结剂，以碳纳米管为摩擦性能调节剂，以碳化硅、碳化硼、氧化铝、氧化锆、硼化锆为填料。

4.1.1　竹纤维的结构和性能

在本章中，通过添加竹纤维来改善碳纤维与基体之间的界面结合，避免了化学处理方法对碳纤维的强度造成破坏。

1. 竹纤维的结构

竹材是自然界中广泛存在的一种原料，由竹材制备竹纤维的基本方法：先用物理方法将竹子碾平、扭转、梳理，然后再对上述竹纤维进行糖分、脂肪的去除，最后进行漂白、晾干处理，得到竹纤维。单根的竹纤维一般为细长的纺锤状结构，竹纤维的纵向表面能够看到较多浅的沟槽，这样的结构使得竹纤维有较好的抱合力，为其在复合材料领域的应用奠定了基础。

竹纤维是由纤维素、半纤维素和木素等主要成分以及脂肪、蜡、淀粉、果胶、单宁、色素和灰分等次要成分组成的。在竹纤维中，纤维素起骨架架桥作用，纤维素的分子式为$(C_6H_{10}O_5)_n$，其中n为聚合度，一般竹纤维的聚合度为10 000左右。图4-1所示为竹纤维中纤维素的分子链结构图，可以看到，葡萄糖分子之间是以主价键C—O—C键相连在一起的。对于纤维素分子中的葡萄糖六元环来说，每个六元环分子中都含有3个醇羟基，其中，仲、季醇羟基的活性最高，通常在一定条件下会发生一系列酯化反应和取代反应等。而且纤维素分子中醇羟基的存在，使得竹纤维具有较高的化学活性以及较好的吸湿性能等。竹纤维中的半纤维素紧挨着纤维素存在，它主要是由甘露糖、半乳糖、己糖、戊糖等组分组成的，在整个纤维结构中起着黏结作用。

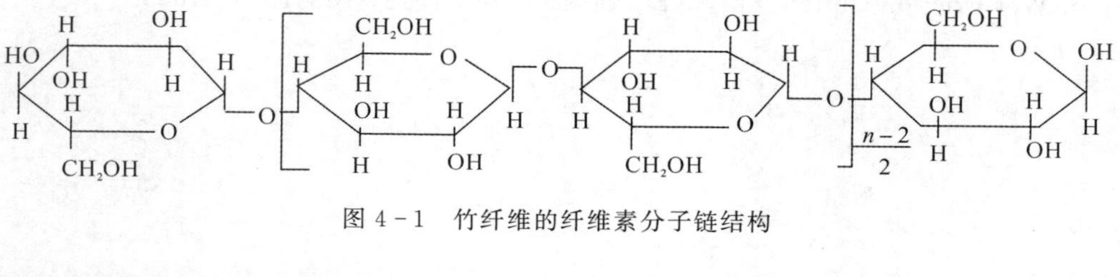

图4-1　竹纤维的纤维素分子链结构

光学显微结构显示，竹纤维有两种基本结构，一种是多层次生壁结构，一种是非多层次生壁结构。多层次生壁结构指的是细胞壁由宽层与窄层交替排列组成(见图4-2(a))，其中，宽层中的木质素密度较小，窄层中的木质素密度较大。非多层结构的纤维细胞次生壁一般只有两个宽层(见图 4－2(b))。

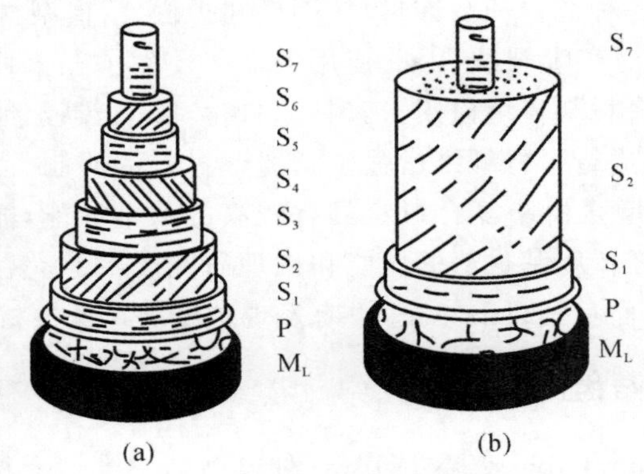

图 4－2　竹纤维的细胞壁结构模型

(a)多层结构细胞壁；　(b)非多层结构细胞壁

2. 竹纤维的性能

关于竹纤维的性能，研究者们进行了大量的研究，万玉芹等人[1]研究了竹纤维在标准状态下的吸-放湿特征曲线，研究发现，竹纤维具有较快的吸-放湿速度。南京林业大学张庐陵[2]对竹纤维的耐热性能、溶解性能以及力学性能进行了研究，结果发现，竹纤维在 260℃左右开始分解，480℃下可以完全碳化。通过竹纤维的溶解性试验研究发现，竹纤维具有较好的耐酸性，且竹纤维也具有较高的力学性能。张庐陵研究了竹纤维在干、湿两种状态下的力学性能，由于木纤维/树脂基摩擦材料中竹纤维的最终形态为干态，因此，竹纤维的干态性能是我们比较关注的。表 4－1[3]给出了竹纤维在干态下的力学性能，从表中可以看到，竹纤维具有较高抗拉强度、弹性模量和断裂伸长率。这使得竹纤维的应用得到了更好的拓展。

表 4－1　竹纤维在干态下的力学性能

性　能	抗拉强度/MPa	弹性模量/MPa	断裂伸长率/(%)
所测平均值	542.72	36.53	3.26

4.1.2　竹纤维的应用研究

竹材一般在栽种成活后 2～3 年就可以砍伐使用，是一种速生高产纤维原料。我国是世界上竹材产量较高的国家，竹材的充分利用对于我国有很大的经济价值。在过去的很长一段时间里，竹子都被用在造纸行业，用竹纤维抄造的纸张具有较高的耐破性能、撕裂性能、抗张强度以及在抄纸过程中有较高的滤水性能等。后来，竹纤维渐渐被用在了纺织工业领域中，它使得纺织品具有较好的染色性能，且使纺织品种类发展多样化，性能优异化。

近年来，随着纤维增强复合材料技术的快速发展，竹纤维复合材料也有了一定程度的发展，主要有聚乳酸/竹纤维复合材料、苯乙烯化聚酯/竹纤维复合材料、竹纤维增强塑料复合材料以及竹纤维增强树脂基复合材料等。竹纤维复合材料近年来主要用在汽车工业、建筑工业以及风力发电等领域中。竹纤维复合材料用在汽车工业中，具有环保、质轻、噪音小等优势。奔驰公司的一份报告指出，将天然纤维用在汽车上，能够减轻 10%的汽车质量，竹纤维复合材料在汽车工业中主要被制作成汽车顶棚、座椅背板，客车的内衬板等。竹纤维复合材料在建筑工业领域，主要用于制作各种装修和装饰材料、围栏和护栏、门窗型材等，所制作的这些材料耐形变能力较强，受力时不易产生裂纹，因此使用寿命久。除了在上述两个领域得到广泛关注外，竹纤维增强树脂基复合材料还可以用于家具、高速公路隔音板、船舶橱柜和隔舱以及办公室隔板等。冼杏娟等人[3]进行了竹纤维增强树脂复合材料的研制、力学性能测试及微观机理分析等工作，发现竹纤维增强树脂复合材料具有较高的力学性能，能够承受较大的载荷。但是，国内目前对竹纤维增强树脂基材料的性能和机理研究还不够完善，制备技术不够成熟，需要做进一步的研究工作。而且到目前为止，没有发现竹纤维在摩擦材料领域的相关研究。

4.1.3 碳纳米管的结构及性能

碳纳米管(Carbon NanoTubes，CNTs)是一种典型的一维纳米材料，它最早是由 Oberlin A 等人[4]在1976年观察到的。1991年日本教授 Iijima S 在 *Nature* 上发表了一篇关于碳纳米管的报道[5]，这应该是真正意义上提出碳纳米管这一名词的报道，也被认为是碳纳米管发现的标志。随后，关于碳纳米管的研究便吸引了大批学者的兴趣，随着碳纳米管研究的进展，其优良的力学、电学、光学、热学等性质不断被发现，同时其也逐渐得到了更广泛、深入的研究。

图 4－3[6]所示为自20世纪90年代以来关于碳纳米管的文章及专利数量统计结果，这些研究涵盖了碳纳米管的制备、性质、表征、修饰、模拟、应用探索等各方面，在一定程度上也反映出了碳纳米管研究的广泛性和深入性。

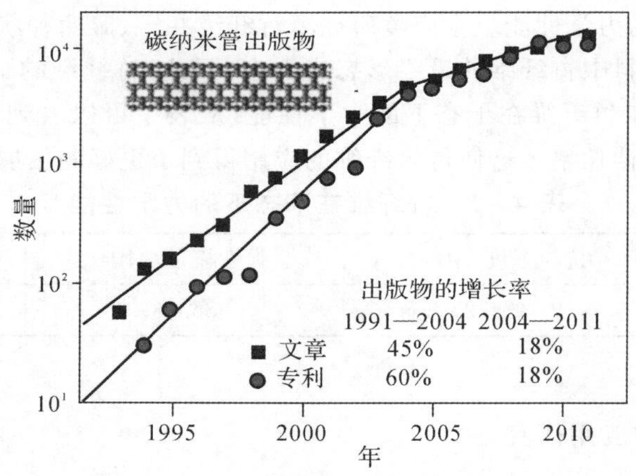

图 4－3 ISI Web of Science 收录碳纳米管文章及 Derwent Innovations IndexSM 收录碳纳米管专利统计图

4.1.4 碳纳米管的应用

根据不同的分类方法，碳纳米管可以分为不同的类别。碳纳米管可以看作是由石墨层卷曲而成的管状结构。依据卷曲层数的不同，碳纳米管可分为单壁碳纳米管、少壁碳纳米管及多壁碳纳米管三种。

单壁碳纳米管可以看作是由单层石墨卷曲而成的，对单层石墨可以由一个基础向量进行定义[7]。依据不同的 n,m 值，单壁碳纳米管可以分为锯齿型、扶手椅型及螺旋型三种。如图 4－4所示，不同手性的单壁碳纳米管可以呈现金属性或半导体性。完美的单壁碳纳米管中的碳原子以 sp2 杂化为主，但石墨层的弯曲会形成空间拓扑结构导致部分 sp3 杂化的产生[8]。实验制备的单壁碳纳米管往往具有一定的缺陷，研究结果发现，如果单壁碳纳米管的管壁中存在五元环、七元环或七元环、五元环对，此缺陷的两侧将有不同的手性，表现出不同的电性质而形成金属-半导体性[9]。单壁碳纳米管的管径一般在 0.5～5 nm 范围，最小的直径可达到 0.4 nm[10]管的长度可以达到几百纳米至几微米甚至数毫米[11]。由于单壁碳纳米管具有较大的长径比、较高的比表面积，因此管与管之间存在较强的范德华力，通常单壁碳纳米管呈管束状[12]，每束含几十到几百根单壁碳纳米管，管束的直径约几十纳米。

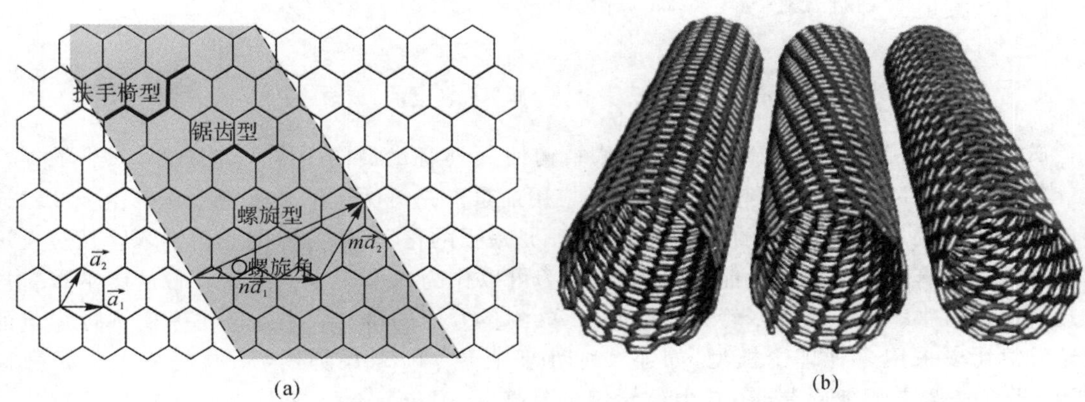

图 4-4　碳纳米管的特性

(a)碳纳米管的卷曲方向及手性；(b)不同手性碳纳米管的模拟图

多壁碳纳米管可以看作是由多根不同管径的单壁碳纳米管同轴套构而成的，层数由几层至上百层，其每层都可能呈现不同的手性。多壁碳纳米管的内径一般为 0.5 nm 至几纳米，外径为几纳米至几百纳米，层间距为 0.34 nm，长度为几百纳米甚至到厘米级，管间的范德华力相对较弱不会出现管束形态[13]。一般来说，多壁碳纳米管在轴向上保持相同的直径，但由于管壁上五元环和七元环的出现，其在直径上也会发生变化。多壁碳纳米管具有结构稳定、易于制备等优点，因此对其研究最为广泛，目前以多壁碳纳米为原料的导电浆料已经广泛应用于锂离子电池产业。

根据碳纳米管的宏观形貌又可将其分为聚团状碳纳米管[14]、水平超长碳纳米管[15]以及垂直阵列碳纳米管[16]，如图 4-5 所示。聚团状碳纳米管通常以粉体催化剂制备，生长过程中管与管之间相互缠绕形成多级聚团结构。其具有易于制备、应用广泛等优点。清华大学魏飞课题组在前期的工作中利用流化床反应器开发了聚团碳纳米管的大规模制备技术，并且已将其应用于工业生产。水平超长碳纳米管是在基底上以漂浮模式沿水平方向生长的一类碳纳米管，其具有结构好、长度长等优点，国内已经实现了手性完全相同、长度在几十厘米的水平超长碳纳米管的制备。垂直阵列碳纳米管是指在一定曲率半径的基底表面生长制备的一类碳纳米管，其管与管之间在一定方向上协同生长、平行排列。相比于水平超长碳纳米管，其具有一定的长度，并且具有较高的生长密度；相比于聚团状碳纳米管，其具有较好的取向性，其宏观体表现出各向异性，具有广阔的应用前景。

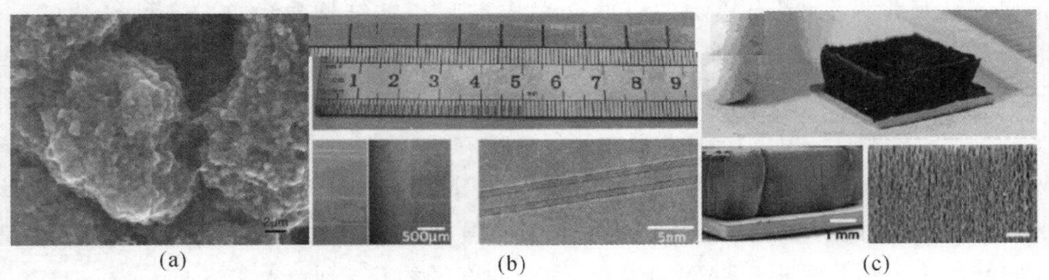

图 4-5　不同宏观形态的碳纳米管

(a)聚团状碳纳米管[17]；　(b)水平阵列碳纳米管[15]；　(c)垂直阵列碳纳米管[16]

4.1.5　碳纳米管的潜在应用

碳纳米管独特的由 sp2 碳形成的管状结构使其具有优良的力学[18]、电学[19]、热学等性能[20]，这些优异的性能使其具有很多潜在的应用前景。完美的碳纳米管管壁全部由 sp2 键连接的碳原子构成，而 sp2 杂化的 C—C 共价键则是最强的化学键之一，因此碳纳米管从被发现起就被认为具有优良的力学性能，其甚至被认为可以作为通向太空的绳索。自从碳纳米管被发现以来就有很多关于碳纳米管力学性能计算、测量方面的研究报道。碳纳米管弹性模量的理论计算可以采用多种理论模型，如连续弹性理论[21]、Tersoff 势函数[22]、经典的力常数模型[23]、非正交紧束缚理论[24]等，其中最常用的是 Tersoff 势函数。根据各种理论所计算的碳纳米管的理论杨氏模量基本相差不大，都在 1TPa 左右。对碳纳米管力学性质进行直接测量的方法也有很多种，如 Raman 光谱法[25]、热振动法[26-27]、原子力显微镜法[18]等。1996 年，Treacy M 等人[26]首次在 TEM 下测量了多根 MWCNT 的弹性模量，他们将 MWCNT 的一端固定，从而在不同温度下测量另一悬空端的振动振幅，依据振幅与温度的关系计算得到 MWCNT 的模量。所测量的 11 根不同的 MWCNT 的模量分布于 0.4～4.15TPa，平均模量为 1.8TPa。1997 年，Wong E W[18]利用原子力显微镜(AFM)针尖侧面弯曲 CNT 直接测量了 6 根不同管径 MWCNT 的力学性能，其测量平均值为(1.28±0.6) TPa。清华大学魏飞教授课题组在近年的工作中利用气流吹动法测定了单根碳纳米管的力学性能[28]，结果表明完美的三壁碳纳米管的弹性模量为 1.34 TPa、断裂伸长率达到 17.5%，远远优于目前所知的最好的碳纤维的力学性能；其机械能储存值可以达到 1 125 Wh・kg^{-1}，能量密度达到 144 MW・kg^{-1}，远远高于目前所知的储能材料。利用碳纳米管优良的机械性能可以制备纳米弹簧，储存机械能[29-31]等。碳纳米管较小的尺寸以及优良的力学性能使其可用作扫描探针显微镜的探针[32]，以碳纳米管为探针的原子力显微镜可以极大地提高分辨率[33]。

理论研究表明，根据手性的不同，单壁碳纳米管既可以为导体也可以为半导体。研究发现，金属性单壁碳纳米管的理论计算电阻率为 4.2 kΩ・μm，而半导体性单壁碳纳米管的理论计算电阻值为 192 kΩ/μm[34]。实际上由于碳纳米管管壁具有缺陷，其实测值往往要大于理论值。Fischer J E 等人[35]用 4 点法测量单壁碳纳米管薄片电阻率的值为 60μΩ・m。利用单壁碳纳米管良好的导电性可以制备纳米器件及纳米传感器。Postma H W 等人[36]利用单根金属性单壁碳纳米管成功构建了室温单电子晶体管。而 Bachtold A 等人[37]用单壁碳纳米管制备的场效应晶体管演示逻辑电路进一步表明用单壁碳纳米管制备的晶体管具有效率高、室温可用、快速开关等优点。另外，结合单壁碳纳米管的力学性能和电学性能，还可以用其来制作纳米机械装置[38-39]、人造肌肉[40]等。由于多壁碳纳米管每层管壁螺旋角的不同，其往往只呈现出导体的性质。研究表明，多壁碳纳米管只有最外层管壁对导电做出贡献[41]。Dai H 等人测量了多根化学气相沉积法制备的多壁碳纳米管的电阻值，对平直的碳纳米管，其测量电阻率值为 $\rho_{(d=8.5\ nm)}=19.5\ \mu\Omega\cdot m$，$\rho_{(d=13.9\ nm)}=7.8\ \mu\Omega\cdot m$[19]。将多壁碳纳米管用于复合材料不仅可以提高材料的机械性能，还能极大地降低材料的导电阈值[42]。而在实际应用中，用多壁碳纳米管制备的导电浆料已经在锂离子电池产业中得到了广泛的应用。

碳材料是催化反应中常见的催化剂及催化剂载体。碳纳米管作为一种新型的碳材料具有较高的比表面积，其良好的导电性可以使其在催化反应中更好地传输电子和质子，另外其可以进行丰富的表面功能化处理从而提供新颖的化学性质。因此其作为催化剂载体和催化剂的研究应用也受到了广泛的关注[43]。Planeix J M 等人[44]最早将金属钌附载于多壁碳纳米管上制备了 Ru/MWCNT 催化剂，用于肉桂醛选择性加氢制备肉桂醇反应。与 Al_2O_3 和活性炭作载体相比，用多壁碳纳米管作载体的催化剂具有更高的转化率和选择性。Zhou C 等人[45-46]对碳纳米管进行不同的表面修饰负载金属催化剂，并将其用于甲醇燃料电池、醇、醛的催化反应，结果表明以碳纳米管作为载体可以有效提高活性组分在碳纳米管表面的分散度、降低活性组分的负载量、提高催化反应的 TOF(单位催化剂在单位时间内转化的产物的量)值。2008 年，Zhang J 等人[47]首次将功能化的碳纳米管直接作为催化剂用于正丁烷的氧化脱氢制备丁烯及丁二烯的过程，结果表明碳纳米管表面的羰基能有效地促进反应的进行；与传统催化剂相比，利用碳纳米管直接作为催化剂能在较低的氧气浓度下高选择性地、长时间地促进烯烃的生成，有效地降低了氧气的浓度，减少了副产物的生成。2011 年，Yu H 等人[48]利用碳纳米管直接作为催化剂在液相中实现了环己烷的催化氧化，结果表明直接合成的未经任何后处理的碳纳米管具有较高的催化活性，这不仅节省了金属催化剂颗粒的负载也省去了碳纳米管的后期处理，大大降低了反应的成本，研究表明对碳纳米管进行掺杂可以提高石墨层中电子的传输从而提高催化反应的能力。碳纳米管优良的一维管状结构还被用来作为纳米反应器。Pan X 等人[49]将金属铑负载于碳纳米管内用于 CO，H_2 到乙醇的转化反应，结果表明活性组分在管内的 TOF 值要比管外的高一个数量级。

此外，碳纳米管具有较好的场发射效应，可以用来制备场致发射平板显示器、冷发射阴极射线管等[50-51]。碳纳米管优良的导热性能可以在芯片散热[52]、反应热传递[53]等方面得到应用。碳纳米管较大的比表面积以及良好吸附能力可以使其成为优秀的微污染吸附剂以及重金属离子吸附剂[54]，用碳纳米管构建的"海绵"可以选择性地吸附油类物质，这些性能使其在环境保护中具有极大的应用前景。

4.1.6　碳纳米管复合材料

复合材料是指由几类不同材料通过复合工艺组合而成的新型材料，它既能保持原有组分材料的主要性能，又能通过各组分的关联、协同获得新的性能。在复合材料中，通常有一相为连续相，称为基体；另一相为分散相，称为增强体。增强体是高性能结构复合材料的关键组分，在前面的阐述中可以知道，增强体有很多种类型，有金属增强体、有机物增强体以及陶瓷增强体等。然而，由于纤维在复合材料中能够起到架桥链接的作用，因此，各种纤维成为目前应用最广泛的增强材料。由于碳纳米管具有优良的力学、电学和热学性能，其在复合材料中的应用也得到了广泛的关注[55-58]。

1. 碳纳米管/聚合物

1994 年 Ajayan P 等人[59]首次报道了将碳纳米管作为增强材料用于聚合物纳米复合材料的研究。在随后的研究中，碳纳米管复合材料逐渐成为碳纳米管研究的一个重要方向，并被认为是最有可能实现碳纳米管大规模应用的方向之一。将碳纳米管应用于复合材料，可以改善材料的力学、电学、磁学等方面的性质。目前，碳纳米管复合增强材料的制备方法主要有溶液混合法、熔融混合法和原位复合法。另外，研究者也在尝试开发一些新方法，主要包括层层沉积法、溶胀法、碳纳米管膜法、碳纳米管纤维法、混纺和电纺等[57-58]。经过多年的努力，碳纳米管复合材料的研究取得了较大的进展，但对于复合材料力学性能的增强还没有达到预期的目标，其主要的原因有以下四方面：

(1)碳纳米管自身性质的影响；

(2)碳纳米管与基体之间的应力传递；

(3)碳纳米管在基体中的体积分数及其在基体中的分散程度；

(4)碳纳米管在基体中的取向性。

近年来，不断有研究者针对以上几方面的问题进行改进，制备了力学性能优良的碳纳米管复合材料。如图 4-6 所示，碳纳米管在拉伸过程中展现出了优异的性能。Ma W 等人[60]利用由阵列碳纳米管拉膜而成的碳纳米管薄膜分别与环氧树脂和 PVA(聚乙烯醇)进行复合制得了性能良好的碳纳米管复合材料，在此复合材料中碳纳米管呈连续网状定向排列，碳纳米管的体积分数达到 30%～40%，所形成的复合物的强度分别为0.9～1.6 GPa和 0.7～1.3 GPa，这一强度与目前大规模使用的 T300 碳纤维环氧树脂复合材料(碳纤维的含量约为 60%)的强度相当。而复合物的模量则分别为 30～50 GPa 和 20～35 GPa，不仅远远大于基体的模量，也超过了增强体碳纳米管膜的模量。更令人兴奋的是，在前人工作的基础上 Cheng Q 等人[61]将上述阵列碳纳米管膜进行功能化，然后在双马来酰亚胺(BMI)溶液中进行预浸、挥发溶剂制得单层膜材料，而后通过热压制得复合物薄膜。所制备的碳纳米管复合物薄膜中，碳纳米管的含量为 60%左右。力学测试结果显示其强度和模量分别为 3.08GPa 和 350GPa，这一强度和模量超过了目前使用的强度最高的碳纤维 MJ60 复合材料的强度和模量。

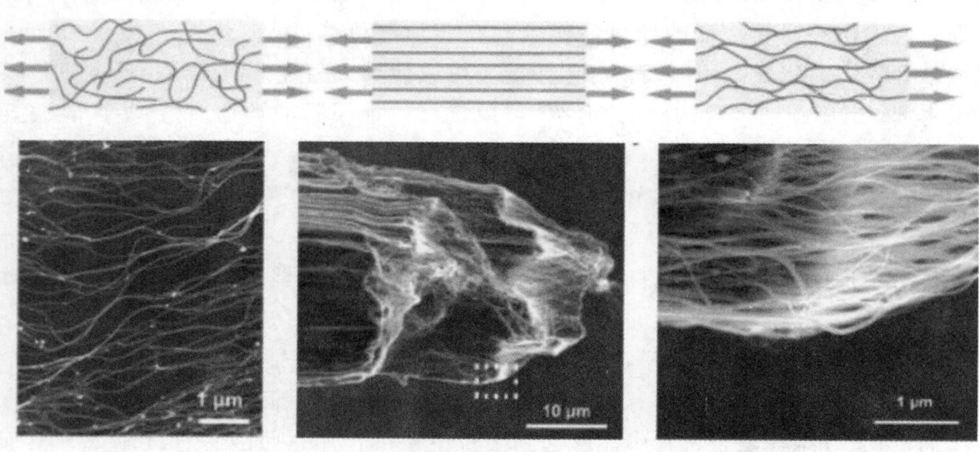

图 4-6　碳纳米管网拉伸过程中的取向示意图以及其表面 SEM 照片[62]

2. 碳纳米管/碳复合材料

碳/碳复合材料具有低密度、良好的热传导性、高温机械稳定性等独特的性能。其通常应用于航空航天等特殊领域，例如导弹、航天飞机的鼻锥、火箭发动机的喷嘴等方面；民用中，用其制备的飞机刹车盘的使用寿命是其他材料制备的飞机刹车盘使用寿命的 5～6 倍。通常碳/碳复合材料以碳纤维为基底，通过液相浸渍、碳化或化学气相渗透的方法制备[62]。碳纳米管作为一种新型的碳材料具有比其他碳材料更优异的力学、电学和热学性能。目前，关于碳纳米管-碳复合材料的研究大多集中于将碳纳米管加入传统碳/碳复合材料中制备的多级结构复合材料。按碳纳米管加入方式的不同可以分为混合法及原位生长法两种。

Lim D 等人[63]将碳纳米管分散于酚醛树脂的甲醇溶液中，然后再将预先制备好的碳纤维/碳复合材料浸渍在分散液中制备了碳纳米管增强的碳/碳复合材料。摩擦性能测试表明，随着碳纳米管加入量的升高，复合材料的摩擦因数基本保持不变，但磨损量却不断降低，这说明碳纳米管的加入可以有效提高复合材料的摩擦性能。但是此法不易实现碳纳米管在复合材料中的均匀分布，尤其是碳纳米管含量较高时分散液黏度变大，在复合材料浸渍时分散液更多地停留在复合材料表面形成碳纳米管-碳层。Li X 等人[64]利用二茂铁作催化剂、甲苯作碳源在碳纤维毛毡上利用原位生长的方法制备了多级结构的碳/碳复合材料，结果表明当引入二茂铁时，在毛毡内部会生成碳纳米纤维或碳纳米管。三点弯曲测试结果表明碳纳米管或碳纳米纤维的生成会使材料由脆性断裂转变为韧性断裂，相应地弯曲模量降低，并且材料的抗氧化温度会得到提高。Gong Q M 等人[65]研究了碳纳米管掺杂的碳/碳复合材料的摩擦性能，结果表明碳纳米管的加入不仅可以增加摩擦阻力，同时材料在不同的载荷下还能保持稳定的摩擦因数。Xiao P 等人[66]在碳纤维织物表面生长碳纳米管，再用化学气相渗透法在纤维织物内沉积热解碳制备了碳纳米管多级复合材料。力学性能测试表明碳纳米管的加入使材料在平行于纤维方向上的弯曲强度和弯曲模量分别增加了 60%和 50%，在垂直于纤维方向上的弯曲强度和弯曲模量分别增加了 30%和 70%。对传统的碳纤维碳/碳复合材料 CVI 积碳时，热解碳以碳纤维为中心沉积，所形成的热解碳为光滑片层热解碳；而添加碳纳米管后热解碳则以碳纳米管为中心沉积，所形成的热解碳为粗糙片层的热解碳。粗糙片层的热解碳具有更优良的机械性能和导热性能，是制备碳/碳复合材料最希望得到的微观结构[67]。

还有一些工作报道了以碳纳米管为基底的 C/C 复合材料的制备及性能。其中，Allouche H 等人[68-70]系统研究了利用化学气相沉积法在碳纳米管表面沉积热解碳的过程、形貌及机理。研究发现，碳纳米管表面热解碳的沉积形貌与反应温度、碳源浓度等密切相关，在不同的反应条件下可以得到不同结构形貌的产物。Gong Q M 等人[71]以阵列碳纳米管为原料通过 CVI 法制备了碳纳米管基 C/C 复合材料，性能测试结果表明密度仅为 0.8g/cm^{3}的阵列碳纳米管/碳复合材料比密度为 1.5g/cm^{3}的碳纤维/碳复合材料导热性能高 4～5 倍，这主要得益于碳纳米管的整齐排列及其轴向良好的导热性能。Li X 等人[72]利用 CVI 法在阵列碳纳米管间积碳所制备的碳纳米管基 C/C 复合材料相比于原始的碳纳米管阵列具有更优异的压缩性能和导电性能。

3. 碳纳米管在摩擦材料中的应用

基于碳纳米管上述优异的力学和热学性能，以及其在复合材料中所表现出的良好性能，Li M 等人[73]发现碳纳米管在碳纤维增强树脂基复合材料中能够增加碳纤维和基体树脂之间的界面结合性能。Hwang H J 等人[74]研究发现，将碳纳米管加入到摩擦材料中，虽然摩擦材料的摩擦因数降低，但是材料的耐磨损性能和摩擦稳定性都得到了很大的提高。

Zhang L C 等人[75]研究了碳纳米管在环氧树脂中的作用，发现添加了碳纳米管的材料摩擦性能明显改善，且碳纳米管对环氧树脂基体起到了较好的保护作用。王世凯等人[76]也将多壁碳纳米管添加到环氧树脂中，他们重点研究了碳纳米管在体系中的含量以及碳纳米管本身的分散性能对材料形貌和摩擦性能的影响，发现碳纳米管的加入能够明显改善材料的耐磨性能，主要是提高了材料的抗脱落磨损性能以及降低了材料的黏着磨损。但是，由于加入碳纳米管的试样具有一定的自润滑性能，使得材料的动摩擦因数有所降低。西北工业大学杨瑞丽等人[77]尝试将碳纳米管加入到木纤维/树脂基摩擦材料中来提高材料的摩擦性能，他们将碳纳米管均匀涂布于木纤维/树脂基摩擦材料表面。研究发现，涂覆有碳纳米管的摩擦材料动摩擦因数有所提高，且摩擦稳定性也得到了很好的改善，但是在连续摩擦过程中，碳纳米管容易从表面脱落，使得材料表面结构发生变化而导致摩擦性能不稳定。因此，如何将碳纳米管均匀地混合于木纤维/树脂基摩擦材料中，成为提高木纤维/树脂基摩擦材料的一个关键技术。

4.2 实验部分

4.2.1 碳纳米管的分散

碳纳米管/聚合物复合材料具有优异的力学、电学以及热学性质，近年来受到了广泛的关注，但是，要充分发挥碳纳米管在复合材料中的优势，它的均匀分散是首先要解决的关键性问题。碳纳米管为纤维状一维管状结构，它不仅具有纳米颗粒较强的团聚效应，还具有长纤维特有的缠结现象。因此，碳纳米管的分散性较差成为制约其在复合材料领域发展的主要问题。目前，研究者们一般通过化学方法或物理方法来改善碳纳米管的分散性能。化学方法指的是将碳纳米管进行功能化处理，一般是添加表面活性剂、强酸强碱洗涤等。物理方法较为简单，主要有磁力搅拌、超声震荡以及两者综合处理等。

碳纳米管是由片层结构的石墨组成的管状结构，其表面为碳六元环，化学活性较低，在溶剂中不能够很好地溶解。往往通过添加表面活性剂来改善碳纳米管溶解度低的问题，这主要是因为合适的表面活性剂能够与碳纳米管六元环上的离域 π 电子形成 π—π 非共价键结合，因此，它的溶解度也得到较明显的提高[78-82]。这方面的研究较多，采用聚氨基甲酸乙酯为表面活性剂，碳纳米管在乙醇中的分散得到明显改善[82]；采用十二烷基苯磺酸钠为表面活性剂，碳纳米管在水中的分散性能明显改善，单根碳纳米管的比例能够占到63%以上[80]；刘宗建等人[83]研究发现，OP(非离子型表面活性剂)和十六烷基三甲基溴化铵具有较好的分散碳纳米管的作用。阴离子表面活性剂在分散碳纳米管方面也得到了研究，例如，Imai M 等人[79]就是利用这种类型的表面活性剂制备出了碳纳米管改性复合纸的，纸张呈现较好的力学性能。但是，这些分散剂的适用对象都是长度较短的碳纳米管，对于已经团聚的长碳纳米管，其分散效果较差。因此有人研究了采用酸或者碱来氧化腐蚀碳纳米管的分散方法，这种方法的原理就是在碳纳米管本身的缺陷处氧化其表面基团，这种方法能够将絮聚在一起的碳纳米管表面的碳纳米管分开，同时也是一个纯化和功能化碳纳米管的过程[84-89]。但是，其缺点在于不能将絮聚在一起的碳纳米管内部的碳纳米管分散开来，还需进行其他一些后续处理方法，不仅增加了处理流程，而且大大提高了分散成本。

除了可用上述化学方法分散碳纳米管以外，常用的还有一些物理分散方法。物理分散方法一般包括研磨、高能球磨、超声波处理等。这些方法对碳纳米管的分散起了一定的积极作用。研磨是分散碳纳米管一个最常用的物理方法，但是采用研磨分散方法只能将碳纳米管团聚体分散到介质中，不能对团聚体进行进一步的分散，因此，这种方法只适合于初步分散碳纳米管；高能球磨方法分散碳纳米管比传统的研磨方法效果明显，它具有较高的能量密度，在纳米复合粉体制备领域具有广泛的应用[83,90-92]。对于碳纳米管团聚体来说，高能球磨能够将较大的团聚体打散为较小的团聚体，但是在这个过程中，对碳纳米管长度破坏较为明显。超声波工艺分散碳纳米管有其特殊的作用，对于多壁碳纳米管来说，在其管壁上会存在许多小缺陷，当对其进行超声波处理时，超声波的能量会首先在这些缺陷处将碳纳米管打断，形成一些细小的碳纳米管，有利于这些细小碳纳米管在介质中的分散[93-96]，但是，对于絮聚在一起的碳纳米管，在超声波的作用下，这些絮聚体会变得更为密实，加大了其分散难度。Verdejo R 等人[96]以乙醇溶液为介质，通过超声波处理工艺将碳纳米管很好地分散到了有机硅泡沫塑料中。

综上分析，上述方法虽然在一定程度上能够起到分散碳纳米管的作用，但是仍然不能够完全达到分散碳纳米管的要求，因此，本书发明了一种物理、化学相结合的方法来分散碳纳米管(清华大学化工系反应工程实验室提供)，具体步骤如下：

(1)将碳纳米管原料在稀盐酸中清洗，去除碳纳米管表面的有机物等杂质。

(2)合成表面活性剂苯乙烯马来酸酐共聚物(MSA)，具体合成条件为：甲苯 300 mL、马来酸酐 19.6 g，将马来酸酐溶解于甲苯中(一双口烧瓶)(超声、60℃加热利于溶解)。溶解完后，在 65℃油浴加热、机械搅拌，称取 20 g 苯乙烯，用滴管缓慢滴加于烧瓶内，冷凝回流 30 min，称取 0.13 g AIBN(偶氮二异丁腈)溶于少量甲苯中，缓慢滴加入烧瓶内，升温至 70℃，机械搅拌、过夜，冷却，加甲苯溶解过滤、乙醇洗涤、80℃干燥，得到产物 SMA。

(3)将制备的 SMA 和碳纳米管以一定的质量比(1∶5)溶于水中，配置一定浓度的碳纳米管悬浮液，将此悬浮液置于砂磨机中，设置一定的参数对碳纳米管进行分散。图 4-7(a)(b)所示分别为分散前、后水基碳纳米管的照片(分散后碳纳米管放置 7 天)，从图中可以看出，此方法分散的碳纳米管能够均匀地悬浮于水溶液中，在长时间放置后，仍未发现明显的分层现象。图 4-7(c)所示为分散后碳纳米管的表面 SEM 照片，可以看到，碳纳米管的管和管之间分散较好，没有团聚等现象，且碳纳米管仍然保持一定的长度，碳纳米管表面也没有出现剪切破坏和磨损破坏。

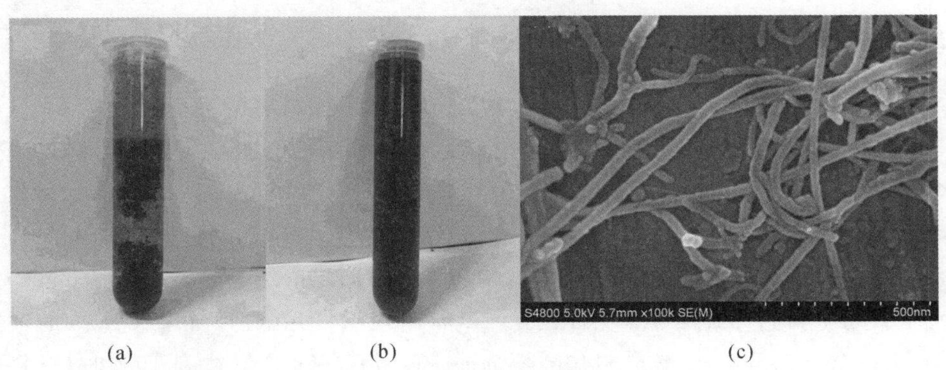

(a)　(b)　(c)

图 4-7　碳纳米管分散前、后照片

(a)分散前照片；(b)分散后照片；(c)分散后碳纳米管表面 SEM 照片

4.2.2 竹纤维的制备

本实验所采用竹浆板为湖南迷信造纸厂提供。将浆板撕碎后用水浸泡 24 h,将浸泡后的竹浆板加适量的水置于纤维解离器中疏解,将疏解后的竹浆浓度调整到10%左右,在 PFI 磨浆机进行磨浆,控制磨浆机转数在 0～50 000 r 范围。磨浆后测量竹浆的水分,称取一定质量的竹浆置于纤维解离器中疏解 10 000 r,用 ZQJI－B－II 型纸样抄取器抄造定量为(60±1) g/m^2 的纸页,按照国家相应的标准测定纸张的撕裂指数。重点研究磨浆机转速与纸张撕裂指数之间的关系。

研究发现,纸张的撕裂指数随着磨浆转数增大呈现先增大后减小的趋势,当磨浆机转数为 25 000 r 时,所抄纸片撕裂指数最大,为 15.6 mN · m^2/g,说明此时竹纤维的力学性能最好。这是因为在磨浆转数较小的时候,纤维的分丝帚化程度随着磨浆转数的增加而增加,此时,纤维之间的结合力也随着纤维分丝帚化程度的升高而增大,因此纸张的撕裂指数升高。当磨浆机转数达到 25 000 r 时,纤维的分丝帚化效果达到最佳,此时,纸张的撕裂度也达到最大值。如果此时继续增加磨浆机转速,竹纤维的分丝帚化速度明显降低,此时,竹纤维的切断速度明显增大,导致了纸张撕裂指数的降低。因此,本实验选用的竹纤维是在磨浆机转数为 25 000 r 时所制备的。

4.3 碳纳米管含量对木纤维/树脂基摩擦材料的影响

目前,碳纳米管增强复合材料主要有三种:碳纳米管增强聚合物复合材料、碳纳米管增强陶瓷复合材料[97-99]以及碳纳米管增强金属基复合材料[100-102]。本节通过将碳纳米管加入到木纤维/树脂基摩擦材料中,研究碳纳米管的加入对木纤维/树脂基摩擦材料形貌和性能的影响,并初步探索碳纳米管在木纤维/树脂基摩擦材料中的作用形式。为了研究碳纳米管的加入对木纤维/树脂基摩擦材料结构和性能的影响,本节固定竹纤维、碳纤维和树脂量不变,通过改变碳纳米管的加入量来制备不同碳纳米管含量的木纤维/树脂基摩擦材料。碳纤维与竹纤维的质量比为 2∶1。碳纳米管的质量分数分别为 0%,4%,8%,12%和 15%。所制备的样片厚度在 0.70～0.80 μm 范围。

4.3.1 碳纳米管含量对形貌的影响

图 4－8 所示为不同碳纳米管含量下木纤维/树脂基摩擦材料的表面 SEM 图。从图中可以看出,碳纳米管的加入使得碳纤维与酚醛树脂之间的界面结合明显改善。且随着碳纳米管含量的增加,材料表面的致密性逐渐增加。在没有加入 CNTs 时(见图 4－8(a)),材料表面孔洞较大,碳纤维单独裸露在外,且树脂在试样表面分布不均。当 CNT 含量达到 8%以上时(见图 4－8(d)(e)(f)),材料表面孔洞明显减少,碳纤维与树脂之间结合致密。图 4－9(a)所示为不同 CNTs 含量下材料的孔隙率图,从图中可以看出,材料的孔隙率随着 CNTs 的增加明显减小,当 CNTs 含量为 0%时,材料的孔隙率为 44%,当 CNTs 含量达到 15%时,材料的孔隙率降低至 9%,这与由图 4－8 得到的分析结果是一致的。

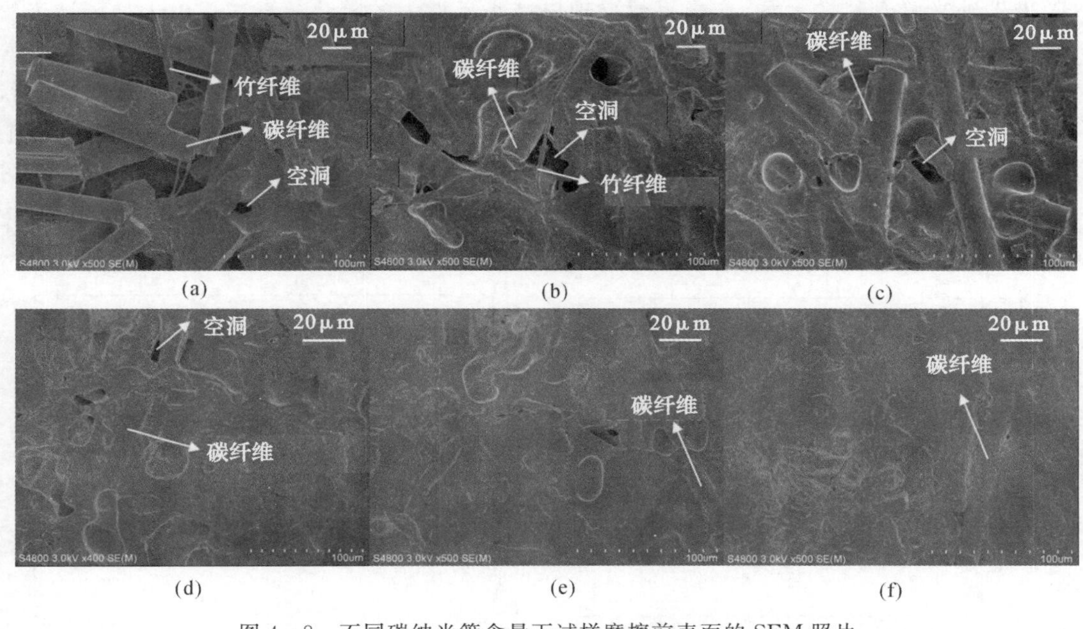

图 4-8　不同碳纳米管含量下试样摩擦前表面的 SEM 照片

(a)0%；(b)2%；(c)4%；(d)8%；(e)12%；(f)15%

4.3.2　碳纳米管含量对摩擦因数及摩擦稳定性的影响

图 4-9(b)所示是不同碳纳米管含量下所制备试样的动摩擦因数图(主轴压力 1.0 MPa，主轴惯量 0.129 4 kg·m^2，主轴转速 2 000 r/min)。从图中可以看出，碳纳米管的加入能够有效提高材料的动摩擦因数，这与前期报道的结果是相反的[73]。随着碳纳米管含量的增加，材料的动摩擦因数先增大后减小，当碳纳米管的含量为 4%时，材料的动摩擦因数达到最大值0.103 1。这主要是因为加入碳纳米管后，材料中碳纤维与树脂之间的界面结合得到增强，有效提高了摩擦性能。当碳纳米管含量大于 4%时，虽然材料表面更为致密，但是材料的孔隙率明显降低(见图 4-9(a))，过低的孔隙率使得材料在摩擦过程中摩擦表面的润滑油不能很好地转移到材料内部的孔隙中，而是在材料表面形成一层较厚的润滑油膜，导致材料的动摩擦因数降低。

木纤维/树脂基摩擦材料的动/静摩擦因数比可以衡量材料在结合过程中的平稳性。对于变速/制动离合器而言，动/静摩擦因数比越接近于 1，离合器变速/结合过程将越平稳，引起振颤和摩擦噪音的可能性就越小。图 4-9(c)所示是不同碳纳米管含量下木纤维/树脂基摩擦材料的动/静摩擦因数比。当碳纳米管含量为 4%时，材料的动/静摩擦因数比最大，达到 0.85，材料的结合稳定性达到最佳；当碳纳米管含量为 15%时，材料动/静摩擦因数比小于未加碳管试样的动/静摩擦因数比，这可能是因为当碳纳米管含量较大时，试样表面孔隙率较小，材料在摩擦过程中表面形成了一层较厚的润滑油膜，导致材料在结合过程中发生打滑等现象，造成了材料的动/静摩擦因数比降低。

综上分析，碳纳米管的加入不仅影响材料的动摩擦因数和结合稳定性，其加入量对材料的摩擦稳定性也有较大的影响。图 4-9(d)所示为碳纳米管含量与材料动摩擦因数的变异系数之间的关系曲线。从图中可以看出，碳纳米管的加入有效减小了试样的动摩擦因数的变异系数，随着碳纳米管含量的增加，变异系数呈现先减小后增大的趋势。当试样中未加碳纳米管时，材料中纤维和树脂之间的界面结合较差，材料在摩擦过程中容易发生纤维的拔出和断裂等现象，这使得材料在摩擦过程中表现出较差的摩擦稳定性。当试样中碳纳米管含量为4%时，变异系数达到最小值，此时材料的摩擦稳定性达到最佳。结合对图4-9(b)(c)的分析，我们认为影响材料摩擦稳定性能的因素可归结为材料界面结合状况和材料本身孔隙率大小两个方面。当材料各组分之间界面结合致密且材料本身具有一定的孔隙时，材料在整个摩擦过程中表现出较好的摩擦性能。

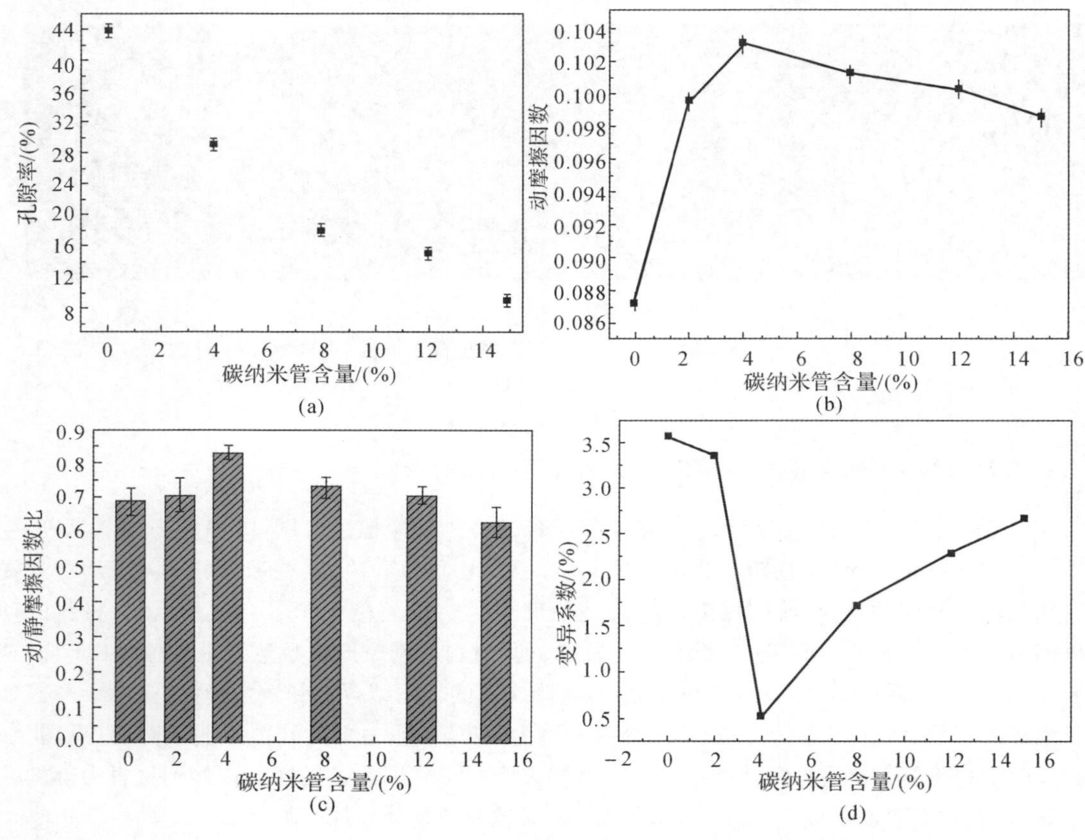

图4-9 碳纳米管含量对试样结构和摩擦性能的影响

(a)孔隙率； (b)动摩擦因数； (c)动/静摩擦因数比； (d)变异系数

4.3.3 碳纳米管含量对磨损性能的影响

图4-10所示是在主轴惯量0.129 4 kg·m^2、主轴转速2 000 r/min和主轴压力1.0 MPa条件下，试样连续500次结合后的磨损率图。从图中可以看出，碳纳米管的加入能够有效降低摩擦材料和对偶盘的磨损率。随着碳纳米管含量的增加，摩擦片和对偶盘的磨损率均呈现逐渐减小的趋势，这可能是因为碳纳米管的加入不仅提高了材料内部纤维与树脂的界面结合情况，加之碳纳米管本身具有很好的自润滑性能，较高的机械性能、化学稳定性和耐磨性能，使得其加入材料后提高了材料的耐磨性能。同时，综合上述分析，碳纳米管的加入量过大，材料的

孔隙率明显减小，使得材料在摩擦过程中表面形成了一层较厚的润滑油膜，降低了材料的动摩擦因数和磨损率。

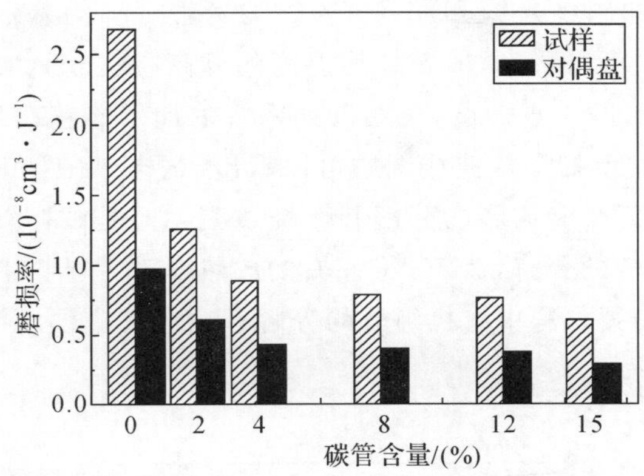

图 4-10　不同碳纳米管含量下结合 500 次后试样和对偶盘的磨损率

4.3.4　碳纳米管的加入对连续摩擦后表面形貌的影响

图 4-11 所示为材料在主轴惯量 0.10 kg·m^2、主轴转速 2 000 r/min 和主轴压力 1.0 MPa 条件下，连续 500 次结合后试样磨损表面 SEM 微观形貌。从图中可以看出，当碳纳米管含量为 0 %时，材料的磨损主要表现为机械磨损，碳纤维表面出现了裂纹。当碳纳米管含量为 2%时，虽然碳纤维表面没有裂纹，但是碳纤维与树脂之间的界面结合力还不是很大，出现了碳纤维被拔出的现象。继续增大碳纳米管含量后，磨损后材料表面依然是致密且均匀的，没有发生碳纤维撕裂、磨断、拔出和磨平等现象，也没有出现磨屑等。这说明了碳纳米管的加入能够有效提高木纤维/树脂基摩擦材料的耐磨性能，这与由图 4-10 得到的分析结果是一致的。

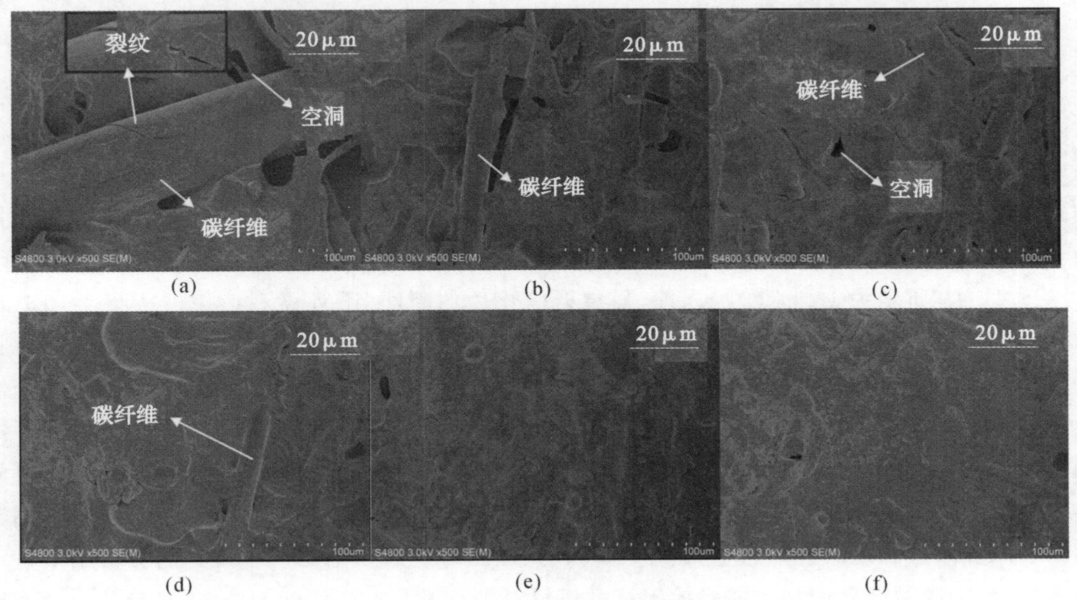

图 4-11　试样经历 500 次连续结合后表面的 SEM 微观形貌

(a)0%；(b)2%；(c)4%；(d)8%；(e)12%；(f)15%

4.3.5 碳纳米管的加入对耐热性能的影响

图 4－12 所示为未加碳纳米管和加入 4％碳纳米管试样的差示扫描量-失重率(DSC－TG)图。从 TG 曲线图中可以看出，随着加热温度的升高，试样 A(0％ CNTs)的失重速度明显大于试样 B(4％ CNTs)的失重速度，说明碳纳米管的加入能够有效提高木纤维/树脂基摩擦材料的耐热性能。从差示扫描量曲线图中可以看出，试样 A 在 300～900 ℃范围一直在放热，此时伴随着材料中竹纤维和树脂的分解和燃烧过程。但是试样 B 仅在 600℃左右有一吸热峰，对应材料中有机组分的分解，在 700℃左右的放热峰对应材料中有机组分的燃烧。这说明碳纳米管的加入能够使得材料中有机组分的分解和燃烧反应温度滞后，有效提高了材料的热稳定性能。

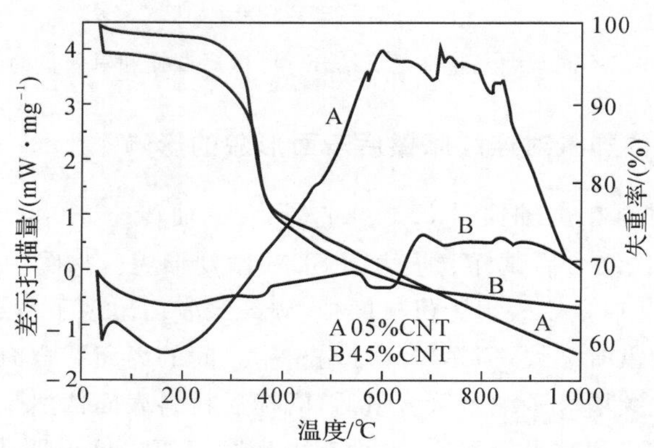

图 4－12　试样的 DSC－TG 图(试样 A:0％ CNTs;试样 B:4％ CNTs)

4.3.6 碳纳米管在木纤维/树脂基摩擦材料中的作用机理研究

上述部分重点研究了不同碳纳米管加入量对木纤维/树脂基摩擦材料形貌和摩擦性能的影响。结果发现，碳纳米管的加入有效提高了材料的摩擦磨损性能以及热稳定性能；当试样中碳纳米管含量为 4％时，材料的综合性能优异。本部分重点对碳纳米管在木纤维/树脂基摩擦材料中的作用机理进行初步的探索研究。

图 4－13 所示为碳纳米管加入前、后试样硫化后的断面 SEM 微观形貌。从图 4－13(a)(c)中可以看出，未加碳纳米管的试样中纤维与树脂界面结合较差，碳纤维单独裸露在外。这种结构容易导致材料在摩擦过程中发生纤维的断裂和拔出等，造成材料的摩擦因数随结合次数的变化而发生波动，且磨损率也较大，这与由图 4－10 和图 4－11 得到的分析结果是一致的。在加入 4％的碳纳米管之后，树脂均匀地附着在碳纤维表面(见图 4－13(b)(d))，且材料各组分之间结合较为致密，这种致密结构使得材料在摩擦过程中能够承受较大剪切力，提高了材料的摩擦因数和耐磨性能，这与由图 4－9(b)、图 4－10 以及图 4－11 得到的分析结果是一致的。因此，碳纳米管的加入能有效提高摩擦材料中纤维与树脂之间的结合，且使整个材料结构变得致密，从而提高了材料的摩擦性能。

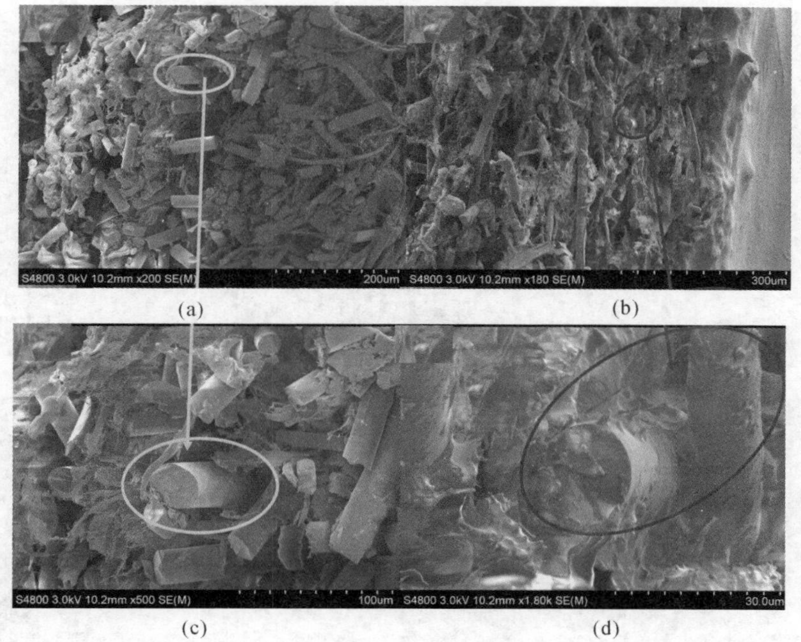

图 4-13　碳纳米管加入前、后试样断面的扫描电镜图片(硫化后)

(a)(c)0%；(b)(d)4%

图 4-14 所示为碳纳米管加入后试样硫化前的表面 SEM 微观形貌。从图 4-14(b)(d)中可以看出,经打浆后的竹纤维能够很好地黏附于碳纤维表面,且竹纤维分丝帚化后的细小纤维能够均匀分布于整个材料体系形成三维网络状结构,增加了其与碳纤维的结合概率。从图 4-14(a)(c)中可以看出,碳纳米管优先吸附在竹纤维表面,且与细小竹纤维形成了致密的网络结构,碳纳米管在竹纤维表面能够均匀吸附,这种结构能够有效保护竹纤维在摩擦过程中受到的剪切破坏,且碳纳米管优异的耐热性能,使得竹纤维在摩擦过程中避免了表面摩擦热所带来的结构破坏,这与由图 4-12 得到的试样加入碳纳米管后耐热性能大大提高的分析结果是一致的。因此,竹纤维在组分中起到了架桥和助留双重作用:一方面将材料中分散的碳纤维连接在一起;另一方面使得碳纳米管能够充分附着在其表面,充分发挥其在材料中的优势。

图 4-15 所示为试样在加入碳纳米管前、后的储能模量图。从图中可以看出,加入 4%碳纳米管的试样在 242.8℃之前储能模量一直大于未加碳纳米管试样的储能模量。这说明加入碳纳米管的试样在此温度之前,其硬度明显大于未加碳纳米管的试样,这使得试样具有较大的动摩擦因数。这也说明在此阶段,材料中的竹纤维、树脂等有机组分还没有发生玻璃化和热分解等反应,摩擦过程中产生的热量不会引起材料表面温度发生明显升高,因此,加入碳纳米管的试样在此温度范围内都具有较高的摩擦性能和较好的摩擦稳定性能。当试样表面温度大于 242.8 ℃时,未加碳纳米管的试样储能模量明显大于加入 4%碳纳米管试样的储能模量,这说明高温下,未加碳纳米管的试样弹性变大,结合图 4-12,可以推测这可能是材料中有机组分发生了分解反应而导致的。此时,材料结构受到破坏,使得其发生失效。而含有 4 %碳纳米管的试样储能模量保持基本稳定,这说明了加入碳纳米管之后的试样具有较好的热稳定性能。

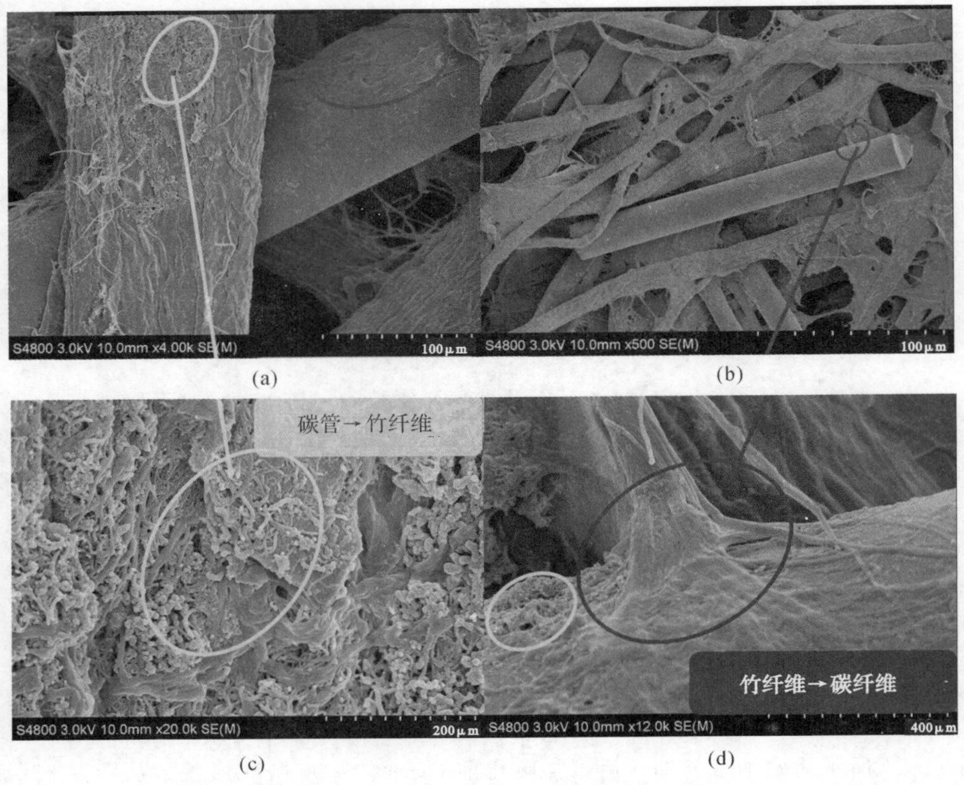

图 4－14　试样硫化前表面的扫描电镜图片

(a)(c)碳纳米管与竹纤维之间的界面结合情况；(b)(d)竹纤维和碳纤维之间的界面结合情况

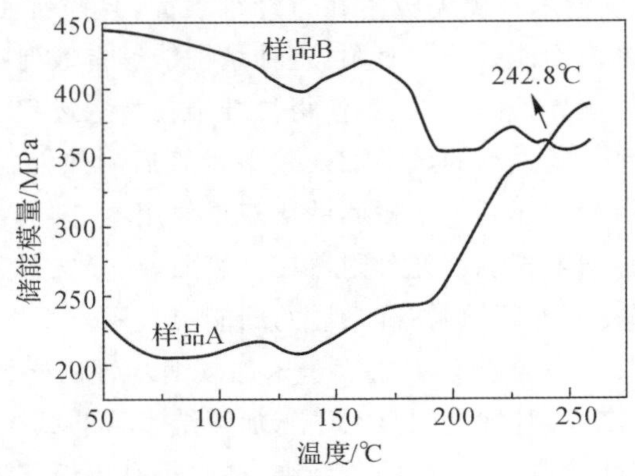

图 4－15　碳纳米管添加前后试样储能模量的变化

(样品 A 未加碳纳米管的试样；样品 B：添加了 4％碳纳米管的试样)

4.3.7　小结

本节重点研究了碳纳米管的加入量对木纤维/树脂基摩擦材料形貌和摩擦磨损性能的影响。结果发现：随着碳纳米管含量的增加，材料的孔隙率逐渐减小，表面致密性越来越好，纤维与树脂之间的界面结合也越来越好。但是材料的动摩擦因数和摩擦稳定性呈现先增大后减小的趋势，这主要是因为湿式摩擦材料在摩擦过程中需要有一定的孔隙结构来使润滑油转移摩擦过程中所产生的热量。当碳纳米管含量过大时，材料的孔隙率降到 9%，较低的孔隙率不能完全转移材料摩擦表面的润滑油，不仅在摩擦表面形成一层较厚的润滑油膜，而且也不能很好地转移摩擦过程中产生的热量，降低了材料的摩擦因数，引起摩擦过程中的打滑现象。同时，研究还发现，当碳纳米管的加入量逐渐增大时，材料和其对偶盘的磨损率逐渐减小，一方面是由于碳纳米管本身的耐磨性能较好，另一方面可能是由于较厚的油膜阻止了对偶盘与摩擦片的接触，从而降低了摩擦片和对偶盘的磨损。

另外，本节最后重点研究探索了碳纳米管在摩擦材料中的作用机理。研究发现，竹纤维的分丝帚化现象能够很好地将碳纤维与竹纤维连接在一起，形成三维网络结构，有助于提高材料组分之间的界面结合。在加入碳纳米管之后，碳纳米管优先吸附于竹纤维表面，有效保护了竹纤维在摩擦过程中的受热分解，提高了材料的耐热性能。综合热分析测试结果表明，在加入 4%碳纳米管之后，材料在加热到 1 000℃过程中，质量损失比未加碳纳米管的试样减小了 10%左右，这说明了碳纳米管的加入能够很好地提高材料的耐热性能。结合碳纳米管在材料中的分布，我们认为碳纳米管的加入主要是保护了竹纤维的受热分解。动态力学分析结果表明，碳纳米管的加入能够显著提高材料的储能模量，这表明材料在摩擦过程中产生的热量不会使得材料表面的温度波动太大而导致材料的热失效。然而，未加碳纳米管的试样，在加热到 242.8 ℃以后，储能模量迅速增大，这说明材料此刻由弹性体变为黏性体，材料中有机组分发生了分解等化学反应。

因此，碳纳米管的加入不仅提高了材料的机械性能，而且提高了材料的耐热性能，它是一种较为理想的摩擦材料改性剂。

4.4　稀土化合物改性木纤维/树脂基摩擦材料

4.4.1　稀土化合物种类对木纤维/树脂基摩擦材料形貌以及性能的影响

为了进一步提高材料的性能，我们在碳纳米管改性木纤维/树脂基摩擦材料中引入了稀土化合物，并研究不同稀土化合物的加入对材料形貌和性能的影响。本次实验所用稀土化合物为 $Y(NO_3)_3$，$La(NO_3)_3$ 以及 $Ce(NO_3)_3$ 的水溶液。

图 4-16(a)(b)(c)所示为不同稀土化合物加入后所制备试样的表面 SEM 照片(稀土含量为 3%)。从图中可以看出，加入稀土 Ce^{3+} 后，纤维与树脂之间的界面结合较好(见图 4-16(a))。加入稀土 La^{3+} 后，可以看到碳纤维裸露在外，纤维与树脂之间的结合相对较差，且纤维和树脂分布不均匀(见图 4-16(b))。加入稀土 Y^{3+} 后，材料表面均匀覆盖一层树脂，且材料表面孔洞有所减少(见图 4-16(c))。对图 4-16 所标示区域进行 EDS 能谱分析，结果如图 4-16(d)(e)(f)所示，可以发现，三种稀土均成功添加到试样之中，且能谱元素结果显示，在所测区域内，La^{3+} 和 Ce^{3+} 的相对含量基本一致，分别为 0.41%和 0.42%，而且未发现 Si 等元素。然而，稀土 Y^{3+} 的加入明显提高了其在材料中的相对含量，其相对含量为 0.94 %，且在所测试区域内检测到了 Si 元素，其相对含量约为 1.61 %，为组分中碳化硅成分。

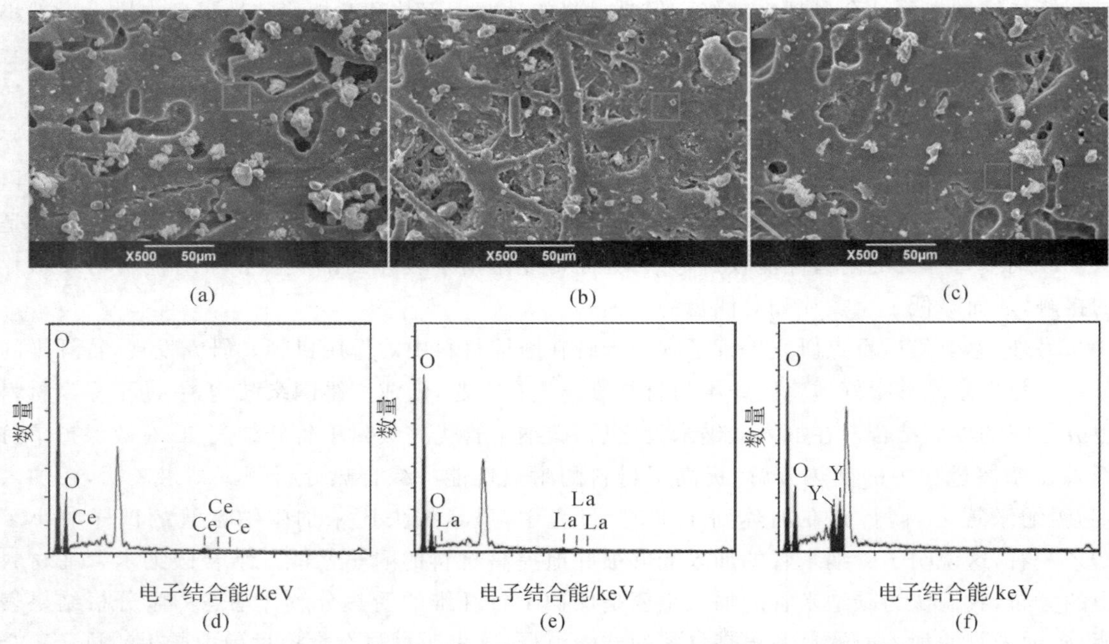

图 4-16　加入不同稀土后试样的表面 SEM 照片及标示区域的 EDS 能谱分析

(a)(d)3 % $Ce(NO_3)_3$；　(b)(e)3 % $La(NO_3)_3$；　(c)(f)3 % $Y(NO_3)_3$

不同稀土的加入使得材料表面形貌和表面元素分布表现出一定的差异，因此，我们对材料的性能进行了分析，重点寻找组成、结构与性能之间的关系。图 4-17(a)所示为不同稀土化合物的加入对材料在多次摩擦过程中动摩擦因数的影响。从图中可以看出，加入 $La(NO_3)_3$ 的试样的动摩擦因数最低，其值小于未加稀土试样的动摩擦因数，但是摩擦稳定性较好。加入 $Ce(NO_3)_3$ 的试样的动摩擦因数最大，在摩擦 50 次后，材料的动摩擦因数基本稳定在 0.135 左右，明显大于未加稀土试样的动摩擦因数。加入 $Y(NO_3)_3$ 的试样的动摩擦因数虽然小于加入 $Ce(NO_3)_3$ 的试样的动摩擦因数，但是较未加稀土的试样相比，其动摩擦因数还是有所提高的，当摩擦次数大于 100 次时，试样的动摩擦因数随着摩擦因数的增加呈现逐渐增加的趋势，这可能是由于加入 $Y(NO_3)_3$ 的试样表面含有相对较多的碳化硅造成的(见图 4-16(d)(e)(f))。

图 4-17(b)所示为不同稀土化合物改性的试样在摩擦实验 500 次过程中对偶盘的温度变化曲线(实验条件为主轴惯量 0.129 4 kg·m^2、主轴转速 2 000 r/min，主轴压力 0.5 MPa)。从图中可以看出，对偶盘温度随摩擦次数的增加，可以分为两个阶段：第一阶段，快速升温阶段(摩擦次数小于 50 次)，在这个阶段，随着摩擦次数的增加，对偶盘温度呈指数升高。第二阶段(摩擦次数大于 50 次)，温度稳定阶段，在此阶段，对偶盘的温度随着摩擦次数的增大基本保持不变。加入 $Y(NO_3)_3$ 后，对偶盘在多次摩擦过程中的温度最高，且第一阶段持续时间较长(摩擦次数约为 100 次)，在摩擦次数达到 100 次之后，对偶盘温度才稳定在 95℃左右。加入 $Ce(NO_3)_3$ 和 $La(NO_3)_3$ 后，对偶盘温度在摩擦 50 次以后就基本保持稳定，且从图中可以观察到，$Ce(NO_3)_3$ 的加入使得对偶盘的温度比加入 $La(NO_3)_3$ 的试样的对偶盘温度降低了 10℃左右，且在第二阶段，随着摩擦次数的增加，对偶盘的温度呈现略微降低的趋势。摩擦过程中较低的温度利于延长材料的使用寿命、防止材料的热磨损等。我们知道，稀土化合物具有

较好的导热性能，以上三种稀土化合物的加入在一定程度上提高了试样的耐热性能。但是，由于$Y(NO_3)_3$的导热性能相对于其他两种稀土化合物较差，加之其试样表面有较多的碳化硅存在，导致加入了 $Y(NO_3)_3$ 的试样在摩擦过程中对偶盘的表面温度较高。

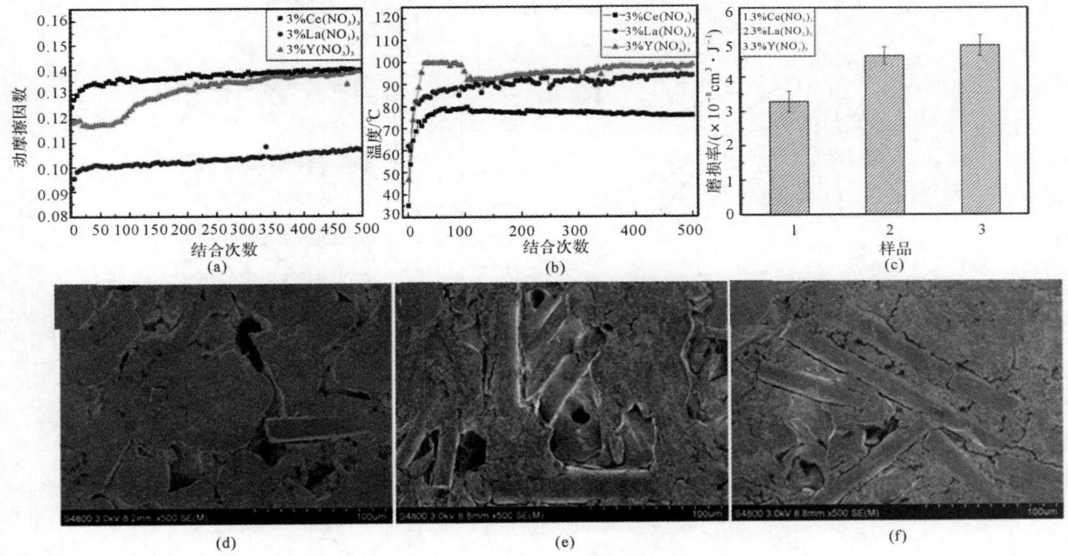

图 4-17　不同种类稀土样品的摩擦学性能及表面形貌

(a)加入不同稀土后试样的动摩擦因数；(b)加入不同稀土后试样对偶盘在摩擦过程中的温度曲线；(c)加入不同稀土后试样 500 次摩擦试验后的磨损率；(d)3% $Ce(NO_3)_3$ 样品的磨损表面；(e)3% $La(NO_3)_3$ 样品的磨损表面；(f)3% $Y(NO_3)_3$ 样品的磨损表面

图 4-17(c)所示为不同稀土化合物的加入对试样磨损率的影响图。从图中可以看出，加入 $Ce(NO_3)_3$ 的试样的磨损率最小，紧接着为添加了 $La(NO_3)_3$，$Y(NO_3)_3$ 的试样。结合对图 4-17(b)的分析，添加 $Ce(NO_3)_3$ 的试样能够很好地降低材料在摩擦过程中产生的烧蚀磨损。图 4-17(d)(e)(f)所示为不同稀土化合物的加入对试样磨损后表面的形貌影响，从图中我们也可以看到，三个试样表面都发生了一定程度的疲劳磨损，碳纤维表面部分被磨平，图 4-17(d)所示表面均匀，虽然碳纤维被部分磨平，但是碳纤维与树脂之间的界面结合仍然较好，图 4-17(e)(f)所示表面均发生了大量的机械磨损和一定的烧蚀磨损。试样中加入 $La(NO_3)_3$ 后，试样磨损表面可以看到纤维的拔出等现象，在试样中加入 $Y(NO_3)_3$ 后，试样在摩擦过程中树脂破坏严重，其与纤维界面之间出现了大量的裂纹，使得碳纤维在摩擦过程中发生了断裂等现象。这说明加入 $Ce(NO_3)_3$ 的试样不仅能够改善材料内部纤维与树脂之间的界面结合，而且有效提高了材料的耐热性能，阻止了试样在摩擦过程中发生大量的烧蚀磨损，这与由图 4-17(b)(c)得到的分析结果是一致的。

4.4.2　硝酸铈的加入量对木纤维/树脂基摩擦材料性能的影响

上节研究了稀土化合物的种类对木纤维/树脂基摩擦材料性能的影响，发现加入 $Ce(NO_3)_3$的试样表现出优异的摩擦性能，为了进一步研究 $Ce(NO_3)_3$ 对木纤维/含量树脂基摩擦材料的影响，本节重点研究 $Ce(NO_3)_3$ 的加入量对摩擦材料性能的影响。图 4-18(a)所

示为不同 $Ce(NO_3)_3$ 含量下试样在不同主轴压力下的动摩擦因数图(主轴惯量 0.129 4 kg·m^2、主轴转速 2 000 r/min)。从图中可以看出,随着主轴压力的增大,试样的动摩擦因数逐渐降低,当 $Ce(NO_3)_3$ 含量为 3 %时,试样的动摩擦因数达到最大值,且随着主轴压力的增大,动摩擦因数减小速度减缓,说明当 $Ce(NO_3)_3$ 含量为 3 %时,试样的摩擦稳定性较好。

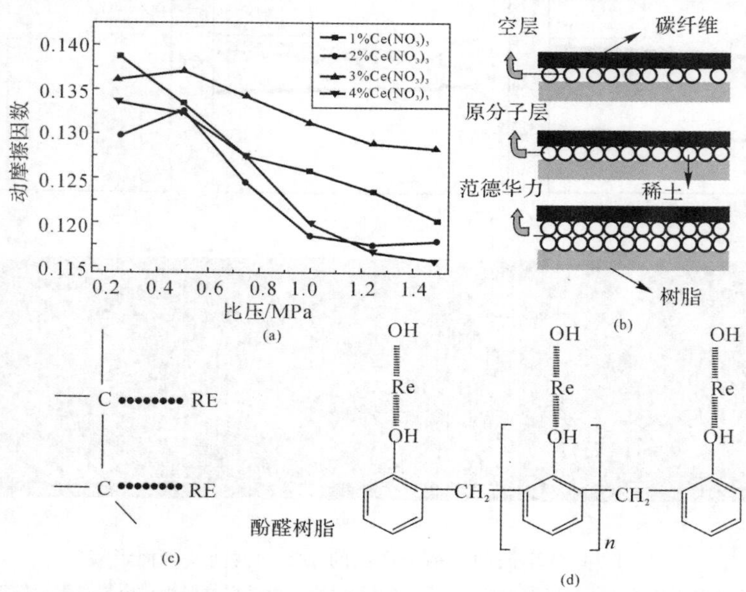

图 4-18 $Ce(NO_3)_3$ 含量对摩擦材料动摩擦因数的影响及机理分析

(a)试样的动摩擦因数与 $Ce(NO_3)_3$ 含量以及主轴压力之间的关系图; (b)稀土在复合材料中的单分子层理论模型; (c)碳纤维表面碳原子与稀土之间的配位键合; (d)稀土元素提高界面结合性能的机理

稀土含量对木纤维/树脂基摩擦材料摩擦性能的影响原因可以用单分子层理论来解释,单分子层理论模型如图 4-18(b)所示。可以将稀土的浓度分为低浓度、高浓度以及适宜浓度。当体系中稀土为低浓度时($Ce(NO_3)_3$ 含量低于 3%),由于吸附在碳纤维表面的稀土原子量较少,碳纤维与稀土原子不能形成连续的吸附层,这样,在没有稀土吸附的碳纤维周围,碳纤维与树脂之间的界面结合较差,在摩擦力作用下,这些地方首先会发生断裂,因此降低了木纤维/树脂基摩擦材料在摩擦过程中的耐剪切强度,如图 4-18(b)所示;当木纤维/树脂基摩擦材料中稀土含量为适宜浓度时,稀土原子能够均匀地吸附在碳纤维表面,这样就使得碳纤维与基体酚醛树脂之间存在一层均匀的稀土单分子层,这个单分子层能够使得碳纤维与酚醛树脂之间形成均匀致密的界面层,提高了碳纤维与树脂复合材料的界面结合性能。因此,当 $Ce(NO_3)_3$ 含量为 3%时,试样具有较高的动摩擦因数;当稀土在体系中处于高浓度($Ce(NO_3)_3$ 含量高于 3%)时,在均匀的单分子层之上又覆盖一层多余的稀土原子,这些稀土原子之间以较弱的范德华力相结合,此时,在材料受到摩擦剪切力之后,滑移首先发生在这些以弱的范德华力键合的稀土界面层,如图 4-18(b)所示。此时材料的动摩擦因数降低。

4.4.3 稀土离子在摩擦材料中的作用机理分析

上海交通大学李健[103]等人研究了稀土溶液对碳纤维的表面改性,通过 X 射线光电子能谱测试手段发现,稀土 La^{3+} 能够与碳纤维表面的一些元素(C,O,N)发生配位键合,这样在碳纤维表面就多了一些化学活性较高的稀土原子，使得碳纤维的表面不在表现出惰性，且具有一定的化学活性和润湿性能。稀土原子与碳纤维表面缺陷处的碳原子之间的化学配位键合如图 4－18(c)所示。

在木纤维/树脂基摩擦材料中，酚醛树脂以及竹纤维作为有机高分子材料，它们的分子链中含有大量的活性基团(例如羰基、羟基等)，这些基团如果直接与碳纤维结合，它们之间仅仅存在着范德华力，对木纤维/树脂基摩擦材料摩擦性能的提高不利。研究发现，将稀土加到木纤维/树脂基摩擦材料体系，材料有机高分子中的 O，N 等原子将会和稀土元素的空轨道发生配位键合，这样，整个摩擦材料体系中的增强纤维和基体树脂都以稀土为媒介，键合在一起，从而提高了复合材料的界面结合强度。稀土原子与有机高分子链中的含氧官能团主要发生如图 4－18(d)所示的配位键合。

在本实验中，我们加入的是稀土 Ce 的化合物，在材料体系中，稀土与高分子之间生成的稀土配合物能够分散到整个酚醛树脂分子链之间，且由于稀土 Ce 的 4f 层电子能量与其 6s 层电子能量相当，在这两个轨道上的电子容易发生电子层间运动，这样稀土 Ce 与碳纤维及树脂基体之间形成的配位键合就会具备一定的柔韧性。这种结构有效防止了试样在摩擦过程中产生裂纹等现象，起到增韧、改性的目的，因此增强了碳纤维与酚醛树脂之间的界面韧性。

由试验中材料的摩擦性能试验可知，稀土溶液中稀土元素含量对复合材料摩擦性能有很大的影响。造成这个现象的原因还是要从单分层子理论入手。当体系中稀土硝酸铈($Ce(NO_3)_3$)的含量小于 3%时，它的浓度不足以在碳纤维表面形成均匀的化学键合，(稀土 Ce 与碳纤维表面的 C，O，N 等元素之间的键合)，这样，在碳纤维与树脂复合体系中，碳纤维与树脂之间的界面就会存在一些薄弱点，在摩擦剪切力的作用下，碳纤维容易被拔出或者发生断裂，且树脂也容易以碎屑的形式掉落，导致了摩擦性能的不稳定；当体系中 $Ce(NO_3)_3$ 的含量为 3%时，稀土 Ce 与碳纤维表面的碳、氧以及氮等原子能够充分发生化学键合，这样，带有活性基团的碳纤维与酚醛树脂之间形成了均匀且致密的界面层，在摩擦力的作用下，较高的界面结合强度使得纤维和树脂不易被拔出，因此，当稀土 $Ce(NO_3)_3$ 的含量为 3%时，摩擦材料的动摩擦因数和摩擦稳定性都达到了最佳值。当在体系中加入过量的稀土 $Ce(NO_3)_3$(含量大于 3%)时，在碳纤维表面不仅形成了 Ce 与 C，O，N 之间的化学键合，多余的稀土化合物将会以分子间范德华力结合在一起，这样，碳纤维与树脂之间不能形成较强的化学键合，这个以范德华力连接在一起的界面在摩擦过程中容易发生界面的滑移等现象，导致材料摩擦性能的下降。

综上所述，界面区的性质对木纤维/树脂基摩擦材料宏观摩擦性能的影响很大，本实验采用稀土铈对碳纤维表面进行改性处理，当稀土铈含量达到 3%时，复合材料形成有效的界面黏结以及强韧性界面层结构，界面区才能有效起到传递载荷的作用。

稀土铈对碳纳米管的改性机理和对碳纤维的改性机理基本类似。差别在于由于碳纳米管为管状结构，其活性基团较碳纤维多，因此，稀土能够与碳纳米管形成三维网状的化学键合，使其界面区性能更加稳定。

4.4.4　小结

本节研究了 $Ce(NO_3)_3$，$La(NO_3)_3$ 和 $Y(NO_3)_3$ 的加入对木纤维/树脂基摩擦材料摩擦性能的影响。研究结果表明，加入 $La(NO_3)_3$ 试样的动摩擦因数最低，其值小于未加稀土试样的动摩擦因数，但是摩擦稳定性较好。加入 $Ce(NO_3)_3$ 的试样的动摩擦因数最大，在摩擦 50 次后，材料的动摩擦因数基本稳定在 0.14 左右。加入 $Y(NO_3)_3$ 试样的动摩擦因数虽然小于加入 $Ce(NO_3)_3$ 的试样的动摩擦因数，但是与未加稀土的试样相比，其动摩擦因数还是有所提高的。因此，研究了不同 $Ce(NO_3)_3$ 含量对木纤维/树脂基摩擦材料的影响后，结果显示，当 $Ce(NO_3)_3$ 含量为 3%时，试样的摩擦性能最好。稀土在摩擦材料中的作用机理可以用单分子层理论解释。

4.5 填料对木纤维/树脂基摩擦材料形貌和性能的影响

在前述两节中重点研究了碳纳米管和稀土的加入对木纤维/树脂基摩擦材料形貌以及性能的影响，并初步探索了竹纤维、碳纳米管和稀土在木纤维/树脂基摩擦材料中的作用机理。在实际应用中，摩擦材料中还需加入一些填料来进一步改善其性能。目前，木纤维/树脂基摩擦材料中使用的填料主要有碳化硅(SiC)、碳化硼、氧化铝、氧化锆、硼化锆、二氧化硅、二硫化钼、石墨以及硅藻土等。其中，通常以碳化硅、氧化铝，氧化锆作为耐磨组分来提高摩擦材料的摩擦性能，以石墨、二硫化钼和硅藻土等作为润滑组分改善材料的摩擦性能。由于本实验中将碳纳米管作为摩擦性能调节剂，同时起到了增摩和润滑两方面的作用，因此，本节重点在于研究其他增摩组分的加入对碳纳米管改性木纤维/树脂基摩擦材料性能的影响，最后，通过简单的综合评价方法，评价出最佳增摩体系。

4.5.1 碳化硅对木纤维/树脂基摩擦材料形貌和性能的影响

1. 碳化硅的结构及性能

碳化硅(SiC)也经常被称为金刚砂，它属于共价键晶体化合物。当碳化硅中的 C 和 Si 之间形成键合时，首先会发生 sp3 轨道杂化，形成四面体结构，这种结构和金刚石的结构极为相似。日常生活中，常见的碳化硅有六方晶系的 $\alpha-SiC$ 和立方晶系的 $\beta-SiC$ 两种晶型。$\alpha-SiC$ 的密度 3.217 g/cm^3，在高温下保持稳定结构，$\beta-SiC$ 的密度为为 3.215 g/cm^3，在低温下结构较为稳定。

理想的纯碳化硅应该是无色的，但是常见的工业生产的碳化硅都是含有颜色的，一般为黑色或者棕色，这可能由于生产过程中碳化硅中含有铁杂质的缘故。还有一些碳化硅表面看起来比较有光泽，这主要是因为在其表面氧化生成了一层二氧化硅。碳化硅作为一种陶瓷材料，具有很多优异的性能，例如它的硬度和强度较大，在高温下具有很好的抗氧化性能以及导热性能，同时，它的耐磨损和耐腐蚀性能也较为出色。

2. 碳化硅陶瓷的摩擦性能

由于上述所说的碳化硅陶瓷的优异性能，它在工业应用上可以被用来制造成机械密封材料。但是，随着我国工业技术的发展，传统的碳化硅机械密封件已经不能满足现在的要求，现在对由其所制备的机械密封件要求有一定的自润滑性能。因此，针对这方面的研究开展了大量的工作，比较有效的办法主要有：在碳化硅表面形成一些微孔结构以改变其表面结构；采取往碳化硅中添加润滑组元的方法来改善其性能，目前，添加的润滑组元主要是石墨。

在制动材料中，通常通过添加碳化硅来提高制动材料的动摩擦因数，西北工业大学张亚妮等人[104]采用化学气相沉积法制备了碳纤维增强碳化硅陶瓷基复合材料。研究结果表明，添加了碳化硅的试样在摩擦过程中摩擦因数对制动次数不敏感，材料表现出良好的摩擦稳定性。

中南大学肖鹏等人[105]采用反应熔融浸渗法在多孔 C/C 坯体上制得 C/C－SiC 摩擦材料，研究了不同碳化硅含量下所制备试样的性能，发现随着碳化硅含量在一定范围内的增加，试样的动摩擦因数和磨损率逐渐增大。

在木纤维/树脂基摩擦材料中，通常是通过添加碳化硅粉体来提高材料的摩擦因数的。碳化硅的加入虽然能够提高木纤维/树脂基摩擦材料的动摩擦因数，但是，由于碳化硅与基体界面结合较差，在摩擦过程中容易脱落。本实验在基体中加入了竹纤维和碳纳米管，以此来改善碳化硅颗粒与基体之间的界面结合情况。

3. 不同碳化硅含量对材料摩擦前表面形貌的影响

图 4－19 所示为不同碳化硅含量下制备的试样在摩擦实验前的表面 SEM 照片，从图中可以看出，未加碳化硅的试样中树脂与纤维界面结合较好(见图 4－19(a))。在加入碳化硅后，试样表面颜色明显变灰，这可能是由于碳化硅的加入降低了试样的导电性能引起的。随着碳化硅含量的增加，试样表面变得越来越致密。当碳化硅含量为 5%时，试样表面孔洞较多(见图 4－19(b))；当碳化硅含量为 10 %时，试样表面孔洞明显减少(见图 4－19(c))，这可能是由于碳化硅的加入填充了试样的孔隙；当碳化硅含量继续增大到 15%时，可以发现，试样表面有碳化硅颗粒的团聚(见图 4－19(d))。

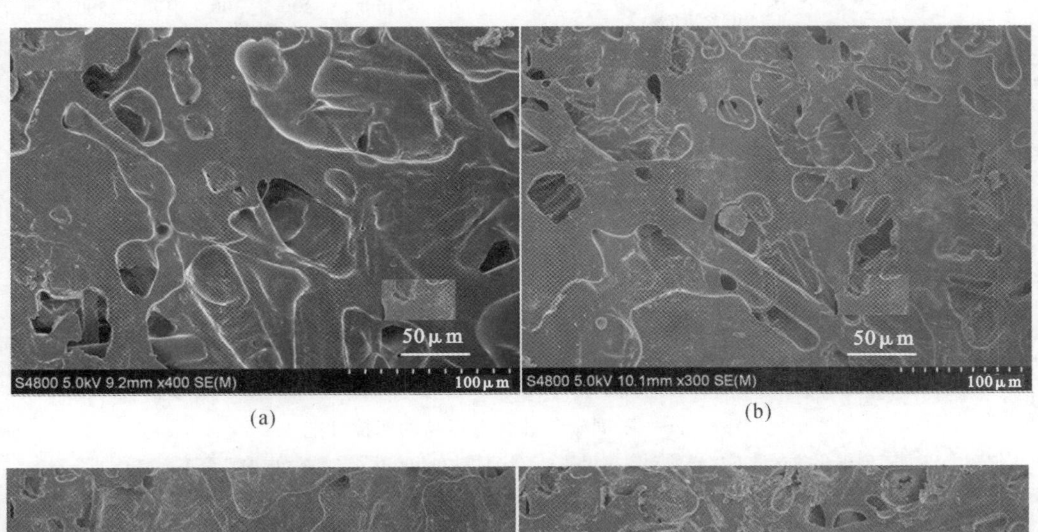

(a)　　(b)

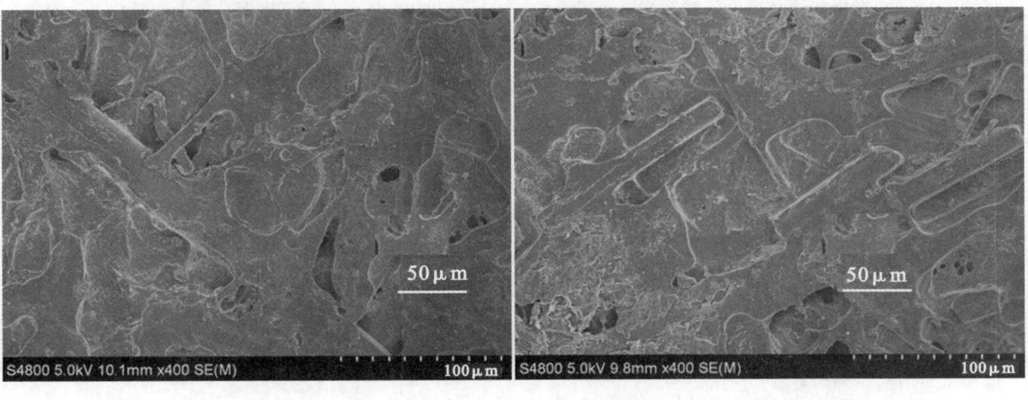

(c)　　(d)

图 4－19　不同碳化硅含量下试样摩擦前表面的 SEM 照片

(a)0%；　(b)5%；　(c)10%；　(d)15%

4. 不同碳化硅含量对木纤维/树脂基摩擦材料摩擦性能的影响

图 4-20(a)所示为碳化硅含量对木纤维/树脂基摩擦材料动摩擦因数的影响(测试条件：主轴惯量 0.129 4 kg·m²，主轴转速 2 000 r/min，主轴压力 1.0MPa，图中数据均为相同条件下 3 次测量所得平均值)。从图中可以看出，碳化硅的加入使得材料的动摩擦因数增大，当碳化硅含量为 5%时，材料的动摩擦因数达到最大，平均值为 0.120 9，继续增加碳化硅含量，材料的动摩擦因数降低。这可能是由于在碳化硅含量较少时，试样表面较为粗糙，导致试样动摩擦因数较大，当碳化硅含量增大到一定程度时，试样表面均匀地覆盖了一层致密的碳化硅层，使得试样的表面粗糙度降低，因而试样的动摩擦因数相对较低。

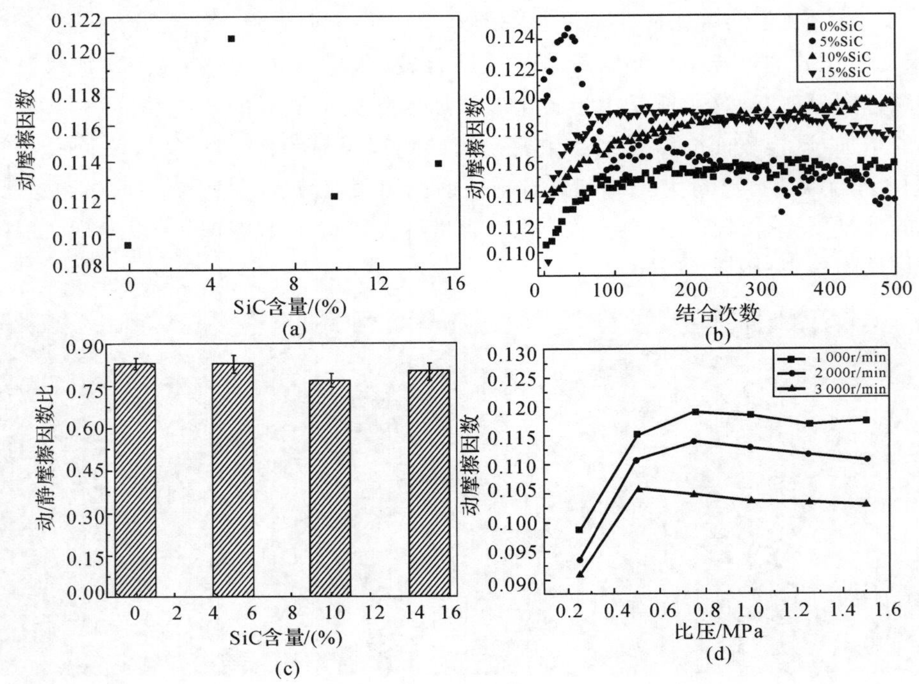

图 4-20　不同碳化硅含量样品的摩擦性能

(a)不同碳化硅含量下试样的动摩擦因数；(b)材料在 500 次结合过程中的动摩擦因数；(c)不同碳化硅含量下试样的动/静摩擦因数比；(d)动摩擦因数与主轴转速以及主轴比压之间的关系曲线

为了进一步研究碳化硅含量对木纤维/树脂基摩擦材料性能的影响，我们对试样在 500 次摩擦测试后的动摩擦因数进行了分析，以此来衡量材料在多次摩擦过程中的动摩擦因数稳定性。图 4-20(b)所示为 500 次摩擦试验过程中材料的动摩擦因数图。从图中可以看出，碳化硅的含量对材料动摩擦稳定性的影响较大。没有加入 SiC 时，材料的动摩擦因数较小，在结合 100 次后，材料的动摩擦因数稳定在 0.115 左右。在加入 5 % SiC 后，材料的初始动摩擦因数较大，但是随着结合次数的增加，材料的动摩擦因数波动较大，而且在结合 250 次后，材料的动摩擦因数逐渐小于未加 SiC 时的动摩擦因数。当加入 10% SiC 时，材料的动摩擦因数随着结合次数的增加逐渐增大，当加入 15% SiC 时，材料的动摩擦因数较高且稳定性较好。对比添加量 10% SiC 和 15% SiC 的试样，可以发现当结合次数小于 250 次时，碳化硅含量高的试样的动摩擦因数明显高于含量较低的试样的动摩擦因数。当结合次数大于 250 次时，碳化硅含量为 10%的试样的动摩擦因数明显又高于碳化硅含量为 15%的试样的动摩擦因数。

图 4－20(c)所示为不同碳化硅含量下材料的动/静摩擦因数比，可以发现，碳化硅的加入对材料动/静摩擦因数比的影响较小，4 个不同碳化硅含量下试样的动/静摩擦因数比都在 0.80左右。结合对图 4－20(a)(b)的分析，我们将 10%的 SiC 含量作为最佳含量，此时，材料的动摩擦因数、动摩擦因数稳定性以及结合稳定性都较好。

当外界条件的改变对材料的动摩擦因数影响较小时，材料的摩擦稳定性就较好。图 4－20(d)所示为 10% SiC 含量下试样的动摩擦因数与主轴转速以及主轴压力之间的关系曲线。从图中可以发现，当主轴压力小于 0.5MPa 时，随着主轴压力的增大，材料的动摩擦因数明显增大。这主要是因为当主轴压力较小时，摩擦片与对偶盘之间的接触不完全，在材料表面形成了较厚的润滑油膜，导致材料的动摩擦因数较小，当增大主轴压力时，材料表面的微凸体与对偶盘的接触面积逐渐增大，增加了材料的动摩擦因数。在主轴压力大于 0.5MPa 以后，随着主轴压力的增大，材料的动摩擦因数变化不大，这说明材料在此主轴压力范围内的摩擦稳定性较好。但是主轴转速对材料的动摩擦因数影响较大。从图中可以发现，随着主轴转速的增大，材料的动摩擦因数减小，这主要是因为主轴转速增大，导致结合时间延长，使得摩擦材料表面温度升高。由材料表面润滑油的黏温曲线可知，此时润滑油黏度降低，摩擦过程中产生的剪切力减小，因此材料的动摩擦因数降低。

图 4－21 所示为试样在 500 次摩擦试验后的表面 SEM 图。从图中可以看出，碳化硅的加入明显降低了试样的烧蚀磨损。图 4－21(a)所示为未加碳化硅的试样，试样表面纤维出现了烧蚀磨损以及疲劳磨损，碳纤维表面被磨平。当试样中加入 5%的碳化硅时，试样磨损表面出现了大量的磨屑，碳纤维末端处破坏严重，且有烧蚀磨损现象存在(见图 4－21(b))。继续增大碳化硅含量时(见图 4－21(c)(d))，试样磨损表面磨屑减少，也有效降低了试样的机械磨损和烧蚀磨损，试样表面未发现明显的划痕等，但当碳化硅含量为 15%时，磨损表面有一些细小颗粒存在(见图 4－21(d))。

图 4－22 所示为试样及对偶盘在 500 次摩擦试验后的磨损率图。从图中可以看出，没有添加碳化硅的试样的磨损率明显低于加入碳化硅的试样，当碳化硅含量为 5%时，试样的磨损率最大，这可能是因为试样表面较为粗糙，试样在磨损过程中发生了大量的机械磨损导致的(见图 4－21(b))。继续增大碳化硅含量时，试样的磨损率有所下降，这可能是因为碳化硅与树脂之间形成了致密层。这与由图 4－21 得到的分析结果是一致的。

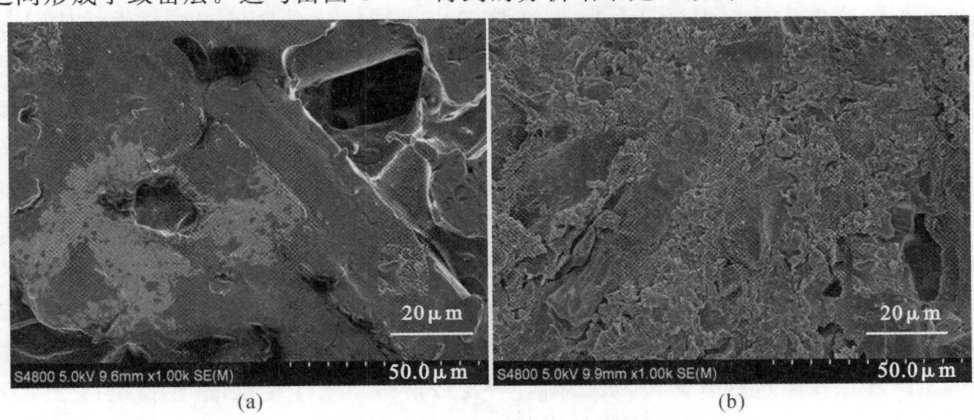

(a)　　(b)

图 4－21　不同碳化硅含量下试样摩擦后表面的 SEM 照片

(a)0%；(b)5%

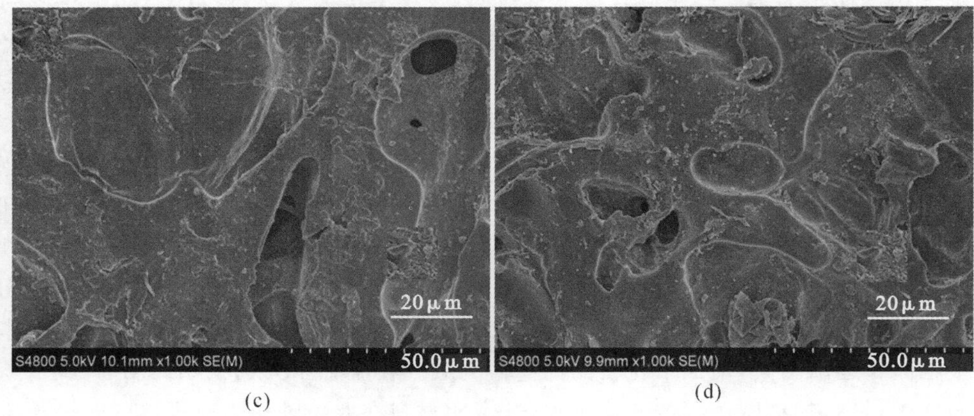

(c)　　　　(d)

续图 4-21　不同碳化硅含量下试样摩擦后表面的 SEM 照片

(c)10%；(d)15%

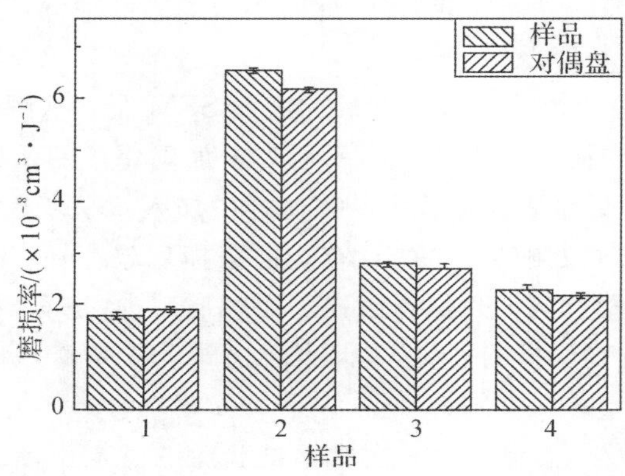

图 4-22　不同碳化硅含量下结合 500 次后试样和对偶盘的磨损率

5. 碳化硅颗粒在材料中的作用分析

陈兆晨等人[106]研究发现，在碳纳米管/环氧树脂复合材料中，碳化硅能够填充在碳纳米管中起到很好的吸波性能。根据这个观点，本实验中不同碳化硅含量在材料中的作用形式可用图 4-23 来解释。在摩擦过程中，由于摩擦界面存在较大的载荷和较高的温度，材料表面的碳化硅颗粒能够进入到碳纳米管管状结构中。图 4-23(a)所示为碳化硅含量为 5%时试样的摩擦过程示意图。摩擦过程开始前，少量的碳化硅附着在试样表面，由于吸附力较小，在试样表面受到摩擦剪切力之后，大多数碳化硅颗粒来不及进入到碳纳米管管状结构中，而是发生了滑移和脱落。碳化硅的滑移造成了试样表面纤维和树脂出现了划痕等破坏，随着摩擦次数的增加，试样表面在划痕处进一步受到破坏，最终导致了如图 4-21(b)所示的结构。此时，试样在多次摩擦实验后磨损率也较大(见图 4-22)，试样在多次摩擦过程中的动摩擦因数波动较大，摩擦稳定性降低(见图 4-20(b))。图 4-23(b)所示为碳化硅含量为 10%时试样的摩擦过程示意图。试样在摩擦过程开始前，表面附着一定数量的碳化硅颗粒，这些颗粒在受到摩擦剪切以及压力后，表层的碳化硅发生滑移和脱落，但是靠近表层处的碳化硅在压力作用下填充到碳纳米管结构中，随着摩擦过程的进行，填充到碳纳米管内的颗粒逐渐增多，最终达到平衡，这样的结构有利于试样在摩擦过程中保持较高的摩擦性能(见图 4-20(b))。当碳化硅含量为15%时,试样表面覆盖了更多的碳化硅颗粒,在试样表面受到摩擦力之后,类似于图 4-21(b)所示,最表层的碳化硅发生滑移和脱落,次表层的碳化硅在外力作用下进入碳纳米管中,但是当碳纳米管中碳化硅颗粒达到填充平衡时,多余的颗粒便会继续留在摩擦表面(见图 4-21(d)),在摩擦过程中造成滑移和脱落,滑移过程中,碳化硅颗粒对摩擦表面的纤维和树脂造成破坏,导致试样在多次摩擦过程后期动摩擦因数发生波动(见图 4-20(b))。

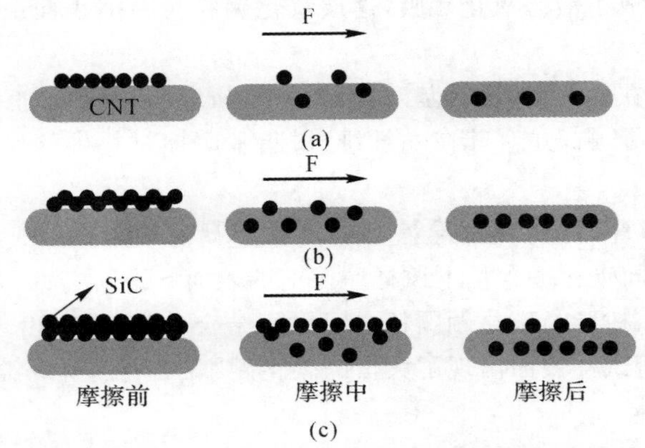

图 4-23　不同碳化硅含量在碳纳米管改性木纤维/树脂基摩擦材料中的作用形式示意图

(a)5%；(b)10%；(c)15%

4.5.2　碳化硼对木纤维/树脂基摩擦材料性能的影响

1. 碳化硼的性能

碳化硼这一化合物最早是在 1858 年被发现的[107],然后 Joly 于 1883 年,Moissafl 于 1894 年分别制备和认定了 B_3C 和 B_6C 化合物。但是,直到 1934 年化学计量分子式为 B_4C 的碳化硼化合物才被人们认识。从 20 世纪 50 年代起,人们对碳化硼,尤其是对其结构以及性能进行了大量的研究[107-108],并取得了大量的研究成果,推动了碳化硼化合物的制备和应用技术的快速发展。

碳化硼具有一系列优良的性能。首先它具有较低的密度(其理论密度为 2.52×10^3 kg/m^3[109])和较高的硬度(莫氏硬度为 9.3,显微硬度为 55～67 GPa),碳化硼是仅次于金刚石和立方 BN 的最硬材料[109-111];其次,碳化硼的化学性质稳定,其在常温下不与酸、碱和大多数无机化合物反应,仅在氢氟酸-硫酸、氢氟酸-硝酸混合物中有缓慢的腐蚀,是化学性质最稳定的化合物之一[112-113],这主要是由 B_4C 中 C 与 B 之间形成的共价键、B 与 B 之间重键结合这种特殊组合所决定的。同时碳化硼还有很强的吸收中子的能力[114]。

2. 碳化硼的应用

(1)碳化硼在核反应堆中的应用。碳化硼被用在核反应堆中主要依靠的是碳化硼中 B 原子的中子吸收性能,且硼原子的含量直接决定了其中子吸收性能的能力。目前,碳化硼在核反应堆中的具体应用有反应堆外部的硼碳砖(碳化硼与石墨粉两者混合熔炼而成,有效防止核物质的泄漏)、反应堆中心的控制棒(由纯的碳化硼粉高温压制而成,用来控制核反应堆中的反应速度)以及反应堆防护层材料(由纯的碳化硼烧结而成)。

(2)碳化硼复合陶瓷。碳化硼具有很强的共价键,作为陶瓷材料,其很难制备出致密的烧结体。工业中多采用碳化硅来促进碳化硼的烧结。B_4C-SiC 陶瓷被认为是一种具有广泛应用前景的高温耐蚀、耐磨材料,已在工业喷嘴、泵的密封以及热挤压模等领域获得应用[115]。

在摩擦材料领域,大多采用的是粉末冶金的方法来制备碳化硼耐磨器件。20 世纪 80 年代开始,乌克兰的 Gogotsi Y 等人[116]研究了碳化硼-钢摩擦副的摩擦性能。他们研究发现,随着温度的升高,碳化硼-45# 钢摩擦副的摩擦因数降低,他们认为这主要是由于碳化硼在摩擦产生的高温下被氧化生成了液态氧化硼膜,这层氧化硼膜与摩擦表面上的石墨起到了协同润滑的作用。

本节将碳化硼应用在木纤维/树脂基摩擦材料中,研究碳化硼的加入量对木纤维/树脂基摩擦材料形貌和性能的影响,并对其在木纤维/树脂基摩擦材料中的作用形式进行初步探索研究。

3. 碳化硼含量对木纤维/树脂基摩擦材料形貌和性能的影响

图 4-24 所示为不同碳化硼含量下试样摩擦前的表面 SEM 照片。从图中可以看出,加入碳化硼的试样表面纤维、树脂与碳化硼颗粒之间界面结合良好,没有出现明显的裂纹等现象。随着碳化硼含量的增加,试样表面出现了大量的碳化硼细小颗粒,且纤维与树脂之间的界面结合有一定程度的提高。

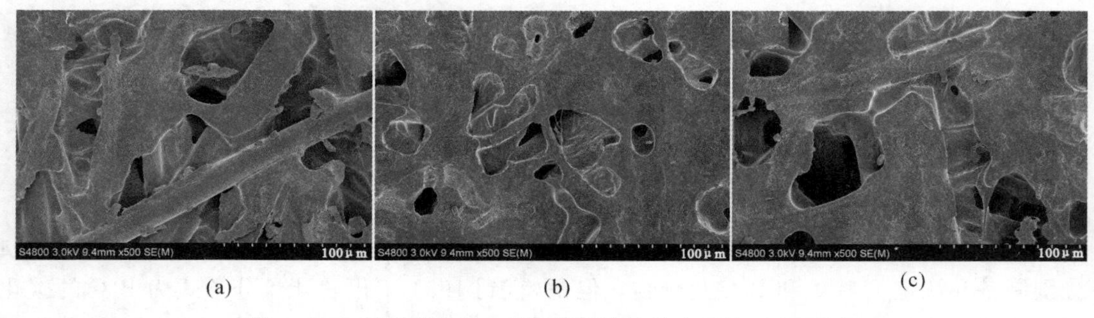

图 4-24 不同碳化硼含量下试样摩擦前表面的 SEM 照片

(a)5%; (b)10%; (c)15%

图 4-25(a)所示为不同碳化硼含量下材料的动摩擦因数图。从图中可以看出,当碳化硼含量由 5%增加到 10%时,试样的动摩擦因数有一定的提高,但是变化较小。当碳化硼含量为 15%时,试样的动摩擦因数降到 0.111 7 附近,这接近于 15%碳化硅含量时试样的动摩擦因数,说明碳化硼对木纤维/树脂基摩擦材料动摩擦因数的提高明显优于碳化硅对木纤维/树脂基摩擦材料动摩擦因数的提高。在主轴惯量 0.129 4 kg·m^2、主轴转速 2 000 r/min 以及主轴压力 1.0 MPa 的条件下,进行试样摩擦试验 500 次,测试试样的动摩擦因数。图 4-25(b)所示为不同碳化硼含量下连续摩擦 500 次过程中木纤维/树脂基摩擦材料的动摩擦因数。从图中可以看出,在结合 50 次之后,试样的动摩擦因数都稳定在一定范围内。当碳化硼含量为 5%时,试样的动摩擦因数最大,稳定在 0.145 左右。而当碳化硼含量为 15 %时,试样的动摩擦因数最低,稳定在 0.120 附近。

图 4-25(c)所示为不同碳化硼含量对试样动/静摩擦因数比的影响。从图中可以看出,碳化硼的加入明显降低了试样的结合稳定性,不同碳化硼含量下试样的动/静摩擦因数比都在

0.75 以下，且随着碳化硼含量的增加，试样的动/静摩擦因数比略有下降。造成这种现象的原因是，在结合过程中，材料表面会产生较高的瞬间温度，而碳化硼在高温下可能被氧化为 B_2O_3，B_2O_3 的熔点较低，附着在 B_4C 表面形成一层光滑的液态 B_2O_3 膜，导致试样在结合过程中发生打滑等现象，降低了试样的动摩擦因数以及结合稳定性。当碳化硼含量为 5%时，试样的动/静摩擦因数比相对较高。而当碳化硼含量为 10%时，试样的动/静摩擦因数比相对最低。

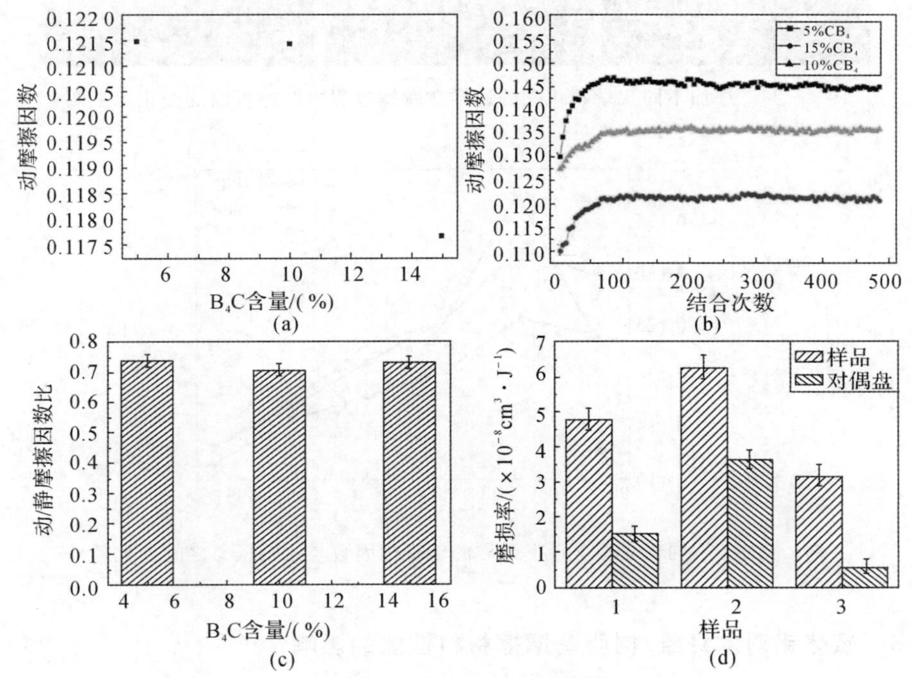

图 4-25　不同碳化硼含量样品的摩擦学性能

(a)不同碳化硼含量下试样的动摩擦因数；(b)材料在 500 次结合过程中的动摩擦因数；(c)不同碳化硼含量下试样的动/静摩擦因数比；(d)不同碳化硼含量下结合 500 次后试样和对偶盘的磨损率

图 4-25(d)所示为不同碳化硼含量下试样的磨损率图，随着碳化硼含量的增加，试样和对偶盘的磨损率均呈现先增大后减小的趋势，这与图 4-25(a)(b)(c)所示的变化趋势是一致的。当碳化硼含量为 15%时，试样和对偶盘的磨损率最小。造成这一现象的原因可能是当碳化硼含量为 5%时，在摩擦表面所形成的氧化硼光滑膜基本填充在表面凹陷的地方，摩擦过程起主要摩擦支撑组分的还是碳化硼硬质颗粒，具有较好的耐磨性能，因此，试样的摩擦因数较大，磨损率相对较小；当碳化硼含量为 10%时，摩擦过程中产生的氧化硼光滑膜与碳化硼硬质颗粒共同参与摩擦过程，使得碳化硼和氧化硼在摩擦过程中发生脱落；当碳化硼含量增加到 15%时，摩擦表面产生了一层较厚的氧化硼光滑膜，这层氧化硼膜在摩擦过程参与摩擦，因此，试样的动摩擦因数最低，且试样和对偶盘的磨损率也达到最低值。结合图 4-25(a)(b)(c)可知，在碳化硼含量为 5%时试样的综合性能指标较好。图 4-26 所示为添加不同含量碳化硼的试样在摩擦过程中摩擦表面变化示意图。

图 4-27 所示为不同碳化硼含量下试样的动摩擦因数与主轴压力之间的关系。从图中可

以看出，随着主轴压力的增大，试样的动摩擦因数先增大后减小，当主轴压力为 0.5MPa 时，试样的动摩擦因数达到最大值。而且随着碳化硼含量的增加，动摩擦因数逐渐减小。综合以上分析发现，当试样中碳化硼含量为 5 %时，材料表现出较好的摩擦性能。

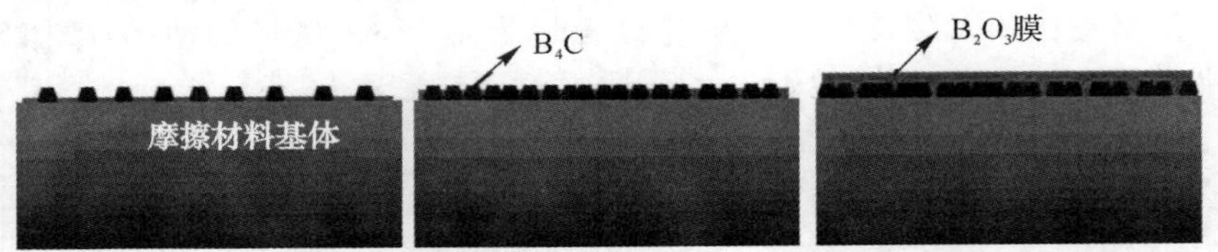

图 4－26　添加不同含量碳化硼的试样在摩擦过程中摩擦表面的变化示意图

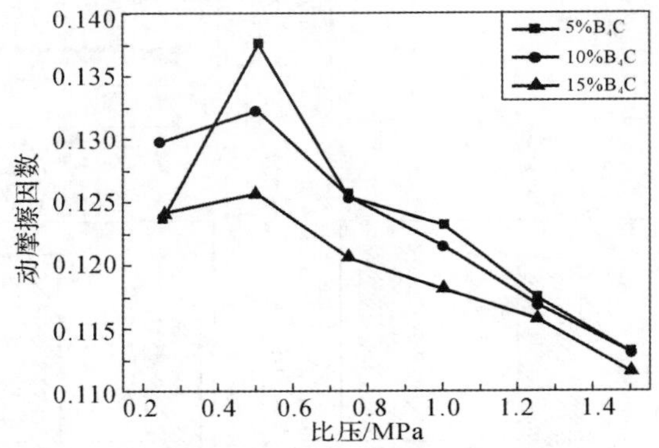

图 4－27　不同碳化硼含量下试样的动摩擦因数与主轴压力之间的关系

4.5.3　氧化铝对木纤维/树脂基摩擦材料性能的影响

1. 氧化铝的性质及其在木纤维/树脂基摩擦材料中的应用

Al_2O_3 陶瓷是一种高硬度、化学稳定性强的耐高温陶瓷，它同时也具有耐磨、抗氧化以及电绝缘性好等优点，其生产成本低、原料蕴藏丰富，是工业生产中产量最大且应用最广的陶瓷材料[117]。Al_2O_3 的化学稳定性主要表现在其既耐酸又耐碱，且具有很高的熔点（熔点范围为 2 015～2 050℃）。Al_2O_3 陶瓷主要有 $\alpha-Al_2O_3$，$\beta-Al_2O_3$ 和 $\gamma-Al_2O_3$ 三种晶型。$\alpha-Al_2O_3$ 陶瓷的综合性能优异，为稳定的六方晶系结构，这也是它在自然界中的唯一存在形式。$\beta-Al_2O_3$ 从本质来说是一种铝酸盐，这种铝酸盐中通常含有碱土金属或者碱金属，这种铝酸盐化合物不稳定（其通式有 $R_2O \cdot 11Al_2O_3$ 和 $RO \cdot 6Al_2O_3$ 两类），在高温下极易分解，其分解产物为 R_2O（或 RO）和 $\alpha-Al_2O_3$。$\gamma-Al_2O_3$ 在自然界中也不存在，它的晶型为尖晶石型结构，具有低密度、高温不稳定等性质，$\gamma-Al_2O_3$ 通常在加热到 1 000～1 100℃范围时就会转变为较为稳定的 $\alpha-Al_2O_3$。阳离子电荷多、半径小、离子键强是氧化铝陶瓷的主要特点，这使得该材料的晶格能较大，且质点扩散系数小以及烧结温度很高。因此，在陶瓷材料领域中，氧化铝主要被用在高速切割工具、口腔医学、化学和电绝缘体、抗磨损部件等领域[118-120]。

氧化铝陶瓷在抗磨损器件材料领域的应用研究受到了学者的广泛关注，例如，魏建军等人[121]研究了氧化铝陶瓷的摩擦性能及其磨损性能。氧化铝陶瓷具有较高的硬度以及简单的制备工艺等优势，因此，它在制动材料领域也受到了关注[122]。Ucar V 等人[123]研究了在氧化铝陶瓷中添加 SiO_2/MnO_2 之后材料的摩擦性能；而 Mimaroglu A 等人[124]则在 Al_2O_3 陶瓷中添加了 Cr_2O_3/SiO_2，并对其摩擦性能进行了深入的研究。在我国，关于氧化铝陶瓷在重载荷车辆中的应用情况也有人做了一些研究与探索，宋剑敏[125]和陈志刚等人[126]通过向氧化铝基体中添加一些常用的润滑成分来改善摩擦材料的形貌、力学性能以及摩擦磨损性能，并取得了一定的进展，为氧化铝陶瓷在此领域的发展提供了一定的理论基础。同时，氧化铝陶瓷在木纤维/树脂基摩擦材料中的应用也有一定的发展，国内中南大学、西北工业大学和华南理工大学等高校研究了将氧化铝陶瓷添加到木纤维/树脂基摩擦材料中来提高材料的摩擦因数的方法，这些方法虽然在一定程度上改进了材料的摩擦性能，但是，由于氧化铝陶瓷的断裂韧性差，添加了氧化铝的摩擦材料在摩擦过程中容易发生裂纹，使其在航空航天以及汽车行业的应用受到了一定的局限性。后来，研究者们尝试在氧化铝摩擦材料体系中添加铁、铬、碳化硅和碳纤维等来对氧化铝进行增韧处理，并起到了一定的作用。

本节将氧化铝加入到碳纳米管和稀土化合物改性木纤维/树脂基摩擦材料中，重点研究氧化铝的加入量对材料形貌和性能的影响，并对氧化铝和碳纳米管以及稀土的作用机理进行初步探索。

2.氧化铝的加入量对木纤维/树脂基摩擦材料摩擦性能的影响

图 4-28 所示为不同氧化铝含量下试样摩擦前表面 SEM 照片。从图中可以看出，当氧化铝含量较低时(见图 4-28(a))，碳纤维与树脂界面结合较好，但是试样表面均匀性较差。当氧化铝含量为 10%时，试样表面纤维与树脂均匀分布，且纤维与树脂之间的界面结合紧密(见图 4-28(b))。当氧化铝含量增大到 15%时，试样表面形貌发生了明显的变化，大量的纤维和固体颗粒裸露在外，试样表面树脂含量较少，表面粗糙度明显提高(见图 4-28(c))。

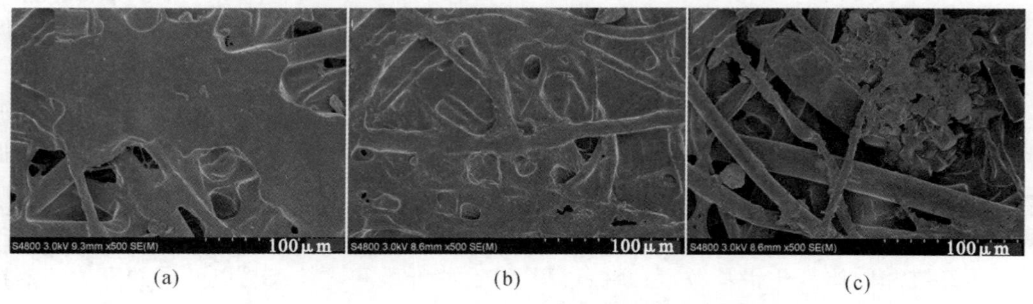

(a)　(b)　(c)

图 4-28　不同氧化铝含量下试样摩擦前表面的 SEM 照片

(a)5%；　(b)10%；　(c)15%

图 4-29(a)所示为不同氧化铝含量下所制备试样的动摩擦因数图(主轴惯量 0.129 4 kg·m^2、主轴转速 2 000 r/min，主轴压力 1.0 MPa)。从图中可以看到，添加氧化铝后，试样的动摩擦因数得到明显提高，且随着氧化铝含量的增加，试样的动摩擦因数也在增大，当氧化铝含量提高到 15%时，试样的动摩擦因数提高到 0.136 左右，这可能是因为试样表面较为粗糙，在此阶段摩擦过程中，粗糙峰起主要作用(见图 4-28(c))。图 4-29(b)所示为不同氧化铝含量下试样结合 500 次过程中的动摩擦因数图，从图中可以看出，加入 5%和 10%氧化铝时，试样在多次结合过程中的动摩擦因数较为稳定，氧化铝含量为 10%时，试样的动摩擦因数和摩擦稳定性都达到最佳值，这与其表面较为均匀致密有关(见图 4-28(b))。当继续增

加氧化铝含量时，试样的动摩擦因数呈现下降的趋势。当氧化铝含量为15%时，试样的动摩擦因数随着结合次数的变化波动较大，这主要是因为当氧化铝含量为15 %时，试样表面较为粗糙，树脂含量较少，纤维和氧化铝颗粒起主要摩擦作用，因此，在摩擦初期，试样的动摩擦因数较大，然而随着摩擦次数的增加，试样表面的纤维出现磨平、断裂以及拔出等现象（见图4-28(c)），导致动摩擦因数下降。试样在摩擦400次之后，其动摩擦因数低于试样在5%氧化铝含量下的动摩擦因数。

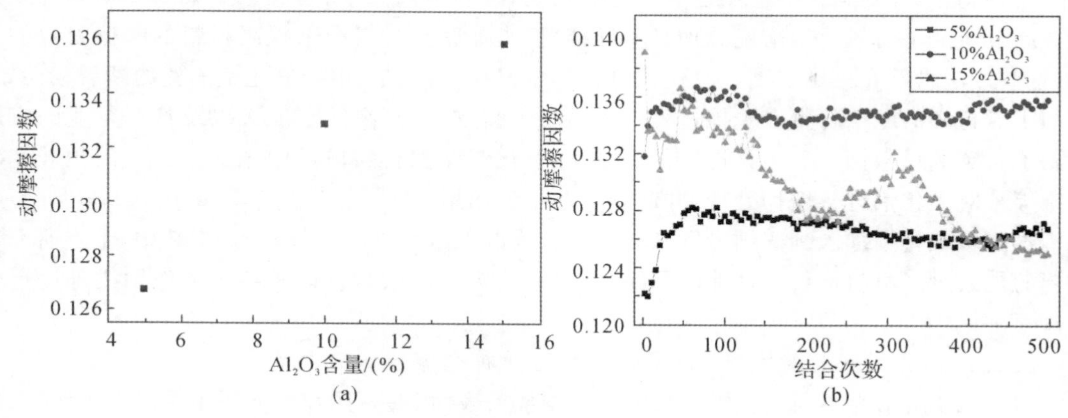

图4-29　不同氧化铝含量样品的摩擦性能

(a)不同氧化铝含量下试样的动摩擦因数；(b)材料在500次结合过程中的动摩擦因数

图4-30所示为试样在结合500次之后的表面形貌图。从图中可以看出，随着氧化铝含量的增加，试样磨损表面纤维分布较多，且明显能够看到烧蚀磨损现象。当氧化铝含量为10%时，磨损表面纤维与树脂之间界面结合变差，碳纤维表面没有明显的断裂现象发生，但是当氧化铝含量达到15%时，碳纤维出现了断裂现象。

图4-31(a)所示为不同氧化铝含量下试样的磨损率图。从图中可以看到，氧化铝的加入明显增大了试样以及对偶盘在摩擦过程中的磨损率，且随着氧化铝含量的增加，试样的磨损率逐渐增大。当氧化铝含量达到15%时，试样的磨损率急剧增大，然而对偶盘的磨损率却明显降低，如图4-28(c)所示。这主要是因为当试样含量为15%时，试样表面树脂含量相对较少，主要为碳纤维和固体氧化铝颗粒，在摩擦过程中，这些纤维和颗粒极易以磨屑的形式掉落在润滑油当中，因此试样的磨损率较大。

图4-30　不同氧化铝含量下试样磨损后表面的SEM照片

(a)5%；(b)10%；(c)15%

图 4-31(b)所示为单次结合过程中试样的动/静摩擦因数比与氧化铝含量之间的关系图。当氧化铝含量为 5%时，试样结合过程中动/静摩擦因数比较小，说明材料在结合过程中稳定性较差，容易产生颤动以及打滑等现象。这可能是因为当氧化铝含量较少时，试样表面氧化铝较少，产生的粗糙峰很少，使得试样的动摩擦因数较小，加之氧化铝含量较少时，试样摩擦前表面均匀性较差，纤维和树脂分布不均，导致了试样的摩擦稳定性相对较低。当增加氧化铝含量时，试样摩擦面出现较多的氧化铝硬质颗粒，提高了试样的动摩擦因数，且此时试样表面纤维与树脂之间界面结合紧密，因此试样的动/静摩擦因数比也随之增大。当氧化铝含量过大时，过多的氧化铝与基体树脂以及纤维等之间的界面结合变差，试样表面出现更多的氧化铝堆积颗粒，这些颗粒在摩擦过程中容易产生滑移以及滑落等现象，造成材料的动摩擦因数浮动范围变大，因此降低了材料的结合稳定性。

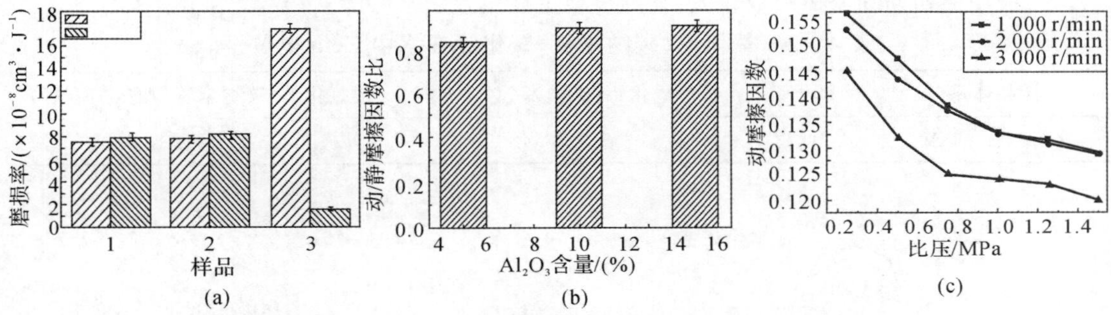

图 4-31　不同氧化铝含量样品的摩擦学性能

(a)不同氧化铝含量下结合 500 次后试样和对偶盘的磨损率；（b)不同氧化铝含量下试样的动/静摩擦因数比；(c)试样的动摩擦因数与主轴转速以及主轴压力之间的关系曲线

图 4-31(c)所示为10%氧化铝含量下试样的动摩擦因数与主轴转速和主轴压力之间的关系曲线。随着主轴压力的增大，试样的动摩擦因数减小，在主轴压力小于 0.75 MPa 时，试样的动摩擦因数随着主轴压力的增大减小速度明显大于主轴压力大于 0.75 MPa 时试样的动摩擦因数随主轴压力增大而减小的速度。同时，也可以发现，随着主轴转速的增加，试样的动摩擦因数逐渐减小，这可能是因为主轴转速越高，试样在摩擦过程中产生的热量越不能及时地转移出去，使得试样表面可能出现烧蚀磨损现象，导致了试样动摩擦因数的降低。

3.氧化铝颗粒在摩擦材料中的作用机理分析

当氧化铝含量为 10%时，从试样 500 次摩擦实验后的表面 SEM 图(见图 4-30(b))中可以看到，虽然试样发生了一定程度的烧蚀磨损，但是，试样表面未出现裂纹以及碳纤维的断裂等现象，说明体系中碳纳米管和稀土化合物的加入能够很好地提高氧化铝陶瓷体系的韧性。为了研究碳纳米管与氧化铝颗粒之间在摩擦过程中的结合方式，我们对两者混合后在水中的表面 Zeta 电位进行了测试，由于碳纳米管悬浮液的 Zeta 电位负值过大，仪器测试不出，因此给出了氧化铝、碳纳米管-氧化铝混合液在水中的表面 Zeta 电位(见表 4-2)。氧化铝颗粒在水中的 Zeta 电位为 11.72 mV，说明氧化铝颗粒表面荷正电；碳纳米管和氧化铝颗粒按照 1∶2.5的质量比混合后，常温下混合体系的 Zeta 电位为−28.48 mV，说明混合后碳纳米管附着在氧化铝颗粒表面，使其表面荷负电。将上述碳纳米管与氧化铝的混合液加热到 150℃(压力 1.0 MPa)，待体系冷却后，其 Zeta 电位值为−17.35 mV，这说明在加热过程中，一部分碳纳米管“钉扎”进氧化铝颗粒与颗粒内部，提高了体系的 Zeta 电位。因此，在摩擦过程中，由于高温以及摩擦压力的作用，不同氧化铝含量下碳纳米管与氧化铝在体系中的分布可用图 4-32 来解释，当氧化铝含量为 5%时，在摩擦过程中，碳纳米管不仅嵌入到氧化铝晶粒之间，而且在氧化铝表面也覆盖了一层碳纳米管(见图 4-32(a))，而此时碳纳米管在体系中主要起润滑作用，这就导致氧化铝含量较少时试样的动摩擦因数较小。当氧化铝含量为 10%时，试样的动摩擦因数和摩擦稳定性都达到最佳，这可能是因为此时体系中碳纳米管主要“钉扎”在氧化铝陶瓷颗粒之间，起到了很好的增韧效果，如图 4-32(b)所示，这也说明了碳纳米管在体系中可能优先“钉扎”到氧化铝晶粒之间，而不是覆盖在氧化铝颗粒表面。当氧化铝含量为 15%时，体系中的碳纳米管不能充分“钉扎”到氧化铝颗粒之间，如图 4-32(c)所示，多余的氧化铝颗粒和树脂之间亲和力小，不能形成很好的界面结合，导致此时氧化铝硬质颗粒直接参与摩擦过程，造成摩擦初期动摩擦因数较大，且结合稳定性较差。

表 4-2　氧化铝、碳纳米管-氧化铝在水中 Zeta 电位

样品体系	氧化铝	氧化铝-碳纳米管(常温)	氧化铝-碳纳米管(加压加温后)
Zeta 电位/mV	11.72	−28.48	−17.35

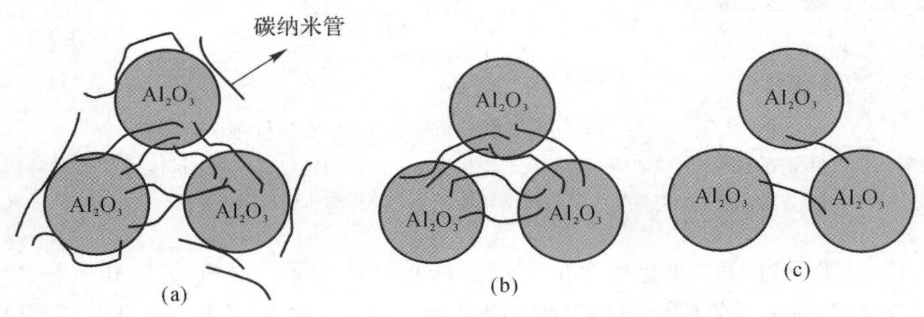

图 4-32　不同氧化铝含量与碳纳米管之间的关系

(a)5%；(b)10%；(c)15%

青岛大学陈沙鸥教授研究组研究发现[127]，稀土 Nd 的加入能够将氧化铝陶瓷的热收缩温度提高 200℃左右。由于稀土 Nd 和 Ce 均属于轻稀土，因此，本试验中稀土铈的添加有助于防止氧化铝在摩擦过程产生热收缩。

4.5.4　氧化锆对木纤维/树脂基摩擦材料性能的影响

1.氧化锆的性质及其在摩擦材料中的应用

氧化锆作为一种重要的陶瓷材料，在工业生产中具有广泛的应用。目前，氧化锆主要被用在耐磨材料、耐火材料以及切削工具材料等领域，其中，在耐火材料领域的研究最为广泛。它的莫氏硬度比氧化铝和氧化硅的莫氏硬度软，为 6.5；不同纯度的氧化锆颜色不尽相同，当氧化锆纯度较高时，它会呈现出白色，当含有其他杂质时，一般会呈现出灰色或者黄色。工业生产中是通过将天然锆英石加热到一定温度后使其发生分解而制得氧化锆的，它具有较高的化学稳定性，只有在硫酸和氢氟酸中表现出化学活性，在其他的酸和碱中化学性质都较为稳定。同时氧化锆还具有良好的的热稳定性以及较小的高温蠕变性。它在加热到 2 715℃时才会融化，且与其他熔融的金属之间浸润性较差。

氧化锆在不同的温度段有不同的晶体形态，当温度高于2 370℃时呈现出立方相，当温度在1 200～2 370℃时呈现出四方相，当温度低于950℃时呈现出单斜相，这三种不同的晶相可以看成是氧化锆的同质异构体。高温下的立方氧化锆萤石结构为：Zr^{4+}构成的面心立方点阵占据了1/2的八面体空隙，而O^{2-}则占据了该点阵结构中的4个四面体空隙。中温段的四方氧化锆结构可以认为是立方相结构的c轴被拉长后的结构。低温段的单斜相氧化锆晶体结构相当于将中温段的四方相氧化氧化锆的β角偏转一定角度后形成的。

上述提到了氧化锆在耐火材料中的应用，它的加入能够很好地提高金属离子对耐火材料制品的侵蚀性能、耐火材料制品的热稳定性能以及降低生产成本。同时，氧化锆在生物陶瓷领域，被广泛用在牙科材料以及关节材料领域。但是，研究发现[128]，氧化锆在植入人体数年后，会发生老化脱落，因此，后来发展出了采用稀土来稳定氧化锆性能的技术，使得氧化锆在生物陶瓷领域的应用进一步深化。

在摩擦材料领域，关于氧化锆的研究不是很多。有研究者[129]通过在摩擦材料中添加氧化锆来达到提高和稳定材料摩擦因数的目的，并且研究结果发现，加入了氧化锆的摩擦材料的导热性能得到改善。日本的研究者们则将传统的$SiO_2-Al_2O_3$体系替换为ZrO_2-MgO体系，并研究了该体系的摩擦性能，研究结果发现，ZrO_2-MgO摩擦体系具有更为平稳的摩擦因数、更低的磨损率以及更好的耐热性。

2.氧化锆的老化处理以及增韧处理

由于氧化锆在不同的温度段有不同的晶型，因此在温度变化时，材料会发生相变，这个相变过程伴随着材料的晶格参数变化。这样使得氧化锆陶瓷在温度变化时容易产生龟裂现象，影响了其在陶瓷材料领域的发展。但是，有研究发现，在氧化锆中添加一些稀土氧化物可以让氧化锆在室温下保持住高温时的晶体结构，同时也可以使ZrO_2的热机械性能得到提高，因此，稀土的加入起到了稳定和增韧氧化锆的双重目的[130-131]。

关于稀土对二氧化锆的增韧机理，研究者们进行了大量的研究。较为成熟的解释机理为氧空位和Zr—O共价键之间的能量变化机理[132]。此理论认为，当低价态的稀土阳离子加入到高价态的氧化锆中时，为了达到电荷平衡，7配位的氧化锆单斜结构晶体内部就会产生对应的氧空位，而氧空位和高价态的Zr^{4+}组合减小了高价态Zr^{4+}的配位数，使单斜相氧化锆的配位数倾向于小于7，这时Zr—O共价键所主导的晶体为了维持有效的配位数，就会形成一个虚假的8(大于7)配位数的晶型，这种结构会吸收氧空位以及相邻的Zr^{4+}形成一个新的晶格。因此可以知道，在8配位的四方相和立方相晶体结构中，氧空位和Zr^{4+}的组合有使该晶体向小于8的配位数的结构转变的倾向[133-134]。

因此，在本试验中，在整个摩擦组分中加入稀土硝酸铈化合物，不仅起到了上述所说改善界面的作用，而且起到了防止二氧化锆加入材料后多次摩擦过程中的老化现象，预期能够很好地稳定试样的摩擦性能。

3.氧化锆对木纤维/树脂基摩擦材料摩擦性能的影响

图4-33(a)(b)(c)所示为不同氧化锆含量下试样磨损前的表面SEM照片，从图中可以看出，氧化锆的加入对纤维和树脂之间的界面结合破环较小。随着氧化锆含量的增加，试样表面孔洞变小，当氧化锆含量达到15%时，试样表面均匀地覆盖了一层树脂和细小氧化锆颗粒，表面纤维分布较少。

图 4－33(d)所示为不同氧化锆含量下所制备试样的动摩擦因数，从图中可以看出，随着氧化锆含量的增加，试样的动摩擦因数先增大后减小。当氧化锆含量为 10％时，试样的动摩擦因数最大，接近 0.122 5。当加入过量的氧化锆时，试样的动摩擦因数反而降低。这主要是因为大量的氧化锆和树脂分布在试样表面，减少了碳纤维与对偶盘之间的摩擦，因此降低了试样的动摩擦因数。图 4－33(e)所示为不同氧化锆含量下试样的动摩擦因数在连续摩擦 500 次过程中的分布图。从图中可以看出，随着氧化锆含量的增加，试样的动摩擦因数也呈现先增大后减小的趋势，这与由图 4－33(d)得到的分析结果是一致的。同时也可以发现，氧化锆的含量对试样在摩擦过程中的摩擦因数稳定性影响不大，当氧化锆含量为 5％和 10％时，摩擦表面树脂、氧化锆颗粒以及纤维之间良好的界面结合使得试样的动摩擦因数较为稳定；当氧化锆含量为 15％时，试样表面树脂和氧化锆颗粒之间的界面结合依然较好，因此，试样的动摩擦因数稳定性也较好。

现在进一步研究氧化锆含量对试样在结合过程中的稳定性的影响，图 4－33(f)所示为不同氧化锆含量下试样在结合过程中的动/静摩擦因数比。从图中可以看出，试样结合过程中动/静摩擦因数比的变化趋势与试样的动摩擦因数变化趋势一致。这可能是因为适量的氧化锆能够提高试样表面的粗糙度以及硬度，使得试样在结合过程中有较高的动、静摩擦因数。过量的氧化锆加入后，参与摩擦的试样表面主要由树脂和氧化锆组成，碳纤维含量较少，可能在结合过程中引起打滑等现象。因此，当氧化锆含量为 10％时，试样的动摩擦因数以及动/静摩擦因数比达到最佳值。

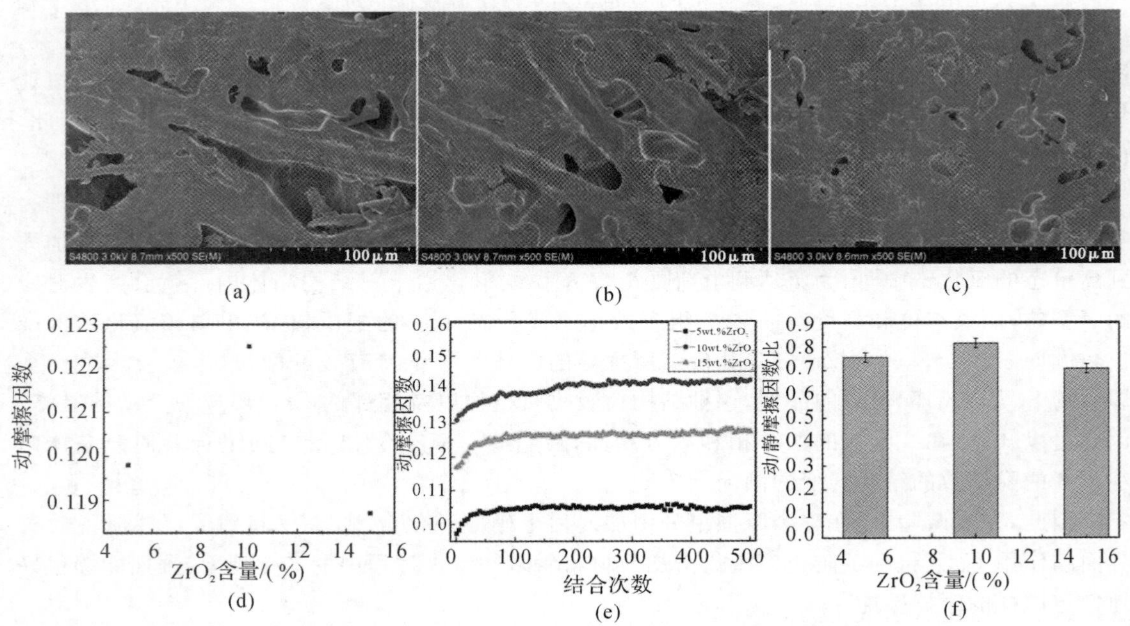

图 4－33　不同氧化锆含量样品的表面及摩擦性能

(a)5％；(b)10％；(c)15％；(d)不同氧化锆含量下试样的动摩擦因数；(e)材料在 500 次结合过程中的动摩擦因数；(f)不同氧化锆含量下试样的动/静摩擦因数比

图 4－34 所示为不同氧化锆含量下试样经 500 次摩擦试验后的表面 SEM 照片，从图中可

以发现，不同氧化锆含量下的试样在摩擦过程中均以疲劳磨损为主，磨损表面没有明显的磨屑以及划痕，说明氧化锆的加入对试样中树脂与纤维之间的界面结合破坏较小。当氧化锆含量为 5%时，碳纤维发生了明显的磨损，表面被磨平；当氧化锆含量为 10%时，碳纤维的磨损得到一定程度的改善；继续增大氧化锆含量时，试样表面以树脂和氧化锆颗粒为主（见图 4－33(c)）。因此，试样的磨损主要为树脂和氧化锆的磨损（见图 4－34(c)）。

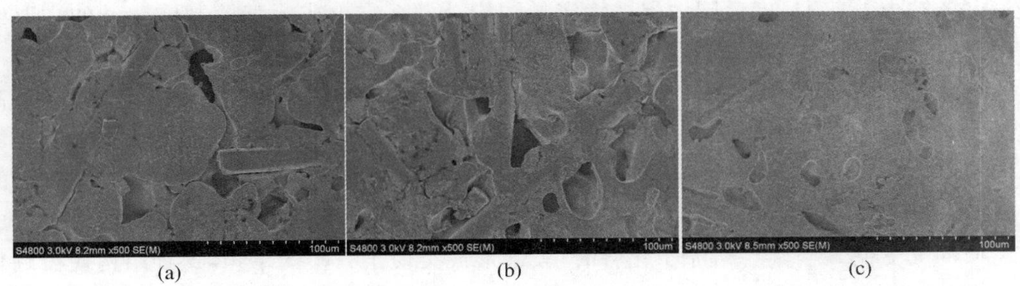

图 4－34　不同氧化锆含量下试样摩损后表面 SEM 照片

(a)5%；(b)10 %；(c)15 %

图 4－35(a)所示为不同氧化锆含量下试样在摩擦 500 次之后的磨损率。随着氧化锆含量的增加，试样的磨损率先减小再增大。当氧化锆含量(5%)较小时，结合图 4－34(a)可知，此时碳纤维发生大量的磨损，而当氧化锆含量为 10%时，碳纤维的磨损明显减少（见图 4－34(b)），因此，氧化锆含量为 10%时试样的磨损率明显小于氧化锆含量为 5%时试样的磨损率。当继续增大氧化锆含量时，试样的磨损主要为树脂和氧化锆的磨损（见图 4－34(c)），因此此时试样的磨损率较大。同时可以看到，对偶盘的磨损率大小与试样的磨损率大小变化趋势是一致的。因此，当试样中氧化锆含量为 10%时，试样的摩擦性能较好。

图 4－35(b)所示为氧化锆含量为 10%时试样的动摩擦因数与主轴压力以及主轴转速之间的关系曲线。从图中可以看出，随着主轴转速以及主轴压力的增大，试样的动摩擦因数逐渐降低。当主轴转速达到 3 000 r/min、主轴压力大于 1.0MPa 时，试样的动摩擦因数趋于稳定，这说明了氧化锆的加入有利于提高试样在高转速以及大比压下的摩擦稳定性。

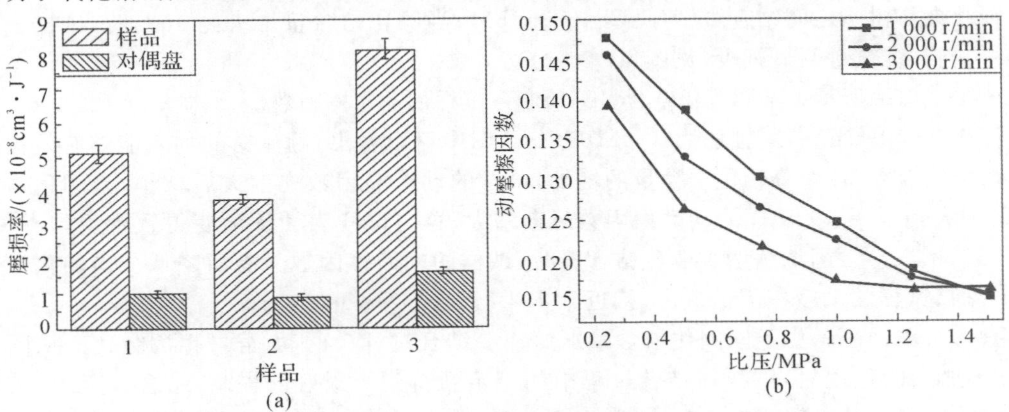

图 4－35　不同氧化锆含量下试样的摩擦学性能

(a)不同氧化锆含量下结合 500 次后试样和对偶盘的磨损率；

(b)氧化锆含量为 10%时，试样的动摩擦因数与主轴转速以及主轴压力之间的关系曲线

4.5.5 硼化锆对木纤维/树脂基摩擦材料性能的影响

1. 硼化锆的性质以及在摩擦材料中的应用

硼化锆作为硼化物中较为主要和常见的一种材料，在工业中有很广的应用研究。硼化锆主要由一硼化锆(ZrB)、二硼化锆(ZrB_2)和十二硼化锆(ZrB_{12})三种组成，在这三种硼化锆组成中，ZrB_2能够在较宽的温度范围内保持稳定的结构，因此，它也成为工业制硼化锆的主要组成成分[135]。

ZrB_2中B^{2-}在和Zr^{4+}形成化合物过程中，由于B^{2-}的电离势较低，而Zr^{4+}的d电子层高度未饱和，因此，B^{2-}中的电子很容易向Zr^{4+}的原子骨架靠拢，它们之间就形成了类似于金属化合物的典型的六方晶系(C_{32}型)准金属化合物。在硼化锆晶体结构中，B原子具有较大的尺寸，B^-能够与周围的其他硼原子之间形成共价σ键，多余的一个电子则在整个晶体中形成了高度离域的大π键。当其与锆原子化合时，就会形成类似于石墨的结构，这种结构使得硼化锆不仅具有较好的金属光泽，而且还具有优良的导热性能，同时，硼化锆晶体中这种硼—锆离子键和硼—硼共价键使得硼化锆具有较高的熔点、很高的硬度、较强的脆性以及优异的化学稳定性。同时，硼化锆还具有抗腐蚀性强[136]、密度较低以及抗热震性能较好[137-140]等优点。

因此，硼化锆被广泛地应用于耐火材料、电极材料以及耐磨材料等超高温陶瓷材料领域中。硼化锆作为耐火材料，主要可用来制作高温热电偶保护套管、铸模和坩埚等器件。硼化锆作为电极材料，较为普遍的应用就是被用在等离子喷涂设备的喷嘴材料中，Norasetthekul S等人[141]首先将硼化锆进行热压，然后采用液相浸透的方法将铜与之复合，成功制备出了具有较低磨损的$Cu-ZrB_2$电极材料。硼化锆作为耐磨材料，主要是用于制作刀具和切削工具。目前，关于硼化锆在摩擦材料领域的报道很少，本实验中，将硼化锆作为木纤维/树脂基摩擦材料的填料添加到材料中，研究不同硼化锆含量下试样的形貌和摩擦性能。

2. 硼化锆加入量对木纤维/树脂基摩擦材料形貌和摩擦性能的影响

图4-36(a)(b)(c)所示为不同硼化锆含量下试样摩擦前的表面SEM照片。从图中可以看出，不同硼化锆含量下的试样表面树脂与纤维界面结合紧密。随着硼化锆含量的增加，试样表面的均匀性和致密性提高。当试样中硼化锆含量为10%时，试样表面孔洞较少，且能够观察到碳纤维与树脂之间结合紧密(见图4-36(b))；当硼化锆含量增大到15%时，试样表面均匀致密，碳纤维数量明显减少(见图4-36(c))。

图4-36(d)所示为不同硼化锆含量下所制备试样的动摩擦因数(主轴惯量0.129 4 kg·m^2、主轴转速2 000 r/min，主轴压力1.0MPa)。从图中可以看出，硼化锆的加入能够有效提高试样的动摩擦因数，且随着硼化锆含量的增加，试样的动摩擦因数先增大后减小，当硼化锆含量由5%增大到10%时，试样的动摩擦因数逐渐增大，这与试样表面逐渐变得致密均匀有关(见图4-36(b)(c))。当继续增大硼化锆含量时，试样的动摩擦因数又有所降低。当硼化锆含量为10%时，试样的动摩擦因数最大，接近0.134 8。

图4-36(e)所示为不同硼化锆含量下试样在结合过程中的动/静摩擦因数比。从图中可以看出，加入硼化锆后，试样在结合过程中的稳定性得到了很好的提高，结合过程中，试样的动/静摩擦因数比都在0.86以上，较高的结合稳定性降低了试样在结合过程中所产生的噪音以及打滑等现象的发生。当硼化锆含量为10%时，试样的动/静摩擦因数比达到最佳值。

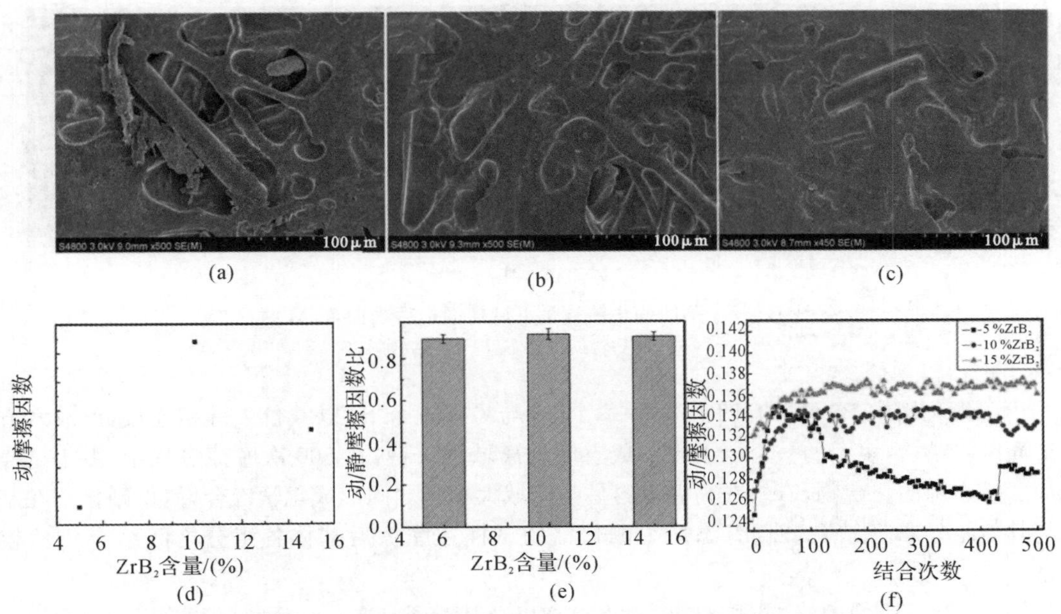

图 4-36　不同硼化锆含量下样品的表面形貌及摩擦性能

(a)5%；(b)10%；(c)15%；(d)不同硼化锆含量下试样的动摩擦因数；

(e)不同硼化锆含量下试样的动/静摩擦因数比；(f)材料在 500 次结合过程中的动摩擦因数

图 4-36(f)所示为不同含量的硼化锆试样在 500 次摩擦过程中的动摩擦因数。从图中可以看出，随着硼化锆含量的增加，试样的动摩擦因数逐渐增大，且摩擦稳定性逐渐增强。当硼化锆含量为 5%时，试样的动摩擦因数随着结合次数的增加先增大后减小，且波动性较大，这可能是因为当硼化锆含量较小时，没有足够的硼化锆颗粒与纤维和树脂之间形成致密的结构，当摩擦次数积累到一定程度的时候，纤维和树脂起主要摩擦组分，而这些组分耐磨性较硼化锆来说相对较差，因此，试样的动摩擦因数逐渐变小。当硼化锆含量为 10%时，试样的动摩擦次数随着摩擦次数的增加先增大，当摩擦次数大于 50 次时，试样的动摩擦因数稳定在 0.134 附近。继续增加硼化锆含量，试样的动摩擦因数继续增大，当摩擦次数大于 50 次时，动摩擦因数稳定在接近 0.138 处，这说明硼化锆的加入能够很好地提高材料的动摩擦因数。且随着硼化锆含量的增加，试样的动摩擦因数在多次摩擦过程中，能够稳定在较高的范围内，这可能是因为硼化锆颗粒与纤维和树脂之间能够充分地形成较高的摩擦表面，在摩擦过程中三者之间共同起到了增摩和减磨的作用，有效提高了试样的摩擦性能。

图 4-37 所示为试样在 500 次摩擦试验后的表面 SEM 照片。从图中可以看出，随着硼化锆含量的增加，试样磨损表面的致密性有所提高。当硼化锆含量为 5%时，试样磨损表面出现了碳纤维的磨损以及断裂，树脂基体也发生了一定程度的磨损破坏(见图 4-37(a))。当硼化锆含量增大到 10%时，试样表面纤维与树脂结合紧密，未发生纤维的脱落、断裂以及拔出等现象，且纤维表面没有发生疲劳磨损现象(见图 4-37(b))。当硼化锆含量为 15%时(见图 4-37(c))，试样表面仍然为均匀致密的硼化锆颗粒以及树脂层，碳纤维分布较少，且没有出现裂纹以及其他磨损破坏现象等。

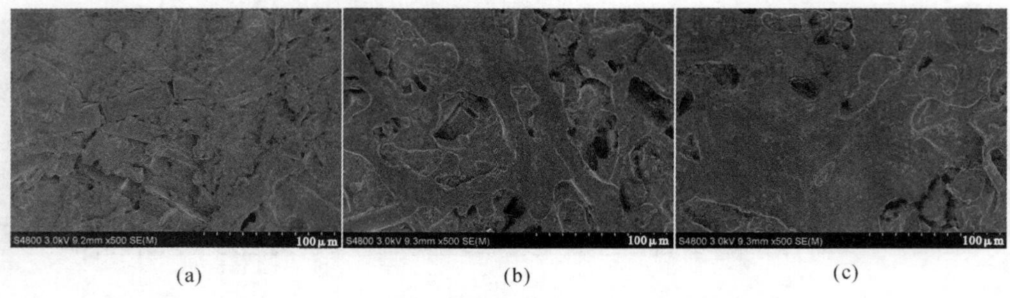

图 4-37 不同硼化锆含量下试样摩损后表面 SEM 照片

(a)5%；(b)10%；(c)15%

由于硼化锆中 B^- 外层有四个电子，每个 B^- 与另外三个 B^- 以共价 σ 键相连接，形成六方形的平面网络结构，多余的一个电子则形成空间的离域大 π 键，在 500 次摩擦过程中，由于试样中添加了稀土铈的化合物，Ce^{3+} 在高温下容易与离域大 π 键之间形成化学键合，使得硼化锆在基体中与其他组分紧密结合，因此，添加了硼化锆的试样在摩擦后基体各组分之间结合仍然较为致密。

图 4-38(a)所示为不同硼化锆含量下试样以及其对偶盘在 500 次摩擦试验后的磨损率。从图中可以看出，随着硼化锆含量的增加，试样以及其对偶盘的磨损率逐渐减小，当硼化锆含量为 5%时，试样的磨损率相对较大，这与图 4-36(a)以及图 4-37(a)中的分析结果是一致的。这主要是由于碳纤维以及树脂的磨损引起的，当硼化锆含量增大时，试样中硼化锆、纤维与树脂之间形成的致密结构使得材料具有较高的耐磨性能，加之硼化锆本身硬度较大，耐磨性较好，因此，试样的磨损率较低，同时，硼化锆的加入不仅提高了试样的耐磨性能，且大大降低了对偶盘的磨损。

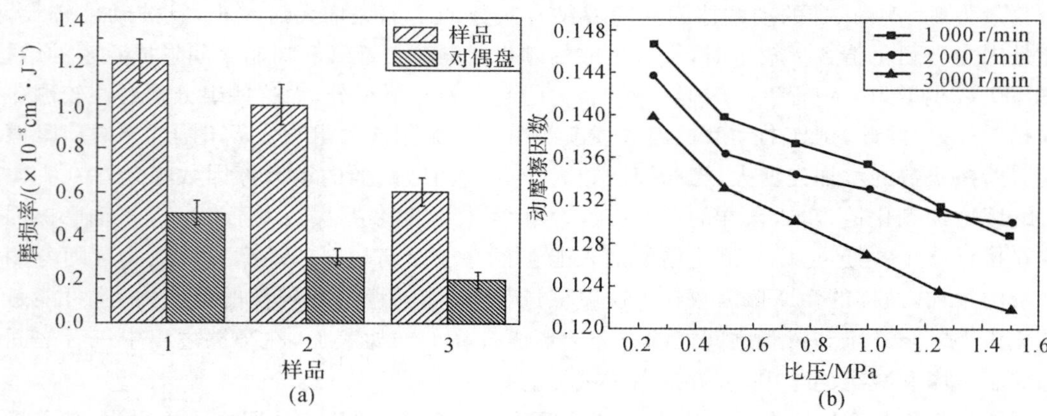

图 4-38 不同含量硼化锆样品的摩擦学性能

(a)不同硼化锆含量下结合 500 次后试样和对偶盘的磨损率；

(b)硼化锆含量为 15%时，试样的动摩擦因数与主轴转速以及主轴压力之间的关系曲线

图 4-38(b)所示为硼化锆含量为 15%时试样的动摩擦因数与主轴压力以及主轴转速之间的关系曲线。从图中可以看出，随着主轴压力以及主轴转速的增大，试样的动摩擦因数逐渐减小，当主轴转速为 2 000 r/min 时，试样的动摩擦因数随着主轴压力的增大减小趋势较缓，当主轴转速为 3 000 r/min 时，试样的动摩擦因数随主轴压力的增大减小较快。

3. 硼化锆加入量对木纤维/树脂基摩擦材料压缩回弹性能的影响

表 4-3 给出了不同硼化锆含量下试样的压缩回弹性能，从表中可以发现，随着硼化锆含量的增加，试样的压缩率逐渐减小，而试样的回弹率基本没有明显的变化，但都保持着较好的回弹率。试样的压缩率减小可能是由于随着硼化锆含量的增加，更多的硼化锆颗粒填充了试样中的孔隙，且硼化锆具有较高的硬度共同造成的。试样的压缩率随着硼化锆含量的增加逐渐减小。试样在受力压缩后，如果压力对材料内部结构没有造成破坏的话，材料具有恢复受压前形态的能力，本实验中，不同硼化锆含量下试样都具有较高的回弹率，这说明试样施加外力后，它的变形主要是材料内部具有韧性的树脂、竹纤维以及碳纳米管的挤压，在外力撤销后，试样又恢复了原有的尺寸。因此，以硼化锆为填料，碳纳米管改性碳纤维增强木纤维/树脂基摩擦材料具有承受较高载荷的能力。

表 4-3　不同硼化锆含量下试样的压缩率和回弹率

硼化锆含量/(%)	压缩率/(%)	回弹率/(%)
5	10.667	76.667
10	9.497	76.000
15	9.396	76.429

4. 硼化锆加入量对木纤维/树脂基摩擦材料热学性能的影响

图 4-39(a)所示为不同硼化锆含量下试样在 500 次摩擦过程中对偶盘表面温度在前、后两次摩擦过程中的变化曲线。从图中可以看出，当硼化锆含量为 5%时，对偶盘温度变化波动性相对较大；试样在摩擦 120 次之后，曲线明显发生了较大的波动，这可能是因为当体系中硼化锆含量较少时，试样多次摩擦之后，有一部分硼化锆发生脱落，裸露在外的树脂耐热性较差，摩擦过程中发生了热磨损。然而，这部分树脂以磨屑的形式被转移走之后，试样表面参与摩擦的组分又恢复了初期时的形貌，这时，由于硼化锆的参与，对偶盘的表面温度波动性较小，试样在 500 次摩擦过程中，表面形貌往复发生硼化锆脱落—树脂烧蚀—新的硼化锆继续参与摩擦这一过程。当硼化锆含量为 10%时，试样在摩擦过程中表面形貌的变化类似于硼化锆含量为 5%时的变化，只是由于硼化锆相对含量较高，使得树脂发生烧蚀磨损现象滞后，如图 4-39(a)所示，试样在摩擦 380 次之后才会发生对偶盘表面温度的波动。当硼化锆含量为 15%时，对偶盘表面温度的波动明显较小，且未发现上述含量下所示的较大幅度的波动，这说明当硼化锆含量为 15%时，试样在多次摩擦过程中能够很好地保持硼化锆、树脂、碳纤维以及碳纳米管混合组分一个均匀的网络结构。

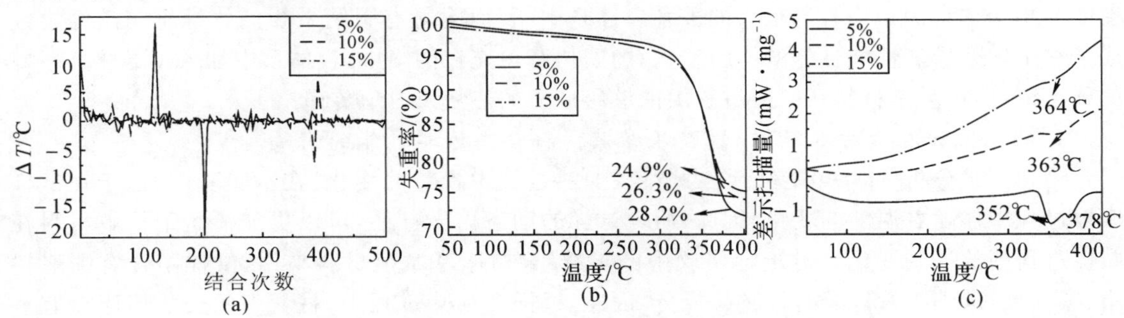

图 4-39　硼化锆含量对试样热性能的影响

(a)连续结合过程中，对偶盘温度的变化曲线；(b)试样的 TG 曲线；(c)试样的 DSC 曲线

图 4-39(b)所示为不同硼化锆含量下试样在加热过程中的质量变化曲线，从图中可以看出，随着硼化锆含量的增加，试样的质量损失越来越小，当试样中硼化锆含量由 5%增加到 15%时，试样的失重速率由 28.2%降低到 24.9 %。结合图 4-39(c)所示的不同硼化锆含量试样的 DSC 曲线，可以发现，当硼化锆含量为 5%时，试样在 352℃和 378℃处有两个明显的吸热峰，这可能是由于试样中酚醛树脂和竹纤维在此处的分解造成的，酚醛树脂的分解造成了试样 TG 的减小。当试样中硼化锆含量为 10%时，试样在 363℃处有一较小的吸热峰，继续增加试样中硼化锆含量，试样在 364℃处出现一微弱的吸热峰，这说明随着材料中硼化锆含量的增加，试样的耐热性能越来越好，硼化锆的加入防止了酚醛树脂等的大量分解，因此，材料在加热过程中的质量损失也越来越小。同时，从图 4-39(c)中也可以看出，材料中酚醛树脂的分解温度发生少量的滞后偏移，这说明硼化锆的加入很好地阻止了试样中酚醛树脂的受热分解过程。

表 4-4 给出了不同硼化锆含量下试样的导热系数、热容和热扩散系数值。从表中可以发现，试样的热扩散系数和导热系数随着硼化锆含量的增加逐渐减小。在本实验中，材料的热扩散系数主要受两个因素的影响，一个是试样表面的孔隙大小，一个是试样表面材质的影响。而导热系数主要受材料本身的影响较大。从图 4-36 可以看出，随着硼化锆含量的增加，试样表面的致密性提高，且当硼化锆含量较少时，试样表面可以发现碳纤维，当硼化锆含量达到 15%时，试样表面均匀覆盖了硼化锆，未发现碳纤维的存在，由于碳纤维的导热性能明显优于硼化锆的导热性能，因此，以上两方面因素综合起来影响试样的热扩散系数和导热系数随硼化锆含量的增加而减小。

表 4-4　不同硼化锆含量下试样的导热性能

硼化锆含量/(%)	热扩散系数/($mm^2 \cdot s^{-1}$)	热容/[$MJ \cdot (m^3 \cdot K)^{-1}$]	导热系数/[$(W \cdot (m \cdot K)^{-1}$]
5	0.653 2(±0.002 8)	0.669 4(±0.002 5)	0.437 2(±0.001 0)
10	0.572 8(±0.004 2)	0.765 5(±0.004 9)	0.438 1(±0.000 6)
15	0.519 1(±0.007 4)	0.686 2(±0.005 4)	0.358 7(±0.000 2)

从图 4-37 所示的试样 500 次摩擦试验后的表面 SEM 照片中可以发现，硼化锆含量越大，试样耐磨损性能越好，且当硼化锆含量为 15%时，试样表面未发现烧蚀磨损现象的发生。因此，虽然硼化锆的加入降低了试样表面的导热系数，但是，由于整个体系仍然具有较好的导热性能，使得材料在摩擦过程中能够保持一个稳定的状态。分析认为，硼化锆体系较好的导热性能与整个体系的结构有着很大的关系。体系中，表面附着有碳纳米管的竹纤维与碳纤维组成了整个体系导热性能良好的网络结构，酚醛树脂填充在网络中，且体系中加入了导热性较好的稀土铈，使得整个材料在摩擦过程中能够将产生的热量及时地传递出去。

5. 硼化锆加入量对木纤维/树脂基摩擦材料动态力学性能的影响

动态力学分析(DMA)能够反映材料在加热过程中模量的变化，在本实验中，由于在试样摩擦过程中伴随着温度的变化，因此，研究试样的动态力学性能，可以更加清楚地了解材料在摩擦过程中的一些变化。对于本实验中的木纤维/树脂基摩擦材料来说，试样中含有酚醛树脂、碳纤维、碳纳米管以及竹纤维等成分，因此，试样在加热过程中，材料中的酚醛树脂会有一个玻璃化转变温度，当温度低于玻璃化转变温度时，材料表现出的是刚性，材料的形变主要通过酚醛树脂分子链间化学键长和键角的变化来实现，此时材料具有较高的储能模量。当温度继续升高时，材料从玻璃态向黏弹态转变，此时，试样在加热摩擦过程中酚醛树脂黏度增加，材料的储能模量下降，损耗模量上升。当继续升高温度时，酚醛树脂可能发生裂解反应，影响材料的摩擦性能。

因此，本实验主要研究不同硼化锆含量下试样在加热过程中它的储能模量、耗散模量变化的温度点，以此来判断材料在动态剪切过程中的热稳定性，同时，也可以从中判断试样在摩擦过程中剪切力的变化情况。

图 4-40(a)所示为不同硼化锆含量下试样的储能模量变化曲线。从图中可以看出，试样的储能模量随着硼化锆含量的增加而增加。在摩擦过程中，试样储能模量越大，摩擦过程中产生的热量对试样表面温度的变化影响越不明显。且不同硼化锆含量下试样的储能模量均随着温度的升高而增大，这说明添加了硼化锆的试样在高温下储能模量会继续增大，这有利于防止试样表面温度过高而引起的结构破坏。

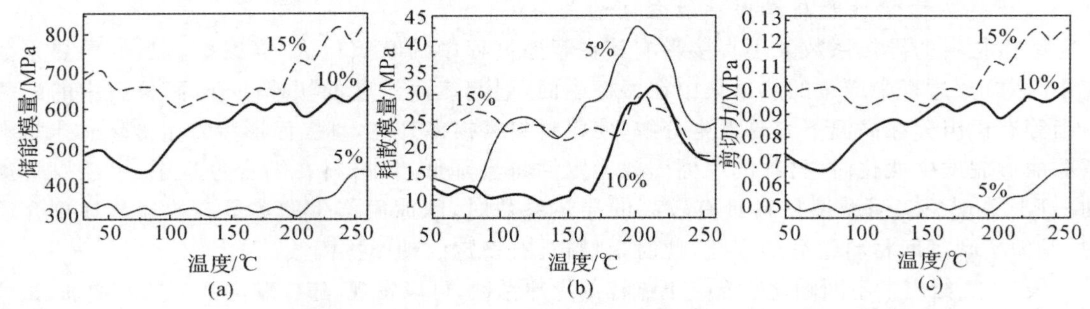

图 4-40　不同硼化锆含量下试样的动态力学性能

(a)储能模量；(b)耗散模量；(c)剪切应力

图 4-40(b)所示为不同硼化锆含量下试样的耗散模量变化曲线。从图中可以看出，试样耗散模量随着温度的升高先增大后减小。当温度在 205 ℃附近时，试样的耗散模量达到最大值，此温度应为试样中酚醛树脂的玻璃化转变温度。试样的耗散模量曲线波动随着试样中硼化锆含量的增加而减小，这可能是因为当硼化锆含量较大时，试样在摩擦过程中产生的热量较多的作用在硼化锆上，而酚醛树脂的相对含量较少。

图 4-40(c)所示为不同硼化锆含量下试样的剪切应力随温度的变化而变化的曲线图。可以发现，试样的剪切应力曲线变化趋势和试样的储能模量曲线变化趋势是一致的，增加试样中硼化锆含量和升高体系温度，试样的剪切应力都会增大。也可以发现，当将试样加热到酚醛树脂的玻璃化转变温度以上时，剪切应力随着温度升高增大趋势变得更加明显，这可能是因为此时试样的黏性增加而导致的。

从试样的动态力学性能分析可知，硼化锆的加入不仅能够保护试样表面免受摩擦过程中产生的热量的破坏，而且有效保护了试样中酚醛树脂等有机高分子的受热分解。试样在整个加热过程中，剪切应力逐渐增大，尤其是在酚醛树脂的玻璃化温度后，剪切应力随着温度的升高呈现较快的增加趋势。

6. 试样压缩回弹性与摩擦性能之间的关系

对于木纤维/树脂基摩擦材料而言，前期工作者们研究发现，较好的压缩回弹性能对于材料的摩擦稳定性有着较大的影响[142]。试样在摩擦过程中受到挤压后会发生压缩，摩擦表面的润滑油随着压力进入到试样内部的孔隙当中，压力撤消后，试样较好的回弹性能使得润滑油回到油介质中，同时将材料在摩擦过程中产生的热量带走，使得试样表面温度保持稳定，这样，试样在摩擦过程中的摩擦因数就可以稳定在一定的数值范围内，同时，也可以有效降低试样在摩擦过程中的烧蚀磨损。

在本实验中，随着硼化锆含量的增加，试样的压缩性能逐渐降低：一方面是由于硼化锆的加入提高了试样的硬度；另一方面，试样的孔隙减小，使得试样在摩擦压缩过程中润滑油膜不能很好地进入孔隙当中，摩擦产生的热量不能很好地传递。然而，从图 4－36(e)所示的试样在结合过程中的动/静摩擦因数比和图 4－36(f)所示的试样在 500 次摩擦过程中动摩擦因数的变化曲线中可以发现，试样的摩擦性能并没有因为试样的压缩性变差而变差。相反，硼化锆含量的增加，有利于提高试样的摩擦性能，这可能是因为在硼化锆体系中，材料本身对摩擦性能的贡献远远大于其压缩性能对摩擦性能的贡献。

7.试样热力学性能与摩擦性能之间的关系

摩擦材料的导热系数大小直接影响其在摩擦过程中的摩擦行为，当摩擦材料的导热系数较小时，摩擦过程中产生的热量集中在摩擦表面，引起表面温度的快速上升，而材料中的酚醛树脂等有机组分在高温下容易发生分解，使得材料磨损率升高，且表面形貌发生破坏。当材料摩擦面形貌发生变化时，材料的摩擦因数稳定性将会降低，且材料在结合过程中，可能发生颤动、打滑等现象。当摩擦材料具有较高的导热系数时，摩擦面产生的热量会快速传递到介质中，保护了摩擦面材料组分的变化，此时，材料具有稳定的动摩擦因数。

表 4－4 给出了不同硼化锆含量下试样的导热系数，可以发现，随着硼化锆含量的增加，试样的导热系数呈现下降的趋势。然而，从图 4－39(a)中发现，试样在 500 次摩擦过程中对偶盘表面的温度波动随着硼化锆含量的增加而减小，尤其是在 110 次摩擦后，硼化锆含量为 15％的试样其对偶盘表现出较高的温度稳定性，这说明当硼化锆含量较大时，摩擦过程中试样表面温度变化波动较小。从图 4－36(f)(摩擦稳定性)和图 4－36(e)(动/静摩擦因数比)中可以发现，随着硼化锆含量的增加，材料的摩擦稳定性和结合稳定性都变得较好。这可能是因为虽然硼化锆的加入降低了试样的导热系数，但是试样在摩擦过程中仍然能够保持原有的状态。从图 4－40(a)所示的分析结果可以发现，硼化锆含量的增加能够明显提高试样的储能模量，这意味着当硼化锆含量较高时，试样摩擦过程中产生的热量以储能模量的形式储存起来，试样表面温度升高幅度较小，因此，摩擦表面润滑油膜不会因为温度急剧升高而变化，根据黏温曲线我们知道，当润滑油温度升高时，其黏度将会降低，导致材料在摩擦过程中易于发生打滑等现象。从图 4－41 所示的不同硼化锆含量下试样的扭矩图中可以发现，随着硼化锆含量的增加，试样结合后期扭矩曲线尾部较为平滑，这也说明了试样在结合过程中避免了打滑等现象的发生。因此，材料的储能模量大小对结合稳定性有着较大的影响，储能模量越大，材料的结合稳定性越好。从图 4－41 中还可以发现，硼化锆的增加使得试样在结合过程中的扭矩变大。当硼化锆含量为 15％时，试样的扭矩达到最大值。当硼化锆含量为 5％时，试样在结合过程中扭矩尾部稍微有些翘起现象，这可能是因为当硼化锆含量较少时，试样在多次摩擦过程中一部分硼化锆脱落，使得耐热性较差的酚醛树脂参与摩擦，其在摩擦过程中会发生分解导致结合不平稳。

图 4－39(b)(c)所示为不同硼化锆含量下试样的耐热性能，从分析结果可知，硼化锆含量的增加能够有效提高试样的耐热性能，这解释了试样在 500 次摩擦过后其表面仍然保持较好

形貌的现象。

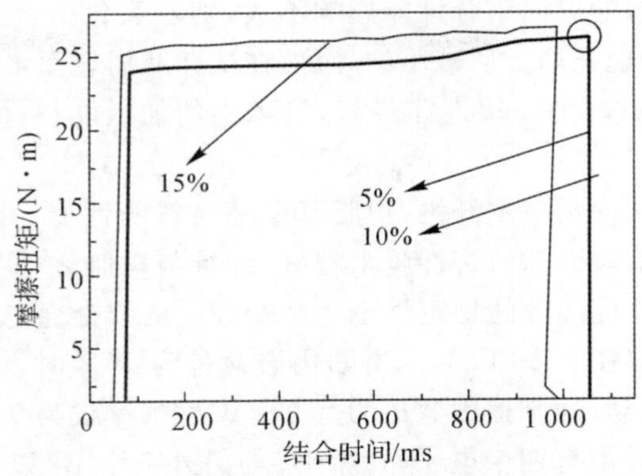

图 4-41　不同硼化锆含量下试样的扭矩

4.5.6　小结

本章在 4.4 节的基础上重点研究了碳化硅、碳化硼、氧化铝、氧化锆以及硼化锆等填料的加入对木纤维/树脂基摩擦材料摩擦性能的影响，并研究了填料种类、含量与试样摩擦性能之间的关系，对不同填料在体系中的作用形式进行了初步探讨，主要结论如下：

(1)碳化硅的加入提高了木纤维/树脂基摩擦材料的动摩擦因数，减少了试样在摩擦过程中的烧蚀磨损。当碳化硅的含量为 5%时，摩擦过程开始前，少量的碳化硅附着在试样表面，由于吸附力较小，在试样表面受到摩擦剪切力之后，大多数碳化硅颗粒来不及进入到碳纳米管管状结构中，而是发生了滑移和脱落，碳化硅的滑移造成了试样表面纤维和树脂出现了划痕等破坏，因此，磨损率也较大。当碳化硅含量为 10%时，试样在摩擦过程开始前，表面附着一定数量的碳化硅颗粒，这些颗粒在受到摩擦剪切以及压力后，表层的碳化硅发生滑移和脱落，但是靠近表层处的碳化硅在压力作用下填充到碳纳米管结构中，随着摩擦过程的进行，填充到碳纳米管内的颗粒逐渐增多，最终达到平衡。当碳化硅含量为 15%时，试样表面覆盖了更多的碳化硅颗粒，在试样表面受到摩擦力之后，最表层的碳化硅发生滑移和脱落，次表层的碳化硅在外力作用下进入碳纳米管中，但是当碳纳米管中碳化硅颗粒达到填充平衡时，多余的颗粒便会继续留在摩擦表面，造成滑移和脱落，滑移过程中，碳化硅颗粒对摩擦表面的纤维和树脂造成破坏。因此，当碳化硅含量为 10%时，试样的摩擦性能最好。

(2)研究了碳化硼对木纤维/树脂基摩擦材料性能的影响。结果显示，随着碳化硼含量的增加，试样的动摩擦因数越来越小，磨损率也越来越低，这主要是因为在摩擦过程中，摩擦表面产生的高温容易将碳化硼氧化成氧化硼，而氧化硼具有润滑性能。随着碳化硼含量的增加，摩擦表面氧化硼薄膜厚度逐渐增大，试样的动摩擦因数和摩擦稳定性降低。当碳化硼含量为 5%时，试样的摩擦性能最好。

(3)研究了不同氧化铝含量下木纤维/树脂基摩擦材料的性能。结果发现，随着氧化铝含量的增加，试样的动摩擦因数和磨损率均逐渐增大。试样磨损表面出现了断裂、烧蚀等现象。这主要是因为氧化铝含量增大，明显降低了试样中纤维与树脂的界面结合。当氧化铝含量为 1%时，试样的摩擦性能最好，且氧化铝与碳纳米管之间以“钉扎”形式作用。

(4)研究了不同氧化锆含量下木纤维/树脂基摩擦材料的性能。结果显示，氧化锆的含量对木纤维/树脂基摩擦材料的界面结合性能影响不大，随着氧化锆含量的增加，在试样的动摩擦因数和结合稳定性均呈现先增大后减小的趋势，在试样磨损表面未发现明显的磨屑和划痕。当氧化锆含量为10%时，试样的摩擦性能最好，且稀土的加入能很好地防止氧化锆在摩擦过程中的老化磨损现象。

(5)研究了不同硼化锆含量下木纤维/树脂基摩擦材料的性能。研究结果发现，随着硼化锆含量的增加，试样摩擦前表面的致密性越来越好，纤维与树脂之间界面结合增强，试样的动摩擦因数逐渐增大，且动摩擦因数的稳定性也逐渐变好。从结合稳定性来看，添加了硼化锆的试样的动/静摩擦因数比都在0.86以上。当硼化锆含量为10%时，试样的摩擦性能最好，动摩擦因数达到了0.134 8，动/静摩擦因数比为0.901 0，磨损率仅为0.6×10^{-8} $mm^3\cdot J^{-1}$。这可能是由于硼化锆中B^-外层有四个电子，每个B^-与另外三个B^-以共价σ键相连接，形成六方形的平面网络结构，多余的一个电子则形成空间的离域大π键，在多次摩擦过程中，稀土Ce^{3+}在高温下容易与离域大π键之间形成化学键合，使得硼化锆在基体中与其他组分紧密结合，试样才表现出较优异的摩擦性能。

4.6 碳纳米管改性碳纤维/硼化锆摩擦材料制备工艺的探索

由于本实验中木纤维/树脂基摩擦材料中酚醛树脂是在抄片完成后浸涂到材料中的，这可能造成酚醛树脂在试样表面和内部分布不均，试样表面酚醛树脂含量较多，而试样内部酚醛树脂含量较少，影响了材料的性能。因此，为了制备出体系均一的木纤维/树脂基摩擦材料，我们尝试对材料的制备工艺进行改进。

1.油相体系制备试样工艺过程

本实验将碳纳米管、碳纤维、竹纤维以及硼化锆等均匀混合于30%的酚醛树脂乙醇溶液中(体系中各组分的含量与硼化锆含量15%的纸基试样一致)，在疏解机中进行充分混合(疏解5 000 r)。然后将混合液倒入直径为200 mm的布氏漏斗中真空抽滤，待抽滤过程完成后，取出漏斗中试样于硫化机上进行热压硫化(硫化条件与上述木纤维/树脂基摩擦材料硫化条件相同)，得到最终所需试样。我们称此工艺为油相体系制备工艺。

由于油相体系溶剂为乙醇，因此，需要对碳纳米管在油相中进行重新分散。本试验油相分散碳纳米管的具体方法：将表面活性剂N-甲基吡咯烷酮溶解在乙醇溶液中，待溶解完全后，将碳纳米管倒入上述溶液中(碳纳米管与N-甲基吡咯烷酮的质量比为10∶1)，磁力搅拌4 h后超声分散30 min，超声功率为70 Hz。

2.油相体系制备试样的表面形貌图

图4-42所示为油相体系制备的试样摩擦前、后表面SEM照片。由图4-42(a)可以发现，试样表面纤维与树脂分布不均，且碳纤维与树脂之间界面结合较差。试样在500次摩擦实验之后(见图4-42(b))，基体中碳纤维被磨平，且表面出现了较短的碳纤维和纤维碎块，可能是由于纤维与树脂界面结合较差，在摩擦过程中，碳纤维被拔出。同时，也可以观察到试样表面有一些细小的磨屑和贯穿整个试样表面的裂纹，裂纹宽度大约为3～8 μm。

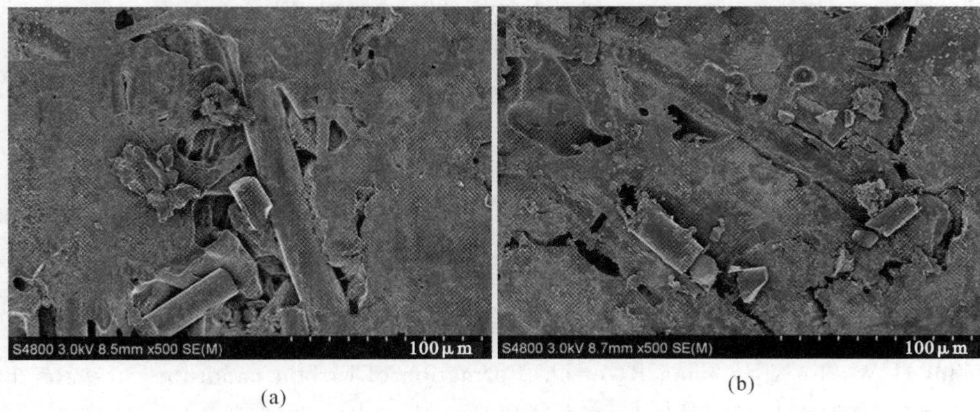

(a)　　(b)

图 4－42　试样摩擦前、后表面的 SEM 照片

(a)摩擦前；(b)摩擦后

3. 油相体系制备试样的摩擦性能

表 4－5 中列出了试样的动摩擦因数、动/静摩擦因数比、动摩擦因数的变异系数以及试样磨损率等值。从表中可以发现，油相体系制备试样的动摩擦因数较水相制备试样的动摩擦因数稍大。然而，与水相体系制备的试样相比，油相体系制备试样的其他三个指标都较差。较低的动/静摩擦因数比使得材料在结合过程中稳定性较差，较大的变异系数说明材料在 500 次摩擦过程中动摩擦因数波动较大，摩擦稳定性较差。而且根据 GB/T13826—2008 的要求，木纤维/树脂基摩擦材料的磨损率不能高于 6×10^{-5} $mm^3\cdot J^{-1}$，而本实验中，试样的磨损率高达 30.10×10^{-5} $mm^3\cdot J^{-1}$，远远超出了国标中的数值。

表 4－5　试样的摩擦性能指标

动摩擦因数	动/静摩擦因数比	变异系数	磨损率/(10^{-5} $mm^3\cdot J^{-1}$)
0.133	0.723	10.119	30.10

参考文献

[1]　万玉芹，吴丽莉，俞建勇．竹纤维吸湿性能研究[J]．纺织学报，2004，25(3)：14－16.

[2]　张庐陵．竹纤维复合材料的组织设计、制备与性能研究[D]．南京：南京林业大学，2009.

[3]　冼杏娟，等．竹纤维增强树脂复合材料及其微观形貌[M]．北京：科学出版社，1995.

[4]　Oberlin A，Endo M，Koyama T．Filamentous growth of carbon through benzene decomposition[J]．Journal of Crystal Growth，1976，32(3)：335－349.

[5]　Iijima S．Helical microtubules of graphitic carbon[J]．Nature，1991，354(6348)：56－58.

[6]　Zhang Q，Huang J Q，Qian W Z，et al．The Road for Nanomaterials Industry：A Review of Carbon Nanotube Production，Post－Treatment，and Bulk Applications for

Composites and Energy Storage[J]. Small, 2013, 9(8):1237 - 1265.

[7] Thostenson E T, Ren Z, Chou T W. Advances in the science and technology of carbon nanotubes and their composites: a review[J]. Composites Science & Technology, 2001, 61(13):1899 - 1912.

[8] Henning T, Salama F. Carbon in the universe. [J]. Science, 1998, 282(5397):2204 - 2010.

[9] Yao Z, Postma H W C, Balents L, et al. Carbon nanotube intramolecularjunctions [J]. Nature, 1999, 402(402):273 - 276.

[10] Wang N, Tang Z, Li G, et al. Materials science - Single - walled 4 angstrom carbon nanotube arrays. Nature, 2000, 408:50 - 51.

[11] Zhu H W, Li X S, Jiang B, et al. Formation of carbon nanotubes in water by the electric - arc technique[J]. Chemical Physics Letters, 2002, 366(5 - 6):664 - 669.

[12] Nikolaev P, Bronikowski M J, Bradley R K, et al. Gas - phase catalytic growth of single - walled carbon nanotubes from carbon monoxide [J]. Chemical Physics Letters, 1999, 313(1 - 2):91 - 97.

[13] Ajayan P. Nanotubes from Carbon - Chemical Reviews[J]. American Chemical Society, 1999, 99:1787 - 1800.

[14] Wei F, Zhang Q, Qian W Z, et al. The mass production of carbon nanotubes using a nano - agglomerate fluidized bed reactor: A multiscale space - time analysis[J]. Powder Technology, 2008, 183(1):10 - 20.

[15] Zhang R, Wen Q, Qian W, et al. Superstrong Ultralong Carbon Nanotubes for Mechanical Energy Storage[J]. Advanced Materials, 2011, 23(30):3387 - 3391.

[16] Hata K, Futaba D N, Mizuno K, et al. Water - assisted highly efficient synthesis of impurity - free single - walled carbon nanotubes[J]. Science, 2004, 306(5700):1362 - 1364.

[17] Wei F, Zhang Q, Qian W Z, et al. The mass production of carbon nanotubes using a nano - agglomerate fluidized bed reactor: A multiscale space - time analysis[J]. Powder Technology, 2008;183:10 - 20.

[18] Wong E W, Sheehan P E, Lieber C M. Nanobeam Mechanics: Elasticity, Strength, and Toughness of Nanorods and Nanotubes [J]. Science, 1997, 277 (5334): 1971 -1975.

[19] Dai H, Wong E W, Lieber C M. Probing electrical transport in nanomaterials: Conductivity of individual carbon nanotubes[J]. Science, 1996, 272(5261):523 - 526.

[20] Dai H. Carbon Nanotubes: Synthesis, Integration, and Properties[J]. Accounts of Chemical Research, 2003, 34(8):1035 - 1044.

[21] Dresselhaus M, Dresselhaus G, Eklund P. Science of Fullerenes and Carbon Nanotubes [M]. San Diego: CA, 1996.

[22] Robertson D H, Brenner D W, Mintmire J W. Energetics of nanoscale graphitic tubules[J]. Physical Review B: Condensed Matter, 1992, 45(21):12592 - 12595.

[23] Lu J P. Elastic Properties of Carbon Nanotubes and Nanoropes[J]. Physical Review

Letters, 1997, 79(7):1297 - 1300.

[24] Hernández E, Goze C, Bernier P, et al. Elastic Properties of C and $B_x C_y N_z$, Composite Nanotubes[J]. Physical Review Letters, 1998, 80(20):4502 - 4505.

[25] Lourie O, Wagner H D. Evaluation of Young's Modulus of Carbon Nanotubes by Micro - Raman Spectroscopy[J]. Journal of Materials Research, 1998, 13(9): 2418 -2422.

[26] Treacy M M J, Ebbesen T W, Gibson J M. Exceptionally high Young's modulus observed for individual carbon nanotubes[J]. Nature, 1996, 381(6584):678 - 680.

[27] Krishnan A, Dujardin E, Ebbesen T W, et al. Young's modulus of single - walled nanotubes[J]. Physical Review B, 1998, 58(20):14013 - 14019.

[28] Zhang R, Wen Q, Qian W, et al. Superstrong Ultralong Carbon Nanotubes for Mechanical Energy Storage[J]. Advanced Materials, 2011, 23(30):3387 - 3391.

[29] Cao A, Dickrell P L, Sawyer W G, et al. Super - Compressible Foamlike Carbon Nanotube Films[J]. Science, 2006, 37(9):1307 - 1310.

[30] Liu Y, Qian W, Zhang Q, et al. Hierarchical Agglomerates of Carbon Nanotubes as High - Pressure Cushions[J]. Nano Letters, 2008, 8(5):1323 - 1327.

[31] Qiang Z, Zhao M, Yi L, et al. Energy - Absorbing Hybrid composites based on alternate carbon nanotube and inorganic layers[J]. Advanced Materials, 2009, 21(28):2876 - 2880.

[32] Dai H, Hafner J H, Rinzler A G, et al. Nanotubes as nanoprobes in scanning probe microscopy[J]. Nature, 1996, 384(6605):147 - 150.

[33] Cheung C L, Hafner J H, Lieber C. Growth of Nanotubes for Probe Microscopy Tips [J]. Nature, 1999, 398(6730):761 - 762.

[34] Zhang Z, Peng J, Zhang H. Low - temperature resistance of individual single - walled carbon nanotubes: A theoretical estimation[J]. Applied Physics Letters, 2001, 79(21):3515 - 3517.

[35] Fischer J E, Dai H, Thess A, et al. Metallic resistivity in crystalline ropes of single - wall carbon nanotubes[J]. Physical Review B, 1997, 55(8):R4921 - R4924.

[36] Postma H W C, Teepen T, Yao Z, et al. Carbon nanotube single - electron transistors at room temperature[J]. Science, 2001, 293(5527):76 - 79.

[37] Bachtold A, Hadley P, Nakanishi T, et al. Logic circuits with carbon nanotube transistors[J]. Science, 2001, 294(5545):1317 - 1320.

[38] Semet V, Binh V T, Guillot D, et al. Reversible electromechanical characteristics of individual multiwall carbon nanotubes[J]. Applied Physics Letters, 2005, 87(22): 223103 - 1 - 223103 - 3.

[39] Kim P, Lieber C. Nanotube nanotweezers[J]. Science, 1999, 286:2148 - 2150.

[40] Baughman R H. Carbon Nanotube Actuators[J]. Science,1999, 284:1340 - 1344.

[41] Fei Y, Wang B S, Su Z B. Aharonov - Bohm Oscillation and Chirality Effect in Optical Activity of Single Wall Carbon Nanotubes[J]. Physical Review B, 2004, 70

(15):2806 - 2810.

[42] Sandler J K W, Kirk J E, Kinloch I A, et al. Ultra - low electrical percolation threshold in carbon - nanotube - epoxy composites[J]. Polymer, 2003, 44(19): 5893 -5899.

[43] Zhu J, Holmen A, Chen D. Carbon Nanomaterials in Catalysis: Proton Affinity, Chemical and Electronic Properties, and their Catalytic Consequences [J]. ChemCatChem, 2013, 5:378 - 401.

[44] Planeix J M, Coustel N, Coq B, et al. Application of Carbon Nanotubes as Supports in Heterogeneous Catalysis[J]. Journal of the American Chemical Society, 1994, 116 (17):7935 - 7936.

[45] Zhou C, Wang H, Peng F, et al. MnO_2/CNT Supported Pt and PtRu Nanocatalysts for Direct Methanol Fuel Cells[J]. Langmuir the Acs Journal of Surfaces & Colloids, 2009, 25(13):7711 - 7717.

[46] Zhou C, Chen Y, Guo Z, et al. Promoted aerobic oxidation of benzyl alcohol on CNT supported platinum by iron oxide[J]. Chemical Communications, 2011, 47(26): 7473 -7475.

[47] Zhang J, Liu X, Blume R, et al. Surface - modified carbon nanotubes catalyze oxidative dehydrogenation of n - butane[J]. Science, 2008, 322(5898):73 - 77.

[48] Yu H, Peng F, Tan J, et al. Selective catalysis of the aerobic oxidation of cyclohexane in the liquid phase by carbon nanotubes [J]. Angewandte Chemie International Edition, 2011, 50(17):3978 - 3982.

[49] Pan X, Fan Z, Chen W, et al. Enhanced ethanol production inside carbon - nanotube reactors containing catalytic particles[J]. Nature Materials, 2007, 6(7):507 - 511.

[50] Fan S, Chapline M G, Franklin N R, et al. Self - oriented regular arrays of carbon nanotubes and their field emission properties [J]. Science, 1999, 283 (5401): 512 -514.

[51] Fan S, Liang W, Dang H, et al. Carbon nanotube arrays on silicon substrates and their possible application [J]. Physica E: Low - dimensional Systems and Nanostructures, 2000, 8(2):179 - 183.

[52] Kordás K, Tóth G, Moilanen P, et al. Chip cooling with integrated carbon nanotube microfin architectures[J]. Applied Physics Letters, 2007, 90(12):123105 - 1 - 123105 - 3.

[53] Alexer P, Jörg J S. A chip - sized nanoscale monolithic chemical reactor. [J]. Angewandte Chemie International Edition, 2008, 47(47):8958 - 8960.

[54] Ma X, Tsige M, Uddin S, et al. Application of Carbon Nanotubes for Removing Organic Contaminants from Water[J]. Materials Express, 2011, 1(3):183 - 200 (18).

[55] Ma P C, Siddiqui N A, Marom G, et al. Dispersion and functionalization of carbon nanotubes for polymer - based nanocomposites: A review[J]. Composites Part A:

Applied Science & Manufacturing, 2010, 41(10):1345 - 1367.

[56] Komori M, Nakano Y, Minato K, et al. Present status and performance of PACS at Kyoto University Hospital[J]. Computer Methods & Programs in Biomedicine, 1991, 36(2 - 3):77 - 84.

[57] Coleman J N, Khan U, Blau W J, et al. Small but strong: A review of the mechanical properties of carbon nanotube-polymer composites[J]. Carbon, 2006, 44(9):1624 - 1652.

[58] Spitalsky Z, Tasis D, Papagelis K, et al. Carbon nanotube-polymer composites: Chemistry, processing, mechanical and electrical properties[J]. Progress in Polymer Science, 2010, 35(3):357 - 401.

[59] Ajayan P M, Stephan O, Colliex C, et al. Aligned carbon nanotube arrays formed by cutting a polymer resin-nanotube composite. [J]. Science, 1994, 265(5176): 1212 -1214.

[60] Ma W, Lin L, Zhang Z, et al. High - strength Composite Fibers - realizing True Potential of Carbon Nanotubes in Polymer Matrix through Continuous Reticulate Architecture and Molecular Level Couplings[J]. Nano Letters, 2009, 9(8):2855 - 2861.

[61] Cheng Q, Wang B, Zhang C, et al. Functionalized Carbon - Nanotube Sheet/ Bismaleimide Nanocomposites: Mechanical and Electrical Performance Beyond Carbon -Fiber Composites[J]. Small, 2010, 6(6):763 - 767.

[62] Windhorst T, Blount G. Carbon - carbon composites: a summary of recent developments and applications[J]. Materials & Design, 1997, 18(1):11 - 15.

[63] Lim D S, An J W, Lee H J. Effect of carbon nanotube addition on the tribological behavior of carbon/carbon composites[J]. Tribology Letters, 2004, 16(4):305 - 309.

[64] Li X, Li K, Li H, et al. Microstructures and mechanical properties of carbon/carbon composites reinforced with carbon nanofibers/nanotubes produced in situ [J]. Carbon, 2007, 45(8):1662 - 1668.

[65] Gong Q M, Li Z, Wang Y, et al. The effect of high - temperature annealing on the structure and electrical properties of well - aligned carbon nanotubes[J]. Materials Research Bulletin, 2007, 42(3):474 - 481.

[66] Xiao P, Lu X F, Liu Y, et al. Effect of in situ grown carbon nanotubes on the structure and mechanical properties of unidirectional carbon/carbon composites[J]. Materials Science & Engineering A, 2011, 528(7 - 8):3056 - 3061.

[67] Gong Q M, Li Z, Bai X D, et al. The effect of carbon nanotubes on the microstructure and morphology of pyrolytic carbon matrices of CC composites obtained by CVI[J]. Composites Science & Technology, 2005, 65(7):1112 - 1119.

[68] Allouche H, Monthioux M, Jacobsen R L. Chemical vapor deposition of pyrolytic carbon on carbon nanotubes Part 1: Synthesis and morphology[J]. Carbon, 2005, 43(6):1265 - 1278.

[69] Allouche H, Monthioux M. Chemical vapor deposition of pyrolytic carbon on carbon

nanotubes Part 2: Texture and structure[J]. Carbon, 2005, 43:1265 - 1278.

[70] Monthioux M, Allouche H, Jacobsen RL. Chemical vapour deposition of pyrolytic carbon on carbon nanotubes Part 3: Growth mechanisms[J]. Carbon, 2006, 44:3183 -3194.

[71] Gong Q M, Li Z, Bai X D, et al. Thermal properties of aligned carbon nanotube/carbon nanocomposites[J]. Materials Science & Engineering A, 2004, 384(1 - 2): 209 - 214.

[72] Li X, Ci L, Kar S, et al. Densified aligned carbon nanotube films via vapor phase infiltration of carbon[J]. Carbon, 2007, 45(4):847 - 851.

[73] Li M, Gu Y, Liu Y, et al. Interfacial improvement of carbon fiber/epoxy composites using a simple process for depositing commercially functionalized carbon nanotubes on the fibers[J]. Carbon, 2013, 52(2):109 - 121.

[74] Hwang H J, Jung S L, Cho K H, et al. Tribological performance of brake friction materials containing carbon nanotubes[J]. Wear, 2010, 268(3 - 4):519 - 525.

[75] Zhang L C, Zarudi I, Xiao K Q. Novel behaviour of friction and wear of epoxy composites reinforced by carbon nanotubes[J]. Wear, 2006, 261(7 - 8):806 - 811.

[76] 王世凯，陈晓红，宋怀河，等. 多壁碳纳米管/环氧树脂纳米复合材料的摩擦磨损性能研究[J]. 摩擦学学报，2004，24(5):387 - 391.

[77] 杨瑞丽，付业伟，李贺军. 碳质双层纸基摩擦材料的制备与性能表征[J]. 陕西师范大学学报:自然科学版，2007，35(3):57 - 60.

[78] 高濂，刘阳桥. 碳纳米管的分散及表面改性[J]. 硅酸盐通报，2005，24:114 - 119.

[79] Imai M, Akiyama K, Tanaka T, et al. Highly strong and conductive carbon nanotube/cellulose composite paper[J]. Composites Science & Technology, 2010, 70(10):1564 - 1570.

[80] Islam M F, Rojas E, Bergey D M, et al. High Weight Fraction Surfactant Solubilization of Single - Wall Carbon Nanotubes in Water[J]. Nano Letters, 2003, 3(2):269 - 273.

[81] Liu Y, Yu L, Zhang S, et al. Dispersion of multiwalled carbon nanotubes by ionic liquid - type Gemini imidazolium surfactants in aqueous solution[J]. Colloids & Surfaces A Physicochemical & Engineering Aspects, 2010, 359(1 - 3):66 - 70.

[82] Zhao L, Gao L. Stability of multi - walled carbon nanotubes dispersion with copolymer in ethanol[J]. Colloids & Surfaces A Physicochemical & Engineering Aspects, 2003, 224(1 - 3):127 - 134.

[83] 刘宗建，张仁元，毛凌波，等. 碳纳米管的分散性及其光学性质的研究[J]. 材料研究与应用，2009(4):243 - 247.

[84] Yang B X, Shi J H, Pramoda K P, et al. Enhancement of the mechanical properties of polypropylene using polypropylene - grafted multiwalled carbon nanotubes[J]. Composites Science & Technology, 2008, 68(12):2490 - 2497.

[85] Xiong J, Zheng Z, Song W, et al. Microstructure and properties of polyurethane nanocomposites reinforced with methylene - bis - ortho - chloroanilline - grafted multi -

walled carbon nanotubes[J]. Composites Part A: Applied Science & Manufacturing, 2008, 39(5):904 - 910.

[86] Tsang S C, Chen Y K, Harris P J F, et al. A simple chemical method of opening and filling carbon nanotubes[J]. Nature, 1994, 372(6502):159 - 162.

[87] Zhang S C, Fahrenholtz W G, Hilmas G E, et al. Pressureless sintering of carbon nanotube - Al_2O_3, composites[J]. Journal of the European Ceramic Society, 2010, 30(6):1373 - 1380.

[88] 陈传盛，陈小华，李学谦，等. 碳纳米管增强镍磷基复合镀层研究[J]. 物理学报，2004，53(2):531 - 536.

[89] 许龙山，陈小华，陈传盛，等. 碳纳米管-超细铜粉复合粉体的制备[J]. 无机材料学报，2006，21(2):309 - 314.

[90] Pierard N, Fonseca A, Konya Z, et al. Production of short carbon nanotubes with open tips by ball milling[J]. Chemical Physics Letters, 2001, 335(1 - 2):1 - 8.

[91] Uddin S M, Mahmud T, Wolf C, et al. Effect of size and shape of metal particles to improve hardness and electrical properties of carbon nanotube reinforced copper and copper alloy composites[J]. Composites Science & Technology, 2010, 70(16):2253 - 2257.

[92] Zapata - Massot C, Bolay N L. Effect of ball milling in a tumbling ball mill on the properties of multi - wall carbon nanotubes[J]. Chemical Engineering & Processing Process Intensification, 2008, 47(8):1350 - 1356.

[93] Chae H G, Choi Y H, Minus M L, et al. Carbon nanotube reinforced small diameter polyacrylonitrile based carbon fiber[J]. Composites Science & Technology, 2009, 69(3 - 4):406 - 413.

[94] Chungchamroenkit P, Chavadej S, Yanatatsaneejit U, et al. Residue catalyst support removal and purification of carbon nanotubes by NaOH leaching and froth flotation [J]. Separation & Purification Technology, 2008, 60(2):206 - 214.

[95] Costa S, Tripisciano C, Borowiak - Palen E, et al. Comparative study on purity evaluation of singlewall carbon nanotubes[J]. Energy Conversion & Management, 2008, 49(9):2490 - 2493.

[96] Verdejo R, Saiz - Arroyo C, Carretero - Gonzalez J, et al. Physical properties of silicone foams filled with carbon nanotubes and functionalized graphene sheets[J]. European Polymer Journal, 2008, 44(44):2790 - 2797.

[97] Ahmad I, Unwin M, Cao H, et al. Multi - walled carbon nanotubes reinforced Al_2O_3, nanocomposites: Mechanical properties and interfacial investigations [J]. Composites Science & Technology, 2010, 70(8):1199 - 1206.

[98] Kim Y, Muramatsu H, Hayashi T, et al. Fabrication of aligned carbon nanotube - filled rubber composite[J]. Scripta Materialia, 2006, 54(1):31 - 35.

[99] Curtin W A, Sheldon B W. CNT - reinforced ceramics and metals[J]. Materials Today, 2004, 7(11):44 - 49.

[100] Choi H J, Kwon G B, Lee G Y, et al. Reinforcement with carbon nanotubes in aluminum matrix composites[J]. Scripta Materialia, 2008, 59(3):360 - 363.

[101] Deng C F, Wang D Z, Zhang X X, et al. Processing and properties of carbon nanotubes reinforced aluminum composites[J]. Materials Science & Engineering A, 2007, 444(1 - 2):138 - 145.

[102] George R, Kashyap K T, Rahul R, et al. Strengthening in carbon nanotube/aluminium (CNT/Al) composites [J]. Scripta Materialia, 2005, 53 (10): 1159 -1163.

[103] 李健. 稀土溶液处理碳纤维填充热塑性聚酰亚胺复合材料摩擦学性能研究[D]. 上海:上海交通大学, 2008.

[104] 张亚妮, 徐永东, 楼建军, 等. 碳/碳化硅复合材料摩擦磨损性能分析[J]. 航空材料学报, 2005, 25(2):49 - 54.

[105] 肖鹏, 刘逸众, 李专, 等. SiC 含量对 C/C - SiC 摩擦材料摩擦磨损性能的影响[J]. 粉末冶金材料科学与工程, 2012, 17(1):121 - 126.

[106] 陈兆晨, 冯振宇, 杨倩一, 等. 碳化硅颗粒填充的碳纳米管/环氧树脂复合材料的吸波性能[J]. 功能材料与器件学报, 2011, 17(3):258 - 261.

[107] Thevenot F. A Review on Boron Carbide[J]. Key Engineering Materials, 1991, 56 - 57:59 - 88.

[108] Beauvy M. Stoichiometric limits of carbon - rich boron carbide phases[J]. Journal of the Less Common Metals, 1983, 90(2):169 - 175.

[109] Schwetz KA, Lipp A. Boron carbide, boron nitride and metal borides [J]. Encyclopedia of Industrial Chemistry, 1985, 4:295.

[110] Bouchacourt M, Thevenot F. The properties and structure of the boron carbide phase [J]. Journal of the Less Common Metals, 1981, 82(81):227 - 235.

[111] Clark H K, Hoard J L. The Crystal Structure of Boron Carbide[J]. J. am. chem. soc, 1943, 65(11):2115 - 2119.

[112] Allen R D. The Solid Solution Series, Boron - Boron Carbide1[J]. Journal of the American Chemical Society, 2002, 75(14):3582 - 3583.

[113] Kevill D N, Rissmann T J, Brewe D, et al. Preparation of boron - carbon compounds, including crystalline B 2 C material, by chemical vapor deposition [J]. Journal of the Less Common Metals, 1986, 117(1 - 2):421 - 425.

[114] Gogotsi G A, Gogotsi Y G, Ostrovoj D Y. Mechanical behaviour of hot - pressed boron carbide in various atmospheres[J]. Journal of Materials Science Letters, 1988, 7(8):814 - 816.

[115] 肖汉宁, 千田哲也. 碳化硅陶瓷的高温摩擦磨损及机理分析[J]. 硅酸盐学报, 1997 (2):157 - 162.

[116] Gogotsi Y G, Koval'Chenko A M, Kossko I A. Tribochemical interactions of boron carbides against steel[J]. Wear, 1992, 154(1):133 - 140.

[117] 杨为佑, 谢志鹏, 苗赫濯. 异向生长晶粒增韧氧化铝陶瓷的研究进展[J]. 无机材料

学报，2003，18(5)：961－972.

[118] Ighodaro O L，Okoli O I. Fracture Toughness Enhancement for Alumina Systems: A Review[J]. International Journal of Applied Ceramic Technology，2008，5(3)：313 － 323.

[119] Ohnabe H，Masaki S，Onozuka M，et al. Potential application of ceramic matrix composites to aero－engine components[J]. Composites Part A：Applied Science & Manufacturing，1999，30(4)：489－496.

[120] Wu Y Q，Zhang Y F，Huang X X，et al. Microstructural development and mechanical properties of self－reinforced alumina with CAS addition[J]. Journal of the European Ceramic Society，2001，21(5)：581－587.

[121] 魏建军，薛群基. 陶瓷摩擦学研究的发展现状[J]. 摩擦学学报，1993，13(3)：268－275.

[122] Esposito L，Tucci A. Microstructural dependence of friction and wear behaviours in low purity alumina ceramics[J]. Wear，1997，205(1－2)：88－96.

[123] Ucar V，Ozel A，Mimaroglu A，et al. Influence of SiO_2，and MnO_2，additives on the dry friction and wear performance of Al_2O_3，ceramic[J]. Materials & Design，2001，22(3)：171－175.

[124] Mimaroglu A，Taymaz I，Ozel A，et al. Influence of the addition of Cr_2O_3，and SiO_2，on the tribological performance of alumina ceramics[J]. Surface & Coatings Technology，2003，s 169－170(22)：405－407.

[125] 宋剑敏. Al_2O_3陶瓷摩擦材料的结构与性能研究[D]. 武汉：武汉理工大学，2006.

[126] 陈志刚，陈晓虎，刘军. Al_2O_3基陶瓷摩阻材料的摩擦磨损特性[J]. 摩擦学学报，1997，17(3)：267－271.

[127] 刘涛，李琳，于景坤，等. Al_2O_3对9YSZ固体电解质烧结及晶粒长大行为的影响[J]. 东北大学学报：自然科学版，2010，31(8)：1137－1140.

[128] 李凌，吕培军，王勇. 氧化锆牙科陶瓷低温老化性能的研究[J]. 北京大学学报：医学版，2011，43(1)：93－97.

[129] 黄志辉，何萃微. 我国首台高速动力车制动盘及制动闸瓦材料的选择[J]. 机械，1998(5)：2－5.

[130] Politova T I，Irvine J T S. Investigation of scandia-yttria-zirconia system as an electrolyte material for intermediate temperature fuel cells － influence of yttria content in system $(Y_2O_3)_x(Si_2O_3)_{(11-x)}(ZrO_2)_{89}$[J]. Solid State Ionics，2004，168(1－2)：153－165.

[131] Yamamoto O，Arati Y，Takeda Y，et al. Electrical conductivity of stabilized zirconia with ytterbia and scandia[J]. Solid State Ionics，1995，79(1)：137－142.

[132] Badwal S P S. Grain boundary resistivity in zirconia－based materials: effect of sintering temperatures and impurities[J]. Solid State Ionics，1995，76(s 1－2)：67－80.

[133] Aoki M，Chiang Y，Kosacki I，et al. Solute Segregation and Grain － Boundary

Impedance in High - Purity Stabilized Zirconia[J]. Journal of the American Ceramic Society, 1996, 79(79):1169 - 1180.

[134] Gödickemeier M, Michel B, Orliukas A, et al. Effect of intergranular glass films on the electrical conductivity of 3Y - TZP[J]. Journal of Materials Research, 1994, 9(5):1228 - 1240.

[135] 顾立德. 特种耐火材料[M]. 3 版. 北京:冶金工业出版社, 2006.

[136] 辜萍. 助烧剂对二硼化钛陶瓷烧结行为、结构与性能的影响[D]. 武汉:武汉工业大学, 2000.

[137] Fahrenholtz WG. Thermodynamic Analysis of ZrB_2 - SiC Oxidation: Formation of a SiC - Depleted Region[J]. Journal of the American Ceramic Society, 2007, 90(1): 143 - 148.

[138] Talmy I G, Zaykoski J A, Martin C A. Flexural Creep Deformation of ZrB_2/SiC Ceramics in Oxidizing Atmosphere[J]. Journal of the American Ceramic Society, 2008, 91(5):1441 - 1447.

[139] Zimmermann J W, Hilmas G E, Fahrenholtz W G, et al. Thermophysical Properties of ZrB_2 and ZrB_2 - SiC Ceramics[J]. Journal of the American Ceramic Society, 2008, 91(5):1405 - 1411.

[140] 虞觉奇. 二元合金状态图集[M]. 北京:冶金工业出版社, 2004.

[141] Norasetthekul S, Eubank P T, Bradley W L, et al. Use of zirconium diboride - copper as an electrode in plasma applications[J]. Journal of Materials Science, 1999, 34(6):1261 - 1270.

[142] Zhang X, Li K Z, Li H J, et al. Tribological and mechanical properties of glass fiber reinforced paper - based composite friction material[J]. Tribology International, 2014, 69(1):156 - 167.

第5章 莫来石纤维增强木纤维/树脂基摩擦材料

5.1 莫来石纤维概述

以玻璃纤维、硼纤维、陶瓷纤维为代表的无机纤维是以矿物质为原料，经特定的成纤方法制得的，相较于有机高分子纤维拥有更高的强度以及高温机械性能。碳纤维的弹性模量可以达到680GPa，一般的聚合物纤维(如PET，PA纤维)只有2.8GPa左右，较好的也不大于5GPa。莫来石纤维在氧气氛围下的使用温度可以达到1 400℃以上，而高分子纤维的使用温度不高于400℃，这就使得无机纤维在高温范围更加有应用优势。莫来石纤维作为一种新型氧化物基陶瓷纤维，既有着上述无机纤维共同的性质，又有其独特的优势。碳纤维容易被氧化，在400℃的氧气气氛中就会发生这种现象；硼纤维的抗氧化性稍好，但在高温下，其强度与弹性模量都大幅降低。而莫来石纤维在以上的使用温度中模量仍能达到要求，因此莫来石纤维在高温氧化环境中有着广泛的应用前景，可用于冶金、机械、石化、电子、交通运输以及航天等尖端领域。

多晶莫来石纤维是多晶氧化铝纤维的一种，纤维中Al_2O_3含量在72%～75%范围；一般，Al_2O_3含量超过80%，即称之为多晶氧化铝纤维。多晶莫来石纤维的主晶相为单一的莫来石相，是多晶氧化铝纤维在高温下使用时，热稳定性最好的一种，使用温度在1 400℃以上。它具有低热容量、优良的化学稳定性和热稳定性，高温下不易粉化，所以被广泛应用于有机和无机复合材料中作为增强材料。目前，莫来石纤维增强的复合材料主要有两种，即莫来石纤维增强陶瓷基复合材料和莫来石纤维增强气凝胶复合纤维材料。

本章所述的莫来石纤维增强木纤维/树脂基摩擦材料以竹纤维为木纤维，以多晶莫来石纤维为增强纤维，以腰果壳油改性酚醛树脂为黏结剂，以碳化硅为摩擦性能调节剂，以氧化铝、石墨和碳化硼为填料。

5.2 莫来石纤维增强木纤维/树脂基摩擦材料概述

5.2.1 莫来石纤维增强木纤维/树脂基摩擦材料的制备

分别称取一定质量的莫来石纤维、竹纤维、碳化硅和填料，将其置于800 mL水中，经过疏解机疏解分散后得到了均匀混合的悬浮液，将其倒入带有100目筛网的纸页成型器上制备出原纸坯，将原纸放入90℃下真空干燥，之后将一定质量的酚醛树脂溶液(浓度为25%)喷涂于干燥后的原纸样品上，在室温下晾干。之后，将样品放在硫化机上热压成型(热压条件：硫化温度160℃，硫化压力9 MPa，硫化时间600 s)后加工为内径和外径分别为72 mm和103 mm的圆环,并将其黏附于相应的钢片上,即可获得莫来石纤维增强的木纤维/树脂基摩擦材料。本节为了研究莫来石纤维的加入量对木纤维/树脂基摩擦材料摩擦磨损性能的影响,固定填料和竹纤维的加入量以及喷涂于样品上的酚醛树脂量不变,通过改变莫来石纤维的加入量制备出不同莫来石纤维含量的木纤维/树脂基摩擦片。莫来石纤维的质量分数分别为 30%(C1)、40%(C2)、50%(C3)和 60% (C4),样品的厚度为 0.5~0.6 mm。

5.2.2 莫来石纤维含量对木纤维/树脂基摩擦材料微观形貌的影响

图 5-1 所示为不同莫来石纤维含量时的木纤维/树脂基摩擦材料表面的 SEM 图。从图中可以看出,四个样品的表面都形成了大小不一的孔隙,而且孔隙的数量和大小都随着莫来石含量的增加而增加,孔隙的存在有利于润滑油在材料的表面和内部进行交换,使润滑油能较好地充当摩擦材料和对偶盘之间的润滑剂,同时带走摩擦产生的部分热量,降低摩擦副的温度,从而缓解木纤维/树脂基摩擦材料因温度较高而分解和产生大量的热磨损。同时,材料表面孔隙的增加,会减弱莫来石纤维与酚醛树脂之间的结合强度,这种黏结性能的降低可能会导致材料整体力学性能的下降。此外,如图 5-2 所示,材料的抗折强度随着莫来石纤维含量的增加而逐渐增加,这说明莫来石纤维含量主要影响着材料的力学性能,所以体现出了摩擦材料的力学性能随着莫来石纤维含量的增加而上升的趋势。

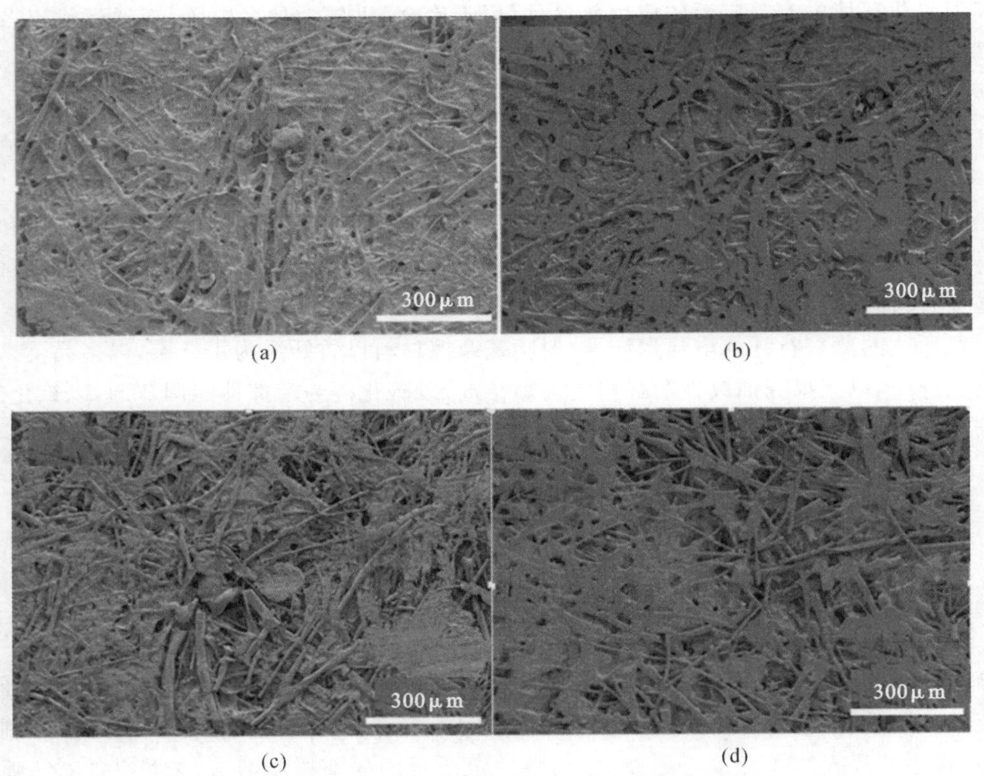

图 5-1 磨损前不同莫来石纤维含量样品的表面微观形貌

(a)30%; (b)40%; (c)50%; (d)60%

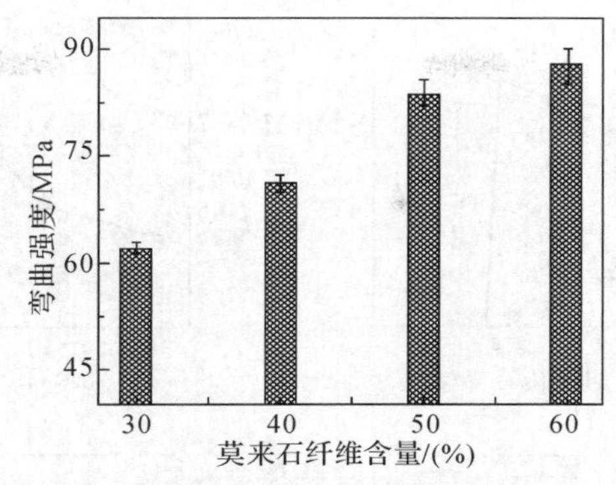

图 5-2　摩擦材料样品的弯曲强度

5.2.3　莫来石纤维含量对木纤维/树脂基摩擦材料摩擦性能的影响

图 5-3(a)所示为比压为 0.5 MPa 时，不同莫来石纤维含量的样品的摩擦扭矩曲线图。如图所示，随着莫来石纤维含量的增加，结合时间先减小后增加，由含有 30%的莫来石纤维样品的 2.98 s 减小到含有 50%的莫来石纤维样品的 2.63 s，降低了 11.74%，而后又由含有 50%的莫来石纤维样品的 2.63 s 增加到含有 60%的莫来石纤维样品的 3.43 s，增加了 30.42%。同时，随着莫来石纤维含量从 30%增加到 50%，试样的动摩擦扭矩曲线也逐渐升高，而当莫来石纤维的含量超过 50%时逐渐下降。另外，四个试样在混合粗糙接触阶段的摩擦扭矩值都有缓慢的上升，但都较为平稳，没有较大的波动。其中，除了样品 C3 外，其他样品的尾部曲线的翘起程度较高，表现出明显的“公鸡尾”现象，预示着在混合粗糙接触阶段向粗糙接触阶段转换的过程中出现了震动、颤动等不平稳的现象，这可能影响摩擦材料的结合稳定性。同时，“公鸡尾”的高低也反映了摩擦材料动摩擦因数与静摩擦因数之间的比值，如果动/静摩擦因数比越接近 1，摩擦扭矩曲线的尾部翘起越低，则摩擦材料的结合稳定性就越平稳。图 5-3(b)所示为不同莫来石纤维含量的动/静摩擦因数比值，从图中可以看出，随着莫来石纤维含量从 30%增加到 50%，试样的动/静摩擦因数的比值也从 0.56 增加到 0.77，而当莫来石纤维含量超过 50%时下降到 0.5。所以材料的动/静摩擦因数比值的变化反应了样品的摩擦扭矩曲线“公鸡尾”的翘起程度的变化关系。

图 5-3(c)所示为木纤维/树脂基摩擦材料的动摩擦因数随比压的变化。从图中可以看出，随着比压的增加，四个试样的动摩擦因数都逐渐地减小。其中莫来石纤维含量为 30%的试样的减小幅度最大，动摩擦因数从比压为 0.25 MPa 时的 0.128 2 减小到 1.5 MPa 时的 0.081 5，降低了 36.43%；莫来石纤维含量为 50%的试样的减小幅度最小，从比压为 0.25 MPa 时的 0.138 6 减小到 1.5 MPa 时的 0.120 5，降低了 13.06%。试样的动摩擦因数之所以随着比压的增加而减小，主要是因为在惯量和转速不变的情况下离合器施加到摩擦材料表面的能量不变，随着比压的增加结合时间逐渐减小，在短时间内能量的急剧积累使得摩擦材料表面的温度在短时间内急剧上升，根据油膜黏度与温度的关系公式可知此时油膜的黏度降低，油膜产生的剪切力下降，摩擦材料的动摩擦因数降低；同时摩擦材料表面温度的上升会引发摩擦材料表面成分的部分热分解，从而减小材料与对偶盘之间的动摩擦因数。

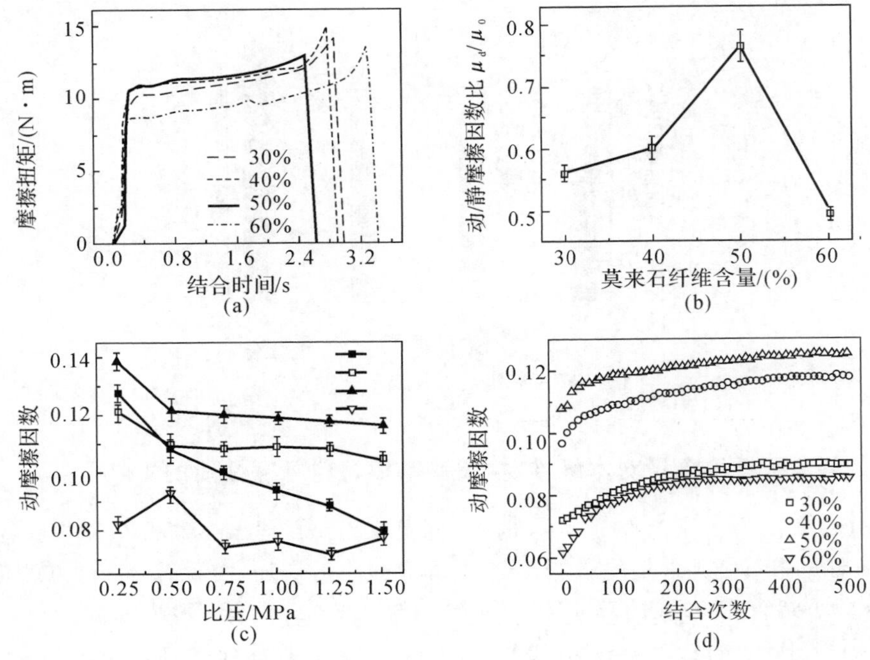

图 5-3　不同莫来石纤维含量样品的摩擦性能

(a)摩擦扭矩曲线图；(b)动静摩擦因数的比值；(c)动摩擦因数与比压的关系图；
(d)连续 500 次结合下样品动摩擦因数的变化图

图 5-3(d)所示为试样在比压为 1 MPa，主轴惯量为 0.129 4 kg·m²，转速为 2 000 r/min 条件下，500 次连续结合过程中动摩擦因数的变化。从图中可以看出，四个试样的动摩擦因数都随着转数的增加而增加，其中波动幅度最大的是莫来石纤维含量为 60%的试样，波动幅度最小的是莫来石纤维含量为 50%的试样。试样的动摩擦因数在连续结合下的变化可以分为两个阶段：第一阶段是 0 次到 300 次之间，在这个阶段主要是大量的粗糙峰在对偶盘的连续加压下产生了磨损变形，改变了摩擦材料的表面形貌，使材料与对偶盘之间的接触面积增加，进而对偶盘对摩擦材料的剪切力就会逐渐增加，材料的动摩擦因数就会增加；在第二阶段，摩擦材料的表面形貌达到了一种动态平衡的状态，被磨平的粗糙峰逐渐地减少，材料与对偶盘之间的真实接触面积将不再增加，这时它们之间的剪切力处于稳定状态，所以摩擦材料的动摩擦因数的波动就会趋于稳定。同时，在连续结合过程中，材料的动摩擦因数的平均值随着莫来石纤维含量的增加先增大后减小，C1 的动摩擦因数的平均值从 0.088 5 增加到 C3 的 0.123 4，上升了 39.44%，而后又减小到 C4 的 0.084 1，下降了 31.84%。这说明，当莫来石纤维含量少于 50%时，材料的动摩擦因数逐渐上升；当莫来石纤维含量超过 50%时，材料的动摩擦因数逐渐减小。

5.2.4　莫来石纤维含量对木纤维/树脂基摩擦材料磨损性能的影响及机理研究

图 5-4 所示是不同莫来石纤维含量试样和对应对偶盘的磨损率。从图中可以看出，材料的磨损率随着莫来石纤维含量的增加先减小后增大，50%莫来石纤维含量的试样的磨损率最低，为 2.25×10^{-8} cm³/J，比莫来石纤维含量为 30%的试样的磨损率 10.62×10^{-8} cm³/J 足足

减小了 78.81%；而对应的对偶盘的磨损率随着莫来石纤维含量的增加而上升，从 C1 的 1.12×10^{-8} cm^3/J 上升到了 C4 的 4.8×10^{-8} cm^3/J，增加了 3.29 倍。

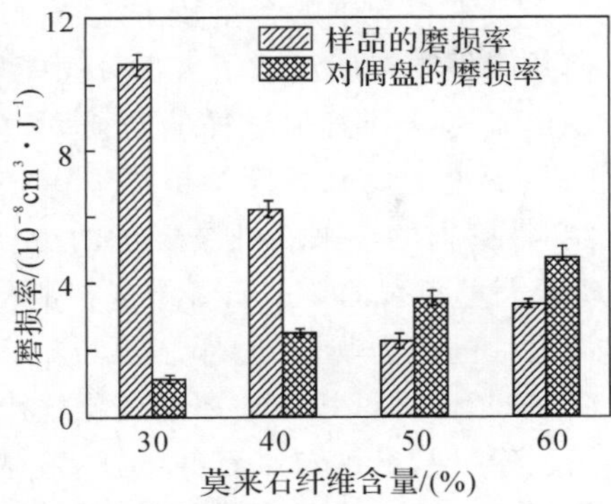

图 5-4　不同莫来石纤维含量样品和对应对偶盘的磨损率

图 5-5 所示是不同莫来石纤维含量试样磨损的微观形貌。从图中可以看出，随着莫来石纤维含量的增加，磨损后材料的表面逐渐变得平坦，孔隙的尺寸和数量相较于磨损前减小了；C2 的表面微观形貌变化较小，C3 和 C4 的磨损表面微观形貌相较于磨损前有较大的变化，大量的孔隙消失和孔径尺寸变小。此外，表面有较多的凹坑，这些凹坑可以储存润滑油，有利于提高摩擦材料的耐磨性。

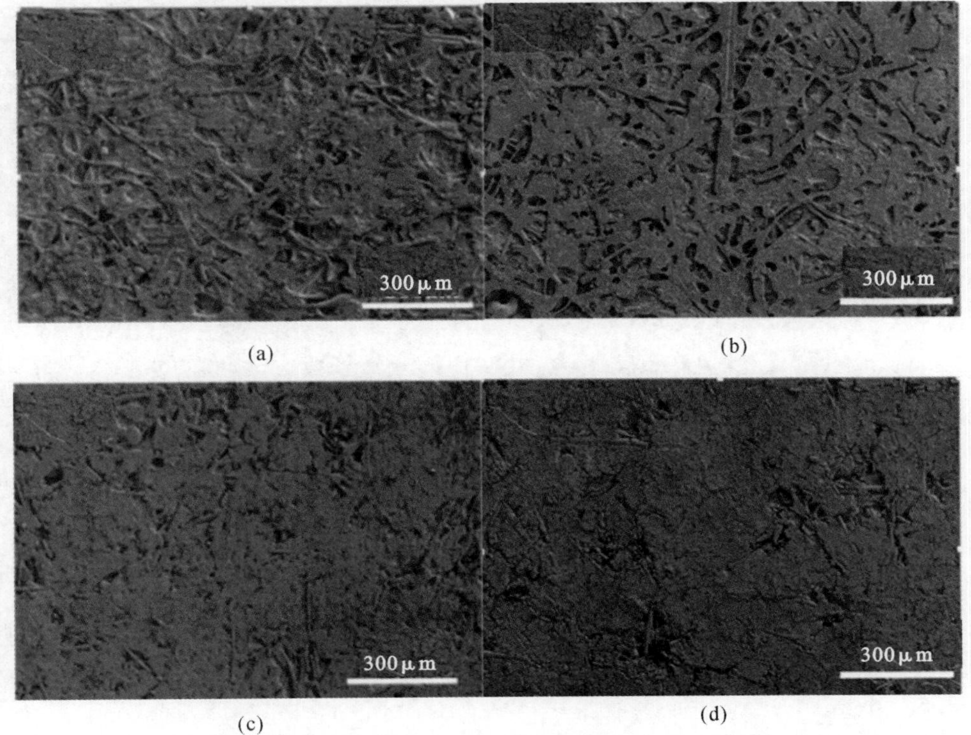

图 5-5　不同莫来石纤维含量样品磨损表面的 SEM 照片

(a)30%；(b)40%；(c)50%；(d)60%

图 5-6 所示是不同莫来石纤维含量试样磨损微观形貌的放大 SEM 照片。从图中可以看出，莫来石纤维含量为 30%的试样磨损表面出现了严重的竹纤维的细化和热分解以及少量的莫来石纤维的断裂，这主要是由于莫来石纤维的含量较少，结合过程中莫来石纤维承载来自对偶盘施加给材料的能量就少，而竹纤维和树脂承载了大部分的能量，加速了竹纤维的分解细化和酚醛树脂的分解，因此其表现出了远高于其他试样的磨损率；莫来石纤维含量为 40%的试样表面存在树脂的热分解和磨损、少量的莫来石纤维被磨平；莫来石纤维含量为 50%的试样表面只有少量磨损的树脂颗粒和被磨损的莫来石纤维形成的少量的硬质小颗粒；而莫来石纤维含量为 60%的试样表面出现了大量断裂的莫来石纤维和树脂的磨损，这可能是由于表面孔隙的大量消失，使得材料储存润滑油的能力削弱，减小了热量扩散的速率，从而增大了材料的磨损。这种表面磨损现象正好印证了摩擦试样磨损率的变化规律。而从莫来石纤维的磨损情况看，随着莫来石纤维的增加，被磨平、折断的莫来石纤维越多，材料表面的硬质小颗粒的数量逐渐地增多，这些硬质颗粒在压力的作用下会使材料的表面形成犁沟，增加摩擦材料的磨损，反过来也会在对偶盘的表面形成划痕，增加对偶盘的磨损，从而使得对偶盘的磨损率逐渐地增加。

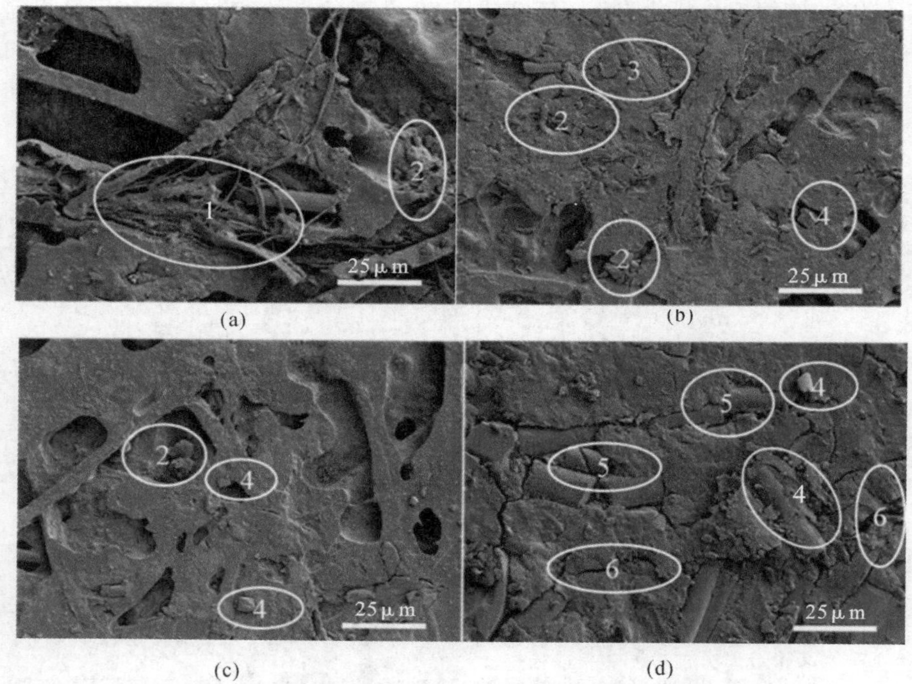

图 5-6　不同莫来石纤维含量样品磨损表面放大的 SEM 照片

(a)30%；(b)40%；(c)50%；(d)60%

1—磨损的竹纤维；2—磨损的树脂；3—磨光的莫来石纤维；4—磨粒；5—折断的莫来石纤维；6—微裂纹

5.2.5　小结

本节研究了莫来石纤维的含量对木纤维/树脂基摩擦材料摩擦磨损性能和微观形貌的影响规律，结果表明：

(1)当莫来石纤维含量低于 50%时，随着纤维含量的增加，动摩擦因数逐渐上升，磨损率逐渐下降；同时，材料表面的致密性随着纤维含量的增加而逐渐下降，这可能减弱纤维与树脂之间的界面结合性能。当莫来石纤维的含量超过 50%时，摩擦材料的动摩擦因数下降的幅度较大，摩擦结合的稳定性也变差，材料的磨损率上升。

(2)当莫来石纤维含量低于 50%时，材料的热分解是摩擦材料的主要磨损形式。随着纤维含量的增加，材料的耐热性逐渐提高，材料表面的热磨损逐渐得到改善。而当莫来石纤维含量超过 50%时，莫来石纤维的断裂和脱黏是摩擦材料的主要磨损形式。孔隙的坍塌造成莫来石纤维的断裂，纤维的脱黏使得材料表面硬质粗糙峰的数量降低，减小了摩擦材料与对偶盘之间的剪切力，降低了摩擦材料的动摩擦因数、耐磨性能以及结合稳定性，使得摩擦材料在结合时易发出较大的噪声。

(3)当莫来石纤维的组分含量为 50%时，莫来石纤维增强的木纤维/树脂基摩擦材料拥有较佳的动摩擦因数和耐热性能，同时莫来石纤维也是一种较为理想的木纤维/树脂基摩擦材料的增强纤维。

5.3　莫来石纤维长度对木纤维/树脂基摩擦材料摩擦磨损性能的影响

5.3.1　莫来石纤维增强木纤维/树脂基摩擦材料的组成

本节所用试样的成分组成见表 5-1。设定球磨机的转速为 220 r/min，通过改变球磨时间(5 min，10 min 和 20 min)获得长度分别为 100 μm，500 μm 和 900 μm 的莫来石纤维。其中，以莫来石纤维的长度作为单变量，本组实验选取的莫来石纤维长度分别为 100 μm，500 μm，900 μm。

表 5-1　莫来石纤维增强木纤维/树脂基摩擦材料的组分和质量分数

原　料	莫来石纤维	竹纤维	摩擦性能调节剂	填　料	酚醛树脂
质量分数/(%)	50	10	10	10	20

5.3.2　不同长度的莫来石纤维对木纤维/树脂基摩擦材料微观形貌的影响

图 5-7 所示是不同长度的莫来石纤维增强木纤维/树脂基摩擦材料的微观形貌图。从图中可以看出，当莫来石纤维长度为 100 μm 时，材料的表面孔隙较少，没有尺寸较大的孔洞，材料的表面比较致密(见图 5-7(a))；当纤维长度为 500 μm 时，材料的表面出现了中等尺寸的孔洞，材料的表面一般致密；当纤维长度为 900 μm 时，材料的表面出现了大量孔径尺寸较大的孔洞，材料表面的致密性下降，纤维与纤维、树脂与纤维等之间的黏结力降低，这会减小材料的力学性能，进而会影响材料的摩擦磨损性能。材料表面孔隙的孔径之所以会随着纤维长度的增加而增加，主要是由于随着纤维长度的增加，纤维之间互相桥接的能力增强，使得纤维之间的桥接的间距开始增大，这时材料的孔洞就会变大。

图 5-7 不同长度的莫来石纤维增强木纤维/树脂基摩擦材料的 SEM 照片
(a)100 μm； (b)500 μm； (c)900 μm

从图 5-8 所示的摩擦材料抗折强度的变化情况可以看出，材料的抗折强度随着莫来石纤维长度的增加而减小，这可能是纤维与树脂之间的结合强度逐渐变弱的缘故。随着纤维长度的增加，纤维的桥接能力逐渐地增强，材料的致密度会减小，进而削弱了材料各组分之间的界面结合强度，致使摩擦材料的抗折强度减小。

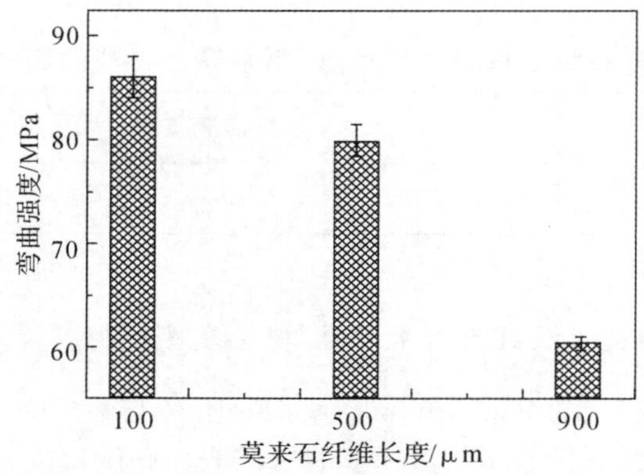

图 5-8 莫来石纤维的长度与木纤维/树脂基摩擦材料弯曲强度的关系图

5.3.3 不同长度的莫来石纤维对木纤维/树脂基摩擦材料摩擦性能的影响

图 5-9(a)所示是摩擦材料的动摩擦因数与比压之间的关系图。从图中可以看出，当莫来石纤维长度为 100 μm 时，材料的动摩擦因数从比压为 0.25 MPa 时的 0.124 4 下降到 1.5

MPa 时的 0.120 1，减小了大约 3.46%；当莫来石纤维长度为 500 μm 时，材料的动摩擦因数从比压为 0.25 MPa 时的 0.126 6 下降到 1.5 MPa 时的 0.123 4，减小了大约 2.53%；当莫来石纤维长度为 900 μm 时，材料的动摩擦因数从比压为 0.25 MPa 时的 0.123 7 下降到 1.5 MPa 时的 0.119 2，减小了大约 3.64%。而且当莫来石纤维长度分别为 100 μm，500 μm 和 900 μm 时，木纤维/树脂基摩擦材料的波动系数分别为 0.010 3，0.005 9 和 0.016 4。所以不管是从材料的动摩擦因数随着比压的下降幅度来观察，还是从动摩擦因数的波动系数来观察，当莫来石纤维的长度在 100～900 μm 范围内时，拥有 500 μm 长度的莫来石纤维增强的木纤维/树脂基摩擦材料的动摩擦因数最高且最为稳定。

图 5-9(b)所示是比压为 0.5 MPa 时，不同莫来石纤维长度样品的摩擦扭矩曲线图。从图中可以看出，当莫来石纤维长度为 100 μm 时，混合粗糙接触阶段的结合曲线较为平稳，但在每次结合的末期，扭矩曲线的尾部微微翘起，这是由每次结合的末期震动所引起的，反映了结合的不平稳性；当纤维长度为 500 μm 时，材料在混合结合阶段的扭矩曲线较为平稳，且尾部曲线也相对较为平滑，所以此时材料从混合粗糙接触阶段向粗糙接触阶段的转化比较平稳，几乎没有颤动和噪声出现；当纤维长度为 900 μm 时，材料在混合粗糙接触阶段的扭矩曲线有微小的波动，且在结合的后期扭矩曲线的尾部高高翘起，波动幅度变大，此时结合过程伴有大的噪声和颤动。纤维长度为 100 μm 时，结合时间为 1.27 s 左右，纤维长度为 500 μm 时大约在1.33 s左右，而纤维长度为 900 μm 时结合时间大约在 1.46 s 左右，此时的摩擦扭矩的值也是最小的，所以摩擦扭矩值的大小影响着制动时间的长短。

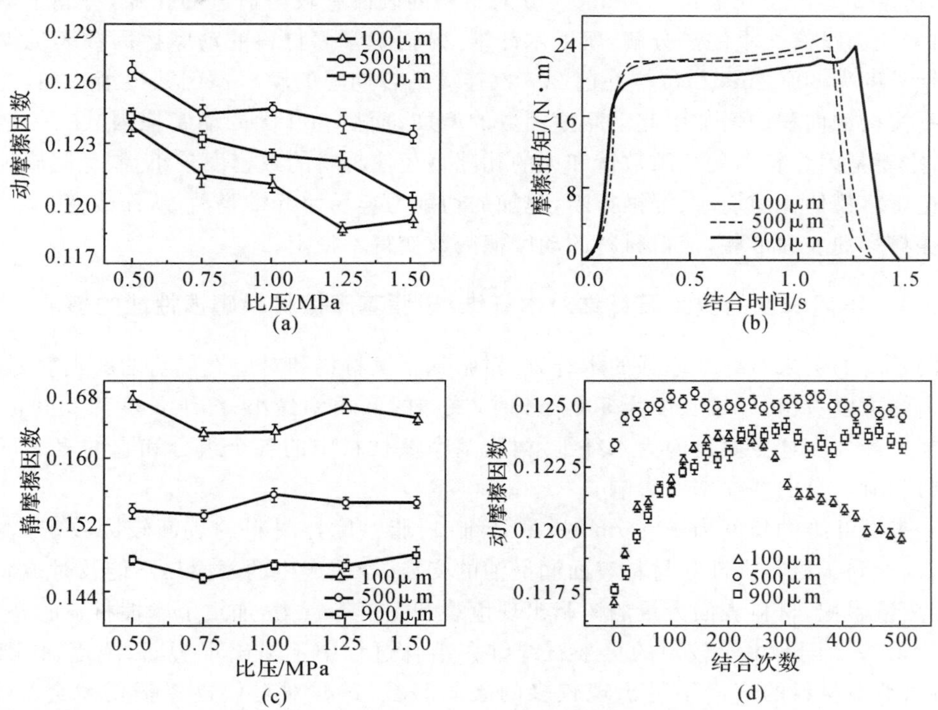

图 5-9　不同长度莫来石纤维增强木纤维/树脂基摩擦材料的摩擦性能

(a)摩擦材料的动摩擦因数与比压的关系图；(b)比压为 0.5 MPa 时，不同莫来石纤维长度样品的摩擦扭矩曲线图；(c)不同比压下摩擦材料的静摩擦因数；(d)连续 500 次结合过程中，样品动摩擦因数的变化图

图5-9(c)所示是不同比压下摩擦材料的静摩擦因数。从图中可以看出，随着莫来石纤维的长度从100 μm增加到900 μm，摩擦材料的平均静摩擦因数逐渐地减小。摩擦盘从静止状态到转动状态的瞬间所产生的摩擦因数称为静摩擦因数，它主要受摩擦材料的表面形貌以及摩擦材料与对偶盘接触表面润滑油的厚度和黏度所影响。当莫来石纤维长度增加时，材料表面的孔隙数量和尺寸都逐渐地增加，莫来石纤维与对偶盘的接触逐渐减小，从而致使摩擦材料的表面与对偶盘的真实表面接触面积逐渐下降；同时材料内部的润滑油受到施加在材料表面的压力挤压而覆盖于材料的表面，这时润滑油的厚度增加，覆盖了材料表面大部分的粗糙峰，导致摩擦材料与对偶盘的机械接触概率下降，从而使得材料的静摩擦因数逐渐地减小。

图5-9(d)所示是木纤维/树脂基摩擦材料试样在比压为1 MPa，主轴惯量为0.129 4 $kg \cdot m^2$，转速为2 000 r/min的条件下连续500次结合过程中动摩擦因数的波动图。从图中可以看出，纤维长度为100 μm时，试样的动摩擦因数的变化较为不稳定，0～200次连续结合期间的动摩擦因数逐渐增加，从大约200次开始慢慢下降；试样在前200次循环制动期间，试样表面的大部分粗糙峰被磨平，试样与对偶盘之间点对面的接触逐渐减少，面对面的接触逐渐增加，改变了试样的表面形貌，致使对偶件的真实表面接触面积逐渐增加，这样试样的动摩擦因数逐渐增加；在200次循环制动之后，由于试样的表面较为致密，材料表面的孔隙数量较少且尺寸较小，在连续制动过程中产生的摩擦热不能及时被带走而累积，使得酚醛树脂出现了热分解，材料的界面结合强度变弱，这时试样的动摩擦因数变小。纤维长度为500 μm时，试样在前100次连续结合期间，动摩擦因数逐渐增加，而后400次在小范围内波动并且较为平稳，这主要是由于纤维长度为500 μm时材料的表面有较为适量的孔隙，有利于摩擦热的转移，材料表面没有严重的热分解，所以木纤维/树脂基摩擦材料的动摩擦因数表现得较为稳定。纤维长度为900 μm时，试样在前200次连续结合期间的动摩擦因数逐渐增加，主要是材料表面真实接触面积的增加引起动摩擦因数的增加；而后300次的动摩擦因数在一定的范围内波动，主要是因为较多的孔隙数量和大的孔隙直径使材料的致密度较小，制动时施加到材料表面的比压容易使孔隙坍塌、纤维折断，施加的切削力容易使纤维脱黏，从而改变了木纤维/树脂基摩擦材料的表面形貌，使得材料的动摩擦因数变得不稳定。

5.3.4 不同长度的莫来石纤维对木纤维/树脂基摩擦材料磨损性能的影响

不同长度的莫来石纤维增强的木纤维/树脂基摩擦材料和对应对偶盘的磨损率如图5-10所示。由图可以看出，纤维长度为500 μm时，试样的磨损率最小；纤维长度为900 μm时，试样的磨损率最大。这主要是因为木纤维/树脂基摩擦材料中的各个组分和它的表面形貌都对摩擦材料和对偶盘的磨损率有影响。

当莫来石纤维的长度为100 μm时，木纤维/树脂基摩擦材料的表面较为致密，表面的孔隙较少，这不利于材料内部和材料表面润滑油的交换，摩擦产生的摩擦热不能及时被润滑油带走，致使热量累积，材料表面大量的树脂出现龟裂和剥落等行为，加重了摩擦材料的磨损率(见图5-11(a))；而同时由于较短的莫来石纤维在结合过程中不易出现折断、脱落、孔隙坍塌等现象，所以摩擦材料的表面不易出现较多的硬质磨粒，这样对对偶盘的损伤就会减少(见图5-11)。随着莫来石纤维长度的增加，断裂的莫来石纤维逐渐增多，致使摩擦材料表面的硬质磨粒越来越多(见图5-11(b)(c))，从而使得对偶盘的损伤加重，对偶盘的磨损率增大。但随着莫来石纤维长度的增加，材料表面的孔隙数量和尺寸增加，使得材料的表面润滑状况逐渐得到改善，从而降低了摩擦材料的热磨损。

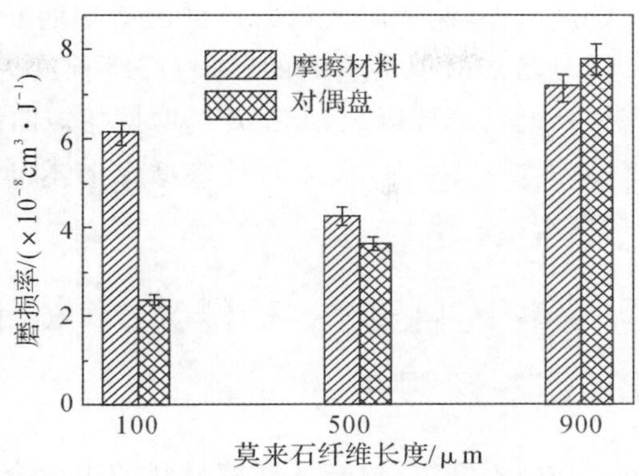

图 5－10　不同长度莫来石纤维增强的木纤维/树脂基摩擦材料和对应对偶盘的磨损率

图 5－11　不同长度的莫来石纤维增强的木纤维/树脂基摩擦材料磨损表面的 SEM 照片

(a)100 μm；　(b)500 μm；　(c)900 μm

5.3.5　小结

本节研究了莫来石纤维的长度对木纤维/树脂基摩擦材料的摩擦磨损性能和微观形貌的影响规律，结果表明：

(1)随着莫来石纤维长度的增加，摩擦材料表面的孔隙数量和孔径尺寸逐渐增加，材料的抗折强度逐渐减小，对偶盘的磨损率逐渐增加；纤维长度为 100 μm 时，试样由于孔隙数量较少，不利于摩擦热的消散，表面的热磨损较重，其表现出较高的磨损率；纤维长度为 900 μm 时，试样由于材料表面的致密度较差，制动时大量的纤维因剪切而断裂，断裂后的纤维对摩擦材料的表面造成二次损伤，同时增加对偶盘表面的磨损；纤维长度为 500 μm 时，试样由于表面结构较为稳定，材料拥有最高的动摩擦因数、最稳定的摩擦扭矩曲线和最小的磨损率。

(2)当莫来石纤维的长度为 500 μm 时，莫来石纤维增强的木纤维/树脂基摩擦材料表现出较佳的动摩擦因数和耐热性能。

5.4 甲基丙烯酸改性莫来石纤维对木纤维/树脂基摩擦材料的影响

在离合器连续运转的过程中，木纤维/树脂基摩擦材料的表面会出现严重的热磨损、磨粒磨损、纤维的断裂和脱黏等各种磨损形式，但其中纤维的脱黏是木纤维/树脂基摩擦材料最重要的一种磨损形式，因为增强纤维在摩擦材料基体中起着不可替代的作用，它承载着对偶盘施加给它的压应力和剪切力等，如果增强纤维出现严重的脱黏，那会极大地影响木纤维/树脂基摩擦材料的摩擦性能和使用寿命，会大大地增加摩擦材料失效的风险。因此，为了改善木纤维/树脂基摩擦材料界面结合的强度，减少增强纤维的脱黏，维持摩擦材料表面微观结构的稳定，本节研究改性莫来石纤维对木纤维/树脂基摩擦材料摩擦磨损性能的影响。

5.4.1 改性莫来石纤维的制备

首先，在 500 mL 的烧杯中放入 156 g 去离子水，再用滴管向烧杯中滴入乙酸，使溶液的 pH 值达到 3.5，接着在电磁搅拌的情况下加入 2 g 的硅烷偶联剂，使其水解至水澄清；其次，加入润滑剂(聚乙二醇 400 单油酸酯)、表面活性剂(十二烷基硫酸钠)、成膜剂(甲基丙烯酸)，即配成浸润剂(见表 5-2)；再次，分别在温度为 30℃，45℃，60℃，75℃和 90℃等条件下加入适量的莫来石纤维，使成膜剂甲基丙烯酸包裹于莫来石纤维的表面，即得到不同加热温度下的改性莫来石纤维；最后在一定的加热温度下，以加热时间为变量(分别为 30 min，60 min，90 min，120 min 和 150 min)，分别加入一定量的莫来石纤维，即得到不同加热时间下的改性莫来石纤维。

表 5-2 浸润剂的成分和对应的质量分数

组　分	硅烷偶联剂	润滑剂(聚乙二醇 400 单油酸酯)	成膜剂(甲基丙烯酸)	pH 调节剂(乙酸)	表面活性剂(十二烷基硫酸钠)	去离子水
质量分数/(%)	1.0	1.0	20.0	0.15	0.05	余量

5.4.2 改性莫来石纤维增强木纤维/树脂基摩擦材料的制备

首先，分别称取一定质量的、不同制备温度、不同制备时间下的改性莫来石纤维、竹纤维、碳化硅和填料，将其置于 800 mL 水中，经过疏解机的疏解分散后得到了均匀混合的悬浮液，将其倒入带有 100 目筛网的纸页成型器上制备出原纸坯，将原纸放入 90℃下真空干燥，接着将一定质量的酚醛树脂溶液(25%)喷涂于干燥后的原纸样品上，在室温下晾干。然后，将样品放在硫化机上热压成型(热压条件:硫化温度 160℃,硫化压力 9 MPa,硫化时间 600 s)后,用特有的磨具将其机械加工为内径和外径分别为 72 mm 和 103 mm 的圆环,并将其黏附于相应的钢片上,如此就制成了改性莫来石纤维增强的木纤维/树脂基摩擦材料。本节为了研究不同温度、不同时间下改性莫来石纤维对木纤维/树脂基摩擦材料摩擦磨损性能的影响,固定改性莫来石纤维、碳化硅、填料和竹纤维的加入量以及喷涂于样品上酚醛树脂的量,通过分别加入不同制备温度、不同制备时间下改性的莫来石纤维制备出改性莫来石纤维增强的木纤维/树脂基摩擦材料。

5.4.3　改性莫来石纤维的 SEM 图和红外光谱图

图 5-12 所示为短切莫来石纤维表面被包覆前、后的微观 SEM 照片。从图 5-12(a)中可以看出未改性的纤维表面凹凸不平,而改性后的莫来石纤维表面包覆了一层甲基丙烯酸薄膜(见图 5-12(b))。从图 5-13 所示的莫来石纤维改性前、后的红外观谱图可以看出,改性的莫来石纤维表面出现了 C=O 和—OH 等有机官能团,又由于甲基丙烯酸含有—COOH,所以改性莫来石纤维的表面主要有—OH 和—COOH 两种官能团,其分别可以与酚醛树脂中的有机官能团—OH 在摩擦材料硫化时发生键合反应,以增强莫来石纤维与有机黏结体树脂之间的界面结合强度,从而改善其力学性能和摩擦学性能。

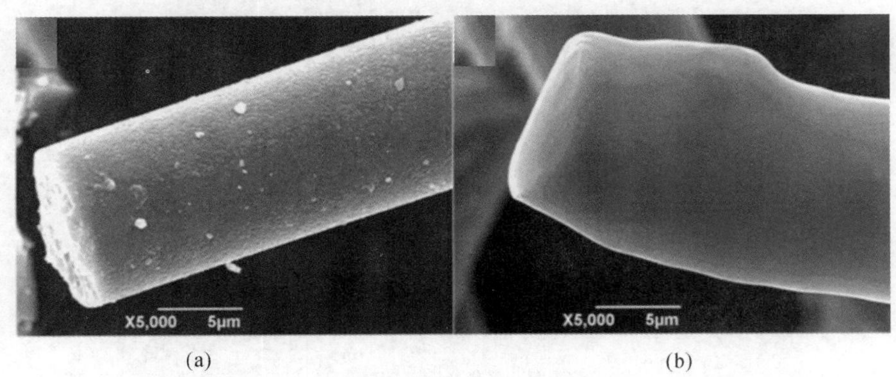

(a)　(b)

图 5-12　莫来石纤维改性前、后的 SEM 照片

(a)未改性的莫来石纤维;　(b)改性的莫来石纤维

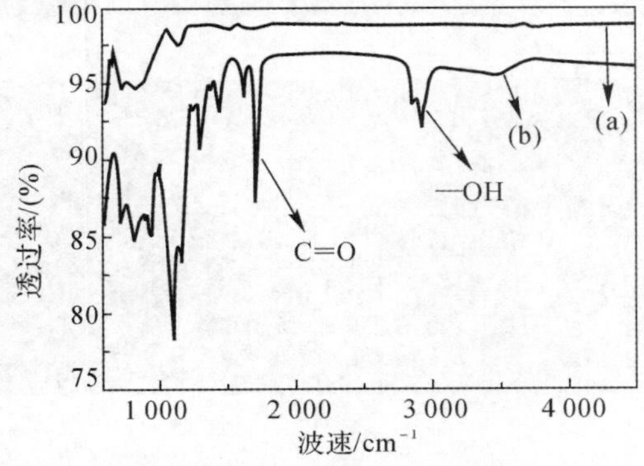

图 5-13　莫来石纤维改性前、后的红外光谱图

(a)未改性的莫来石纤维;　(b)改性的莫来石纤维

5.4.4 不同改性温度对莫来石纤维增强木纤维/树脂基摩擦材料摩擦磨损性能的影响

1. 不同改性温度下木纤维/树脂基摩擦材料的表面形貌

图 5 - 14 所示为不同改性温度下，改性莫来石纤维增强的木纤维/树脂基摩擦材料的表面微观形貌。从图中观察得出，随着莫来石纤维改性温度的上升，摩擦材料的表面结构越来越致密，材料表面的微观孔隙数量越来越少，且孔径尺寸越来越小；而当改性温度超过 75℃时，材料表面的孔隙数量逐渐变多，孔径尺寸也开始变大。这主要是因为当改性温度低于 75℃时，莫来石纤维的有机物表面覆盖量随着改性温度的上升而逐渐增加(见图 5 - 15(a))，同时改性纤维表面的有机官能团—OH 和—COOH 的数量逐渐增多，而且密度也会上升，与有机黏结体树脂之间的键合反应会持续增加，这样纤维与树脂之间的界面结合强度会显著增强，所以摩擦材料的表面会越来越致密。当改性温度超过 75℃达到 90℃时，摩擦材料的表面致密度降低，孔隙数量增加，孔径变大，莫来石纤维与酚醛树脂之间的界面键合强度降低。这主要是因为过高的处理温度会使甲基丙烯酸在浸润剂中快速地聚合成大分子，大分子在溶液中的移动速率会下降，移动速率的降低会导致甲基丙烯酸与莫来石纤维表面的碰撞概率下降，从而降低甲基丙烯酸在莫来石纤维的表面覆盖量(见图 5 - 15(a))，减弱莫来石纤维与酚醛树脂的键合强度。

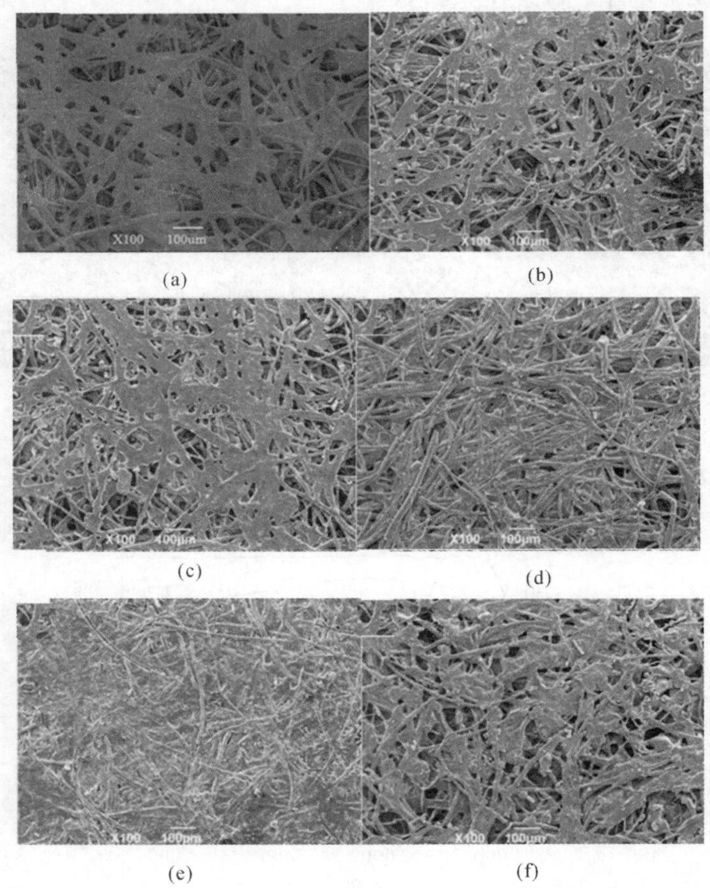

图 5 - 14 不同改性温度下改性莫来石纤维增强的木纤维/树脂基摩擦材料的表面微观形貌图

(a)未改性； (b)30℃； (c)45℃； (d) 60℃； (e)75℃； (f)90℃

2. 不同改性温度对木纤维/树脂基摩擦材料摩擦性能的影响

图 5-15(b)所示是不同改性温度下，摩擦材料的动摩擦因数与比压之间的关系。从其中可以看出，木纤维/树脂基摩擦材料的动摩擦因数总体上都随着比压的上升而下降，动摩擦因数的波动幅度随着莫来石纤维改性温度的增加逐渐变小，而当改性温度高于 60℃时，材料的动摩擦因数的波动幅度又慢慢变大；同时当改性温度低于 60℃时，材料的平均动摩擦因数逐渐增加，高于 60℃低于 75℃，材料的平均动摩擦因数下降，当高于 75℃达到 90℃时，材料的平均动摩擦因数又有微幅的增加。造成以上动摩擦因数变化的原因主要是：随着莫来石纤维改性温度的上升，莫来石纤维表面的甲基丙烯酸薄膜覆盖量慢慢增加，纤维表面有机官能团的数量逐渐增加致使莫来石纤维之间及莫来石纤维和酚醛树脂之间的键合能力增强，使得材料的表面形貌变得致密。材料表面孔隙数量的下降有助于摩擦材料与对偶盘的有效表面接触面积增加，有效接触面积的增加可以增大材料的动摩擦因数(见图 5-15(c))。但是改性温度为 75℃时材料的有效接触面积高于 60℃，其动摩擦因数反而低于改性温度为 60℃的摩擦材料(见图 5-15(c))，这主要是因为过于致密的摩擦材料表面，由于缺乏有效数量的孔隙而不利于材料表面和内部润滑油的交换以有效降低材料表面的摩擦热，致使摩擦材料表面的热磨损加剧，树脂分解，莫来石纤维的脱黏，材料的有效接触面积下降，动摩擦因数减小。改性温度为 90℃时，材料的动摩擦因数有略微增加，主要是因为材料表面孔隙数量的增加缓解了材料的热磨损，使摩擦材料在结合过程中能够保持一个相对稳定的微观表面，动摩擦因数轻微增加。

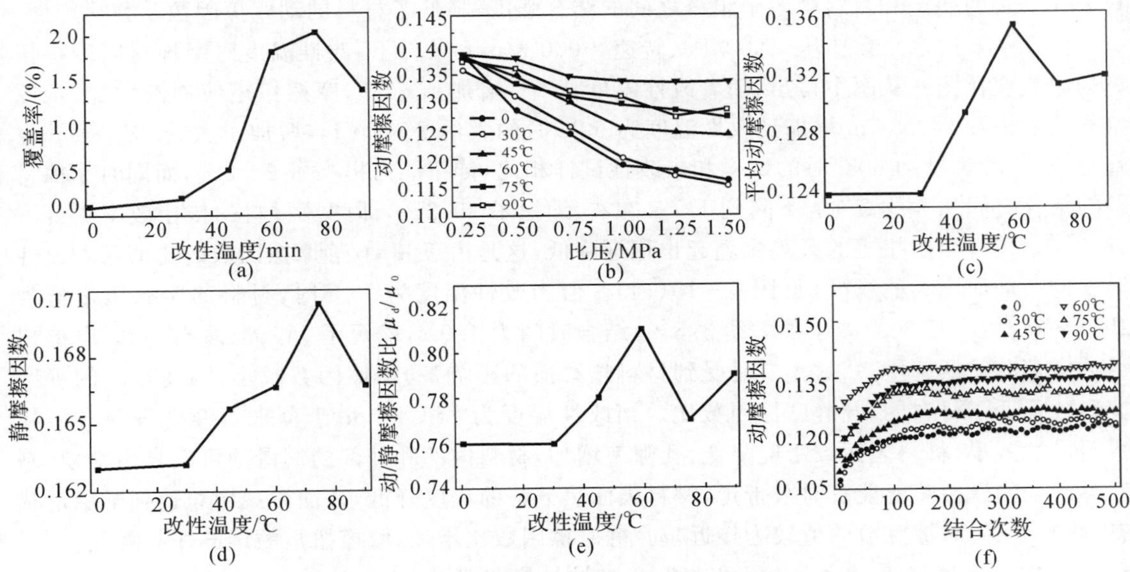

图 5-15　不同改性温度下，莫来石纤维增强木纤维/树脂基摩擦材料的摩擦性能

(a)改性莫来石纤维表面有机物的覆盖率；(b)动摩擦因数与比压的关系图；(c)平均动摩擦因数变化图；(d)静摩擦因数变化图；(e)动/静摩擦因数的比值；(f)500 次连续结合过程中，样品动摩擦因数的变化图

图 5-15(d)所示是不同改性温度下，摩擦材料静摩擦因数的变化趋势。从图中可以看出，随着莫来石纤维改性温度的增加，摩擦材料的静摩擦因数逐渐地上升，当改性温度超过 75℃时，材料的静摩擦因数降低。这主要是因为随着摩擦材料有效接触面积的增加，摩擦材料和对偶盘的接触点增加，从静止状态到转动状态或者从转动状态到静止状态的瞬间产生的静

摩擦因数就会增大，同时材料表面致密度的增加，孔隙数量的减小会阻碍摩擦材料内部的润滑油被挤出到材料的表面，减小润滑油膜的厚度，增加了材料的静摩擦因数。当改性温度为90℃时，材料的表观接触面积减小了，同时孔径尺寸、孔隙数量的增加致使摩擦材料在受到对偶盘挤压下，材料表面润滑油膜的厚度增加，覆盖了材料表面大部分的粗糙峰，导致摩擦材料与对偶盘的机械接触概率下降，从而使得材料的静摩擦因数逐渐地减小。

图 5-15(f)所示是在离合器转速为 2 000 r/min、比压为 1.0 MPa 等条件下，500 次连续结合过程中，样品动摩擦因数的变化图。从图中发现，在大概前 100 次连续结合过程中，所有试样的动摩擦因数都逐渐上升，在之后的连续结合过程中相对平稳，增幅不明显。这主要是因为在初始结合过程中，木纤维/树脂基摩擦材料主要通过它的表面粗糙峰与对偶盘产生面面接触，结合过程中较高的粗糙峰逐渐被磨平，从而产生新的接触表面，这样使得材料的动摩擦因数逐渐增加，直到摩擦材料的表面达到动态平衡的状态，动摩擦因数才趋向于平稳。同时还发现，当改性温度低于 60℃时，随着莫来石纤维改性温度的增加，摩擦材料的动摩擦因数值逐渐增大，波动逐渐变小。这主要是因为改性莫来石纤维与树脂之间的界面结合逐渐增强，材料的表面致密度逐渐提高，磨损过程中，发生的莫来石纤维脱黏、折断、拔出等情况逐渐减少，有利于保持摩擦材料表面形貌的稳定性，从而使得材料动摩擦因数的波动逐渐变小。当改性温度高于 60℃时，摩擦材料的动摩擦因数出现了微幅的下降，波动幅度也有微小的上升。这主要是因为过于致密的微观表面不利于摩擦热的消散，摩擦材料的表面出现树脂的脱落，影响了材料表面形貌的稳定和材料中各个组分之间的结合强度，降低了材料的动摩擦因数及其稳定性。

图 5-16 所示是在比压 1.0 MPa、转速 2 000 r/min 条件下，改性温度对摩擦材料摩擦扭矩的影响变化图。从图中得出，随着改性温度从 0℃增加到 60℃，摩擦扭矩值逐渐增加，从原始样品的大约 21 N·m 增加到改性温度为 60℃时的大约 26 N·m，增加了大约 23.8%。也就是说，改性温度为 60℃时的试样和未改性试样相比，传扭能力提高了 23.8%，而同时摩擦材料的结合时间从大约 2.8 s 下降到 1.7 s 左右，缩短了 39.3%，即摩擦材料的传扭效率提升了39.3%。还有摩擦扭矩的公鸡尾翘起也逐渐降低，这是由于其动/静摩擦因数的比值随着改性温度的增加而增大的缘故(见图 5-15(e))。但当改性温度为 75℃时，材料的摩擦扭矩值为25 N·m，相比于 60℃减小了大约 3.8%，结合时间为 1.9 s，缩短了 11.8%左右，同时摩擦扭矩的尾部曲线翘起增高，这主要是受到材料热磨损的影响，动摩擦因数减小，因而较高的静摩擦因数降低了材料的动/静摩擦因数比。当改性温度为 75℃时，由于莫来石纤维表面有机物覆盖量的减小，材料表面致密度降低，孔隙率增加，材料内部和外部的润滑油可以自由交换，制动时产生的摩擦热能能及时被带走，材料表面热分解的程度降低，表面微观形貌达到了稳定状态，此时动、静摩擦因数的值较为接近，动/静摩擦因数比增加，摩擦扭矩的尾部翘起降低。

3. 不同改性温度对木纤维/树脂基摩擦材料磨损性能的影响

图 5-17 所示是不同改性温度下，改性莫来石纤维增强的木纤维/树脂基摩擦材料和对应对偶盘的磨损率变化图。从图中可以观察到，当莫来石纤维的改性温度逐渐增加到 60℃时，摩擦材料的磨损率从 6.48×10^{-8} cm^3/J 减小到 2.21×10^{-8} cm^3/J，磨损率减小了 65.9%，同时相应对偶盘的磨损率从 5.78×10^{-8} cm^3/J 降低到了 1.12×10^{-8} cm^3/J，减小了 80.6%；而后当莫来石纤维的改性温度继续增加时，摩擦材料及其对应对偶盘的磨损率又开始上升，这主要是由摩擦材料的热磨损加剧导致的。

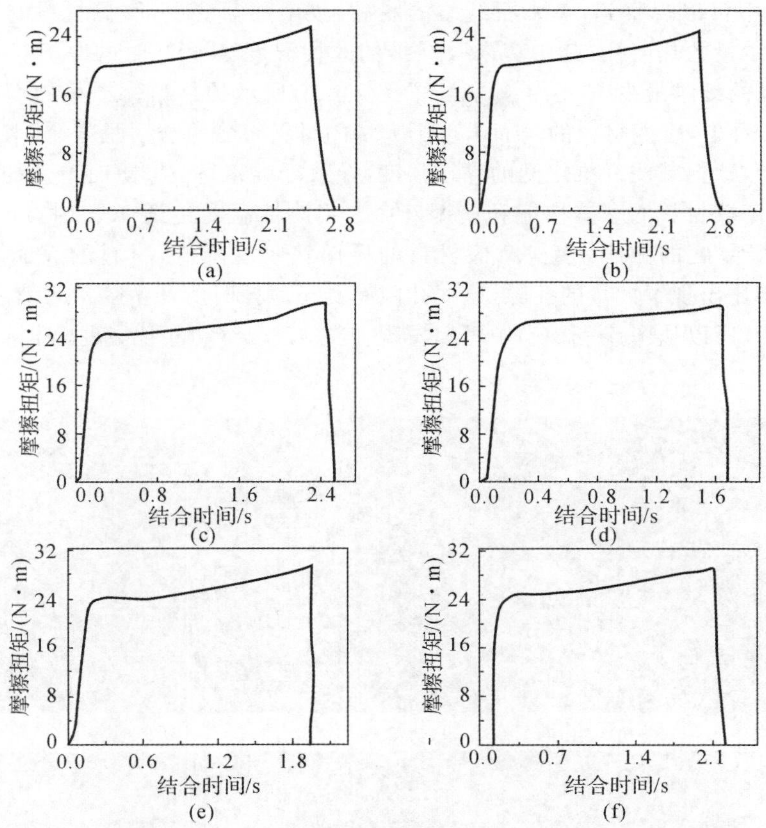

图 5-16　不同改性温度下,莫来石纤维增强木纤维/树脂基摩擦材料摩擦扭矩的变化图

(a)未改性；(b)30℃；(c)45℃；(d) 60℃；(e)75℃；(f)90℃

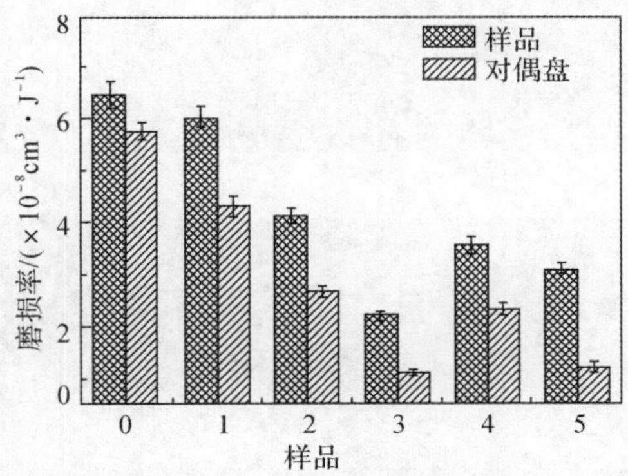

图 5-17　不同改性温度下,改性莫来石纤维增强的木纤维/树脂基摩擦材料和对应对偶盘的磨损率

图 5-18 所示是不同改性温度下,改性莫来石纤维增强的木纤维/树脂基摩擦材料的磨损微观形貌图。从图 5-18(a)中可观察到,由于莫来石纤维与树脂之间的结合强度较弱,大量未改性的莫来石纤维被剪切而折断、脱黏、拔出,在摩擦材料的表面形成了大小不一的凹坑,这会减小摩擦材料与对偶盘的真实接触面积,进而降低材料的动摩擦因数及其稳定性。从图

5－18(b)～(d)中可以观察到，莫来石纤维的脱黏、拔出逐渐变少，摩擦材料的界面结合逐渐地致密，而且有少量的热磨损；其中莫来石纤维的改性温度为60℃时的摩擦材料因摩擦产生的热磨损和脱黏的纤维最少，这也正好印证了图5－17所示的材料磨损率的变化规律。从图5－18(e)中可以看出，摩擦材料的表面出现了大量的材料组分的磨损脱落，莫来石纤维直接裸露在材料的表面，这会减弱纤维之间的黏结强度，导致纤维容易被摩擦时产生的剪切力剪切而拔出，进而影响摩擦材料的摩擦性能和使用寿命。当改性温度达到90℃时，纤维表面甲基丙烯酸薄膜覆盖层厚度的减小，使得摩擦材料的界面致密度降低，材料的表面与改性温度为75℃时的试样相比出现了大量的孔隙，这些孔隙有利于摩擦时所产生热量的消散，提高了摩擦材料的耐热性能，所以从图5－18(f)中可以发现，与图5－18(e)相比，摩擦材料表面的磨损程度有所下降。

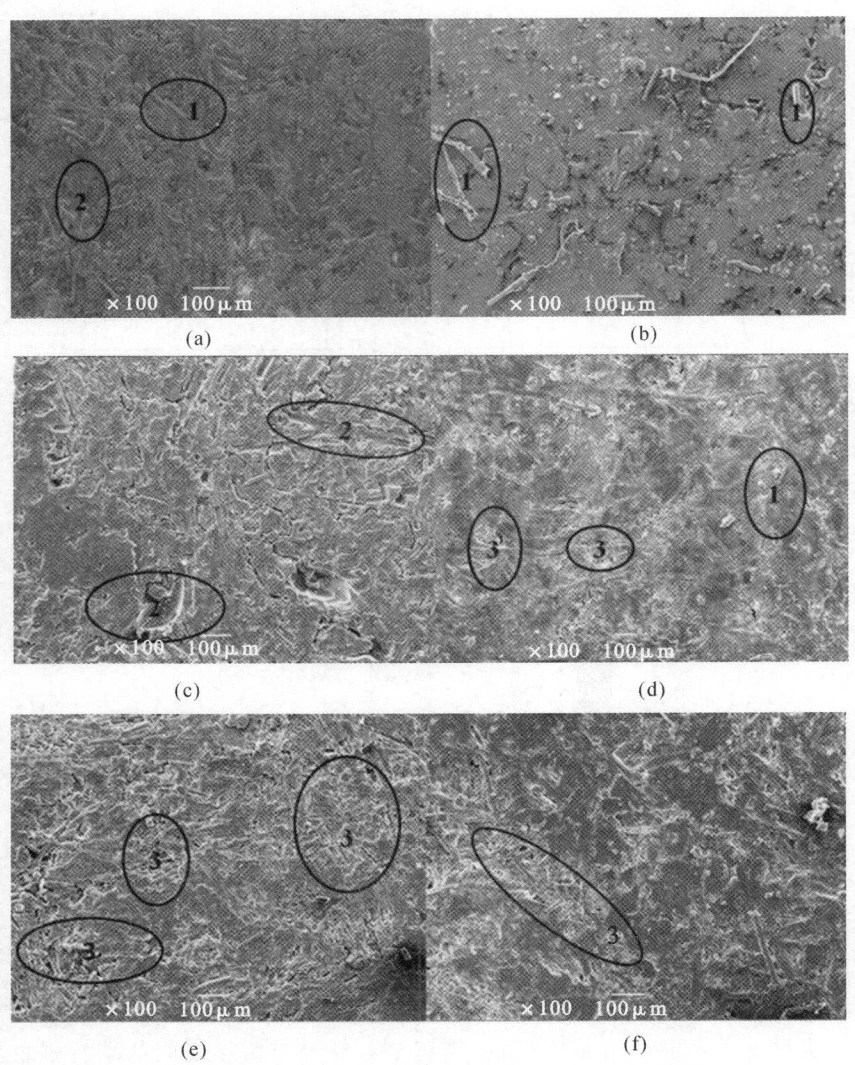

图5－18　不同改性温度下改性莫来石纤维增强的木纤维/树脂基摩擦材料磨损表面的微观形貌图

(a)未改性；(b)30℃；(c)45℃；(d)60℃；(e)75℃；(f)90℃

1—脱黏的纤维；2—纤维脱黏后形成的凹坑；3—有机物的热磨损

从图 5－19 所示的摩擦材料磨损表面的高倍放大图可以明显观察到：未改性的摩擦材料在磨损后，材料中各个组分之间的结合较松散，特别是莫来石纤维和树脂之间的结合强度变得较弱，纤维特别容易被从材料基体中拔出而脱黏，从而在摩擦界面形成硬质磨粒，对摩擦材料和对偶盘造成二次损伤，对偶盘的表面出现划痕，摩擦材料的表面出现犁沟，造成摩擦材料表层材料的脱落，缩短摩擦材料的使用寿命；而随着改性温度的上升，磨损后的莫来石纤维与树脂之间的结合还保持着较高的强度，有较少的纤维发生了脱黏(见图 5－19(b))，其中改性温度为 60℃的试样表面只出现了少量的树脂热磨损(见图 5－19(c))；当改性温度为 75℃时，由于纤维拥有最厚的有机物覆盖量，在材料的磨损表面，纤维和树脂之间保持着较为紧密的结合，同时纤维和纤维之间的界面结合也保持着较高的强度，但由于纤维和树脂、纤维和纤维等之间的结合较为紧密，致使润滑油不能有效发挥降温的作用，使材料的表面出现了大量的热磨损(见图 5－19(d))。

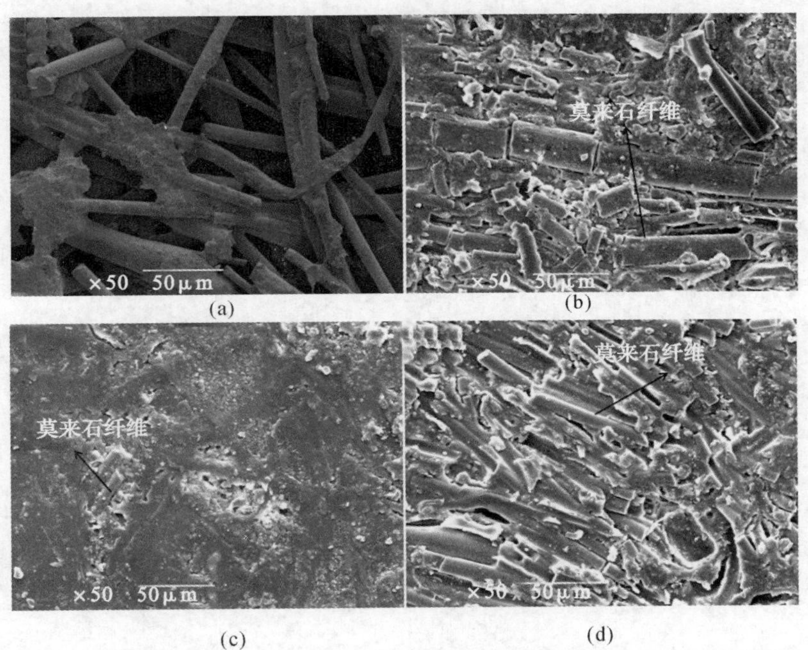

图 5－19　不同改性温度下，改性莫来石纤维增强木纤维/树脂基摩擦材料的高倍磨损微观形貌图

(a)未改性；　(b)45℃；　(c)60℃；　(d)75℃

5.4.5　不同改性时间对莫来石纤维增强木纤维/树脂基摩擦材料摩擦磨损性能的影响

1. 不同改性时间下莫来石纤维增强木纤维/树脂基摩擦材料的表面形貌

图 5－20 所示是不同改性时间下，改性莫来石纤维增强的木纤维/树脂基摩擦材料的表面微观形貌图。从图中可以观察到：随着莫来石纤维改性时间的增加，摩擦材料的表面孔隙逐渐减小，数量变少，材料各个组分之间的结合强度增加；当改性时间超过 60 min 后，摩擦材料的表面形貌变化较小，表面较为致密，有少量的孔隙，表面的平整度较高，有利于提高与对偶盘的有效接触面积。出现以上表面形貌变化的主要原因：在浸润液含有一定甲基丙烯酸的含量下，随着莫来石纤维改性时间的增加，甲基丙烯酸与莫来石纤维的接枝反应进行得越来越充分(见

图 5-21)，莫来石纤维包覆的甲基丙烯酸薄膜的厚度就越厚，这样被包覆的纤维表面含有的有机官能团—OH 和—COOH 的数量就越多。制备摩擦材料时，在加热、加压的情况下，莫来石纤维和酚醛树脂、莫来石纤维和莫来石纤维等之间会发生酯化反应或者醚化反应，从而增强材料各个组分之间界面结合强度的性能，使摩擦材料拥有良好的摩擦磨损性能和更长的使用寿命。

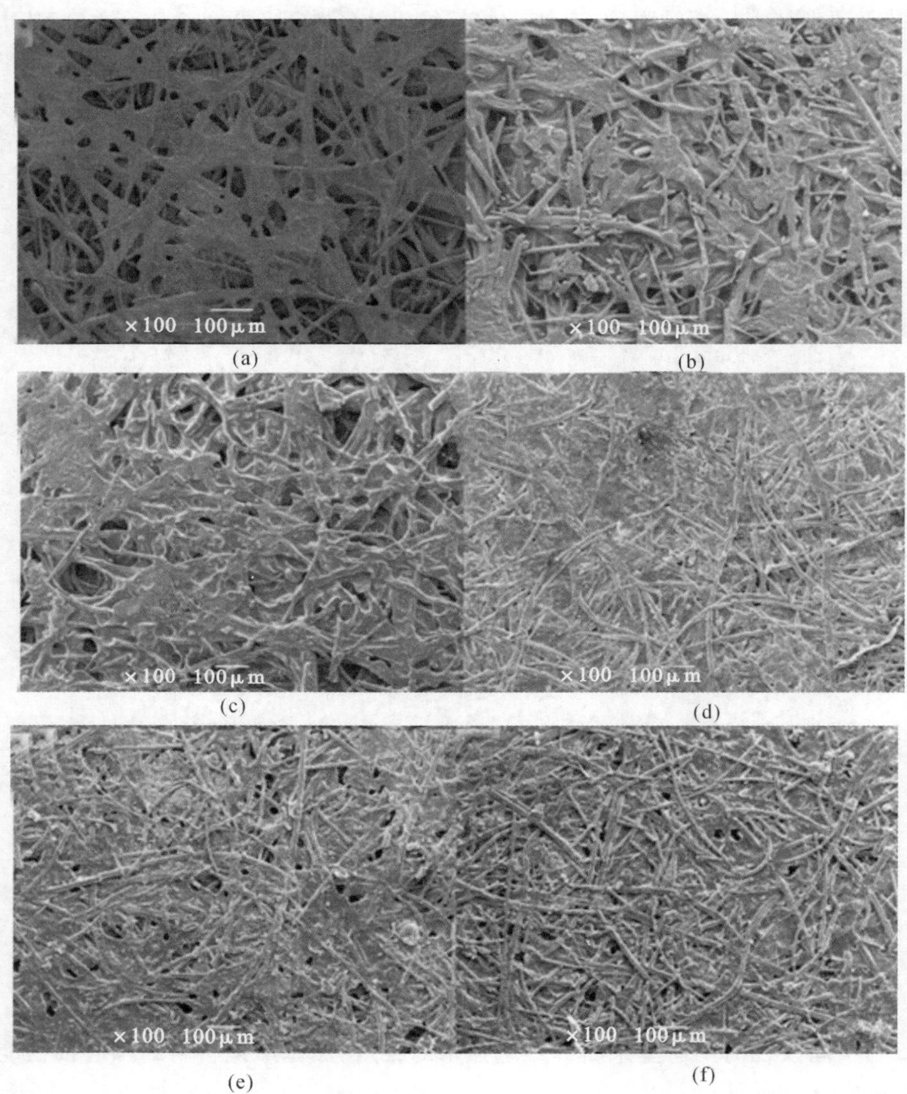

图 5-20 不同改性时间下，改性莫来石纤维增强的木纤维/树脂基摩擦材料的表面微观形貌图

(a)未改性； (b)30 min； (c)60 min； (d)90 min； (e)120 min； (f)150 min

2. 不同改性时间对莫来石纤维增强木纤维/树脂基摩擦材料摩擦性能的影响

图 5-21(b)所示是不同改性时间下，摩擦材料的动摩擦因数与比压之间的关系图。从图中可以观察到：木纤维/树脂基摩擦材料的动摩擦因数总体上都随着比压的上升而慢慢下降；动摩擦因数的波动幅度随着莫来石纤维改性时间的增加逐渐变小，而当改性时间高于 60 min

时，材料的动摩擦因数的波动幅度又慢慢变大；同时当改性温度低于 60 min 时，材料的平均动摩擦因数逐渐增加，高于 60 min 后，材料的平均动摩擦因数减小并且趋向于平稳（见图 5－21(c)）。

动摩擦因数出现以上变化的主要原因：随着莫来石纤维改性时间的增加，莫来石纤维表面的甲基丙烯酸薄膜覆盖量慢慢增加，纤维表面携带有机官能团的数量逐渐增加，致使莫来石纤维之间及莫来石纤维和酚醛树脂之间的键合能力增强，使得材料的表面形貌变得致密，材料表面孔隙数量的下降有助于摩擦材料与对偶盘的有效表面接触面积增加，有效接触面积的增加可以增大材料的动摩擦因数（见图 5－21(c)）。当改性时间超过 60 min 时，材料的有效接触面积进一步增大，其动摩擦因数反而低于改性时间为 60 min 的摩擦材料（见图 5－21(c)），这主要是因为过于致密的摩擦材料表面，由于缺乏有效数量的孔隙而不利于材料表面和内部润滑油的交换以有效降低材料表面的摩擦热，从而致使摩擦材料表面的热磨损加剧，树脂分解，莫来石纤维的脱黏，材料的有效接触面积下降，动摩擦因数减小。

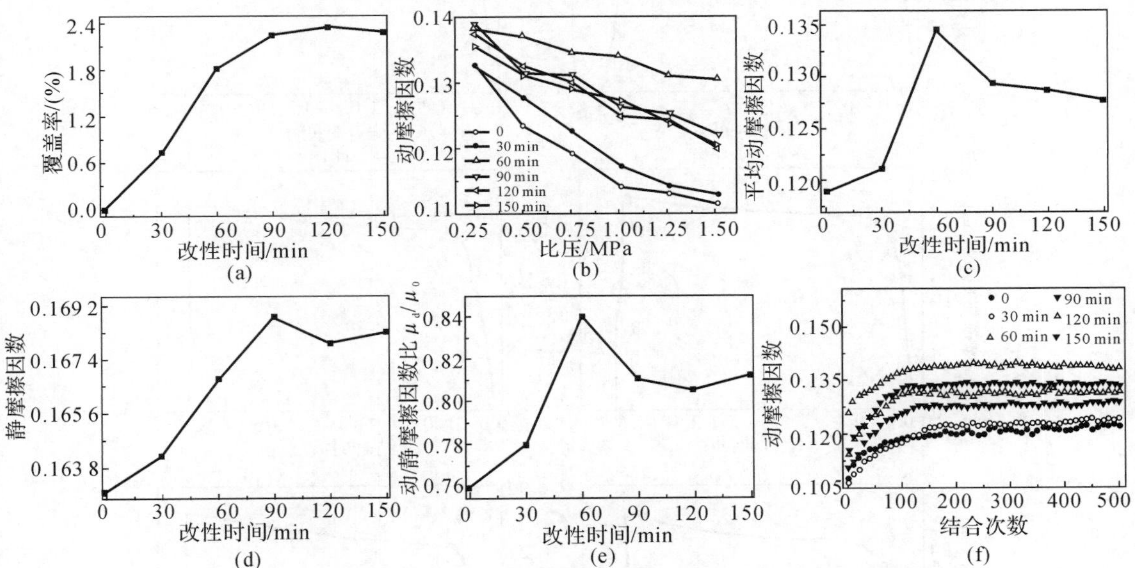

图 5－21　不同改性时间条件下，莫来石纤维增强木纤维/树脂基摩擦材料的摩擦性能

(a)改性莫来石纤维表面有机物覆盖率；(b)动摩擦因数与比压的关系图；(c)平均动摩擦因数变化图；(d)静摩擦因数变化图；(e)动/静摩擦因数的比值；(f)500 次连续结合过程中，样品动摩擦因数的变化图

图 5－21(d)所示是不同改性时间下摩擦材料的静摩擦因数变化趋势。从图中可以看出，随着莫来石纤维改性时间的延长，摩擦材料的静摩擦因数逐渐上升，改性时间超过 90 min 后，材料的静摩擦因数趋向于平稳这主要是因为随着材料界面结合强度的增加，材料表面的平整度逐渐提高，表面的硬质突出点较少，摩擦材料和对偶盘的接触点增加，促使摩擦材料与对偶盘的有效接触面积增加，这时从静止状态到转动状态或者从转动状态到静止状态瞬间产生的静摩擦因数就会增大，同时材料表面致密度的增加，孔隙数量的减小会阻碍摩擦材料内部的润滑油被挤出到材料的表面，减小润滑油膜的厚度，使摩擦副处于边界润滑状态，从而增加了材料的静摩擦因数。

图 5－21(f)所示是在离合器转速为 2 000 r/min、比压为 1.0 MPa 等条件下连续结合 500

次过程中，样品动摩擦因数的变化图。从图中观察到，在前 100 次连续结合过程中，所有试样的动摩擦因数都逐渐上升，而后随着结合次数的不断增加，动摩擦因数变得相对稳定，增幅不明显，这主要是因为在初始结合过程中，摩擦材料的表面高耸的粗糙峰还较多，随着制动的进行，粗糙峰被削平，摩擦副之间产生了新的接触表面，这增加了摩擦材料与对偶盘之间的真实接触面积，真实接触面积的增加提高了摩擦材料的传扭能力，从而提高了材料的动摩擦因数。而随着制动的进行，由于材料的表面形貌达到了稳定状态，新增的接触面积逐渐减少，进而使得材料的动摩擦因数趋于稳定。同时还发现，当改性时间从 0 增加到 60 min 时，材料的动摩擦因数逐渐变大，波动幅度减小，而后随着改性时间的增加，动摩擦因数有小幅的回落。

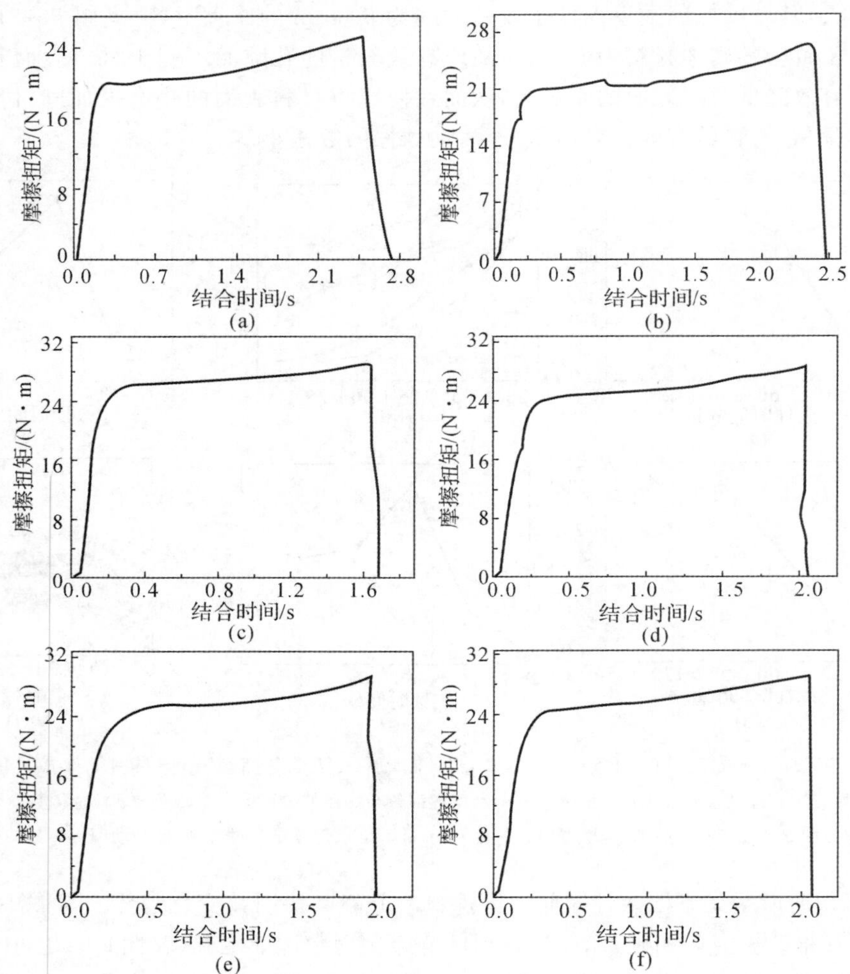

图 5-22　不同改性时间下，莫来石纤维增强木纤维/树脂基摩擦材料摩擦扭矩的变化图

(a)未改性；(b)30 min；(c)60 min；(d)90 min；(e)120 min；(f)150 min

图 5-22 所示是不同改性时间下摩擦材料的摩擦扭矩曲线变化图，摩擦扭矩曲线主要反应了摩擦材料结合过程中的扭矩传递能力、效率以及平稳性。从图 5-22 中发现，当莫来石纤维的改性时间在 0～60 min 范围时，材料的摩擦扭矩值随着改性时间的延长而增大，从大约 20N·m 增加到大约 24N·m，上升了 20%左右，使得摩擦材料的传扭能力提升了 20%，而且

制动时间从大约 2.8 s 减小到 1.7 s 左右，缩短了大约 39.3%，即摩擦材料的传扭效率提高了 39.3%；之后随着时间的持续延长，摩擦材料的摩擦扭矩处于稳定状态，摩擦扭矩的值和结合时间都变化不大。从图中还可以观察到，当莫来石纤维的改性时间低于 60 min 时，材料的摩擦扭矩曲线的尾部翘曲程度即公鸡尾逐渐降低，趋向于平稳，而后随着改性时间的增加，扭矩曲线的公鸡尾翘曲程度有小幅度的增高，这与图 5-21(e)所示的动/静摩擦因数比值的变化趋势是一致的。摩擦材料动/静摩擦因数的比值反映的是材料在结合时摩擦副从运动状态向静止状态转变时的平稳性，从图 5-21(e)可以知道，当莫来石纤维的改性时间为 60 min 时，摩擦材料的动/静比值最高，动静转换的稳定性最好，在每次结合的末期不会有特别刺耳的噪声、颤动等发生。

3. 不同改性时间对木纤维/树脂基摩擦材料磨损性能的影响

图 5-23 所示是不同改性时间下，改性莫来石纤维增强的木纤维/树脂基摩擦材料和对应对偶盘的磨损率变化图。从图中可以观察到，当莫来石纤维的改性时间逐渐增加到 60 min 时，摩擦材料的磨损率从 6.48×10^{-8} cm^3/J 减小到 1.87×10^{-8} cm^3/J，减小了 71.1%，同时相应对偶盘的磨损率从 5.78×10^{-8} cm^3/J 降低到了 1.02×10^{-8} cm^3/J，减小了 82.3%；而当莫来石纤维的改性时间增加到 90 min 时，摩擦材料及其对应对偶盘的磨损率又有小幅的上升；当再次延长改性时间，达到 120 min 和 150 min 时材料和对偶盘的磨损率都不再增加，保持稳定。

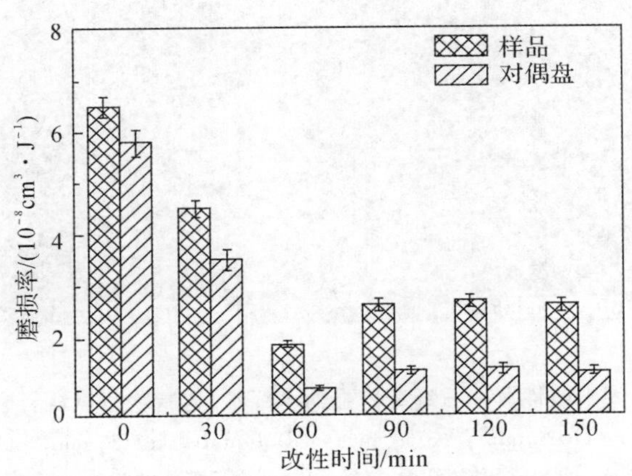

图 5-23　不同改性时间下，改性莫来石纤维增强的木纤维/树脂基摩擦材料和对应对偶盘的磨损率

图 5-24 所示是不同改性时间下，摩擦材料的表面磨损形貌图。从图 5-24(a)中能够看到有大量的莫来石纤断裂继而被拔出，脱落的莫来石纤维未及时被润滑油带走而在摩擦材料表面形成硬质磨粒，这会加重摩擦材料表面的犁沟现象，增加对偶盘的磨损。随着莫来石纤维改性时间的增加，莫来石纤维的拔出、脱落越来越少，材料的表面磨粒越来越少，也降低了材料和对偶盘的磨损程度(见图 5-24(b)(c))。随着莫来石纤维改性时间的继续增加(90～150min)，浸润液中甲基丙烯酸与莫来石纤维的接枝反应进行得较为彻底，甲基丙烯酸的包覆量最多，纤维的表面拥有大量的官能团—OH 和—COOH，其可以与树脂发生酯化反应，大大增强了莫来石纤维与树脂的界面结合强度。但是由于纤维与树脂之间的结合过于紧密，致使摩擦材料表面的孔隙数量极度下降，从而降低了润滑油的降温作用，材料的表面出现了大面积的热磨损，部分纤维也发生了脱落而留在摩擦副的摩擦界面中，这会对摩擦材料带来二次伤

害，还会损伤对偶盘的表面，使摩擦材料和对偶盘的磨损率上升（见图 5－24(d)(f)）。

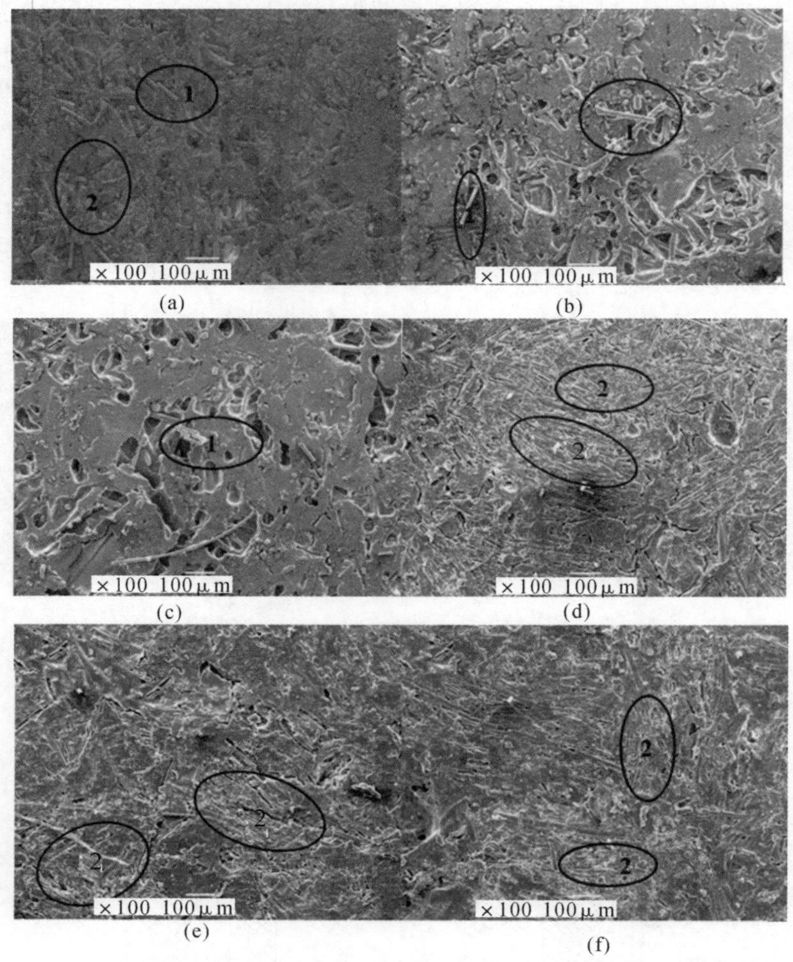

图 5－24　不同改性时间下改性莫来石纤维增强的木纤维/树脂基摩擦材料磨损表面的微观形貌图

(a)未改性；(b)30 min；(c)60 min；(d)90 min；(e)120 min；(f)150 min

1—脱黏的纤维；2—纤维脱黏后形成的凹坑

图 5－25 所示是不同改性时间下，摩擦材料磨损表面的高倍放大图。从图 5－25(a)中可以看到，未改性的莫来石纤维大量断裂，甚至有些被磨碎，纤维的脱黏使材料的表面形成了大小不一的凹坑，破碎的莫来石纤维在摩擦表面会形成新的磨粒，从而给摩擦材料和对偶盘带来二次损伤。从图 5－25(b)中可以看到，单根的莫来石纤维被拔出，并且纤维的表面还黏附着一些树脂和摩擦性能调节剂，这主要是因为纤维表面包覆的聚甲基丙烯酸的量较少，与树脂之间的黏附能力较弱，导致纤维易于从基体中拔出。从图 5－25(c)中可以看到，材料的磨损表面有一簇牢牢黏结在一起的纤维，这说明当改性时间为 60 min 时，由于纤维表面的甲基丙烯酸的量与 30 min 时相比有所增加，被改性的纤维之间也可以通过发生酯化或者醚化反应而紧紧地黏结在一起，同时由于材料的表面有较为合适的孔隙，材料的耐热性能较好，表面的热磨损不是很明显。从图 5－25(d)中可以看到，纤维通过树脂紧密的黏结在一起，材料表面的树

脂已经因为热磨损而脱落，纤维裸露在材料的表面，部分纤维已经因为黏结强度降低而脱落。

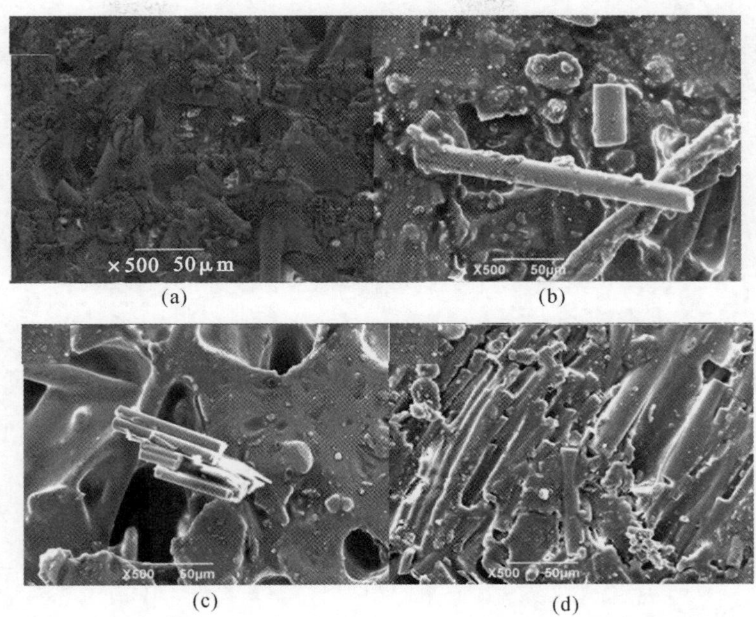

(a)　(b)　(c)　(d)

图 5-25　不同改性时间下，改性莫来石纤维增强木纤维/树脂基摩擦材料的高倍磨损微观形貌图
(a)未改性；(b)30 min；(c)60 min；(d)90 min

5.4.6　小结

为了改善莫来石纤维增强木纤维/树脂基摩擦材料的界面结合强度，本节通过对莫来石纤维进行表面改性处理，使表面惰性的莫来石纤维带有可以与酚醛树脂反应的官能团(—OH 和—COOH)，以改善其与酚醛树脂的界面结合性能。

(1)研究了莫来石纤维的浸润温度对摩擦材料摩擦性能的影响。发现当改性温度低于 60℃时，纤维表面甲基丙烯酸的覆盖量随着改性温度的上升而增加，摩擦材料界面结合状况逐渐得到改善，动摩擦因数增大，摩擦扭矩曲线变得平稳，纤维的断裂和脱黏逐渐减少，耐磨性能也得到了改善。当改性温度达到 75℃时，由于纤维表面的甲基丙烯酸覆盖量达到最高值，摩擦材料的表面形貌过于致密而缺少孔隙，致使材料的散热能力下降，材料的热分解加重。而当改性温度提高到 90℃时，高温使甲基丙烯酸的聚合速度急速增加，形成聚甲基丙烯酸的时间缩短，降低了甲基丙烯酸在溶液中的移动速率，影响了其与莫来石纤维的接枝反应，从而致使纤维表面甲基丙烯酸的覆盖量降低，材料的表面出现了一定数量的孔隙结构，材料的散热性能提高，摩擦性能也有所改善，但还是低于改性温度为 60℃时试样的性能。

(2)控制莫来石纤维的浸润温度不变，改变莫来石纤维的浸润时间，研究结果发现，随着浸润时间的增加，莫来石纤维表面甲基丙烯酸的覆盖量逐渐增加，浸润时间超过 90 min 以后，甲基丙烯酸的覆盖量不再增加。随着纤维表面甲基丙烯酸覆盖量的增加，摩擦材料的动摩擦因数增大，波动幅度变小，摩擦扭矩曲线逐渐变得平稳，耐磨性能得到改善。其中浸润时间为 60 min 的摩擦材料综合摩擦磨损性能最好。浸润时间超过 90 min 后，由于纤维的包覆反应进行得较为充分，包覆量最高，与树脂的结合强度最高，但是由于摩擦材料的表面缺乏有效的孔隙结构，降低了其材料的耐热性而使得材料表面的热磨损加剧，降低了其动摩擦因数及其稳定性。

(3)综上所述，当莫来石纤维的改性温度为60℃、改性时间为60min时，莫来石纤维增强的木纤维/树脂基摩擦材料能够展现出最佳的摩擦磨损性能。

第6章　碳布增强树脂基摩擦材料

6.1　碳布简介及其在复合材料领域中的应用

6.1.1　碳布简介

碳布，即碳纤维布的简称，是碳纤维的织物，由预氧化的聚丙烯腈纤维织物经碳化或由碳纤维经纺织而成。碳布又称碳素纤维布、碳纤布、碳纤维织物、碳纤维带及碳纤维片材（预浸布）等。碳布用于结构构件的抗拉、抗剪和抗震加固，该材料与配套浸渍胶共同使用成为碳纤维复合材料，可构成完整的、性能卓越的碳纤维布片材增强体系，能够增强建筑物使用荷载、改变工程使用功能、减缓材料老化、处理结构裂缝及修缮恶劣环境服役构件，适用于多种加固工程。

碳布具有强度高、密度小、厚度薄、基本不增加加固构件自重及截面尺寸等特点，广泛适用于建筑物桥梁隧道等各种结构类型、结构形状的加固修复和抗震加固及节点的结构加固。其施工便捷、无需大型机具设备、无需动火、无需现场固定设施、施工占用场地少及施工工效高；具有高耐久性，由于不会生锈，非常适合在高酸、碱、盐及大气腐蚀环境中使用；适用于各种结构类型、各种结构部位的加固修补，如梁、板、柱、屋架、桥墩、桥梁、筒体、壳体等结构；适用于港口工程和水利水电等工程中的混凝土结构、砌体结构、木结构的补强和抗震加固，特别适合于曲面及节点等复杂形式的结构加固。

按碳纤维原丝，碳布可分为PAN基碳布（市场上90%以上为该种碳布）、黏胶基碳布和沥青基碳布三种；按碳纤维规格，碳布可分为1K，3K，6K，12K，24K及以上大丝束等；按碳纤维碳化程度，碳布可分为可以耐2 000～3 000℃高温的石墨化碳布，可以耐1 000℃左右高温的碳布及可以耐200～300℃高温的预氧化碳布三种；按织造方式，碳布可分为机织碳布（主要有平纹布、斜纹布、缎纹布、单向布等）、针织碳布（主要有经编布、纬编布、圆机布（套管）、横机布（罗纹布）等）、编织碳布（主要有套管、盘根、编织带、二维布、三维布、立体编织布等）、碳纤维预浸布（主要有干法预浸布、湿法预浸布、单向预浸布、预浸带、无托布、有托布等）及碳纤维无纺布（非织造布，即碳纤维毡，碳毡，包括短切毡、连续毡、表面毡、针刺毡、缝合毡等）五种。

6.1.2　碳布在复合材料中的应用及研究现状

随着机动车向高速、重载方向发展，更安全和稳定的湿式传动系统备受青睐。湿式摩擦材料在离合器系统中对能量传递和阻止相对运动起着非常重要的作用。为了满足离合器系统的需要，湿式摩擦材料在油润滑条件下，应该具有更精准和稳定的摩擦因数、更低的磨损率、与对偶面更友好、能够提供更宽泛的接触压力和滑动速度等特性[1-2]。目前应用较广泛的湿式摩擦材料为烧结铜基和纸基摩擦材料[3]。烧结铜基摩擦材料拥有高的机械强度、优异的热导率和载荷携带能力等一系列优点，但也存在着动摩擦因数相对较低、静动摩擦因数比较大等不足[4]。同时，在异常大的载荷、低的润滑油黏度和长时间的结合过程中，烧结铜基摩擦材料易与对偶盘发生粘连[5]。纸基摩擦材料具有高的摩擦因数和稳定的扭矩传递能力，但是相对较低的导热系数和载荷携带能力限制了它们的发展[6]。层状石墨片的组成使碳纤维展现出了优异的自润滑特性[7-8]。同时，碳纤维是惰性的，因此不会与添加剂发生反应，在高的温度下也不易于烧焦、融化或软化，这些特性对于湿式摩擦材料来说都是非常有用的。为了克服上述烧结铜基摩擦材料和纸基摩擦材料的不足，碳纤维增强树脂基复合材料开始得到发展。借助其优异的耐磨性能[9]、载荷携带能力[10]、自润滑能力[11]和热稳定性[12]，碳布增强树脂基摩擦材料作为摩擦构件受到了越来越多的关注[13-17]。作为一种高性能湿式摩擦材料，碳布增强树脂基摩擦材料是以碳纤维布为增强体，以树脂为黏结基体，并在其中引入填料的一类摩擦材料[18]。其中碳布由长碳纤维编织而成，可以有平纹、斜纹、缎纹以及单向布等编织结构和1K，3K，6K以及12K等编织密度，它具有高的比强度、优异的耐热性能、良好的化学稳定性、自润滑以及高耐磨等特性[19]，因而是一种很好的摩擦材料增强体。纤维束在碳布摩擦中形成整体结构，使材料显示出较强的整体性，具有承载能力高、耐冲击、不易破裂与剥离等特点，克服了短切纤维（碳纤维、Kevlar纤维、陶瓷纤维）增强聚合物易分层破坏的缺点，作为摩擦衬层材料在苛刻工况条件下具有广阔的应用前景[20-23]，但也存在着与树脂基体结合差的缺点。

在最近十几年当中，碳布增强高分子基复合材料已经广泛应用于许多领域。Srikanth I等人[24]研究了应用于热保护系统的氧化锆、碳纳米管改性的碳布/酚醛树脂复合材料的机械、热和烧蚀性能。Chen S和Feng J[25]研究了应用于轻质构件的碳布功能化聚乙烯亚胺增强的环氧树脂层压复合材料的机械和热性能。Lee H S等人[26]研究了用作汽车材料的微波等离子体处理的碳布/热塑性高分子复合材料的机械性能。而对碳布增强树脂基摩擦材料的研究主要集中在树脂的种类和含量、碳布的编织类型和编织密度、碳布中碳纤维的表面改性以及微/纳米颗粒增强对它们的性能影响四个方面。

1. 树脂种类和含量的影响

树脂作为碳布增强树脂基摩擦材料的黏结剂和基体对其综合性能有着很大的影响，其影响主要可以分为树脂的含量和种类两个方面。Fei J等人[27]研究了酚醛树脂含量对碳布增强树脂基摩擦材料摩擦磨损性能的影响，发现随着树脂含量的增大，动摩擦因数减小，并且当树脂含量为25%时，摩擦材料表现出了最小的磨损率；Sharma M等人[16]、Bijwe J等人[14]和Karahan M等人[28]分别研究了碳布/聚醚醚酮、碳布/聚醚酰亚胺、碳布/环氧树脂摩擦材料的力学和摩擦学性能，发现不同树脂种类的摩擦材料表现出了较大的性能差异；Foroutan R等人[29]研究了碳布/环氧树脂和碳布/双马来酸酐树脂复合材料的高应力应变行为，发现与准静态拉伸测试相比，碳布/双马来酸酐树脂复合材料在动态拉伸测试中表现出了最大的强度增长和最小的应力增长，但在剪切测试中，碳布/环氧树脂复合材料在失效时表现出了最大的应力。

2. 碳布的编织类型和编织密度的影响

作为增强体的碳布，它的编织类型和编织密度影响着碳布增强树脂基摩擦材料的整体结构，继而作用于摩擦磨损性能。Bijwe J等人[14]研究了在黏着磨损、微振磨损、磨粒磨损以及冲蚀磨损四种情况下，平纹、斜纹以及(4H)缎纹编织三种编织类型的碳布增强树脂基摩擦材料的机械和摩擦磨损性能，发现平纹编织的碳布增强树脂基摩擦材料表现出了最好的机械性能，然而并没有一种编织类型的摩擦材料在四种磨损模型中都表现出最好的摩擦学性能，最后他们也提出了不同编制类型碳布增强树脂基摩擦材料的磨损机理；Triki E等人[30]研究了T

塔夫绸/短切原丝垫(M)均衡平纹编织和 4H 缎纹(S)/短切原丝垫非均衡编织无碱玻璃纤维增强聚酯复合层材料的界面特性，发现 T/M 界面比 S/M 界面具有更优的抗层离能力；Foroutan R 等有[29]研究了平纹编织、2×2 斜纹编织和 8H 缎纹编织三种类型复合材料的高应力-应变行为，发现加载速率对它们的剪切行为比拉伸行为影响更大；Bakar IA 等人[31]研究了编织类型参数(间隙长度、纤维束的形状和厚度、纤维的体积分数和弹性性能)对碳布/聚酯复合材料机械强度的影响，得到了具有优异机械强度的复合材料应采用的编织参数；Medina C 等人[32]研究了经向单向定向排列平纹编织、经纬方向平衡平纹编织以及 2/2 斜纹编织三种碳布/环氧树脂复合材料的平面剪切机械性能，发现编织结构对空隙的体积分数有较大的影响，但是当纤维体积分数接近时，这种影响变得很小；Rattan R 等人[33]研究了平纹、斜纹和缎纹(4H)编织碳布增强聚醚酰亚胺复合材料的低振幅振动磨损性能，发现平纹编织碳布复合材料表现出了最好的耐磨性能，而缎纹编织碳布复合材料表现出了最大的磨损；Zhou X H 等人[20]研究了由半干法和湿法制备的碳布/环氧树脂复合材料的摩擦磨损性能，发现半干法制备的复合材料表现出了更稳定的动摩擦因数-时间行为。

3. 碳布中碳纤维表面改性的影响

碳纤维的表面惰性，使其与树脂之间的结合性较差，这将导致整个碳布/树脂复合材料的机械和摩擦学性能较差，因而许多学者开展了通过纤维表面处理来改善纤维与树脂基体之间界面结合的研究工作。Su F H 等人[10]研究了硝酸刻蚀、等离子轰击以及阳极氧化三种碳纤维表面处理技术对碳布/酚醛树脂复合材料摩擦学和机械性能的影响，发现这三种处理方式都对碳布复合材料起到了减摩增磨的作用，同时也提高了机械性能和载荷携带能力。此外，阳极氧化处理的碳布复合材料表现出了最好的机械和摩擦学性能，而硝酸刻蚀处理的碳布复合材料表现出了最差的机械和摩擦学性能。Lee H S 等人[26]研究了微波等离子体处理的碳布增强低黏度环丁烯对苯二甲酸乙二醇酯低聚物复合材料的机械性能，发现经过微波等离子体处理的碳布改善了复合材料的拉伸强度，同时碳布与基体之间的界面结合和机械啮合也得到了明显改善。Hsieh C T 等人[34]研究了碳纤维表面氧化处理对活性碳布双电层电容电学性能的影响，发现法拉第电流和电容随着氧化程度的增加而增长，然而双层电容的增长是小的。Tiwari S 等人[17]研究了经过伽马射线处理的碳布增强聚醚酰亚胺复合材料的摩擦学性能，发现经伽马射线处理的复合材料的摩擦磨损性能和层间剪切性能都得到了改善。

4. 微/纳米颗粒添加的影响

为了改善碳布与树脂基体之间的界面结合，进而改善碳布复合材料的机械和摩擦学性能，国内外相关学者也开展了大量在碳布复合材料中引入微纳米颗粒的研究工作，这种微纳米颗粒的引入方式可以分为碳纤维表面生长微纳米颗粒和直接在碳布增强树脂基摩擦材料中添加微纳米颗粒两种。在纤维表面生长纳米颗粒方面，Zhang X 等人[35]研究了通过溶胶凝胶法制备的表面生长有纳米 SiO_2 的碳布增强酚醛树脂复合材料的摩擦磨损性能，发现 SiO_2 的生长使碳布复合材料的体积磨损率下降了 27%，同时摩擦因数也降低了 18%；Deka B K 等人[36]采用水热法在碳布表面均匀生长了 CuO 纳米线，并研究了编织碳纤维/聚酯复合材料的机械性能，发现 CuO 纳米线的引入使碳布复合材料的拉伸强度和拉伸模量分别提高了 42.8%和 33.1%；Kong K 等人[37]同样采用水热法在碳布表面生长了 ZnO 纳米线，并研究了碳布/聚酯复合材料的机械性能，发现拉伸强度提高了 32%，弹性模量提高了 25%；Dong L 等人[38]通过冷冻干燥和高温热解的方式在碳纤维表面生长了连续碳纳米管网络，并研究了碳布/环氧树脂复合材料的剪切性能，发现当碳纳米管的含量为1%时，剪切强度增长了12%，当碳纳米管的含量为2%时，剪切强度却下降了20%。

在微/纳米颗粒的添加方面，Kadiyala A K等人[39]等通过溶液浸渍法将纳米和微米BN引入到了碳布增强环氧树脂复合材料里，并研究了它们的摩擦磨损性能，发现BN的添加在降低磨损率的同时也降低了摩擦因数；Dong C P等人[22]采用预浸制备工艺将纳米炭黑引入到了碳布/酚醛树脂摩擦材料中，并研究了它们的摩擦磨损性能，发现纳米炭黑的加入降低了复合材料的磨损率，但也减小了摩擦因数；Su F H等人[9-40]通过浸涂法在碳布增强树脂复合材料中引入了Al_2O_3，Si_3N_4，SiO_2，TiO_2以及$CaCO_3$等纳米颗粒，并研究了它们的机械和摩擦学性能，发现这些纳米颗粒的引入改善了复合材料的结合强度和拉伸强度，同时也降低了材料的摩擦因数和磨损率；Zhang Z Z等人[41]同样采用浸涂法在碳布/酚醛树脂复合材料中引入了纳米ZnO和SiC，并研究了它们对碳布复合材料摩擦磨损性能的影响，发现复合材料的结合强度得到了改善，同时ZnO的引入也降低了磨损率和摩擦因数，SiC的引入不但降低了磨损率也增加了摩擦因数；Kumaresan K等人[42]通过手工涂覆的方法在碳布/环氧树脂复合材料中引入了微米SiC，并研究了它们的机械和摩擦学性能，发现复合材料的拉伸强度和拉伸模量都得到了改善，此外耐磨性能和摩擦因数也得到了提高；Wang Q等人[11]采用浸涂法将润滑剂石墨和MoS_2加入到了碳布增强酚醛树脂复合材料中，并研究了它们的摩擦磨损性能，发现复合材料的抗磨性能得到了改善，但是摩擦因数出现了下降。

6.2 工况条件对碳布增强树脂基摩擦材料的影响

碳布增强树脂基摩擦材料的摩擦学性能主要取决于各组分材料的性能(如碳纤维的表面处理、高分子基体种类及含量、微纳米填料颗粒改性)、制备过程以及碳布的编织特性等。除此之外，工况条件(如压力、转速、转动惯量和温度等)对摩擦学性能也有着非常关键的影响[43-45]。许多学者从实验和模拟仿真两个方面对这种影响进行了广泛深入的研究。

为了更好地认识工况条件对摩擦学性能的影响规律，相关学者展开了大量的实验性工作。Mäki R等人[46]研究了温度、法向压力以及转速对摩擦材料抗震颤性能的影响，发现当温度在30℃以上时，摩擦因数随着温度的增大而减小，并且法向压力对摩擦因数的影响非常小；Holgerson M等人[47]等通过降低法向压力优化了摩擦材料的平滑度和温度；Gopal P等人[48]阐明了碳纤维增强酚醛树脂摩擦材料的载荷、速度和温度的敏感度，发现动摩擦因数对外加载荷最敏感；Satapathy B K等人[49]研究了有机纤维增强复合摩擦材料摩擦磨损性能的敏感性，发现与有机纤维的变化相比，摩擦磨损性能对工况条件是更敏感的。为了进一步弄清工况条件对摩擦学性能的影响规律，许多研究者开展了模拟仿真工作，他们主要聚焦于传动过程中的扭矩应答。Gao H等人[50]通过建立数值模型研究了摩擦材料的属性和转动惯量对扭矩应答的影响，发现与制动时间相比，转动惯量对扭矩振幅的影响较小；Berger E J等人[51]通过建立有限元模型研究了外加载荷和沟槽对扭矩应答的影响，发现高的面压增加了峰值扭矩同时缩短了制动时间；Davis C L等人[52]提出了一个简易的方法，研究了热对扭矩应答的影响，发现高的温度同样可以增大峰值扭矩和缩短制动时间。然而，这些报道的研究对象主要是纸基摩擦材料，鲜有针对碳布增强树脂基摩擦材料开展的研究工作。

在湿式离合器不同的制动条件下，碳布增强树脂基摩擦材料(尤其是它们的表面结构)经历着复杂的物理化学变化，这将大大影响它们的摩擦学性能。同时，扭矩传递能力和摩擦稳定性将产生大的变化，继而将降低换挡过程中的可靠性和舒适性。因此，弄清工况条件对摩擦学性能的影响，对碳布增强树脂基摩擦材料的材料配比设计和过程优化是非常有意义的，继而能够帮助设计出具有更佳换挡舒适性和更安全的湿式离合器。除此之外，此项研究对丰富碳布增强树脂基摩擦材料的湿式摩擦理论也是非常有意义的。因此，为了充分发挥碳布增强树脂基摩擦材料的优势，研究工况条件对摩擦学性能的影响是非常有必要的。

在本节的研究中，为了更真实地反应实际工况条件下碳布增强树脂基摩擦材料的摩擦学性能和磨损机理，我们选用了 MM1000－Ⅱ型湿式盘对盘式摩擦材料摩擦磨损性能试验机对其摩擦学性能进行了测试，继而探索了工况条件(比压、转速和转动惯量)对摩擦学性能的影响规律。为了准确反映每一个工况条件决定摩擦学性能的相对重要性，我们设计、制定了详细的研究方案。

6.2.1　比压对碳布增强树脂基摩擦材料摩擦学性能的影响

一、比压对动摩擦因数的影响

弄清摩擦学性能与工况条件之间的关系对分析碳布增强树脂基摩擦材料在传动过程中的传动行为是非常重要的。Yang Y 等人[53]揭示了摩擦因数与转速之间的关系近似符合指数函数，同时提出了两种类型的摩擦因数-线速度曲线，一种是增长的摩擦因数-线速度曲线，另一种是下降的摩擦因数-线速度曲线；为了仿真湿式离合器传动过程中热对扭矩应答的影响，Davis C L 等人[52]和 Zagrodzki P 等人[52, 54]提出了一个精简的模型，并分析了速度、温度和载荷对粗糙接触扭矩的影响规律；Berger E J 等人[51]和 Gao H 等人[50]分别通过有限元模型和数值分析模型对湿式结合过程中的扭矩应答进行了模拟仿真，发现表面粗糙度、润滑油黏度、摩擦特性、材料的渗透率、转动惯量、沟槽面积比和弹性模量是决定扭矩应答的主要因素。然而，关于摩擦学性能与比压之间关系的研究却鲜有报道。

在湿式离合器传动过程中，总的压力由黏性压力和粗糙接触压力两部分组成。实际接触压力随着位置和时间的变化而改变。Zhu D 等人[55]，Hähn B R 等人[56]研究了表面粗糙度对压力的影响，基于粗糙高度的高斯分布获得了粗糙接触压力的分布函数；Berger E J 等人[51]基于结合过程中弹性变形的假设提出了粗糙载荷共享模型，并且按照有限元的方法提出了基元的黏性压力；Davis C L 等人[52]通过曲线拟合实验载荷数据，建立了外加载荷与时间的函数关系。因此，研究摩擦学性能随比压的变化规律对弄清湿式离合器结合过程是非常有意义的。

在本节中，我们制备包含 20%酚醛树脂的 12K 碳布复合材料，详细研究它的摩擦学性能和比压之间的关系，并且建立它们之间的函数关系(整个关系的核心是粗糙接触扭矩)。

1. 比压与表面形貌的关系

碳布经纬编织的特性使它表现出了独特的表面形貌特性，如大量的微孔和沟槽，纤维突出和裸露等[33, 57-58]。为了准确反映样品的表面形貌，我们选用了 3D 测试方法表征其表面，这种方法能够将整个测试区域考虑在内[59]。由碳布增强树脂基摩擦材料摩擦测试前、后的三维表面轮廓图(见图 6－1)可知，其表面形貌是各向异性的。与摩擦测试前样品的三维表面轮廓相比，摩擦测试后样品的三维表面轮廓除了部分高的粗糙峰被磨掉之外，几乎没有其他变化。同时也发现粗糙峰的高度分布是有规律的，并且在摩擦测试前其三维表面粗糙度是 1.274 μm，在摩擦测试后其为 1.265 μm。

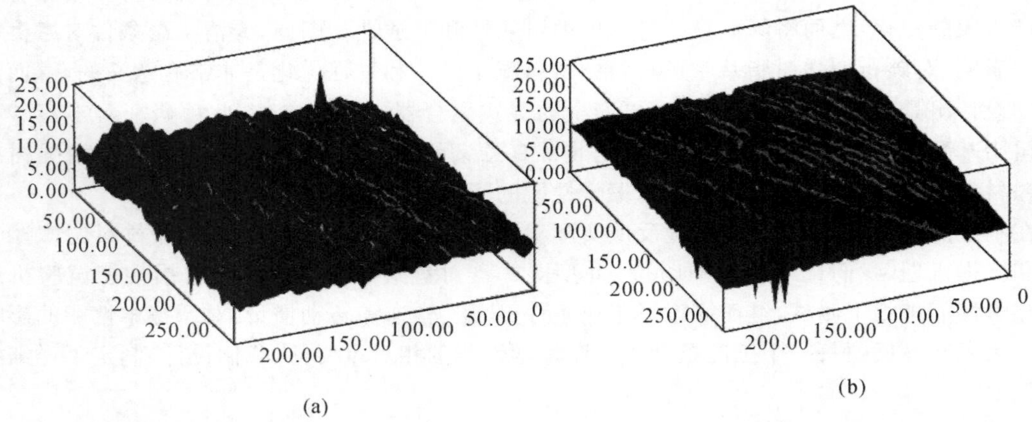

图 6-1　摩擦测试前、后样品的三维表面轮廓图

(a)前；(b)后

通过测试样品的表面形貌，我们获得了样品的表面参数，并将其应用于进一步的分析。图6-2表明样品拥有一个近似的高斯表面轮廓，因此我们假设样品的粗糙峰高度分布服从高斯表面粗糙峰分布函数，即

$$P(\eta^*)=\frac{1}{\sqrt{2\pi}}\exp[-\frac{(\eta^*)^2}{2}] \tag{6-1}$$

$$\eta^*=(\eta(x_i,y_i)-m)/\sigma \tag{6-2}$$

进而，我们通过引入误差 erf (h)，即

$$P(h)=\mathrm{erf}(h)=\frac{1}{\sqrt{2\pi}}\int_0^h\exp[-\frac{(\eta^*)^2}{2}]\mathrm{d}\eta^* \tag{6-3}$$

得到 $\eta(x_i,y_i)\leqslant h$ 的概率。式中：m 为算术平均数；σ 为标准差；η^* 为随机变量；$P(h)$ 为高斯累计分布函数。

图6-2显示了在 $-2\sim2$ 范围，$P(h)$ 随着 $\eta*$ 的增大而增大，并且这种关系在 $-1\sim1$ 范围接近线性增长[60]。

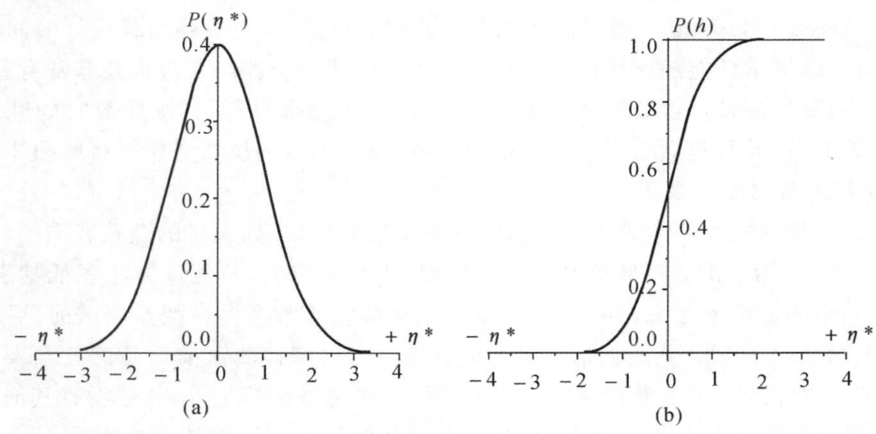

图 6-2　高斯粗糙峰分布的函数曲线

(a) 高斯概率密度函数曲线；(b) 高斯累计分布函数

2. 比压与压缩回弹性之间的关系

在实际的情况下，所有的工程材料表面几乎都是粗糙的，尤其是在微观尺度下[60]。因此，接触仅仅会出现在有粗糙峰交汇的地方，这导致与名义接触面积相比，实际接触面积是小的。在比压的作用下，材料发生的压缩变形可能是弹性的、塑性的和弹塑性的，这取决于名义压力、表面粗糙度以及材料的属性等因素[61-63]。一般而言，摩擦表面的变形总是被假设成弹性变形[51-55]。图 6-3(a) 所示为在循环压缩测试条件下不同压力的压缩载荷和位移之间的关系，可发现压缩位移随着压缩载荷的增大而增大，并且这种关系近似符合线性函数。图 6-3(b) 所示为在不同的压缩载荷条件下压缩四圈后样品的恢复率图，可发现恢复率都达到了 98.5% 以上。因此，在这种条件下出现的接触是弹性的，进而碳布增强树脂基摩擦材料的压缩变形是弹性的。与此同时，随机变量 $\eta*$ 随着比压的增大而增大。

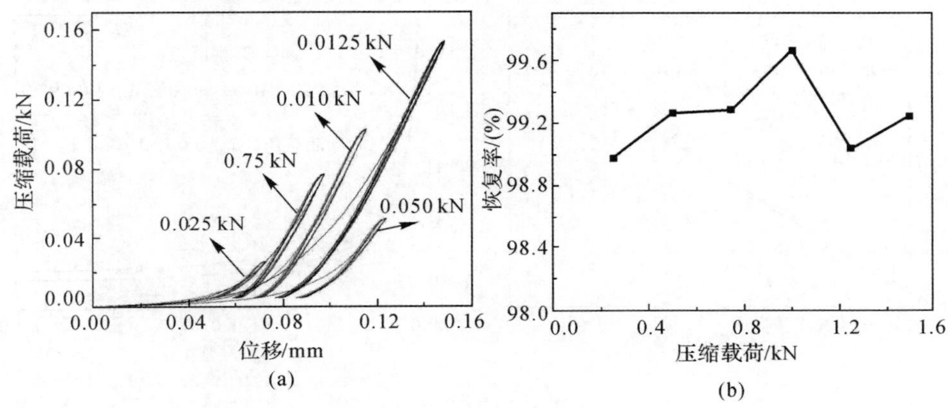

图 6-3　样品的压缩回弹性能图

(a) 位移-载荷关系图；(b) 第四圈过程中的载荷-恢复率图

3. 比压与摩擦学性能之间的关系

在结合过程中，比压是一个非常关键的参数，它决定了粗糙接触面积的大小[64]，进而也决定了动摩擦扭矩和动摩擦因数。图 6-4(a) 显示了当转速和转动惯量为 2 000 r/min 和 0.129 4 kg·m² 时，动摩擦扭矩随比压的变化关系。从图中可以看出，动摩擦扭矩随着比压的增大而增大，并且通过曲线拟合发现这种关系符合线性函数，即

$$M_d = \alpha p + \beta = 18.545\ 8p + 0.953\ 1 \qquad (6-4)$$

动摩擦因数可由式(2-1)和式(6-4)计算而得，即

$$\mu_d = \frac{3}{2\pi(R_o - R_i)} * \left(\frac{\beta}{p} + \alpha\right) = \gamma_1/p + \varepsilon_1 = 0.005\ 2/p + 0.100\ 7 \qquad (6-5)$$

图 6-4(b) 中的曲线 A 为在与动摩擦扭矩相同的测试条件下，样品的动摩擦因数与比压的关系。从图中可以发现，动摩擦因数随着比压的增大而减小，通过曲线拟合可获得动摩擦因数-比压之间的函数关系，即

$$\mu_d = \gamma_2/p + \varepsilon_2 = 0.005\ 5/p + 0.097\ 0 \qquad (6-6)$$

此外，我们也发现拟合的曲线 A 在计算曲线 B 下方，并且实验点均匀地分布在计算曲线两侧。这主要是由于在实际工况条件下，润滑油的存在降低了动摩擦因数，并且温度波动引起了润滑油黏度的波动，继而引起了动摩擦因数的波动。

4. 粗糙表面的接触模型

在湿式离合器的结合过程中，制动扭矩主要由润滑油剪切产生的黏性扭矩和粗糙接触产生的粗糙接触扭矩组成。非常小的黏性扭矩导致了结合扭矩主要由粗糙接触扭矩决定[50-53]。基于上述分析，我们提出了粗糙表面的接触模型，如图 6-5 所示。粗糙接触面积随着比压的增大而增大，但是单个接触点的基础面积是一定的。因此，粗糙接触面积增大的主要原因是接触点数量的增多，并且基于上述分析，这种关系是接近线性函数关系。$P(h_1 \leqslant h \leqslant h_0)$ 可以代表在确定的压力下粗糙接触面积的相对大小，有如下关系：

$$P(h_1 \leqslant h \leqslant h_0) = P(h_0) - P(h_1) \tag{6-7}$$

式中：$P(h_1 \leqslant h \leqslant h_0)$ 为 $h_1 \leqslant h \leqslant h$ 范围内的概率；h_0 为未施加比压时，粗糙峰接触高度的原始值；h_1 为在施加确定的比压后，粗糙峰接触高度值。

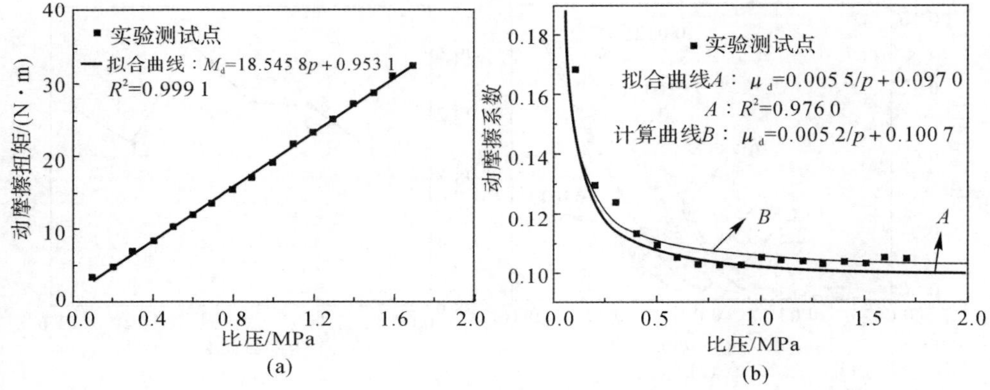

图 6-4　比压与摩擦学性能之间的关系图

(a) 动摩擦扭矩-比压；(b) 动摩擦因数-比压

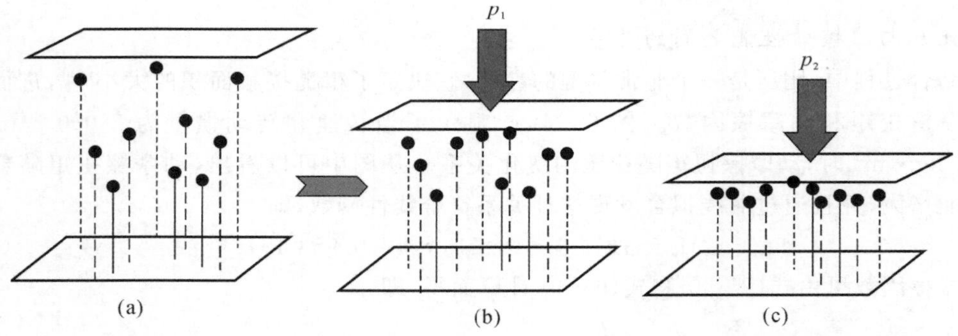

图 6-5　粗糙表面的接触模型

此外，粗糙接触面积决定了动摩擦扭矩，并且动摩擦扭矩随着粗糙接触面积的增大而增大。因此，动摩擦扭矩与比压之间的关系是线性的。单位面积的粗糙峰数量决定了动摩擦扭矩-比压曲线的斜率，其随着接触粗糙峰数量的增多而增大。因此，碳布增强树脂基摩擦材料不同的表面结构对动摩擦扭矩有着非常大的影响。随着比压的增大，表面粗糙度减小，导致了动摩擦因数减小，这主要是由于粗糙接触面积的增大会使表面变得光滑。因此，动摩擦因数随着比压的增大而减小，并且当比压变得非常大时，动摩擦因数将变得非常小。

5. 接触模型的检验

为了进一步验证接触模型的合理性，我们将动摩擦因数-比压的拟合关系（式(6-6)）和计算关系（式(6-5)）进行了对比分析，发现两条曲线之间的间隙是窄的，并且相对误差 $\gamma\%$ 和 $\varepsilon\%$ 分别为 5.77% 和 3.67%，其计算式分别为

$$\gamma\% = \frac{\gamma_2 - \gamma_1}{\gamma_1} \times 100\% \tag{6-8}$$

$$\varepsilon\% = \frac{\varepsilon_1 - \varepsilon_2}{\varepsilon_1} \times 100\% \tag{6-9}$$

因此，粗糙表面的接触模型是相对合理的。

二、比压对扭矩曲线的影响

摩擦扭矩曲线通常可以分为三个阶段，分别是压膜阶段、混合粗糙接触阶段和粗糙接触阶段[65]。μ_i，μ_d 和 μ_o 分别是初始结合阶段、滑动阶段和终止结合阶段的摩擦因数，如图 6-6 所示。在粗糙接触阶段，动静摩擦因数之间的转换产生扭矩跳动，这称为“公鸡尾”现象，它能够反应湿式离合器的震颤特性[66]。从图 6-6 中还可以看出，结合扭矩主要由流体剪切产生的黏性扭矩和表面粗糙峰剪切产生的粗糙接触扭矩两部分构成的，并且流体剪切主要影响阶段Ⅰ，粗糙接触扭矩决定了整个扭矩[50]。因此，摩擦扭矩图是结合时间、摩擦稳定性和震颤特性的综合反映[67]。摩擦稳定性主要通过混合粗糙接触阶段的波动性来反映，震颤特性主要通过公鸡尾现象来反映。本节选择混合粗糙接触阶段扭矩的变异系数(C. V)来表征摩擦稳定性。

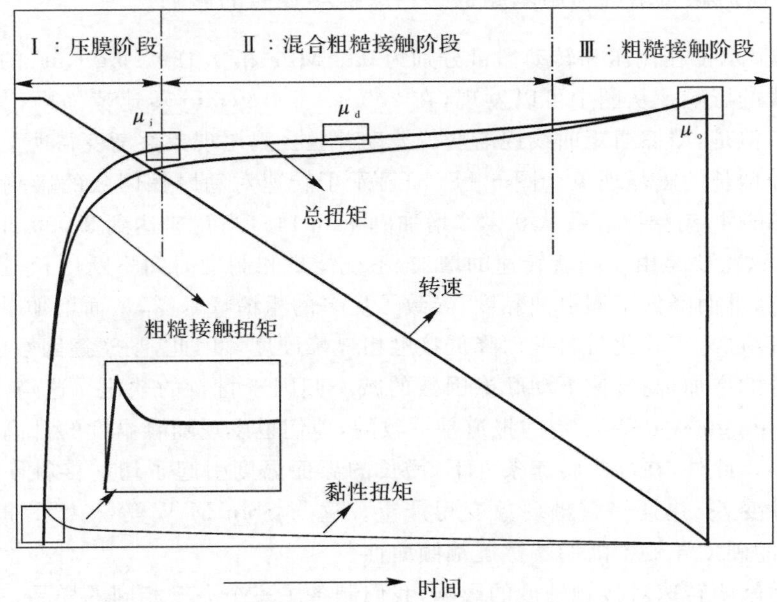

图 6-6　碳布增强树脂基摩擦材料在结合过程中的摩擦扭矩曲线原理图

图 6-7 所示为当转速和转动惯量分别保持在 1 000 r/min 和 0.129 4 kg·m^2 时，不同比压下的扭矩曲线。从图中我们可以发现，随着比压从 0.2 MPa 增加到 1.6 MPa，在混合粗糙接触阶段摩擦扭矩从 4.35 N 增加到了 44.35 N，制动时间从 4.06 s 减少到了 0.66 s。然而，在混合粗糙接触阶段的摩擦扭矩曲线的波动性却逐渐变大，预示着摩擦稳定性逐渐下降。同时，在由混合粗糙阶段向粗糙接触阶段过渡过程中，高比压下的公鸡尾现象变得明显，这意味

着湿式离合器结合过程中的震颤现象逐渐变得明显。这主要是由于在高的比压条件下，接触粗糙峰趋于产生大的塑性变形继而较弱的粗糙峰发生断裂，降低了接触表面的稳定性，继而降低了摩擦稳定性。

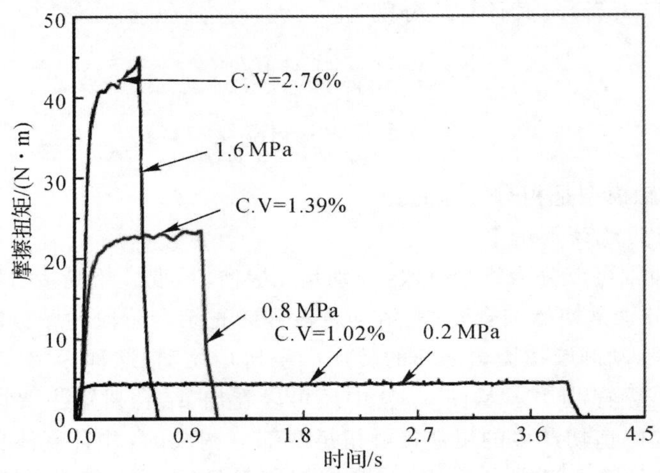

图 6-7　不同比压条件下的摩擦扭矩曲线

6.2.2　转速对碳布增强树脂基摩擦材料摩擦学性能的影响

图 6-8(a)显示了在比压和转动惯量分别为 0.6 MPa 和 0.129 4 kg·m^2 的条件下，转速对摩擦扭矩曲线的影响。从图中可以发现，在 200～2 600 r/min 转速范围内，其对摩擦扭矩的影响非常小。但是，摩擦扭矩曲线逐渐变得波动并且公鸡尾现象逐渐变得明显，预示着下降的摩擦稳定性和增长的震颤现象。图 6-8(b)显示了转速对动摩擦因数的影响，发现当转速小于 1 200 r/min 时，动摩擦因数从 0.132 增加到了 0.145，当转速达到 3 000 r/min 时，又下降到了 0.132。这主要是由于随着转速的增加，系统能量和制动时间不断增长，这明显地增长了摩擦界面温度，继而降低了润滑油黏度，导致了更多的粗糙峰暴露，从而增加了接触粗糙峰。然而，过高的温度也易于软化材料继而降低接触粗糙峰硬度。因此，动摩擦因数的增长主要归因于接触粗糙峰的增加，高转速下动摩擦因数的减小归因于材料的软化。这与 Hong U S 等人[68]和 Ompusunggu A P 等人[69]的报道是一致的，他们也发现随着温度的升高，摩擦因数首先增长然后减小。此外，在高的转速条件下，增长的界面温度引起了切向接触硬度的下降，继而使摩擦稳定性变差，并且使震颤现象变得严重。这与 Shin M W 等人[70]的报道也是一致的，他们认为低的硬度导致了高的摩擦震颤倾向性。

为了更好地阐明转速对接触硬度的影响，我们制备了三个完全相同的样品，在不同的转速条件下，进行了 100 次连续结合的实验，继而通过温度传感器获得了对偶盘在每次结合过程中的最高温度，如图 6-9(a)所示。随着制动圈数的增多，最高温度首先增长到最大值，然后维持在一个常数附近。值得注意的是，在高的转速下，温度是高的，并且当转速为 200 r/min，1 000 r/min和 2 600 r/min 时，其稳定的温度分别是 59℃，68℃和 81℃。与此同时，我们采用 CMT5304-30KN 型万能力学测试仪，在 100 N 的载荷下，对结合试验后的样品进行了压缩率测试，继而获得了不同温度条件下的载荷-位移曲线。如图 6-9(b)所示，随着温度的升高，样品的压缩率增大，这意味着在高转速下的样品拥有低的接触硬度。因此，在高的转速条件下，高的温度导致了材料低的接触硬度，这与上述转速对摩擦学性能影响的推断是一致的。

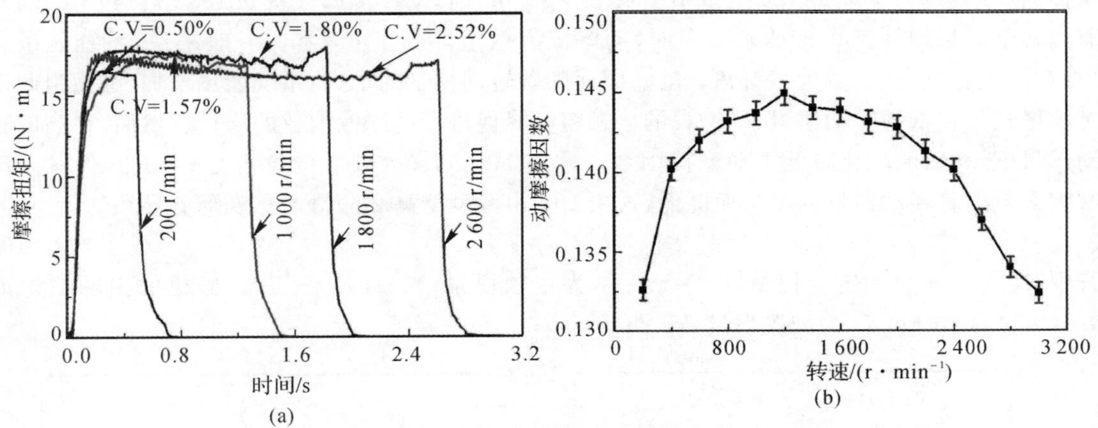

图 6-8　不同转速条件下的摩擦学性能图

(a)摩擦扭矩曲线；（b)动摩擦因数

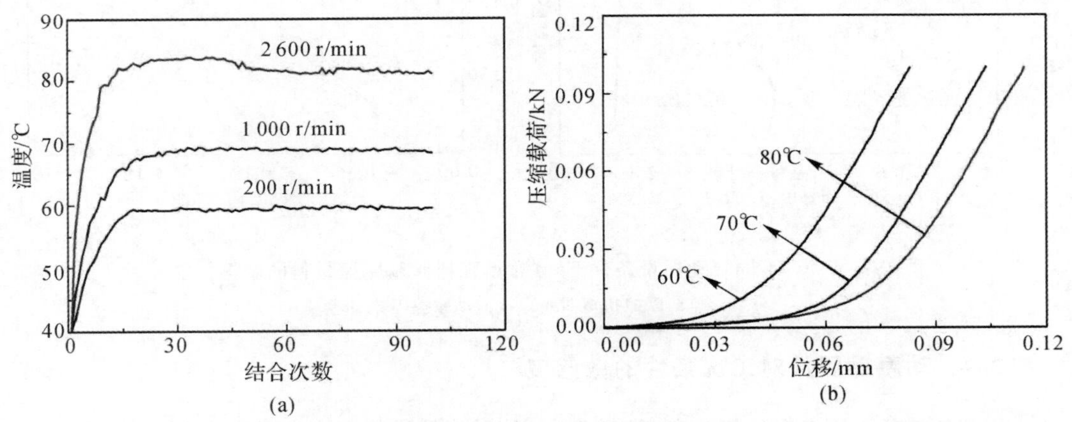

图 6-9　转速对对偶盘温度和样品压缩性能的影响

(a)不同的转速条件下，最高温度与结合次数之间的关系图；（b)不同的温度条件下，样品的压缩载荷-位移曲线

6.2.3　转动惯量对碳布增强树脂基摩擦材料摩擦学性能的影响

不同的载荷和摩擦材料能够引起不同的系统惯量，因此研究转动惯量对摩擦学性能的影响规律是非常有意义的。通过式(6-10)可以计算得到系统总的转动惯量。由它可知，通过改变配置惯量的大小，可以控制总的惯量的大小。为了改变配置惯量的大小，我们将具有不同惯量的惯量盘(见图 2-6(a)中Ⅰ)装在了试验机上。图 6-10(a)所示为当比压和转速分别为 1.0 MPa和 2 000 r/min 时，不同转动惯量条件下，试样的摩擦扭矩曲线图。从图中可以看出，随着转动惯量从 0.05 kg·m^2 增长到 0.22 kg·m^2，结合时间从 0.62 s 延长到了 2.69 s，增加了 3.3 倍，这意味着缓慢的能量耗散。Gao H 等人[50]也报道了同样的现象，他们发现对于具有低的转动惯量的离合器，其结合时间是短的，同时系统能量的耗散也是快的。相反，随着转动惯量从 0.05 kg·m^2 增长到 0.13 kg·m^2，摩擦扭矩从 17.08 N·m 增长到了 19.83 N·m，

当转动惯量继续增长到 0.22 kg·m^2 时，摩擦扭矩降到了 18.30 N·m。此外，随着转动惯量的增长，扭矩曲线的波动性增大，意味着下降的摩擦稳定性。图 6-10(b)所示为转动惯量对摩擦因数的影响，发现当转动惯量小于 0.13 kg·m^2 时，动摩擦因数从 0.128 增长到了0.143，而当转动惯量增加到 0.22 kg·m^2 时，动摩擦因数下降到了 0.126。一般来说，系统能量与 $1/2I_0\omega^2$ 成正比，式中 ω 为相对角速度。因而随着转动惯量的增大，系统能量增加，继而引起温度的增长。在低的转动惯量下，增长的接触粗糙峰促进了动摩擦因数的增长。然而，在高的转动惯量下，材料的软化降低了动摩擦因数。这与 Holgerson M[71] 的发现是一致的，他发现动摩擦因数随着转动惯量的增长而降低，这主要是由温度增高和润滑油黏度降低导致的。

$$I_0 = I_1 + I_2 \tag{6-10}$$

式中：I_0 为系统总的转动惯量，kg·m^2；I_1 为主轴惯量（MM1000－Ⅱ 试验机的主轴惯量为 0.029 4），kg·m^2；I_2 为配置惯量，kg·m^2。

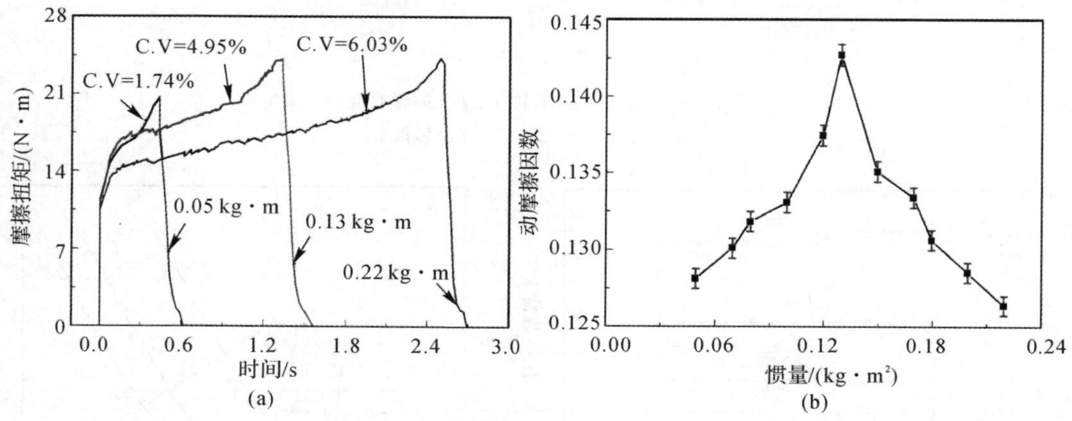

图 6-10　不同转动惯量条件下，碳布增强树脂基摩擦材料的摩擦性能

(a)摩擦扭矩曲线；　(b)动摩擦因数

6.2.4　动摩擦因数对工况条件的敏感度

由于我们期望不管工况如何改变，碳布增强树脂基摩擦材料都能表现出稳定的摩擦性能，因而研究动摩擦因数对工况条件的敏感度是非常有意义的。Zhang X 等人[66,72]通过研究纸基摩擦材料的摩擦磨损性能发现，随着玻璃纤维含量从 0 增长到 20%，连续结合过程中的变异系数从 2.7%增加到了 4.8%，随着矿物纤维含量从 0 增长到 20%，变异系数从 1.3%增加到了 2.1%。因此，变异系数在 3%～5%范围的不同属于有较大差异，能够很好地反应敏感度的不同。图 6-11 所示为不同工况条件下动摩擦因数的变异系数，从图中可以看出，比压条件下的变异系数是最大的，这意味着摩擦因数对比压是最敏感的，紧接着是转动惯量和转速。这与 Fei J 等人[73]的报道也是一致的，他们发现对于碳纤维增强纸基摩擦材料，比压对摩擦稳定性有着最明显的影响。

6.2.5　不同对偶材料对碳布增强树脂基摩擦材料的影响

由于运动机械和装备应用条件的不同，摩擦副的对偶盘使用材料也各有不同，在结合过程中摩擦材料摩擦磨损性能不仅取决于摩擦材料本身，而且和对偶材料也有很大的关系。以往学者为了满足结合过程的要求，往往将大量的精力集中在摩擦材料本身性能的提高上，而对对偶材料的研究较少[74-76]。因此，本节制备了一种碳布增强湿式摩擦材料，分别与以 45# 钢、Cr12 钢、不锈钢、铜为对偶材料进行摩擦磨损性能的测试，为对偶材料的选择提供理论依据。本节将 45# 钢、Cr12 钢、不锈钢、铜四种对偶材料对应的碳布增强树脂基摩擦材料分别标记为 CP1，CP2，CP3 和 CP4。

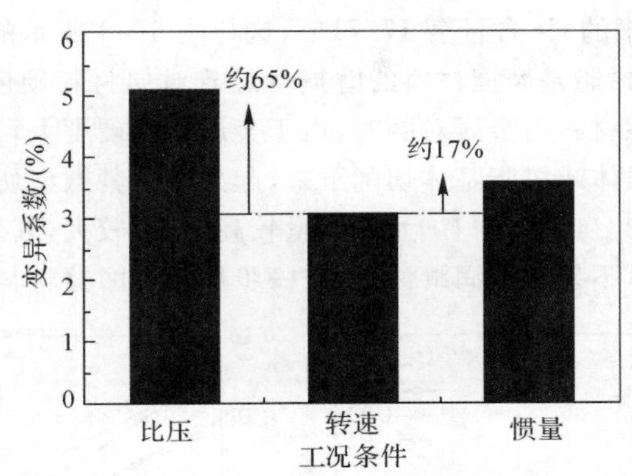

图 6－11　不同工况条件下动摩擦因数的变异系数

1. 不同对偶材料对碳布增强树脂基摩擦材料动摩擦因数的影响

图 6－12(a)所示为在不同对偶材料条件下碳布增强树脂基摩擦材料动摩擦因数和比压的关系曲线。从图中可以看出，当比压为 40 N 时，碳布增强树脂基摩擦材料的动摩擦因数以 Cr12 钢为对偶材料时最大，而到了高压力下，碳布增强树脂基摩擦材料的动摩擦因数以不锈钢为对偶材料时最大。这是因为 Cr12 钢和不锈钢两种对偶材料的硬度最大，表面粗糙峰不易挤压变形，从而导致了同等压力下较高的动摩擦因数。同时我们发现，摩擦材料样品动摩擦因数随着比压的增大而下降，其中 CP1 动摩擦因数从 0.194 降低到 0.126，降低了 35.1%；CP2 动摩擦因数从 0.208 降低到 0.126，降低了 39.4%；CP3 动摩擦因数从 0.199 降低到 0.136，降低了 31.7%；CP4 动摩擦因数从 0.156 降低到 0.132，降低了 15.4%。这些现象说明碳布增强树脂基摩擦材料以铜为对偶材料时，其比压稳定性能最好，这是因为铜的硬度最小，在比压为 40 N 时表面粗糙峰就发生挤压变形，微凸体被磨平，导致真实接触面积增大，从而降低了动摩擦因数，在高压力下，真实接触面积继续增大，但增大幅度较小，导致动摩擦因数下降幅度较小，比压稳定性能最好。

图 6－12(b)所示为在不同对偶材料条件下，碳布增强树脂基摩擦材料动摩擦因数和转速的关系曲线。从图中可以看出，随着转速的增加，样品的动摩擦因数均有所降低，其中 CP1 动摩擦因数从 0.139 降低到 0.093，降低了 33.1%；CP2 动摩擦因数从 0.138 降低到 0.090，降低了 34.8%；CP3 动摩擦因数从 0.150 降低到 0.103，降低了 31.3%；CP4 动摩擦因数从 0.150 降低到 0.100，降低了 33.3%。这是因为在高转速条件下，制动能量增加，摩擦面瞬时温度升高，润滑油黏度降低以及树脂基体的软化导致动摩擦因数降低。同时变化幅度不大的动摩擦因数说明，在不同转速条件下，四种对偶材料在结合过程中对碳布增强树脂基摩擦材料动摩擦因数的影响较小，这可能是因为随着转速的增大，碳布增强树脂基摩擦材料与对偶材料在滑动过程中更多的动能转化为热能使对偶材料和摩擦表面温度升高，但是这种升高不足以引起对偶材料的软化，所以四种对偶材料对应碳布增强树脂基摩擦材料在不同转速条件下变化幅度相差不大。

2. 不同对偶材料对碳布增强树脂基摩擦材料磨损量的影响

图 6-13 为在不同对偶材料条件下碳布增强树脂基摩擦材料的磨损量对比图。从图中可以看出 CP4 的磨损量最小，仅为 4.04 mm^3，表现出较好的耐磨性能，而 CP3 的磨损量最大，为 16.6 mm^3。对比表 6-1 给出的对偶材料表面的 EDS 分析结果可以发现不锈钢的 Cr 含量最高，为 19.08%，而 Cr12 钢的 Cr 含量为 17.71%，这与图 6-3 所示的摩擦材料的磨损量呈正比例关系，说明碳布增强树脂基摩擦材料的磨损量随着对偶材料硬度的增大而变大。这是因为当碳布增强树脂基摩擦材料与金属对磨时，由于金属表面硬度大，其坚硬的微凸体在制动过程中容易将摩擦材料增强体或树脂基体切削下来，起到了一种微型切削的作用，造成了摩擦材料的严重磨损。不锈钢和 Cr12 钢中 Cr 元素含量较高，硬度较大，其对摩擦材料的切削作用更加明显，同时在制动过程，不易形成润滑油膜，进一步加大了摩擦材料的磨损。

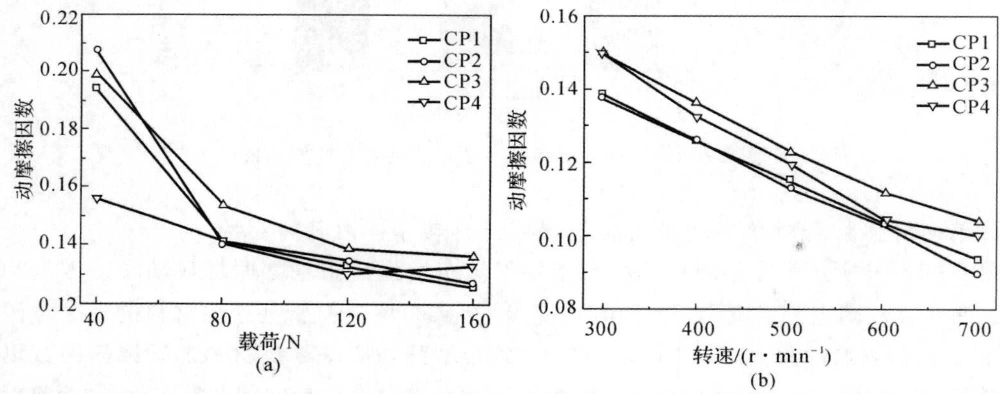

图 6-12　碳布增强树脂基摩擦材料动摩擦因数和载荷、转速的关系曲线

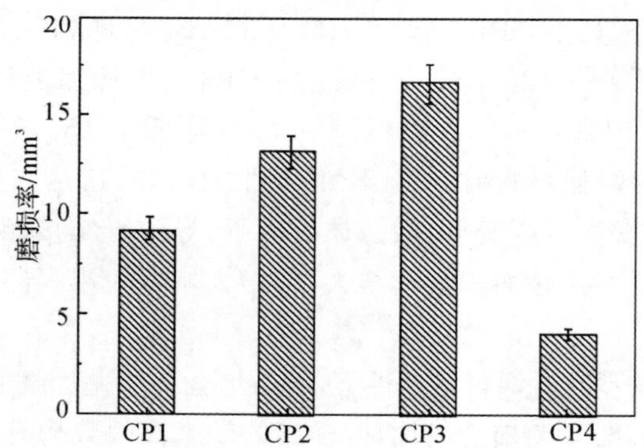

图 6-13　碳布增强树脂基摩擦材料的磨损量对比图

表 6-1　对偶材料磨损表面的 EDS 分析

样品	C/(%)	O/(%)	Si/(%)	Cr/(%)	Fe/(%)	Ni/(%)
45# 钢	3.94	0.33	0.59	0.54	93.69	0.90
Cr12 钢	5.21	2.46	1.24	17.71	66.90	6.48
不锈钢	10.07	2.19	0.46	19.08	68.19	0

3. 碳布增强树脂基摩擦材料和对偶材料的磨损形貌分析

图 6－14 所示为在不同对偶材料条件下的碳布增强树脂基摩擦材料经过摩擦磨损试验后表面的微观形貌照片。可以发现以 Cr12 钢和不锈钢为对偶材料的摩擦材料表面出现了纤维断裂、纤维拔出和大量的磨屑等现象，其磨损方式主要是机械剥离和磨粒磨损，导致较高磨损量；以 45# 钢为对偶材料的摩擦材料表面出现了纤维破损、少量的纤维断裂和少量的磨屑等现象，其磨损方式以磨粒磨损和黏着磨损为主，导致碳布增强树脂基摩擦材料耐磨性能有所提升；以铜为对偶材料的摩擦材料表面纤维断裂和磨屑等现象明显减少，碳纤维表面光滑，存在部分纤维破损现象，同时碳纤维与树脂基体具有良好的界面结合，主要以黏着磨损为主，所以磨损量较低。

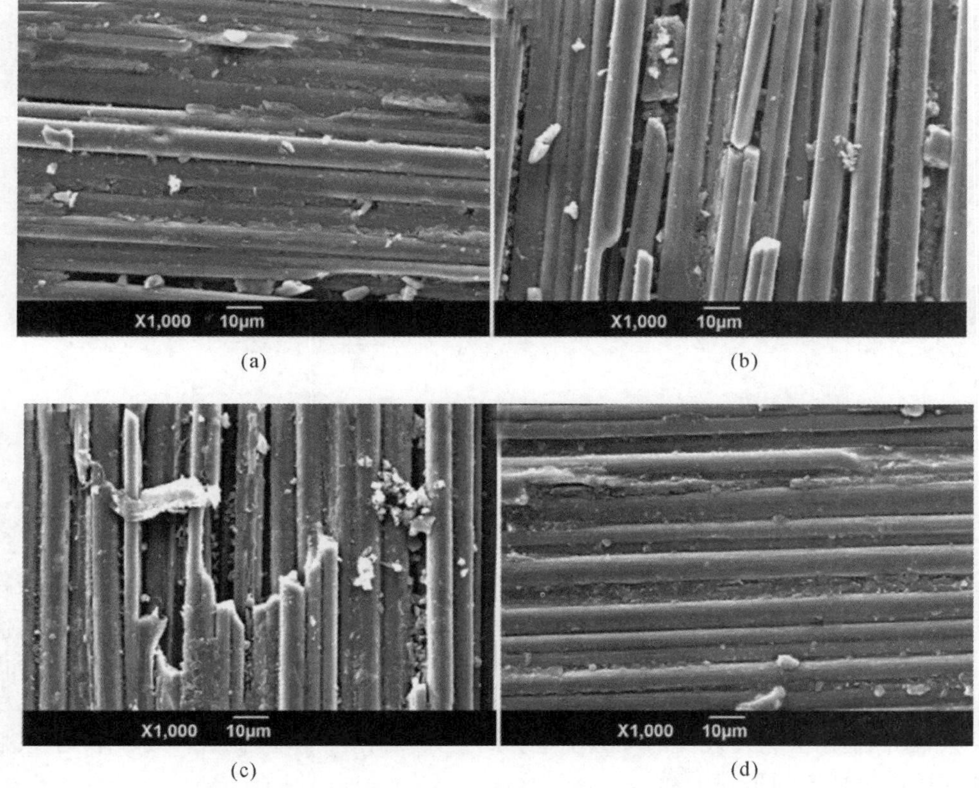

(a)　(b)　(c)　(d)

图 6－14　碳布增强树脂基摩擦材料磨损表面的微观形貌

(a)CP1；(b)CP2；(c)CP3；(d)CP4

图 6－15 所示为四种对偶材料经过摩擦磨损试验后表面的微观形貌照片。从图 6－15(b)(c)可以看出，Cr12 钢和不锈钢表面出现了较宽较深的犁沟和大量的塑性变形，这是碳纤维颗粒和对偶材料颗粒对对偶材料表面造成的严重磨损现象。图 6－15(a)所示的 45# 钢磨损表面有较细的划痕和较浅犁沟，这是由于黏着磨损和磨粒磨损的共同作用导致了摩擦材料较低的磨损量。与上述不同，铜磨损表面较光滑、平整(见图 6－15(d))，并形成了一层薄的转移膜，能够有效增加润滑性能，从而提高碳布增强树脂基摩擦材料的耐磨性能。

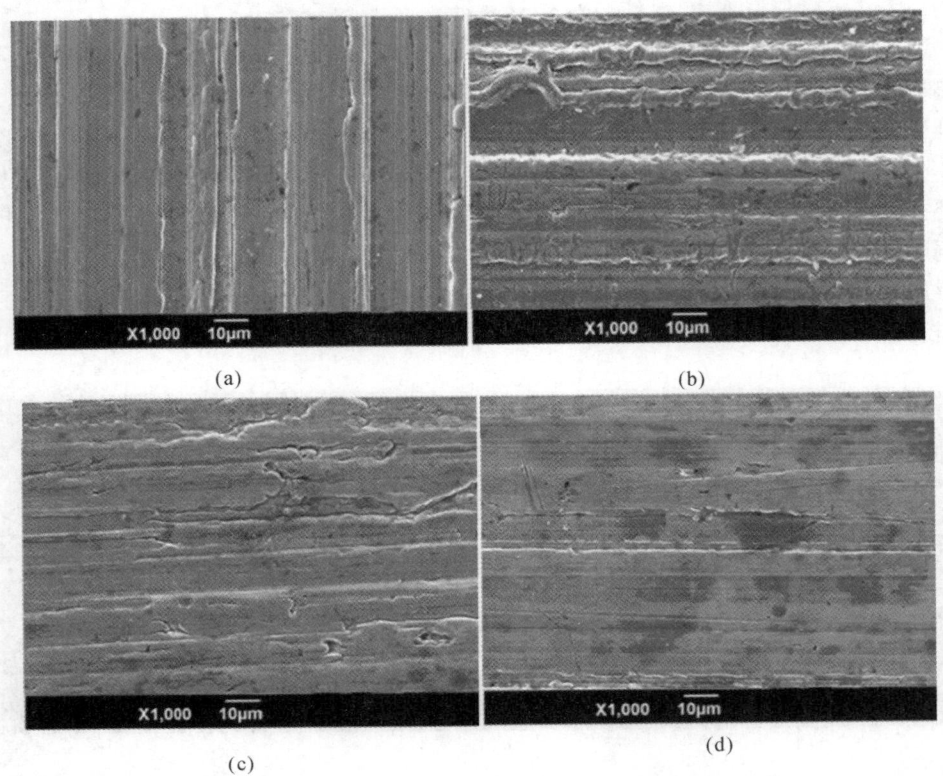

(a) (b) (c) (d)

图 6-15 对偶材料磨损表面的微观形貌

(a)CP1; (b)CP2; (c)CP3; (d)CP4

6.2.6 小结

本节系统研究了工况条件(比压、转速、转动惯量和对偶材料)对碳布增强树脂基摩擦材料摩擦学性能(摩擦因数、扭矩、摩擦稳定性以及摩擦震颤等)的影响规律。为了更好地阐明这种规律,本书也详细研究了碳布增强树脂基摩擦材料的压缩回弹性和表面结构。其具体结论如下:

(1)随着比压的增大,动摩擦扭矩呈线性增长,动摩擦因数呈反比例减小。为了解释这种函数关系,我们提出了粗糙表面的接触模型。此外,随着比压的增大,结合效率增大,但是摩擦稳定性和抗震颤性能却出现下降。

(2)随着转速的增大,动摩擦因数和结合效率都先增大后减小,而摩擦稳定性和抗震颤性能出现下降。

(3)随着转动惯量的增大,动摩擦因数和结合效率先增大后减小,摩擦稳定性和抗震颤性能逐渐下降。

(4)对于比压、转速和转动惯量三个工况条件,动摩擦因数对比压是最敏感的,其次是转动惯量和转速。

(5)以铜为对偶材料时,碳布增强树脂基摩擦材料动摩擦因数的比压稳定性最好。不同对偶材料对碳布增强树脂基摩擦材料结合过程中的磨损量影响较大,以铜为对偶材料,可以大大降低对摩擦材料的损伤,在四种对偶材料中以铜为对偶材料的碳布增强树脂基摩擦材料的磨损量最低,为 4.04 mm^3,仅为以不锈钢为对偶材料样品的 24.3%。碳布增强树脂基摩擦材料与不锈钢、Cr12 的磨损以磨粒磨损为主，与铜磨损时以黏着磨损为主。

6.3　连续结合条件下碳布增强树脂摩擦材料的性能变化

湿式离合器经常应用于自动变速器和差速器中的车辆传动装置。摩擦在其中扮演着非常重要的角色，它能够在油润滑环境下通过施加垂直力使对偶盘和摩擦衬片从相对转动达到相对静止的状态[77]。在湿式离合器整个工作寿命期间，摩擦衬片（尤其是其表面结构）经历着复杂的物理和化学变化，导致了其摩擦学性能在不断地发生变化，进一步影响了扭矩传递能力和摩擦稳定性，这将大大影响换挡的安全性和舒适性。在碳布增强树脂基摩擦材料的整个寿命中，其磨损性能起着非常重要的作用，并且将大大地影响它们的表面结构[78]。Zhang X 等人[35]和 Weibin L 等人[79]等探索了 2D 编织碳布/酚醛树脂复合材料的磨损行为，发现它们的磨损机理从初期的黏着磨损转换到后期的磨粒磨损；Bijwe J 等人[13]研究了碳布增强聚醚酰亚胺复合材料的磨粒磨损性能，继而详细说明了纤维损伤机理；Kumaresan K 等人[42]研究了碳布增强环氧树脂复合材料的干式滑动磨损性能，发现在两个高速滑动的表面，磨粒磨损机理占据着主要的作用[79]。因此，不同的碳布复合材料展现了不同的磨损机理，并且上述碳布复合材料以磨粒磨损为主要的磨损机理。此外，大部分用作摩擦组件的碳布复合材料大都表现出了两种或两种以上磨损机理的交互。尽管上述磨损机理是在研究碳布复合材料的干式磨损性能中提出的，但是仍然能够为碳布复合材料在它们整个寿命中磨损机理的研究提供依据。

综上，关于工作在油润滑环境条件下的碳布增强树脂基摩擦材料在其整个工作寿命期间的摩擦学性能的研究是非常少的。在之前的报道中，滑动时间通常较短，并且工况条件通常也与实际相差较远。因此，弄清工作在油润滑环境条件下的碳布增强树脂基摩擦材料在其整个工作寿命期间的摩擦性能和磨损机理对于优化材料配比、改善材料制备方法和丰富摩擦学理论是非常有意义的，继而为延长碳布湿式离合器的工作寿命、提升换挡的安全性和舒适性提供设计和制造依据。由于工作里程超过 100 000 km 时，湿式摩擦材料将出现较严重的磨损和不稳定的扭矩传递，此时需要更换摩擦衬片。为了更好地反应碳布增强树脂基摩擦材料在其寿命不同阶段的摩擦性能和磨损机理，我们选择了 10 000 次连续结合过程（假设每 10 km 换一次档，100 000 km 换挡为 10 000 次）。在本节，为了获得实际工况条件下碳布增强树脂基摩擦材料的摩擦学性能，我们选择了 QM1000－Ⅱ型湿式盘对盘式摩擦材料摩擦磨损性能试验机。此外，为了更好地弄清碳布增强树脂基摩擦材料在其整个工作寿命中的摩擦性能和磨损机理，我们详细研究了在油润滑条件下，连续结合 10 000 次过程中，碳布增强树脂基摩擦材料摩擦学性能的变化；同时，也分析了整个结合过程中碳布增强树脂基摩擦材料的磨损表面、TG－DTG 曲线及机械性能，并且提出了磨损机理。在实际测试过程中，两次连续制动过程之间的时间间隔为 30 s，每 1 000 次结合过程为一个周期，一共进行 10 个周期。整个摩擦学性能的测试过程中，N32 号机油的温度和流速分别控制在 40℃和 90 mL/min，比压、转速和转动惯量分别控制在 1.0 MPa，2 000 r/min 和 0.129 4 kg·m^2。此外，为了更好地研究不同结合次数后，碳布增强树脂基摩擦材料的磨损表面和拉伸强度，我们在相同条件下制备三个相同的样品，分别对它们进行 0 次、5 000 次和 10 000 次连续结合过程的测试。

6.3.1　连续结合过程中的摩擦学性能

1. 动摩擦因数

摩擦材料的表面结构和工况条件（尤其是比压）对动摩擦因数有着非常重要的影响[35]，因而在连续结合过程中，表面结构和比压的变化大大地影响着动摩擦因数。如图 6－16(a)所示，在 8 000 次之前，动摩擦因数从 0.115 增长到了 0.158，然后随着结合次数继续增长到 10 000 次，又下降到 0.147。8 000 次之前动摩擦因数的增长主要归因于黏着磨损和其产生的大量磨屑引起的磨粒磨损，8 000 次之后动摩擦因数的下降主要归因于碳布增强树脂基摩擦材料的热衰退。黏着磨损能够扩大接触面积继而增大动摩擦因数，这已经被 Ompusunggu A P 等人从理论和试验两个方面证明[69]。磨屑进一步增加了接触粗糙峰的机械啮合，继而导致了动摩擦因数的增长，这也被 Suh N P[80] 和 Lee H G[81] 等人报道。

图 6－16(b)显示了在 0 次，5 000 次，8 000 次和 10 000 次结合之后，比压对动摩擦因数的影响，从图中可以发现随着比压的增大动摩擦因数减小，这主要是由于粗糙峰机械啮合和油膜剪切应力的下降导致的。在高的比压下，更多的润滑油从摩擦材料中挤出，覆盖了更多的接触粗糙峰，导致了摩擦界面机械啮合的下降。此外，高的比压增高了摩擦界面温度，继而降低了润滑油黏度，导致了润滑油膜产生剪切力的下降。同时，我们也发现在 8 000 次之前，所有比压下的动摩擦因数都呈现增长的趋势，随着结合次数的继续增长，又出现下降的趋势，这与图 6－16(a)中动摩擦因数的变化趋势是一致的。

如图 6－16(c)所示，动摩擦因数的变异系数随着结合次数的增加而增大，意味着动摩擦因数对比压的稳定性下降，这主要是由于接触粗糙峰的改变，即动摩擦因数随着接触粗糙峰的增多而增大。在连续的摩擦和高温的作用下，树脂基体的热分解导致了碳布增强树脂基摩擦材料的热衰退，这硬化了材料的接触表面继而使其变得难以压缩。对于一种确定的碳布增强树脂基摩擦材料，表面粗糙峰的数量是相近的，其高度分布服从高斯分布函数。因此，随着压缩率的增长，接触粗糙峰的数量增长。对于具有较高硬度的粗糙表面，随着比压的增大压缩位移的增长是小的，这导致接触粗糙峰的数量的增长是小的，因而随着结合次数的增加，动摩擦因数对比压的敏感度增大。为了确认这个推断，我们对碳布增强树脂基摩擦材料在 0 次，5 000 次，8 000 次和 10 000 次结合后的压缩模量进行了测试，结果如图 6－16(d)所示。随着结合次数的增加，压缩模量增大，意味着表面硬度增大。值得一提的是，增加的表面硬度增长了换挡系统的硬度继而降低了换挡过程中踩踏的舒适性[70]。Koizumi N 等人也发现通过设计摩擦材料的表面硬度可以改善踩踏舒适性[82]。因此，随着结合次数的增加，踩踏舒适性逐渐变差。

2. 摩擦扭矩曲线

摩擦扭矩曲线能够完整反映结合过程中的三个阶段（压膜阶段、混合粗糙接触阶段和粗糙接触阶段）、结合时间、摩擦稳定性和震颤现象等[43, 66, 83]。如图 6－16(e)所示，在 8 000 次之前，结合时间首先从 1.42 s 缩短到 0.87 s，然后随着结合次数增长到 10 000 次，结合时间又延长到了 0.96 s，这意味着在 8 000 次结合之后的短时间内，结合效率是最好的。结合时间的缩短主要是由于动摩擦因数的增长引起的，这已经被 Ompusunggu A P 等人所证实[84]。相反，在混合粗糙接触阶段摩擦扭矩值首先从 21.35 N·m 增长到了 28.40 N·m，继而下降到了 26.86 N·m，意味着在 8 000 次结合之后的短时间内，扭矩传递能力达到了峰值。此外，在混合粗糙接触阶段，摩擦扭矩曲线的波动预示着随着结合次数的增加，摩擦稳定性逐渐变差。在混合粗糙接触阶段向粗糙接触阶段过渡的过程中，扭矩曲线的翘起（公鸡尾现象），它主要是由动摩擦向静摩擦的转换引起的，能够很好地反映湿式离合器的震颤现象[66-67]。随着结合次数的增长，公鸡尾现象逐渐变得明显，意味着震颤现象逐渐变得严重，这主要是由于在 8 000 次结合之前，磨屑降低了摩擦稳定性，在 8 000 次结合之后，碳布增强树脂基摩擦材料的热衰退降低了其黏结强度，进一步降低了摩擦稳定性。

3. 磨损率

摩擦材料的耐磨性能与它们的组成和所承受的工况条件（尤其是摩擦界面温度）有着非常

大的关系[27,72]。高的界面温度易于软化摩擦材料和降低润滑油黏度，从而导致耐磨性能的下降。对于湿式摩擦材料，其磨损主要受滑动时间和温度影响，而温度主要由速度、载荷和惯量决定。因此，我们用结合过程中的动能计算磨损率。如图 6－16(f)所示，在 1 000 次结合之前，磨损率是相当高的。与前 1 000 次结合过程中的磨损率相比，在 1 000 次结合之后，磨损率从 $8.82\times10^{-5}\ mm^3/J$ 下降到了 $0.68\times10^{-5}\ mm^3/J$，下降了 92%，这主要是由磨屑的犁削和非常小的实际接触面积引起的高接触压力引起的[85]。随着磨损过程的继续进行，更多的粗糙峰变平，继而允许较低的粗糙峰接触，预示着平均接触压力变小。因此，在 1 000 次结合之后，磨损率趋于稳定。

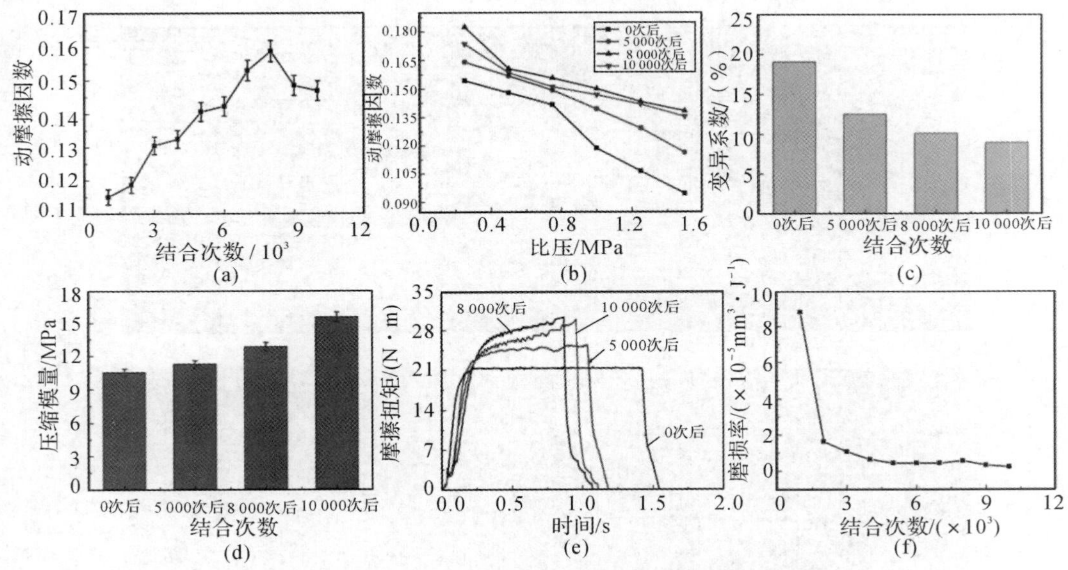

图 6－16　在 10 000 次连续结合过程中的摩擦学性能

(a)每 1 000 次连续制动过程中动摩擦因数平均值的变化；(b)比压对动摩擦因数的影响；(c)动摩擦因数的变异系数；(d)碳布增强树脂基摩擦材料的压缩模量；(e)摩擦扭矩曲线；(f)结合次数和磨损率之间的关系

6.3.2　连续结合过程中碳布增强树脂基摩擦材料的磨损表面

为了弄清连续结合过程中碳布增强树脂基摩擦材料的摩擦磨损机理，我们对其初始和磨损表面进行了观察，结果如图 6－17 所示。如图 6－17(a)所示，树脂基体润湿了碳纤维，并且酚醛树脂主要黏着在突出区域。在突出区域有很多沟槽，这对碳布增强树脂基摩擦材料的摩擦学性能起着非常重要的作用[27]。在 10 000 次结合后，从图 6－17(b)中可以清楚地看到许多抛光的纤维表面。如图 6－17(c)所示，在平行方向(纤维的方向平行于滑动方向)，有许多破碎的纤维(即纤维断成了好几节(超过两节))和断裂的纤维(即纤维断成了两节)。如图 6－17(d)所示，在垂直方向(纤维的方向垂直于滑动方向)，可以清楚地看到纤维断裂分为有缺陷的纤维断裂(即纤维本身存在一定缺陷)和无缺陷的纤维断裂两种。对于无缺陷的纤维，其断裂表面是平的(见图 6－17(d_1))，对于有缺陷的纤维，其断裂表面是粗糙的(见图 6－17(d_2))。有缺陷的纤维来源于被磨平的纤维(见图 6－17(b))和本身自带缺陷的纤维(见图 6－17(d_1)右上角的 SEM 图)。与平行方向上纤维的断裂不同的是，在垂直方向上，纤维首先被抛光，然后再被折断，伴随着一些大型磨屑的产生。

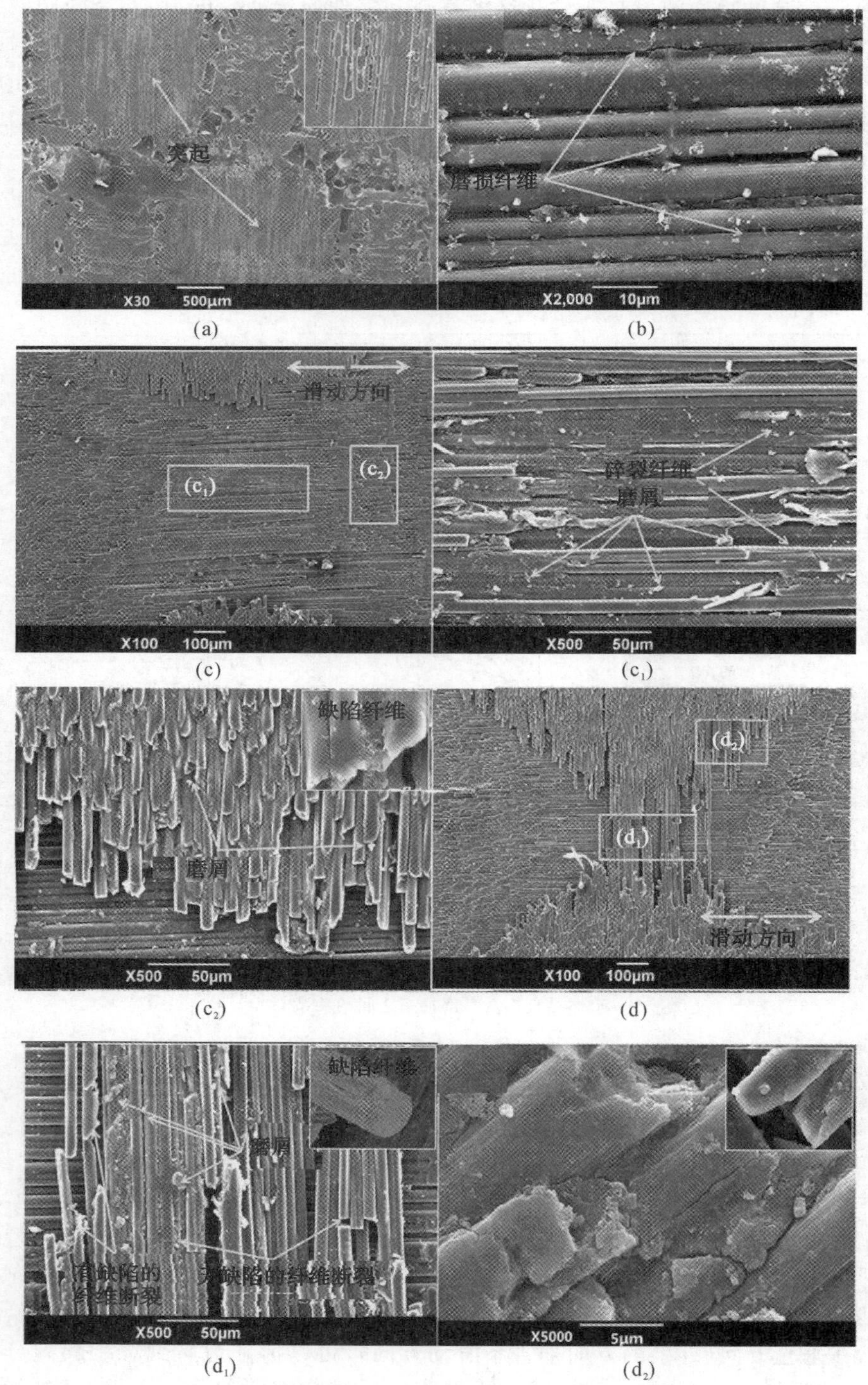

图 6－17　碳布增强树脂基摩擦材料的原始及磨损后表面分析

(a)初始表面；(b)具有抛光表面的磨损纤维；(c)在平行方向上的磨损；

(c_1)破碎的纤维和磨屑；(c_2)断裂的纤维；(d)在垂直方向上的磨损；

(d_1)无缺陷和有缺陷纤维的断裂(右上角的 SEM 图来源于实验前的初始碳布)；(d_2)断裂纤维的放大图

为了进一步阐明磨损表面，我们对磨损前、后碳布增强树脂基摩擦材料的表面轮廓进行了表征，如图 6－18 所示。对于初始表面（见图 6－18(a)），粗糙峰的高度分布是相对均匀的，并且能够清楚地看到碳布的编织纹路。在 10 000 次结合后，粗糙峰的高度分布逐渐变得无序（见图 6－18(b)），并且三维表面粗糙度从 1.55 μm 增长到了 7.54 μm，这主要是由于纤维（尤其是突出区域的纤维）的断裂引起的。

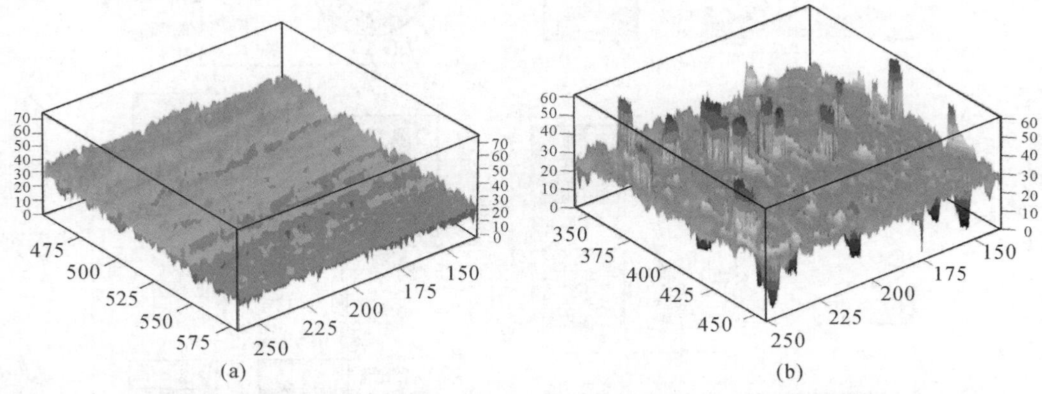

图 6－18　连续结合 10 000 次前、后，碳布增强树脂基摩擦材料的三维表面轮廓

(a)初始表面；(b)磨损表面

6.3.3　连续结合过程中碳布增强树脂基摩擦材料的磨损机理

图 6－19 所示为基于摩擦力和磨损表面构建的连续结合过程中碳布增强树脂基摩擦材料的磨损机理图。在初始碳布增强树脂基摩擦材料对较硬表面的对偶盘的预磨过程中，小的接触面积所引起的高接触比压使接触粗糙峰产生塑性变形（见图 6－19(a)），继而较弱的粗糙峰剥离，粗糙峰顶端变平（见图 6－19(b)）。随后，粗糙峰剥离产生的磨屑从摩擦衬片传递到对偶盘，随着滑动摩擦的继续，磨屑又从对偶盘表面脱落并传递到初始表面，如图 6－19(b)所示。在重复加载-卸载的疲劳作用下，部分磨屑断裂变成自由磨粒（见图 6－19(c)）。因此，我们推断在 10 000 次连续结合后，在对偶盘表面应该存在着残留的磨屑。对于这个过程黏着磨损是主要的磨损机理，并且有大量的磨屑产生（包括纤维磨屑和树脂磨屑）[85-86]，如图 6－17 所示。为了确认 10 000 次连续结合后，对偶盘表面磨屑的存在，我们通过三维真彩共聚焦显微镜对其光学形貌和三维表面轮廓进行了观察。如图 6－20 所示，初始表面是粗糙的并伴随着大量清晰垂直于滑动方向的纹路。在 10 000 次连续结合后，大部分垂直纹路被抛光继而平行于滑动方向的平行纹路出现。因此，对偶盘的表面出现严重磨损继而变得平滑。值得一提的是，我们可以清晰地看到在对偶盘表面存在着一些磨屑，这意味着典型的黏着磨损特性。此外，与初始表面相比，磨损表面的三维表面粗糙度 S_q（见图 6－20(d)）下降了 13%，这也表明了 10 000 次连续结合对偶盘表面出现了严重的抛光。

在黏着磨损之后，产生的磨屑开始犁削接触表面，这增长了摩擦因数，降低了摩擦稳定性[81, 87-88]。图 6－19(d)显示了当摩擦盘逆时针转动时，测试样品承受着顺时针摩擦力。这种摩擦力能够分解成水平力和垂直力。随着磨损过程的进一步推进，平行方向的纤维持续抛光，继而纤维断裂和纤维碎裂出现（见图 6－19(f)）。在垂直方向，纤维经历了抛光过程和切削过程，继而纤维被切断（见图 6－19(g)）。值得注意的是，凸起区域编织纤维的下滑力将加速磨损纤维的断裂和移动（见图 6－17(c)和(d)）。结果，大量的纤维磨屑产生，并且碎裂纤维逐渐变成纤维磨屑[81]。在摩擦表面作为磨料颗粒的纤维磨屑继续犁削脆性树脂基体，这引起了粗糙峰变形，进一步增加摩擦因数，如图 6－19(c)所示。在这个过程中，磨粒磨损是主要的磨损机理。

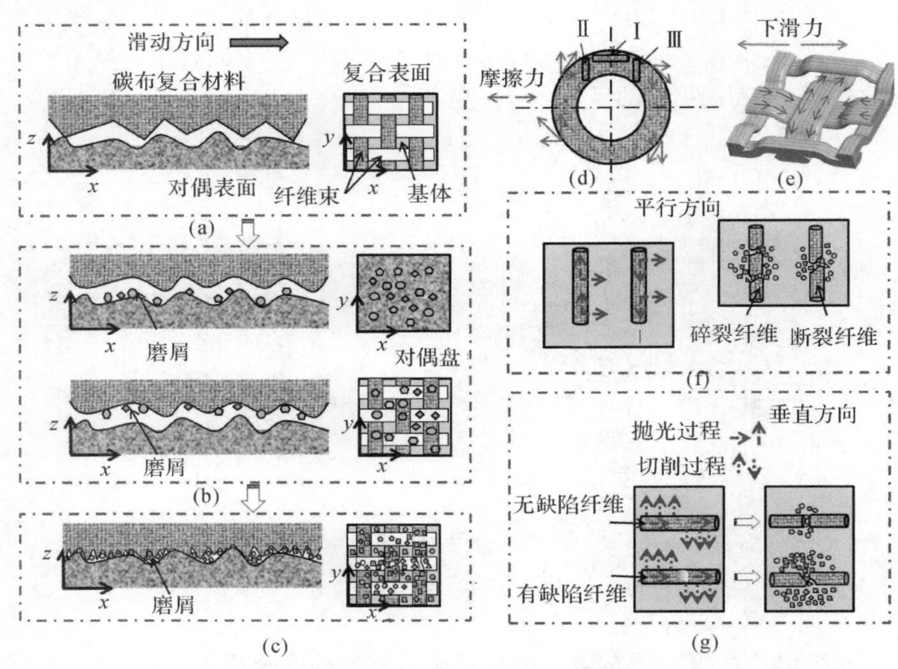

图 6－19　碳布增强树脂基摩擦材料的磨损机理图

(a)磨损前的接触表面；(b)初始阶段的接触表面；(c)后期阶段的接触表面；(d)测试样品的原理图；(e)碳布的 3－D 编织原理图；(f)在平行方向的磨损；(g)在垂直方向的磨损

然而，在 8 000 次连续结合过程后，动摩擦因数出现下降。因此，我们推断磨料颗粒变成了影响碳布增强树脂基摩擦材料摩擦磨损性能的次要因素。Ompusunggu A P 等人总结了摩擦材料的老化机理，发现热衰退大大地影响着机械性能[69]。同时，在热衰退过程中，有机化合物的分解固定了磨屑磨粒，形成了玻璃化的表面，这导致了摩擦材料表面平滑和有光泽膜的形成[89-90]。上述现象能够综合导致摩擦因数和摩擦稳定性的下降。由于随着结合次数的增加，界面温度上升，继而在较高的温度下热衰退出现，因此我们考虑在 8 000 次连续结合过程后，摩擦性能下降的关键原因是碳布增强树脂基摩擦材料的热衰退。值得注意的是，摩擦热能够累积，因而随着结合次数的增加，热衰退逐渐变得严重。因此，在连续结合过程的后期，热衰退机理扮演着决定性的角色。为了确认上述关于热衰退机理的推断，我们对碳布增强树脂基摩擦材料表面的薄树脂层进行了差热分析，如图 6－21 所示。对于初始样品，在 DTG 曲线上存在着两个主要的峰，意味着树脂的热衰退至少可以分为两个阶段。第一阶段大约在 100～320℃，第二阶段大约在 320～800℃。大量的失重主要出现在第二阶段，并且远远超过了第一阶段的失重。在 10 000 次连续结合后，失重速率和失重速率都变得非常小，并且在第一阶段的峰消失。在第二阶段，最大失重速率从 0.083％/℃下降到了 0.031％/℃，同时最大失重速率从 21％下降到了 7％。这些现象意味着固化后的树脂产生了热分解，并且分解产物拥有优异的耐热性能。

此外，由于热衰退能够降低碳布和树脂基体之间的黏着强度，继而影响碳布增强树脂基摩擦材料的机械性能。因此，我们对碳布增强树脂基摩擦材料进行了拉伸强度测试，结果如图

6-21(b)所示。与初始碳布增强树脂基摩擦材料相比，连续结合 5 000 和 10 000 次后碳布增强树脂基摩擦材料的拉伸强度下降了 10%和 35%，这意味着在 10 000 次连续结合的后期，热衰退逐渐变得明显。所有上述现象都说明了 10 000 次连续结合过程中热衰退的存在。因此，在 10 000 次连续结合过程的后期，热衰退是主要的磨损机理。

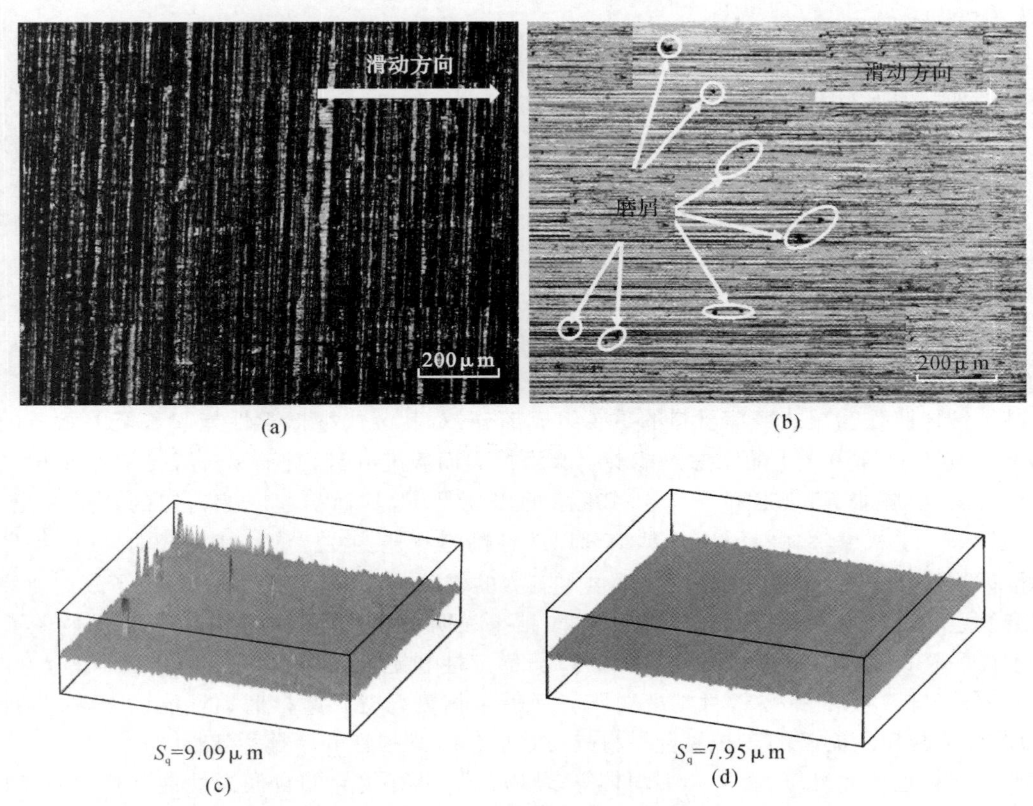

图 6-20　对偶盘的表面结构分析

(a)原始表面；(b)磨损后表面的光学形貌；(c)原始表面的三维表面轮廓；(d)磨损后表面的三维表面轮廓

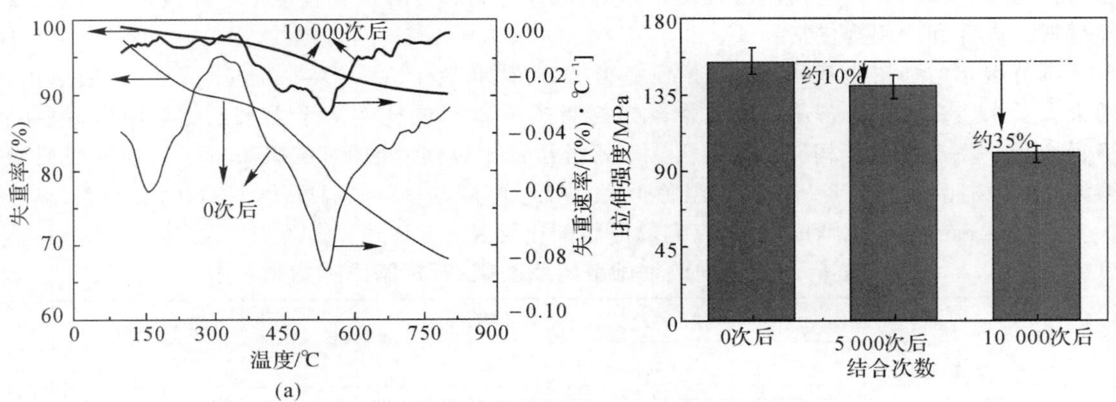

图 6-21　碳布增强树脂基摩擦材料的热性能及力学性能

(a)在 0 次和 10 000 次连续结合后，碳布增强树脂基摩擦材料表面树脂薄层的 TG-DTG 曲线；

(b)在 0 次，5 000 次和 10 000 次连续结合后，碳布增强树脂基摩擦材料的拉伸强度

6.3.4 小结

在本节我们系统研究了油润滑条件下，碳布增强树脂基摩擦材料在其整个服务寿命内摩擦学性能的变化和磨损机理。结果表明，摩擦学性能逐渐下降，没有性能的突变出现，主要的结论如下：

(1)随着结合次数的增加，碳布增强树脂基摩擦材料的扭矩传递能力首先增长然后减小。摩擦稳定性和踩踏舒适性逐渐变差，震颤现象逐渐变得严重。相反，磨损率逐渐变得稳定。

(2)在平行和垂直方向，磨损表面表现出了不同的磨损特性。在整个 10 000 次的连续结合过程中，黏着磨损、磨粒磨损和热衰退是主要的磨损机理。

(3)为了设计和制造具有更安全舒适换挡和更长服务寿命的碳布湿式离合器，应该选择拥有更优异耐热性能的树脂基体。同时，碳布与树脂基体之间的界面结合也应当改善。

6.4 树脂种类对碳布增强树脂基摩擦材料的影响

黏结剂树脂作为湿式摩擦材料的重要组成部分，对其湿式摩擦学性能起着至关重要的作用[83]。在结合过程中产生的摩擦热能够引起摩擦表面温度升高，继而易于导致黏结剂树脂的玻璃化转变、热膨胀、热衰退和热龟裂等现象的出现[91-92]，从而引起摩擦力矩的突然变化，导致摩擦失效。湿式摩擦材料所用的黏结剂以改性酚醛树脂为主[86, 93]，其良好的韧性、优异的耐热性为湿式摩擦材料的摩擦稳定性提供了有力的保障。Kim S J 等人[94]研究了改性酚醛树脂对芳纶浆粕复合材料磨损性能的影响规律，结果表明以改性酚醛树脂制备的摩擦材料具有比未改性酚醛树脂制备的摩擦材料更好的摩擦稳定性和更低的磨损率；Hong U S 等人[68]研究了未改性、硅改性和硼-磷改性酚醛树脂对一种多相复合材料摩擦磨损性能的影响，发现由硼-磷改性酚醛树脂制备的多相复合材料具有最好的抗磨损性和摩擦稳定性。

碳质材料包括短纤维、石墨和编织体等多种形式，具有优异的自润滑性能、耐热性能和摩擦磨损性能，已经广泛应用于各类复合材料中[68, 95]。其中碳布具有更加整齐规则的编织结构，其承载能力和摩擦磨损性能更加优异。基于此，本节选用不同的改性酚醛树脂制备了碳布/树脂摩擦材料，研究了树脂改性对碳布/树脂摩擦材料摩擦磨损性能的影响规律，为湿式摩擦材料的设计和应用提供指导。

本节碳布增强树脂基摩擦材料的制备方法：将碳布置于丙酮溶液中超声清洗 2h 后取出，用去离子水清洗后烘干备用。将改性酚醛树脂按照 20%的比例溶于无水乙醇溶液中，搅拌、静置 24 h。待改性酚醛树脂全部溶于无水乙醇溶液中，将预处理过的碳布置于改性酚醛树脂溶液中，使树脂含量达到 25%。室温晾干后，在压力为 6.0 MPa、温度为 170℃的条件下，热压 10 min，获得碳布/树脂摩擦材料，它们的原料配比见表 6-2。

表 6-2 不同改性酚醛树脂基碳布/树脂摩擦材料

	MR1	MR2	MR3
碳布类型	3K	3K	3K
树脂种类	硼改性酚醛树脂	腰果壳油改性酚醛树脂	丁腈橡胶改性酚醛树脂
碳布质量分数/(%)	75	75	75
树脂质量分数/(%)	25	25	25

6.4.1　碳布/树脂摩擦材料的微观形貌

从图 6-22 所示的三种碳布/树脂摩擦材料的微观形貌可以看出，在浸渍了相同质量改性酚醛树脂的条件下，样品 MR1 表面并没有 MR2，MR3 表面树脂堆积的情况。由于硼改性酚醛树脂较好的渗透性和耐热性，在温度和压力的作用下更容易浸渗到碳纤维周围，与碳纤维形成良好的界面结合，而不是在表面形成不均匀的树脂层。从图 6-22 所示的三种碳布/树脂摩擦材料的二维轮廓图中可以发现，样品 MR1 轮廓曲线的波动幅度最小，表征轮廓曲线特征的主要参数 Ra，Rp 和 Rv 的值最小，表明样品 MR1 具有更平整的表面，将影响接触过程中摩擦表面润滑状态，进而影响材料的摩擦磨损性能。

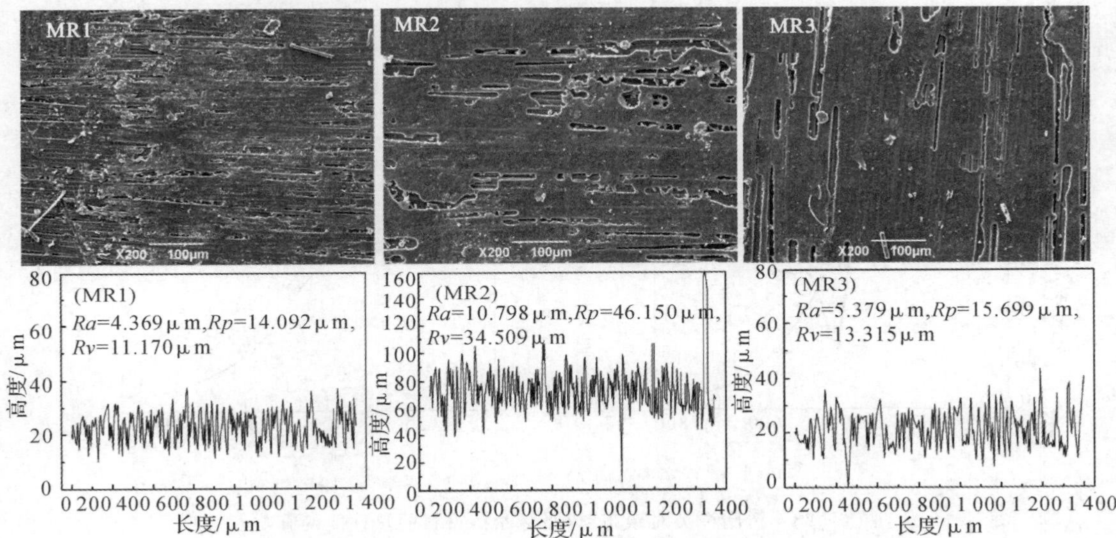

图 6-22　不同树脂种类条件下，碳布/树脂摩擦材料的 SEM 照片及二维表面轮廓

6.4.2　树脂种类对热稳定性能的影响

为了解三种改性酚醛树脂对摩擦材料在热降解过程中的影响，我们对其进行了 TG-DTG 分析，如图 6-23 所示。从图中可以看出，硼改性酚醛树脂具有良好的热稳定性，其在 800℃范围内的失重速率仅为 27.5%，而腰果壳油和丁腈橡胶改性酚醛树脂的失重速率为 47.0% 和 46.7%，同时可以发现其最大失重点温度 600℃远远高于另外两种改性酚醛树脂，这是酚醛树脂分子结构中引入比 C—C 键键能更高的 B—O 键导致的。同样由其制备的摩擦材料耐热性能优异，其在 800℃下的失重速率仅为 6.0%，而样品 MR2 和 MR3 的失重速率分别达到了 10.1%和 11.1%，这将大大影响高温下摩擦材料摩擦因数的稳定性和热恢复性。湿式结合过程摩擦表面局部温度可能达到 500℃，而此时样品 MR1 的失重速率为 3.0%，仅是样品 MR3 的 45.5%，表明采用硼改性酚醛树脂时，热磨损的影响非常小。

6.4.3　树脂种类对结合稳定性的影响

摩擦扭矩曲线能够直观表达三个阶段的转换过程和结合平稳性。图 6-24(a)所示是在转速为 2 000 r/min、压力为 0.5 MPa 下，样品 MR1，MR2 和 MR3 的摩擦力矩曲线。样品

MR1,MR2 和 MR3 的制动时间分别为 2.09 s,2.62 s 和 2.47 s,样品 MR1 制动时间仅为样品 MR2 和 MR3 的 79.8%和 84.6%,同时在粗糙峰混合接触阶段表现出非常优异的平稳性,而样品 MR2 和 MR3 在制动后期出现了尾部翘起现象,说明样品 MR1 的制动效率和制动稳定性优于另外两种样品。

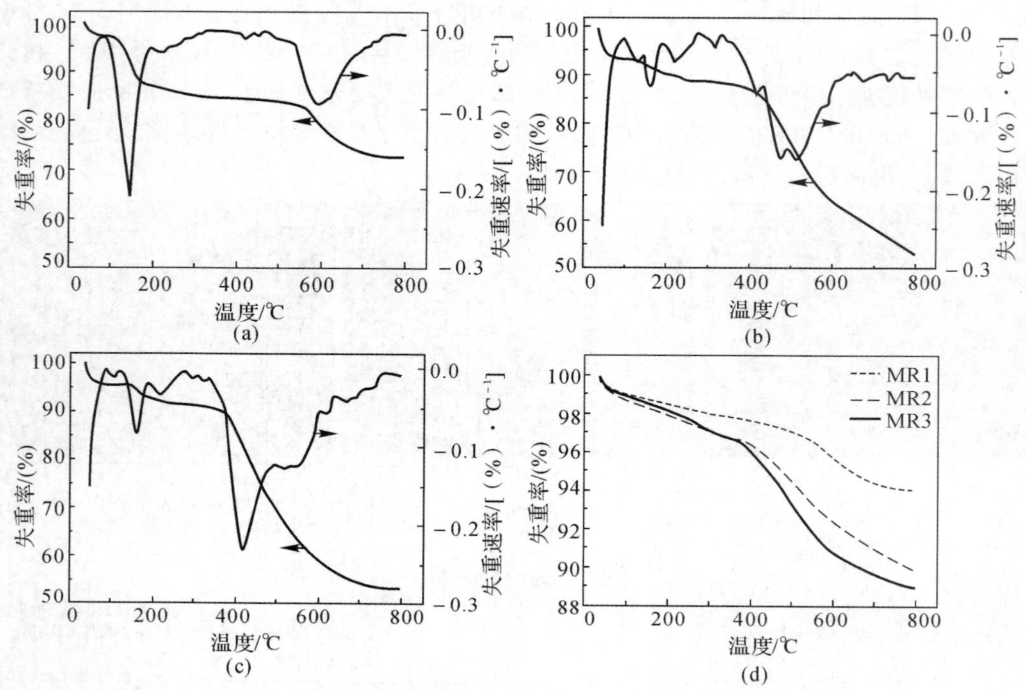

图 6-23 树脂种类对碳布/树脂基摩擦材料的热性能的影响

(a)硼改性酚醛树脂的 TG-DTG 曲线; (b)腰果壳油改性酚醛树脂的 TG-DTG 曲线;
(c)丁腈橡胶改性酚醛树脂的 TG-DTG 曲线; (d)不同树脂种类条件下,碳布/树脂摩擦材料的 TG 曲线

6.4.4 树脂种类对动摩擦因数及其稳定性的影响

图 6-24(b)所示是在转速为 2 000 r/min 条件下,三种不同改性酚醛树脂制备的样品,在不同比压下的动摩擦因数变化曲线。由图可知,随着压力的增大,三种样品的动摩擦因数均有不同程度的下降。样品 MR1 动摩擦因数从 0.148 7 降到了 0.139 5,降低了 6.19%;样品 MR2 动摩擦因数从 0.141 3 降到了 0.129 3,降低了 8.49%;样品 MR3 的动摩擦因数从 0.138 3 降到了0.128 3,降低了 7.23%。这表明样品 MR1 的比压稳定性较高。这主要是因为在较大比压下,制动时间缩短,制动过程中润滑油更容易在摩擦表面局部区域形成流体动压润滑,从而降低了动摩擦因数。相对而言,样品 MR1 表面较为平滑,形成流体动压润滑的区域较小,同时由于硼改性酚醛树脂的耐热性能较好,在摩擦过程中压力和温度的作用下不易软化变形,与对偶盘接触时能够提供较大的摩擦扭矩,因此样品 MR1 具有高而稳定的动摩擦因数。

图 6-24(c)所示是在比压为 1.0MPa 条件下,不同转速下动摩擦因数的变化曲线,可以看出,随着转速的增大,各摩擦材料动摩擦因数均有所下降,样品 MR1 动摩擦因数从 0.145 3 降

低到了 0.134 9，降低了 7.16%，低于样品 MR2 和 MR3 的 9.14%和 9.58%，表明样品 MR1 摩擦因数的转速稳定性最好。在高转速条件下，结合能量增加，摩擦面瞬时温度升高，润滑油黏度降低，同时树脂基体的软化导致动摩擦因数降低。

图 6－24(d)所示为三种摩擦材料在比压为 1.0 MPa、转速为 2 000 r/min 条件下，1 000 次连续结合过程中动摩擦因数的变化情况。可以看出，在整个结合过程中样品 MR1 具有较高的动摩擦因数，这与前面所述一致，并且在长时间结合条件下，样品 MR1 相对于 MR2 和 MR3 试样显示出更优异的摩擦稳定性。样品 MR1 仅经过约 70 次的初始磨损阶段，摩擦因数就保持在 0.144 附近，波动幅度非常小，表明已经形成了相对稳定的摩擦面。而样品 MR2 和 MR3 在初期的 300 次连续结合中摩擦因数下降较为剧烈，达到 95%左右，而后逐渐稳定。一般而言，在对偶盘的作用下磨损初期黏结剂树脂容易脱落，随后发生纤维逐渐磨平、脱黏以及断裂等现象，并成为主要的承载体，形成较为稳定的摩擦状态。这些表明硼改性酚醛树脂摩擦材料具有优异的工况适应性和稳定性。

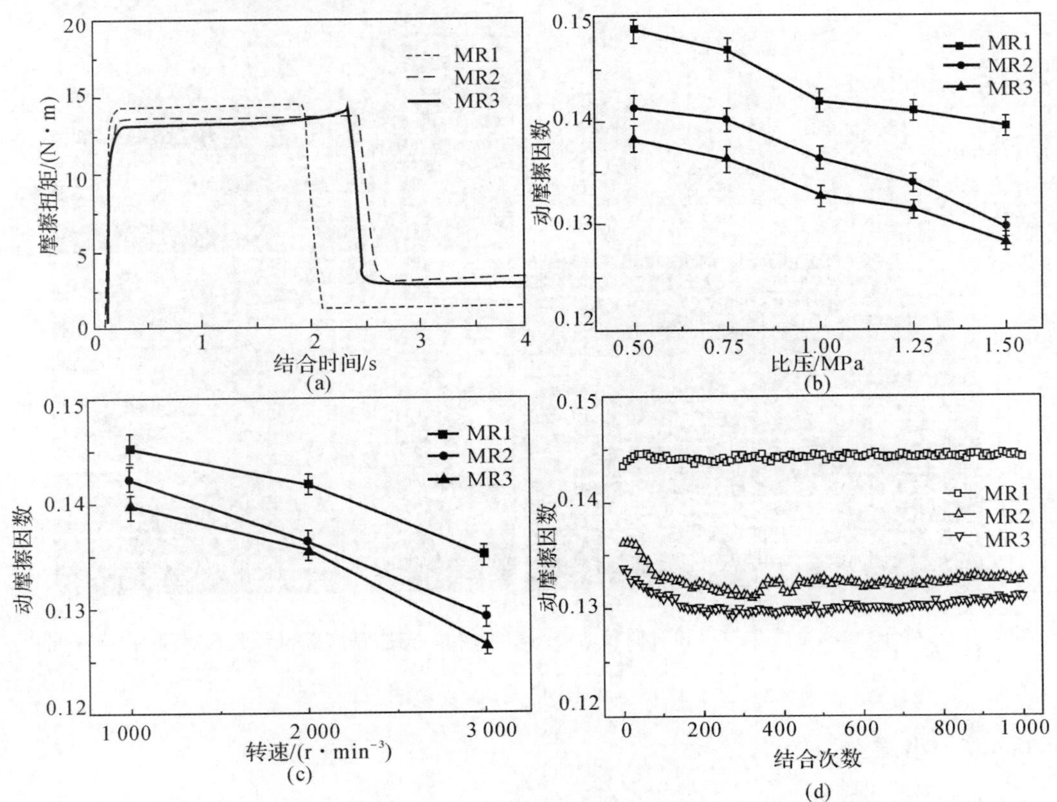

图 6－24　树脂种类对碳布/树脂基摩擦材料摩擦性能的影响

(a)碳布/树脂基摩擦材料典型的摩擦力矩曲线；(b)不同比压下碳布/树脂基摩擦材料的动摩擦因数；(c)不同转速下碳布/树脂基摩擦材料的动摩擦因数；(d)动摩擦因数随结合次数的变化趋势

6.4.5　树脂种类对磨损的影响

图 6－25 所示是不同试样和对偶盘在比压为 1.0 MPa、转速为 2 000 r/min 条件下，经过

1 000 次连续结合，测量试样和对偶盘结合前后厚度变化得到的磨损率及观察的试样磨损后的表面微观形貌。由图可知，样品 MR1 的磨损率仅为 0.437×10^{-8} $cm^3\cdot J^{-1}$，分别为样品 MR2 和 MR3 的 50%和 60%左右，同时对应对偶盘的磨损也较小。一方面，制动过程中摩擦热的累计将会导致部分黏结剂树脂软化、脱离摩擦材料，而硼改性酚醛树脂优异的耐热性大幅度减小可能产生的热磨损。另一方面从磨损形貌上可以明显发现样品 MR1 中纤维与树脂结合良好，碳纤维逐步被磨平，并剥离出摩擦材料，没有明显的纤维断裂现象。而在样品 MR2 和 MR3 中发现了大量纤维断裂后形成的孔洞，纤维碎屑及剥落的树脂在摩擦过程中成为"第三体"磨粒，从而进一步加大摩擦副的磨损程度。

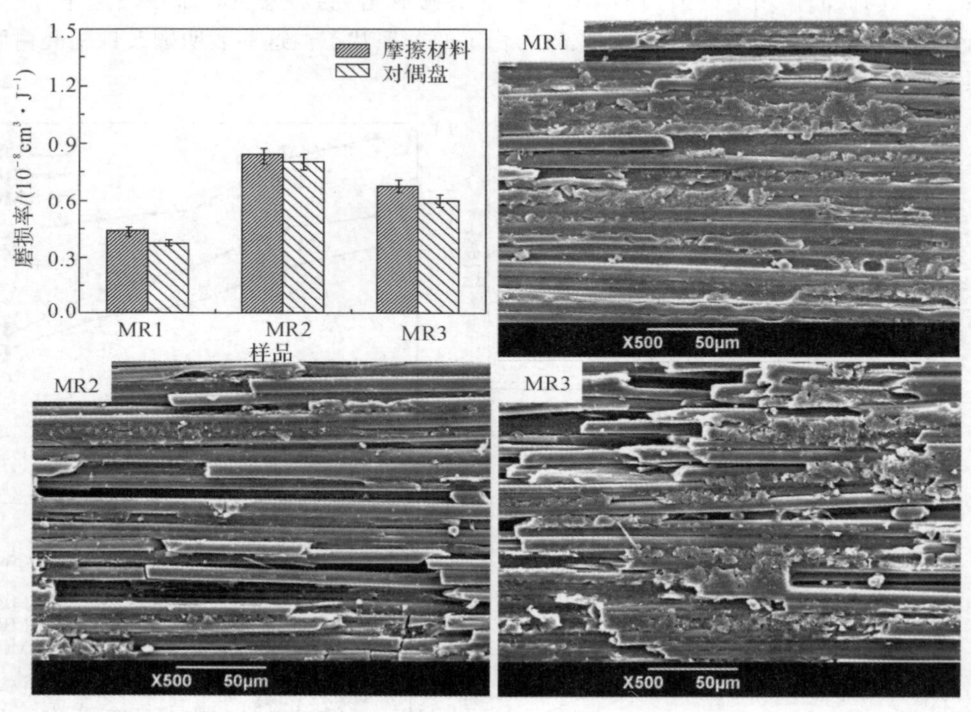

图 6-25　碳布/树脂基摩擦材料和对偶盘的磨损率及碳布/树脂基摩擦材料磨损表面的 SEM 照片

6.4.6　小结

(1)硼改性酚醛树脂具有优异的热稳定性能，应用到碳布/树脂摩擦材料中能提高摩擦因数的稳定性和热恢复性。

(2)由硼改性酚醛树脂制备的碳布/树脂摩擦材料摩擦力矩曲线平稳，瞬时制动效率高。在不同比压、不同转速和长时间结合条件下，具有更好的摩擦稳定性。

(3)硼改性酚醛树脂/碳布增强树脂基摩擦材料磨损率仅为 0.437×10^{-8} $cm^3\cdot J^{-1}$，远优于其他湿式摩擦材料，这归结于其优异的耐热性和良好的界面结合性能。

6.5 树脂含量对碳布增强树脂基摩擦材料的影响

为了克服金属轴承材料咬粘的问题，Lee H G 等人开发了碳布增强酚醛树脂基复合材料，并将其应用于重型滚珠轴承，发现在复杂的工况条件下，与石棉增强的复合材料相比，碳布增强的复合材料的摩擦性能是稳定的[7]；纳米颗粒对复合材料使用性能影响的研究表明炭黑和聚醚醚酮纳米颗粒很明显地降低了油润滑条件下复合材料的摩擦因数，改善了磨损性能[22]；Suresha B 等人研究了干式滑动条件下，碳布和玻璃布对乙烯基酯复合材料摩擦磨损性能的影响，发现在不同的载荷和滑动速度条件下，低的摩擦因数决定了碳布增强的乙烯基酯复合材料可能更适合应用于轴承[15]；Bijwe J 等人研究了不同碳布类型、碳布含量、制备过程、表面处理技术等对碳布增强聚醚酰亚胺使用性能的影响，发现碳布能够改善聚醚酰亚胺的强度、磨损和摩擦性能[96-99]。同时，他们也得到了复合材料的原料配比、制备参数和摩擦磨损机理。

然而，在上述提到的大部分文献中，主要研究的是碳布增强树脂基复合材料的干式摩擦磨损性能，在油润滑条件下的磨损磨损性能是很少被研究，尤其是它在湿式离合器中的应用。在本节，为了寻找更能适应湿式离合器恶劣工况条件的(如高转速、过高的载荷和不充分的润滑等)碳布增强树脂基复合材料，我们通过控制树脂含量制备四种碳布增强树脂基摩擦材料。继而，对它们在油润滑条件下的摩擦磨损性能进行系统研究。所选碳布为 3K 平纹碳布，所选树脂为腰果壳油改性酚醛树脂，其质量分数分别为 15%，20%，25%和 30%，分别对应于 CP_{15}，CP_{20}，CP_{25} 和 CP_{30}。

6.5.1 摩擦扭矩曲线

图 6 - 26 所示为在 0.5 MPa 的比压和 2 000 r/min 转速条件下，测试样品的摩擦扭矩曲线。发现随着树脂含量的增加，结合时间从 2.25 s 增加到了 2.50 s，增加了 11.1%，在混合粗糙接触阶段的摩擦扭矩逐渐下降。在这个结合过程中，CP_{15}，CP_{20} 和 CP_{25} 摩擦扭矩的变化是非常小的，意味着优异的摩擦稳定性。然而，与其他样品相比，从混合粗糙接触阶段向粗糙接触阶段的过渡过程中，CP_{30} 摩擦扭矩的增长更明显，意味着使用 CP_{30} 样品作为湿式摩擦衬片的离合器表现出了更明显的公鸡尾现象。

6.5.2 摩擦因数和摩擦稳定性

图 6 - 27(a)所示为动摩擦因数和比压之间的关系，发现当比压为 0.5 MPa 时，随着树脂含量从 15%增加到 30%，动摩擦因数从 0.142 下降到了 0.128，下降了仅 9.9%，但是当比压为 1.5 MPa 时，动摩擦因数从 0.132 下降到了 0.089，改变了 32.6%。这个结果主要是由样品表面形貌的不同导致的(见图 6 - 28)。从图 6 - 28 中可以清楚地看到，树脂主要黏结在碳布的突出区域，并且随着树脂含量的增加，样品表面逐渐变得光滑。众所周知，摩擦材料和对偶盘的实际接触面积是部分的，不等于摩擦材料的整个面积。因此，随着树脂含量的增加，实际接触面积增加，这易于导致结合过程中光滑油膜的形成。同时，与碳纤维相比，由致密树脂产生的摩擦力是小的，因而动摩擦因数随着树脂含量的增加而下降。由于高的接触比压引起了较短的结合时间，累积在接触表面的润滑油在结合过程中更易于形成油膜。具有高的树脂含

量的样品表面是平滑的，因而润滑油膜对动摩擦因数的影响是更有效的，导致了高压下动摩擦因数明显地下降。

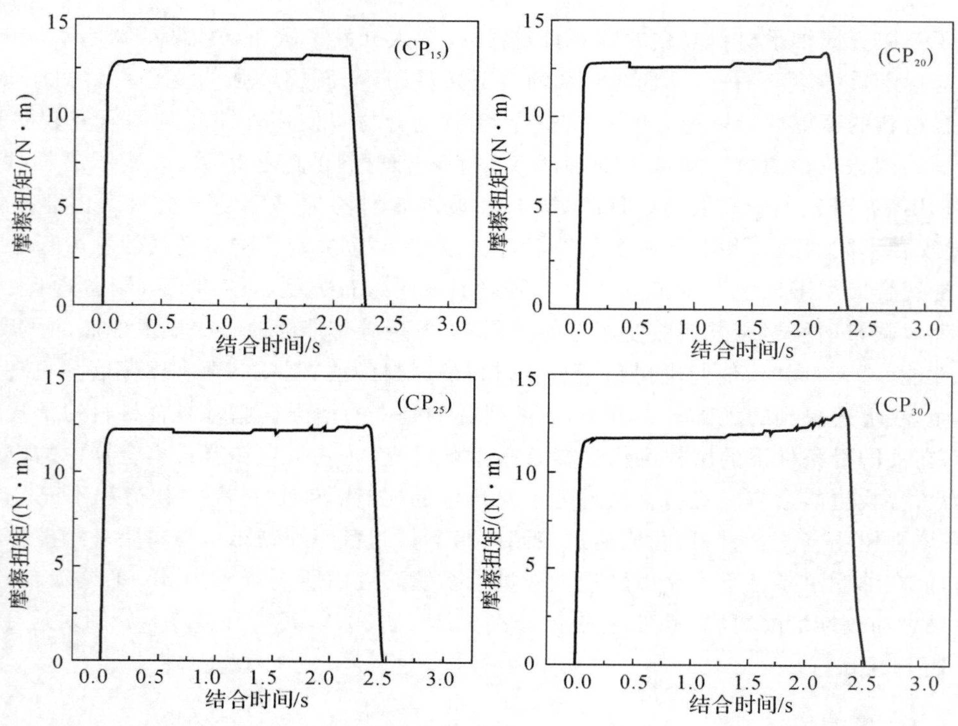

图 6－26　具有不同树脂含量的碳布增强树脂基摩擦材料的典型扭矩曲线

图 6－27(b)所示为比压对动摩擦因数的影响。随着比压从 0.5 MPa 增长到 1.5 MPa，CP_{15}的动摩擦因数从 0.142 减小到了 0.132，下降了 7.0%，然而 CP_{30}的动摩擦因数从 0.128 减小到了 0.089，下降了 30.5%。所有样品的动摩擦因数都随着比压的增加而下降，并且随着树脂含量的增大，下降幅度增加。在结合过程中，摩擦力主要是由油膜和粗糙峰机械接触所决定的。低的树脂含量形成了样品高的孔隙率，使油膜的形成变得困难，在结合过程中，碳纤维和对偶盘之间粗糙峰的机械接触处于主导地位，且受接触压力和摩擦热的影响很小。因此，随着比压的增加，CP_{15}和 CP_{20}动摩擦因数的下降是小的。具有高树脂含量的样品表面主要被树脂覆盖，这导致了在结合过程中，摩擦热的产生易于软化和分解树脂。同时，在这样的表面油膜也易于形成。因此，随着比压的增大，CP_{25}和 CP_{30}动摩擦因数的下降是非常明显的。从表 6－3中可以发现，在所有样品中，CP_{15}动摩擦因数在不同比压条件下的稳定性是最好的。

图 6－27(c)所示为转速对动摩擦因数的影响。从图中可以看出，随着转速的增高，所有样品的动摩擦因数都出现下降。转速的增长将导致长的结合时间和高的摩擦表面温度。如上述讨论，在高的温度下，表面树脂可能软化和分解，这易于导致动摩擦因数的下降，尤其是对于具有高树脂含量的样品动摩擦因数的下降是更明显的。由表 6－3 可以看出，当改变转速时，CP_{15}动摩擦因数具有最大的稳定性。

表 6-3　具有不同树脂含量样品动摩擦因数的稳定性

样品	不同比压下的稳定系数/(%)	不同转速下的稳定系数/(%)
CP_{15}	95.9	95.9
CP_{20}	92.4	94.3
CP_{25}	89.9	93.9
CP_{30}	81.6	93

在本节中，定义湿式结合过程中粗糙阶段动摩擦因数与混合粗糙接触阶段的动摩擦因数比为摩擦因数比，它能够使摩擦震颤现象变得更明显。从图 6-27(d)中可以发现，随着树脂含量的增加，摩擦因数比从 1.02 增加到了 1.20。对于 CP_{15} 和 CP_{20}，它们的摩擦因数比非常接近理想值 1，意味着优异的抗震颤性能。

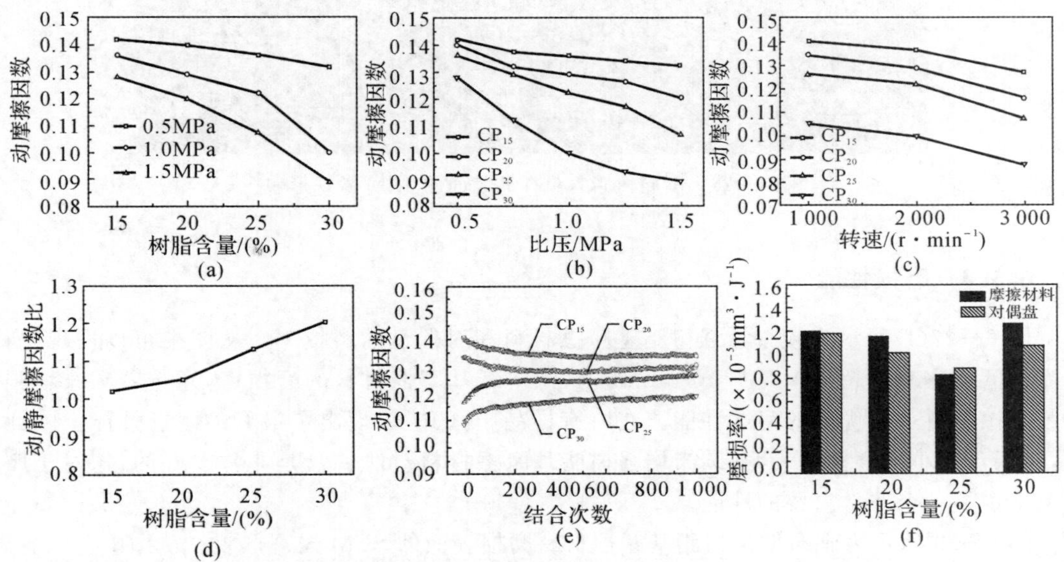

图 6-27　树脂含量对碳布增强树脂基摩擦材料的摩擦学性能的影响

(a)动摩擦因数与树脂含量之间的关系；(b)比压对动摩擦因数的影响；(c)比压为 1.0MPa 条件下，转速对动摩擦因数的影响；(d)比压为 0.5MPa 条件下，树脂含量对动/静摩擦因数比的影响；(e)连续结合过程中，动摩擦因数的变化；(f)不同树脂含量碳布增强树脂基摩擦材料和相应对偶盘的磨损率

图 6-27(e)所示为当比压为 1.0 MPa、转速为 2 000 r/min 时，连续结合过程中动摩擦因数的变化。CP_{15} 和 CP_{20} 的动摩擦因数在前 200 次结合过程中表现出轻微地下降，然而 CP_{25} 和 CP_{30} 在同样阶段表现出了相反的趋势。当结合次数从 200 增长到 1 000 时，所有样品的动摩擦因数的变化是非常小的。这主要是由于摩擦材料表面形貌的变化较小导致的。具有较低含量树脂样品的摩擦表面是多孔的和粗糙的，并且碳纤维承载着主要载荷。随着结合次数的增加，碳纤维逐渐被抛光，表面粗糙度下降，导致了前 200 次结合过程中动摩擦因数的下降。随着树脂含量的增加，碳纤维逐渐被树脂包覆，导致了样品表面的致密而光滑。在结合过程中，树脂易于从摩擦材料中剥离，致使碳纤维逐渐暴露在摩擦材料表面，导致了动摩擦因数的增长。在紧接着的 800 次连续结合过程中，稳定的摩擦表面导致所有样品的动摩擦因数基本都

保持不变。

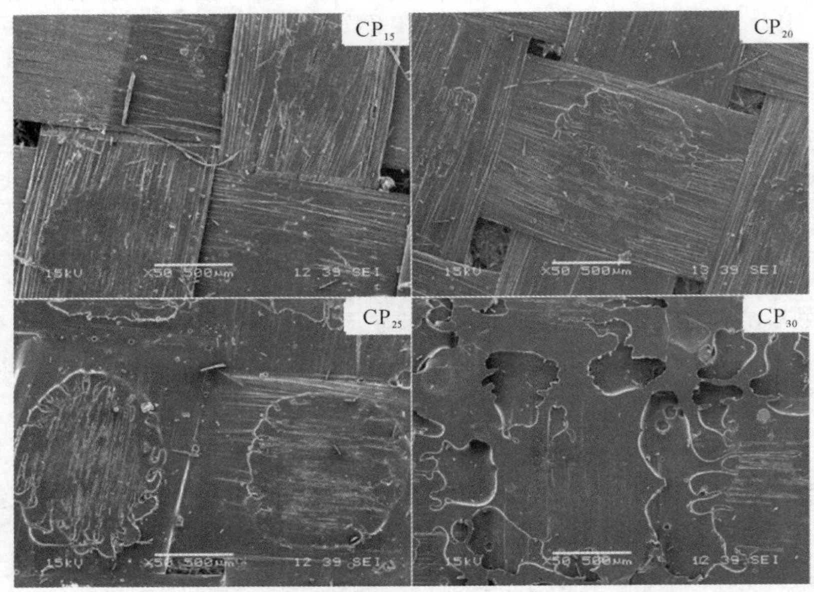

图 6-28　不同树脂含量样品表面的 SEM 微观形貌

6.5.3　磨损性能

图 6-27(f)所示为碳布增强树脂基摩擦材料和对偶盘的磨损率。从图中可以发现，所有样品的磨损率都不超过 1.30×10^{-5} mm^3/J，低于纸基摩擦材料的磨损率，意味着碳布增强树脂基摩擦材料具有优异的耐磨性能。在所有样品中，CP_{25}表现出了最好的耐磨性能。除此之外，对偶盘较小的磨损率表明，碳布增强树脂基摩擦材料对对偶盘是非常友好的，这对于摩擦材料来说是一个非常重要的性能。

图 6-29 所示为碳布增强树脂基摩擦材料磨损表面的 SEM 微观形貌。从图中可以看出，对于 CP_{15} 和 CP_{20}，碳纤维与基体之间的黏着力是弱的，并且碳纤维很少被树脂基体保护，主要参与了摩擦过程。因此，碳纤维易于断裂和从树脂基体中拔出。对于 CP_{25}，碳纤维与树脂基体之间的结合得到改善，导致了剪切应力通过纤维有效的传递。基体可以有效传递载荷，同时给碳纤维提供了有效的保护。优异摩擦表面的形成造成了最好的耐磨性能。CP_{30} 的摩擦表面覆盖了大量树脂，导致在摩擦过程中碳纤维的增强效果变得不明显，继而引起了摩擦材料大量的磨耗。

图 6-30 所示为碳布增强树脂基摩擦材料磨损表面的放大 SEM 形貌。从 CP_{15} 和 CP_{20} 的 SEM 形貌可以观察到，碳纤维被严重抛光和切断，伴随着纤维间微型磨屑的形成。然而，CP_{25} 中的碳纤维被逐渐抛光，没有纤维碎裂的出现，导致了最低的磨损率。在 CP_{30} 的磨损表面，发现了大的树脂磨屑，并伴随着一些空洞的出现。

为了更综合地理解磨损表面，我们通过光学显微镜对样品磨损表面的光学形貌进行了观察，结果如图 6-31 所示。在结合过程中，碳纤维从基体中拔出，并且通过对偶盘的剪切应力将其带出，留下了大面积的洞穴，标记为 1。在 CP_{15} 和 CP_{20} 的磨损表面，可以看到大量严重抛光和碎裂的碳纤维。同时，在磨损表明形成了标记为 4 的微型磨屑(包括碎裂的碳纤维)，但是并没有大尺寸的磨屑有效嵌入到基体中，避免了严重的碳布增强树脂基摩擦材料和对偶盘的磨损。在 CP_{25} 的磨损表面，没有发现洞穴，仅仅有一些标记为 5 的轻微抛光的碳纤维和微型磨屑，获得了最好的耐磨性能。与其他样品相比，CP_{30} 的磨损表面是非常不同的，没有明显的洞穴、抛光的碳纤维和磨屑形成。CP_{30} 主要的磨损是与树脂完全包覆于碳纤维上直接相关的，其在结合过程中易于分解和剥离，导致了较大的磨损率。

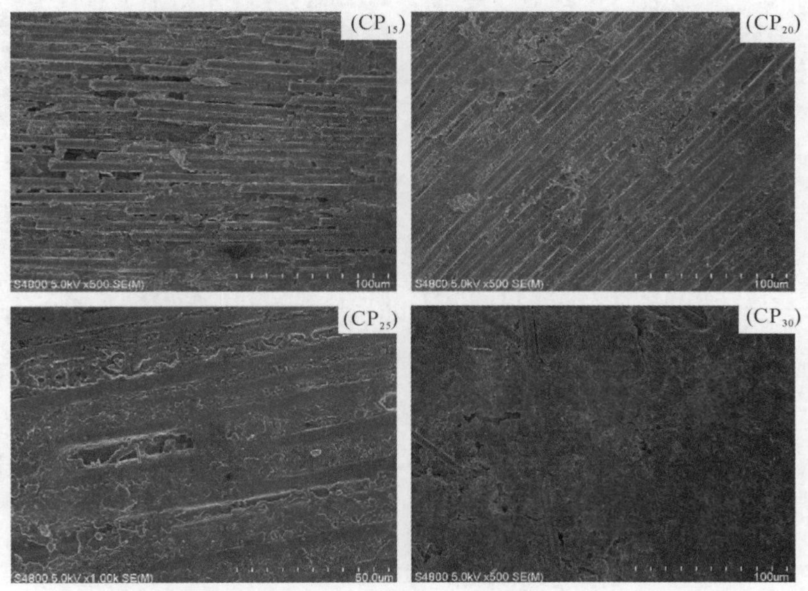

图 6-29　具有不同树脂含量样品的磨损表面 SEM 微观形貌

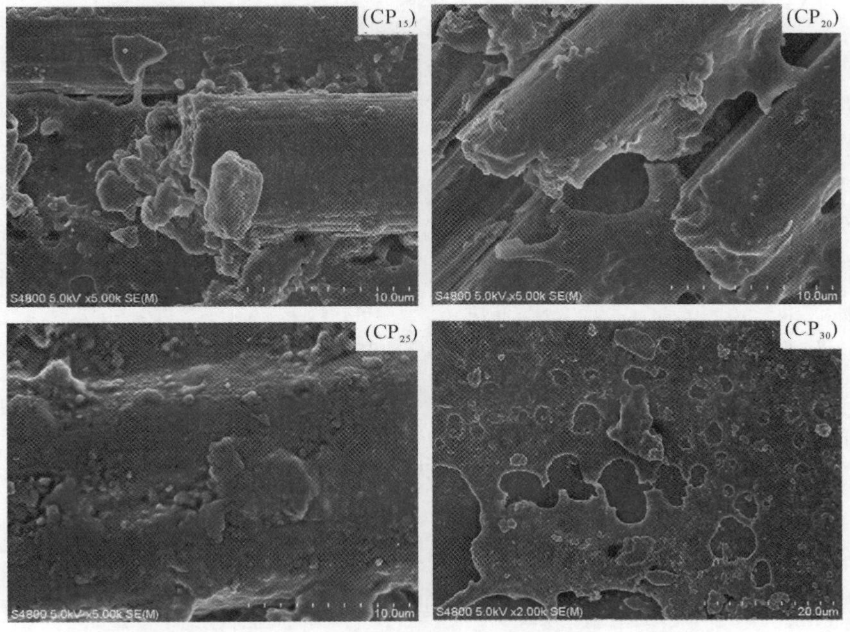

图 6-30　具有不同树脂含量样品的磨损表面的放大 SEM 图

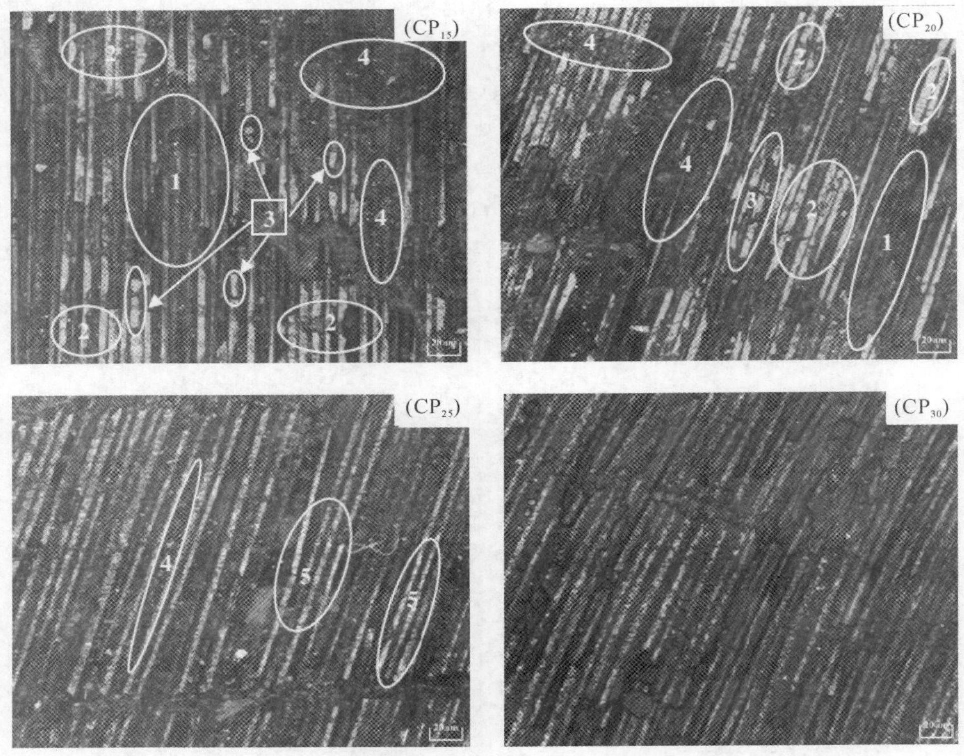

图 6-31 具有不同树脂含量样品磨损表面的光学形貌图

1—洞穴；2—严重抛光碳纤维；3—破裂的碳纤维；4—磨屑；5—轻微抛光的碳纤维

6.5.4 小结

(1)随着树脂含量的增加，摩擦扭矩曲线逐渐变得波动，动摩擦因数逐渐下降。在油润滑条件下，随着比压和转速的增加，动摩擦因数下降，含有 15%树脂的样品表现出了最好的摩擦稳定性和抗震颤性能。

(2)碳布增强树脂基摩擦材料拥有优异的耐磨性能，并且对对偶盘表现出了较小的损害。具有较低树脂含量的摩擦材料，其表面表现出了以微切削和伴随着微型磨屑形成的碳纤维碎裂和移除为主的磨损机理。对于树脂含量超过 25%的摩擦材料，树脂的分解和微机加是主要的磨损机理。

(3)按照本节的研究，综合考虑摩擦因数、摩擦稳定性和耐磨性，得出对于碳布增强酚醛树脂基摩擦材料，最优的树脂含量是 25%。

6.6 编织结构对碳布增强树脂基摩擦材料的影响

碳布的编织结构对于保持复合材料的机械和摩擦学性能起着关键的作用。关于编织结构对机械性能影响的研究已经广泛开展。Triki E 等人[30]发现对于厚的 E 玻璃/聚酯编织布复合材料层，平纹编织/短切原丝毡编织的机械性能比 4H 缎纹编织/短切原丝毡的机械性能要好；Foroutan R 等人[29]研究了具有平纹编织、2×2 斜纹编织和 8H 缎纹编织的碳/环氧树脂复合材料和碳/BMI 复合材料的剪切和拉伸行为，发现位移速度对剪切性能的影响大于对拉伸性能的影响；Abu Bakar I A 等人[31]通过有限元的方法探索了具有不同编织类型的编织布复合材料的弹性性能，提出几何特性对其弹性性能有着非常重要的影响；Medina C 等人[32]的研究表明，当碳布增强环氧树脂叠层复合材料中纤维的体积分数相近时，编织结构（平纹编织、斜纹编织和单向编织）对剪切性能的影响非常小。然而，这些研究的重心主要集中在编织方法上，关于编织丝缕束对机械性能的影响（尤其是压缩/回弹性能）鲜有报道。Miyazaki T 等人[100]发现优异的弹性能够提供摩擦材料均匀的压力分布继而消除不均匀衬片磨损和对偶盘热点。此外，压缩回弹性对不同载荷条件下摩擦表面的接触粗糙峰也有着非常重要的影响，而粗糙峰对摩擦性能又有着决定性的作用[101]。因此，弄清编织丝束对压缩回弹性的影响是非常有意义的。目前，许多学者正大量开展关于编织结构对摩擦学性能的影响的研究。Fetfatsidis K A 等人[102]发展了可变摩擦和常数摩擦模型，继而分析了热冲压过程中平纹编织和非平衡斜纹编织结构的编织布复合材料的动摩擦因数；Rattan R 等人[33, 96]研究了编织架构（平纹、斜纹和缎纹(4H)）对聚醚酰亚胺复合材料低振幅震荡磨损性能和使用性能的影响，发现平纹编织复合材料表现出了最好的微动磨损和冲蚀磨损的耐磨性能；Cornelissen B 等人[103]通过摩擦实验手段的方式，提出了微观（丝）、介观（束）和宏观（布）的耦合作用，进而讨论了碳纤维束和碳布与金属对偶表面接触的摩擦特性。然而，这些研究主要集中在干式摩擦特性，编织丝束对湿式摩擦学性能影响的研究很少涉及。

在本节，基于碳布增强树脂基摩擦材料的三维表面轮廓和孔隙结构，我们对它们的机械和湿式摩擦学性能进行了详细研究。然后，通过对断裂表面和磨损表面地观察，提出了碳布增强树脂基摩擦材料的拉伸机理和磨损机理。在下面的分析中，我们选用了 3K 和 12K 两种碳布制备了具有不同丝数的碳布增强树脂基摩擦材料，并分别将其定义为 Composite（复合材料）A 和 Composite B。

6.6.1　碳布增强树脂基摩擦材料的结构

1. 碳布增强树脂基摩擦材料的编织结构

碳布是由经向纤维束和纬向纤维束交互编织而成的，其中纤维束由碳纤维组成，如图 6-32 所示。经向和纬向上相同的卷曲度决定了平纹编织是几何平衡的。碳布增强树脂基摩擦材料主要由两种孔构成，一种是由碳纤维编织形成的孔，称为孔 1，另一种是由碳纤维束编织而成的孔，称为孔 2。表 6-4 给出了两种碳布增强树脂基摩擦材料具体的特性参数。

表 6-4　3K 和 12K 碳布增强树脂基摩擦材料的物理特性参数

样品	样品厚度 mm	经纱密度 束/m	纬纱密度 束/m	丝束 束	丝直径 μm	束宽度 mm
Composite A	0.6	750	750	3 000	7	1.2
Composite B	0.6	250	250	12 000	7	3.6

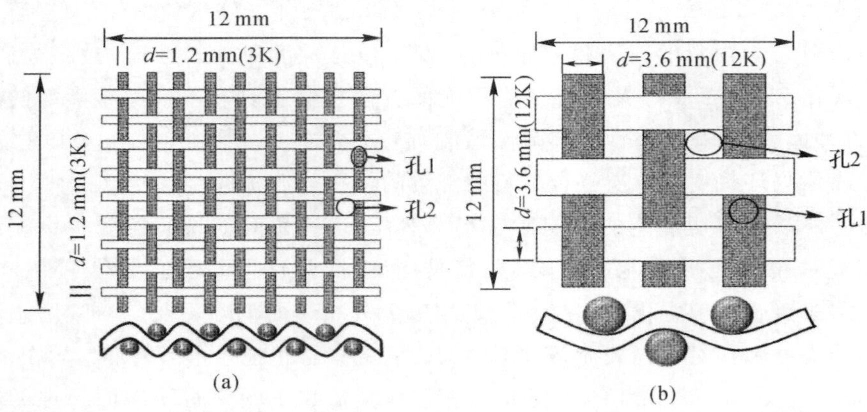

图 6-32　Composite A 和 Composite B 中所使用的碳布的原理示意图

(a)3K；（b)12K

2. 碳布增强树脂基摩擦材料的表面轮廓

表面轮廓主要影响湿式摩擦材料的摩擦性能[66]和润滑膜建立的能力[104]。表面特性的改变将大大影响湿式离合器的摩擦特性[105]。在目前的工作中，碳纤维主要是由酚醛树脂通过黏结的方式牢牢固定。如图 6-33(a)(b)所示，碳布增强树脂基摩擦材料的表面展现出了有序排列的结构，并且高度分布相对均匀，Composite A 和 Composite B 的三维表面粗糙度(S_q)分别为 1.87 μm 和 1.27 μm。为了更清楚地观察图 6-33(a)(b)的不同，我们借助 mat-lab 软件对高度分布数据进行了提取，结果如图 6-33(c)所示。在高度方向上，更有序的结构和更集中的高度分布使 Composite A 在相同的加载载荷条件下，拥有更多的粗糙峰与对偶盘接触。

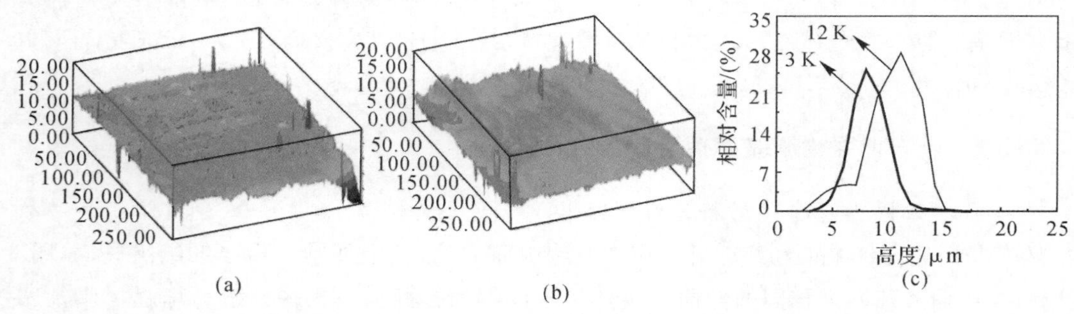

图 6-33　碳布增强树脂基摩擦材料的表面结构

(a)Composite A 的三维表面轮廓；（b)Composite B 的三维表面轮廓；（c)表面粗糙峰的高度分布

3. 碳布增强树脂基摩擦材料的孔隙结构

作为湿式摩擦材料中一种重要的特性，孔隙率对其机械强度[106]和摩擦性能[107]有着非常大的影响。维持一个有效的孔隙结构能够使湿式摩擦材料很好地完成从材料实体向流体的热量传递[108]。从图 6-34(a)所示的碳布增强树脂基摩擦材料的体积孔径分布图中，可以清楚地观察到在体积孔径分布曲线上，主要有两个峰，意味着碳布复合材料主要有两种类型的孔。左侧峰对应于孔 1，右侧峰对应于孔 2。孔 1 的孔尺寸分布主要集中在 0.43～4.12 μm，孔 2

的孔尺寸分布主要集中在 4.12～24.00 μm。Composite A 拥有更均匀的体积孔径分布，Composite B 拥有更大的孔直径和孔体积。对于 Composite B，孔 1 的体积远远大于孔 2 的体积，而对于 Composite A，孔 1 的体积和孔 2 的体积是相近的，这主要是由碳布编织的丝束和纤维束数决定的。如图 6-34(b)所示，随着压力的增大，碳布增强树脂基摩擦材料的孔隙率首先快速增长，然后缓慢增长，最后保持常数。Composite A 的孔隙率(6.15%)低于 Composite B 的孔隙率(7.09%)，意味着 Composite A 具有更密实的编织结构。当压力逐渐降低时，汞开始从材料中退出，孔隙率首先沿原路返回，然后轻微下降，最后保持不变。明显地，Composite A 的孔隙率下降了 14%，下降幅度是 Composite B 的两倍，这与拉伸模量的大小是相一致的(见表 6-5)，意味着 Composite A 的孔结构有更好的恢复特性。

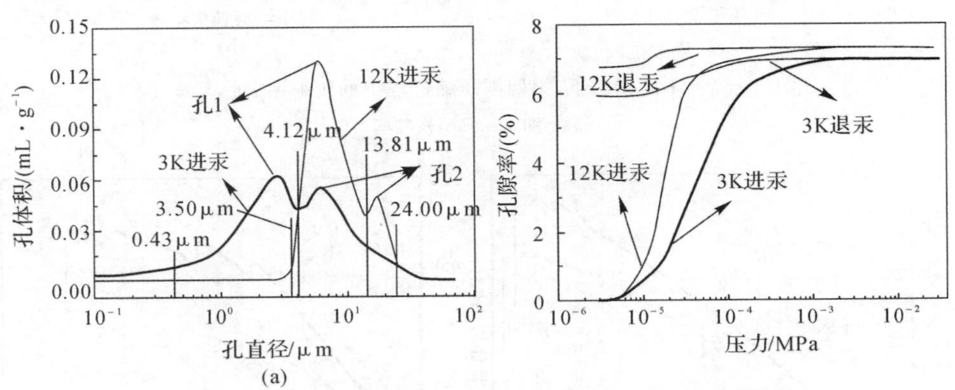

图 6-34　碳布增强树脂基摩擦材料的孔隙结构测试结果

(a)孔体积和孔直径的关系；(b)不同压力下的孔隙率

6.6.2　碳布增强树脂基摩擦材料的机械性能

1. 压缩回弹性能

预制体的结构和纤维性能通常控制了碳布增强树脂基摩擦材料的压缩率[62]。因而，丝缕束数量对材料的压缩回弹性有着重要的影响。图 6-35 所示为不同载荷条件下，第四圈压缩后，碳布增强树脂基摩擦材料的压缩率和恢复率。如图 6-35(a)所示，随着压缩载荷的增加压缩率增加，同时在相同的压缩载荷条件下(尤其是在高的压缩载荷下)，Composite A 展现了较大的压缩率。如图 6-35(b)所示，对于 Composite A 和 Composite B，在 0.025～0.15 kN 的载荷条件下，恢复率都达到了约 99%，预示着碳布增强树脂基摩擦材料在高度方向上拥有优异的结构稳定性。与 Composite B(13.42 MPa)相比，Composite A 的弹性模量(10.55 MPa)下降了约 21%，意味着 Composite A 易于压缩，继而随着载荷的增加，粗糙峰的增加是大的。

2. 拉伸和弯曲性能

为了测试碳布增强树脂基摩擦材料的弯曲性能，我们对其进行了三点弯曲测试，测试结果和典型曲线如图 6-36(a)和表 6-5 所示。从图中可以看出，Composite A 具有较大的弯曲硬度和强度。Composite A 的弯曲强度是 Composite B 的 1.23 倍，意味着 Composite A 具有较高的纤维与树脂之间的界面交互，这允许应力有效地从基体向纤维传递。Composite A 的弯曲模量是 Composite B 的 1.26 倍，意味着 Composite A 很难发生弯曲变形。

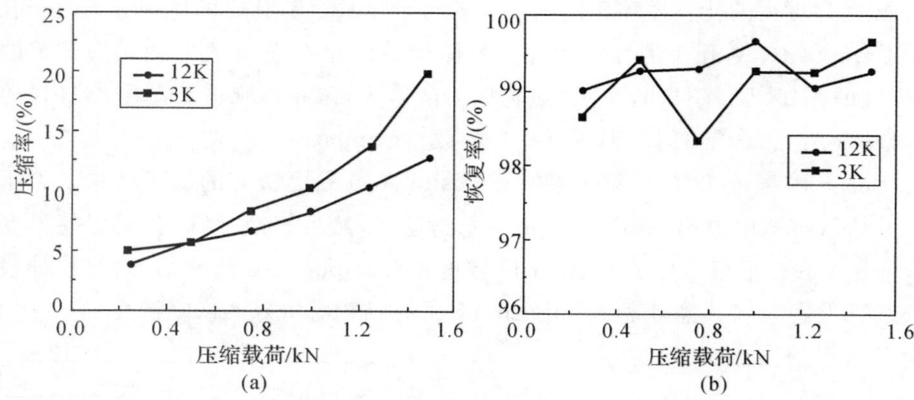

图 6-35　不同压力下，第四圈压缩过程中的压缩率和恢复率

(a)压缩率；(b)恢复率

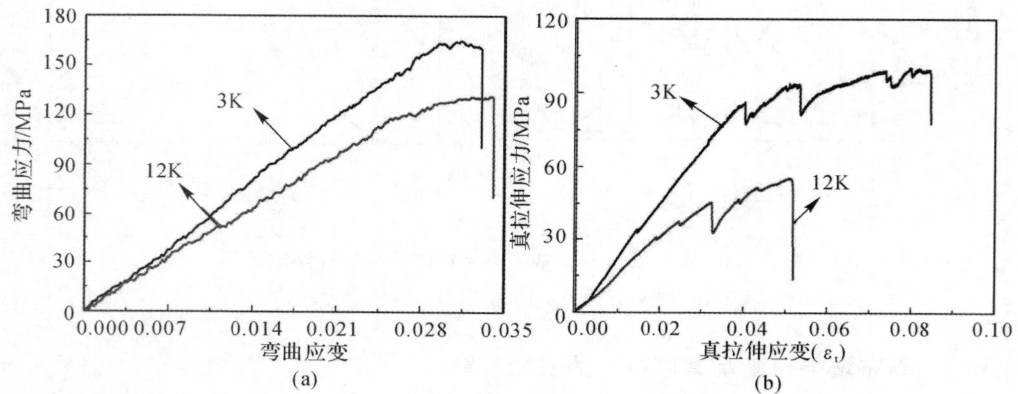

图 6-36　碳布增强树脂基摩擦材料典型的弯曲性能曲线和拉伸性能曲线

(a)弯曲应力-应变曲线；(b)拉伸应力-应变曲线

表 6-5　碳布增强树脂基摩擦材料的拉伸和弯曲性能参数

样品	弯曲强/MPa	弯曲模量/GPa	拉伸强度/MPa	拉伸模量/GPa
Composite A	163	5.71	99	2.21
Composite B	132	4.53	55	1.66

图 6-36(b)所示为典型的拉伸应力-应变曲线。从图中可以发现在应变为 0.019 之前，Composite B 的应力-应变行为是接近线性的，并且平均的拉伸强度是 44 MPa。另外，Composite A 的应力-应变行为在应变为 0.040 之前同样近似为线型，并且平均拉伸强度比 Composite B 高出 80%，意味着 Composite A 能够承受更大的载荷。值得一提的是，在线性部分后，曲线上出现了一些峰，这主要是由纤维的断裂引起的，在图 6-37(d)中可以观察到。拉伸测试的结果已经总结在了表 6-5 中，其中 Composite A 的拉伸模量定义为应变在 0.002 和

0.04 之间直线的斜率，Composite B 的拉伸模量定义为应变在 0.005 和 0.019 之间直线的斜率。同时，Composite A 的拉伸模量比 Composite B 的高出 31%，意味着当施加剪切载荷时，Composite A 难以发生变形。

3. 断裂表面

为了弄清碳布增强树脂基摩擦材料的断裂机理，我们对其断裂表面进行了观察，其微观形貌如图 6-37 所示。对于 Composite A，有两种断裂特征，分别是纤维束的分离（裂纹 2 和裂纹 3）和纤维的断裂（见图 6-37(b)）。由于裂纹是非常窄的（见图 6-37(a)），因而纤维断裂是 Composite A 主要的拉伸失效特征。然而，对于 Composite B，有三种断裂特征，分别是纤维束的分离（裂纹 2 和裂纹 3），纤维的分离（裂纹 1）和纤维拔出（见图 6-37(d)）。由于纤维拔出现象是非常少的（见图 6-37(c)），因而纤维束的分离和纤维分离是 Composite B 主要的拉伸断裂失效特征。

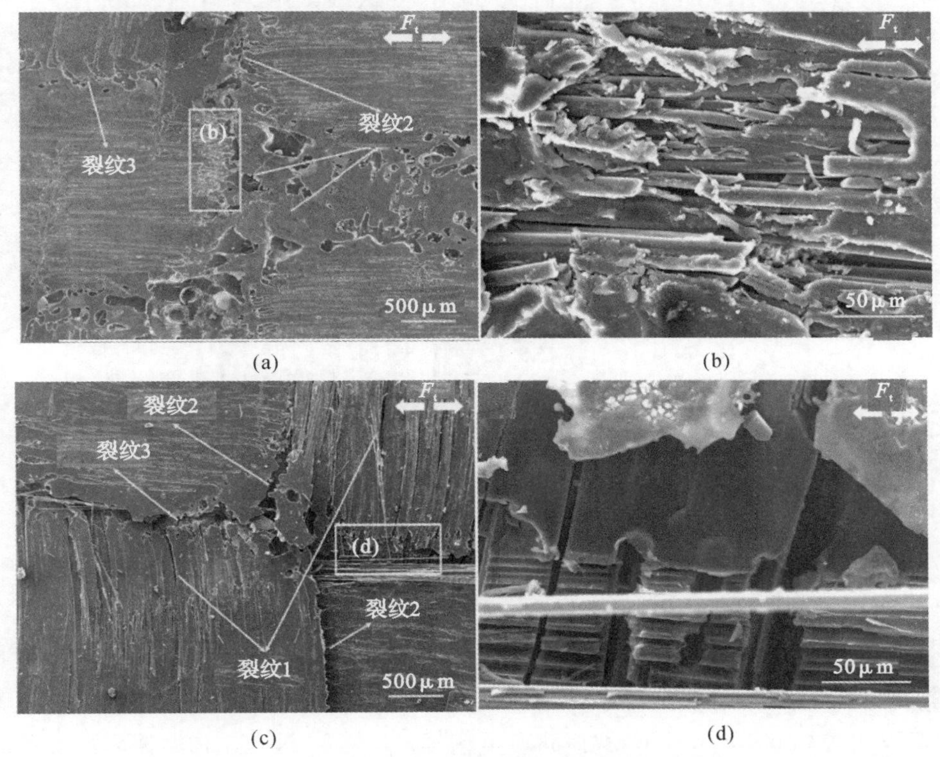

图 6-37 碳布增强树脂基摩擦材料断裂表面的 SEM 微观形貌

(a)Composite A 的断裂表面； (b)纤维断裂的放大图； (c)Composite B 的断裂表面； (d)纤维拔出的放大图

4. 拉伸失效机理

图 6-38 所示为基于碳布的编织结构和对断裂表面观察构建的碳布增强树脂基摩擦材料拉伸失效的机理图。对于 Composite B（见图 6-38(c)），拉伸力（F_t）在 x 方向上的作用，明显地分离了纤维束，导致了裂纹 2（见图 6-38(c_1)）的出现。继而，在 x 方向上的位移使基体出现断裂，导致了裂纹 3 的形成（见图 6-38(c_4)）。同时，纤维也出现分离，出现了裂纹 1，如图 6-38(c_2)所示。然而，Composite A 的基体断裂是非常小的，如图 6-38(b_1)(b_3)所示，主要的原因是大量的孔 2 和松散的纤维束使大量的树脂有能力浸入到 Composite A 的预制体中

(见图 6-41(c)(d)),导致了碳纤维能够很好地嵌入到酚醛树脂中或者被酚醛树脂黏结固定,继而允许载荷有效地从酚醛树脂向碳纤维传递。这种现象与之前的研究也是一致的[26,109]。因此,Composite A 拥有优异的机械性能,并且基体断裂不易出现在其中。随着拉伸的继续进行,一些纤维被拔出,继而在 Composite B 的拉伸方向上产生了沟槽(见图 6-38(c_3))。然而,对于 Composite B,在高的应力下,纤维很难拔出,但是纤维断裂易于出现(见图 6-38(b_2))。Kong K 等人[110]发现脆性复合材料的断裂主要是由纤维断裂引起的。考虑到高的拉伸模量和断裂表面,纤维断裂是 Composite B 主要的失效机理,这与之前的报道是一致的[25]。

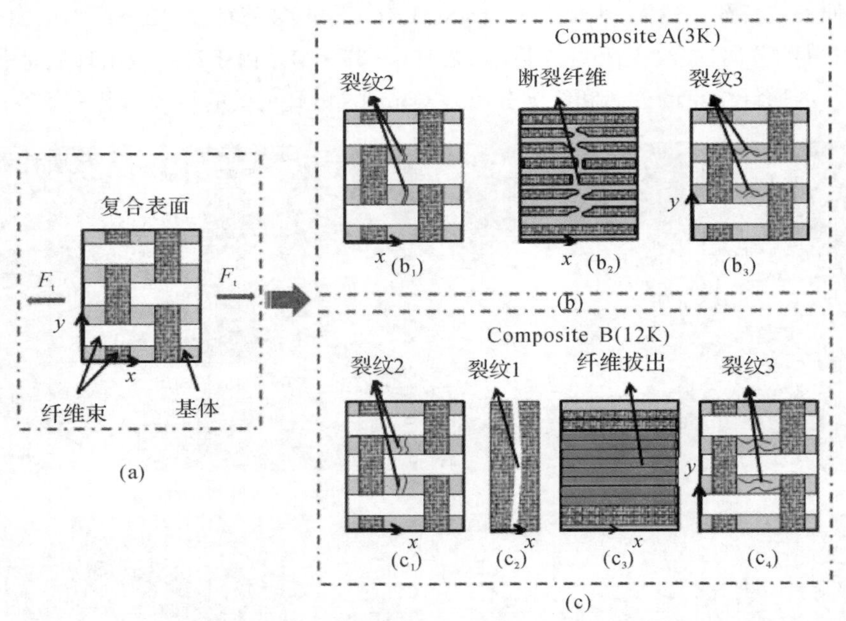

图 6-38　碳布增强树脂基摩擦材料拉伸失效机理图

(a)拉伸测试前的表面；(b)Composite A 的断裂特征；(c)Composite B 的断裂表面

6.6.3　碳布增强树脂基摩擦材料的摩擦学性能

1. 摩擦性能

在滑速为 0.02 m/s 的条件下,我们获得了载荷为 5～180 N 范围内摩擦因数的变化,如图 6-39(a)所示。从图中可以观察到,随着载荷的增加,摩擦因数下降,并且这种关系近似接近反比例函数。对该函数求导后取绝对值,发现 Composite A 的绝对值($0.620x^{-2}$)大于 Composite B 的绝对值($0.574x^{-2}$),意味着 Composite A 的摩擦因数对载荷更加敏感。同时,Composite A 的摩擦因数也是高于 Composite B 的摩擦因数。这主要是由于 Composite A 具有大的表面粗糙度,更集中的高度分布和小的弹性模量。

在载荷为 30 N 的条件下,我们获得了滑速为 0.02～0.23 m/s 范围内的摩擦因数,如图 6-39(b)所示。随着滑动速度的增加,摩擦因数减小,并且这种关系近似满足对数函数。滑速的增加导致了大的摩擦界面温度,因而润滑油黏度的下降导致了油膜产生剪切应力的下降。同时,增长的界面温度软化了材料,继而降低了摩擦因数。此外,在不同的转速条件下,

Composite A 也展现出了较高的摩擦因数。小的孔隙率易于导致对偶盘和摩擦衬片之间油膜的出现和保持，使 Composite A 对界面温度更敏感。因此，与 Composite B 相比，Composite A 的摩擦因数对转速更加敏感($0.050x^{-1}>0.034x^{-1}$)。

2. 磨损性能

图 6－40 所示为具有不同编织丝数的碳布增强树脂基摩擦材料的磨损率和骨架密度。从图中可以看出 Composite A 的骨架密度为 1.105 g/cm^3，与 Composite B 相比增加了 5.8%，意味着 Composite A 具有更稳定的结构。Composite A 的磨损率(1.92×10^{-8} $cm^3\cdot J^{-1}$)比 Composite B 的磨损率(2.67×10^{-8} $cm^3\cdot J^{-1}$)小了 28%，意味着 Composite A 具有优异的耐磨性能。这些可以归因于 Composite A 大的骨架密度形成的纤维与树脂之间增加的机械啮合。

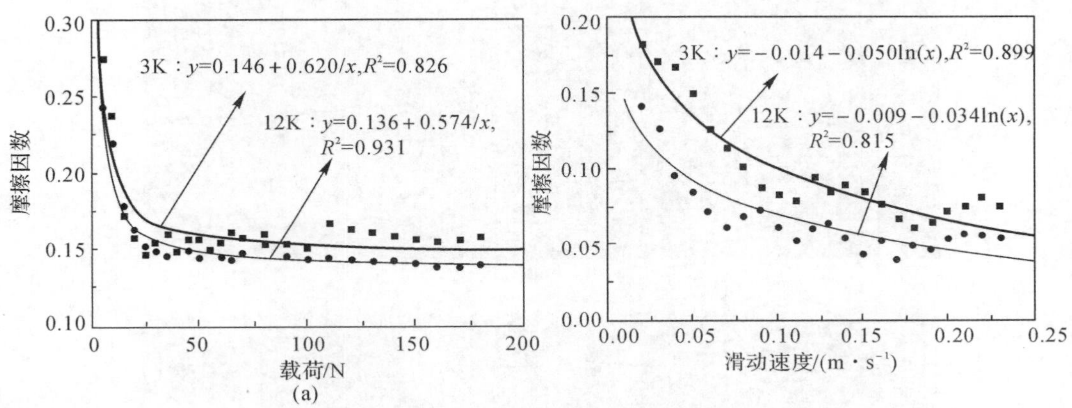

图 6－39　编织丝数对碳布增强树脂基摩擦材料摩擦性能的影响

(a)不同载荷条件下的动摩擦因数；(b)不同滑速条件下的动摩擦因数

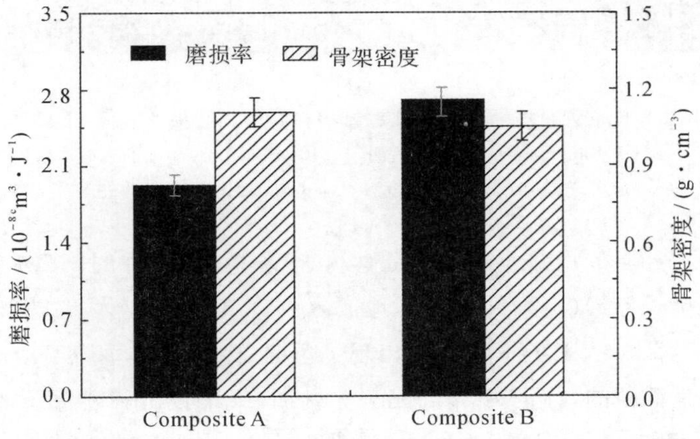

图 6－40　具有不同编织丝数的碳布增强树脂基摩擦材料的磨损率和骨架密度的比较

3. 磨损表面的微观形貌分析

为了弄清磨损机理，我们对碳布增强树脂基摩擦材料的初始表面和磨损表面进行了观察。图 6－41(a)(b)所示为初始表面的 SEM 微观形貌，发现纤维束被树脂紧紧地固定，明显地暴露于突出区域，它对于摩擦学性能起着重要的作用。与 Composite B 相比，在单位面积内 Composite A 具有更多的突出区域，导致了较大的摩擦因数。在 10h 的磨损后，突出区域出现了明显的磨损，然而在富树脂区域，磨损是非常小的，如图 6-41(c)(d)所示。与 Composite A 相比，Composite B 的磨损是非常严重的，尤其是在垂直于纤维束的方向上。也可以清楚地观察到在 Composite A 的内部纤维之间有丰富的树脂，这意味着大大改善的纤维与树脂之间的界面结合，继而增加了机械强度和耐磨性能。与上述现象相反，Composite B 中纤维的密实填充，导致了较少的树脂含量，继而引起了较差的碳布和黏结树脂的连接(见图 6-41(d))，意味着 Composite B 将承受大的接触应力和经受严重的剥离[19]。

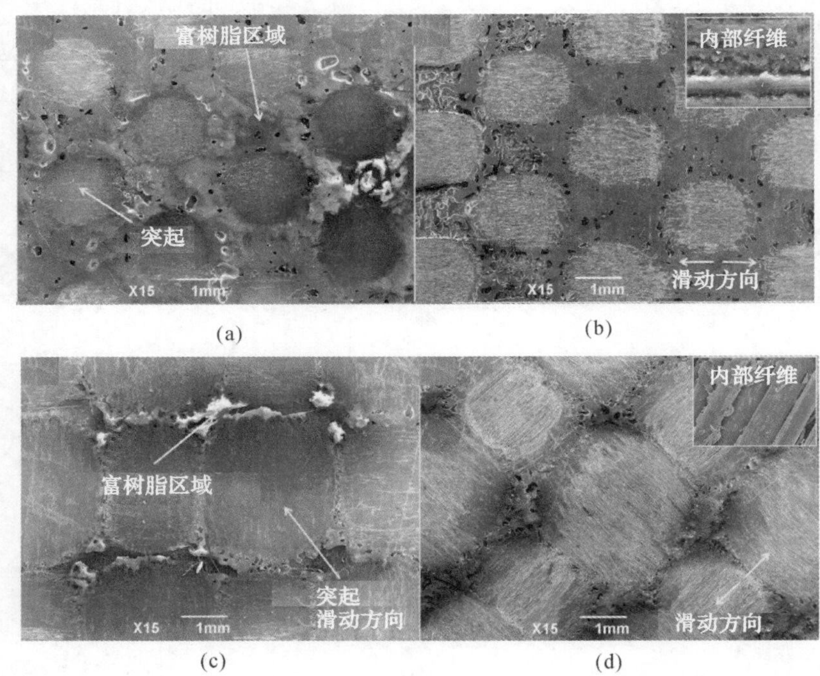

图 6-41　碳布增强树脂基摩擦材料初始的和磨损的表面 SEM 图

(a)Composite A 初始的表面；(b)Composite A 磨损的表面；
(c)Composite B 初始的表面；(d)Composite B 磨损的表面

图 6-42 所示为碳布增强树脂基摩擦材料磨损后表面的 SEM 微观形貌。对于 Composite A(见图6-42(a)(b))，纤维很好地嵌入到了基体中，连续的热和机械应力引起了纤维基体剥离(标记为 1)。因而，一些纤维出现了弯曲(标记为 2，垂直于滑动方向)和磨薄(承受磨损的纤维尖端是截断的，标记为 3)的趋势。继而，纤维拔出和残留磨屑导致了一些区域空洞(标记为 4)的出现。对于 Composite B(见图 6-42(c)(d))，在一些地方很难观察到纤维基体润湿，长纤被严重地磨碎、成粉和剥离。继而，大量的纤维基体剥离、断裂(标记为 5)和支撑纤维的断裂(标记为 6)、纤维弯曲和空洞增加了磨损率。因此，Composite A 主要的磨损特征是纤维基体剥离和空洞，对应轻微的磨损。然而，Composite B 主要的磨损特征为严重的纤维弯曲和过度的纤维断裂，对应于严重的磨损。

4. 磨损机理

图 6－43 为基于摩擦力和磨损表面观察得到的碳布增强树脂基摩擦材料的磨损机理图。通常来讲，在磨损过程中，来源于原始复合材料表面突出区域的纤维能够有效承受载荷。由于对偶表面粗糙峰的犁削（尤其是对于具有较弱纤维基体结合的 Composite B)，支撑纤维和富树脂区域易于出现磨损，并且循环载荷能够引起纤维与基体之间的剥离[111]。同时，图 6－44 表明对偶盘也出现了磨损。初始的对偶盘表面是粗糙的，并且具有大量清晰的垂直于滑动方向的纹路。在 10h 的磨损后，大部分的垂直纹路被抛光，继而大量的平行于滑动方向的纹路出现（见图 6－44(b))。有效产生地磨屑侵入到了纤维基体剥离后产生的间隙中（见图 6－43 (a_2)和(b_2))。对于这个过程，黏着磨损是主要的磨损机理，并且 Composite A（见图 6－42 (a))比 Composite B(见图 6－42(c)(d))产生了更多的磨屑（包括树脂磨屑、纤维磨屑和金属磨屑）。随后，已经产生的磨屑开始犁削接触表面，继而引起纤维的弯曲、断裂和碎裂（见图 6－43(a_3)(b_3))[81]。值得注意的是，有效的纤维基体润湿增强了纤维基体界面和基体的硬度，使碳布增强树脂基摩擦材料更能承受弯曲力，继而降低了 Composite A 中纤维的弯曲。随着磨损的进一步进行，纤维的严重弯曲引起了纤维裂纹和纤维断裂（见图 6－43(a_4)(b_4))。同时，碎裂的磨屑引起的碎裂纤维可能被剥离，并转移到其他位置，导致了空洞的出现。在这个磨损过程，磨粒磨损为主要的磨损机理。因此，Composite A 和 Composite B 的磨损机理是相似的，都为初期阶段的黏着磨损和后期阶段的磨粒磨损。

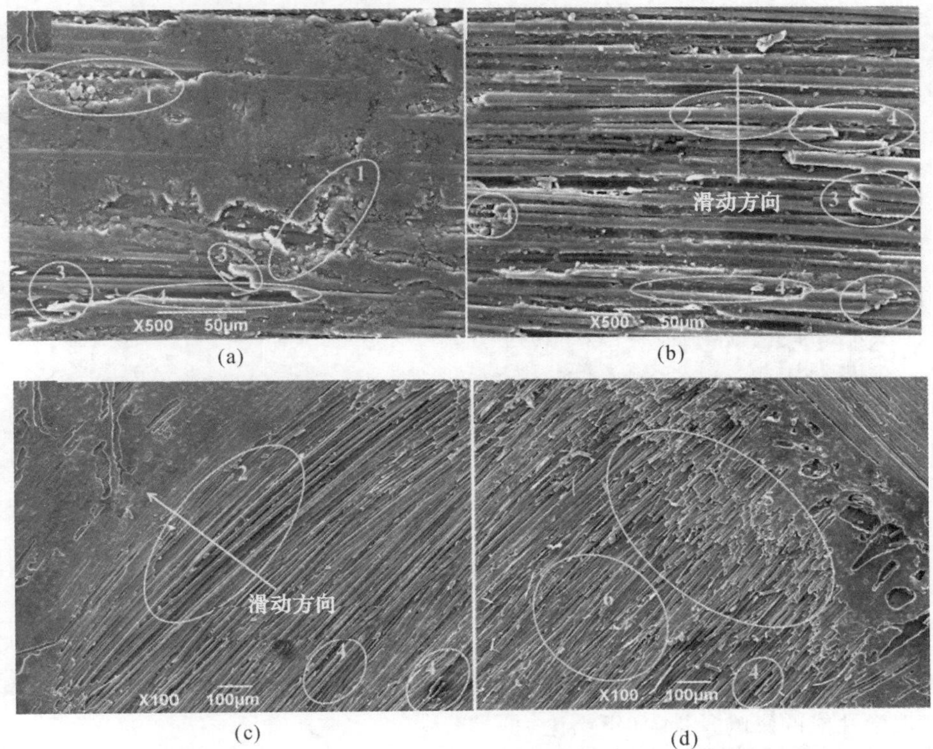

(a)　(b)　(c)　(d)

图 6－42　具有不同编织丝数的碳布增强树脂基摩擦材料磨损表面放大的 SEM 微观形貌

(a)(b)Composite A；　(c)(d)Composite B

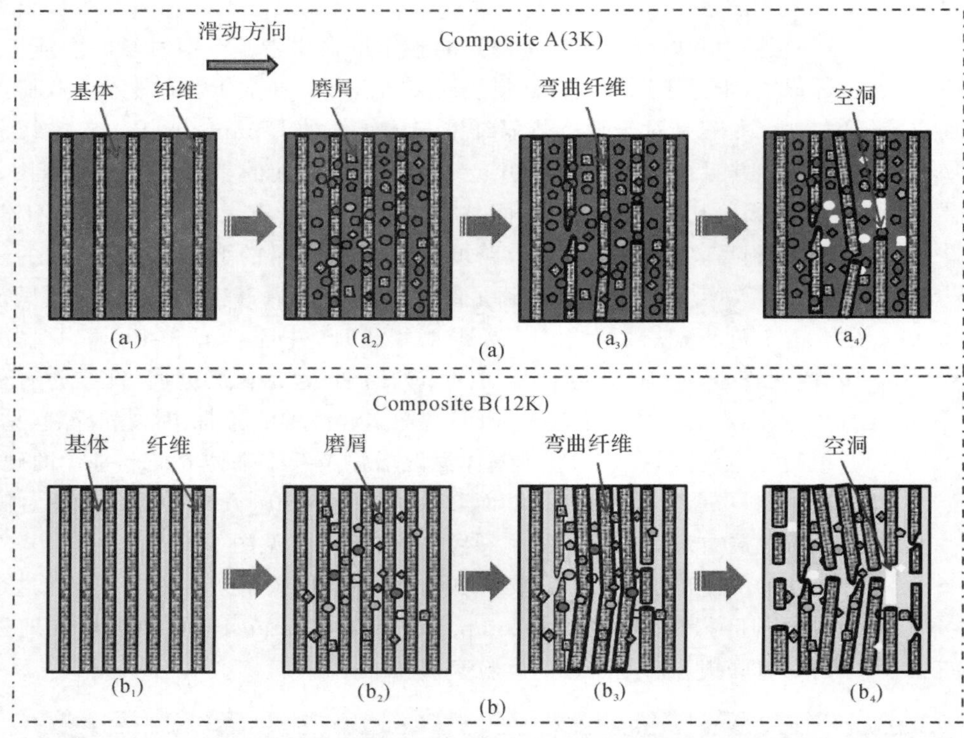

图 6-43　碳布增强树脂基摩擦材料的磨损机理图

(a)　(b)

图 6-44　对偶盘初始的表面和磨损后的表面

(a)初始；(b)磨损后

6.6.4　小结

在本节,我们系统研究了碳布编织的丝缕数对平纹碳布增强酚醛树脂基摩擦材料的机械和湿式摩擦学性能的影响,得到如下结论:

(1)Composite A 的弹性模量比 Composite B 的弹性模量小 21%。Composite A 的弯曲强度和弯曲模量分别是 Composite B 的 1.23 和 1.26 倍。Composite A 的拉伸强度和模量分别是 99MPa 和 2.21GPa,与 Composite B 相比分别增加了 80%和 31%。

(2)对断裂表面的观察表明，Composite A 主要的拉伸失效机理是纤维断裂，Composite B 主要的拉伸失效机理是基体断裂。

(3)与 Composite B 相比，Composite A 在不同的比压和转速条件下都展现了较高的摩擦因数，并且 Composite A 对载荷和转速也是更敏感的。低的磨损率和轻微的磨损特征表明了 Composite A 比 Composite B 具有更优异的耐磨性能。

(4)对磨损表面的 SEM 微观形貌观察表明，Composite A 主要的磨损特征为纤维基体脱黏和空洞的形成，Composite B，严重的纤维弯曲和过度的纤维断裂是主要的磨损特征。在整个磨损过程中，Composite A 和 Composite B 都表现出了相似的黏着磨损和磨粒磨损机理。

6.7　碳纤维粉对碳布增强树脂基摩擦材料的影响

由于碳纤维低的比表面积、表面能量和化学惰性[16-17, 112]，相对于增强碳布[20, 29-32]和高分子[14, 27-28]材料，在它们之间的界面结合成为了限制复合材料整体性能(尤其是机械和摩擦学性能)进一步改善的重大瓶颈。因此，为了改善界面结合，在近几年的研究中主要提出了三种方法：改变 WCF(编织碳纤维)表面极性、增加 WCF 粗糙度和在基体中添加微/纳米无机颗粒。为了克服碳纤维表面化学惰性的缺陷，研究者通过多种方法对其进行了表面处理。Su F 等人揭示了通过阳极氧化法、空气等离子轰击和硝酸刻蚀三种方法处理的碳布能够在碳纤维表面产生活性官能团，改善了它们与基体之间的黏着，进一步增强了已经制备的复合材料的机械和摩擦学性能[10]；Hsieh C T 等人通过氧化处理在碳纤维表面引入了含氧官能团(羰基或者醌等)，其能够与高分子基体中丰富的含氧官能团进行键合，因而能产生优异的界面结合[34]；Tiwari S 等人宣称伽玛辐射处理在碳纤维表面引入了功能组分(主要为羰基)，继而使碳纤维表面变得粗糙，改善了纤维基体黏着，导致了层间剪切强度和摩擦学性能的增强[17]。尽管上述方法能够很好地改善纤维基体之间的界面黏附，但是昂贵改性设备的使用增加了制备成本。

表面接枝的核心是无机纳米颗粒在 WCF 上的生长。通过水热方法，研究者将 CuO[36] 和 ZnO[110] 生长到了 WCF 上，增加了黏着能量和改善了机械强度；借助冷冻干燥的过程和热处理，研究者将连续多孔的 1%的碳纳米管包裹在了碳纤维表面，发现网状结构的鲁棒性导致了层间剪切强度的上升[38]；通过溶胶凝胶法，研究者将 SiO_2 薄膜沉积到了编织布表面，继而起到了降摩减磨的作用[35]。尽管上述制备过程能够实现 WCF 上纳米无机颗粒的均匀生长，但是它们是相对低效的和高时间成本的。值得注意的是，化学反应的引入使表面处理和表面接枝变得相对复杂。

为了避免化学反应的复杂性，研究者选择了将无机颗粒直接添加到碳布复合材料的基体中。高的比表面积、高的表面活性和小的尺寸效应使无机颗粒能够明显增加界面数量和界面强度，继而实现应力向纤维的有效传递，改善机械和摩擦学性能。研究者通过浸涂过程在碳布复合材料中引入了纳米 Al_2O_3、Si_3N_4，SiO_2，TiO_2，ZnO，$CaCO_3$[9, 19, 41]和微米 MoS_2、石墨[11]，降低了磨损率和摩擦因数；通过半固化过程，研究者也将纳米炭黑复合到了碳纤维编织复合材料中，改善了其耐磨性能[22]；通过手工涂覆的方法，微米 SiC 也被添加到了碳布增强的环氧树脂复合材料中，增强了拉伸强度和杨氏模量，继而改善了耐磨性能[42]。尽管通过增加界面数量和界面强度，机械和摩擦学性能得到了改善，但是这些无机颗粒的制备成本是高的，并且添加方法使这些颗粒很难添加到碳布里面。

由于其自润滑特性，磨碎的碳纤维能够有效降低碳布增强树脂基摩擦材料的磨损率，并通过桥接基体的作用增强其机械性能。此外，通过增加界面数量和界面结合的强度能够增强机械和摩擦学性能。因此，包含磨碎碳纤维和碳颗粒的碳纤维粉的引入(CFPs)对于改善碳布增强树脂基摩擦材料的界面结合、机械和湿式摩擦学性能有着非常重要的意义。

在本节，我们通过干式球磨的技术制备了 CFPs，继而将它们通过连续抽滤的方法添加到了碳布增强树脂基摩擦材料中，并采用热压技术获得了不同 CFPs 含量的碳布增强树脂基摩擦材料。然后，对它们的表面形貌、三维表面轮廓、骨架密度和孔结构进行了表征。最后，对它们的机械和湿式摩擦学性能进行了详细研究，并基于磨损表面的形貌特征对磨损机理进行了讨论。

6.7.1 碳纤维粉增强碳布/酚醛树脂摩擦材料的制备

1. 制备碳纤维粉

采用以玛瑙球为球石的 QM-3SP4 星型球磨机，在 500 r/min 的转速条件下，干式球磨沥青基碳纤维 15 h，继而获得包含磨碎碳纤维和碳颗粒的碳纤维粉(CFPs)。如图 6-45(a)(b)所示，球磨后，磨碎碳纤维的断面变得残缺，伴随着碳颗粒的出现。因而，我们推断碳颗粒来源于沥青基碳纤维。为了进一步确认这个推断，我们获得了 CPFs 的 EBSP(背散射衍射花样)微观形貌，如图 6-45(d)所示，发现磨碎的碳纤维和碳颗粒有同样的灰度，意味着碳颗粒为碳基材料。因此，我们确认碳颗粒来源于沥青基碳纤维。明显地，与原始沥青基碳纤维的平均长度相比，磨碎碳纤维的平均长度是短的，主要分布在 20～150 μm。同时，碳颗粒牢牢地吸附于磨碎碳纤维表面，它们的尺寸分布在 10 nm～20 μm(见图 6-45(c))。

2. 制备碳纤维粉增强的碳布/酚醛树脂摩擦材料

首先，我们将 CFPs 和腰果壳油改性酚醛树脂在星型球磨机中以 200 r/min 的转速混合 100 min。为了避免混合物过热，我们采用了间歇式球磨方法，即球磨 20 min，暂停 5 min。同时，将 12 K 碳布在丙酮中浸泡 24 h，在乙醇中超声清洗 1 h，在 100℃条件下进行干燥。然后，通过磁力和超声搅拌的方式将混合物以合适的质量分数均匀分散于乙醇中。紧接着，以碳布代替滤纸，对混合物/乙醇溶液进行抽滤，将抽滤后的碳布放于烘箱中在 60℃条件下蒸发掉乙醇。重复干燥和抽滤工艺，直至所有的 CFPs 引入到碳布中。最后，将已获得的碳布进行热压，即获得包含 0%(C0)、1%(C1)和 2%(C2)CFPs 的碳布增强树脂基摩擦材料，它们的厚度为 0.6 mm，整个制备流程图如 6-46 所示。

为了准确获得每一个样品中基体的含量，我们对其在氮气条件下进行了 TGA 测试，测试温度为 40～1 200℃，加热速率为 10℃/min。如图 6-47(a)所示，在 1 200℃之后，C0，C1 和 C2 的失重速率分别为 77%，87%和 91%，意味着随着 CFP 含量的增加，基体含量出现下降。明显地，C1 和 C2 的初始失重温度比 C0 的高，意味着 CFPs 的引入增加了它们的热稳定性。如图 6-47(b)所示，随着 CFP 含量的增加，失重速率下降，并且碳布增强树脂基摩擦材料有相似的最大失重速率温度。

6.7.2 碳纤维粉增强碳布/酚醛树脂摩擦材料的微观结构

如图 6-48 所示，酚醛树脂主要黏着在突出区域(Zone 1，见图 6-48(a))，然而，在一些地方，纤维基体润湿几乎是不可见的(见图 6-48(d))。与 C0 相比(见图 6-48(a))，C1 在 Zone 2 处由大量纤维束编织产生的大洞被 CFPs 有效填充，继而扩大了滑动过程中的接触面积。除此之外，紧紧包裹在碳纤维表面的酚醛树脂基体层(见图 6-48(e))的形成意味着明显改善的纤维基体润湿。图 6－48(e_f)显示了 CFPs 被牢牢固定在纤维上，其对于桥接纤维束起着非常重要的作用，继而有利于纤维束之间应力的传递。如图 6－48(c)(f)所示，C2 的表面覆盖了一层位于碳布上方的 CFPs(见图 6－48(c_f))。

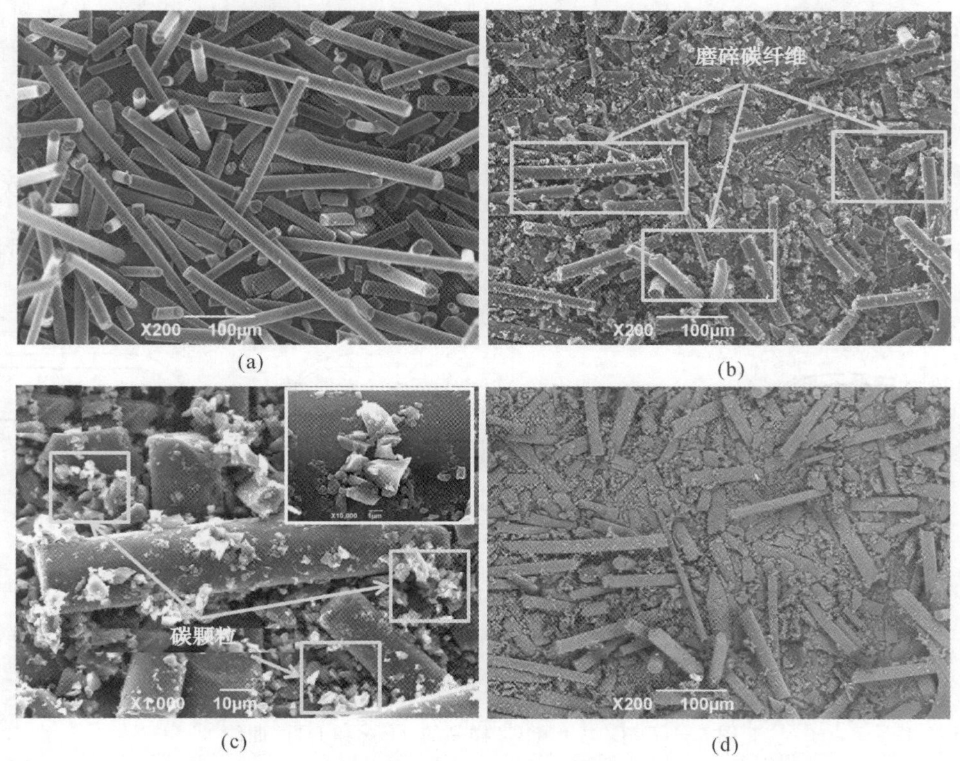

图 6－45　碳纤维粉的微观结构

(a)沥青基碳纤维；(b)CFPs 的 SEM 微观形貌；(c)CFPs 放大的 SEM 微观形貌；(d)EBSP 微观形貌

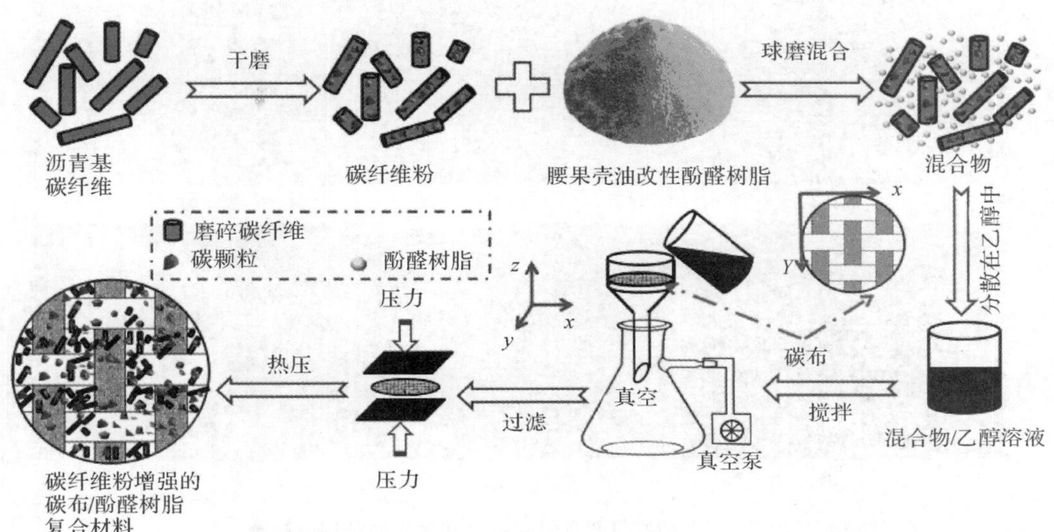

图 6－46　碳纤维粉增强的碳布/酚醛树脂摩擦材料的制备流程图

为了更好地研究 CFPs 对碳布增强树脂基摩擦材料结构的影响，我们对 C0，C1 和 C2 的厚度方向进行了观察。如图 6－49(a)(b)(c)所示，碳布增强树脂基摩擦材料的厚度约为 600 μm，并且 CFPs 的加入增加了纤维束编织层的耦合。同时，也发现对于 C0，在碳纤维之间有许多空隙(见图 6－49(d))，并且纤维之间是相对独立的(见图 6－49(g))，意味着酚醛树脂对碳纤维差的润湿性。当把 CFPs 引入到碳布增强树脂基摩擦材料中后，纤维束之间的间隙被有效填充(见图 6－49(e))，润湿性得到明显改善(见图 6－49(h))。此外，从图 6－49(f)可以清楚地观察到 CFP 层的出现，对应于图 6－48(c_f)中的 CPF 层。然而，过多的 CFPs 导致了树脂很难润湿碳纤维，继而在碳布增强树脂基摩擦材料中留下了许多空洞(见图 6－49(i))，这种现象与 Dong L 等人[38]的报道是一致的。他们发现当碳纳米管质量分数从 1%增加到 2.5%，相对压缩的碳纳米管网络导致了树脂对纤维的润湿变得困难，继而许多空洞残留在了固化后的复合材料中。

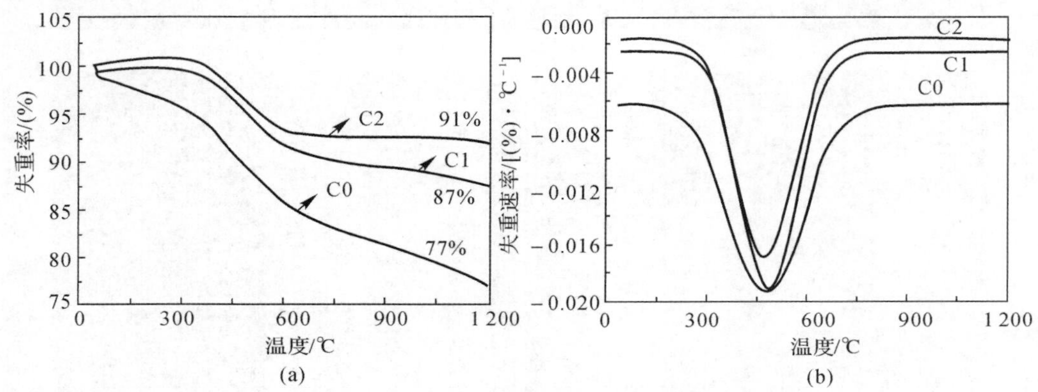

图 6－47　C0，C1 和 C2 样品的 TGA 和 DTG 曲线

(a)TGA 曲线；(b)DTG 曲线

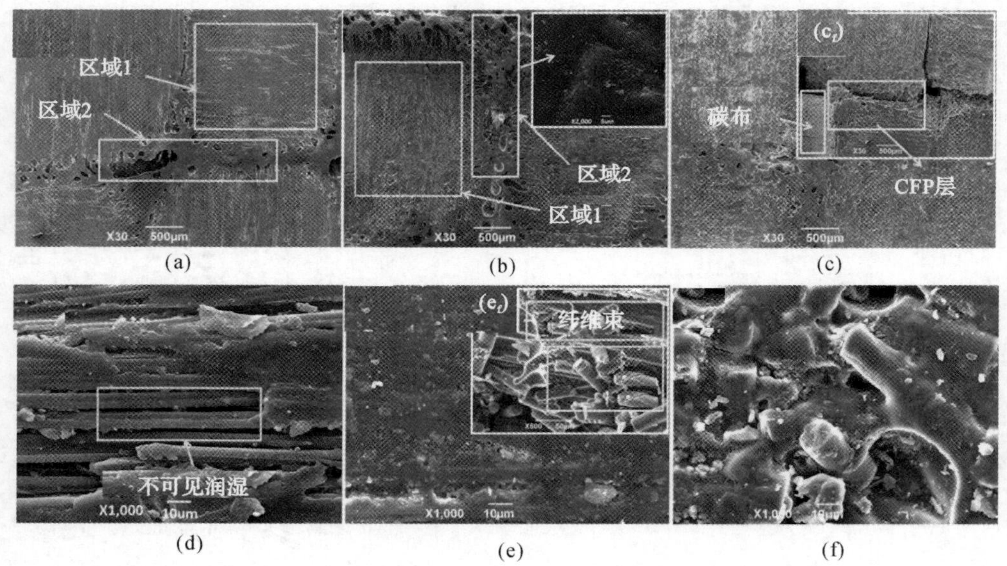

图 6－48　碳纤维粉含量对试样初始表面结构的影响

(a)(b)(c)C0，C1 和 C2 初始表面的 SEM 微观形貌；

(d)(e)(f)C0，C1 和 C2 初始表面放大的 SEM 微观形貌；(c_f)(e_f)C2 和 C1 断裂表面的 SEM 微观形貌

图 6-49　碳纤维粉含量对试样厚度方向上微观结构的影响

如图 6-50 所示，CFPs 使碳布增强树脂基摩擦材料变得更粗糙，并且使粗糙峰高度分布更宽泛。与 C0 相比，C1 和 C2 的 3D 表面粗糙度(S_q)增长了 81%和 32%，有利于摩擦因数的增加。

6.7.3　碳纤维粉增强碳布/酚醛树脂摩擦材料的孔隙结构和骨架密度

碳纤维的编织产生了大量的孔，这些孔很难被酚醛树脂充分填充。然而，太多的孔将弱化机械性能，太少的孔将引起滑动过程中高的界面温度，继而弱化机械性能。因此，为了获得优异的机械和湿式摩擦学性能，通过改变 CFP 含量实现对碳布增强树脂基摩擦材料孔隙数量和大小的控制是非常有意义的。

如图 6-51(a)所示，在纯碳布的体积孔径分布图中主要有三个峰，分别位于 9～17 nm(峰 1)、6～30 μm(峰 2)和 30～90 μm(峰 3)。因此，孔的尺寸比磨碎碳纤维的长度是小的，使 CFPs 不可能穿透整个碳布被抽滤下去。在引入酚醛树脂后，峰 1 变得不可见，意味着 9～17 nm 的孔被有效填充。除此之外，峰 2 和峰 3 的峰强度下降，意味着 6～30 μm 和 30～90 μm 孔数量的减少。峰 2 和峰 3 位置的左移意味着孔尺寸的下降。随着 CFP 含量的增加，峰 2 和峰 3 的强度下降，意味着孔逐渐被 CFP 填充。如图 6-51(b)所示，CFPs 的引入增加了碳布增强树脂基摩擦材料的骨架密度和降低了其孔隙率，意味着增长稳定的骨架结构和下降的热扩散能力。然而，与C1相比，C2差的润湿性降低了骨架密度，增加了孔隙率。为了更好地阐明C2中CFP层对酚醛树脂低渗透性的影响，我们通过压汞仪对其渗透率进行了表征。如图6-51(c)所示，CFPs的引入明显降低了C1和C2的渗透率。值得注意的是，与C1相比，C2的渗透率降低了94%，意味着CFP层降低了酚醛树脂的渗透能力。

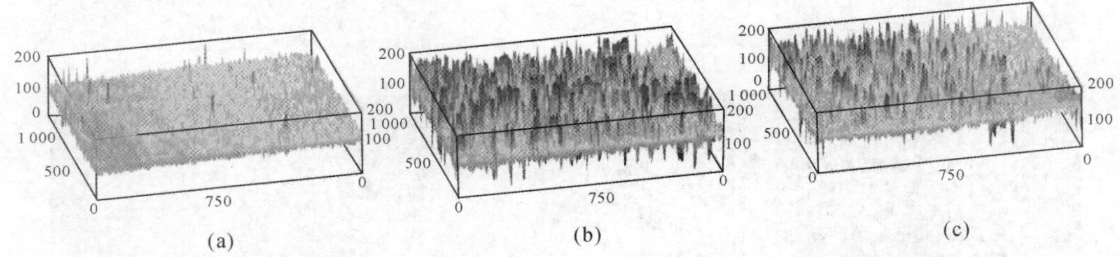

图6-50　碳纤维粉增强的碳布/树脂基摩擦材料的三维表面轮廓

(a)C0；(b)C1；(c)C2

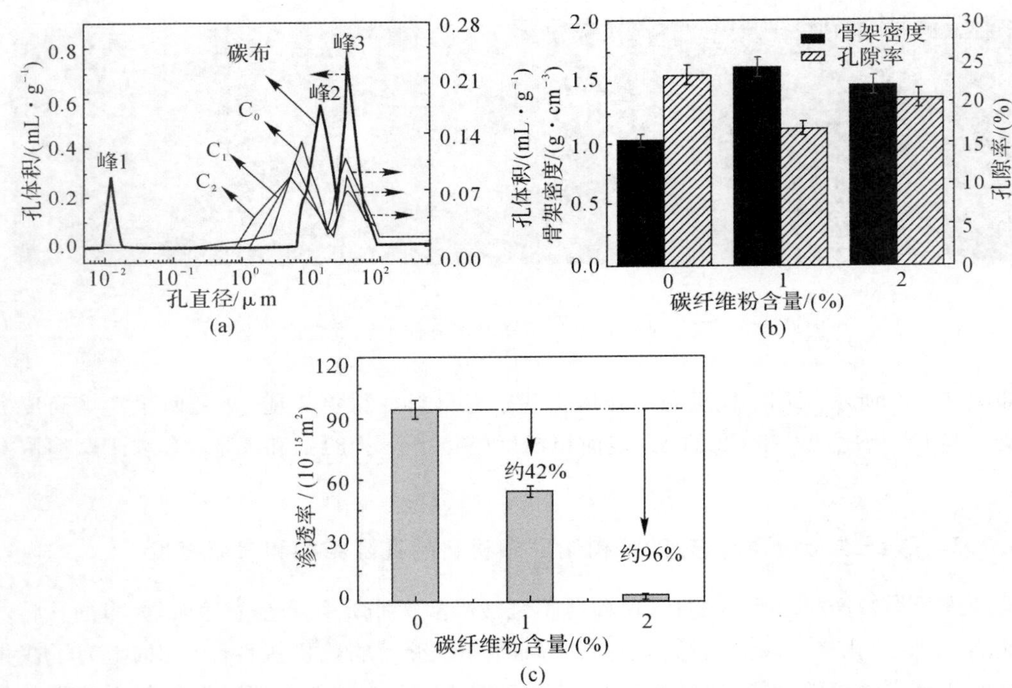

图6-51　C0,C1和C2的孔隙测试结果

(a)体积孔径分布；(b)骨架密度和孔隙率；(c)渗透率

6.7.4　碳纤维粉增强碳布/酚醛树脂摩擦材料的机械性能

1. 压缩回弹性

如图6-52(a)所示，CFPs的引入增加了碳布增强树脂基摩擦材料的压缩率，这主要是由于由磨碎碳纤维构成的孔壁数量的增加和接触面积的增加引起的。同时，在第四圈压缩后

C0,C1 和 C2 的恢复率都达到了 99%,意味着厚度方向上优异的结构稳定性。此外,CFPs 的引入降低了碳布增强树脂基摩擦材料的弹性模量(见图 6-52(b)),意味着下降的硬度。

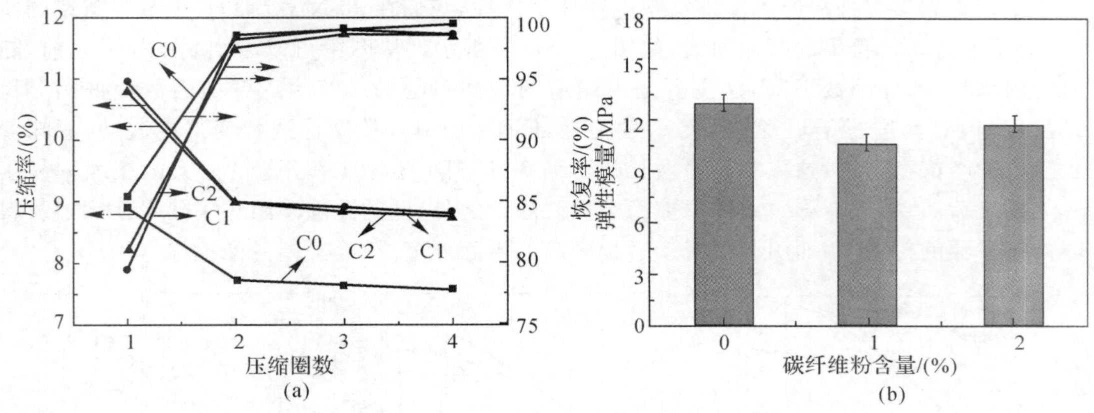

图 6-52 C0,C1 和 C2 的压缩回弹性能和弹性模量

(a)压缩率和恢复率; (b)弹性模量

2. 弯曲、剪切和拉伸性能

如图 6-53(a)(b)(c)所示,C0,C1 和 C2 的应力-应变行为在初始阶段是接近线性的,意味着好的弹性变形。同时,C1 直线部分的斜率是最大的,其次是 C2 和 C0,意味着 C1 的弯曲、剪切和拉伸模量是最大的。在后期阶段,应力-应变行为变成非线性的,直至样品断裂的出现,对应于塑性变形阶段。明显地,在拉伸应力-应变曲线上出现了一些峰,对应于编织纤维的断裂。如图 6-53(d)(e)(f)所示,CFPs 的引入增加了弯曲、剪切和拉伸强度。与 C0 相比,C1 和 C2 的弯曲强度增加了 73%和 30%,并且拉伸强度比 C0 的高出了 56%和 44%,允许应力有效地从基体向碳布传递。此外,C1 和 C2 的剪切强度增加了 21%和 12%,意味着增长的接触粗糙峰抵抗摩擦力能力。为了表征碳布增强树脂基摩擦材料的断裂韧性,我们对其进行了三点弯曲测试,并将测得的弯曲应力-应变曲线进行积分,得到了曲线下方的面积。如图 6-53(a)所示,与纯碳布增强树脂基摩擦材料相比,CFPs 增强的碳布增强树脂基摩擦材料具有较大的面积,意味着增强的断裂韧性。

磨碎的碳纤维能够有效桥接碳布中的孔,继而增加碳布与树脂之间的机械啮合。受益于其高的比表面积、高的表面活性和小的尺寸效应,碳颗粒与树脂基体、碳颗粒与碳纤维之间具有较强的界面结合,这能够帮助增强机械性能。除此之外,下降的孔隙率也有利于机械性能的改善。然而,CFP 层阻止了酚醛树脂的侵入,继而对 CFPs 和碳布黏着不充分,导致了弱的界面结合。因此,C2 的机械性能比 C1 的差。

6.7.5 碳纤维粉增强碳布/酚醛树脂摩擦材料的湿式摩擦学性能

1. 摩擦性能

如图 6-54(a)(b)所示,随着载荷的增加,摩擦因数呈反比例减小,随着转速的增加,摩擦次数以对数形式减小。明显地,CFPs 的引入增加了碳布增强树脂基摩擦材料在不同载荷和转速条件下的摩擦因数,这主要是由表面粗糙度、接触面积和压缩率的增加造成的。在滑动过程中,较大的表面粗糙度,接触面积和压缩率能够使更多的粗糙峰发生接触,继而增加摩擦因数。然而,弱的界面结合降低了滑动过程中粗糙峰所能承受的最大载荷,导致了 C2 摩擦因数的下降。

为了研究碳布增强树脂基摩擦材料的摩擦稳定性,我们在 30 N 载荷和 0.1 m/s 滑速的条件下,测试了滑动过程中的摩擦曲线,如图 6-54(c)所示。从图中可以看出,在 27 s 之前,随着时间的增长,摩擦因数下降,这主要是由载荷的增加引起的。27 s 后摩擦因数变得相对稳定,因而我们对其进行了求变异系数。明显地,CFPs 的引入使摩擦因数变得更波动,意味着增长变差的摩擦稳定性,这主要是由增长的压缩率和下降的空隙率引起的。大的压缩率易于引起大的载荷波动,继而导致差的摩擦稳定性。除此之外,低的孔隙率阻止了热量从摩擦材料实体向润滑油的传递,继而引起了滑动过程中高的界面温度,导致了差的摩擦稳定性。

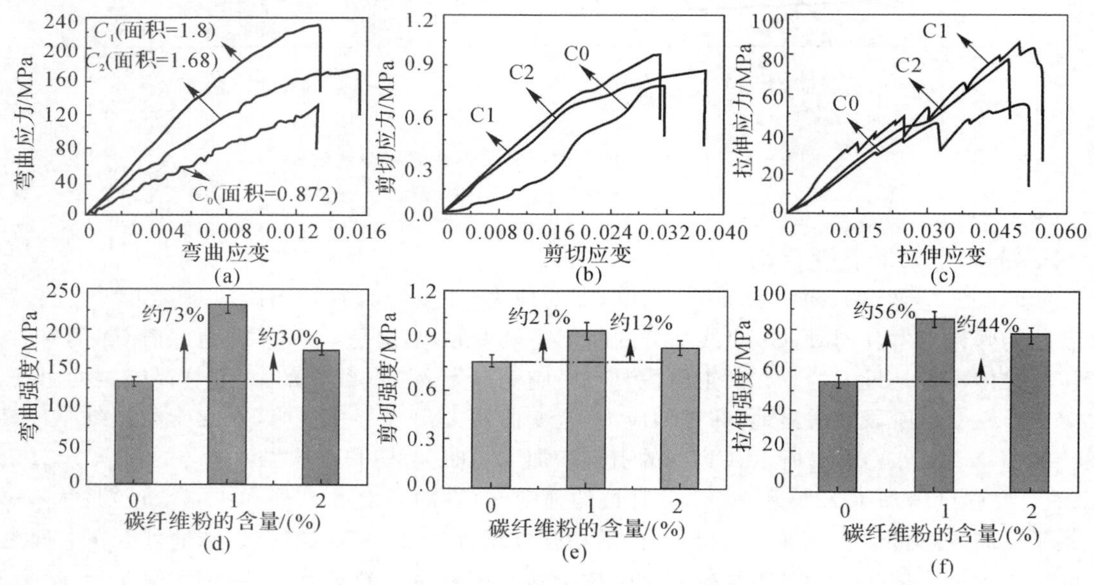

图 6-53 碳纤维粉含量对试样力学性能的影响

(a)弯曲性能曲线; (b)剪切性能曲线; (c)拉伸性能曲线; (d)弯曲强度; (e)剪切强度; (f)拉伸强度

2. 磨损性能

如图 6-54(d)所示,C0,C1 和 C2 的磨损率分别为 1.52,0.97 $m^3/(N \cdot m)$ 和 1.26×10^{-13} $m^3/(N \cdot m)$。与 C0 相比,C1 和 C2 的磨损率下降了大约 36% 和 17%,意味着 CFPs 的添加改善了 C1 和 C2 的耐磨性。这可能归因于强的界面结合和大的压缩率。强的界面结合阻止了树脂基体的层离,继而能够提升耐磨性能。此外,大的压缩率能够使更多的润滑油从摩擦材料内部挤出到摩擦界面,继而降低了摩擦界面温度。同时,大的压缩率易于引起均匀的压力分布和热耗散,继而改善了耐磨性能。

在黏着区域,我们可以清楚地观察到出现在 C0 树脂基体上的裂纹(见图 6-55(a_2))。尽管 CFPs 的桥接和啮合阻止了 C1 和 C2 树脂基体中裂纹的出现,但是抛光的磨碎碳纤维、微裂纹和层离的树脂基体导致了大量磨屑的产生,如图 6-55(b_2)(c_2)所示。尤其地,过多的 CFPs 降低了复合材料中酚醛树脂的体积分数,继而使树脂对 CFPs 的润湿变得更差,更趋于引起磨碎碳纤维的拔出,伴随着空洞的出现(见图 6-55(c_2))。

在突出区域,C0 的 WCF 明显出现了弯曲的趋势,继而引起纤维断裂(见图 6-55(d))。

同时，WCF 从树脂基体中的拔出表明了纤维与树脂基体之间弱的界面结合。然而，在 C1 和 C2 的突出区域 WCF 主要出现了断裂的特征(见图 6－55(e)(f))，引起了连续接触应力作用下磨屑对纤维的抛光。对于 C1 和 C2，强的界面结合阻止了纤维的弯曲，继而磨屑连续犁削纤维，导致了纤维被切断，并伴随着微型磨屑在纤维之间的产生。明显地，与 C1 相比，在磨屑抛光的作用下，C2 的 WCF 显示了更严重的断裂。如图 6－55(g)～(i)所示，C0 的断裂表面是平的(见图 6－55(g))，意味着在接触应力的作用下，碳纤维是被直接截断的。然而，由于纤维是先逐渐磨薄，然后才发生断裂，因而 C1 和 C2 中 WCF 的断裂表面是尖的(见图 6－55(h)(i))，意味着在断裂之前，纤维经历了严重的抛光。这进一步证明了 C1 和 C2 中基体与纤维之间优异的界面结合。因此，基体裂纹和纤维弯曲引起的纤维断裂是 C0 主要的磨损机理，磨屑引起的纤维断裂是 C1 和 C2 主要的磨损机理。

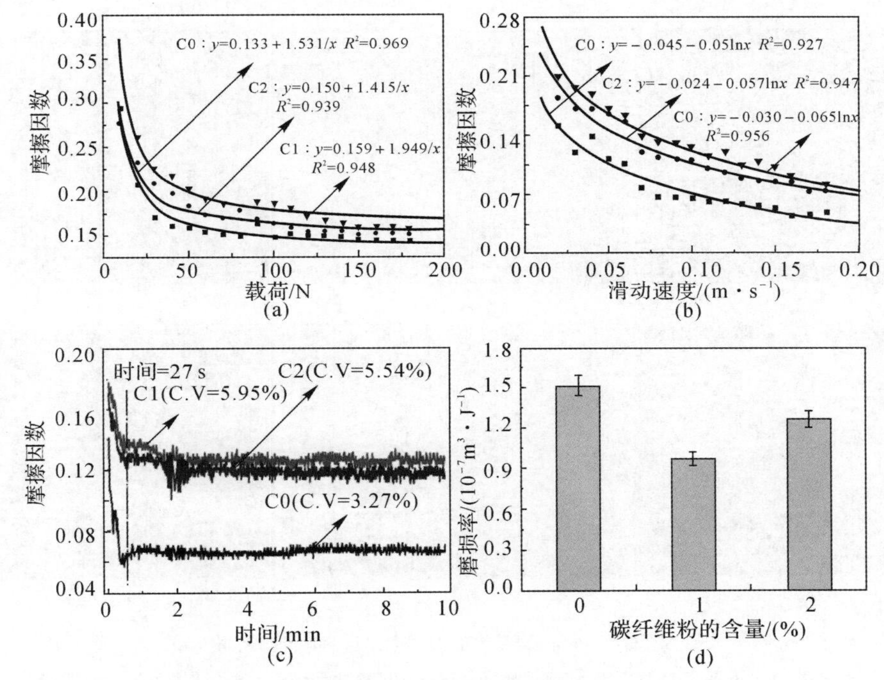

图 6－54　碳纤维粉含量对试样摩擦学性能的影响

(a)不同载荷条件下的摩擦因数；(b)不同转速下的摩擦因数；(c)不同时间下的摩擦因数；(d)试样的磨损率

6.7.6　结论

在本节，我们采用连续抽滤的方法制备了不同含量 CFP 增强的碳布/酚醛树脂摩擦材料。结果表明，CFP 能够有效填充碳布的空隙，进一步增加了界面结合、表面粗糙度、骨架密度和接触面积。主要的结论如下：

(1)当 1%的 CFPs 添加到碳布时，机械性能(弯曲强度、剪切强度、拉伸强度)增加了 21%～73%。然而，随着含量进一步增加到 2%，机械性能增加了 12%～44%。

(2)与 C0 相比，大的表面粗糙度、接触面积和压缩率增长了摩擦因数，然而，大的压缩率和小的孔隙率使摩擦稳定性变差。同时，C1 和 C2 的磨损率下降了约 36%和 17%，意味着改善的耐磨性能。

(3)基体裂纹和纤维屈服引起的纤维断裂是C0主要的磨损机理,磨屑引起的纤维断裂是C1和C2主要的磨损机理。

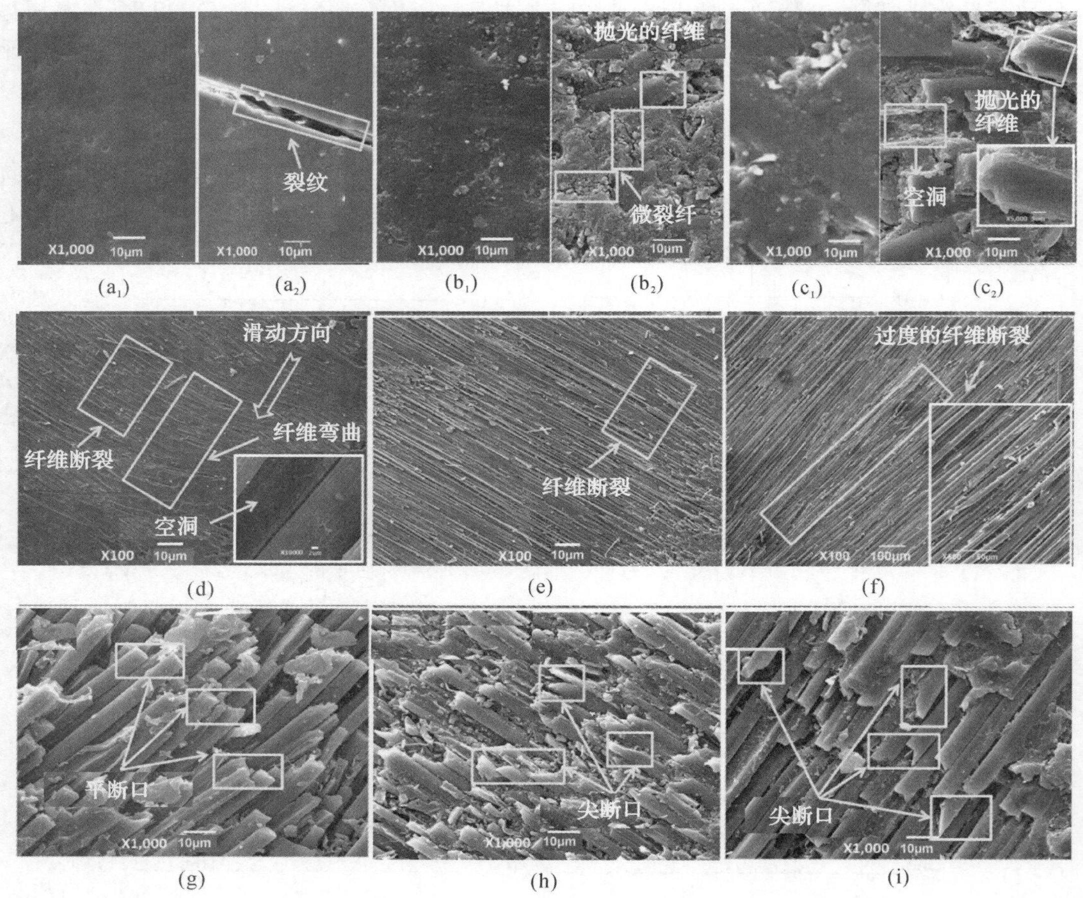

图6-55　碳纤维粉含量对试样磨损表面的影响

(a_1)C0磨损前黏着区域放大的SEM微观形貌;　(a_2)C0磨损后黏着区域放大的SEM微观形貌;
(b_1)C1磨损前黏着区域放大的SEM微观形貌;　(b_2)C1磨损后黏着区域放大的SEM微观形貌;
(c_1)C2磨损前黏着区域放大的SEM微观形貌;　(c_2)C2磨损后黏着区域放大的SEM微观形貌;
(d)(g)C0磨损突出区域放大的SEM微观形貌;　(e)(h)C1磨损后突出区域放大的SEM微观形貌;
(f)(i)C2磨损后突后区域放大的SEM微观形貌

6.8　玻璃粉对碳布增强树脂基摩擦材料的影响

由于具良好的热稳定性、耐化学腐蚀性能、耐磨性能以及高的韧性,玻璃粉已经被广泛应用到了高分子复合材料中,但是在湿式摩擦材料中的应用却很少报道[113-114]。低成本的玻璃粉代替复合材料中的昂贵组分,将降低最终产物的成本,尤其是通过球磨废弃玻璃得到的玻璃粉的使用。此外,通过硅烷偶联剂改性的玻璃粉能够增强各组分之间的界面结合,继而改善其机械和摩擦学性能。

在本节，我们首先对廉价的玻璃粉进行了硅烷偶联剂改性，继而考虑到制备成本和制备过程的复杂性，对具有不同尺寸孔的碳布增强树脂基摩擦材料进行了填充。为了充分将玻璃粉浸入到碳布中，继而获得纤维、颗粒与基体之间优异的交互，我们采用了重复抽滤的方法。然后，对包含0(G0)、1%(G1)、2%(G2)和 3%(G3)玻璃粉的碳布增强树脂基摩擦材料的机械和湿式摩擦学性能进行了研究。最后，对碳布增强树脂基摩擦材料和对偶不锈钢盘的磨损表面进行了分析，获得了它们的磨损性能。

玻璃粉的莫氏硬度为 7，密度为(2.5±2) g/cm^3，为了降低它们的化学惰性，我们用硅烷偶联剂对其进行了改性。图 6-56 所示为玻璃粉的 SEM 微观形貌，从图中可以看出，玻璃粉有一个不规则的形状，它们的尺寸分布为 0.1～3μm，有助于碳布增强树脂基摩擦材料中不同尺寸孔的填充。

(a) (b)

图 6-56 玻璃粉的 SEM 微观形貌

(a)SEM 微观形貌； (b)放大的 SEM 微观形貌

6.8.1 玻璃粉增强的碳布/酚醛树脂摩擦材料的 SEM 微观形貌

图 6-57 所示为已制备玻璃粉增强的碳布增强树脂基摩擦材料初始表面的 SEM 微观形貌。G0 展现了平滑的表面，并且由于碳纤维表面的疏水性、低的比表面积和表面能[16,112]，在纤维与基体之间的交互几乎不可见(见图 6-57(a))。对于 G1 和 G2，树脂很好地润湿了碳纤维，形成了紧紧包裹纤维的酚醛树脂层。如图 6-57(b)所示，由于酚醛树脂与玻璃粉之间很好的相容性[115]，玻璃粉被牢牢地固定于碳纤维表面，并且均匀地分散于酚醛树脂基体中。明显地，玻璃粉的引入大大地改善了树脂对纤维的润湿性，获得了优异的纤维/基体界面结合。然而，对于 G3(见图 6-57(d))，由于高含量的玻璃粉的添加，导致其出现了团聚，很少有玻璃粉黏于碳纤维表面，润湿性变差，意味着差的纤维/基体界面结合。因此，玻璃粉的引入增强了纤维/基体之间的界面结合，然而过高的含量却在某种程度上使这种润湿性变差。

表面轮廓对于湿式摩擦材料的摩擦学性能，尤其是对摩擦诱发和噪音倾向起着非常重要的作用[116-117]。如图 6-58 所示，随着玻璃粉含量的增加，粗糙峰逐渐变高，并且 G3 的表面在 150～200 μm 范围内有一个明显的致密层。这主要是由于玻璃粉能够有效地添加于 G1 和

G2 的碳布中，增加了粗糙峰的高度。然而，玻璃粉的团聚在 G3 的表面形成了致密的玻璃粉层（见图 6－57(d)），导致了图 6－58(d)中 150～200 μm 范围内致密层的出现。

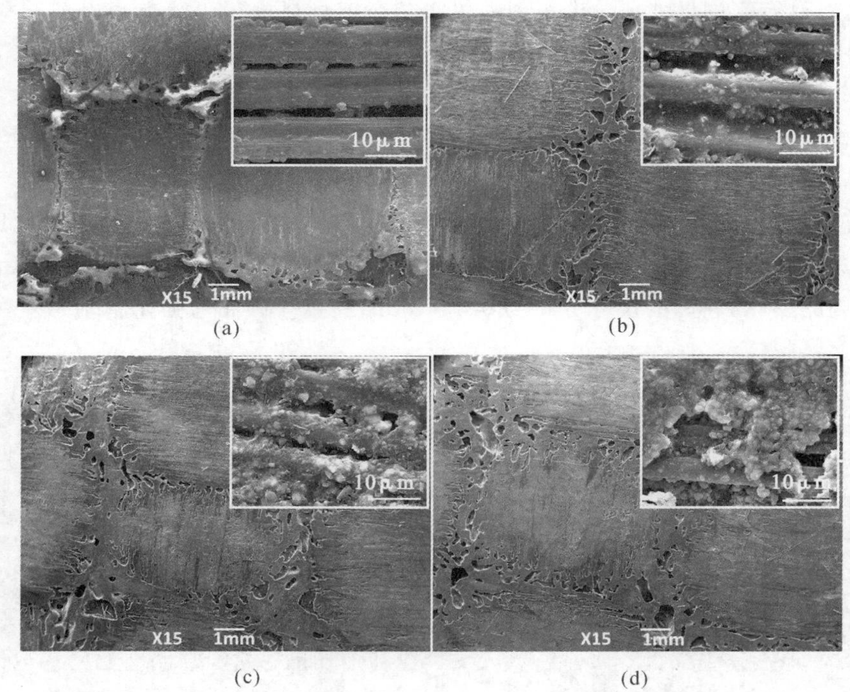

图 6－57　玻璃粉增强碳布/树脂基摩擦材料初始表面的 SEM 微观形貌

(a)G0；　(b)G1；　(c)G2；　(d)G3

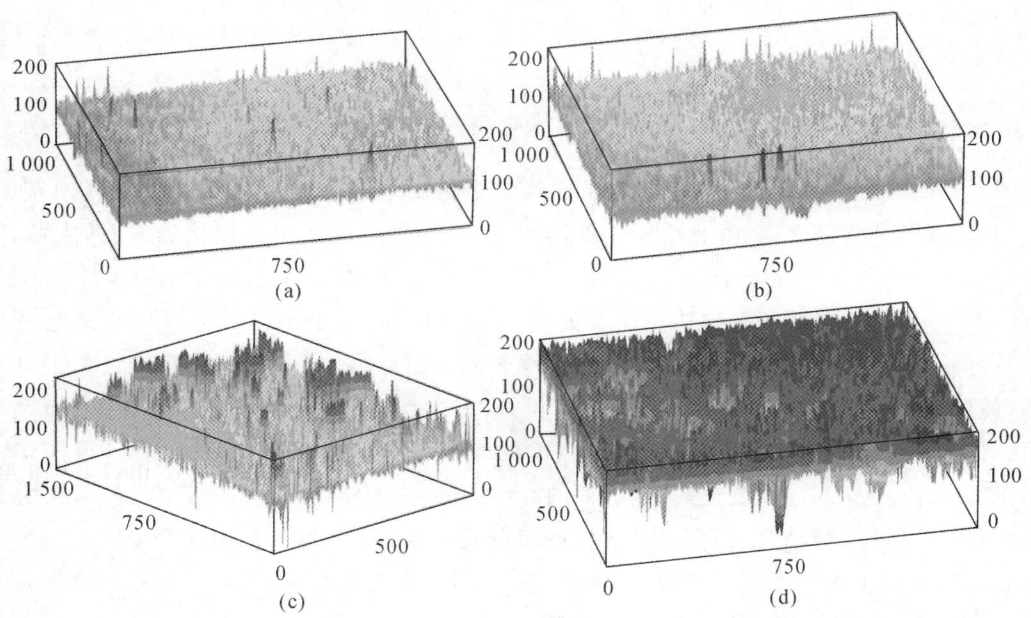

图 6－58　玻璃粉增强的碳布/树脂基摩擦材料的三维表面轮廓

(a)G0；　(b)G1；　(c)G2；　(d)G3

如表 6－6 所示，玻璃粉增强了碳布增强树脂基摩擦材料的三维表面粗糙度（S_q 和 S_a），并且 G2 展现了最大的表面粗糙度。随着玻璃粉含量的增大，表面倾斜度（S_{sk}）和表面陡峭度（S_{ku}）增加，意味着增加的粗糙峰不对称性和变窄的高度分布。

表 6－6　G0，G1，G2 和 G3 的三维表面轮廓参数

样品	S_q/ μm	S_a/ μm	S_{sk}	S_{ku}
G0	14.53	11.83	1.96	5.61
G1	14.98	12.30	2.76	6.65
G2	20.02	14.57	4.18	14.02
G3	15.60	12.82	11.23	31.11

6.8.2　玻璃粉增强的碳布/酚醛树脂摩擦材料的骨架密度和孔隙率

为了综合评价玻璃粉增强的碳布/酚醛树脂摩擦材料的机械和湿式摩擦学性能，我们对其骨架密度和孔隙率进行了表征，平均的测试结果如图 6－59 所示。从图中可以看出，随着玻璃粉含量从 0%增加到 2%，骨架密度增加，孔隙率下降，意味着增长稳定的骨架结构和变弱的热耗散能力。然而，G3 差的润湿性降低了骨架密度和增长了孔隙率，意味着不稳定的骨架结构和强的热耗散能力。

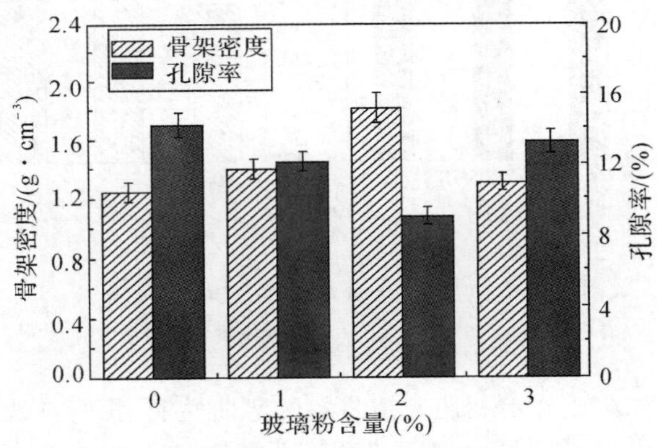

图 6－59　G0，G1，G2 和 G3 的骨架密度和孔隙率

6.8.3　玻璃粉增强的碳布/酚醛树脂摩擦材料的机械性能

图 6－60 呈现了在 100 N 的载荷条件下，碳布增强树脂基摩擦材料的压缩/回弹性能。随着玻璃粉的含量从 0%增长到 2%，四次压缩过程中的压缩率都在增长。然而，当其含量增加到 3%时，压缩率下降，主要归因于玻璃粉层高的硬度。如图 6－60(b)所示，对于 G0，G1，G2 和 G3，在第四圈压缩后，恢复率都达到了 99%，意味着玻璃粉增强的碳布增强树脂基摩擦材料在厚度方向上有着优异的结构稳定性。图 6－60(c)显示了随着玻璃粉含量的增加，弹性模量下降，然而，当其含量增加到 3%时，弹性模量出现快速增长。因此，G2 拥有最低的基体硬度，紧接着是 G1，G0 和 G3。

图 6－60(d)所示为玻璃粉增强的碳布/酚醛树脂摩擦材料的平均剪切强度，其能够很好地反映粗糙峰对摩擦力的抵抗能力。随着玻璃粉含量从 0%增长到 2%，剪切强度从 0.86

MPa 增加到了 1.28 MPa，当其含量增长到 3%时，剪切强度下降到了 0.98 MPa。受益于优异的相溶性和高的比表面积，玻璃粉与酚醛树脂基体、玻璃粉与碳纤维之间有很好的交互（见图 6-57(b)(c)）。因此，摩擦力能够通过玻璃粉有效地从基体向增强纤维传递，导致了高的剪切强度。除此之外，孔隙率的下降也有助于剪切强度的改善，这与 Kitahara S 等人的研究是一致的[106]。他们发现具有较低孔隙率的摩擦材料能够表现出高的机械强度，尤其是剪切强度。然而，玻璃粉的团聚阻止了酚醛树脂对碳布的润湿，继而降低了界面结合，导致了 G3 剪切强度的下降。同时，高的孔隙率引起的不稳定骨架结构也能导致 G3 剪切强度的下降。

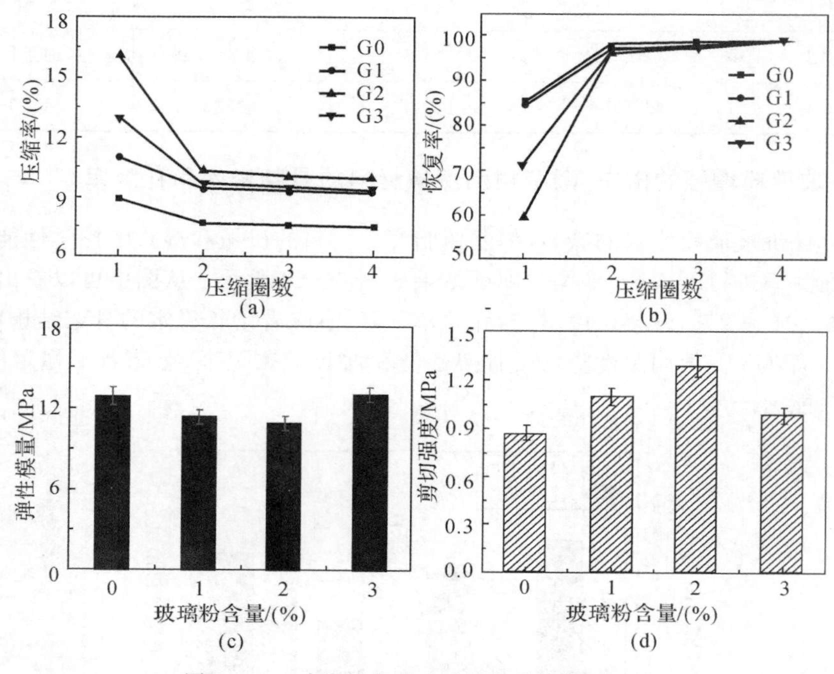

图 6-60　玻璃粉含量对试样力学性能的影响

(a)压缩率；(b)恢复率；(c)弹性模量；(d)剪切强度

为了表征玻璃粉增强碳布/酚醛树脂摩擦材料的弯曲性能，我们对其进行了三点弯曲试验，测试结果和典型曲线如图 6-61 所示。为了获得弯曲模量，我们对弯曲应力-应变曲线的直线部分进行了求导，并将斜率定义为弯曲模量。如图 6-61(a)所示，玻璃粉的引入增强了弯曲硬度和强度。在图 6-61(b)中，随着玻璃粉含量的增加，弯曲强度和模量增加，意味玻璃粉能够改善界面结合，并且内部力能够有效地传递到增强碳布。然而，在 3%的玻璃粉引入到碳布增强树脂基摩擦材料中后，弯曲性能出现下降。这主要是由于碳布表面的玻璃粉层降低了基体与纤维之间的界面交互，继而导致了差的界面结合，降低了 G3 的弯曲强度和模量。此外，高的基体硬度能够有效抵制弯曲力，因而 G3 的弯曲性能比 G0 的好。这些现象与 Srikanth I 等人[24]的研究是相似的，他们发现更好的弯曲强度可能归因于纤维一基体界面的增强和基体硬度的增加。

6.8.4　玻璃粉增强的碳布/酚醛树脂摩擦材料的湿式摩擦学性能

图 6-62 所示为玻璃粉增强的碳布/酚醛树脂摩擦材料在不同载荷和不同滑动速度条件下的摩擦因数曲线。从图中可以看出，随着载荷的增加，摩擦因数呈反比例减小，随着滑动速

度增加，摩擦因数呈对数函数减小。明显地，一旦玻璃粉引入到碳布中，摩擦因数增加，然而摩擦稳定性变差。随着玻璃粉含量的增加，摩擦因数先增大、后减小，这主要归因于表面形貌。大的表面粗糙度和粗糙峰陡峭度增加了粗糙接触的概率，并且大的表面倾斜度易于引起粗糙峰之间的机械啮合，继而增加摩擦因数。然而，弱的界面结合降低了滑动过程中粗糙峰的许用应力，导致了 G3 摩擦因数的下降。

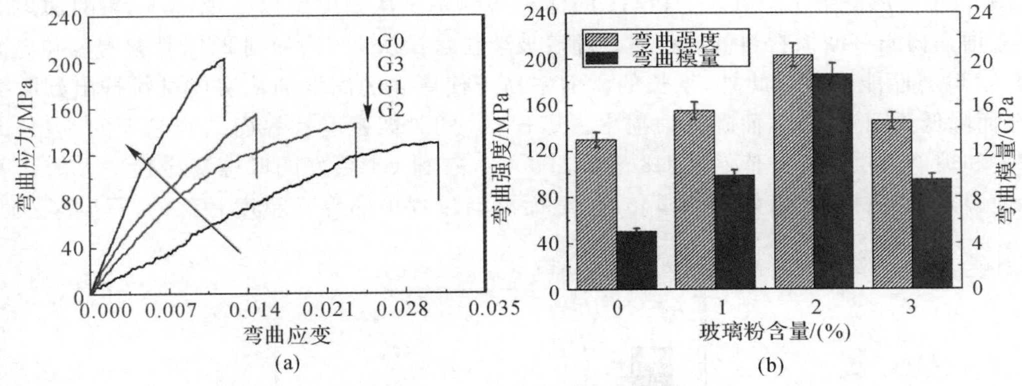

图 6-61 玻璃粉含量对试样弯曲性能的影响

(a)弯曲应力-应变曲线； (b)弯曲强度和模量

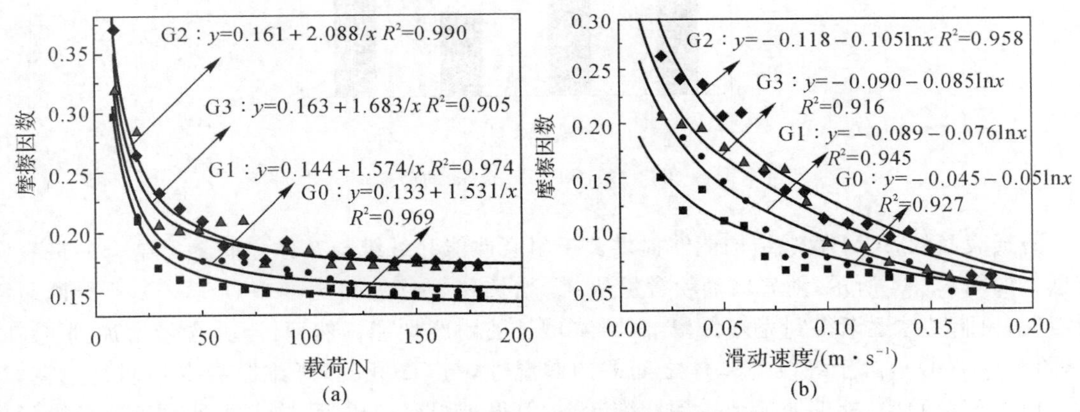

图 6-62 玻璃粉含量对试样摩擦性能的影响

(a)不同载荷条件下的摩擦因数； (b)不同滑速条件下的摩擦因数

为了更好地探索玻璃粉含量对碳布增强树脂基摩擦材料摩擦稳定性的影响，我们对摩擦因数-载荷和摩擦因数-滑动速度曲线进行了求导，继而对倒数取绝对值，得到的结果见表 6-7。随着玻璃粉含量从 0%增长到 2%，不同载荷和转速条件下，倒数的绝对值增加，意味着下降的摩擦稳定性，这归因于基体硬度。基体硬度的下降导致了摩擦稳定性的下降，这与 Shin M W 等人的报道是一致的[70]。他们认为具有高硬度的摩擦材料展现了低的摩擦稳定性倾向。Fuadi Z 等人[118]和 Nakano K 等人[119]揭示了具有高表面硬度的摩擦材料展现了更稳定的滑动。因此，尽管 G3 的界面结合是弱的，高的基体硬度和表面硬度导致了 G3 的摩擦稳定性比 G2 的好。

表 6-7　G0,G1,G2 和 G3 的摩擦因数-载荷和摩擦因数-滑动速度函数倒数的绝对值

样品	G0	G1	G2	G3
摩擦因数-载荷函数	$1.531x^{-2}$	$1.574x^{-2}$	$2.088x^{-2}$	$1.683x^{-2}$
摩擦因数-滑动速度函数	$0.050x^{-1}$	$0.076x^{-1}$	$0.105x^{-1}$	$0.085x^{-1}$

图 6-63 所示为 G0,G1,G2 和 G3 的体积磨损率。从图中可以发现,玻璃粉的加入降低了碳布增强树脂基摩擦材料的磨损率。随着玻璃粉含量从 0%增加到 2%,骨架密度和界面结合增加,耐磨性能改善。此外,增长的压缩率易于使更多的润滑油从实体材料挤出到摩擦界面,继而降低界面温度,从而降低磨损率。尽管 G3 的骨架密度和界面结合是低的,但是大的孔隙率和玻璃粉层的保护依然使 G3 表现出了比 G0 和 G1 更好的摩擦稳定性。大的孔隙率能够使湿式摩擦材料维持好的热量传递,继而滑动过程中的界面温度是低的,得到了小的磨损率。

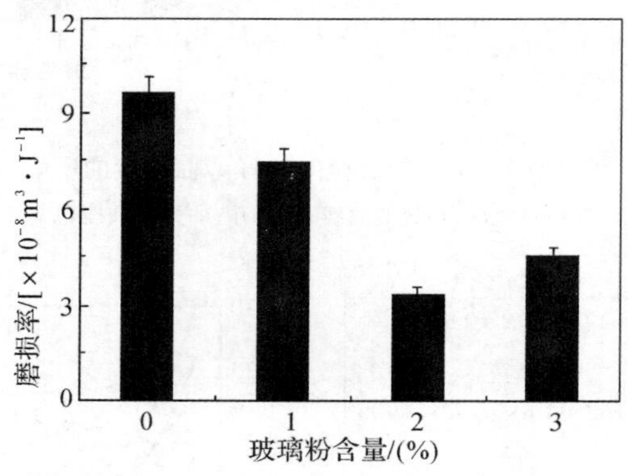

图 6-63　G0,G1,G2 和 G3 的磨损率

磨损表面的 SEM 微观结构能够提供关于耐磨性能和纤维与基体之间界面结合的最真实信息。如图 6-64 所示,随着玻璃粉含量从 0%增长到 2%(见图 6-64(a)～(c)),纤维断裂逐渐消失,树脂基体逐渐得到完好保留,意味着增长的耐磨性能。然而,当其含量增加到 3%时(见图 6-64(d)),由于纤维与基体之间差的润湿性,与 G2 相比,纤维断裂变得明显。在 G0(见图 6-64(a))中,能够明显地看到纤维断裂,但很难观察到树脂,这主要是由于酚醛树脂从纤维表面剥离,留下的纤维表面是非常平滑的,没有一点树脂残留的痕迹,意味着弱的界面结合导致了在 G0 的界面区域树脂的层离是主要的磨损因素。如图 6-64(b)～(d)所示,碳纤维明显地嵌入到了树脂基体中,继而酚醛树脂很难从纤维表面剥离,尤其对于 G2。G0 碳纤维的截断表面是平的,意味着在摩擦力的作用下,碳纤维直接被截断。相反,如图 6-64(b)～(d)所示,G1,G2 和 G3 的截断表面是尖的,意味着在断裂之前,碳纤维经历了严重的磨损。其主要的原因是在连续的应力作用后,产生了大量具有高硬度的磨屑,这些磨屑犁削碳纤维继而磨薄了碳纤维。这进一步确认了玻璃粉的交互的确改善了纤维与树脂基体之间的界面结合。

为了更好地研究磨损性能,我们通过三维共聚焦显微镜对对偶不锈钢滑块的光学形貌进行了观察。如图 6-65(a)所示,对偶滑块的原始表面具有大量的清晰垂直划痕,它们的方向是垂直于滑动方向的。在磨损测试后,垂直划痕逐渐被磨掉,伴随着水平划痕的出现(见图 6-

65(b)～(e))，它们的方向是平行于滑动方向的，意味着对偶滑块的表面被抛光，继而变得平滑，此外，我们能够清楚地观察到随着玻璃粉含量的增加，垂直划痕逐渐变少，意味着增长的磨耗。玻璃粉高的硬度增强了碳布增强树脂基摩擦材料的表面硬度，继而严重抛光了对偶滑块的表面。在图 6-65(d)中，很难观察到垂直划痕，意味着非常严重的磨耗，这进一步确认了玻璃粉层对磨损的影响。

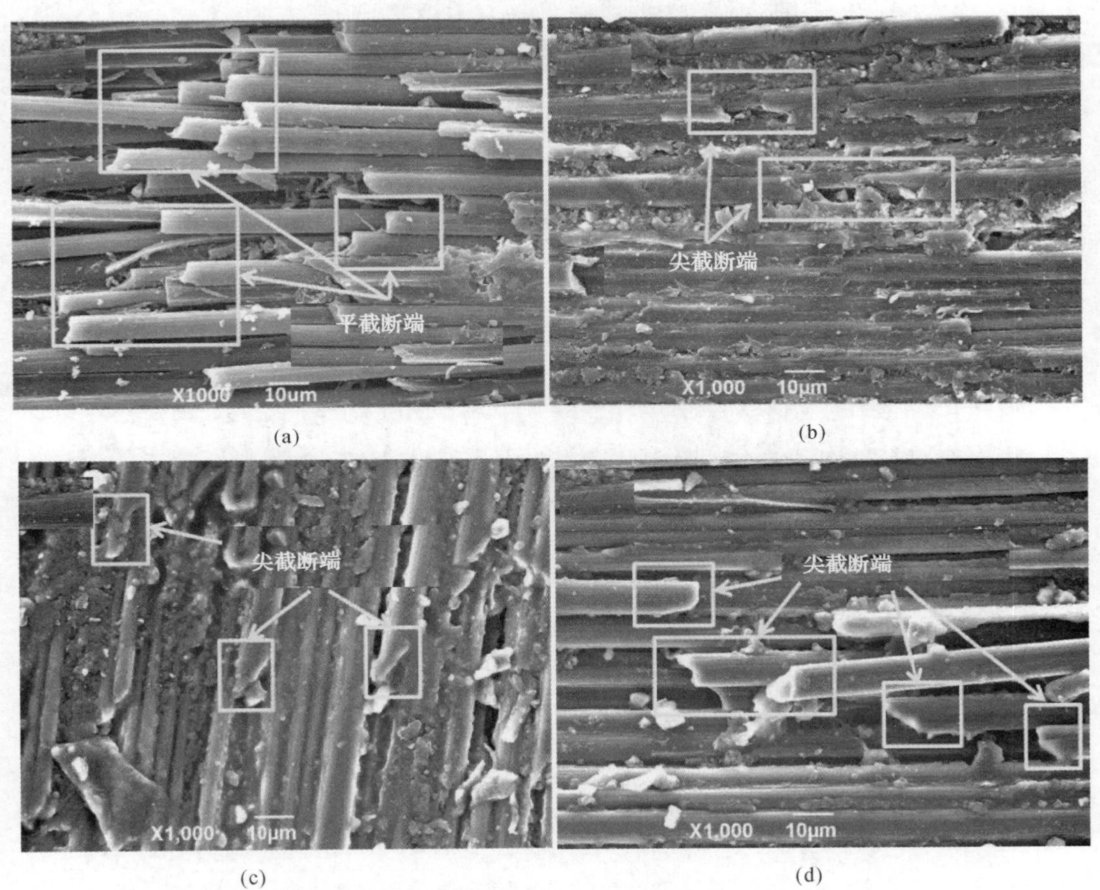

图 6-64　玻璃粉增强碳布/树脂基摩擦材料磨损表面典型的 SEM 微观形貌

(a)G0；(b)G1；(c)G2；(d)G3

6.8.5　小结

玻璃粉含量对碳布增强树脂基摩擦材料的机械和油润滑条件下的湿式摩擦学性能有着非常重要的影响，主要结论如下：

(1)玻璃粉的引入明显改善了纤维与酚醛树脂基体之间的界面结合，进一步增强了剪切和弯曲性能。包含 2%玻璃粉的碳布增强树脂基摩擦材料表现出了最好的机械性能。

(2)随着玻璃粉含量从 0%增长到 3%，摩擦因数先增长后减小，相反，摩擦稳定性先下降后增加。同时，碳布增强树脂基摩擦材料的磨损率先下降后增加，而对偶滑块的磨损却逐渐变得严重。此外，玻璃粉的引入明显地改善了耐磨性能。对于 G0，平的断口意味着在摩擦力作用下的碳纤维被直接截断，然而对于 G1，G2 和 G3，尖的断口意味着碳纤维在断裂之前经历了严重的磨损。

(a)

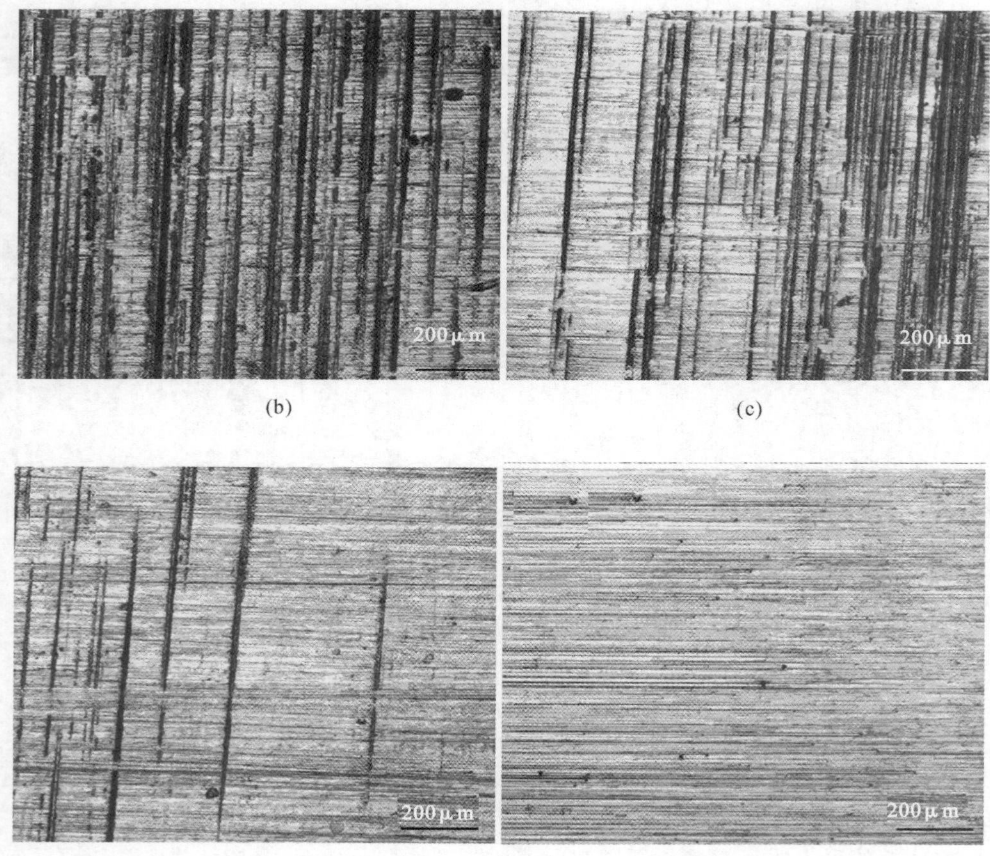

(b) (c)

(d) (e)

图 6-65 玻璃粉含量对对偶盘磨损前、后表面光学形貌的影响

(a)磨损前对偶盘典型的光学形貌；(b)G0 对应的对偶盘磨损后的光学形貌；
(c)G1 对应的对偶盘磨损后的光学形貌；(d)G2 对应的对偶盘磨损后的光学形貌；
(e)G3 对应的对偶盘磨损后的光学形貌

6.9　芳纶浆粕对碳布增强树脂基摩擦材料的影响

由于其独特的比表面结构和优异的缠绕力，芳纶浆粕(CFP)已经在工业上被广泛用作一类摩擦工程材料。它与高分子具有优异的亲和性，能够使更多的树脂侵入到碳布内部。同时，芳纶浆粕的加入易于形成具有较高损耗系数的富树脂区域[120]，并且能够增加纤维与基体之间的交互[121]。因此，在本节中，通过抽滤的方法制备了包含 0(F0)，0.5%(F1)和 1%(F2)芳纶浆粕的碳布/酚醛树脂摩擦材料，其具体的实验流程如图 6-67(a)所示。

如图 6-66 所示，芳纶纤维的直径约为 20 μm，并且能够清楚地观察到来源于纤维轴的大量微纤维，其有助于三维网状结构的建立。为了获得稳定的芳纶浆粕悬浮液，我们将其分散于水中，并且通过打浆机搅拌 30 min，能够在不损害芳纶浆粕原始结构的前提下实现芳纶纤维的分散。

(a)　　　　(b)

图 6-66　芳纶浆粕的微观形貌

(a)SEM 微观形貌；（b)局部放大的 SEM 微观形貌

为了获得每一个样品中基体的含量，我们对芳纶浆粕增强的碳布/酚醛树脂摩擦材料在氮气气氛和 40～1 200℃的条件下，以 10℃/min 的升温速率进行了 TG 测试，继而获得了每一个样品的组成，见表 6-8。如图 6-67(b)所示，对于 F0，F1 和 F2，在 1 200℃后的失重速率分别是 77%，82%和 86%，意味着随着芳纶浆粕含量的增加，基体含量减小。

表 6-8　芳纶浆粕增强的碳布/酚醛树脂摩擦材料的组成配比　　单位：%

样品	碳布	酚醛树脂基体	芳纶浆粕
F0	77	23	0
F1	81.5	18	0.5
F2	85	14	1

6.9.1　芳纶浆粕增强的碳布/酚醛树脂摩擦材料的表面结构

由于表面结构对湿式摩擦材料的摩擦性能起着非常关键的作用[116-117]，因而我们对芳纶浆粕增强的碳布/酚醛树脂摩擦材料的初始表面结构进行了分析。从图 6-68(a)～(c)中能够清楚地看到碳布的编织纹路，它们有助于摩擦因数的提高。如图 6-68(e)(f)所示，大量的来源于芳纶纤维轴的微纤维缠绕在碳纤维表面，明显地体现了芳纶纤维对碳布的桥接作用。同时，在图 6-68(e)(f)中，芳纶纤维是无序的，并不是平行于碳纤维。因此，芳纶浆粕对增强酚醛树脂基体和桥接碳布起着重要的作用。如图 6-68(g)～(i)所示，芳纶浆粕的引入使碳布增强树脂基摩擦材料的表面变得更粗糙，并且 F1 具有最大的三维表面粗糙度(S_q)。

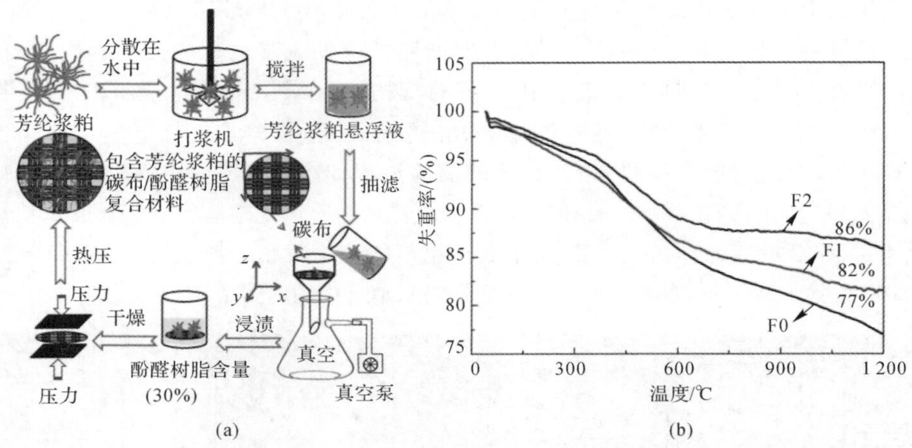

图 6-67 芳纶浆粕增强的碳布/酚醛树脂摩擦材料的实验流程原理图及其热分析

(a)实验流程图；(b)TG 曲线

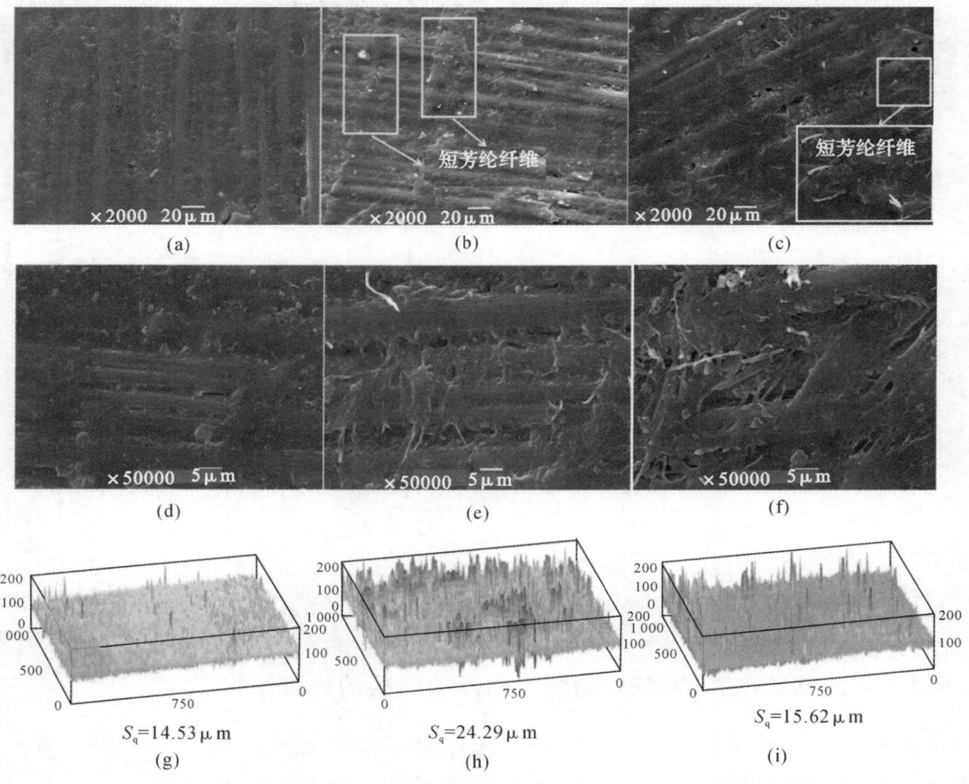

图 6-68 芳纶浆粕含量对试样表面结构的影响

(a)(d)F0 初始表面的 SEM 形貌；(b)(e)F1 初始表面的 SEM 形貌；(c)(f)F2 初始表面的 SEM 形貌；(g)F0 的三维表面轮廓；(h)F1 的三维表面轮廓；(i)F2 的三维表面轮廓

6.9.2　芳纶浆粕增强的碳布/酚醛树脂摩擦材料的孔隙结构

图6-69所示为芳纶浆粕增强的碳布/酚醛树脂摩擦材料的骨架密度和孔隙率。从图中可以看出，随着芳纶浆粕含量的增加，骨架密度增加，孔隙率减小，意味着增长稳定的骨架结构和逐渐下降的热耗散能力。

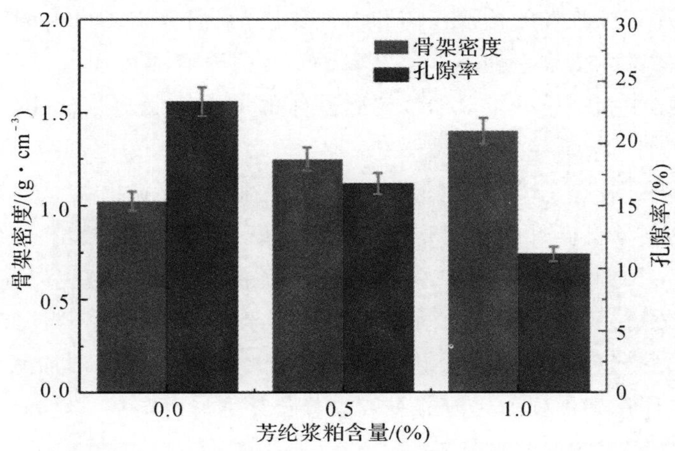

图6-69　芳纶浆粕增强的碳布/酚醛树脂摩擦材料的骨架密度和孔隙率

6.9.3　芳纶浆粕增强的碳布/酚醛树脂摩擦材料的机械性能

图6-70所示为芳纶浆粕含量对碳布增强树脂基摩擦材料压缩模量的影响，发现芳纶浆粕的引入降低了碳布增强树脂基摩擦材料的压缩模量，意味着下降的硬度。这主要是由于与碳纤维相比（弹性模量为220GPa）[122]，芳纶纤维小的硬度（弹性模量为131GPa）[123]导致了在摩擦材料中由芳纶纤维构成的孔壁的硬度小，因此由芳纶纤维构成的孔壁更易出现弯曲。然而，与F1相比，F2有小的孔隙率，意味着更少的压缩空间。因此，F2的压缩模量比F1的大。下降的压缩模量能够引起湿式结合过程中更均匀的热耗散和压力分布。

由于碳纤维和芳纶纤维都具有优异的机械性能，因而剪切和拉伸性能主要取决于纤维与基体之间的界面结合。如图6-70(b)所示，随着芳纶浆粕含量的增加，剪切强度增加，意味着在滑动过程中，与纯碳布增强树脂基摩擦材料相比，包含更多芳纶浆粕的碳布增强树脂基摩擦材料能够承受更高的剪切力。图6-70(c)所示为芳纶浆粕增强的碳布/酚醛树脂摩擦材料的拉伸应力-应变曲线，发现F0，F1和F2的应力-应变曲线在应变为0.019，0.023和0.013之前都是接近线性的。在应力-应变曲线上出现的峰对应于碳纤维的断裂。如图6-70(d)所示，拉伸强度和模量随着芳纶浆粕含量的增大而增大，意味着芳纶浆粕能够有效地改善界面结合，继而使应力更有效地从基体传向纤维。

图6-71所示为拉伸测试和剪切测试后芳纶浆粕增强的碳布/酚醛树脂摩擦材料的内部微观结构，发现随着芳纶浆粕含量的增加，摩擦材料的损伤逐渐减小。如图6-71(a)所示，在F0的纤维表面几乎看不到残留的树脂，意味着在纤维与树脂基体之间的界面结合是弱的。对于F1（见图6-71(b)），在纤维表面可以看到许多残留的树脂，意味着强的界面结合，主要归因

于芳纶浆粕在界面之间的桥接作用。对于F2(见图6-71(c)),基体断裂是主要的失效类型,并且能够清楚地观察到芳纶纤维对基体的增强作用。如图6-71(d)~(f)所示,随着芳纶浆粕的添加,树脂基体逐渐变得粗糙,意味着芳纶浆粕在富树脂区域增韧了基体,并且影响了裂纹的扩展行为。在图6-71(e)(f)中,许多分散裂纹的形成与应力的耗散和基体中芳纶纤维引起的裂纹偏转是有关的,这有助于酚醛树脂韧性和摩擦材料剪切性能的改善。

为了更好地阐述芳纶浆粕的桥接作用和增强作用,我们提出了可能的芳纶浆粕对碳布增强树脂基摩擦材料的增强机理。如图6-72(a)所示,这种增强机理可以分为两方面,即芳纶纤维对碳布的桥接作用和芳纶纤维对酚醛树脂基体的增强作用。芳纶纤维的原纤化,紧紧缠绕在碳纤维表面,增加了碳纤维之间(见图6-72(a)(I))和纤维束之间(见图6-72(a)(II))的交互,这些现象能够在图6-72(b)(c)(e)中分别观察到。单根微纤维总是被纤维轴和其他一些微纤维所固定,这使单根微纤维从碳布增强树脂基摩擦材料中被拔出变得非常困难。图6-72(b)显示了在纤维束之间有大量的芳纶纤维,起着桥接纤维束的作用。同时,分散在基体中的芳纶纤维能够有效增强黏结树脂,如图6-72(d)所示。此外,由于芳纶纤维优异的亲和性、大的损耗因子、高的交互和强的能量吸附,在芳纶纤维与树脂之间的界面结合被明显改善。因此,芳纶浆粕的桥接作用和增强作用能够有效改善碳纤维与树脂基体之间的界面结合,继而增加碳布增强树脂基摩擦材料的机械性能。

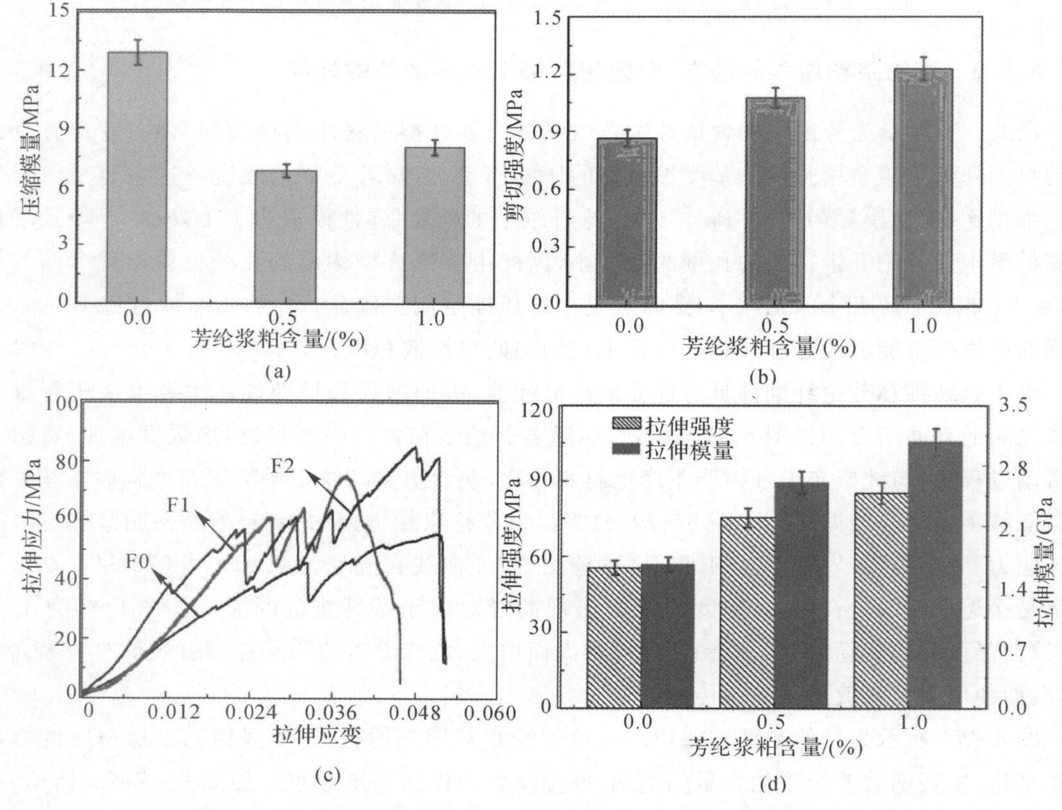

图6-70 芳纶浆粕含量对碳布/树脂基摩擦材料力学性能的影响

(a)压缩模量; (b)剪切强度; (c)拉伸应力-应变曲线; (d)拉伸强度和模量

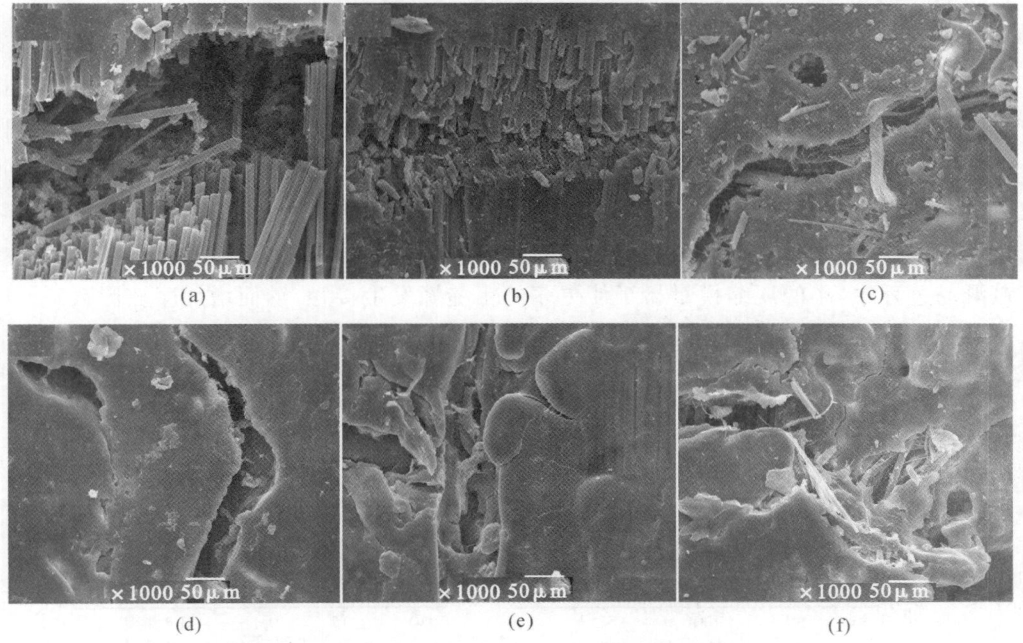

图 6－71　力学性能测试后断裂表面的 SEM 微观形貌；

(a)拉伸测试后 F0 断裂表面的 SEM 微观形貌；(b)拉伸测试后 F1 断裂表面的 SEM 微观形貌；(c)拉伸测试后 F2 断裂表面的 SEM 微观形貌；(d)剪切测试后 F0 断裂表面的 SEM 微观形貌；(e)剪切测试后 F1 断裂表面的 SEM 微观形貌；(f)剪切测试后 F2 断裂表面的 SEM 微观形貌；

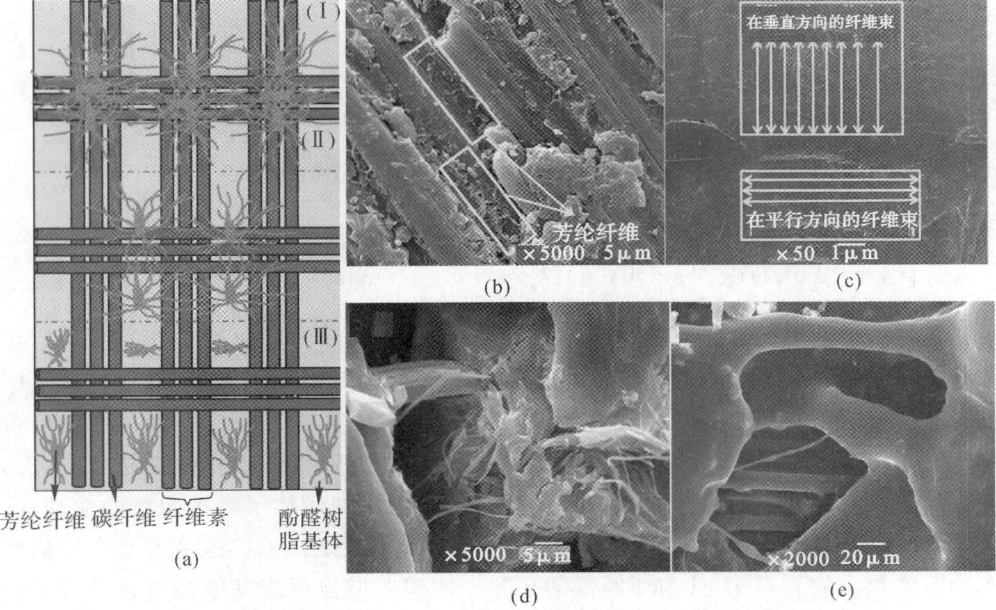

图 6－72　芳纶浆粕增强的碳布/树脂基摩擦材料的磨损机理及其对应的磨损表面

(a)芳纶浆粕在界面处增强碳纤维的机理；(b)拉伸测试后 F2 的磨损表面；(c)剪切测试后 F2 断裂表面的 SEM 微观形貌；(d)(e)分别为(c)图中裂纹的放大 SEM 微观形貌

6.9.4 芳纶浆粕增强的碳布/酚醛树脂摩擦材料的湿式摩擦学性能

通常来讲，表面轮廓、孔隙率、压缩性和界面结合综合决定了整个碳布增强树脂基摩擦材料的摩擦性能(摩擦因数和摩擦稳定性)。如图 6-73(a)(b)所示，随着载荷的增加，摩擦因数呈反比例关系减小，随着滑动速度的增大，摩擦因数呈对数函数减小。此外，芳纶浆粕的加入增加了碳布增强树脂基摩擦材料摩擦因数，并且 F1 显示了最大的摩擦因数。大的表面粗糙度能够增加碳布增强树脂基摩擦材料和对偶盘之间接触粗糙峰的机械啮合，继而增加摩擦因数。在滑动过程中，小的压缩模量易于使更多的粗糙峰发生接触，继而增加摩擦因数。

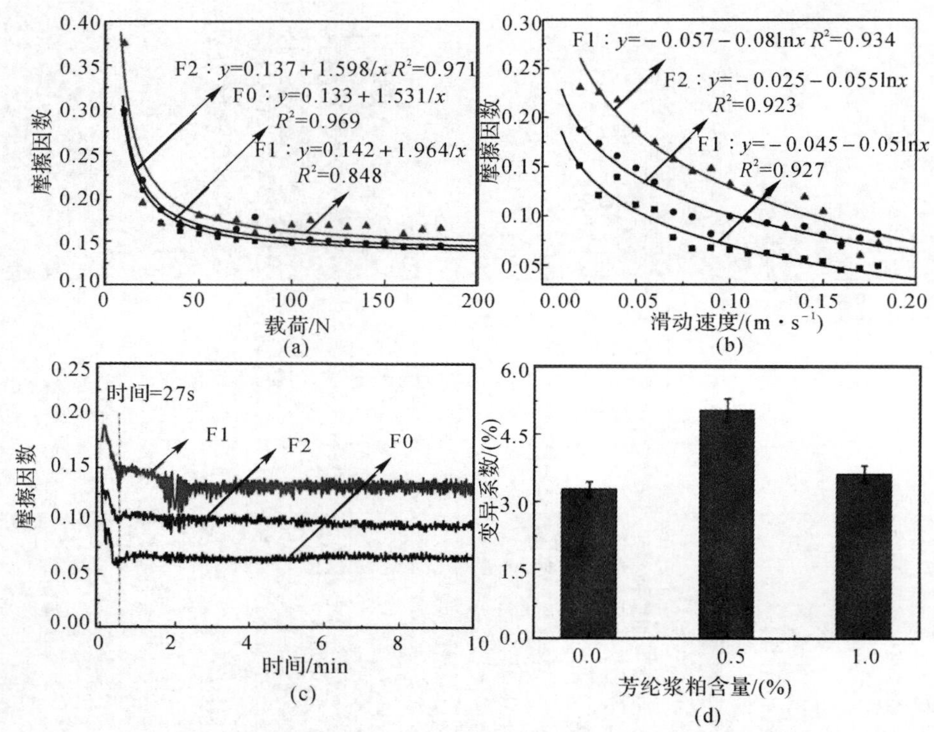

图 6-73 芳纶浆粕含量对碳布/树脂基摩擦材料摩擦学性能的影响

(a)不同载荷下的摩擦因数；(b)不同滑速下的摩擦因数；(c)不同时间下的摩擦因数；(d)变异系数

为了更好地反应芳纶浆粕增强的碳布/酚醛树脂摩擦材料的摩擦稳定性，我们在 30 N 的载荷和 0.1 m/s 的滑动速度条件下，对其进行了 10 min 的摩擦性能测试，继而得到了摩擦曲线(见图 6-73(c))，并且获得了 27 s 后摩擦因数的变异系数。从图 6-73(c)中我们可以发现，在 27 s 前，随着时间的增长，摩擦因数减小，主要是由载荷的增加引起的；在 27 s 后，载荷逐渐变得稳定，摩擦因数变得波动。明显地，芳纶浆粕的添加增加了摩擦曲线的波动性，并且与 F0(3.27%)相比，F1(5.04%)和 F2(3.60%)的变异系数是高的。这主要是由压缩模量和孔隙率的下降导致的。对于 F1 和 F2，低的孔隙率使碳布增强树脂基摩擦材料维持了差的热传导，导致了滑动过程中较高的界面温度。高的界面温度易于软化碳布增强树脂基摩擦材料，继而引起大的摩擦曲线波动，这与之前的报道是一致的[66, 83]。除此之外，在给定的载荷下，低压缩模量降低了载荷的稳定性，继而增加了接触粗糙峰的波动性，导致了明显地摩擦曲线波动。因此，F1 展现了最差的摩擦稳定性，紧接着是 F2 和 F0。

芳纶浆粕含量对磨损率的影响如图 6－74 所示。随着芳纶浆粕含量的增加，磨损率下降。相似地，Zheng F 等也发现随着芳纶浆粕含量的增加，磨损体积下降[124]。

如图 6－75 所示，芳纶浆粕增强的碳布/酚醛树脂摩擦材料在磨损前的表面是光滑的，碳布和酚醛树脂都是相对完整的。磨损后，在突出区域，由于犁削基体和纤维断裂的出现，使它们的表面变得粗糙。明显地，减少的磨损区域意味着芳纶浆粕的加入缓解了碳布增强树脂基摩擦材料的磨损。芳纶纤维高的韧性、模量和耐磨性能[125]大大改善了碳布增强树脂基摩擦材料的耐磨性能。同时，小的压缩模量引起均匀的热耗散和压力分布能够消除不均匀的磨损，继而延长碳布增强树脂基摩擦材料的寿命。此外，增长的机械性能使包含芳纶浆粕的碳布增强树脂基摩擦材料展现出了较好的耐磨性能。

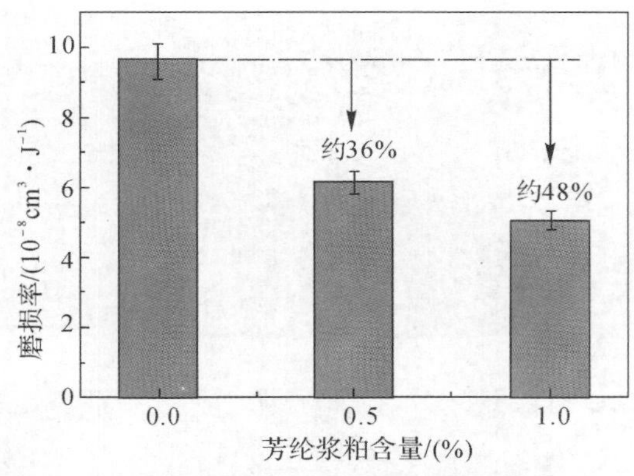

图 6－74　芳纶浆粕含量对试样磨损率的影响

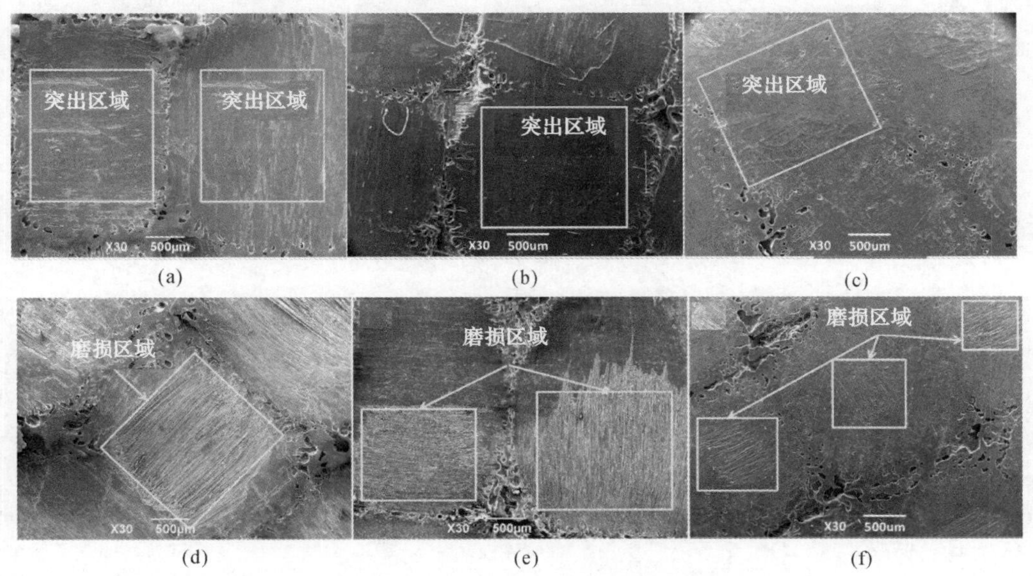

图 6－75　芳纶浆粕含量对试样磨损表面的影响

(a)F0 磨损前的表面 SEM 微观形貌；（b)F1 磨损前的表面 SEM 微观形貌；（c)F2 磨损前的表面 SEM 微观形貌；(d)F0 磨损后的表面 SEM 微观形貌；（e)F1 磨损后的表面 SEM 微观形貌；（f)F2 磨损后的表面 SEM 微观形貌

为了进一步理解芳纶浆粕增强的碳布/酚醛树脂摩擦材料的磨损性能，我们对它们磨损表面的放大图(见图 6-76)进行了观察。从图 6-76(a)(d)可以观察到，F0 的纤维-基体润湿是差的，意味着差的界面结合。图 6-76(b)(e)和(c)(f)显示了碳纤维很好地嵌入到了酚醛树脂基体中，继而树脂很难从碳纤维表面剥离，这进一步确认了 F1 和 F2 中纤维与基体之间优异的界面结合。此外，F0 中纤维的断裂比 F1，F2 中纤维的断裂更严重，意味着更严重的磨损。图 6-76(d)显示了 C0 中碳纤维的断裂表面是平的，意味着碳纤维在摩擦力的作用下直接被截断。导致了大量断裂纤维的出现(见图 6-75(d))。相反，图 6-76(e)(f)显示了 F1 和 F2 中断裂碳纤维的表面是尖的，意味着纤维在断裂之前，经历了严重的磨损，进一步降低了 F1 和 F2 中的磨损区域(见图 6-75(e)(f))。这主要是由于优异的界面结合阻止了碳纤维的弯曲断裂，继而在连续摩擦力的作用下，纤维逐渐被抛光和磨薄，导致了 F1 和 F2 中尖断裂表面的出现。

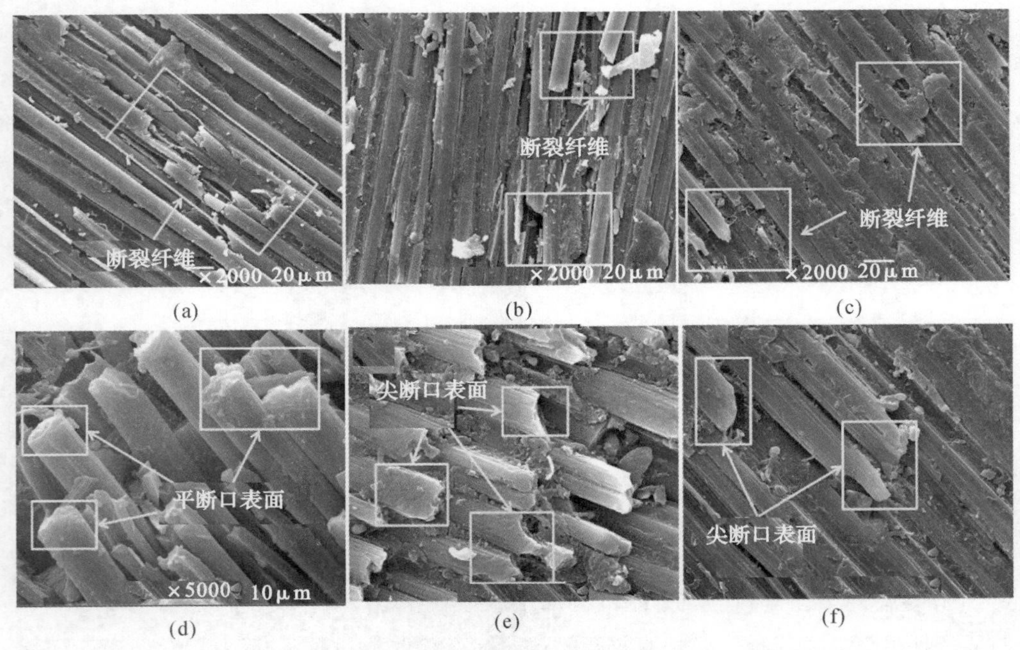

图 6-76 不同芳纶浆粕含量试样磨损表面放大的 SEM 微观形貌
(a)(d)F0； (b)(e)F1； (c)(f)F2

此外，在磨损的初始阶段，结合粗糙峰产生塑性变形，弱的粗糙峰脱落。随后，产生了大量的磨屑，开始犁削接触表面。同时，在连续载荷的疲劳作用下，磨屑被压缩继而嵌入到基体中。芳纶浆粕的引入增强了黏结树脂，继而能够减小磨屑的尺寸。因此，从图 6-76 中，可以清楚地观察到，磨损测试后的接触区域有一些压缩的磨屑嵌入到了 F1 和 F2 的基体中，并且 F1 中磨屑的尺寸(见图 6-76(b)(e))比 F2 中磨屑的尺寸(见图 6-76(c)(f))大。

6.9.5 小结

芳纶浆粕的引入明显地改善了碳布/酚醛树脂摩擦材料的机械和湿式摩擦学性能。这种现象主要归因于以下三个方面：

(1)芳纶浆粕对碳布的桥接作用和对酚醛树脂的增强作用改善了界面结合,有助于剪切和拉伸性能的提升。

(2)添加芳纶浆粕能够粗糙接触表面,进而增大摩擦因数。

(3)芳纶浆粕高的韧性、模量和耐磨性能及优异的界面结合改善了耐磨性能。

此外,芳纶浆粕的引入降低了碳布增强树脂基摩擦材料的压缩模量和孔隙率,继而使摩擦稳定性变差。最后,优异的界面结合和低的孔隙率使 F1 和 F2 中的碳纤维表现出了尖的断裂表面。

参 考 文 献

[1] Jen T C, Nemecek D J. Thermal analysis of a wet-disk clutch subjected to a constant energy engagement[J]. International Journal of Heat & Mass Transfer, 2008, 51(7-8):1757-1769.

[2] Ost W, Bates P D, Degrieck. The tribological behaviour of paper friction plates for wet clutch application investigated on SAE # II and pin-on-disk test rigs[J]. Wear, 2001, 249:361-371.

[3] Enomoto Y, Yamamoto T. New materials in automotive tribology[J]. Tribology Letters, 1998, 5(5):13-24.

[4] Marklund P, Larsson R. Wet clutch friction characteristics obtained from simplified pin on disc test[J]. Tribology International, 2008, 41(9-10):824-830.

[5] Kim B C, Dong C P, Kim H S, et al. Development of composite spherical bearing[J]. Composite Structures, 2006, 75(1-4):231-240.

[6] Yesnik M. The Influence of Material Formulation and Assembly Topography on Friction Stability for Heavy Duty Clutch Applications[C]//SAE International off - Highway and PowerPlant Congress and Exposition, 2002.

[7] Lee H G, Hui Y H, Dai G L. Effect of wear debris on the tribological characteristics of carbon fiber epoxy composites[J]. Wear, 2006, 261(3):453-459.

[8] Song H J, Zhang Z Z, Luo Z Z. A study of tribological behaviors of the phenolic composite coating reinforced with carbon fibers[J]. Materials Science & Engineering A, 2007, s 445-446(6):593-599.

[9] Su F H, Zhang Z Z, Liu W M. Mechanical and tribological properties of carbon fabric composites filled with several nano-particulates[J]. Wear, 2006, 260(7-8):861-868.

[10] Su F H, Zhang Z Z, Wang K, et al. Tribological and mechanical properties of the composites made of carbon fabrics modified with various methods[J]. Composites Part A: Applied Science & Manufacturing, 2005, 36(12):1601-1607.

[11] Wang Q, Zhang X, Pei X, et al. Friction and wear properties of solid lubricants filled/carbon fabric reinforced phenolic composites[J]. Journal of Applied Polymer Science, 2010, 117(4):2480-2485.

[12] Hong C, Han J, Zhang X, et al. Novel phenolic impregnated 3-D Fine-woven pierced

carbon fabric composites: Microstructure and ablation behavior[J]. Composites Part B: Engineering, 2012, 43(5):2389-2394.

[13] Bijwe J, Rattan R, Fahim M. Abrasive wear performance of carbon fabric reinforced polyetherimide composites: Influence of content and orientation of fabric [J]. Tribology International, 2007, 40(5):844-854.

[14] Bijwe J, Rattan R. Influence of weave of carbon fabric in polyetherimide composites in various wear situations[J]. Wear, 2007, 263(7-12):984-991.

[15] Suresha B, Kumar K S, Seetharamu S, et al. Friction and dry sliding wear behavior of carbon and glass fabric reinforced vinyl ester composites [J]. Tribology International, 2010, 43(3):602-609.

[16] Sharma M, Bijwe J, Mitschang P. Wear performance of PEEK-carbon fabric composites with strengthened fiber-matrix interface[J]. Wear, 2011, 271(9-10): 2261-2268.

[17] Tiwari S, Bijwe J, Panier S. Gamma radiation treatment of carbon fabric to improve the fiber-matrix adhesion and tribo-performance of composites[J]. Wear, 2011, 271 (9-10):2184-2192.

[18] 张兆民，付业伟，张翔，等. 编织密度对碳布增强树脂基摩擦材料湿式摩擦学性能影响*[J]. 润滑与密封，2013(5):64-68.

[19] Su F H, Zhang Z Z, Wang K, et al. Friction and wear properties of carbon fabric composites filled with nano-Al_2O_3, and nano-Si_3N_4[J]. Composites Part A: Applied Science & Manufacturing, 2006, 37(9):1351-1357.

[20] Zhou X H, Sun Y S, Wang W S. Influences of carbon fabric/epoxy composites fabrication process on its friction and wear properties [J]. Journal of Materials Processing Technology, 2009, 209(9):4553-4557.

[21] Tiwari S, Bijwe J, Panier S. Influence of Plasma Treatment on Carbon Fabric for Enhancing Abrasive Wear Properties of Polyetherimide Composites[J]. Tribology Letters, 2011, 41(1):153-162.

[22] Dong C P, Kim S S, Kim B C, et al. Wear characteristics of carbon-phenolic woven composites mixed with nano-particles [J]. Composite Structures, 2006, 74 (1): 89-98.

[23] Kim S S, Yu H N, Hwang I U, et al. The Sliding Friction of Hybrid Composite Journal Bearing Under Various Test Conditions[J]. Tribology Letters, 2009, 35(3): 211-219.

[24] Srikanth I, Padmavathi N, Kumar S, et al. Mechanical, thermal and ablative properties of zirconia, CNT modified carbon/phenolic composites[J]. Composites Science & Technology, 2013, 80(80):1-7.

[25] Chen S, Feng J. Epoxy laminated composites reinforced with polyethyleneimine functionalized carbon fiber fabric: Mechanical and thermal properties[J]. Composites Science & Technology, 2014, 101(8):145-151.

[26] Lee H S, Kim S Y, Ye J N, et al. Design of microwave plasma and enhanced

mechanical properties of thermoplastic composites reinforced with microwave plasma-treated carbon fiber fabric[J]. Composites Part B: Engineering, 2014, 60(4): 621-626.

[27] Fei J, Li H J, Huang J F, et al. Study on the friction and wear performance of carbon fabric/phenolic composites under oil lubricated conditions [J]. Tribology International, 2012, 56(3):30-37.

[28] Karahan M, Lomov S V, Bogdanovich A E, et al. Fatigue tensile behavior of carbon/epoxy composite reinforced with non-crimp 3D orthogonal woven fabric [J]. Composites Science & Technology, 2011, 71(16):1961-1972.

[29] Foroutan R, Nemes J, Ghiasi H, et al. Experimental investigation of high strain-rate behaviour of fabric composites[J]. Composite Structures, 2013, 106(12):264-269.

[30] Triki E, Zouari B, Jarraya A, et al. Experimental Investigation of the Interface Behavior of Balanced and Unbalanced E-Glass/Polyester Woven Fabric Composite Laminates[J]. Applied Composite Materials, 2013, 20(6):1111-1123.

[31] Bakar I A A, Kramer O, Bordas S, et al. Optimization of elastic properties and weaving patterns of woven composites[J]. Composite Structures, 2013, 100(5):575-591.

[32] Medina C, Canales C, Arango C, et al. The influence of carbon fabric weave on the in-plane shear mechanical performance of epoxy fiber-reinforced laminates [J]. Journal of Composite Materials, 2014, 48(48):2871-2878.

[33] Rattan R, Bijwe J, Fahim M. Influence of weave of carbon fabric on low amplitude oscillating wear performance of Polyetherimide composites[J]. Wear, 2007, 262: 727-35.

[34] Hsieh C T, Teng H. Influence of oxygen treatment on electric double-layer capacitance of activated carbon fabrics[J]. Carbon, 2002, 40(5):667-674.

[35] Zhang X, Pei X, Zhang J, et al. Effects of carbon fiber surface treatment on the friction and wear behavior of 2D woven carbon fabric/phenolic composites [J]. Colloids & Surfaces A Physicochemical & Engineering Aspects, 2009, 339(1-3): 7-12.

[36] Deka B K, Kong K, Seo J, et al. Controlled growth of CuO nanowires on woven carbon fibers and effects on the mechanical properties of woven carbon fiber/polyester composites[J]. Composites Part A: Applied Science & Manufacturing, 2015, 69(69):56-63.

[37] Kong K, Deka B K, Sang K K, et al. Processing and mechanical characterization of ZnO polyester woven carbon-fiber composites with different ZnO concentrations[J]. Composites Part A: Applied Science & Manufacturing, 2013, 55(23):152-160.

[38] Dong L, Hou F, Li Y, et al. Preparation of continuous carbon nanotube networks in carbon fiber/epoxy composite [J]. Composites Part A: Applied Science & Manufacturing, 2014, 56(1):248-255.

[39] Kadiyala A K, Bijwe J. Surface lubrication of graphite fabric reinforced epoxy

composites with nano- and micro-sized hexagonal boron nitride[J]. Wear, 2013, 301(1-2):802-809.

[40] Su F H, Zhang Z Z, Wang K, et al. Friction and wear properties of carbon fabric composites filled with nano-Al_2O_3, and nano-Si_3N_4[J]. Composites Part A: Applied Science & Manufacturing, 2006, 37(9):1351-1357.

[41] Zhang Z Z, Su F H, Wang K, et al. Study on the friction and wear properties of carbon fabric composites reinforced with micro- and nano-particles[J]. Materials Science & Engineering A, 2005, 404(1-2):251-258.

[42] Kumaresan K, Chandramohan G, Senthilkumar M, et al. Dry Sliding Wear Behaviour of Carbon Fabric-Reinforced Epoxy Composite with and without Silicon Carbide[J]. Instrumentation Science & Technology, 2011, 18(6):509-526.

[43] Holgerson M, Lundberg J. Engagement behaviour of a paper-based wet clutch Part 2: Influence of temperature[J]. Proceedings of the Institution of Mechanical Engineers Part D Journal of Automobile Engineering, 1999, 213(5):449-455.

[44] Lloyd FA, Anderson JN, Bowles LS. Effects of Operating Conditions on performance of Wet Friction Materials: A Guide to Material Selection[C]// SAE International off－Highway and PowerPlant Congress and Exposition, 1988.

[45] Menezes P L, Kishore, Kailas S V, et al. Tribological response of soft materials sliding against hard surface textures at various numbers of cycles[J]. Lubrication Science, 2013, 25(25):79-99.

[46] Mäki R, Nyman P, Olsson R, Ganemi B. Measurement and characterization of anti-shudder properties in wet clutch applications. [C]//SAE International off－Highway and Powerplant Congress and Exposition, 2005.

[47] Holgerson M. Optimizing the Smoothness and Temperatures of a Wet Clutch Engagement Through Control of the Normal Force and Drive Torque[J]. Journal of Tribology, 2000, 122(1):119-123.

[48] Gopal P, Dharani L R, Blum F D. Load, speed and temperature sensitivities of a carbon-fiber-reinforced phenolic friction material[J]. Wear, 1995, s 181-183(95):913-921.

[49] Satapathy B K, Bijwe J. Composite friction materials based on organic fibres: Sensitivity of friction and wear to operating variables[J]. Composites Part A: Applied Science & Manufacturing, 2006, 37(10):1557-1567.

[50] Gao H, Gary C. Barber. Engagement of a Rough, Lubricated and Grooved Disk Clutch ith a Porous Deformable Paper-Based Friction Material[J]. Tribology Transactions, 2002, 45(4):464-470.

[51] Berger E J, Sadeghi F, Krousgrill C M, et al. Finite Element Modeling of Engagement of Rough and Grooved Wet Clutches[J]. Journal of Tribology, 1996, 118(1):137-146.

[52] Davis C L, Sadeghi F, Krousgrill C M, et al. A Simplified Approach to Modeling Thermal Effects in Wet Clutch Engagement: Analytical and Experimental

Comparison[J]. Journal of Tribology, 2000, 122(1):110-118.

[53] Yang Y, Lam RC, Fujii T. Prediction of Torque Response During the Engagement of Wet Friction Clutch[J]. SAE Transactions, 1998, 107:1625-35.

[54] Zagrodzki P. Numerical analysis of temperature fields and thermal stresses in the friction discs of a multidisc wet clutch[J]. Wear, 1985, 101(3):255-271.

[55] Zhu D, Herbert S Cheng, Bernard J Hamrock. Effect of Surface Roughness on Pressure Spike and Film Constriction in Elastohydrodynamically Lubricated Line Contacts[J]. Tribology Transactions, 1990, 33(2):267-273.

[56] Hähn B R, Michaelis K, Kreil O. Influence of surface roughness on pressure distribution and film thickness in EHL-contacts[J]. Tribology International, 2006, 39(12):1719-1725.

[57] Peng Z, Zhao F, et al. 3D Evaluation Method of Cutting Surface Topography of Carbon / Phenolic (C/Ph) Composite [J]. Journal of Wuhan University of Technology(Materials Science Edition), 2011, 26(3):459-463.

[58] Zhou P, Zhao F. A 3D evaluation method of cutting surface topography of carbon/carbon(C/C) composite[J]. High Technology Letters, 2010, 16:366-72.

[59] Dong W P, Sullivan P J, Stout K J. Comprehensive study of parameters for characterising three-dimensional surface topography III: Parameters for characterising amplitude and some functional properties[J]. Wear, 1994, 178(1):45-60.

[60] Bhushan B B, Shirong G. Introduction to tribology[M]. Beijing: China Machine Press, 2007.

[61] Seabra J, Berthe D. Influence of Surface Waviness and Roughness on the Normal Pressure Distribution in the Hertzian Contact[J]. Journal of Tribology, 1987, 109(3):462-469.

[62] Lomov S V, Gorbatikh L, Željko Kotanjac, et al. Compressibility of carbon woven fabrics with carbon nanotubes/nanofibres grown on the fibres [J]. Composites Science & Technology, 2011, 71(71):315-325.

[63] Fujii T, Tohgo K, Wang Y, et al. Fatigue strength of a paper-based friction material under shear-compressive loading[J]. Strength Fracture & Complexity, 2011, 7(2):185-193.

[64] Eguchi M, Yamamoto T. Shear characteristics of a boundary film for a paper-based wet friction material: friction and real contact area measurement [J]. Tribology International, 2005, 38(3):327-335.

[65] Matsumoto T. A Study of the Durability of a Paper-Based Friction Material Influenced by Porosity[J]. Journal of Tribology, 1995, 117(2):272-278.

[66] Zhang X, Li K Z, Li H J, et al. Tribological and mechanical properties of glass fiber reinforced paper-based composite friction material [J]. Tribology International, 2014, 69(1):156-167.

[67] Adatepe H, B1y1kl1oglu A, Sofuoglu H. An experimental investigation on frictional

behavior of statically loaded micro-grooved journal bearing [J]. Tribology International, 2011, 44(12):1942-1948.

[68] Hong U S, Jung S L, Cho K H, et al. Wear mechanism of multiphase friction materials with different phenolic resin matrices[J]. Wear, 2009, 266(7-8):739-744.

[69] Ompusunggu A P, Sas P, Brussel H V. Distinguishing the effects of adhesive wear and thermal degradation on the tribological characteristics of paper-based friction materials under dry environment: A theoretical study[J]. Tribology International, 2015, 84(84C):9-21.

[70] Shin M W, Kim J W, Joo B S, et al. Wear and Friction-Induced Vibration of Brake Friction Materials with Different Weight Average Molar Mass Phenolic Resins[J]. Tribology Letters, 2015, 58(1):1-8.

[71] Holgerson M. Influence of operating conditions on friction and temperature characteristics of a wet clutch engagement[J]. Tribotest, 2000, 7(2):99-114.

[72] Zhang X, Li K, Li H, et al. Influence of compound mineral fiber on the properties of paper-based composite friction material[J]. Archive Proceedings of the Institution of Mechanical Engineers Part J: Journal of Engineering Tribology, 2013, 227(11):1241-1252.

[73] Fei J, Li H J, Qi L H, et al. Carbon-Fiber Reinforced Paper-Based Friction Material: Study on Friction Stability as a Function of Operating Variables[J]. Journal of Tribology, 2008, 130(4):786-791.

[74] Kirkinis E, Ogden R W, Haughton D M. Some solutions for a compressible isotropic elastic material[J]. Zeitschrift Für Angewandte Mathematik Und Physik Zamp, 2003, 55(1):136-158.

[75] Yang L M, Shim V P W. A visco-hyperelastic constitutive description of elastomeric foam[J]. International Journal of Impact Engineering, 2004, 30(8-9):1099-1110.

[76] 伍开松，朱铁军，侯万勇，等. 胶筒系统接触有限元优化设计[J]. 西南石油大学学报：自然科学版，2006, 28(6):88-90.

[77] Marklund P, Mäki R, Larsson R, et al. Thermal influence on torque transfer of wet clutches in limited slip differential applications[J]. Tribology International, 2007, 40(5):876-884.

[78] Ruhi Ġ, Modi O P, Sinha A S K, et al. Effect of sintering temperatures on corrosion and wear properties of sol - gel alumina coatings on surface pre-treated mild steel [J]. Corrosion Science, 2008, 50(3):639-649.

[79] Li W, Huang J, Fei J, et al. Mechanical and wet tribological properties of carbon fabric/phenolic composites with different weave filaments counts [J]. Applied Surface Science, 2015, 353:1223-1233.

[80] Suh N P, Shaw M C. Tribophysics[J]. Journal of Tribology, 1987, 109(2):378-379.

[81] Lee H G, Kim S S, Dai G L. Effect of compacted wear debris on the tribological behavior of carbon/epoxy composites[J]. Composite Structures, 2006, 74(74):136-144.

[82] Koizumi N. Effect of Phenolic Brake Piston Tribology on Brake Pedal Feel[J]. Sae International Journal of Materials & Manufacturing, 2013, 7(1):1-9.

[83] Fei J, Li H J, Fu Y W, et al. Effect of phenolic resin content on performance of carbon fiber reinforced paper-based friction material[J]. Wear, 2010, 269(7-8):534-540.

[84] Ompusunggu A P. On the derivation of the pre-lockup feature based condition monitoring method for automatic transmission clutches[J]. Mechanical Systems & Signal Processing, 2014, 46(1):114-128.

[85] Ingram M, Spikes H, Noles J, et al. Contact properties of a wet clutch friction material[J]. Tribology International, 2010, 43(4):815-821.

[86] Kimura Y, Otani C. Contact and wear of paper-based friction materials for oil-immersed clutches-wear model for composite materials[J]. Tribology International, 2005, 38(11):943-950.

[87] Suh N P, Sin H C. The genesis of friction [J]. Wear, 1981, 69(1):91-114.

[88] Sin H, Saka N, Suh N P. Abrasive wear mechanisms and the grit size effect[J]. Wear, 1979, 55(1):163-190.

[89] Blau P J, Jolly B C. Wear of truck brake lining materials using three different test methods[J]. Wear, 2005, 259(7-12):1022-1030.

[90] Abubakar A R, Ouyang H. Wear prediction of friction material and brake squeal using the finite element method[J]. Wear, 2008, 264(11-12):1069-1076.

[91] Liu Y, Jing X. Pyrolysis and structure of hyperbranched polyborate modified phenolic resins[J]. Carbon, 2007, 45(10):1965-1971.

[92] 陈孝飞，李树杰，闫联生，等. 硼改性酚醛树脂的固化及裂解[J]. 复合材料学报，2011，28(5):89-95.

[93] Bijwe J, Majumdar N, Satapathy B K. Influence of modified phenolic resins on the fade and recovery behavior of friction materials[J]. Wear, 2005, 259(7):1068-1078.

[94] Kim S J, Jang H. Friction and wear of friction materials containing two different phenolic resins reinforced with aramid pulp[J]. Tribology International, 2000, 33(7):477-484.

[95] 徐惠娟，易茂中，熊翔，等. 不同基体碳结构的碳/碳复合材料在制动过程中的温度场研究[J]. 无机材料学报，2009，24(1):133-138.

[96] Rattan R, Bijwe J. Carbon fabric reinforced polyetherimide composites: Influence of weave of fabric and processing parameters on performance properties and erosive wear[J]. Materials Science & Engineering A, 2006, 420(1-2):342-350.

[97] Bijwe J, Rattan R. Carbon fabric reinforced polyetherimide composites: Optimization of fabric content for best combination of strength and adhesive wear performance[J]. Wear, 2007, 262(5-6):749-758.

[98] Tiwari S, Bijwe J, Panier S. Adhesive wear performance of polyetherimide composites with plasma treated carbon fabric[J]. Tribology International, 2011, 44(7):782-788.

[99] Sharma M, Tiwari S, Bijwe J. Optimization of material parameters for development of polyetherimide composites[J]. Materials Science & Engineering B, 2010, 168(1-3):55-59.

[100] Milayzaki T, Matsumoto T, Yamamoto T. Effect of Visco-Elastic Property on Friction Characteristics of Paper-Based Friction Materials for Oil Immersed Clutches[J]. Journal of Tribology, 1998, 120(2):393-398.

[101] El-Tayeb N S M, Yousif B F, Yap T C. An investigation on worn surfaces of chopped glass fibre reinforced polyester through SEM observations[J]. Tribology International, 2008, 41(5):331-340.

[102] Fetfatsidis K A, Gamache L M, Gorczyca J L, et al. Characterization of the tool/fabric and fabric/fabric friction for woven-fabric composites during the thermostamping process[J]. International Journal of Material Forming, 2011, 6(2):209-221.

[103] Cornelissen B, Sachs U, Rietman B, et al. Dry friction characterisation of carbon fibre tow and satin weave fabric for composite applications[J]. Composites Part A: Applied Science & Manufacturing, 2014, 56(56):127-135.

[104] Lugt P M, Severt R W M, FogelstrM J, et al. Influence of surface topography on friction, film breakdown and running-in in the mixed lubrication regime[J]. ARCHIVE Proceedings of the Institution of Mechanical Engineers Part J: Journal of Engineering Tribology, 2001, 215(6):519-533.

[105] Nyman P, Mäki R, Olsson R, et al. Influence of surface topography on friction characteristics in wet clutch applications[J]. Wear, 2006, 261(1):46-52.

[106] Kitahara S, Matsumoto T. The relationship between porosity and mechanical strength in paper-based friction materials. [C]//SAE International off - Highway and Powerplant Congress and ExPosition, 1996.

[107] Matsumoto T. Influence of paper based friction material porosity on the practical performance of a wet clutch[J]. Journal of Japanese Society of Tribologosts, 1996, 41:816-821.

[108] Yesnik M. The Influence of Material Formulation and Assembly Topography on Friction Stability for Heavy Duty Clutch Applications. [C]//SAE International off - Highway and Powerplant Congress and ExPosition, 2002.

[109] Shimamura Y, Oshima K, Tohgo K, et al. Tensile mechanical properties of carbon nanotube/epoxy composite fabricated by pultrusion of carbon nanotube spun yarn preform[J]. Composites Part A: Applied Science & Manufacturing, 2014, 62(62):32-38.

[110] Kong K, Deka B K, Sang K K, et al. Processing and mechanical characterization of ZnO polyester woven carbon - fiber composites with different ZnO concentrations [J]. Composites Part A: Applied Science & Manufacturing, 2013, 55(23):152-160.

[111] Nak-Ho S, Suh N P. Effect of fiber orientation on friction and wear of fiber

reinforced polymeric composites [J]. Wear, 1979, 53(1):129-141.

[112] Choi I, Dai G L. Surface modification of carbon fiber/epoxy composites with randomly oriented aramid fiber felt for adhesion strength enhancement [J]. Composites Part A: Applied Science & Manufacturing, 2013, 48(1):1-8.

[113] Al-Nueimi M A, Al-Obeidi E E. The Effect of (E-glass) Fibers and Glass Powder Addition on the Alternating Fatigue Behavior of Unsaturated Polyester Resin[J]. Rafidain Journal of Science, 2013, 24:96-115.

[114] Ku H, Epaarachchi J, Trada M, et al. Modelling of tensile properties glass powder/ epoxy composites post-cured in an oven and in microwaves [J]. Journal of Reinforced Plastics & Composites, 2013, 32(10):689-699.

[115] Wang H, Han W, Tian H, et al. The preparation and properties of glass powder reinforced epoxy resin[J]. Materials Letters, 2005, 59(1):94-99.

[116] Eriksson M, Bergman F, Jacobson S. On the nature of tribological contact in automotive brakes[J]. Wear, 2002, 252(1-2):26-36.

[117] Eriksson M, Jacobson S. Tribological surfaces of organic brake pads[J]. Tribology International, 2000, 33(12):817-827.

[118] Fuadi Z, Adachi K, Ikeda H, et al. Effect of Contact Stiffness on Creep-Groan Occurrence on a Simple Caliper-Slider Experimental Model[J]. Tribology Letters, 2009, 33(3):169-178.

[119] Nakano K, Maegawa S. Stick-slip in sliding systems with tangential contact compliance[J]. Tribology International, 2009, 42(11-12):1771-1780.

[120] Ni N, Wen Y, He D, et al. High damping and high stiffness CFRP composites with aramid non-woven fabric interlayers[J]. Composites Science & Technology, 2015, 117:92-99.

[121] Ray B C. Study of the influence of thermal shock on interfacial damage in thermosetting matrix aramid fiber composites [J]. Journal of Materials Science Letters, 2003, 22(3):201-202.

[122] Kruckenberg T M, Hill V A. Methods of making nanoreinforced carbon fiber and aircraft components comprising nanoreinforced carbon fiber: EP2022886[P]. 2013-10-16.

[123] Sun Z, Shi S, Hu X, et al. Short-aramid-fiber toughening of epoxy adhesive joint between carbon fiber composites and metal substrates with different surface morphology[J]. Composites Part B: Engineering, 2015, 77:38-45.

[124] Zheng F, Wang Q, Wang T. Effects of Aramid Fiber and Polytetrafluoroethylene on the Mechanical and Tribological Properties of Polyimide Composites in a Vacuum [J]. Journal of Macromolecular Science: Part B, 2015, 54:927-37.

[125] Xing L, Liu L, Huang Y, et al. Enhanced interfacial properties of domestic aramid fiber-12 via high energy gamma ray irradiation [J]. Composites Part B: Engineering, 2015, 69:50-57.

第7章　改性碳纤维对木纤维/树脂基摩擦材料的影响

7.1　改性碳纤维的研究进展

由于碳纤维具有高比强度、高比模量、自润滑性好、耐腐蚀等一系列优点，因此在摩擦材料中得到了广泛应用。在这类材料中，碳纤维与树脂基体间的界面受到了人们的广泛关注，这一界面层能够将基体承受的载荷传递至碳纤维，再由碳纤维引导至其他区域，保证材料能够适应载荷较大的应用工况。但碳纤维含碳量极高，达到90%以上，没有经过预处理的碳纤维表面活性官能团较少、表面光滑、惰性大，制成的摩擦材料易发生碳纤维与树脂基体之间的脱黏，这已经成为使摩擦材料力学性能下降和过度磨损的重要原因之一。因此如何对碳纤维的表面进行简单高效的改性处理成为了研究者关注的热点[1-9]。目前国内外对碳纤维改性的研究报道较多，主要包括湿化学法、干化学法和表面涂层法等，其主要目的有四方面：一是通过化学氧化刻蚀碳纤维表面，从而在碳纤维表面形成沟壑或微孔，提高纤维与基体间的物理啮合；二是在碳纤维表面引入活性官能团，从而提高纤维与基体间的化学结合；三是在碳纤维与树脂间构建活性中间层；四是将碳纤维表层的表面能较低的石墨状结构转化为表面能较高的碳状结构。碳纤维的表面活性与粗糙程度在表面处理后显著提高，有利于保证碳纤维及其摩擦材料的优异性能在成型、使用过程中依然能够稳定发挥。因此，研究者已将碳纤维的表面处理技术视为构造优异纤维-基体界面、提高碳纤维摩擦材料摩擦磨损性能的关键技术之一[10-16]。

7.1.1　湿化学法

碳纤维的湿化学改性是目前研究最多、最成熟的碳纤维改性技术，主要包括酸液氧化法[17-19]、电化学氧化法[20-21]和非氧化剂处理法[22]。

酸液氧化法是目前研究较多的一种碳纤维表面处理技术，多采用硝酸、硫酸、磷酸等强酸及其混酸，通过浸泡、油浴、水热等方法，在碳纤维表面生成大量含氧活性官能团，增强纤维-基体间界面性能。同时，酸液还能腐蚀碳纤维基体，增加材料粗糙度，从而增强碳纤维与基体间的物理啮合。例如Green K J等人[23]在室温条件下将纳米碳纤维置于浓度比为1∶3的硝酸、硫酸混合溶液中3 h，并以其为增强纤维制备了复合材料，其结果显示复合材料的力学性能得到了极大的增强；Hua Y等人[24]用高氯酸和硫酸的混合溶液在85℃对碳纤维进行了改性处理，发现复合材料的界面结合得到了明显改善，复合材料的力学性能得到了提高。但是酸液氧化法也存在着一些固有缺陷，例如产生的废弃物较多，污染较大，对碳纤维结构损伤难以控制，极易造成纤维力学性能下降等，限制了酸液氧化法的研究和应用。

电化学氧化法又称阳极氧化法，是目前工业应用较为广泛的一种碳纤维改性方法。此方法将碳纤维作为阳极材料置于电解质溶液中并通入电流，使纤维表面活性碳离子与电解液发生离子交换反应，实现在碳纤维表面产生大量羧基、内酯和酚类等含氧基团，从而改善碳纤维表面活性，增强其与基体的结合。与酸液氧化法相比，阳极氧化法具有环境污染小，副产品、废弃物少等突出优点，其反应过程易于控制，氧化过程均匀、缓和，具有较好的可操作性，适合于大批量处理碳纤维，因而在工业中得到广泛应用。

非氧化剂处理法主要是指电聚合法和化学接枝法等，其中电聚合法是在电场作用下实现活性单体在碳纤维表面的富集，增强碳纤维表面活性的。其实质是带有活性基团的阴离子在电场力作用下在阳极碳纤维表面沉积成膜的过程。化学接枝法则是针对碳纤维表面结构特征，通过化学反应将特定基团嫁接至碳纤维表面，实现碳纤维活化的。在化学接枝法中，基于双烯合成原理的碳纤维改性方法是一种较为常用的方法。

碳纤维具有独特的皮芯结构，皮层结构为碳纤维提供良好的韧性，而芯层结构则为碳纤维提供良好的刚性，碳纤维优异的力学性能由此得来。传统的酸液氧化法、电化学氧化法等都是期望破坏碳纤维皮层结构来改善碳纤维自身惰性的，即部分牺牲碳纤维韧性来换取表面活性的提高，但是在实际研究中由于工艺过程难于控制往往会导致破坏延伸至碳纤维芯部，这是改性碳纤维力学性能下降的主要原因之一。对于摩擦材料，引入碳纤维主要目的就是利用碳纤维极佳的力学性能和自润滑性能来弥补纸基摩擦材料承载性能差、耐磨损性能差等缺点，因此如何降低改性工艺对碳纤维基体造成的损伤已成为当前研究的热点。

双烯合成反应可以通过一步反应使两个碳碳双键与一个带有活性基团的双键形成一个新的结构，因而被视为一种高效的方法[25-27]。碳纤维属于类石墨状的乱层结构，这使得其内部具有大量六边形状结构，其边缘存在许多类 1,3 -丁二烯结构，这就使得双烯合成反应的发生成为了可能。通过双烯合成反应，碳纤维表面可以加成大量活性官能团，实现碳纤维的活化。其反应过程高效、简单易于操作，不会对碳纤维基体造成损伤，因此被认为是一种碳纤维无损改性技术。将这种改性碳纤维应用于摩擦材料中，可以显著增强摩擦材料各组分间的界面结合。

7.1.2　干化学法

干化学法改性碳纤维包括气相氧化法[28-30]和等离子体处理法[31-32]等，具有低消耗、操作简单、污染少等优点，因而被认为是改性碳纤维的最佳方法之一。

气相氧化法改性碳纤维是使用空气、氧气或臭氧等氧化性气体为氧化剂，通过加热碳纤维使其与氧化气体发生反应，从而实现纤维表面活化和粗糙化，增强碳纤维与树脂基体间结合的。臭氧是气相氧化法最为常用的反应气体之一，具有工艺参数简便，改性效果显著等优点，已经应用于实际生产中。在改性过程中，碳纤维的强度随着反应时间的延长和温度的提高而下降，因此气相氧化法改性碳纤维需要对反应温度和时间进行精确控制，否则会导致纤维强度损伤过大，限制改性碳纤维的应用。

等离子体法是比较新颖的一种碳纤维表面改性方法，包括高温、低温等离子体法和混合等离子体法，具有无污染、反应时间短、处理效果好等优点。等离子体法改性碳纤维的主要原理是运用等离子体在电场作用下轰击碳纤维表面，从而对碳纤维表面进行刻蚀，增大纤维表面积和粗糙度，提高纤维与树脂基体间的物理啮合。同时，等离子体较高的能量能使碳纤维表面进行自由基反应，从而引入活性含氧官能团。但是等离子体法在改性碳纤维时对设备要求较高，目前仍旧处于研究阶段。

7.1.3 表面涂层法

表面涂层法改性碳纤维主要包括气相沉积法[33-34]、纳米颗粒包覆法[35-37]和上浆法[38]等。其优点是可以在碳纤维与树脂间构造活性中间层,通过中间层桥联作用连接两相,实现摩擦材料界面性能的提高。

气相沉积法是以甲烷、乙炔等为碳源,通过碳源的热分解作用,在碳纤维表面生成无定形碳(通常是碳纳米管或石墨烯)层,以此提高碳纤维表面活性,增强其与树脂基体结合的。气相沉积法对设备、工艺要求较高,实验过程存在一定的危险,这些因素都限制了其在工业生产中的应用。

纳米颗粒包覆法是通过油浴、水浴、水热和电沉积等方法在碳纤维表面活性位点生长活性纳米颗粒,以此来增加碳纤维表面活性、提高表面粗糙度、增强碳纤维与基体间的物理化学结合的。这种方法可以极大地提高材料的性能,因此受到了较多的关注。Deka B K 等人通过微波水热法制备了 CuO 改性碳纤维增强复合材料并对其力学性能进行了详细研究,结果表明改性后样品的拉伸强度和模量上升了 61.2%和 57.5%,层间剪切强度更是上升了 89.9%,显示了碳纤维与树脂基体间良好的界面结合[39];Kong K 等人通过热浸渍法制备了 ZnO 改性碳纤维复合材料,其相关结果显示改性后碳纤维表面生长了大量浓密棒状纳米 ZnO,有效增加了碳纤维的表面积和表面粗糙度[40];Chen J 等人制备了纳米 SiO_2 改性碳纤维复合材料并对其耐热性能和力学性能进行了细致研究,其结果显示,改性后碳纤维能够与基体材料更紧密结合,有利于提高复合材料的弯曲强度和耐烧蚀性能[41];Wang M 等人通过液相法制备了 MnO_2 改性碳纤维,其结果表明 MnO_2 的生长使碳纤维表面积不断增加,将这种碳纤维应用于复合材料中可以显著提高树脂与碳纤维间的物理化学结合[42]。目前有关纳米颗粒包覆法的研究较多,但在预处理碳纤维时大都采用酸液氧化法以期获得更多的活性位点,制备的改性碳纤维力学性能下降较多,限制了其在摩擦材料中的应用。

7.2 马来酸酐改性碳纤维的表、界面性能

7.2.1 概述

碳纤维以其优异的性能广泛应用于高性能摩擦材料中,其与树脂基体间的界面区域对传递载荷、提高材料强度有着十分关键的作用,因而受到了广泛关注。但碳纤维的化学惰性导致其与基体间仅能形成较弱的物理结合,这是导致碳纤维增强摩擦材料过度磨损的主要原因之一。对此国内外学者开展了大量关于碳纤维表面改性的研究,探索出了干化学法、湿化学法、表面涂层法等一系列碳纤维表面改性技术,一定程度上解决了碳纤维与基体结合差的问题。但是这些方法大都对碳纤维基体产生了较大损伤,导致纤维力学性能下降,限制了其在摩擦材料中的应用。

与酸液氧化法相比,均相水热法具有许多独特的优点,例如反应过程简单、对能量要求低、合成效率高、原材料均匀反应等,因而被认为是一种高效、可控和温和的纤维功能化方法,而双

烯合成工艺也是一种简捷高效的合成方法。

本节从碳纤维基本结构入手，采用水热法基于双烯合成工艺对碳纤维进行改性处理，使碳纤维表面无损活化，采用傅里叶红外光谱、X 射线光电子能谱、拉曼光谱、扫描电子显微镜、万能力学试验机等对碳纤维及其纤维增强摩擦材料的结构与相关性能进行表征与分析。

7.2.2　实验部分

首先将碳纤维浸入丙酮溶液中 24 h 去除上浆剂，再将碳纤维取出并用去离子水清洗、烘干。然后将碳纤维转入水热反应釜中，加入苯溶液和马来酸酐，在均相反应仪中在 100℃下进行水热反应 2 h，反应结束后反应釜随炉冷却，待其降至室温后将碳纤维取出并用去离子水清洗、烘干后得到马来酸酐改性的碳纤维。其反应原理如图 7-1 所示。

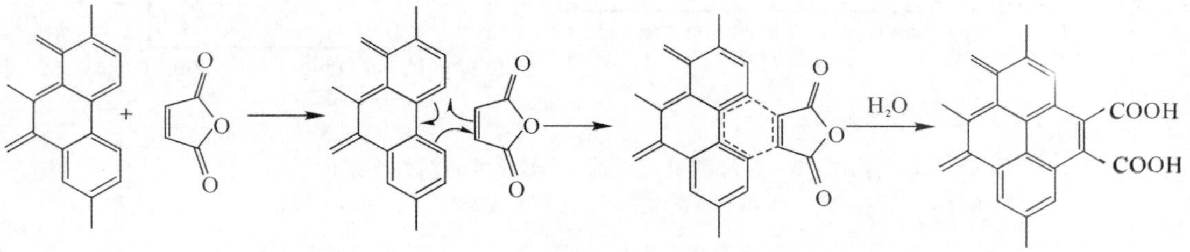

图 7-1　马来酸酐改性碳纤维原理图

马来酸酐改性碳纤维标记为 MCF，未改性碳纤维标记为 UCF，改性后碳纤维增强摩擦材料标记为 MCFRP，未改性碳纤维增强摩擦材料标记为 UCFRP。

7.2.3　马来酸酐改性碳纤维的表面化学状态分析

1. 红外光谱分析

马来酸酐改性前、后碳纤维的红外光谱如图 7-2 所示。由图 7-2(a)可以发现改性前后碳纤维红外光谱整体形态变化不大，说明改性工艺对碳纤维表层结构产生的影响较小。图中在 3 450 cm^{-1}和 1 640 cm^{-1}附近出现有两个明显的—OH 特征峰，这是由空气中水汽导致的。仔细观察可以发现改性后碳纤维红外光谱在 2 926 cm^{-1}处出现了一个新的 CH_2 特征峰，说明经过水热双烯合成工艺，碳纤维表面结构发生了改变。将红外光谱 1 000～2 200 cm^{-1}处局部放大(见图 7-2(b))可以清楚发现在 1 740 cm^{-1}处出现了一个新的—COOH 特征峰，说明马来酸酐已经通过水热双烯合成工艺加成至碳纤维表面。含氧官能团的出现可以增加碳纤维的表面活性，提高其与树脂间的润湿性，从而构建更为良好的界面结合。

2. X 射线光电子能谱分析

XPS 测试可以提供碳纤维表面单个元素的电位结合能，从而为分析碳纤维表面化学结构提供帮助。图 7-3(a)所示是碳纤维改性前后的 XPS 测试结果，其相应数据列于表 7-1 中。反应前、后碳纤维都检测出了 C，O，N，Si 等元素，分析其相对含量可以发现 C 元素含量从改性前的 76.47%降至改性后的 68.07%，下降了 8.4%，而氧元素含量从改性前的 19.90%上升至改性后的 27.77%，上升了 7.87%，这一变化使碳纤维表面碳氧比从改性前的 26.02%上升至 40.80%，这些增加的含氧官能团使碳纤维可以与树脂基体发生较强烈的化学结合，提高纤维与基体间的结合强度。

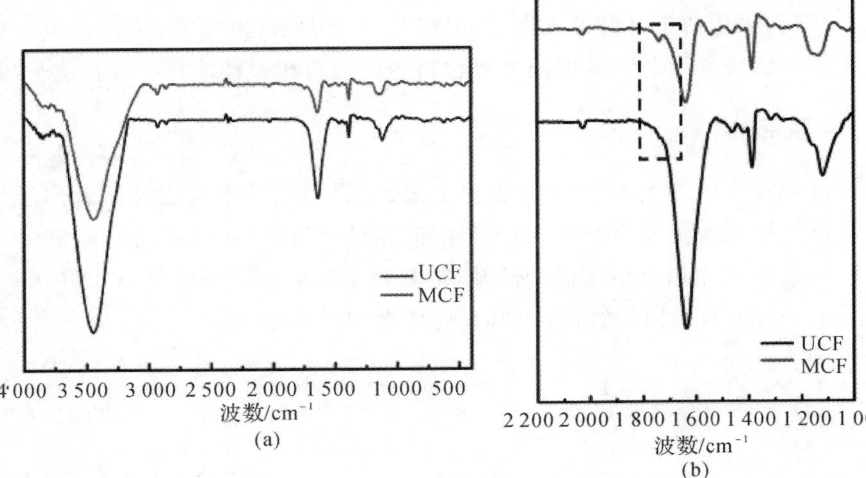

图 7-2 马来酸酐改性前、后碳纤维的红外光谱图

(a)全范围图； (b)局部放大图

表 7-1 马来酸酐改性前、后碳纤维表面的元素组成

样品	元素的质量分数/(%)				O(1s)/C(1s)/(%)
	C(1s)	O(1s)	N(1s)	Si(2p)	
UCF	76.47	19.90	1.54	2.09	26.02
MCF	68.07	27.77	1.36	2.80	40.80

为了进一步研究马来酸酐改性前、后碳纤维表面含氧官能团的变化情况，我们对改性前、后碳纤维 C(1s)峰进行了分峰拟合，如图 7-3(b)(c)所示。从图中可以发现三个主要特征峰，1 号峰位于 284.8 eV，对应 C-C 伸缩振动峰；2 号峰位于 286.1 eV，对应 C-OH 或 C-OR 伸缩振动峰；3 号峰位于 288.9 eV，对应-COOH 伸缩振动峰。可以发现 1 号峰与 2 号峰面积最大，改性前、后相对强度变化不大，说明碳纤维表面结构没有发生大的改变，即改性后碳纤维皮层结构保存较为完好。而 3 号峰面积改性后出现了明显的增大，说明改性后碳纤维表面出现了大量—COOH 活性官能团。

3. 拉曼光谱分析

由于碳纤维独特的乱层石墨状结构对于激光所产生热量非常敏感，因此拉曼光谱被广泛应用于碳纤维结构研究中。在拉曼光谱中，碳纤维能够显示出两个较大的特征峰，一个位于 1 600 cm^{-1}附近，是由碳纤维中石墨结构与激光发生共振产生的，因而可以表征碳纤维石墨结构的完整程度，故被称为 Graphite 峰，简称 G 峰。另一个特征峰位于 1 350 cm^{-1}附近，是由碳纤维内部结构不完整、晶格缺陷多、取向低、边缘不饱和碳原子低的部分与激光发生共振产生的，因其大都为无序缺陷结构，所以被称为 Defects 峰，简称 D 峰。由此不难发现碳纤维的 G 峰与 D 峰是一组此消彼长的关系，因而可以用二者积分强度的比值 $R=I_D/I_G$ 来代表对比样品的石墨化程度和石墨结构完整程度。

图 7－3(d)所示是改性前、后碳纤维的拉曼光谱，从中可以发现 G 峰位于 1 600 cm^{-1} 附近，而 D 峰位于 1 360 cm^{-1} 附近，对其进行拟合处理可以得出半峰宽、积分面积等数据，列于表 7－2 中。结果显示碳纤维改性前、后 R 值从 2.03 上升至 2.29，增加 0.26；半峰宽值则出现 D 峰上升 G 峰下降的趋势，这说明碳纤维表面不饱和碳原子数与混乱度都有所增加，而碳纤维的石墨化程度有所降低。与此同时，D 峰与 G 峰的相对位置变化不大，说明与激光共振的两种碳结构主体保存完好，没有发生较大变化，表明水热双烯合成法改性碳纤维不会对碳纤维的皮芯结构造成很大影响。

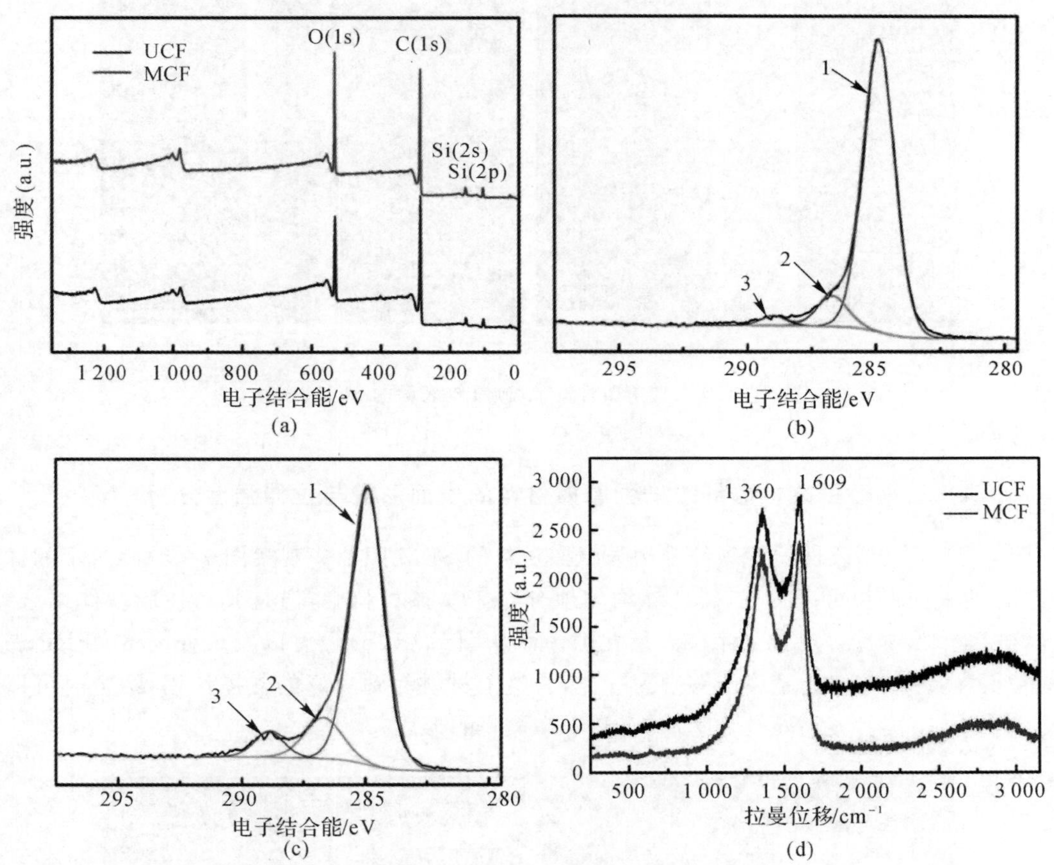

图 7－3　马来酸酐改性前、后碳纤维的表面状态表征

(a)马来酸酐改性前、后碳纤维的 XPS 测试图谱；

(b)(c)马来酸酐改性前、后碳纤维表面 C1s 谱分峰图；　(d)马来酸酐改性前、后碳纤维的拉曼光谱

表 7－2　拉曼光谱拟合数据　　单位：cm^{-1}

	D 峰		G 峰		$R=I_D/I_G$
	中心	半峰宽	中心	半峰宽	
UCF	1 360.7	195.0	1 609.9	95.9	2.03±0.013
MCF	1358.5	204.4	1603.7	89.3	2.29±0.019

4. 碳纤维表面形貌分析

图 7-4 所示是改性前、后碳纤维表面 SEM 照片，通过对比改性前、后碳纤维照片不难发现，二者的表面形貌十分相似，纤维基体没有出现破损、刻蚀等现象，保证了改性碳纤维的力学性能不发生明显变化。从图中可以看出样品 UCF 表面十分光滑，仅有少量沟壑存在，其与树脂基体结合时仅能产生少量物理啮合，因而在结合过程中受到较大横向剪切力时极易发生纤维脱黏、拨出；而样品 MCF 表面经过改性处理后含有大量含氧官能团，这就使改性碳纤维与树脂间能够发生化学结合，有利于提高纤维与基体间的黏结强度。

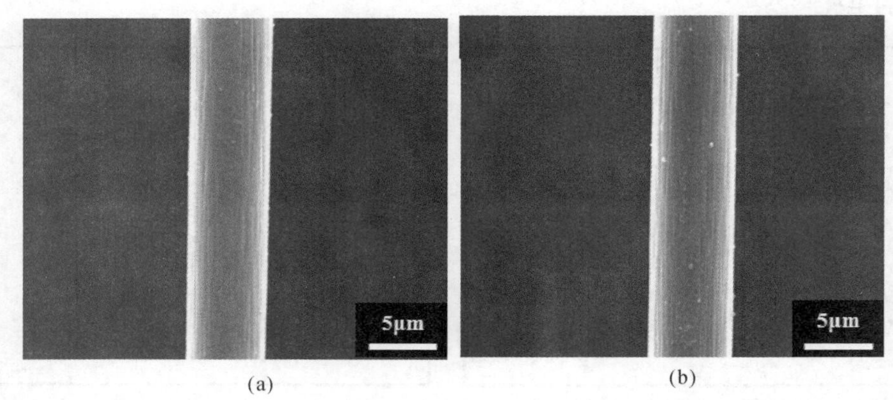

图 7-4 马来酸酐改性前、后碳纤维表面的 SEM 照片

(a)改性前碳纤维；(b)改性后碳纤维

7.2.4 马来酸酐改性碳纤维增强摩擦材料的表面形貌与拉伸强度分析

图 7-5 所示是改性前后碳纤维增强摩擦材料的 SEM 照片。观察图 7-5(a)所示的样品 UCFRP 的表面形貌可以发现，碳纤维均匀地分布于摩擦材料中，但是其与树脂基体结合差，摩擦材料整体结构较为疏松，存在大量孔隙。而从图 7-5(b)中可以发现样品 MCFRP 表面结构密实，碳纤维与树脂基体能够融为一体，为整个材料起到良好的支撑作用，结合时可以有效传递载荷，摩擦材料表面较为平坦，有利于摩擦膜的形成。

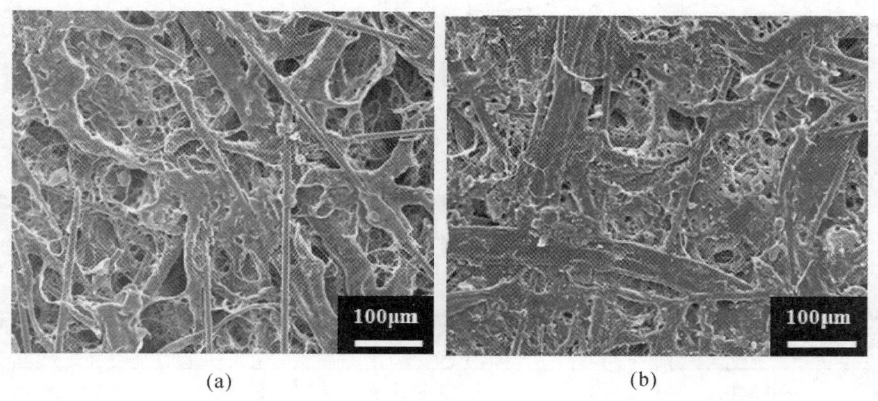

图 7-5 马来酸酐改性前、后碳纤维增强摩擦材料的表面 SEM 照片

(a)未改性碳纤维增强摩擦材料；(b)改性后碳纤维增强摩擦材料

表 7-3 给出的是碳纤维增强摩擦材料的拉伸强度和孔隙率测试结果，可以发现样品 MCFRP 的拉伸强度大幅提高，从 6.93 MPa 上升至 14.57 MPa，说明经过改性处理，碳纤维与树脂基体间的界面结合得到了有效增强。从孔隙率数据中可以发现样品 MCFRP 的孔隙率比 UCFRP 的下降了 21.3%，显示样品 MCFRP 更为密实，这与由 SEM 照片观察到的结果是一致的。对于摩擦材料而言，适当的孔隙率有利于摩擦热量的及时转移，能够有效避免材料基体热分解。但当孔隙率过大时，大小不一的孔洞就成为摩擦材料基体内的缺陷部位，当材料受力时，就容易发生基体断裂，造成材料失效，这是样品 UCFRP 拉伸强度较低的原因。

表 7-3　碳纤维增强摩擦材料的拉伸强度和孔隙率

样品	拉伸强度/MPa	孔隙率
UCFRP	6.93±0.18	75.6%
MCFRP	14.57±0.29	54.3%

图 7-6 所示是摩擦材料基体中碳纤维的 SEM 照片，从图中可以发现样品 UCFRP 与树脂基体间结合较差，大部分暴露在外，表面光滑，没有任何附着。而样品 MCFRP 则与树脂基体显示了良好的界面结合，仅有极少部分暴露在外。受到外力时，UCF 极易从基体中拔出，或者断裂；而 MCF 则与树脂可以融为一体，相互支撑，故其纤维增强摩擦材料具有优异的拉伸强度。

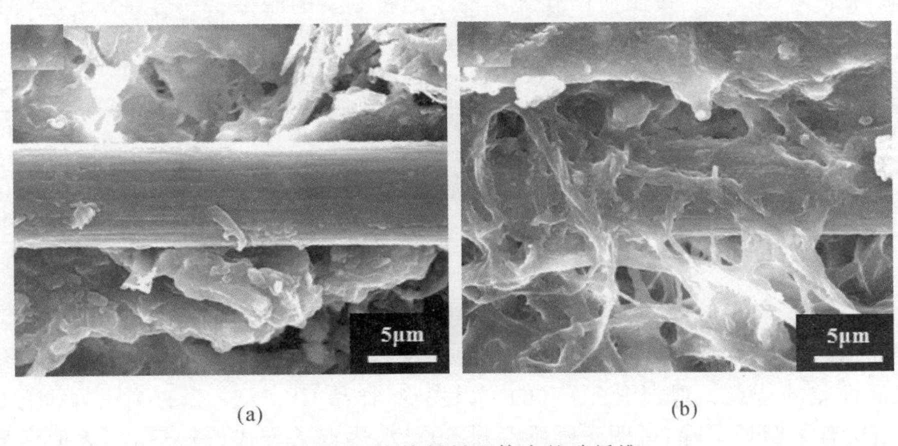

(a)　　(b)

图 7-6　摩擦材料基体中的碳纤维

(a)未改性碳纤维增强摩擦材料；(b)马来酸酐改性碳纤维增强摩擦材料

7.2.5　小结

本节通过水热双烯合成工艺制备了马来酸酐改性碳纤维，研究了改性工艺对碳纤维表面活性、表面结构及碳纤维增强摩擦材料拉伸强度的影响，主要结论如下：

(1)水热双烯合成工艺可以在不损伤碳纤维基体的情况下实现在纤维表面增加大量羧基官能团，提高表面不饱和碳原子数，有效避免改性工艺对碳纤维结构的损伤。改性后碳纤维增强摩擦材料的拉伸强度达到 14.57MPa，显示出良好的界面结合。

(2)马来酸酐改性碳纤维与树脂基体结合更为紧密，摩擦材料表面较为平坦，仅有少量碳纤维暴露在外，起到良了好的支撑作用，结合时能够有效传递载荷，有利于摩擦膜的形成。

7.3 马来酸酐改性碳纤维增强湿式摩擦材料的摩擦学性能

7.3.1 水热反应温度的影响

1. 概述

碳纤维作为一种高性能纤维材料已经被广泛应用于高性能摩擦材料中，但碳纤维表面能低，与树脂浸润性差，在受到较大横向剪切应力时容易发生纤维剥离、断裂和拔出，不利于摩擦膜形成，也容易导致摩擦材料基体破损，增加磨屑的产生量，从而造成磨粒磨损，使摩擦材料的磨损量上升。因此有必要对碳纤维进行一定程度的改性处理，提高其与树脂基体的结合强度。通过水热双烯合成工艺可以将马来酸酐嫁接至碳纤维表面，这种加成改性的方式与以往破坏、刻蚀改性的方式在实验设计思想中有很大的区别，可以实现碳纤维无损改性，对摩擦材料摩擦学性能的提高是很有帮助的。

对于水热反应，反应温度和时间是影响反应效率的重要因素，本节通过控制水热反应温度和时间制备马来酸酐改性碳纤维，并以其为增强纤维制备摩擦材料，随后对改性碳纤维的润湿性和其纤维增强摩擦材料的摩擦学性能进行详细研究。具体反应温度、时间参数见表 7-4。标记原始碳纤维为 CF-0。按照使用碳纤维的不同将制备的摩擦材料分别标记为 CFRP-0，CFRP-60-2，CFRP-80-2，CFRP-100-2，CFRP-100-1，CFRP-100-3。

表 7-4 马来酸酐改性碳纤维工艺参数

样品编号	CF-60-2	CF-80-2	CF-100-2	CF-100-1	CF-100-3
反应温度/℃	60	80	100	100	100
反应时间/h	2	2	2	1	3

2. 接触角分析

图 7-7 所示是不同水热反应温度马来酸酐改性碳纤维静态接触角测试结果。从图中可以发现，样品 CF-0 接触角接近 120°，表现出一种极度疏水的状态，印证了未改性碳纤维表面活性低，浸润性差的特点。观察图 7-7(b)可以发现，样品 CF-60-2 的接触角约为 95°，与样品 CF-0 相比有了明显下降，说明碳纤维经过 60℃水热双烯合成改性后，其表面活性有所提高。随着反应温度的进一步上升，样品 CF-80-2 的接触角出现了大幅度降低，当温度升至 100℃时，样品 CF-80-2 的接触角接近 0°，表明反应温度的上升有利于提高马来酸酐的接枝率，为碳纤维表面带来更多的含氧官能团。碳纤维润湿性的提高有利于增强碳纤维与树脂间的交互反应，提高材料的摩擦学性能。

3. SEM 及拉伸强度分析

图 7-8 所示是不同水热反应温度改性碳纤维增强摩擦材料的表面 SEM 照片，从图中可以发现，样品 CFRP-0 表面存在大量裸露碳纤维，显示了纤维与基体间较差的界面结合，这些碳纤维相互重叠，形成了大量孔洞，造成材料基体较为疏松。而样品 CFRP-60-2，CFRP-80-2 和 CFRP-100-2 则显示了较好的界面结合，表面裸露碳纤维数量随着水热反应温度的增加而下降。当反应温度增加至 80℃时，样品 CFRP-80-2 已经出现了小范围平坦的表面，有利于结合过程中摩擦膜的形成；当反应温度上升至 100℃时，样品 CFRP-100-2 中大部分

碳纤维已经与树脂基体融为一体，碳纤维成为整个材料的骨架，形成平坦、紧密的表面。表 7-5 给出的是不同反应温度马来酸酐改性碳纤维增强摩擦材料的拉伸强度和孔隙率测试结果，其中改性碳纤维增强摩擦材料的拉伸强度均高于 CFRP-0，说明改性碳纤维的加入增加了摩擦材料的基体强度。改性温度上升时，碳纤维增强摩擦材料的拉伸强度不断上升，说明反应温度的增加有利于碳纤维表面活性的提高。从表 7-5 中还可发现样品的孔隙率随着反应温度的上升而降低，这与从 SEM 照片中观察到的结果一致。

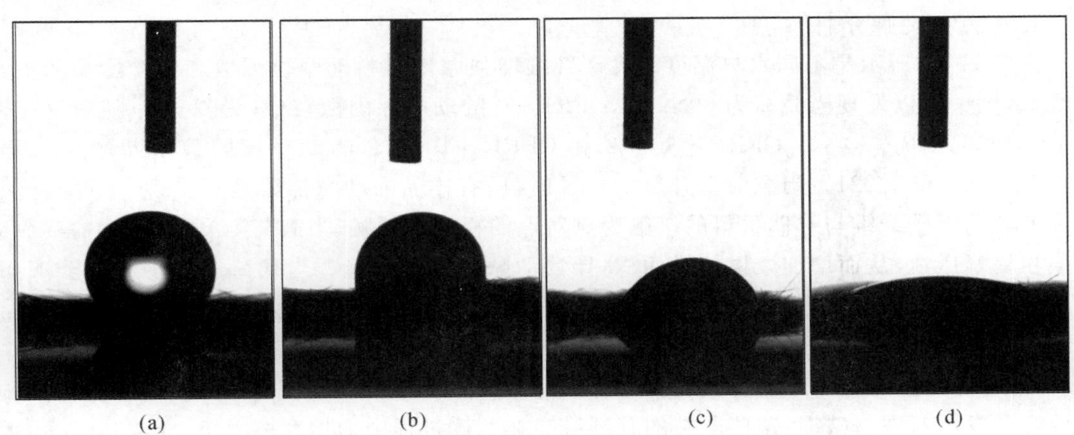

图 7-7　不同水热反应温度马来酸酐改性碳纤维的静态接触角

(a)CF-0；(b)CF-60-2；(c)CF-80-2；(d)CF-100-2

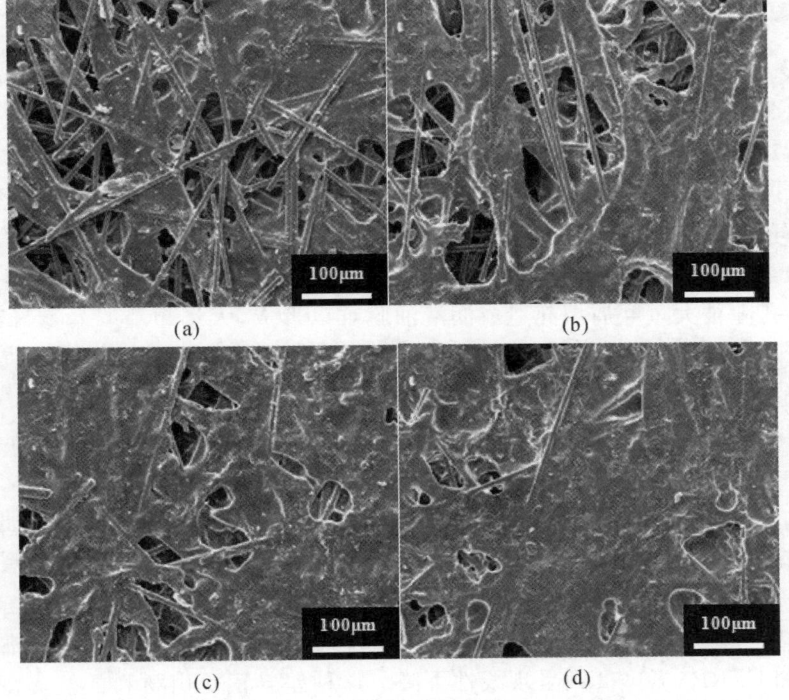

图 7-8　不同水热反应温度马来酸酐改性碳纤维增强摩擦材料表面 SEM 照片

(a)CFRP-0；(b)CFRP-60-2；(c)CFRP-80-2；(d)CFRP-100-2

表 7-5　不同水热反应温度马来酸酐改性碳纤维增强摩擦材料的拉伸强度和孔隙率

样品	CFRP-0	CFRP-60-2	CFRP-80-2	CFRP-100-2
拉伸强度/MPa	7.7±0.31	12.9±0.27	14.8±0.22	15.7±0.15
孔隙率/%	72.3	67.2	57.6	52.9

4. 压力稳定性分析

图 7-9(a)所示是不同水热温度改性碳纤维增强摩擦材料动摩擦因数和结合压力的关系曲线，从图中可以发现当载荷为 50 N 时，CFRP-0 的动摩擦因数较低，为 0.149，随着反应温度的增加，CFRP-60-2，CFRP-80-2 和 CFRP-100-2 的动摩擦因数不断增加，达到 0.156，0.196 和 0.221。当载荷上升至 100 N 时，所有样品的动摩擦因数都出现了下降，这是因为低载荷下碳纤维与对偶材料的接触为点对点的粗糙峰接触，当载荷上升时，较大的载荷会造成粗糙峰压溃，从而增加摩擦接触面积，导致动摩擦因数下降。当载荷进一步上升至 150N 时，动摩擦因数变化出现了差异。样品 CFRP-0 的动摩擦因数出现了小幅度上升，而样品 CFRP-60-2，CFRP-80-2 和 CFRP-100-2 的动摩擦因数仍旧保持下降的趋势。由图 7-8可知，样品 CFRP-0 的表面较为粗糙，碳纤维大量裸露在基体表面，因此在较大载荷下碳纤维容易发生断裂与破损，这些断裂的碳纤维会在摩擦过程中增加摩擦力矩，导致动摩擦因数上升。而样品 CFRP-60-2，CFRP-80-2 和 CFRP-100-2 中碳纤维由于经过了改性处理，能够与基体形成较为紧密的结合，仅有少量碳纤维保留在外，因此出现动摩擦因数随着载荷的增加而降低的现象。比较样品 CFRP-60-2，CFRP-80-2 和 CFRP-100-2 动摩擦因数下降的幅度可以发现，样品 CFRP-60-2 降幅最低，其次是 CFRP-100-2，降幅最大的是 CFRP-80-2。与其他两个样品相比，样品 CFRP-60-2 中碳纤维改性温度较低，其表面活性官能团数量少，与树脂结合效果较差，表面碳纤维易发生断裂会增加动摩擦因数，但这种动摩擦因数的增加不足以抵消载荷上升造成的摩擦因数降低，故 CFRP-60-2 的动摩擦因数整体呈现小幅下降的趋势。CFRP-100-2 具有较为光滑平坦的表面，在结合过程中有利于摩擦膜的形成，有利于维持较高的动摩擦因数，因此其动摩擦因数下降幅度小于 CFRP-80-2。当载荷最终升至 200 N 时，四个样品的动摩擦因数都出现了大幅度上升，这是因为在较大载荷下样品表面的孔隙被大量磨屑填充造成润滑油膜难以形成，大量粗糙峰暴露导致动摩擦因数上升。

5. 滑速稳定性分析

图 7-9(b)所示是不同水热温度改性碳纤维增强摩擦材料动摩擦因数和滑动速度的关系曲线，从图中可以发现，所有样品的动摩擦因数都随着滑动速度的增加而降低，这是由于高滑动速度会产生大量摩擦热，使材料基体软化甚至分解，从而造成动摩擦因数降低。另外，由于油膜的黏度在高速滑动的过程中下降，根据温黏理论，这会导致摩擦材料表面受力下降，进而降低材料的摩擦因数。动摩擦因数随着滑速变化的幅度大小是评价摩擦材料抗震颤性能的关键因素。从图中可以发现样品 CFRP-60-2 和 CFRP-100-2 在下降过程中波动较大，而样品 CFRP-0 和 CFRP-80-2 则呈现线性下降。这种差异正是由材料的抗震颤性能导致的。样品 CFRP-60-2 和 CFRP-100-2 在滑动速度不断增加的过程中动摩擦因数分别下降了约 0.065 和 0.045，体现了较差的抗震颤性能，而样品 CFRP-0 和 CFRP-80-2 则下降了约

0.04 和 0.035。显示出较好的抗震颤性能，其中样品 CFRP-60-2 显示出了最佳的结合稳定性。观察四个样品动摩擦因数的变化可以发现，滑动速度较低时各样品的动摩擦因数相差较大，但随着滑动速度的提高这种差异逐渐缩小。当滑动速度由 400 $r \cdot min^{-1}$ 增加至 600 $r \cdot min^{-1}$ 时，样品 CFRP-60-2，CFRP-80-2 和 CFRP-100-2 的动摩擦因数逐渐向一致趋近，而样品 CFRP-0 维持原状继续下降。改性碳纤维能够与树脂基体较好地结合，有利于摩擦膜的形成，因此样品 CFRP-60-2，CFRP-80-2 和 CFRP-100-2 的动摩擦因数有一致性倾向。样品 CFRP-0 中碳纤维与树脂间结合差，难以形成完整的摩擦膜，因此其摩擦因数难以维持，在较大滑动速度下不断下降。

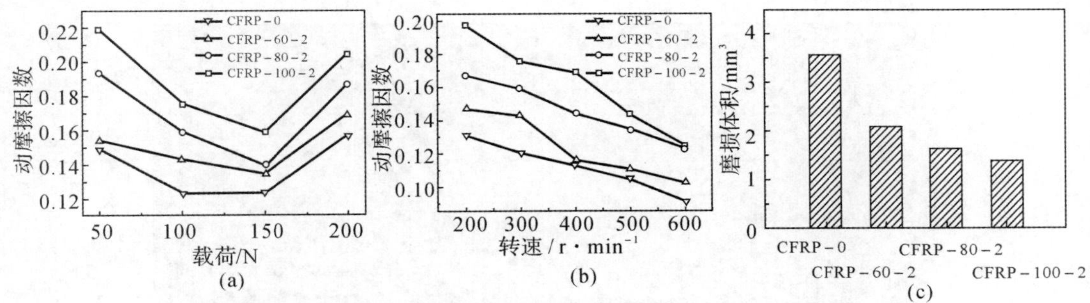

图 7-9　不同水热温度马来酸酐改性碳纤维增强摩擦材料的摩擦学性能

(a)不同载荷条件下的动摩擦因数；（b)不同转速条件下的动摩擦因数；（c)磨损量

6. 磨损量及磨损后形貌分析

图 7-9(c)所示是不同水热温度改性碳纤维增强摩擦材料的磨损量，从图中可以看出，摩擦材料的磨损量随着改性温度的提高不断降低，其中样品 CFRP-0 的磨损量最高，达到 3.58 mm^3，而磨损量最低的 CFRP-100-2 仅有 1.39 mm^3，下降了约 60%，说明改性碳纤维的加入对提高摩擦材料的耐磨损性能有很大帮助。摩擦材料摩擦学性能的提高与其表面状态密不可分。从图 7-10(a)所示样品 CFRP-0 磨损后的形貌中可以发现其在磨损后难以形成摩擦膜，与磨损前形貌对比，其表面碳纤维大量断裂、脱黏甚至拔出，难以与树脂形成有效结合，导致基体受到的载荷不能及时传导，容易发生基体压溃，造成其磨损量较大。观察图 7-10(b)可以发现，经过 60℃水热反应后，样品 CFRP-60-2 中碳纤维与树脂基体的结合状态已经明显好于样品 CFRP-0，碳纤维与树脂能够较为紧密结合，并形成了较为平坦的摩擦膜。但观察样品 CFRP-60-2 磨损后形貌仍旧会发现部分纤维断裂、脱黏的现象，基体中也存在较多孔隙。样品 CFRP-80-2 磨损后的形貌（见图 7-10(c)）则显示出较少的孔隙结构和较为完整的摩擦膜，可以为摩擦过程提供持续稳定的润滑油膜，保证滑动摩擦过程的顺畅性，这是其具有较好制动稳定性和较低磨损量的原因之一。样品 CFRP-80-2 中碳纤维分布较为均匀，能够在整个材料中起到良好的支撑作用，保证了其能够满足较大载荷工况的要求。观察样品 CFRP-100-2 磨损后的形貌（见图 7-10(d)）可以发现其具有最为完整的摩擦膜，能够对基体形成良好的保护，这是其具有最低的磨损量的原因。但 CFRP-100-2 摩擦面仅有少量孔隙分布其间，导致样品 CFRP-100-2 中润滑油流动速度比其他样品中的慢，滑动摩擦过程中更易进入边界摩擦状态，这是导致其抗震颤性能较差的主要原因。

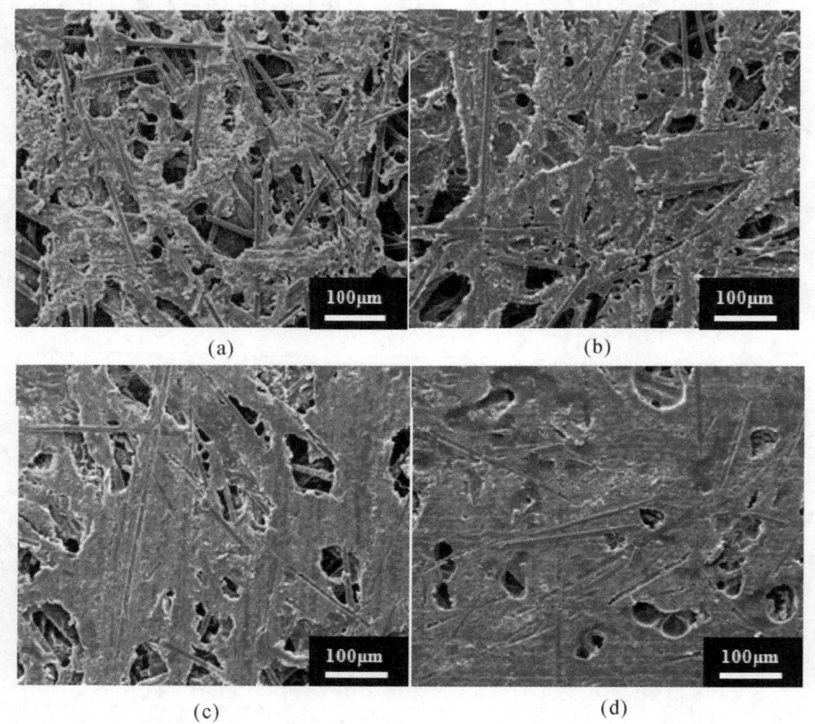

(a) (b) (c) (d)

图 7-10 不同水热温度马来酸酐改性碳纤维增强摩擦材料磨损后表面 SEM 照片
(a)CFRP-0； (b)CFRP-60-2； (c)CFRP-80-2； (d)CFRP-100-2

7.3.2 水热反应时间的影响

1. 接触角分析

图 7-11 所示是不同水热反应时间制备的改性碳纤维静态接触角的测试结果。从图 7-11(a)中可以发现，未改性样品 CF-0 接触角接近 120°，水珠能够立于碳纤维表面，呈现较为完整的球形，说明其浸润性极差，以其为增强纤维制备的摩擦材料必然存在碳纤维与基体结合不紧密的现象。图 7-11(b)所示是经过 1 h 水热双烯合成改性的碳纤维(CF-100-1)接触角测试图，从中可以发现相较于样品 CF-0，其接触角已经大为减少，下降至约 75°，说明样品 CF-100-1表面活性已经有所提高。从图 7-11(c)所示的样品 CF-100-2 接触角测试可以看出碳纤维表面水珠大部分已经消失，仅留下极少的水膜，说明经过 2 h 水热双烯合成改性，样品的表面活性已经大大提高，而观察样品 CF-100-3 的接触角测试结果可以发现，其表面水珠几乎已经消失，展现出最佳的浸润性，以其为增强纤维制备的摩擦材料，纤维与树脂间结合紧密，有利于增强摩擦材料的摩擦磨损性能。

2. SEM 及拉伸强度分析

图 7-12 所示是不同水热反应时间制备的改性碳纤维增强摩擦材料表面 SEM 照片。从图 7-12(a)中可以发现，样品 CFRP-0 表面结构疏松，存在大量孔隙，碳纤维纵横交错地分布在整个材料中，表面碳纤维大部分裸露在外，部分纤维显示出与树脂基体脱黏的现象，显示出较差的界面结合。观察图 7-12(b)所示的样品 CFRP-100-1 的表面形貌可以发现，相比于

样品 CFRP－0，其结构致密性有所提高，基体中孔隙数量和尺寸都有所降低，碳纤维裸露和脱黏的现象大为减少，说明经过 1 h 改性处理后，碳纤维表面活性有所提高，其与树脂间的结合增强了。图 7－12(c)所示的样品 CFRP－100－2 的表面形貌显示经过 2 h 改性处理，碳纤维已经能够与树脂基体产生较强的界面结合，形成一个平坦、密实的表面。材料中孔隙的分布大为减少，材料表面碳纤维仅有极少部分裸露在外，在摩擦过程中能够对载荷起到良好的传递作用。而观察样品 CFRP－100－3 的表面形貌已很难发现暴露在外的碳纤维，纤维都能与树脂基体紧密结合，形成了一个完整、平坦、密实的表面，这种结构使材料在摩擦过程中易形成摩擦膜，有利于摩擦材料维持较高的动摩擦因数。

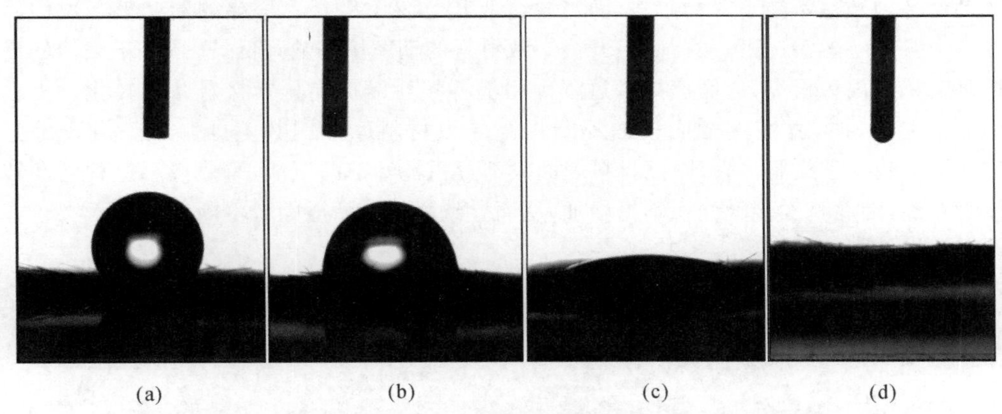

图 7－11　不同水热反应时间马来酸酐改性碳纤维的静态接触角

(a)CF－0；(b)CF－100－1；(c)CF－100－2；(d)CF－100－3

表 7－6 给出的是不同水热反应温度改性碳纤维增强摩擦材料拉伸强度和孔隙率的测试结果，可以发现随着反应温度的升高，样品的拉伸强度呈现上升趋势，孔隙率呈现下降趋势。湿式摩擦材料中孔隙的作用主要有三方面：一是作为润滑油流动的通道，帮助形成润滑油膜；二是较小尺寸的孔隙可以作为弹性基体，增加材料的压缩回弹性能；三是较大尺寸的孔隙作为结构缺陷，在受力时导致材料失效。因此拉伸强度的上升是由摩擦材料内部孔隙性质和各组分界面结合共同决定的。一方面样品 CFRP－100－1，CFRP－100－2 和 CFRP－100－3 中增强纤维经过改性处理与树脂间具有较高的结合强度，有利于拉伸强度的提高；另一方面，其较低的孔隙率降低了大孔隙生成的概率(从图 7－12 中可以看出样品 CFRP－100－1，CFRP－100－2 和 CFRP－100－3 中孔隙尺寸明显小于样品 CFRP－0 中的)，从而减少了拉伸过程中由大孔隙导致的基体断裂。

表 7－6　不同水热反应时间马来酸酐改性碳纤维增强摩擦材料的拉伸强度和孔隙率

样品	CFRP－0	CFRP－100－1	CFRP－100－2	CFRP－100－3
拉伸强度/MPa	7.7±0.31	13.8±0.30	15.7±0.15	18.3±0.20
孔隙率/(%)	72.3	63.8	52.9	50.9

3. 压力稳定性分析

图 7－13(a)所示是不同水热双烯合成时间制备的改性碳纤维增强摩擦材料的动摩擦因数和

结合压力的关系曲线，从图中可以发现样品 CFRP－100－2 和 CFRP－100－3 的动摩擦因数值较为接近，处于较高水平，而样品 CFRP－0 和 CFRP－100－1 的动摩擦因数都处于较低水平，这种两极化明显的分布状态是由改性碳纤维表面活性官能团数量决定的。经过 2h 以上的水热改性，碳纤维表面可以嫁接较多的活性官能团，因而其与树脂基体的结合较为紧密，有利于滑动过程摩擦膜的形成。而样品 CFRP－0 和 CFRP－100－1 中碳纤维表面活性官能团数量较少，其与树脂基体结合较差，大量暴露在摩擦面上，基体中孔隙较多，不利于摩擦膜的形成，因此其动摩擦因数仅能维持在较低水平。这一现象说明碳纤维经过 2h 水热双烯合成改性后可以显著增强摩擦材料的摩擦学性能。观察载荷从 50N 上升至 150N 时动摩擦因数的变化可以发现，这一阶段摩擦材料的动摩擦因数呈不断下降的趋势，而当载荷上升至 200N 时，各样品的动摩擦因数则出现了大幅度的上升。一般情况下，载荷的上升会导致材料的动摩擦因数降低，这是由于载荷的增加会使摩擦真实接触面积提高，使摩擦接触过程由粗糙峰接触摩擦向压紧接触摩擦转化。当载荷从 50N 增加至 150N 时，真实接触面积的不断提高导致材料摩擦因数不断降低。当载荷上升至 200N 时，由于载荷已经非常大，摩擦材料表面大部分粗糙峰都已压溃，摩擦接触过程已经转化为压紧接触摩擦，因此真实接触面积不再增加，从而导致材料的摩擦因数不断上升。

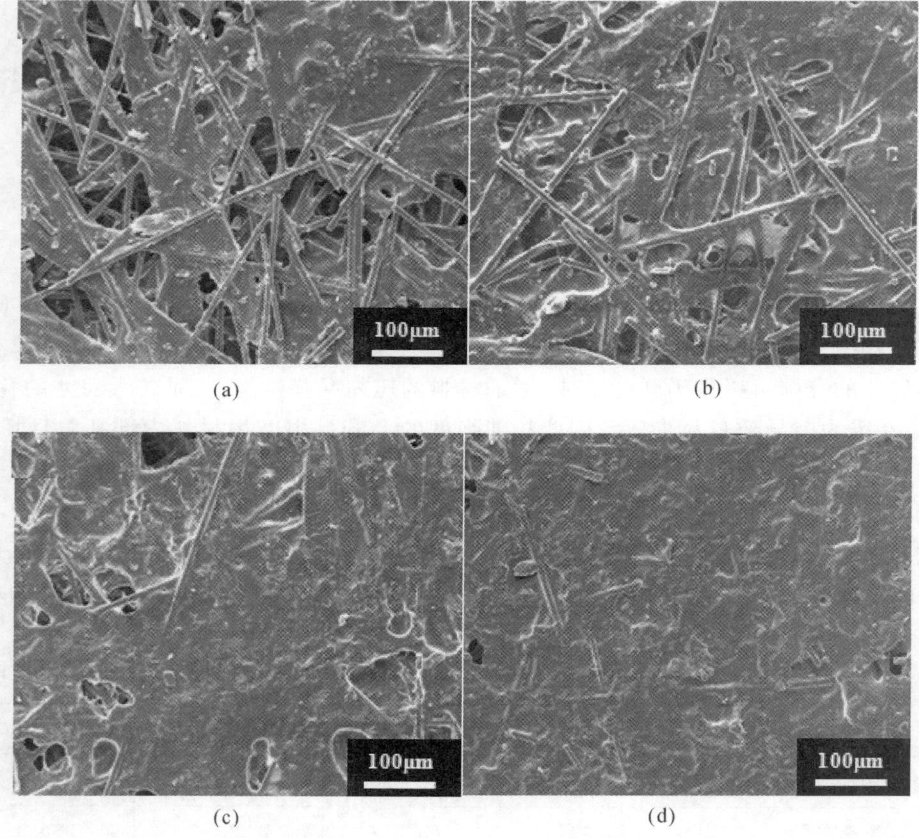

(a) (b) (c) (d)

图 7－12　不同水热反应时间马来酸酐改性碳纤维增强摩擦材料表面 SEM 照片

(a)CFRP－0；(b)CFRP－100－1；(c)CFRP－100－2；(d)CFRP－100－3

4. 滑速稳定性分析

图 7－13(b)所示是不同水热反应时间制备的改性碳纤维增强摩擦材料的动摩擦因数和滑动速度的关系曲线，从图中可以发现，按照动摩擦因数的大小，样品可以分为两类，一类为动摩擦因数较高的样品 CFRP－100－2 和 CFRP－100－3，另一类为动摩擦因数较低的样品 CFRP－0 和 CFRP－100－1。这一现象与样品的表面状态密不可分。滑动摩擦过程会在摩擦材料表面产生较大的横向剪切应力，这种横向剪切力会随着滑动速度的上升而增加，导致滑动摩擦过程摩擦膜难以形成。值得一提的是，在较大的滑动速度下，对偶材料对摩擦材料基体的切削作用不断增加，从而使基体磨损量不断增加，因此能否在较大滑动速度下形成摩擦膜，是摩擦材料能否维持较高动摩擦因数，降低磨损量的关键因素。从浸润性测试结果可知，样品 CFRP－100－2 和 CFRP－100－3 具有较好的润湿性，在滑动摩擦过程中，两个样品中的碳纤维与树脂基体间结合紧密，不易剥离，有利于摩擦膜的形成；而样品 CFRP－0 和 CFRP－100－1 则浸润性较差，呈现比较疏水的状态，样品中碳纤维在滑动过程中容易发生与树脂基体的剥离、拔出，不利于其表面形成摩擦膜，在滑动过程中难以维持较高的摩擦因数。分析各样品动摩擦因数的波动状况可以发现，样品 CFRP－0 和 CFRP－100－1 的动摩擦因数波动较小，其中 CFRP－100－1 表现出最佳的制动稳定性，而样品 CFRP－100－2 和 CFRP－100－3 的动摩擦因数波动较大，这是由于随着孔隙率的下降，润滑油流速降低使材料进入边界磨损从而引起震颤，故其动摩擦因数波动较大。

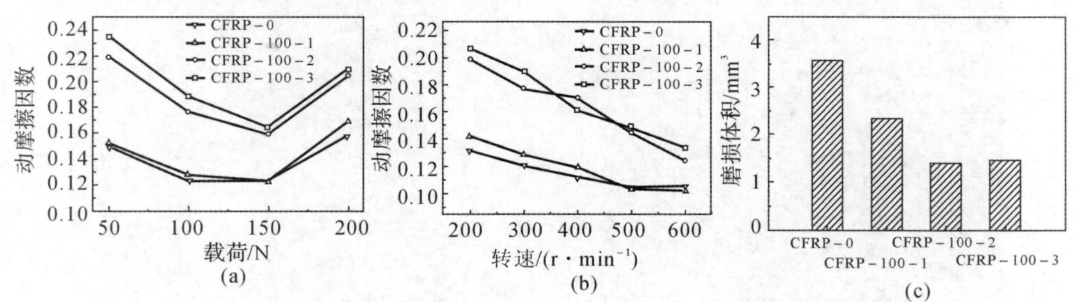

图 7－13　不同水热时间马来酸酐改性碳纤维增强摩擦的材料的摩擦学性能

(a)不同载荷条件下的动摩擦因素；(b)不同转速条件下的动摩擦因素；(c)磨损量

5. 磨损量及磨损后形貌分析

图 7－13(c)所示是不同时间改性碳纤维增强摩擦材料的磨损量，从图中可以看出与样品 CFRP－0 相比，样品 CFRP－100－1，CFRP－100－2，CFRP－100－3 的磨损量大幅度降低，但对比样品 CFRP－100－2，CFRP－100－3 的磨损量可以发现，CFRP－100－3 的磨损量较 CFRP－100－2 有所上升，这种现象与材料表面状态紧密相关。图 7－14 所示是摩擦材料磨损后的表面 SEM 照片，从图 7－14(a)中可以发现，样品 CFRP－0 磨损后表面碳纤维大量断裂，部分碳纤维出现脱黏甚至拨出、断裂的现象，说明未改性碳纤维与树脂基体结合较差。从图 7－14(b)中可以发现，样品 CFRP－100－1 磨损后表面仍旧存在较多的纤维断裂，基体中存在大量孔洞，因而滑动过程中不能形成完整的摩擦膜，难以对基体形成有效保护，使其磨损量相比 CFRP－100－2，CFRP－100－3 较高。样品 CFRP－100－2 的表面已经形成了较为完整的摩擦膜，在结合过程可以有效保护内部基体，所以其纤维拔出、断裂情况极少，摩擦面存在少量孔隙，能够保证润滑油在材料基体中的流动，有利于润滑油膜的形成，这是其具有最佳耐磨损

性能的原因。样品 CFRP-100-3 的表面也具有完整的润滑膜，但仔细观察发现摩擦表面存在大量对偶划痕，部分基体存在烧蚀分解现象。碳纤维经过 3h 改性处理其表面具有非常高的活性，因而其周围可以黏附大量树脂，在热压过程中，基体内部树脂大量溢至材料表面并随之固化，导致材料表面有很厚的树脂层。在滑动摩擦过程中，这层树脂会因摩擦热的积累而不断软化、甚至烧蚀分解，在经过对偶材料的不断切削后，最终形成了图 7-14(d)所示的形貌。

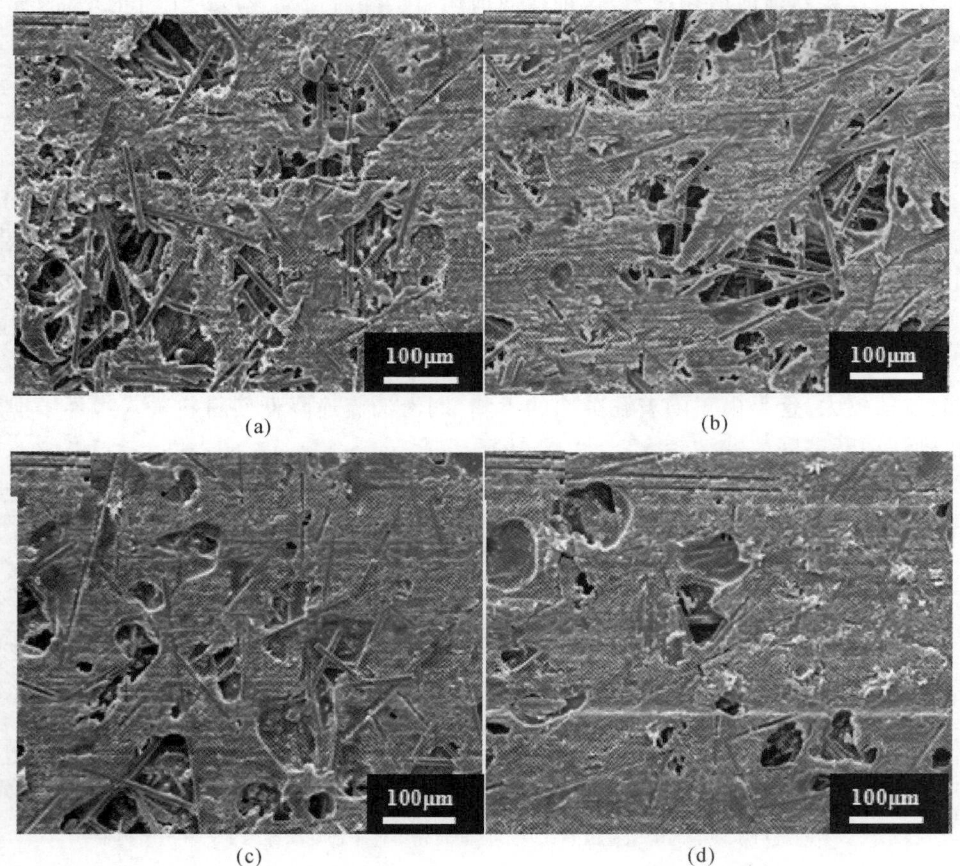

图 7-14　不同水热反应时间马来酸酐改性碳纤维增强摩擦材料磨损后的表面 SEM 照片

(a)CFRP-0；(b)CFRP-100-1；(c)CFRP-100-2；(d)CFRP-100-3

7.3.3　小结

本节通过控制水热双烯合成反应温度和反应时间制备了马来酸酐改性碳纤维，并以其为增强纤维制备了摩擦材料，研究了反应时间和反应温度对改性碳纤维增强摩擦材料的拉伸强度、孔隙率和摩擦磨损性能的影响，主要结论如下：

(1)反应温度和时间的上升有利于提高马来酸酐在碳纤维表面的接枝率，增强纤维表面的润湿性能，有利于其纤维增强摩擦材料摩擦膜的形成。

(2)随着碳纤维水热双烯合成反应温度的上升和时间的增加，其纤维增强复合材料的拉伸强度不断增加，孔隙率逐渐下降，材料表面呈现出紧密、平整、密实的状态。

(3)在反应温度为 100℃条件下,制得的改性碳纤维增强摩擦材料具有优异的耐磨损性能,磨损量仅有 1.39 mm^3,但其摩擦面孔隙分布较少,影响了润滑油膜的形成,易进入边界摩擦状态,导致其抗震颤性能较差。在反应时间为 3 h 条件下,制备的改性碳纤维增强摩擦材料在结合过程中能够维持较高的动摩擦因数,但其基体在滑动摩擦过程中容易受热软化分解,使其耐磨损性能有所下降。

7.4　MnO_2 多尺度改性碳纤维的表面性能

7.4.1　概述

碳纤维增强摩擦材料性能突出,是湿式摩擦材料发展的方向,但碳纤维固有的低活性、润湿性差等缺点,使其难以与树脂基体形成有效物理化学结合,在摩擦磨损过程中容易发生纤维脱黏、拔出和断裂,这是摩擦材料失效的重要原因。从前面的分析中可以看出,通过水热双烯合成工艺将马来酸酐嫁接于碳纤维表面,使碳纤维无损伤活化改性,可有效提高摩擦材料的摩擦磨损性能。这种改性工艺可以实现碳纤维表面二维改性,即沿着纤维径向制备出活性界面层,能够有效提高改性碳纤维与树脂基体间的化学键合,但是对碳纤维与树脂间的物理啮合难以提供有效帮助。

要实现碳纤维与树脂间物理啮合性能的提高,可以通过两种碳纤维改性方法。一种方法为研究较多的纤维表面刻蚀法,其通过刻蚀纤维表面,增加纤维表面粗糙度和表面积,从而实现增强纤维与树脂间物理啮合。但是要实现纤维表面的刻蚀就意味着必须破坏碳纤维基体结构,即对碳纤维皮芯结构中的皮层结构进行处理,以牺牲碳纤维的韧性来增加材料的表面粗糙度。这种工艺有两个弊端:一是反应过程难以控制,这种方法往往会产生深至芯层的裂隙,从而使碳纤维的刚性也出现下降;二是碳纤维韧性的下降会导致材料脆性增强,在使用过程中极易导致纤维受力断裂,这都会对碳纤维在摩擦材料中的应用产生很大的影响。另一种碳纤维改性方法为多尺度纳米颗粒表面包覆法,即将在碳纤维表面包覆一层活性纳米颗粒,从而实现增加碳纤维表面积,提高纤维表面活性的目的。目前研究多尺度改性碳纤维的制备方法主要分为两步:第一步是通过酸液氧化碳纤维,实现碳纤维表面初步活化,为纳米颗粒生长奠定基础;第二步是在碳纤维表面生长纳米氧化物。其中第一步碳纤维表面初步活化的过程还是会对碳纤维产生一定程度损伤,因此研究碳纤维多尺度无损伤改性技术并将其应用在工程材料中仍是一项富有意义的工作。

本节利用水热合成工艺在碳纤维表面生长纳米 MnO_2,并将其应用在摩擦材料中,研究多尺度改性对碳纤维表面形貌、浸润性及其纤维增强复合材料拉伸强度的影响规律。

7.4.2　实验部分

按照实验设计配比称量高锰酸钾,将其置于烧杯中,加入 48 mL 水和 2 mL 浓硫酸,充分搅拌使高锰酸钾溶解后,转入水热反应釜中,加入预先用丙酮溶液浸泡处理的碳纤维并在 150℃下反应 18 h,反应完成后反应釜随炉冷却,待其降至室温后将碳纤维取出,用去离子水反复清洗,最后在烘箱中 60℃干燥 8 h,得到 MnO_2 多尺度改性碳纤维。将未改性碳纤维制备的摩擦材料标记为 S1,将 MnO_2 多尺度改性碳纤维制备的摩擦材料标记为 S2。

7.4.3　MnO_2 多尺度改性碳纤维表面化学状态分析

1. 碳纤维的 XRD 测试分析

图 7-15(a)所示是碳纤维的 XRD 衍射图谱，从图中可以看出，未改性碳纤维表面呈现两个明显的特征峰，分别在 2θ 角为 24.6°和 44.2°处，是碳纤维基体中(002)和(100)晶面衍射特征峰，除此之外，碳纤维表面再没有出现其他特征峰，整条谱线显示出明显的非晶体特征。而 MnO_2 多尺度改性后碳纤维则显示出较高的结晶性，这使得碳纤维中(002)和(100)晶面衍射特征峰强度明显降低，并在 2θ 角为 21.8°附近出现了一个新的特征峰，这是 MnO_2 中(101)晶面的衍射特征峰(JCPDS no. 39-0375)，说明通过水热合成工艺，MnO_2 已经成功嫁接到碳纤维表面。通过谢乐公式计算得出，其晶粒尺寸约为 68 nm。纳米尺度 MnO_2 生长在碳纤维表面可以显著增加碳纤维的表面活性和表面粗糙度，从而实现增强纤维与基体间物理化学结合的目标。

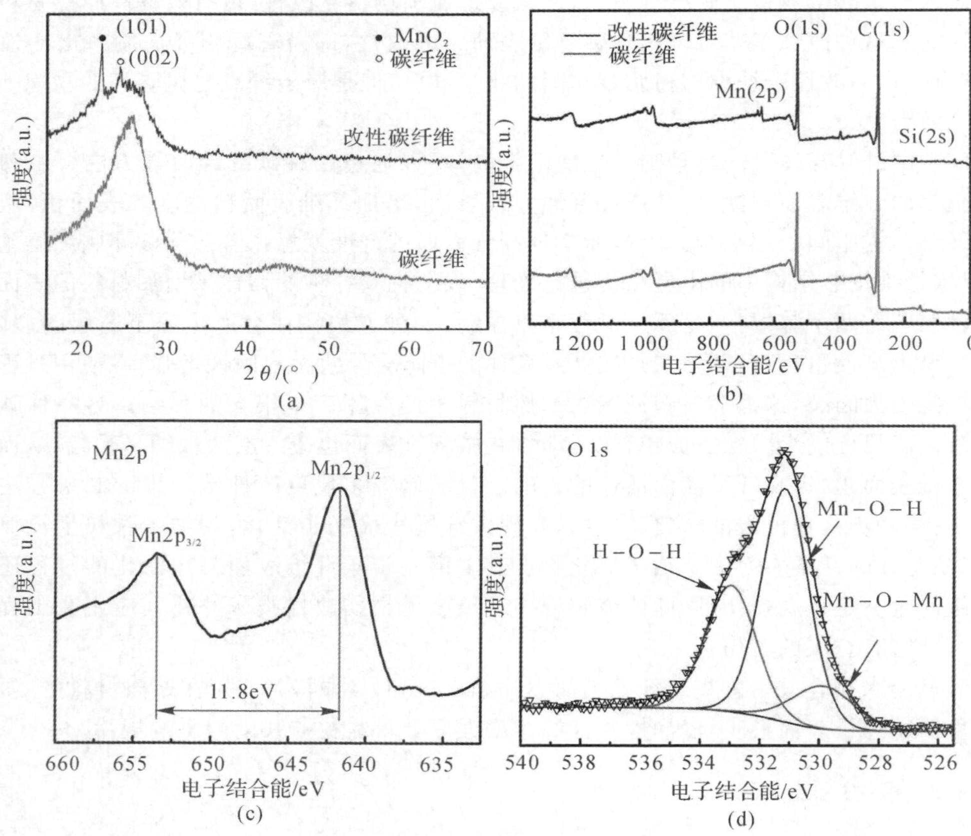

图 7-15　碳纤维表面化学状态的表征

(a)MnO_2 多尺度改性前、后碳纤维的 XRD 衍射图谱；(b)全图谱；(c)Mn 2p 谱图；(d)O 1s 谱图

2. 碳纤维的 XPS 测试

为了进一步确认碳纤维表面元素状态，进行了 XPS 测试，其相应结果如图 7-15(b)～(d)

所示。从图7-15(a)所示的全谱图中可以看到改性前碳纤维表面有较强的C,O,Si元素的信号,而MnO_2多尺度改性碳纤维则在645 eV处出现了较强烈的Mn元素信号,同时O元素峰强度出现上升,说明改性后碳纤维表面出现了Mn元素的氧化物。为了进一步确认Mn元素在碳纤维表面的结合状态,对Mn 2p和O 1s能级特征峰分别进行了分析,其结果如图7-15(b)(c)所示。从图7-15(b)中可以发现Mn $2p_{3/2}$和Mn $2p_{1/2}$的结合能相差11.8eV,这与报道中MnO_2的结果一致。此外,在647eV处没有出现特征峰,说明样品中没有$KMnO_4$残留,结合XRD测试结果,说明在碳纤维表面生长的为纯相MnO_2。图7-15(c)所示是碳纤维表面O1s谱图,通过分峰拟合可以将其分为三个组成部分,分别是结合能为529.7eV的Mn—O—Mn键,结合能为531.1 eV的Mn—OH键和结合能为532.5 eV的H—O—H键。基于三个峰的面积可以计算出Mn与O的原子比为1∶1.83。这一结果非常接近MnO_2中的锰氧原子比。

3. SEM测试

图7-16所示是多尺度改性前、后碳纤维表面的SEM照片。从图7-16(a)中可以看出,未改性碳纤维直径约为6 μm,其表面十分光滑,没有沟壑;而经过MnO_2多尺度改性的碳纤维(见图7-16(b))表面出现大量棒状MnO_2,极大地增加了碳纤维的表面积和表面活性,这种棒状MnO_2垂直于生长方向直径约为60 nm,这与谢乐公式的计算结果是一致的。值得注意的是经过MnO_2多尺度改性后碳纤维表面没有出现明显的损伤,基体基本保持完好,保护了碳纤维优异的力学性能,使其更适于用在摩擦材料中。

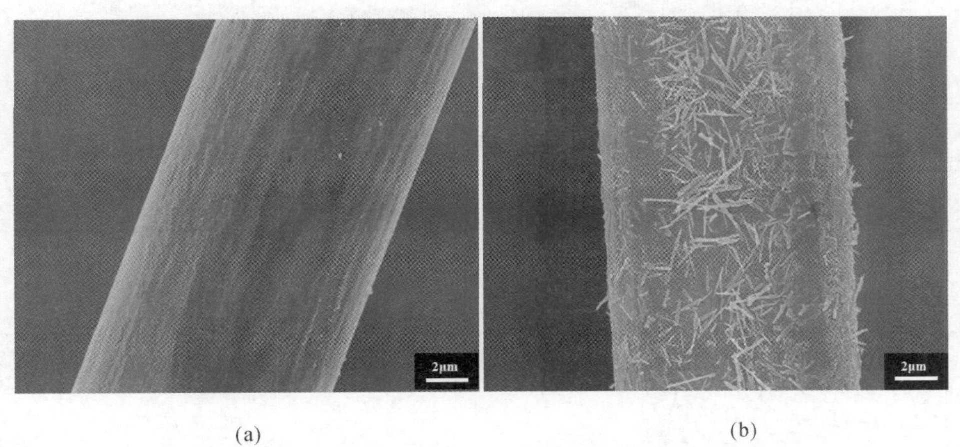

(a)　　(b)

图7-16　MnO_2多尺度改性前后碳纤维的SEM照片

(a)未改性碳纤维；(b)多尺度改性碳纤维

4. 润湿性和摩擦材料层间剪切强度测试

图7-17所示是碳纤维的静态接触角测试结果。从图7-17(a)中可以发现,未改性碳纤维的接触角约为120°,显示出极差的水浸润性,以其为增强纤维制备的摩擦材料,必然存在碳纤维与树脂基体结合不紧密的问题,对摩擦材料的摩擦磨损性能产生极大的影响。而观察图7-17(b)所示多尺度改性后碳纤维的静态接触角测试结果可以发现,滴下的水珠已经完全消

失，显示出碳纤维与水极佳的润湿性，说明碳纤维经过棒状 MnO_2 多尺度改性后表面活性得到了极大地提高。通过层间剪切强度能对基体中各组分的结合状态进行比较准确的评估，表 7－7 给出的是摩擦材料的层间剪切强度测试结果。从表中可以发现，改性前样品 S1 的层间剪切强度为 1.46 MPa，而改性后样品 S2 的层间剪切强度上升至 2.08 MPa，增加大约 30%。未经改性的碳纤维与树脂基体间仅能维持较弱的范德华力，导致纤维与树脂基体间不能有效结合，因而样品 S1 仅能维持较低的层间剪切强度；经过多尺度改性的碳纤维则具有较大的表面积和较高的表面活性，在摩擦材料成型过程中可以与树脂基体产生物理啮合和化学键合，有效避免受力过程中纤维的拔出、断裂，使其具有较高的层间剪切强度。

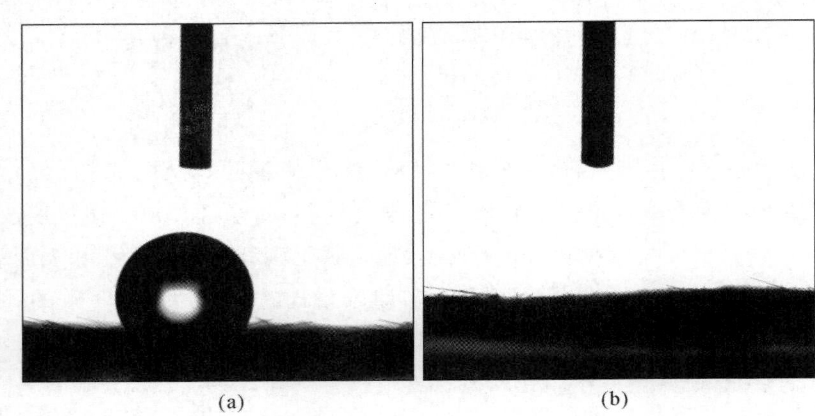

(a)　　(b)

图 7－17　MnO_2 改性前、后碳纤维的静态接触角

(a)未改性碳纤维；（b)多尺度改性碳纤维

表 7－7　MnO_2 多尺度改性前、后碳纤维增强摩擦材料的层间剪切强度

样品	层间剪切强度/MPa
S1	1.46±0.05
S2	2.08±0.03

7.4.4　小结

本节通过水热合成工艺制备了 MnO_2 多尺度改性碳纤维，并以其为增强纤维制备了摩擦材料，研究了改性工艺对碳纤维表面活性、表面结构、润湿性及其纤维增强摩擦材料层间剪切强度的影响，主要结论如下：

(1)通过水热合成工艺可以实现纯相 MnO_2 在碳纤维表面的浓密生长，整个工艺过程对碳纤维基体没有损伤。

(2)使用 MnO_2 对碳纤维进行多尺度改性可以极大地提高碳纤维的表面活性和润湿性，提高纤维与树脂间的物理啮合和化学键合，其中改性碳纤维增强摩擦材料层间剪切强度相比未改性样品上升了 30%。

7.5　MnO_2 改性碳纤维增强湿式摩擦材料的摩擦学性能研究

7.5.1　概述

MnO_2 具有较高的化学活性，将其应用于摩擦材料中可以显著增强各组分间的界面结合，提高摩擦材料的耐磨损性能；另外，MnO_2 又具有一定的硬度，对提高摩擦材料的动摩擦因数也很有帮助。目前工业中多采用在碳纤维表面上浆即在碳纤维表面制备有机物涂层的方法来改善碳纤维惰性，但这种方式只能实现碳纤维与树脂基体间化学键合强度的提高，对于增强界面间物理啮合帮助不大。基于此，如果能将 MnO_2 制备于碳纤维表面，实现碳纤维多尺度改性，对于提高碳纤维增强摩擦材料的摩擦学性能是很有意义的。

本节以高锰酸钾为前躯体，通过水热法制备 MnO_2 多尺度改性碳纤维并将其应用在摩擦材料中，研究水热反应温度和时间对 MnO_2 在碳纤维表面生长及其纤维增强摩擦材料摩擦磨损性能的影响规律。其具体温度、时间参数见表 7－8。标记原始碳纤维为 CF－0。按照使用碳纤维的不同将制备的摩擦材料分别标记为 CFRP－0，CFRP－120－18，CFRP－150－18，CFRP－180－18，CFRP－150－12，CFRP－150－24。

表 7－8　MnO_2 改性碳纤维的工艺参数

样品编号	CF－120－18	CF－150－18	CF－180－18	CF－150－12	CF－150－24
反应温度/℃	120	150	180	150	150
反应时间/h	18	18	18	12	24

7.5.2　水热反应温度的影响

1. SEM 及 XRD 测试

图 7－18 所示是碳纤维表面 SEM 照片，从图 7－18(a)中可以发现样品 CF－0 表面十分光洁，没有沟壑和外延生长物，与树脂基体仅能维持微弱结合。从图 7－18(b)中可以看到样品 CF－120－18 经过 120℃水热改性，碳纤维表面已经长出了少量棒状 MnO_2。当反应温度上升至 150℃时，样品 CF－150－18 表面已经长出了浓密的棒状 MnO_2，相比于样品 CF－120－18，这些 MnO_2 的尺寸有了较大的增长。观察样品 CF－180－18 的表面形貌可以发现，碳纤维表面并没有形成棒状 MnO_2，而是均匀分布有大量颗粒状 MnO_2，与样品 CF－150－18 中棒状 MnO_2 相比，这些颗粒状 MnO_2 覆盖的纤维面积明显较小，导致碳纤维表面积仅有少量增加。由于 MnO_2 具有多种晶型，为了对各样品的晶体性质进行确认，进行了 XRD 测试。图7－19 所示是反应液中沉淀物的 XRD 图谱，从图中可以看出样品 CF－120－18 与样品 CF－150－18 反应液沉淀物都为 $\alpha-MnO_2$，而样品 CF－180－18 反应液沉淀物为 $\beta-MnO_2$，说明随着反应温度的升高，MnO_2 的晶型发生了转变，其物理形貌也从棒状转化为颗粒状。

图 7-18　不同水热反应温度 MnO_2 改性碳纤维表面的 SEM 照片

(a)CF-0；(b)CF-120-18；(c)CF-150-18；(d)CF-180-18

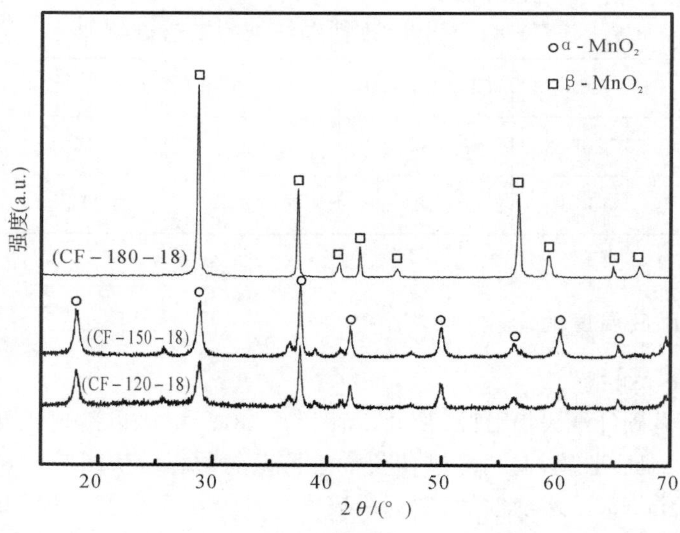

图 7-19　反应液中沉淀物的 XRD 衍射图谱

2. *磨前表面形貌*

图 7-20 所示是不同水热反应温度制备的改性碳纤维增强摩擦材料表面 SEM 照片。从图中可以发现，样品 CFRP-0 表面较为疏松，碳纤维均匀地分布在基体中，构成了摩擦材料的骨架结构，但由于其未经过表面改性处理，树脂基体很难与碳纤维形成良好结合，存在大量不规则孔隙，当材料受力时，这些孔隙会成为材料内部缺陷，增加摩擦材料失效的可能性。观察样品 CFRP-120-18 的表面形貌可以发现，基体中孔隙的尺寸有所下降，材料基体显得较为致密。样品 CFRP-150-18 的表面形貌则显示出与前两个样品较大的差异——材料基体十分平坦、密

实，仅有少量小孔隙分布其间，为润滑油的流动提供便利。这种形貌的形成是因为碳纤维经过 MnO_2 多尺度改性处理后，其表面积、表面粗糙度和活性都有了较大程度的提高，能够与树脂基体间形成良好的物理化学结合。观察样品 CFRP－180－18 的表面形貌可以发现材料中碳纤维与树脂基体间可以维持较强结合，能够形成一定大小的密实表面，有利于提高材料的摩擦学性能。但与样品 CFRP－150－18 相比，其表面紧密程度有所降低，裸露碳纤维数量有所增加，孔隙变得大小不一，这与增强纤维的结构特征有紧密联系。相比于碳纤维 CFRP－180－18 表面具有颗粒状 MnO_2，碳纤维 CFRP－150－18 表面具有大量棒状 MnO_2，能够为碳纤维增加更多表面积和粗糙度，因此其与树脂基体的结合更为紧密，从而对材料表面形貌产生了较大影响。

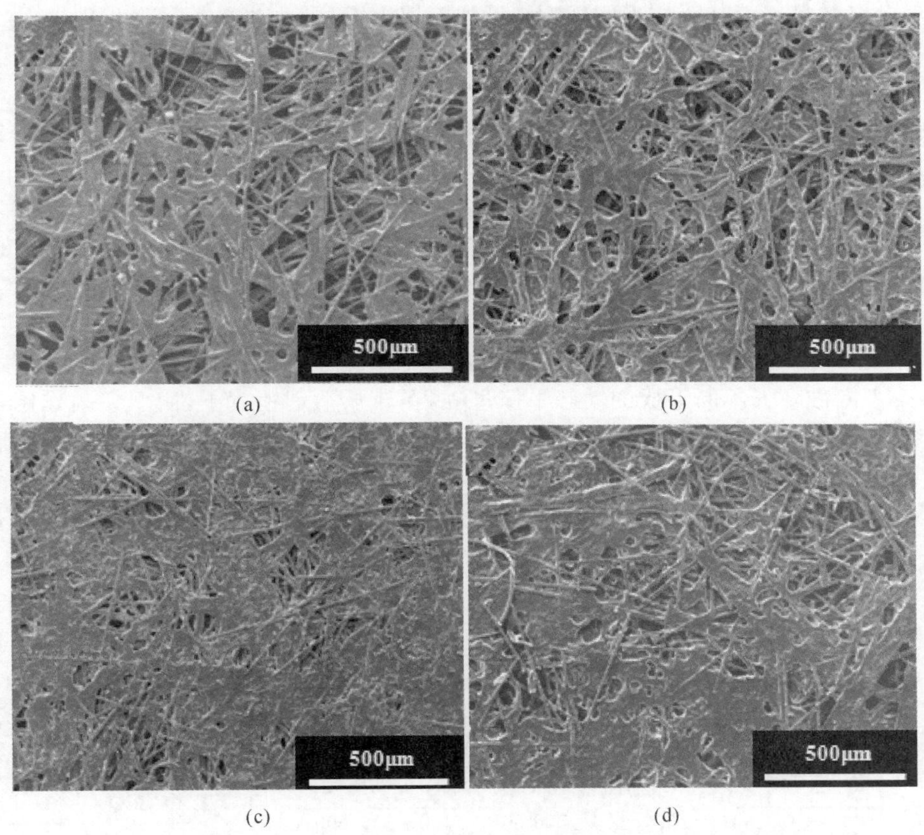

图 7－20　不同水热反应温度 MnO_2 改性碳纤维增强摩擦材料表面的 SEM 照片

(a)CF－0；　(b)CF－120－18；　(c)CF－150－18；　(d)CF－180－18

3. 压力稳定性

图 7－21(a)所示是不同水热反应温度制备的 MnO_2 多尺度改性碳纤维增强摩擦材料的压力稳定性。从图中可以发现，样品 CFRP－0 的动摩擦因数最低，随着反应温度的增加，样品 CFRP－120－18，CFRP－150－18 和 CFRP－180－18 的动摩擦因数呈现上升趋势。这是由摩擦材料表面状态决定的，样品 CFRP－0 表面较为疏松，材料中碳纤维与树脂基体结合差，在滑动摩擦过程中受到较大横向剪切应力时不能及时传导应力，造成摩擦材料基体极易损伤，不容易形成摩擦膜，难以维持较高的动摩擦因数。随着反应温度的升高，MnO_2 的生长使碳纤维表面活性和表面积不断增加，从而使碳纤维与树脂基体的结合越来越紧密，在滑动摩擦过程中树脂基体所承受的载荷能够通过碳纤维及时传导出去，保护了摩擦材料基体，其较为平坦致密的

摩擦表面也使其更易形成良好的摩擦膜，保证了其动摩擦因数能够维持在较高水平。从图中还可以发现当滑动载荷从 50 N 升高至 150 N 时，各样品的动摩擦因数都呈现下降的趋势，这是由于在摩擦接触过程从较低载荷的粗糙峰接触逐渐升高至紧密接触阶段，真实接触面积不断增加导致的。当载荷上升至 200N 时，各样品的动摩擦因数都出现了不同程度的上升，这是因为在 150N 下已经实现摩擦材料与对偶材料的紧密结合，真实接触面积已不再升高，当载荷进一步提升时，就会使摩擦材料的动摩擦因数不断上升。观察发现样品 CFRP－150－18 的动摩擦因数比样品 CFRP－180－18 的低，但是从图 7－20 得知其表面更为紧密、平整，也具有较少的孔隙。这是因为相比于样品 CFRP－150－18，样品 CFRP－180－18 中具有更多裸露的碳纤维，在滑动摩擦过程中其会充当硬质颗粒增加摩擦力矩，导致动摩擦因数上升。

4. 滑速稳定性

图 7－21(b)所示是不同水热反应温度改性碳纤维增强摩擦材料的滑速稳定性。从图中可以看出，在不同滑动速度下，样品 CFRP－0 的动摩擦因数都较低，而样品 CFRP－120－18，CFRP－150－18 和 CFRP－180－18 的动摩擦因数则随着水热反应温度的提高不断上升，这是由于改性后样品具有更为密实的基体，有利于形成摩擦膜，保证了摩擦过程能够维持较高的摩擦因数。随着滑速的提高，各样品的摩擦因数都呈现下降的趋势，这是由于高滑动速度会产生较大的横向剪切力，从而增加对摩擦材料的切削作用，使摩擦膜难以形成和维持，最终影响了材料的动摩擦因数。观察摩擦因数变化趋势可以发现，样品 CFRP－120－18，CFRP－150－18 和 CFRP－180－18 的动摩擦因数随着滑动速度的提高逐渐趋向一致，这是因为摩擦膜的形成过程是一个不断破坏又不断形成的动态平衡过程，在较低滑动速度下，由于切削作用较弱，摩擦膜倾向于逐渐形成、完善，而当转速不断提高，滑动切削作用越来越明显，摩擦膜逐渐倾向于破损，当滑动速度达到一定值时，这两种作用就会达到平衡。对于改性后纤维增强样品，由于其表面形貌较为类似，其平衡点仅有较小差异，因此摩擦因数变化最终趋向一致。从图中还可以发现样品 CFRP－120－18 的动摩擦因数变化较小，仅有 0.03，显示了最佳的制动稳定性。

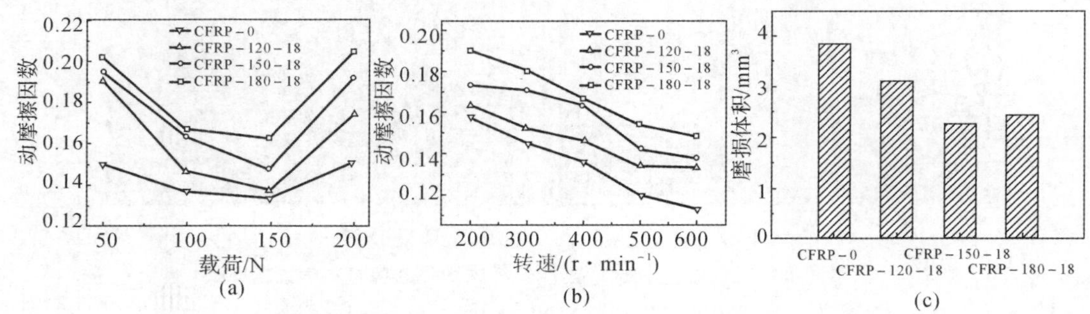

图 7－21　不同水热反应温度 MnO_2 改性碳纤维增强摩擦材料的摩擦学性能

(a)不同载荷条件下的动摩擦因数；(b)不同转速条件下的动摩擦因数；(c)磨损量

5. 磨损量及磨损后形貌

图 7－21(c)所示是不同温度改性碳纤维增强摩擦材料的磨损量。从图中可以发现，改性前样品 CFRP－0 的磨损量较大，达到 3.89 mm^3，而样品 CFRP－120－18 的磨损量与样品 CFRP－0 相比，出现了明显的下降趋势，为 3.14 mm^3，说明经过 120℃ 水热反应，碳纤维与树脂基体间的结合已经得到了一定程度的改善。样品 CFRP－150－18 的磨损量为四个样品中的最低，仅有 2.26 mm^3，显示了良好的耐磨损性能，而样品 CFRP－180－18 的磨损量又出现了一定程度的上升，这种现象的出现必然与其摩擦界面的状态有密切联系。

图 7-22 所示是不同反应温度改性碳纤维增强摩擦材料磨损后表面 SEM 照片。从样品 CFRP-0 的表面形貌可以看出经过长时间的滑动摩擦，样品表面碳纤维大量断裂、拔出，基体严重破损，已经不能实现对载荷有效传递；内部存在较大孔隙，说明材料基体在受到较大横向剪切力时可能会分离，整个材料表面没有形成完整的摩擦膜，因此在制动过程中难以保持较高为动摩擦因数。样品 CFRP-120-18 的表面形貌较样品 CFRP-0 已有较大改善，出现了小面积的摩擦膜，碳纤维断裂、拔出现象也有所下降，基体中各组分能够维持一定程度的紧密结合，碳纤维均匀地分布其间，能够对载荷形成有效传递，使摩擦材料能够承载更多载荷，其耐磨损性能较样品 CFRP-0 有所提高。在样品 CFRP-150-18 表面已经观察不到碳纤维的断裂情况，仅有小部分表层碳纤维因摩擦切削作用被整根拔出，形成了较为光滑平整的摩擦面，显示出碳纤维与树脂基体极佳的界面结合，能够有效传递结合过程中的载荷；基体中有一定数量的微小孔隙，是润滑油流动通道，保证润滑油膜能够在摩擦面内不断流动，及时带走摩擦过程产生的摩擦热量，保护树脂基体不受热分解。样品 CFRP-180-18 的表面形貌也有平坦、完整的摩擦膜形成，但摩擦膜中存在较大孔隙，这使材料表面被分割成了几个小块，表面碳纤维有一定程度的拔出、断裂现象，部分碳纤维还有翘起，这些翘起的碳纤维在制动过程中增加了摩擦力矩，降低了摩擦接触面积，从而使样品 CFRP-180-18 的动摩擦因数进一步上升，与样品 CFRP-120-18 相比其具有更为优异的表面性能，因而其耐磨损性比样品 CFRP-120-18 有所提高。但与样品 CFRP-150-18 相比，样品 CFRP-180-18 的表面缺陷明显增多，这是由于样品 CFRP-180-18 中改性碳纤维 CF-180-18 表面积较 CF-150-18 有所降低导致纤维与树脂间物理啮合性能下降，最终影响了样品 CFRP-180-18 的耐磨损性能。

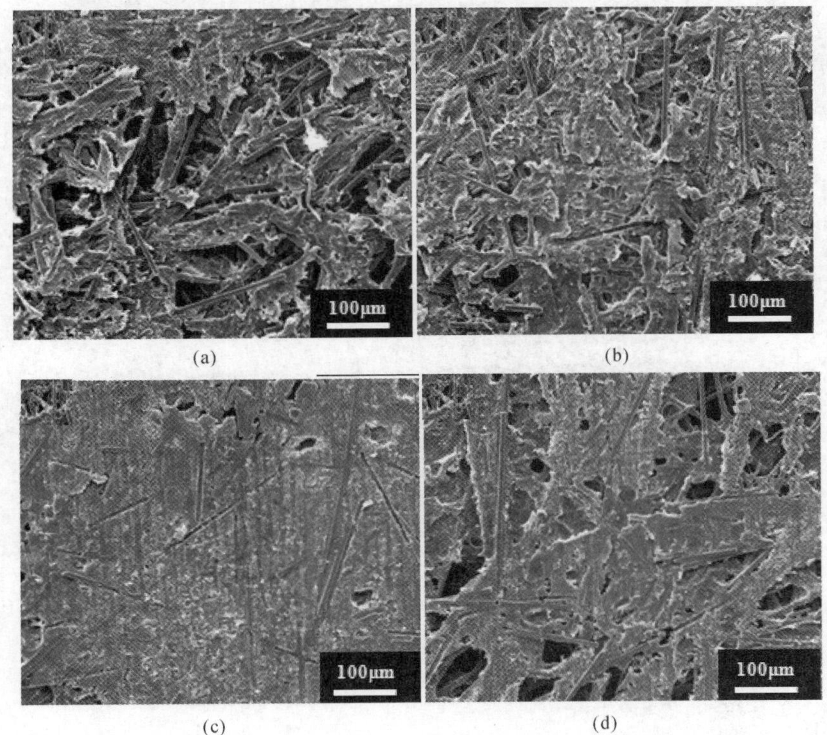

图 7-22　不同水热反应温度 MnO_2 改性碳纤维增强摩擦材料磨损后表面的 SEM 照片

(a)CF-0；(b)CF-120-18；(c)CF-150-18；(d)CF-180-18

7.5.3 水热反应时间的影响

1. SEM 测试

图 7－23 所示是碳纤维表面 SEM 照片，从图中可以发现样品 CF－0 表面呈现光滑、洁净的状态，没有任何外延生长物，这是碳纤维化学惰性高的体现。而样品 CF－150－12 表面已经出现了少量棒状 MnO_2，但其尺寸较小，在碳纤维表面分布也不均匀。观察样品 CF－150－18 表面发现，随着反应时间增加至 18h，碳纤维表面棒状 MnO_2 的数量已经明显增多，能够对碳纤维表面进行较为浓密的覆盖，有效增加了碳纤维的表面活性和表面粗糙度，有利于提高其与树脂基体间的物理化学结合。图 7－23(d)所示是样品 CF－150－24 的表面形貌照片，从图中可以看出当反应时间增加至 24 h 时，碳纤维表面棒状 MnO_2 的数量大量增加，已经完全覆盖了碳纤维表面，形成了浓密的 MnO_2 层。与此同时，MnO_2 棒状结构极大地增加了碳纤维的表面积和表面粗糙度，有利于增强树脂与碳纤维基体间的物理化学结合。

图 7－23 不同水热反应时间 MnO_2 改性碳纤维表面的 SEM 照片

(a)CF－0； (b)CF－150－12； (c)CF－150－18； (d)CF－150－24

2. 磨前表面形貌

图 7－24 所示是不同水热反应时间改性碳纤维增强摩擦材料表面 SEM 照片，从图中可以发现，样品 CFRP－0 的表面存在大量孔隙，碳纤维纵横交错地分布在树脂基体中，但表层碳纤

维大量裸露，显示了与树脂基体较差的界面结合，这一现象会对摩擦材料产生两方面的重要影响。一方面碳纤维与树脂基体没有良好结合，使基体内部存在大量孔洞，摩擦过程中极易造成基体受力压溃，从而引发失效。另一方面裸露的碳纤维极易破损，其大量碳纤维磨屑会引起磨粒磨损，加大材料的磨损量。样品 CFRP－150－12 中碳纤维经过 12h 水热改性，其表面活性与粗糙度已经得到提高，因此与树脂基体结合较为紧密，与样品 CFRP－0 相比，其表面孔隙和裸露碳纤维数量大为减少。观察样品 CFRP－150－18 的表面形貌发现碳纤维已经与树脂形成了紧密的结合，仅有少量碳纤维裸露在外，摩擦材料表面十分平整、密实，仅能观察到少量 100 μm 以上孔隙，取而代之的是数量众多的 50 μm 左右的小型孔隙。样品 CFRP－150－24 的表面裸露碳纤维和孔隙数量进一步减少，整个表面已经成为一体，滑动摩擦过程中可以有效传递载荷，有利于摩擦膜的形成，实现摩擦材料摩擦磨损性能的提高。

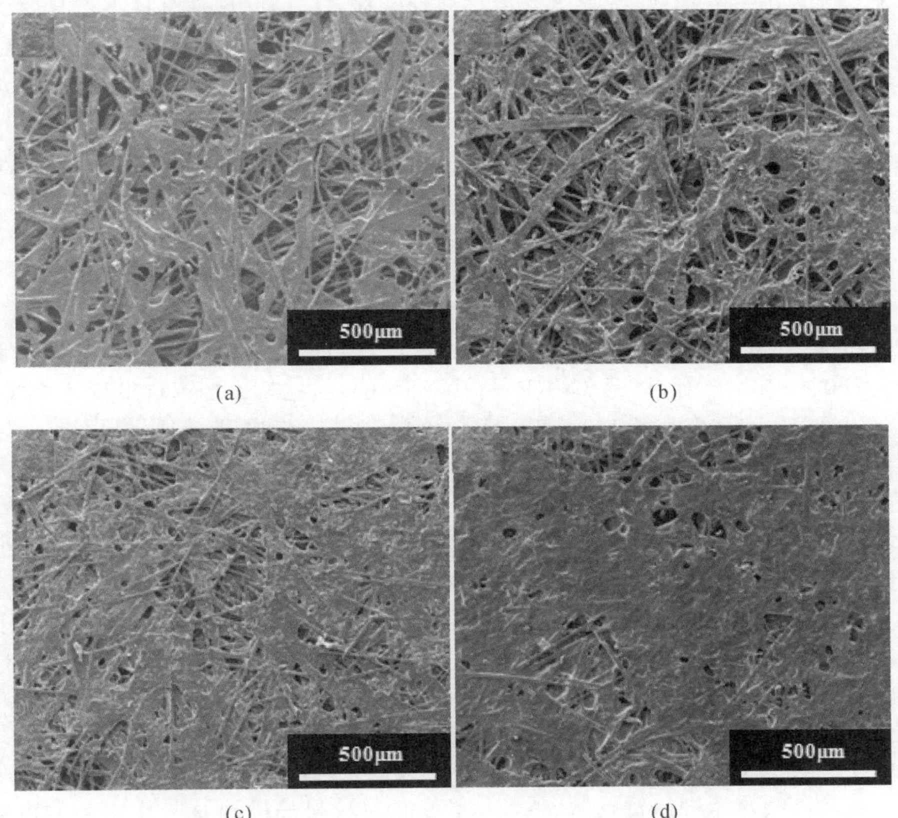

(a)　(b)　(c)　(d)

图 7－24　不同水热反应时间 MnO_2 改性碳纤维增强摩擦材料表面的 SEM 照片

(a)CF－0；　(b)CF－150－12；　(c)CF－150－18；　(d)CF－150－24

3. 压力稳定性

图 7－25(a)所示是不同水热反应时间改性碳纤维增强摩擦材料的压力稳定性。从图中可以发现当载荷为 50 N 时，样品 CFRP－0 的动摩擦因数最低，而样品 CFRP－150－24 的动摩擦因数最高，且各样品间动摩擦因数差距较大，这是由低载荷下摩擦材料的摩擦接触状态决定的。由于载荷较低，很难实现对偶材料与摩擦材料间紧密结合，此时的摩擦接触状态主要为流体动压接触和粗糙峰接触，这种点对点的接触使摩擦膜的形成较为缓慢，因此初始摩擦面较为平整、密实的材料就具有较高的动摩擦因数。当载荷从 50 N 上升至 100 N 时，可以发现样

品的动摩擦因数出现新的变化，样品 CFRP－0 和样品 CFRP－150－12 的动摩擦因数在下降过程中逐渐趋于一致，类似的情况也发生在样品 CFRP－150－18 和样品 CFRP－150－24 中。这是由于随着载荷的提高，材料逐渐从粗糙峰接触转化为紧密接触，这一过程使表面性质更为接近的样品具有较为接近的动摩擦因数。当载荷进一步上升至 150 N 时，各样品的动摩擦因数继续保持下降趋势，但分析下降幅度可以发现，样品 CFRP－0 和样品 CFRP－150－12 的动摩擦因数降幅较大，而样品 CFRP－150－18 和样品 CFRP－150－24 则仅出现略微下降。由于样品 CFRP－0 和样品 CFRP－150－12 基体中存在大量孔隙，当载荷逐渐上升至 150 N 时，基体已出现破损现象，导致过早进入紧密接触阶段，摩擦因数难以出现大幅度变化。对于样品 CFRP－150－18 和样品 CFRP－150－24，由于其内部孔隙较小，受力时能够起到很好的压缩回弹作用，使摩擦材料的动摩擦因数波动较大。当载荷进一步上升至 200 N 时，样品的动摩擦因数都出现不同程度上升现象，这是由紧密接触阶段真实接触面积不再提高引起的。

4. 滑动速度稳定性

图 7－25(b)所示是不同水热反应时间改性碳纤增强摩擦材料的滑速稳定性。从图中可以看出随着滑动速度的提高，样品的动摩擦因数不断降低，这是由于滑速的提高会产生较大的横向剪切应力，增加对材料表面的切削作用，这会对摩擦膜会产生较大影响从而使材料难以维持较高摩擦因数。分析可以发现当电机转速从 200 $r \cdot min^{-1}$ 上升至 400 $r \cdot min^{-1}$ 时，样品 CFRP－150－18 的动摩擦因数降幅最小，这是因为其磨损前表面较为致密、平整，能够在较低滑动速度中快速形成摩擦膜，有利于维持较高的动摩擦因数；另外，样品 CFRP－150－18 表面存在少量裸露碳纤维，在滑速逐渐增加的过程中容易发生纤维断裂与拔出，形成摩擦界面的缺陷位点，增加摩擦力矩，降低真实接触面积，从而造成材料摩擦因数降幅较小。当电机转速进一步上升至 500 $r \cdot min^{-1}$ 时，样品 CFRP－150－18 的动摩擦因数降幅出现大幅度增加，从 0.163下降至0.141，下降了 0.021。这是由于随着滑速进一步提升，切削作用进一步增强，摩擦面中充当缺陷的碳纤维逐渐被磨平并转移出摩擦界面，从而使真实摩擦面积出现小幅度突增，造成动摩擦因数大幅度下降。观察样品 CFRP－0 和样品 CFRP－150－12 的动摩擦因数变化可以发现，在转速从 200 $r \cdot min^{-1}$ 上升至 300 $r \cdot min^{-1}$ 阶段，两种样品的动摩擦因数趋于一点，而当转速从 300 $r \cdot min^{-1}$ 上升至 600 $r \cdot min^{-1}$ 阶段，两种样品的动摩擦因数变化又逐渐出现分歧。这是因为在低滑速下，样品的初始摩擦界面对动摩擦因数的影响较大，因此较为相似的材料表面使两种样品的动摩擦因数趋于一致。当滑速逐渐升高时，由于切削作用的增强，样品中增强纤维与树脂间的界面结合对摩擦膜的维持越来越重要，因此增强纤维与树脂结合更好的样品 CFRP－150－12 具有较高的动摩擦因数。

5. 磨损量及磨损后形貌

图 7－25(c)所示是不同时间改性碳纤维增强摩擦材料的磨损量。从图中可以发现样品 CFRP－0 磨损量最大，这是由其各组分间较差的界面结合引起的。碳纤维经过水热改性，其纤维增强摩擦材料的磨损量逐渐降低，从 3.59 mm^3 下降至 1.74 mm^3，说明改性碳纤维的加入对提高其纤维增强摩擦材料的耐磨损性能很有帮助。样品耐磨损性能的提高与样品表面结构特征密不可分。图 7－26 所示是不同反应时间样品磨损后表面 SEM 照片。从图中可以发现，未改性样品 CFRP－0 磨损后形貌中存在大量孔洞，将摩擦材料基体分为数个小块，材料表面碳纤维大量断裂和拔出，没有形成完整的摩擦膜，因此难以维持较高的摩擦因数。样品 CFRP－150－12 的表面则形成了一定程度的摩擦膜，这是由碳纤维较高的活性和表面粗糙度引起的。但在材料基体中也可以发现大量孔隙和断裂纤维，在滑动过程中孔隙结构极易坍塌从而引起基体破损，破坏润滑膜的完整性，断裂纤维也会增加硬质磨屑从而引起磨粒磨损，造

成材料磨损量增加。图 7-26(c)所示是样品 CFRP-150-18 磨损后的形貌，从图中可以发现其表面具有较为完整的摩擦膜，仅有少量孔隙分布其中，能够为润滑油膜的形成起到帮助。材料基体中仅有少量碳纤维磨平拔出的现象，这种特点使其能够维持较低的磨损量。但也可以发现其表面有很多划痕，这是其磨损量较样品 CFRP-150-24 有所上升的原因。样品 CFRP-150-24 表面十分致密，体现出碳纤维与树脂基体间良好的结合，表面孔隙分布均匀，几乎看不到纤维拔出断裂的现象，这种紧密的结构使对偶材料的切削作用对摩擦膜的影响进一步降低，有利于维持摩擦膜的完整性，因而其具有最佳的耐磨损性能。

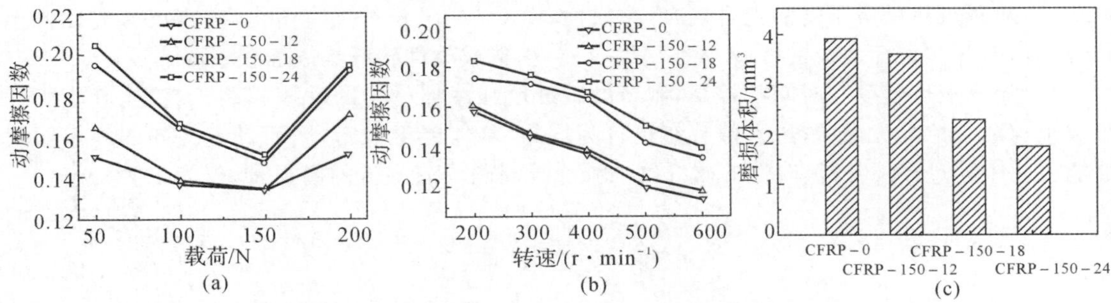

图 7-25　不同水热反应时间 MnO_2 改性碳纤维增强摩擦材料的摩擦学性能

(a)不同载荷条件下的动摩擦因数；(b)不同转速条件下的动摩擦因数；(c)磨损量

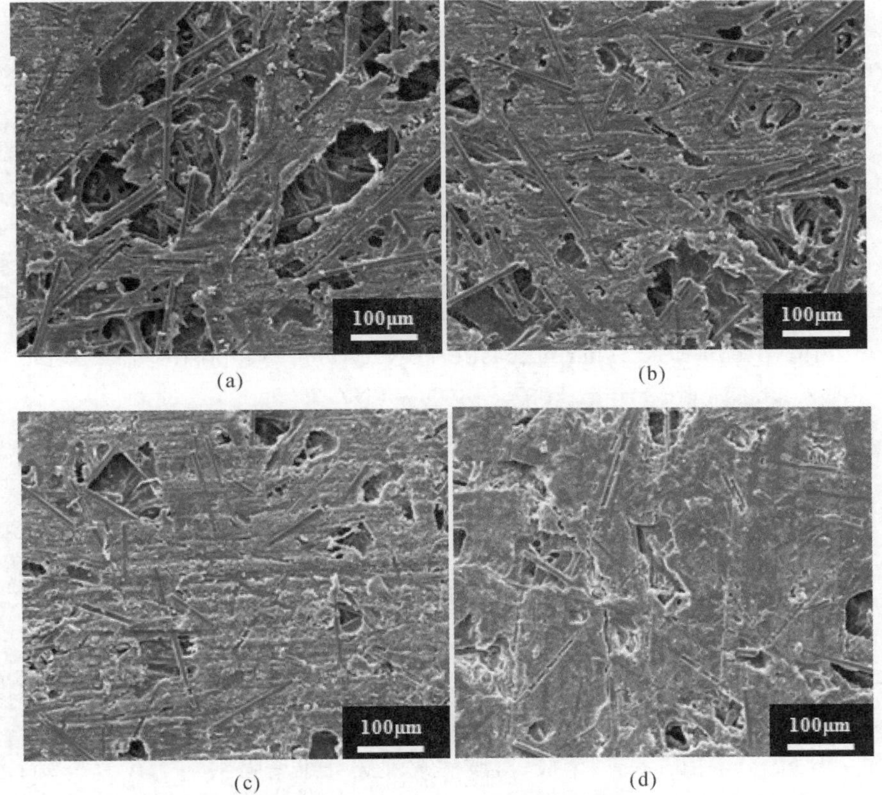

图 7-26　不同水热反应时间 MnO_2 改性碳纤维增强摩擦材料磨损后表面的 SEM 照片

(a)CF-0；(b)CF-150-12；(c)CF-150-18；(d)CF-150-24

7.5.4 小结

本节通过控制水热反应温度和时间制备了 MnO_2 多尺度改性碳纤维，并以其为增强纤维制备了摩擦材料，研究了反应时间和反应温度对碳纤维表面形貌及其纤维增强摩擦材料摩擦磨损性能的影响，主要结论如下：

(1)反应温度和反应时间的上升有利于使 MnO_2 更浓密地生长在碳纤维表面，增强碳纤维的表面活性、表面积和表面粗糙度，有利于提高纤维与树脂基体间的物理化学结合。

(2)随着水热反应温度的上升，碳纤维表面 MnO_2 的生长浓度有所提高，当反应温度升至180℃时，碳纤维表面生成的 MnO_2 晶型发生转变，造成改性碳纤维表面积下降。

(3)随着水热温度和时间的提高，制备的碳纤增强摩擦材料的摩擦膜趋于完整，其表面纤维拔出与断裂情况大为减少，孔隙分布也较为均匀，基体趋于致密，因而具有优异的摩擦磨损性能。其中经过 24 h 水热改性的碳纤维增强摩擦材料具有最低的磨损量，仅为 1.74 mm^3。

参考文献

[1] 刘杰，白艳霞，田宇黎，等. 电化学表面处理对碳纤维结构及性能的影响[J]. 复合材料学报，2012，29(2):16-25.

[2] 郭云霞，刘杰，梁节英. 电化学改性对 PAN 基碳纤维表面状态的影响[J]. 复合材料学报，2005，22(3):49-54.

[3] Chen S，Zeng H. Improvement of the Reduction Capacity of Activated Carbon Fiber [J]. Carbon，2003，41(6):1265-1271.

[4] 杨长城，俞娟，王晓东，等. 不同方法表面改性碳纤维增强热塑性聚酰亚胺复合材料的摩擦磨损性能[J]. 机械工程材料，2012(1):90-93.

[5] 袁华，王成国，卢文博，等. PAN 基碳纤维表面液相氧化改性研究[J]. 航空材料学报，2012，32(2):65-68.

[6] J Li，F F Sun. The Effect of Nitric Acid Oxidization Treatment on the Interface of Carbon Fiber-Reinforced Thermoplastic Polystyrene Composite[J]. Polymer-Plastics Technology and Engineering，2009，48(7):711-715.

[7] Sharma M，Gao S，Mäder E，et al. Carbon fiber surfaces and composite interphases [J]. Composites Science & Technology，2014，102(4):35 - 50.

[8] 夏丽刚，李爱菊，阴强，等. 碳纤维表面处理及其对碳纤维/树脂界面影响的研究[J]. 材料导报，2006，20(s1):254-257.

[9] Dilsiz N，Erinc N K，Bayramli E，et al. Surface energy and mechanical properties of plasma-modified carbon fibers[J]. Carbon，1995，33(6):853-858.

[10] 黄玉安，叶德举，孙清，等. 气相生长碳纤维的表面改性及表征[J]. 无机化学学报，2006，22(3):403-410.

[11] 李强，于景媛，穆柏春，等. 溶胶-凝胶法改性碳纤维增强纳米 HA 复合材料的制备及性能研究[J]. 人工晶体学报，2014(3):652-657.

[12] 岑浩，杨洪斌，傅雅琴. 硅溶胶改性碳纤维对碳纤维/环氧树脂复合材料界面性能影响

[J]. 复合材料学报，2012，29(6):32-36.

[13] 易增博，冯利邦，郝相忠，等. 表面处理对碳纤维及其复合材料性能的影响[J]. 材料研究学报，2015，29(1):67-74.

[14] 王源升，朱珊珊，姚树人，等. 碳纤维表面改性及对其复合材料性能的影响[J]. 高分子材料科学与工程，2014(2):16-20.

[15] Wei S, Gu A, Liang G, et al. Effect of the surface roughness on interfacial properties of carbon fibers reinforced epoxy resin composites[J]. Applied Surface Science, 2011, 257(257):4069-4074.

[16] Li J, Cheng X H. Friction and wear properties of surface-treated carbon fiber-reinforced thermoplastic polyimide composites under oil-lubricated condition [J]. Materials Chemistry & Physics, 2008, 108(1):67-72.

[17] Vautard F, Ozcan S, Poland L, et al. Influence of thermal history on the mechanical properties of carbon fiber - acrylate composites cured by electron beam and thermal processes[J]. Composites Part A: Applied Science & Manufacturing, 2013, 45(2): 162-172.

[18] Zhao G, Wang T, Wang Q. Surface modification of carbon fiber and its effects on the mechanical and tribological properties of the polyurethane composites[J]. Polymer Composites, 2011, 32(11):1726 - 1733.

[19] Kim B K, Ryu S K, Kim B J, et al. Adsorption behavior of propylamine on activated carbon fiber surfaces as induced by oxygen functional complexes[J]. Journal of Colloid & Interface Science, 2006, 302(2):695-697.

[20] 张敏，朱波，王成国，等. 聚丙烯腈基碳纤维电化学改性机理研究[J]. 功能材料，2009，40(8):1349-1351.

[21] Vautard F, Dentzer J, Nardin M, et al. Influence of surface defects on the tensile strength of carbon fibers[J]. Applied Surface Science, 2014, 322:185-193.

[22] Slosarczyk A, Wojciech S, Piotr Z, et al. Synthesis and characterization of carbon fiber/silica aerogel nanocomposites[J]. Journal of Non-Crystalline Solids, 2015, 416: 1-3.

[23] Green K J, Dean D R, Vaidya U K, et al. Multiscale fiber reinforced composites based on a carbon nanofiber/epoxy nanophased polymer matrix: Synthesis, mechanical, and thermomechanical behavior[J]. Composites Part A: Applied Science & Manufacturing, 2009, 40(9):1470-1475.

[24] Hua Y, Wang C, Shan Z, et al. Effect of surface modification on carbon fiber and its reinforced phenolic matrix composite[J]. Applied Surface Science, 2012, 259(41): 288-293.

[25] Severini F, Formaro L, Pegoraro M, et al. Chemical modification of carbon fiber surfaces[J]. Carbon, 2002, 40(5):735-741.

[26] Zhang W, Duchet J, Gérard J F. Self-healable interfaces based on thermo-reversible Diels - Alder reactions in carbon fiber reinforced composites[J]. Journal of Colloid

& Interface Science, 2014, 430:61-68.

[27] Edie D D. The effect of processing on the structure and properties of carbon fibers [J]. Carbon, 1998, 36(4):345-362.

[28] Kim H, Lee Y J, Lee D C, et al. Fabrication of the carbon paper by wet-laying of ozone-treated carbon fibers with hydrophilic functional groups[J]. Carbon, 2013, 60(1):429-436.

[29] Jin Z, Zhang Z, Meng L. Effects of ozone method treating carbon fibers on mechanical properties of carbon/carbon composites [J]. Materials Chemistry & Physics, 2006, 97(1):167-172.

[30] Vautard F, Ozcan S, Meyer H. Properties of thermo-chemically surface treated carbon fibers and of their epoxy and vinyl ester composites[J]. Composites Part A: Applied Science & Manufacturing, 2012, 43(7):1120-1133.

[31] Liu H, Gu C, Hou C, et al. Plasma-assisted synthesis of carbon fibers/ZnO core-shell hybrids on carbon fiber templates for detection of ascorbic acid and uric acid[J]. Sensors & Actuators B: Chemical, 2016, 224: 857 - 862.

[32] Lee H S, Kim S Y, Ye J N, et al. Design of microwave plasma and enhanced mechanical properties of thermoplastic composites reinforced with microwave plasma-treated carbon fiber fabric[J]. Composites Part B: Engineering, 2014, 60(4): 621-626.

[33] Jie C, Shu Y, Xiang X. The effect of surface electrolytic treatment on carbon fibers and the microstructure of pyrocarbon around it during chemical vapor deposition[J]. Solid State Sciences, 2013, 25(6):124-129.

[34] Jin Y, Chen J, Fu Q, et al. Low-temperature synthesis and characterization of helical carbon fibers by one-step chemical vapour deposition[J]. Applied Surface Science, 2015, 324:438-442.

[35] Bai X, Wang B, Wang H, et al. Preparation and electrochemical properties of profiled carbon fiber-supported Sn anodes for lithium-ion batteries[J]. Journal of Alloys & Compounds, 2015, 628:407-412.

[36] Sun Z, Yu Y, Pang S, et al. Manganese-modified activated carbon fiber (Mn-ACF): Novel efficient adsorbent for Arsenic[J]. Applied Surface Science, 2013, 284(11): 100-106.

[37] Li Y, Liu L, Yang F, et al. Performance of carbon fiber cathode membrane with C - Mn - Fe - O catalyst in MBR - MFC for wastewater treatment[J]. Journal of Membrane Science, 2015, 484:27-34.

[38] 肇研，段跃新，肖何. 上浆剂对碳纤维表面性能的影响[J]. 材料工程，2007(z1): 121-126.

[39] Deka B K, Hazarika A, Kong K, et al. Interfacial resistive heating and mechanical properties of graphene oxide assisted CuO nanoparticles in woven carbon fiber/polyester composite[J]. Composites Part A: Applied Science & Manufacturing,

2015，80：321-322.

[40] Kong K，Deka B K，Kim M，et al. Interlaminar resistive heating behavior of woven carbon fiber composite laminates modified with ZnO nanorods [J]. Composites Science & Technology，2014，100(21):83-91.

[41] Chen J，Xiao P，Xiong X. The mechanical properties and thermal conductivity of carbon/carbon composites with the fiber/matrix interface modified by silicon carbide nanofibers[J]. Materials & Design，2015，84:285-290.

[42] Wang M，Liu H，Huang Z H，et al. Activated carbon fibers loaded with MnO_2，for removing NO at room temperature[J]. Chemical Engineering Journal，2014，256(6)：101-106.

第 8 章　碳布改性对碳布增强树脂基摩擦材料的影响

8.1　碳布表面改性的研究进展

碳纤维因其优异的综合性能而常被用作树脂基体复合材料的增强材料，然而由于碳纤维表面能小，与树脂基体的浸润性差、界面结合性能差等缺点，其制备的复合材料的力学性能往往与理论值相差较大，因此适当对碳布中的碳纤维表面进行改性处理，能够提高碳纤维与树脂基体的界面结合性能。国内外学者针对碳布中碳纤维表面的结构特点，提出了多种方法对其碳纤维进行改性，主要可分为氧化法、等离子体处理法和涂层法等[1]。

8.1.1　氧化法

氧化法主要包括液相氧化法、气相氧化法和电化学氧化法等。其中，液相氧化法是一种常用的氧化处理方法，主要是将碳纤维浸入到硫酸、硝酸、高锰酸钾、过氧化氢、磷酸和过硫酸铵等具有强氧化性的溶剂中进行氧化处理。在以上强氧化剂之中，硝酸是该方法中最常用的也是研究较为广泛的一种氧化剂，用硝酸氧化处理，可以使碳纤维的暴露面产生许多具有亲水性能的含氧极性官能团，这些官能团的含量会随着氧化时间的不断增加和温度的不断提升而逐渐变多，但同时纤维的强度有所下降。Zhang G 等人[2]采用 X 射线能谱和拉曼光谱技术分析了 H_2SO_4/HNO_3 混酸处理碳纤维的氧化机理，发现在氧化过程中碳纤维表面出现了 4 个 O 1s，2 个 N 1s 和 2 个 S 2p 峰，随着时间的延长，2 个 O 1s，2 个 N 1s 和 2 个 S 2p 峰消失，产生了羧基，且其含量不随其他基团的消失而发生变化。结果表明：在碳纤维的氧化过程中主要是混酸攻击碳纤维表面的缺陷碳原子，并为碳原子进一步氧化为羧基作准备，最终碳纤维表面活性基团仅为羧基。郭云霞等人[3]以 NH_4HCO_3 为电解质对改性聚丙烯腈基碳纤维进行电化学改性，并研究了改性聚丙烯腈碳纤维的表面形态和电化学氧化方法的处理对碳纤维表面的改性作用和影响，结果表明经电化学有效处理之后，纤维暴露面的结构不稳定的表层被去除，其被氧化的表面沟槽加深、加宽，整体碳纤维表面的粗糙度增加了一倍之多，碳纤维暴露面的含氧极性官能团增加，(O 1s＋N 1s)/C 1s 提高了 9.7％。杜慷慨等人[4]采用浓硝酸氧化处理了碳纤维，发现羧基等含氧极性官能团会随着氧化温度的不断增大和时间的逐渐变长而逐步增加，但是，当处理温度达到 100℃且时间达到 2 h 时，体系中过度的氧化将会导致碳纤维的强度明显下降。

8.1.2　等离子体处理法

等离子体处理的原理是利用等离子体发生器发出的等离子体轰击碳纤维表面，从而改变碳纤维表面、增加纤维暴露面的粗糙程度和表面积，并在碳纤维表面产生含氧极性官能团，从而提高碳纤维和树脂基体相互之间的浸润性[5-6]。等离子体法主要包括高温处理和低温处理两种，目前在碳纤维的表面改性中主要采用的是低温等离子体法。Li J 等人[7]采用 Co60γ 射线对聚丙烯腈基碳纤维进行照射处理，实验结果显示，经照射处理的碳纤维暴露面 C/O 比有了一定幅度的增大，碳纤维表面粗糙度也相应增加，制备的碳纤维增强材料的层间剪切强度增加了 37%左右。同时发现过度照射处理会降低碳纤维表面粗糙度，不利于碳纤维与环氧树脂间的界面结合性能，刘新宇等人[8]采用新型的空气冷等离子体接枝技术处理了碳纤维，结果表明，经过合适的等离子体方法进行改性之后，碳纤维暴露面的含氧极性官能团的数目有所上升，碳纤维的浸润性能和粗糙度均得到了有效改善，碳纤维表面与树脂基体之间的界面结合强度得到了提升，从而有效提高了树脂基复合材料的力学性能，苏峰华等人[9]研究了等离子体法处理碳纤维对碳纤维织物复合材料的影响，发现经过等离子体处理过后的碳纤维表面产生了大量含氧极性官能团，这种官能团的产生有效提高了碳纤维织物的浸润性能，也有效增强了碳纤维织物表面与黏结剂的相对结合强度，并提高了碳纤维织物复合材料的摩擦磨损性能和力学性能。

8.1.3　涂层法

涂层法在碳纤维表面制备一种能够与碳纤维和树脂发生物理化学反应的，具有一定厚度、结构和剪切强度的中间层，进而增强复合材料的界面强度，常见的处理方法有偶联剂涂层法、溶胶凝胶法、上浆剂涂层法和气相沉积法等。Yang J 等人[10]为了提高碳纤维和环氧树脂间的界面结合强度，采用两种硅氧偶联剂与环氧树脂共混的方式对碳纤维/环氧树脂复合材料进行改性处理。结果表明，经过改性后的材料其弯曲强度和层间剪切强度分别增加了 44%和 42%，拉伸强度和弯曲模量增加了 3%和 15%，改善了碳纤维的浸润性能，有效提高了碳纤维与环氧树脂基体的黏结强度。张萍等人[11]通过溶胶凝胶制备工艺在碳纤维的表面涂覆了一层均匀光亮、无裂纹、厚度适中的 SiO_2 涂层，并制备了三维编制碳纤维增强镁基复合材料。研究结果表明，碳纤维的表面和镁合金的基体之间经过轻微的界面反应产生了厚度适当的 SiO_2 涂层，其能够有效改善碳纤维表面和镁合金基体之间的浸润性能，并促进镁合金溶液顺利浸渗到三维编织碳纤维中。Zhang R L 等人[12]研究了三种具有不同相对分子质量的上浆剂对碳纤维性能的影响，结果表明，相对分子质量适中的上浆剂能够提高碳纤维复合材料的层间剪切强度，相对分子质量太高和太低的上浆剂均不利于碳纤维与树脂基体的结合。Wicks S S 等人[13]采用气相沉淀法在氧化铝纤维布上原位生长了碳纳米管，通过碳纳米管在复合材料界面层中的架桥作用，实现了复合材料的层内增韧。

8.2　水热氧化温度对碳布增强树脂基摩擦材料的影响

8.2.1　概述

碳布作为碳布增强湿式摩擦材料的增强体对其摩擦学性能起着至关重要的作用，它是应力的主要承载者。但是碳纤维具有表面平整和表面能低等特点，这导致其与摩擦材料树脂组分的浸润性差，两者不能进行有效黏结。因此，为了改善碳布表面的亲水性，形成容易相互黏结的表面形貌，增强摩擦材料的界面结合性能，研究者尝试了液相氧化法[14]、等离子体处理法[15-16]、电化学方法[17]和伽马照射法等[18]多种表面改性技术用于提高碳纤维活性，其中液相氧化法被认为是一种有效的改性手段。水热氧化法具有设备简单、高效、腐蚀均匀和制备的碳布表面氧含量高等优点，而且用浓硝酸氧化处理温度可以控制超过 100℃，基于此，我们在不同水热温度下用浓硝酸氧化改性碳布，并制备碳布增强湿式摩擦材料，详细研究水热温度对其摩擦学性能的影响规律。

8.2.2 水热氧化温度改性湿式摩擦材料的制备过程

碳布预处理：将碳布置于丙酮溶液中超声清洗 24 h 后取出，用去离子水清洗后烘干备用。将碳布加入到装有 50 mL 浓硝酸的 100 mL 聚四氟乙烯水热反应釜中，密封反应釜，将其放入均相反应器内，控制温度分别为 100℃，120℃和 140℃，反应 60 min，反应完成后先等待反应釜自动冷却，冷却到一定程度后取出，置于室温下继续冷却后将碳布取出，用去离子水清洗 3 次，80℃下干燥 12 h。将未改性碳布和 100℃，120℃，140℃条件下氧化改性碳布制备的样品分别标记为 H1，H2，H3 和 H4。水热氧化改性碳布增强湿式摩擦材料的制备流程如图 8-1 所示。

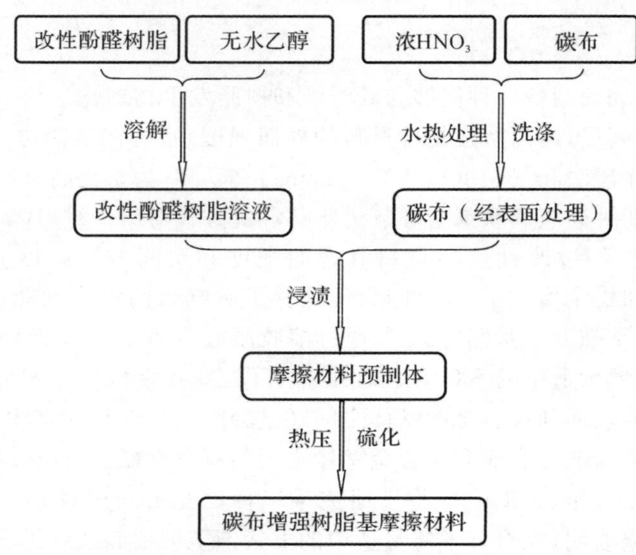

图 8-1 水热氧化改性碳布增强树脂基摩擦材料的制备流程图

8.2.3 水热氧化温度对碳纤维结构的影响

1. 水热氧化改性碳纤维的 SEM 分析

图 8-2 所示为不同水热氧化温度改性碳纤维的 SEM 图。从图中可以观察到，样品 H1 的纤维表面平整且较为光滑，沿着纤维的轴向方向分布着许多深浅不一的沟槽，这主要是由湿法纺织地工艺造成的。与 H1 相比，可以明显地在水热条件下经浓硝酸氧化改性的 H2，H3 和 H4 的纤维表面发现存在许多颗粒及小块状物质，这些颗粒状的物质是由强氧化剂刻蚀纤维表面而形成的。在浓硝酸水热时强氧化的作用下，纤维表皮会被不断地刻蚀并且逐渐裸露出没有表皮的芯部结构。碳原子以及缺陷碳原子在纤维的表面被不断地剥蚀，造成越来越多的非对称碳原子，因此在纤维的表面附着着一些颗粒状的物质。对比 H2 和 H3，可以看到随着水热改性温度的增加，纤维表面的刻蚀现象逐渐严重，表明浓硝酸对纤维表面微观结构的破坏越来越大。这是由随

着水热温度和水热釜内压力的增加，浓硝酸的氧化能力增强引起的。而 H4 纤维表面的沟槽却变得非常地浅，只留下了较为平整且光滑的纤维表面。这可能是由于在水热温度达到 140℃后，浓硝酸对碳纤维整个表面进行氧化，而不是仅仅吸附在沟槽处进行氧化造成的。

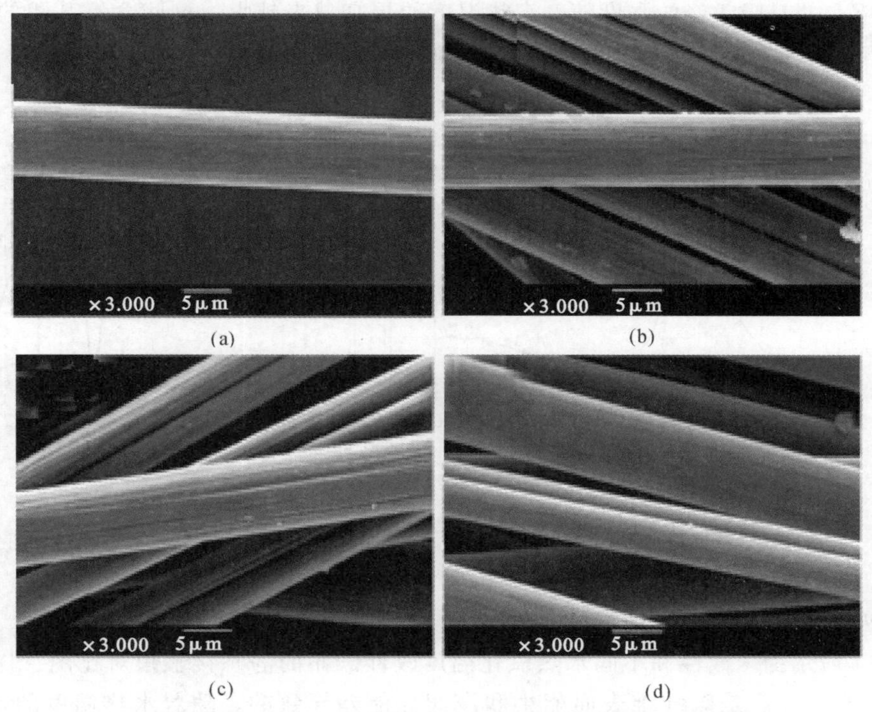

图 8-2　不同水热氧化温度改性碳纤维的微观形貌

(a)H1；(b)H2；(c)H3；(d)H4

2. 水热氧化改性碳纤维的拉曼分析

图 8-3(a)所示是不同水热氧化温度改性碳纤维的拉曼光谱图。从图中的 D 谱线和 G 谱线可以看到，样品的拉曼光谱强度随着水热温度的增加而增大。如表 8-1 所示，样品 H1 的 R 值为 2.91，随着反应温度从 100℃增加到 140℃，R 值分别下降了 8.59%，9.62%和 13.75%，这证实了硝酸水热体系能够促进碳纤维石墨化程度的提高。这是因为水热温度的增加促使浓硝酸严重刻蚀纤维表面无序的石墨结构，从而暴露出碳纤维有序的内部结构，这与上述扫描电镜观察的结果相一致。

表 8-1　不同水热氧化温度改性碳纤维的拉曼光谱参数

样品编号	D 线		G 线		$R=I_D/I_G$
	中心	半峰宽	中心	半峰宽	
H1	1 366.7	252.5	1 586.9	99.3	2.91
H2	1 361.5	226.7	1 590.7	90.8	2.66
H3	1 359.7	231.1	1 589.1	91.3	2.63
H4	1 357.5	216.8	1 593.0	87.1	2.51

3. 水热氧化改性碳纤维的 FTIR 分析

图 8-3(b)所示为不同水热氧化温度改性碳纤维的红外光谱图。如图所示，在 1 737 cm^{-1}，2 800～3 000 cm^{-1}和 1 100～1 193 cm^{-1}波数范围内的吸收峰分别为羰基、碳氢基和 C—O 键[19-20]，并且吸收峰的强度随着水热温度的提高越来越大。这些含氧基团的出现能够有效地提升碳纤维表面的活性和浸润性，从而能够有效改善碳布与树脂的黏结性能。

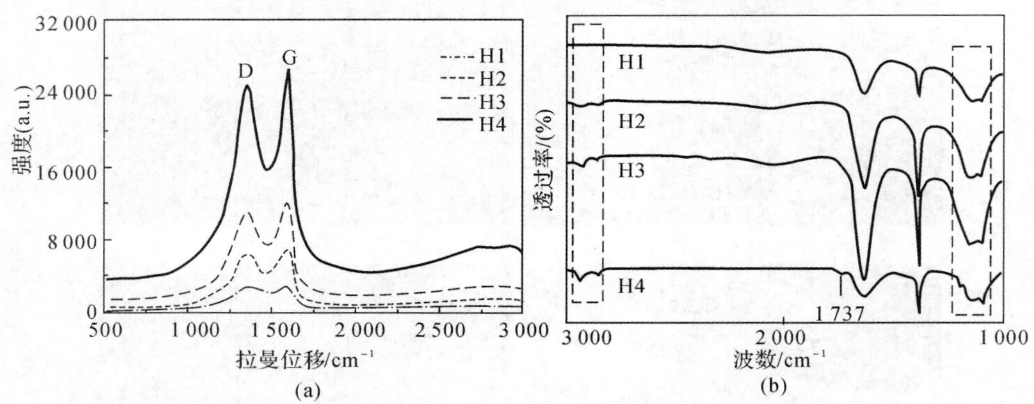

图 8-3　不同水热氧化温度改性碳纤维的拉曼及红外光谱分析

(a)拉曼光谱图；(b)红外光谱图

4. 水热氧化温度对碳布浸润性的影响

图 8-4 所示为未改性和不同水热氧化温度改性碳布的静态接触角对比图。样品 H1 的接触角为 125.6°，这是碳纤维表面能小和浸润性能差导致的。随着水热温度的提高，样品 H2，H3 和 H4 的接触角大幅度下降到接近 0°，表明硝酸水热改性后的碳布亲水性明显改善，这是因为水热氧化改性的碳纤维表面出现含氧极性官能团，这些官能团能够与水分子形成氢键而具有良好的亲水性能。碳布亲水性的提高可以有效地改善碳布的润湿性和碳纤维与树脂基体的黏结性能，从而提高碳布增强湿式摩擦材料的摩擦磨损性能。

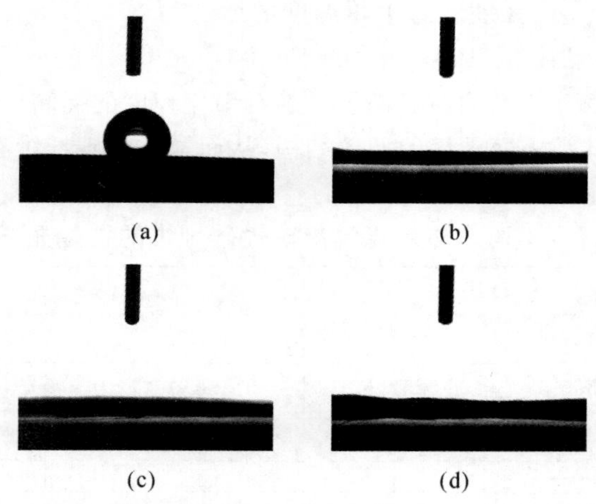

图 8-4　不同水热氧化温度改性碳布的静态接触角对比图

(a)H1；(b)H2；(c)H3；(d)H4

8.2.4　水热氧化温度对湿式摩擦材料摩擦学性能的影响

1. 水热氧化改性湿式摩擦材料的动摩擦因数分析

图 8-5(a)所示为不同水热氧化温度改性碳布增强湿式摩擦材料的动摩擦因数对比图。其数值是 CFT-Ⅰ型摩擦试验机在 160 N 载荷下测试 900 个数据点得到的动摩擦因数平均值。从图中可以发现，经过水热氧化处理的样品动摩擦因数均有不同程度的降低。这是因为碳布浸润性的提高有利于润滑油渗入摩擦材料，在结合挤压过程中，润滑油被挤出均匀分布在摩擦材料表面，有效发挥了流体动压润滑作用，同时碳布与树脂基体黏结强度的提高，减少了“第三体”磨粒的形成，使摩擦过程中以黏着磨损为主，从而降低了动摩擦因数。

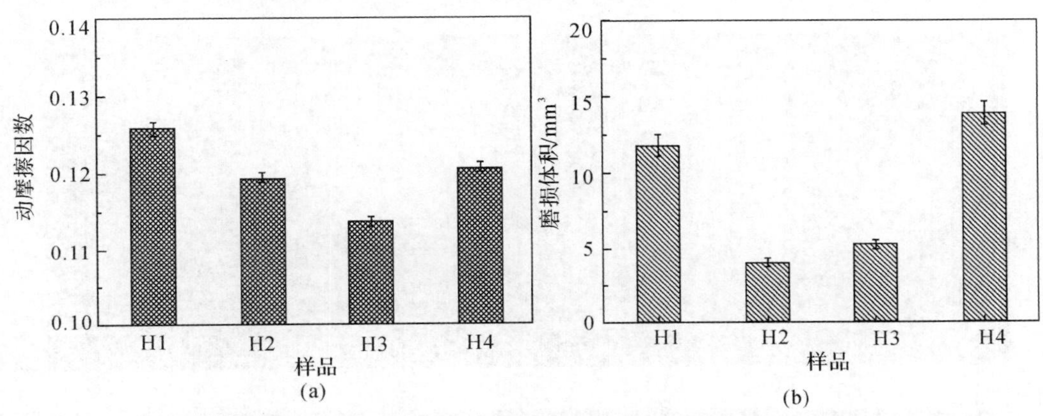

图 8-5　不同水热氧化温度改性碳布增强湿式摩擦材料的摩擦学性能

(a)动摩擦因数；(b)磨损量

2. 水热氧化改性湿式摩擦材料的磨损量分析

图 8-5(b)所示为不同水热氧化温度改性碳布增强湿式摩擦材料的磨损量对比图。从图中可以看出随着水热温度的增加，100℃和 120℃条件下改性样品的磨损量分别降低到了未改性样品的 34.3%和 44.7%，证实了这种改性方法可以有效地提高摩擦材料的耐磨性。这是因为浓硝酸对碳纤维表面的蚀刻作用，加深加宽了纤维表面沟槽，增大了碳纤维的比表面积，从而增强了碳纤维与树脂基体之间的“机械啮合”。另外，含氧官能团能与树脂溶液中的乙醇形成氢键，提高了碳布表面浸渍树脂的量和均匀程度，从而在热压硫化过程中增大碳布与树脂的黏结强度，提高了样品耐磨性。然而，在 140℃条件下处理的摩擦材料的磨损量明显高于未经处理的摩擦材料，这有可能是因为在高温下水热浓硝酸氧化处理碳纤维会降低碳纤维的力学性能，在制动滑动过程中不能起到良好的增强作用，导致耐磨性能下降。

3. 水热氧化改性湿式摩擦材料的磨损形貌分析

图 8-6 所示为不同水热氧化温度改性碳布增强湿式摩擦材料经过摩擦磨损试验后表面的微观形貌照片。我们发现样品 H1 存在大量碳纤维的断裂现象(如图中 1 所示)。这是因为未经改性的碳纤维表面光滑、表面能低，导致树脂与碳纤维之间的界面结合性能差，因此降低了摩擦材料的耐磨性，从而引起了大量碳纤维断裂的现象。随着水热温度的增加，磨损表面与样品 H1 的有所不同，碳纤维的断裂现象减少，部分碳纤维被黏结在基体树脂上(如图中 2 所

示),同时发现碳纤维逐渐被磨平,表现出典型的黏着磨损特征。同时,树脂基体和碳纤维的良好结合,表明水热100℃处理碳布可以有效提高碳布和树脂基体的界面结合强度,从而改善样品的耐磨性能。如图8-6(c)所示为样品H3的磨损表面,其上存在着纤维断裂(如图中1所示)、树脂松动(如图中3所示)和磨屑(如图中4所示)等现象,导致了样品H3的耐磨性能比H2的略差。然而,随着水热温度进一步增加至140℃,碳纤维的断裂现象更为严重,随着纤维严重的磨损,逐渐留下孔洞和大小不一的磨粒(如图中4所示),加速了摩擦材料的磨损,导致图8-5(b)所示的高于样品H1的磨损量。这些现象说明,虽然在高温下树脂基体和碳纤维的界面结合性能得到改善,但是过高的水热温度会导致碳纤维强度下降,从而产生大量的碳纤维断裂,耐磨性能降低。

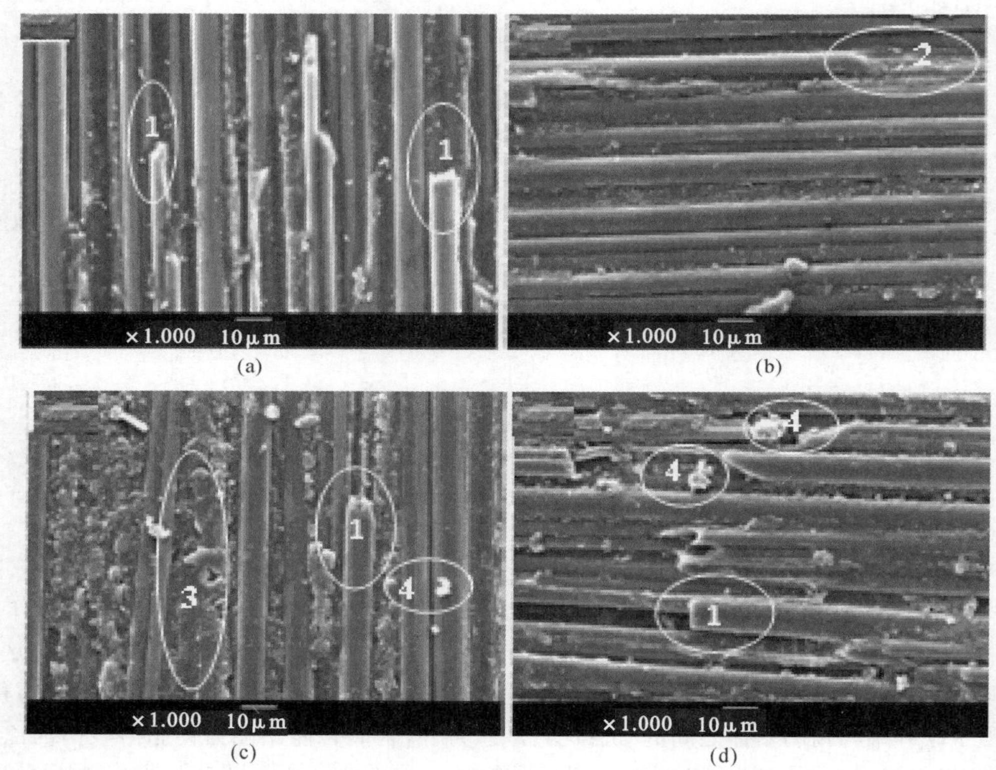

(a) (b) (c) (d)

图8-6 不同水热氧化温度改性碳布增强树脂基摩擦材料磨损表面的微观形貌

(a)H1; (b)H2; (c)H3; (d)H4

1—断裂纤维;2—破损现象;3—树脂;4—磨粒

8.2.5 小结

本节采用水热氧化法,在不同水热温度下处理碳布,并制备出改性碳布增强湿式摩擦材料,研究了不同水热温度氧化处理碳布对湿式摩擦材料结构、形貌及摩擦学性能的影响。

(1)经不同水热氧化温度改性后的碳布表面形貌发生了变化,同时出现大量的羰基基团,碳纤维石墨化程度有所提高,碳布表面亲水性能得到明显改善,有效提高了碳布与树脂的黏结强度。

(2)水热氧化改性碳布增强湿式摩擦材料在 100℃和 120℃表现出最佳的摩擦磨损性能，磨损量分别降低到了未改性样品的 34.3%和 44.7%。但是在水热 140℃条件下，浓硝酸对碳纤维强度的影响大于其对表面亲水性能的影响，从而降低了碳布增强湿式摩擦材料的耐磨性能。

8.3　微波水热沉积纳米 SiO_2 改性对碳布增强树脂基摩擦材料的影响

8.3.1　概述

在 8.2 节中我们采用水热硝酸对碳布进行改性处理，碳布表面亲水性能得到了明显的改善，这有效地提高了碳布与树脂的黏结强度，并且水热氧化改性碳布增强湿式摩擦材料在 100～120℃表现出了较好的摩擦磨损性能。纳米颗粒具有强度高、耐磨性能优异，比表面积大，与树脂基体能充分接触等特点，能有效提高复合材料的耐磨性能，且不损伤对偶材料。复合材料用增强纳米颗粒由于其独特的纳米尺寸结构和表面效应等特点吸引起了越来越多的关注[21-23]。其中非常高的比表面积是纳米颗粒最吸引人的特性，即使在一个相当低的纳米颗粒含量下，它也能够产生大量界面结合，增强碳纤维与树脂基体之间的相互作用[24]，实现树脂基复合材料的多尺寸增强[25]，而且加入纳米颗粒的聚合物复合材料通常具有较低的磨损率[26-29]。本节在水热 100℃条件下、氧化处理碳布的基础上，采用微波水热方法，在不同微波水热温度、硅溶胶浓度和微波水热时间下引入纳米二氧化硅颗粒，系统研究纳米二氧化硅对碳布增强湿式摩擦材料的影响。

8.3.2　微波水热沉积纳米 SiO_2 改性湿式摩擦材料的制备过程

碳布预处理：将碳布置于丙酮溶液中超声清洗 24 h 后取出，用去离子水洗涤后烘干备用。量取 50 mL 硅溶胶溶液倒入容量为 100 mL 的聚四氟乙烯水热反应釜中，加入碳布，密封反应釜，将其放入微波化学反应仪内，并控制反应温度和反应时间，反应完成后先等待反应釜自动冷却，冷却到一定程度后取出，置于室温下继续冷却后将碳布取出，用去离子水清洗 3 次，80℃下干燥 12 h。将未改性碳布和 180℃，200℃，220℃条件下氧化改性碳布制备的碳布增强湿式摩擦材料分别标记为 S1，S2，S3 和 S4。微波水热沉积纳米 SiO_2 改性碳布增强湿式摩擦材料的制备工艺过程如图 8－7 所示。

8.3.3　微波水热温度沉积纳米 SiO_2 改性对摩擦材料结构及摩擦学性能的影响

1. 不同温度沉积纳米 SiO_2 改性碳纤维的 SEM 和 EDS 分析

图 8－8 所示为未改性和经不同微波水热温度沉积纳米 SiO_2 改性碳纤维的微观形貌，从图中可以看出，未改性样品表面比较光滑、平整，只存在少量深浅不一的沟槽，而经过不同微波水热温度改性的碳纤维表面出现细小的颗粒。随着反应温度的增加，纳米 SiO_2 颗粒尺寸更

大、分布更广(见图 8-8(c)(d))。EDS 分析结果(见图 8-9)显示样品主要含有 C,O 和 Si 元素,说明附着在碳纤维表面的颗粒是纳米 SiO_2。同时,根据表 8-2 给出的不同微波水热温度改性碳纤维表面的 EDS 能谱分析可以看出,随着微波水热温度的升高,碳纤维表面 Si 元素的原子含量从 0.26%增加到了 0.90%,说明碳纤维表面纳米 SiO_2 颗粒的含量随着微波水热温度的升高而增加。这是因为温度的升高,微波水热体系能量变大,硅溶胶溶液中纳米 SiO_2 的运动速度也越来越大,从而以更大的能量冲击碳纤维表面,以至在碳纤维表面的缺陷区域有效沉积,并且随着能量的增加,沉积的量也越来越大。

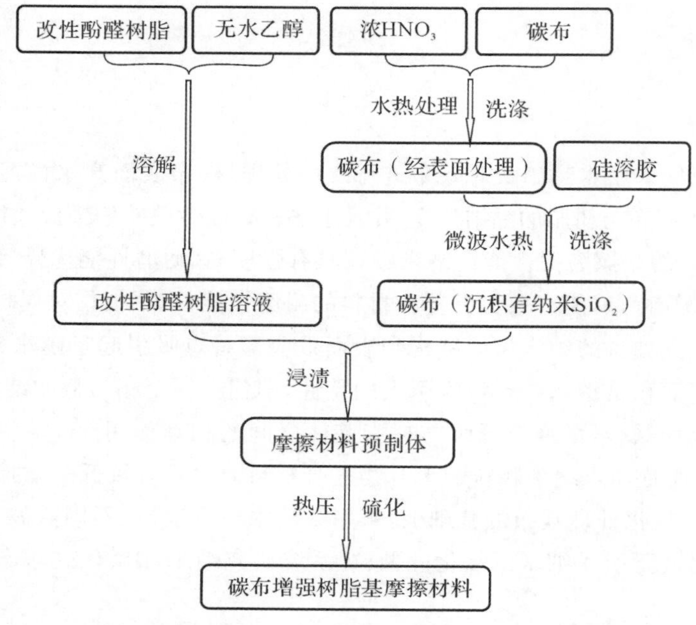

图 8-7　微波水热沉积纳米 SiO_2 改性碳布增强树脂基摩擦材料的制备流程图

表 8-2　不同微波水热温度改性碳纤维表面的 EDS 能谱分析

样品	元素	电子结合能/keV	质量分数/(%)	误差/(%)	原子分数/(%)
S2	Si K	1.739	0.58	0.21	0.26
S3	Si K	1.739	0.73	0.20	0.32
S4	Si K	1.739	2.04	0.12	0.90

2. 不同温度沉积纳米 SiO_2 改性碳纤维的 FTIR 光谱分析

图 8-10 所示为不同微波水热温度沉积纳米 SiO_2 改性碳纤维和纳米 SiO_2 的红外光谱图。其中,在 1 117 cm^{-1} 处的特征吸收峰归因于 Si—O—Si 键的对称伸缩振动,在 473 cm^{-1} 处的特征吸收峰归因于 Si—O—Si 键的弯曲振动,在 798 cm^{-1} 处的特征吸收峰归因于 Si—OH 键,在 1 642 cm^{-1} 处的特征吸收峰归因于吸附水中 O—H 键的弯曲振动,在 3 463 cm^{-1} 处的特征吸收峰归因于自由水中 O—H 键的伸缩振动[80]。从图中可以发现,经过改性的碳纤维出现了纳米 SiO_2 的特征吸收峰,这表明纳米 SiO_2 有效沉积到了碳纤维表面,而且随着水热温度的提高越来越明显,表明纳米 SiO_2 沉积量越来越大,这也与上述 EDS 分析结果相符合。

上述 SEM，EDS 和 FTIR 分析结果表明，在微波水热环境下纳米 SiO_2 颗粒有效沉积到了碳布表面，减少了缺陷的产生。而且其带有的 Si—OH 键能有效提高碳布的亲水性能，从而提高碳布与树脂基体的黏附性，这对改善碳布增强湿式摩擦材料的摩擦磨损性能具有重要作用。

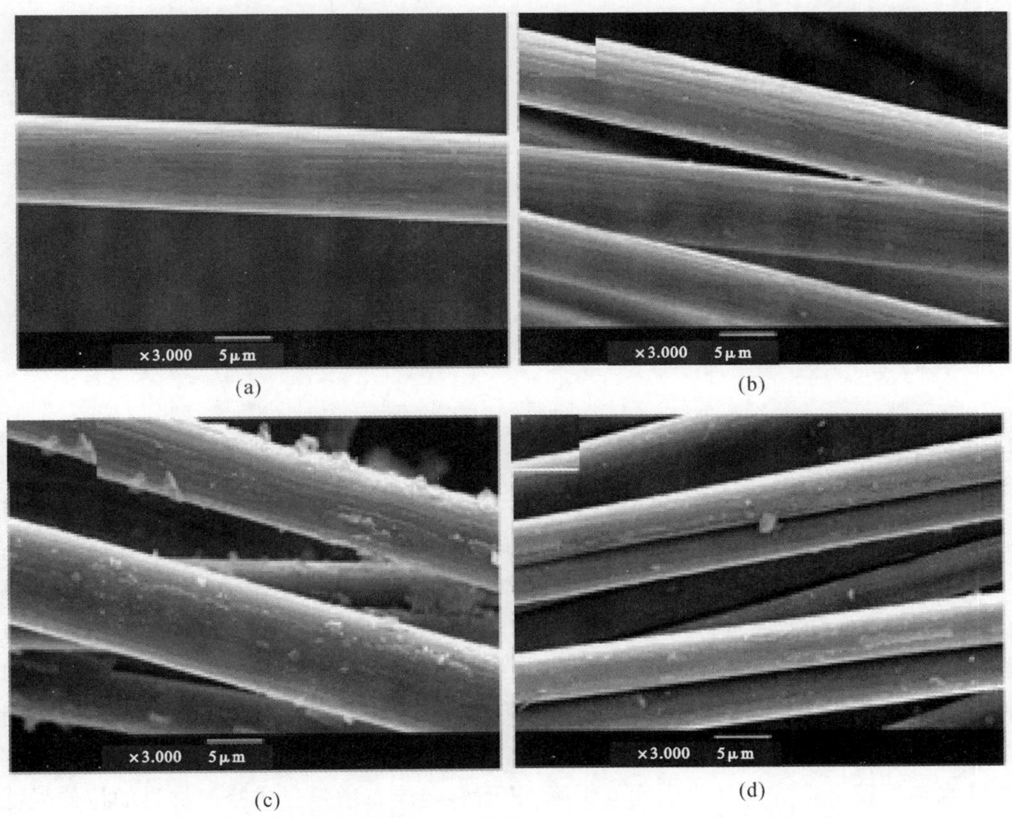

图 8－8　不同微波水热温度沉积纳米 SiO_2 改性碳纤维的微观形貌

(a)S1；(b)S2；(c)S3；(d)S4

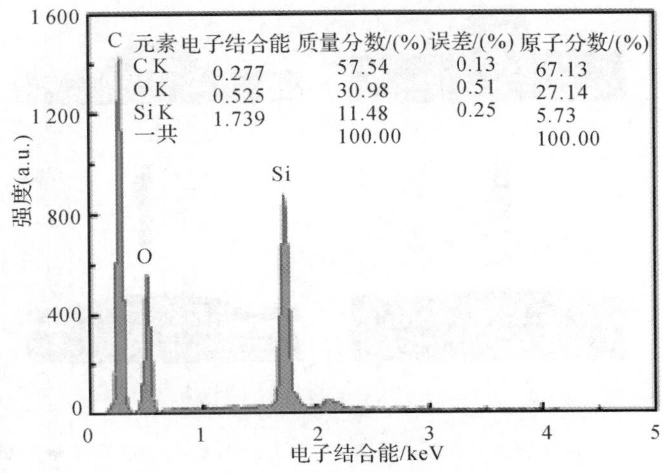

图 8－9　样品 S2 表面颗粒的 EDS 能谱分析

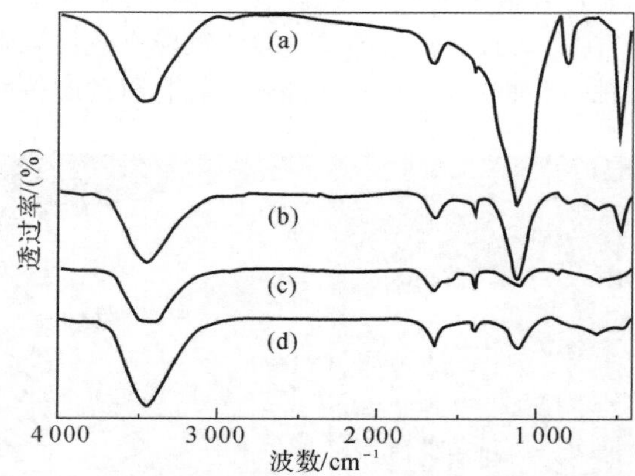

图 8-10　不同微波水热温度沉积纳米 SiO_2 改性碳纤维的红外光谱图

(a)纳米-SiO_2；（b)S2；（c)S3；（d)S4

3. 不同温度沉积纳米 SiO_2 改性碳布的浸润性分析

图 8-11 所示为未改性和不同微波水热温度沉积纳米 SiO_2 改性碳布的静态接触角对比图。未改性样品 S1 的接触角为 125.6°，随着微波水热温度的升高，样品 S2，S3 和 S4 的接触角分别下降到 38.9°，10.6°和 15.1°，这是因为碳纤维表面沉积了纳米 SiO_2 颗粒，其具有的 Si—OH 可以有效提高碳纤维的亲水性。亲水性的提高，能有效改善碳布与树脂基体的润湿性，并有效提高碳布与树脂的黏附性。从图 8-12 所示的不同微波水热温度沉积纳米 SiO_2 改性碳布增强湿式摩擦材料的拉伸强度对比图中发现，随着微波水热温度的升高，样品 S2 和 S3 的拉伸强度分别增加了 36.1%和 64.9%，这意味着纳米 SiO_2 的加入能够增加碳布与树脂基体的黏结强度。但是在微波水热 220℃条件下，样品 S4 的拉伸强度有所下降，这是因为在高温下微波水热环境会造成碳纤维强度的下降，从而影响碳布增强湿式摩擦材料的拉伸强度。

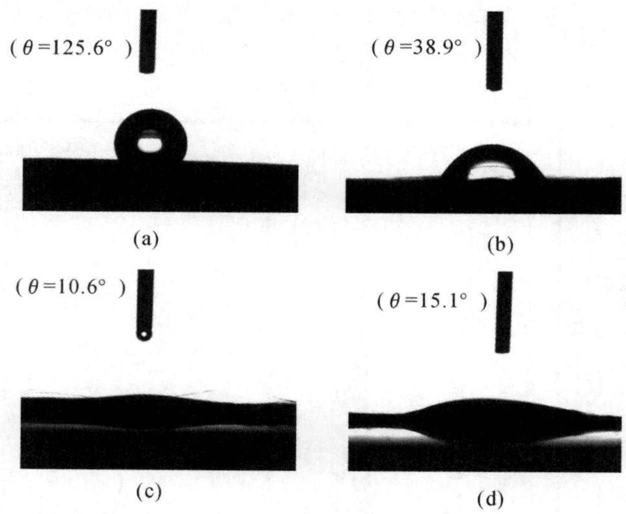

图 8-11　不同微波水热温度沉积纳米 SiO_2 改性碳布的静态接触角对比图

(a)S1；（b)S2；（c)S3；（d)S4

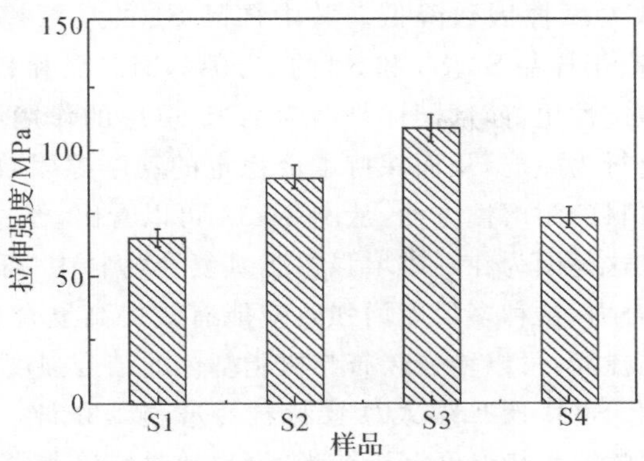

图 8－12　不同微波水热温度沉积纳米 SiO_2 改性碳布增强湿式摩擦材料的拉伸强度对比图

4．不同温度沉积纳米 SiO_2 改性湿式摩擦材料的动摩擦因数分析

图 8－13(a)所示为不同微波水热温度沉积纳米 SiO_2 改性碳布增强湿式摩擦材料的动摩擦因数与结合压力的关系曲线。从图中可以发现，改性后摩擦材料的动摩擦因数均高于未改性摩擦材料，而且改性后样品的动摩擦因数变化趋势与 EDS 分析结果中纳米 SiO_2 含量的变化趋势相同，说明纳米 SiO_2 的引入可以改善样品的动摩擦因数。这是因为在碳布增强湿式摩擦材料的成型过程中，一部分纳米 SiO_2 颗粒与树脂相结合，可以提高树脂的强度，同时碳纤维表面的纳米 SiO_2 颗粒具有高的表面能，这些颗粒在摩擦表面局部区域可以形成一层物理吸附膜，能够吸附对偶材料[30-31]，从而得到高的动摩擦因数。随着结合压力的增加，四个样品的动摩擦因数出现先下降后上升的趋势，这主要是因为在较大结合压力下，结合过程中更多的润滑油被挤压到摩擦材料表面，形成润滑油膜，从而降低了动摩擦因数，在 160 N 压力下，因压力增大使摩擦表面粗糙峰变形程度增加，破坏了润滑油膜，增大了实际接触面积，动摩擦因数有所升高。

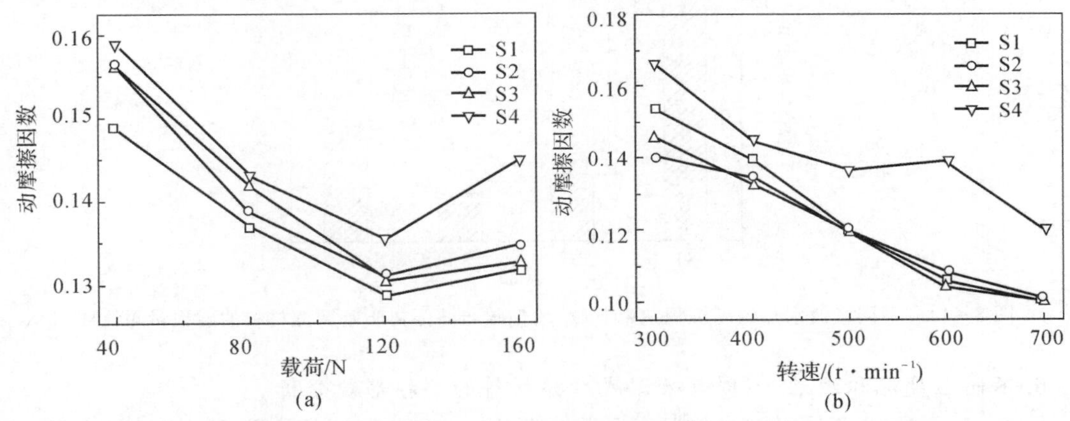

图 8－13　不同微波水热温度沉积纳米 SiO_2 改性碳布增强树脂基摩擦材料的摩擦学性能

(a)不同载荷条件下的动摩擦因数；　(b)不同转速条件下的动摩擦因数

图 8－13(b)所示为不同微波水热温度沉积纳米 SiO_2 改性碳布增强湿式摩擦材料动摩擦因数与转速的关系曲线。从图中可以看出，随着转速的增加，样品的动摩擦因数表现出下降的趋势，这是因为在高转速条件下，制动能量增加，摩擦面瞬时温度升高，润滑油黏度降低，同时

树脂基体的软化也将导致动摩擦因数降低。其中样品 S1 的动摩擦因数从 0.153 2 降低到 0.099 8，降低了 34.9%，高于样品 S2，S3 和 S4 的 27.9%，31.3%和 27.3%。经过改性的摩擦材料动摩擦因数的转速稳定性更好，这同样是因为纳米 SiO_2 的作用增加了树脂基体的强度，在高温下树脂基体的软化行为减弱，从而保持了更稳定的动摩擦因数。这种作用同样体现在提高碳布增强湿式摩擦材料的耐磨性方面，从图 8-14 可以看出，经过改性的样品磨损量均比未改性样品的磨损量低。这是因为在纤维增强树脂基复合材料中，纤维与树脂的界面存在键合力、范德华力和机械啮合力，这种多尺度增强效应能有效提高复合材料的强度。同时，经过表面改性的碳布浸润性的提高，可以增强碳布与树脂基体的结合强度，提高样品的耐磨性能。

5. 不同温度沉积纳米 SiO_2 改性湿式摩擦材料的磨损量分析

图 8-14 所示为不同微波水热温度沉积纳米 SiO_2 改性碳布增强湿式摩擦材料的磨损量对比图。图中所示样品 S3 的磨损量最低，仅为未改性样品的 20.8%，说明微波水热 200℃沉积纳米 SiO_2 改性碳布增强湿式摩擦材料的耐磨性能最好。同时，我们也发现样品 S2 的磨损量也较低，为未改性样品的 29.2%，这与样品 S2 和 S3 碳纤维表面纳米 SiO_2 含量有关(见图 8-9表面能谱分析结果)。随着纳米 SiO_2 含量的增加，样品的磨损量逐渐下降，这是因为纳米 SiO_2 含量越多，碳布与树脂基体之间的界面结合性能越好，越可以有效地将应力从树脂基体转移到碳纤维上，并防止碳纤维的脱落，避免"第三体"磨粒的形成，有效降低磨损量。但是样品 S4 的磨损量并没有随着碳纤维表面纳米 SiO_2 含量的增加而减少，这是因为处理温度达到一定程度后，微波水热环境下温度的升高对碳布强度产生了不利影响(见图 8-12 分析结果)，拉伸强度的下降容易导致纤维严重的断裂现象(见图 8-15(d))，从而导致结合过程中以严重的磨粒磨损为主，增大了磨损量。

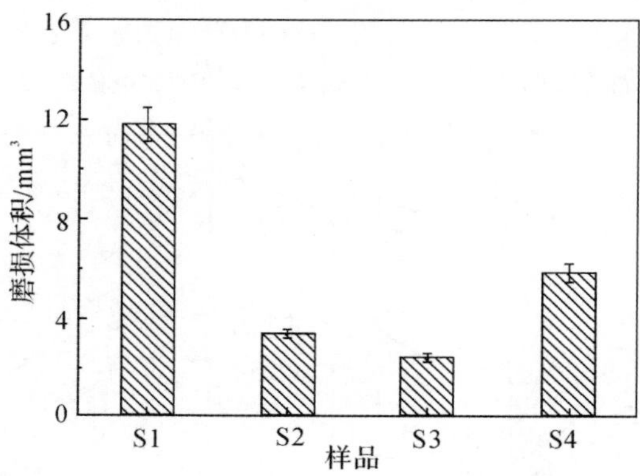

图 8-14　不同微波水热温度沉积纳米 SiO_2 改性碳布增强树脂基摩擦材料的磨损量对比图

6. 不同温度沉积纳米 SiO_2 改性湿式摩擦材料的磨损形貌分析

图 8-15 所示为不同微波水热温度沉积纳米 SiO_2 改性碳布增强湿式摩擦材料磨损表面的微观照片。在结合过程中，碳布增强湿式摩擦材料中纤维承载着大部分的加载压力，在这些区域容易发生纤维与树脂脱黏的现象，尤其是未改性碳布的惰性表面使碳布与树脂基体之间的黏结力较弱，容易产生疲劳磨损，从而导致了样品 S1 中严重的纤维断裂行为，这种现象的出现降低了摩擦材料的耐磨性能。与图 8-15(a)相比，图 8-15(b)～(d)表面黏附着大量的白色物质。从图 8-16 所示的样品 S2 表面的能谱分析可以看出，除了摩擦材料本身的 C 元素以

外，还存在 Cu 元素和少量 Si，O 元素，Si 和 O 元素是在微波水热过程中引入的，白色物质是在磨损实验过程中对偶盘脱落的铜颗粒。表 8－3 给出了四种样品磨损后表面 Cu 的含量对比结果，可以发现未改性的样品磨损后表面只有少量的 Cu 存在，这是在磨损实验过程中正常脱落到摩擦材料表面的铜颗粒，而经过改性的样品磨损后表面 Cu 含量大量增加。这是因为碳纤维表面的纳米 SiO_2 颗粒具有高的表面能，在整个摩擦过程中，这些 SiO_2 颗粒在摩擦材料磨损面的局部区域形成部分物理吸附膜，能够吸附铜。SiO_2 纳米微粒中的元素就能够通过渗透的原理进入到金属的亚表面中或者在摩擦的表面上发生一系列的化学反应，生成一层或多层坚固耐磨的膜，从而降低了摩擦材料的磨损量。

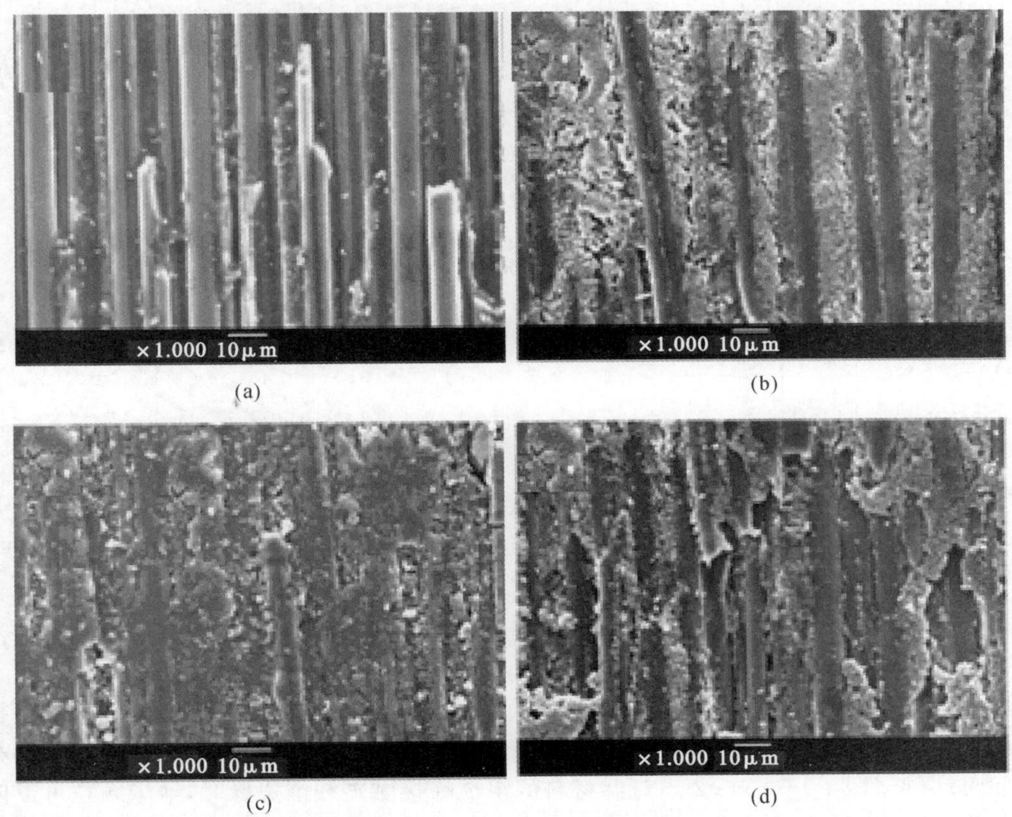

(a)　(b)　(c)　(d)

图 8－15　不同微波水热温度沉积纳米 SiO_2 改性碳布增强树脂基摩擦材料磨损表面的微观形貌

(a)S1；(b)S2；(c)S3；(d)S4

表 8－3　不同微波水热温度改性样品磨损表面 Cu 含量的 EDS 能谱分析

样品	元素	电子结合能	质量分数/(%)	误差/(%)	原子分数/(%)
S1	Cu K	8.040	0.74	0.43	0.14
S2	Cu K	8.040	9.83	0.45	2.10
S3	Cu K	8.040	3.86	0.99	0.78
S4	Cu K	8.040	11.60	0.34	2.52

同时发现，图 8－15(b)所示的微观形貌出现了纤维磨平的现象，说明了碳布与树脂之间结合性能良好，保持了摩擦材料的完整性，而且能够充分发挥碳纤维优良的自润滑性能，降低磨损量。其次，附着在碳纤维表面的纳米 SiO_2 颗粒在滑动过程中逐渐释放，作为一个滚动体在摩擦材料和对偶材料界面间进行滚动[32]。如图 8－17 所示，纳米 SiO_2 颗粒的滚动效果可以涉及以下两个方面：

(1)纳米 SiO_2 颗粒主要在纤维边缘处保护碳纤维，在边缘处纳米颗粒更容易滑动移出[33]。此外，比碳纤维稍硬的纳米颗粒在碳纤维表面进行滑动、抛光，促使碳纤维与对偶材料之间的界面结合更加温和。

(2)纳米 SiO_2 颗粒作为一个滚动体，减少了摩擦材料与对偶材料界面间的直接滑动，能够减小剪切应力和接触温度。

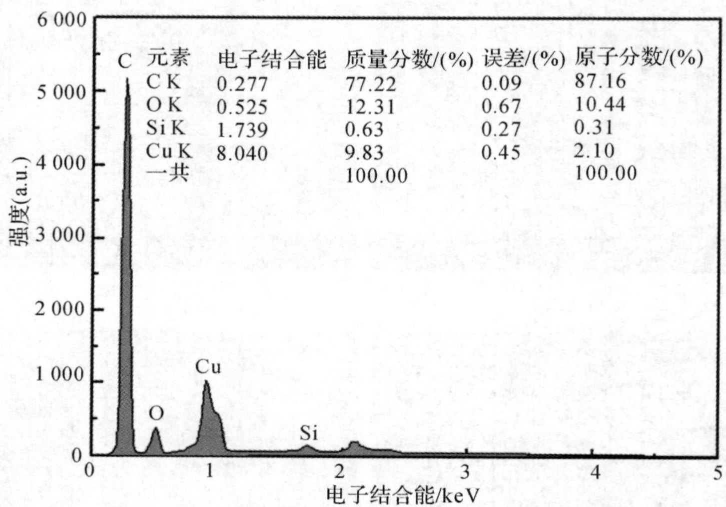

图 8－16 样品 S2 磨损表面的 EDS 能谱分析

图 8－17(b)～(e)显示纳米 SiO_2 颗粒的滚动效应主要分为以下四个阶段[32]：①在磨损过程中纳米颗粒从碳纤维和树脂基体连接处出现，其作为“第三体”磨粒在摩擦材料和对偶材料界面间滚动(见图 8－17(b))；②当对偶材料的粗糙峰接触碳纤维边缘时，纳米颗粒可以防止对偶材料直接接触碳纤维(见图 8－17(c))，并在碳纤维表面堆积；③纳米 SiO_2 颗粒起到磨粒的作用对碳纤维表面进行抛光(见图 8－17(d))；④最后，对偶材料粗糙峰经过整个碳纤维表面，有时会损坏碳纤维的边缘部分，从而开始对树脂基体的损坏(见图 8－17(e))。

表 8－3 给出了样品 S3 表面铜的含量为 3.86％，少于样品 S2 和 S4。这主要是因为图 8－15(c)中在样品 S3 磨损表面出现了比较平整的摩擦膜，它能有效降低材料的磨损量。

8.3.4 硅溶胶浓度沉积纳米 SiO_2 改性对摩擦材料结构及摩擦学性能的影响

由 8.3.3 节的研究结果可知，当微波水热温度为 200℃时，由改性碳布制备的碳布增强湿式摩擦材料的摩擦磨损性能最好，因此，本节将微波水热温度固定为 200℃，研究硅溶胶浓度对碳布增强湿式摩擦材料形貌及摩擦学性能的影响规律。

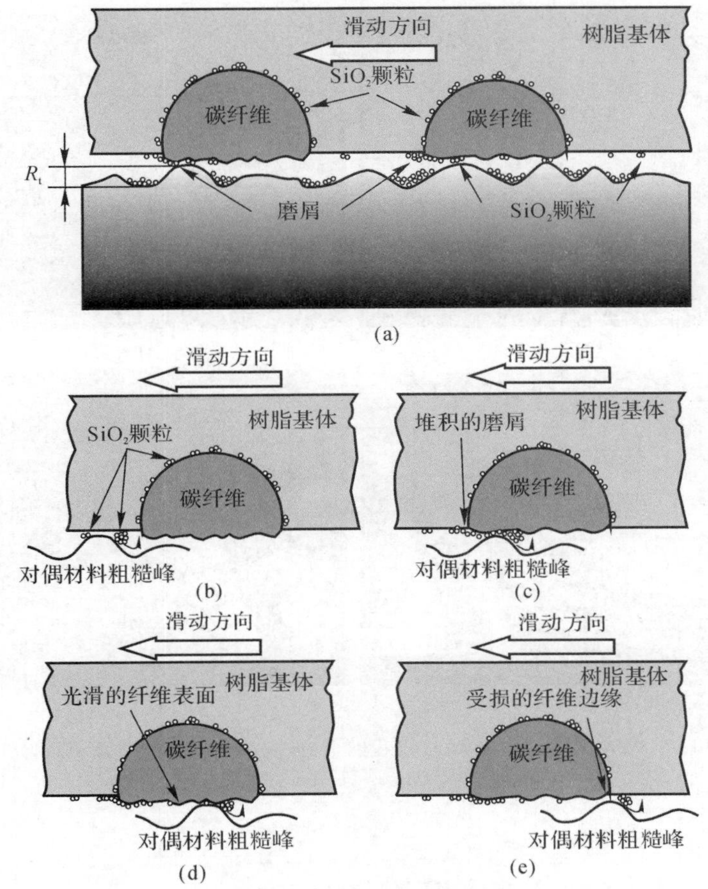

图 8-17　纳米 SiO_2 颗粒滚动效应保护碳纤维的机理图

(a)一个完整的机理图；(b)树脂包裹纳米颗粒在基体上滚动，减少树脂基体的磨损；(c)纳米颗粒阻止对偶材料粗糙峰直接接触碳纤维；(d)纳米颗粒作为磨料磨光碳纤维表面；(e)对偶材料粗糙峰在碳纤维表面磨损过后，有时会在纤维边缘造成严重的磨损

1. 不同浓度沉积纳米 SiO_2 改性碳纤维的 SEM 分析

图 8-18 所示为不同硅溶胶浓度沉积纳米 SiO_2 改性碳纤维的微观形貌，从图中可以看出，经过改性的碳纤维表面出现细小的颗粒状物质，说明在不同硅溶胶浓度条件下，采用微波水热法能够有效在碳布表面沉积纳米 SiO_2 颗粒。同时我们发现硅溶胶浓度为 12%时，碳纤维表面的颗粒状物质减少，并出现均匀分布的纳米 SiO_2 涂层。这是因为高硅溶胶浓度条件下，硅溶胶里的纳米 SiO_2 粒子在高的微波水热能量下不断冲击碳纤维表面，在表面生成了纳米 SiO_2 涂层。

2. 不同浓度沉积纳米 SiO_2 改性湿式摩擦材料的动摩擦因数分析

图 8-19(a)所示为不同硅溶胶浓度沉积纳米 SiO_2 改性碳布增强湿式摩擦材料的动摩擦因数和结合压力的关系曲线。从图中可以看出，经过改性后的碳布增强湿式摩擦材料的动摩擦因数在不同结合压力下均高于未改性样品的摩擦因数，其中当硅溶胶浓度为 3%和 6%时，改性样品的动摩擦因数较高。

图 8-18 不同硅溶胶浓度沉积纳米 SiO_2 改性碳纤维的微观形貌

(a)3%； (b)6%； (c)9%； (d)12%

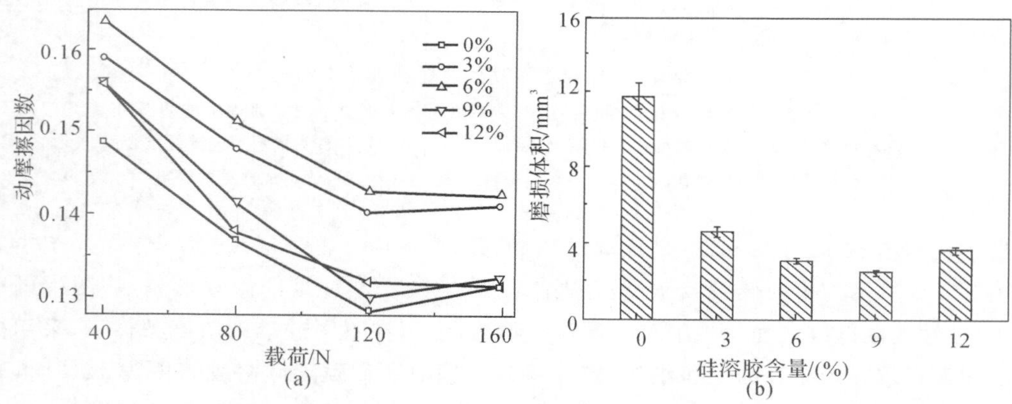

图 8-19 不同硅溶胶浓度沉积纳米 SiO_2 改性碳布增强树脂基摩擦材料的摩擦学性能

(a)不同载荷条件下的动摩擦因数； (b)磨损体积

3. 不同浓度沉积纳米 SiO_2 改性湿式摩擦材料的磨损量分析

图 8-19(b)所示为不同硅溶胶浓度沉积纳米 SiO_2 改性碳布增强湿式摩擦材料的磨损量对比图，从图中可以看出改性样品的磨损量均低于未改性样品的磨损量，其中在硅溶胶浓度为9%时改性的碳布增强湿式摩擦材料的磨损量为 2.45 mm^3，仅为未改性样品的 20.8%。由此可见，纳米 SiO_2 颗粒能够提高摩擦材料的耐磨性能。一方面是由于纳米 SiO_2 颗粒的引入提

高了碳布与树脂基体的黏结强度，改善了耐磨性能；另一方面是由于纳米 SiO_2 颗粒高的表面能使它们在摩擦过程中转移并且吸附在摩擦表面上，形成一层具有吸附能力的薄膜，继而纳米 SiO_2 微粒中的元素能够通过渗透的原理进入到金属的亚表面或者在摩擦表面上发生一系列的化学反应，生成一层或多层坚固耐磨的膜[31, 34-35]，出现黏着磨损，降低磨损量。

4. 不同浓度沉积纳米 SiO_2 改性湿式摩擦材料的磨损形貌分析

图 8-20 所示为不同硅溶胶浓度沉积纳米 SiO_2 改性碳布增强湿式摩擦材料经过磨损试验后表面的微观形貌照片。从图中可以看出，样品中存在纤维断裂的现象，但是相对较少，大部分碳纤维能够牢固地黏结在树脂基体上，而且出现了大量纤维磨平的现象，展现了碳纤维良好的自润滑性能。同时经能谱分析发现大量的对偶材料铜附着在样品表面，表 8-4 给出了不同硅溶胶浓度改性样品磨损表面 Cu 含量的能谱分析结果，与未改性样品（见表 8-3）相比各样品磨损表面均出现了大量的铜，这些铜在磨损过程中对摩擦材料起到了良好的保护作用[30-31]，提高了样品的耐磨性能。

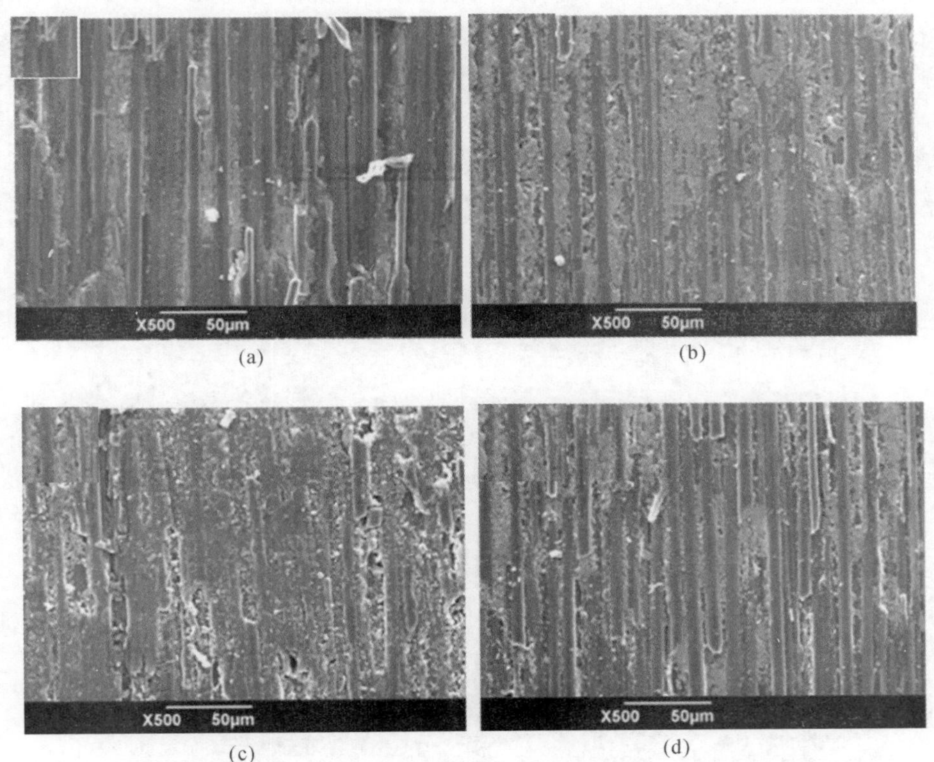

图 8-20　不同硅溶胶浓度沉积纳米 SiO_2 改性碳布增强湿式摩擦材料磨损表面的微观形貌

(a)3%；(b)6%；(c)9%；(d)12%

上述分析结果表明，硅溶胶浓度对改性碳布增强湿式摩擦材料的摩擦学性能影响较小，在不同硅溶胶浓度下制备的碳布增强湿式摩擦材料均表现出较好的摩擦学性能，其中当硅溶胶浓度为 9%时，碳布增强湿式摩擦材料动摩擦因数适中，磨损量小，表现出最好的摩擦磨损性能，在后续研究中固定硅溶胶浓度为 9%。

表 8-4　不同硅溶胶浓度改性样品磨损表面 Cu 含量的 EDS 能谱分析

硅溶胶浓度	元素	电子结合能/keV	质量分数/(%)	误差/(%)	原子分数/(%)
3%	Cu K	8.040	4.20	0.75	0.84
6%	Cu K	8.040	2.29	0.32	0.46
9%	Cu K	8.040	3.86	0.99	0.78
12%	Cu K	8.040	4.61	1.24	0.93

8.3.5　微波水热时间沉积纳米 SiO_2 改性对摩擦材料结构及摩擦学性能的影响

1. 不同时间沉积纳米 SiO_2 改性碳纤维的 SEM 分析

图 8-21 所示为不同微波水热时间沉积纳米 SiO_2 改性碳纤维的微观形貌，从图中可以看出，纳米 SiO_2 在各微波水热时间下均能在碳布表面有效沉积。从表 8-5 给出的不同微波水热时间改性碳纤维表面的 EDS 能谱分析可以看出，随着水热时间的延长，碳纤维表面纳米 SiO_2 颗粒含量呈上升的趋势，说明微波水热处理时间越长，纳米 SiO_2 颗粒在碳纤维表面沉积的越多。同时，我们也发现在微波水热 120 min 时，碳纤维表面的纳米 SiO_2 颗粒更小、更加均匀，这些纳米颗粒能够有效增加纤维表面的粗糙度，从而改善碳布与树脂基体的黏结强度。这是因为碳纤维的粗糙度越大，纤维与树脂基体间的机械啮合力越大，从而可以提高界面间的黏结强度。

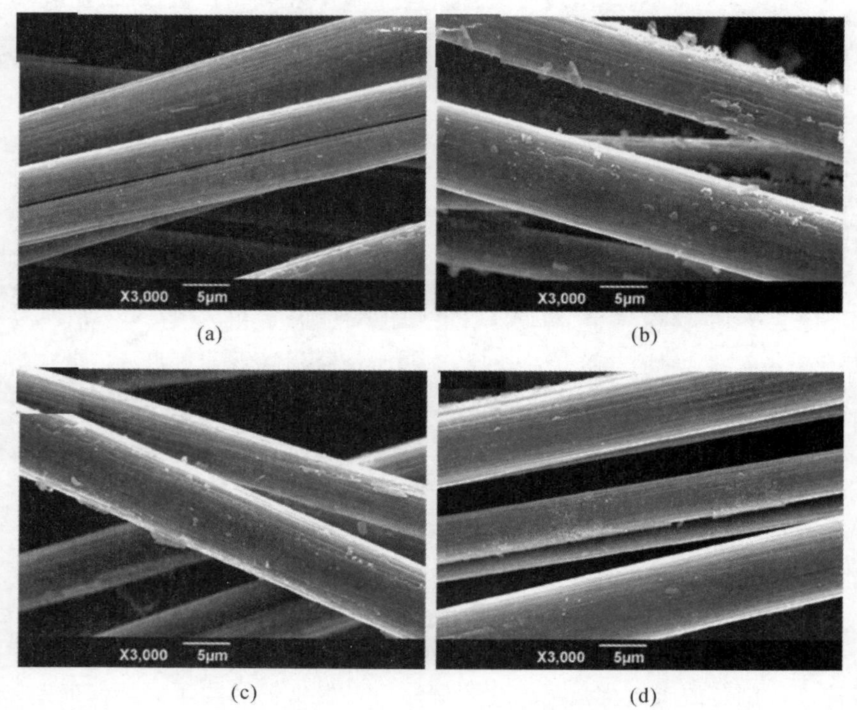

(a)　(b)　(c)　(d)

图 8-21　不同微波水热时间沉积纳米 SiO_2 改性碳纤维的微观形貌

(a)30min；(b)60min；(c)90min；(d)120min

表 8-5　不同微波水热时间改性碳纤维表面纳米 SiO_2 含量的 EDS 能谱分析

时间	元素	电子结合能/keV	质量分数/(%)	误差/(%)	原子分数/(%)
30min	Si K	1.739	0.44	0.12	0.20
60min	Si K	1.739	0.73	0.20	0.32
90min	Si K	1.739	0.93	0.29	0.41
120min	Si K	1.739	1.07	0.39	0.47

2. 不同时间沉积纳米 SiO_2 改性湿式摩擦材料的动摩擦因数分析

图 8-22(a)所示为不同微波水热时间沉积纳米 SiO_2 改性碳布增强湿式摩擦材料动摩擦因数与结合压力的关系曲线，从图中可以看出不同结合压力条件下，改性碳布增强的湿式摩擦材料的动摩擦因数均高于未改性样品的动摩擦因数。其中，在微波水热 120 min 时，改性样品的动摩擦因数最大，且各样品的动摩擦因数随着结合压力的增大而减小。但到了高结合压力下，动摩擦因数有上升的趋势，这是由于摩擦表面粗糙峰变形程度的增加破坏了润滑油膜，增大了实际接触面积导致的。

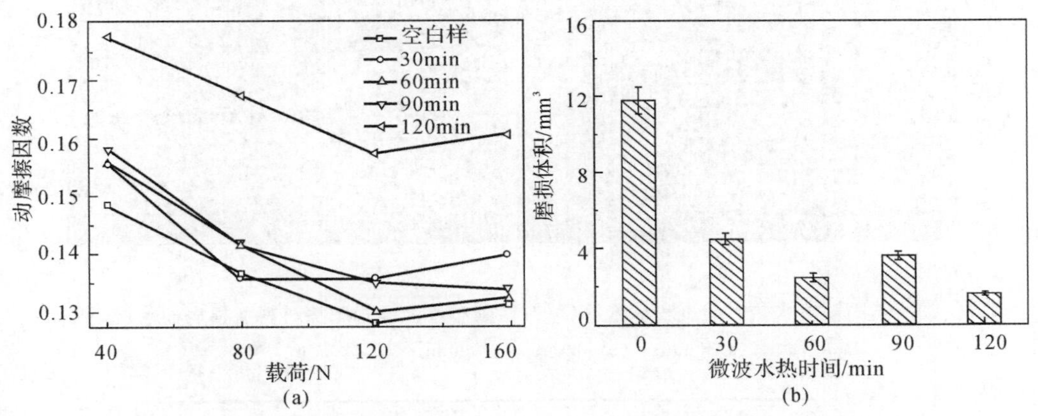

图 8-22　不同微波水热时间沉积纳米 SiO_2 改性碳布增强湿式摩擦材料的摩擦学性能

(a)不同载荷条件下的动摩擦因数；(b)磨损体积

3. 不同时间沉积纳米 SiO_2 改性湿式摩擦材料的磨损量分析

图 8-22(b)所示为不同微波水热时间沉积纳米 SiO_2 改性碳布增强湿式摩擦材料的磨损量对比图。从图中可以看出，经纳米 SiO_2 改性，样品的磨损量明显下降，耐磨性能明显提高。但是我们发现，当微波水热反应时间为 120 min 时，改性样品的磨损量最低，将在图 8-23 中对比进行分析解释。

4. 不同时间沉积纳米 SiO_2 改性湿式摩擦材料的磨损形貌分析

图 8-23 所示为不同微波水热时间沉积纳米 SiO_2 改性碳布增强湿式摩擦材料经过磨损试验后表面的微观形貌照片。从图中可以看出，经微波水热反应 30 min 和 90 min 的样品表面存在比较严重的纤维断裂和纤维拨出现象，说明样品在结合过程中以磨粒磨损为主，导致了较高的磨损量。图 8-23(b)所示样品的磨损表面虽然有纤维断裂现象，但是碳纤维与树脂基体牢固的黏结在一起，出现了碳纤维被磨平的现象，降低了样品的磨损量。而图 8-23(d)所

示样品表面被对偶材料铜所附满。经 EDS 能谱分析(见图 8-24),发现微波水热反应 120 min 时,改性样品磨损后表面铜含量较大,其与碳纤维形成了牢固的膜结构,虽然这种磨损形式能够提高碳布增强湿式摩擦材料的耐磨性能,但是容易引起对偶材料的严重磨损。

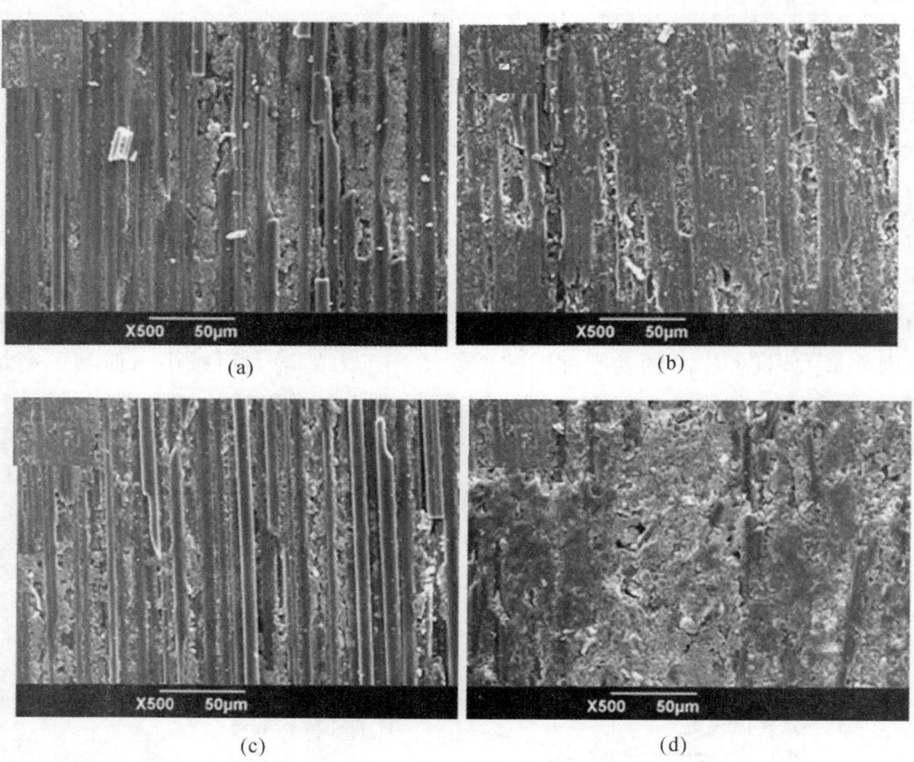

图 8-23 不同微波水热时间沉积纳米 SiO_2 改性碳布增强湿式摩擦材料磨损表面的微观形貌

(a)30min; (b)60min; (c)90min; (d)120min

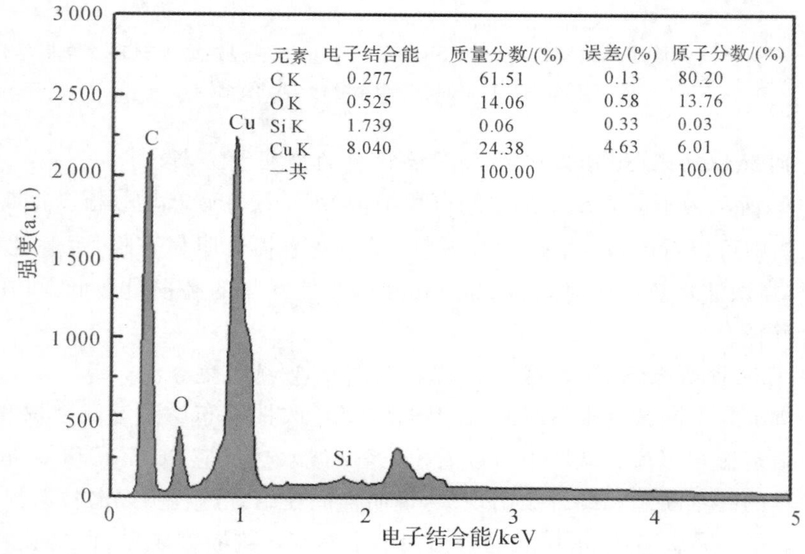

图 8-24 微波水热 120min 时,改性样品磨损表面的 EDS 能谱分析

上述分析结果表明，微波水热反应时间对改性碳布增强湿式摩擦材料的动摩擦因数、磨损量及磨损形貌有重要影响，能通过调节反应时间制备具有优异摩擦学性能的改性碳布增强湿式摩擦材料。

8.3.6　小结

本节首次采用微波水热法，成功将纳米 SiO_2 颗粒沉积到了碳布表面，并制备了纳米 SiO_2 改性碳布增强湿式摩擦材料。分别研究了微波水热温度、硅溶胶浓度和微波水热时间等因素对碳布增强湿式摩擦材料结构、形貌及摩擦学性能的影响。

(1)沉积有纳米 SiO_2 颗粒的碳布亲水性能得到了明显提高，可以有效改善碳布与树脂基体的黏结强度，从而有效提高碳布增强湿式摩擦材料的耐磨性能。微波水热温度为 200℃时改性碳布制备的碳布增强湿式摩擦材料摩擦磨损性能最好，动摩擦因数和摩擦稳定性均有所提高，磨损量降低到了未改性样品的 20.8%。

(2)硅溶胶浓度对改性碳布增强湿式摩擦材料的摩擦学性能影响较小，不同硅溶胶浓度条件下制备的碳布增强湿式摩擦材料均表现出较好的摩擦学性能。

(3)微波水热反应时间对改性碳布增强湿式摩擦材料的动摩擦因数、磨损量及磨损形貌有重要影响，反应 60min 制得的碳布增强湿式摩擦材料摩擦学性能良好，反应 120min 制得的碳布增强湿式摩擦材料磨损量较低，但对对偶材料的磨损较大。

(4)综合考虑改性碳布对碳布增强湿式摩擦材料的拉伸强度、动摩擦因数及磨损量等的影响，可以得出在微波水热为 200℃、硅溶胶浓度为 9%和微波水热时间为 60min 条件下沉积纳米 SiO_2 改性碳布增强湿式摩擦材料的摩擦磨损性能最好。

参考文献

[1]　刘保英，王孝军，杨杰，等. 碳纤维表面改性研究进展[J]. 化学研究，2015(2)：111-120.

[2]　Zhang G, Sun S, Yang D, et al. The surface analytical characterization of carbon fibers functionalized by H_2SO_4/HNO_3, treatment[J]. Carbon, 2008, 46(2):196-205.

[3]　郭云霞，刘杰，梁节英. 电化学改性 PAN 基碳纤维表面及其机理探析[J]. 无机材料学报，2009，24(4):853-858.

[4]　杜慷慨，林志勇. 碳纤维表面氧化的研究[J]. 华侨大学学报：自然科学版，1999(4)：354-357.

[5]　Ma K, Wang B, Chen P, et al. Plasma treatment of carbon fibers: Non-equilibrium dynamic adsorption and its effect on the mechanical properties of RTM fabricated composites[J]. Applied Surface Science, 2011, 257(9):3824-3830.

[6]　Montes-Morán M A, Young R J. Raman spectroscopy study of high-modulus carbon fibres: effect of plasma-treatment on the interfacial properties of single-fibre - epoxy composites Part II: Characterisation of the fibre - matrix interface[J]. Carbon, 2002, 40(6):857-875.

[7]　Li J, Huang Y, Xu Z, et al. High-energy radiation technique treat on the surface of

carbon fiber[J]. Materials Chemistry & Physics, 2005, 94(2-3):315-321.

[8] 刘新宇，秦伟，王福平. 冷等离子体接枝处理对碳纤维织物/环氧复合材料界面性能的影响[J]. 航空材料学报，2003，23(4):40-43.

[9] 苏峰华，张招柱，王坤，等. 等离子处理碳纤维织物复合材料的摩擦学性能[J]. 材料研究学报，2005，19(4):437-442.

[10] Yang J, Xiao J, Zeng J, et al. Matrix modification with silane coupling agent for carbon fiber reinforced epoxy composites[J]. Fibers and Polymers, 2013, 14(5): 759-766.

[11] 张萍，张永忠，尹法章，等. 碳纤维增强镁基复合材料的制备及微观结构分析[J]. 有色金属工程，2011，63(1):19-22.

[12] Zhang R L, Huang Y D, Su D, et al. Influence of sizing molecular weight on the properties of carbon fibers and its composites[J]. Materials & Design, 2012, 34: 649-654.

[13] Wicks S S, Villoria R G D, Wardle B L. Interlaminar and intralaminar reinforcement of composite laminates with aligned carbon nanotubes[J]. Composites Science & Technology, 2010, 70(1):20-28.

[14] Su F H, Zhang Z Z, Wang K, et al. Tribological and mechanical properties of the composites made of carbon fabrics modified with various methods[J]. Composites Part A: Applied Science & Manufacturing, 2005, 36(12):1601-1607.

[15] Wen H C, Yang K, Ou K L, et al. Effects of ammonia plasma treatment on the surface characteristics of carbon fibers[J]. Surface & Coatings Technology, 2006, 200(10):3166-3169.

[16] Sun M, Hu B, Wu Y, et al. The surface of carbon fibres continuously treated by cold plasma[J]. Composites Science & Technology, 1989, 34(4):353-364.

[17] Ishifune M, Suzuki R, Mima Y, et al. Novel electrochemical surface modification method of carbon fiber and its utilization to the preparation of functional electrode [J]. Electrochimica Acta, 2005, 51(1):14-22.

[18] Thomas S. Gamma radiation treatment of carbon fabric to improve the fiber-matrix adhesion and tribo-performance of composites [J]. Wear, 2011, 271 (9-10): 2184-2192.

[19] Bell M, Skinner J. FTIR Study of Degradation Products of Aliphatic Polyester-Carbon Fibres Composites [J]. Journal of Molecular Structure, 2001, 596 (1-3): 69-75.

[20] Severini F, Formaro L, Pegoraro M, et al. Chemical modification of carbon fiber surfaces[J]. Carbon, 2002, 40(5):735-741.

[21] Yu S R, Liu Y, Li W, et al. The running-in tribological behavior of nano-SiO_2/Ni composite coatings[J]. Composites Part B: Engineering, 2012, 43(3):1070-1076.

[22] Molazemhosseini A, Tourani H, Khavandi A, et al. Tribological performance of PEEK based hybrid composites reinforced with short carbon fibers and nano-silica

[J]. Wear, 2013, 303(s 1-2):397-404.

[23] Li H, Yin Z, Jiang D, Huo Y, Cui Y. Tribological behavior of hybrid PTFE/Kevlar fabric composites with nano-Si_3N_4 and submicron size WS_2 fillers[J]. Tribology International, 2014, 80:172-178.

[24] Zhang G, Chang L, Schlarb A K. The roles of nano-SiO_2, particles on the tribological behavior of short carbon fiber reinforced PEEK[J]. Composites Science & Technology, 2009, 69(7):1029-1035.

[25] Deka B K, Kong K, Seo J, et al. Controlled growth of CuO nanowires on woven carbon fibers and effects on the mechanical properties of woven carbon fiber/polyester composites[J]. Composites Part A: Applied Science & Manufacturing, 2015, 69 (69):56-63.

[26] Zhang G, Schlarb A K. Correlation of the tribological behaviors with the mechanical properties of poly-ether-ether-ketones (PEEKs) with different molecular weights and their fiber filled composites[J]. Wear, 2009, 266(1-2):337-344.

[27] Min Z R, Ming Q Z, Yong X Z, et al. Structure - property relationships of irradiation grafted nano-inorganic particle filled polypropylene composites [J]. Polymer, 2001, 42(1):167-183.

[28] Qiao H B, Guo Q, Tian A G, et al. A study on friction and wear characteristics of nanometer Al_2O_3/PEEK composites under the dry sliding condition[J]. Tribology International, 2007, 40(1):105-110.

[29] Shi G, Zhang M Q, Rong M Z, et al. Friction and wear of low nanometer Si_3N_4, filled epoxy composites[J]. Wear, 2003, 254(7-8):784-796.

[30] Zhang X, Wang Q, Pei X. Friction and wear properties of combined surface modified carbon fabric reinforced phenolic composites[J]. European Polymer Journal, 2008, 44(8):2551-2557.

[31] 张泽抚，刘维民，薛群基. 含氮有机物修饰的纳米三氟化镧的摩擦学性能研究[J]. 摩擦学学报，2000，20(3):217-219.

[32] Jiang Z, Gyurova L A, Schlarb A K, et al. Study on friction and wear behavior of polyphenylene sulfide composites reinforced by short carbon fibers and sub-micro TiO_2, particles[J]. Composites Science & Technology, 2008, 68(3-4):734-742.

[33] Chang L, Zhang Z. Tribological properties of epoxy nanocomposites: Part II A combinative effect of short carbon fibre with nano-TiO_2[J]. Wear, 2006, 260(7): 869-878.

[34] 高永建，张治军. 油酸修饰 TiO_2 纳米微粒水溶液润滑下 GCr15 钢摩擦磨损性能研究[J]. 摩擦学学报，2000，20(1):22-25.

[35] 梁起，张顺利，张治军，等. $La_2(C_2O_4)_3$ 纳米微粒的摩擦学行为研究[J]. 化学通报，1999，20(6):48-51.

第9章　湿式摩擦材料的模拟仿真

9.1　湿式摩擦材料摩擦学性能的综合评价

9.1.1　概述

对于某一确定的湿式摩擦材料，衡量其摩擦学性能的指标众多，主要包括摩擦性能和磨损性能两大部分。其中摩擦性能包括动摩擦因数、传动敏感度和制动稳定性等，磨损性能包括体积磨损率和质量磨损率等。在这些指标中，动摩擦因数是表征离合器传递扭矩能力的关键指标，该指标越靠近理想值越好，即处于设定动摩擦因数区间的中点最好；静摩擦因数主要表征摩擦副在变速/结合后期传递扭矩的能力，当静摩擦因数较高时，容易使摩擦副结合过程产生振颤，因此静摩擦因数越低越好；同理，动/静摩擦因数比越大越好；变异系数能够很好地反映出长时间连续传动条件下摩擦材料的摩擦稳定性，并且低的变异系数意味着好的摩擦稳定性；磨损率是表征摩擦材料寿命的关键指标，其值越小表明使用寿命越长。然而，在实际应用中，这些指标并不是统一都好或者都坏，而是部分好、部分差。Kim S J 等人[1]研究了由两种不同种类树脂制备的摩擦材料的摩擦稳定性和耐磨性能，发现由改性酚醛树脂制备的摩擦材料表现出了较好的摩擦性能，但是耐磨性却出现下降；Fei J 等人[2]研究了碳纤维长度(100 μm，400 μm，600 μm 和 800 μm)对摩擦材料摩擦学性能的影响规律，发现较大的孔隙率和更多的树脂覆盖可以使由 600μm 碳纤维制备的摩擦材料表现出较大的动摩擦因数也展现出较低的磨损率；Kim S H 等人[3]研究了短切玻璃纤维增强摩擦材料的摩擦磨损性能，发现短切玻璃纤维的加入降低了摩擦材料在 100℃时的磨损率，但是摩擦因数和摩擦稳定性也出现下降；Zhang X 等人[4]探索了复合矿物纤维含量(0%，5%，10%，15%以及 25%)对摩擦材料摩擦性能的影响规律，发现包含 15%矿物纤维的摩擦材料具有最小的磨损率和变异系数，然而它的动摩擦因数并不是最大的。因此，为了解决多指标评价的不一致性问题，从众多的摩擦材料里选择出综合性能优异的某一确定的摩擦材料继而将其应用于实际离合器当中是非常有意义的。

为了解决上述问题，众多学者开展了大量相关的研究工作。Mustafa A 等人[5]通过考虑材料的环保性、成本和毒性三个因素，建立了摩擦材料的评价模型，并应用 Cambridge Engineering Selector Edupack 软件完成了摩擦材料的选择，但是其并没有考虑材料的摩擦性能；Dadkar N 等人[6]采用线性多项式方法和改进的瑞伊公式对粉煤灰和芳纶纤维增强混合聚合物基体复合材料的摩擦性能进行了评价，但是这种方法仅仅适用于自变量和应变量可以被定量测试的情况；Mustafa A 等人[7]采用加权决策矩阵法评价和验证了红麻纤维是否可以作为一种可选择的摩擦材料，然而在该模型中权值因子的选取是相对主观的，并且对评价结果的验证是相对不充分的；Zhao H 等人[8]通过引入测试后摩擦材料表面的吸油能力这个重要的参数综合评价了 ATFs 润滑油的抗震颤性能；Mortazavi B 等人[9]采用全局统计法评价了二氧化硅/环氧树脂纳米复合材料的机械性能，然而这种方法并不能将多评价指标进行归一化处理。

因此，在之前的研究中几乎没有完全适用于摩擦材料多摩擦性能指标的归一化评价。

层次分析法(AHP)由于具有简捷、实用、系统和定量等方面的优势已经被广泛应用于共识达成[10]和风险评估[10]等领域，但是还没有被应用于摩擦材料摩擦学性能的评价。再加上它能够将多指标评价统一成单指标评价，因而 AHP 是非常适合于摩擦材料摩擦学性能的评价的。

基于上述分析，本书提出了基于 AHP 和权值函数的摩擦学性能的模糊综合评价模型，如图 9－1 所示。该模型能够将多个不一致的评价指标统一成单个指标，因而能够很好地应用于摩擦材料摩擦学性能的精确评价。同时，该模型能够帮助设计者更有效、精确和综合地研究摩擦材料，进而从众多摩擦材料中选择出具有优异摩擦学性能的摩擦材料。该模型也可以为材料配比和设计制造提供依据。最后，通过对摩擦材料的扭矩曲线、表面结构以及温度等的分析来检验模型的有效性。

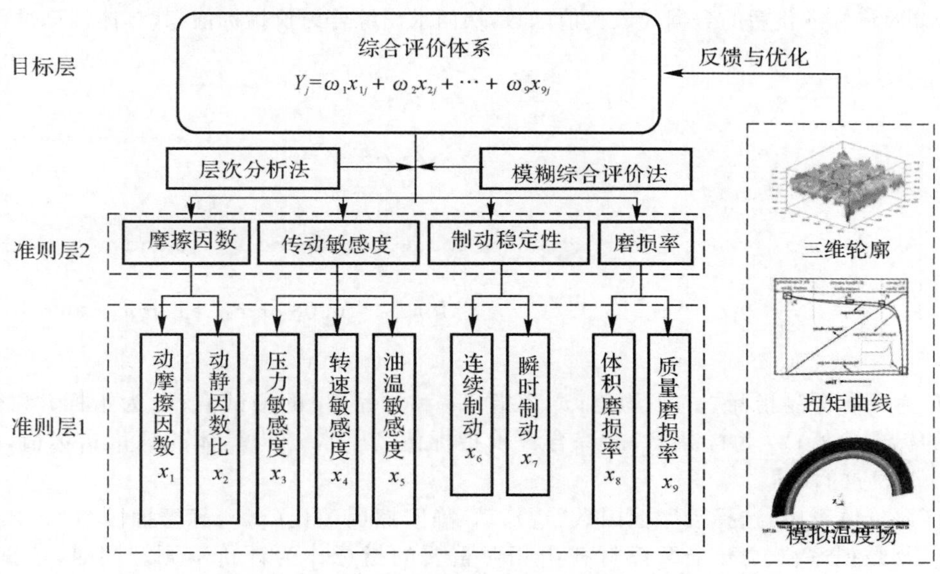

图 9－1　摩擦材料摩擦学性能的综合评价模型

9.1.2　模糊综合评价模型的应用

为了检验模糊综合评价模型的实际可操作性和有效性，本节制备了碳纳米管(CNTs)改性湿式摩擦材料，并以它们为评价对象，对其摩擦学性能进行了综合评价。我们选用 P_1，P_2，P_3，P_4，P_5，P_6 代表包含 0%，2%，4%，8%，12%和 15% CNTs 的摩擦材料，其具体配方见表9－1。

一、模糊综合评价模型的建立

按照国标 GB/T 13826—2008 和专家判断的要求，当动摩擦因数小于 0.08、动/静摩擦因数比大于 1 或者磨损率大于 6×10^{-2} mm^3/J 时，摩擦材料不能够用在湿式传动系统中。基于上述分析，考虑到 1～9 标度法、专家判断、数据标准化和矩阵求解这些因素，我们构造了摩擦学性能的权值函数，它是整个模糊综合评价模型的核心所在。

表 9-1 摩擦材料样品的组分配比

原料	C1	C2	C3	C4	C5	C6
碳纤维	53	52	51	48	45	43
竹纤维	27	26	25	24	23	22
酚醛树脂	20	20	20	20	20	20
碳纳米管	0	2	4	8	12	15

首先，通过对摩擦学性能的综合分析，选择了 5 个评价准则，继而建立层次结构模型。然后，采用 1～9 标度法和专家判断构造判断矩阵，通过对判断矩阵进行求解，获得了用作评价准则的权值向量(最大特征向量)和用于矩阵一致性检验的最大特征值。最后，利用上述权值构造出权值函数，继而将标准化后的数据代入权值函数，从而求出综合评价指标值，其具体计算过程为

$$M_i=\frac{\sum_{j=1}^{n}x_{ij}}{n}\quad i=1,2,3,4,5 \tag{9-1}$$

$$\bar{x}_{ij}=\frac{x_{ij}}{M_i}\quad \begin{matrix} i=1,2,3,4,5 \\ j=1,2,3\cdots n \end{matrix} \tag{9-2}$$

$$Y_j=\begin{cases}\omega_1\bar{x}_{1j}+\omega_2\bar{x}_{2j}-\omega_3\bar{x}_{3j}-\omega_4\bar{x}_{4j}-\omega_5\bar{x}_{5j} & \text{for } x_{1j}\geqslant 0.08 \text{ and } x_{2j}\leqslant 1 \text{ and } x_{5j}\leqslant 6\times10^{-2} \\ -\infty & \text{for } x_{1j}<0.08 \ or\ x_{2j}>1 \text{ or } x_{5j}>6\times10^{-2}\end{cases} \tag{9-3}$$

式中，M_i 为所有样品指标 i 的平均值；x_{ij} 为指标 i 和样品 P_j 的测试值；$\bar{x}_{ij}$ 为指标 i 和样品 P_j 测试值的标准化值；Y_j 为样品 P_j 的综合评价指标值，其中，x_i 为具体的评价指标值，ω_i 为评价指标 x_i 对应的权值。

在该评价体系中，选择动摩擦因数(x_1)、动/静摩擦因数比(x_2)、静摩擦因数(x_3)、变异系数(x_4)以及磨损率(x_5)五个摩擦材料中相对重要的指标作为评价准则。同时，依据 GB/T 13826—2008 的要求以及 Fei J 等人[12]和 Zhang X 等人[4]的研究，为了获得摩擦性能优异的摩擦材料，我们将 x_1 和 x_2 的权值设定为正值(即 x_1 和 x_2 越大越好)，将 x_3，x_4 和 x_5 的权值设定为负值(即 x_3，x_4 和 x_5 越小越好)。

二、模糊综合评价模型的应用

1. 权值计算

通过 1～9 标度法和专家判断可以获得判断矩阵($\boldsymbol{a}$)，采用 Mat-lab 软件可以计算得到该矩阵的最大特征值和最大特征向量。最大特征值为 5.033 1，最大特征向量对应表 9-2 中的五个权值。其中 ω_1，ω_2，ω_3，ω_4，ω_5 分别为动摩擦因数、动/静摩擦因数比、静摩擦因数、变异系数以及磨损率对应的权值。

$$\boldsymbol{a}=\begin{bmatrix}1 & 3 & 4 & 3 & 2\\ 1/3 & 1 & 2 & 1 & 1/2\\ 1/4 & 1/2 & 1 & 1/2 & 1/3\\ 1/3 & 1 & 2 & 1 & 1/2\\ 1/2 & 2 & 3 & 2 & 1\end{bmatrix}$$

表 9-2 评价指标对应的权值

权值	ω_1	ω_2	ω_3	ω_4	ω_5
	0.403 0	0.136 7	0.079 1	0.136 7	0.244 4

2. 测试数据标准化

通过式(9-1)和式(9-2)对测试值进行了标准化后，可以得到六个被评价对象的五个评价指标的标准化值，见表 9-3。

表 9-3 六个被评价对象的实验测试值和标准化值

试样	x_1	$\overline{x}_1$	x_2	$\overline{x}_2$	x_3	$\overline{x}_3$	x_4	$\overline{x}_4$	x_5	$\overline{x}_5$
P_1 (CNTs 0%)	0.085 4	0.931 6	0.657 0	1.005 9	0.130 0	0.957 9	3.37%	1.419 9	11.60×10^{-5}	1.795 2
P_2 (CNTs 2%)	0.086 5	0.943 6	0.579 1	0.886 6	0.147 3	1.085 3	3.60%	1.516 9	14.03×10^{-5}	2.171 3
P_3 (CNTs 4%)	0.101 9	1.111 6	0.793 6	1.215 0	0.128 4	0.946 1	0.55%	0.231 7	2.68×10^{-5}	0.414 8
P_4 (CNTs 8%)	0.099 2	1.082 2	0.713 2	1.091 9	0.139 1	1.024 9	1.74%	0.733 2	0.89×10^{-5}	0.137 7
P_5 (CNTs 12%)	0.089 3	0.974 2	0.681 2	1.042 9	0.131 1	0.966 0	2.30%	0.969 1	7.27×10^{-5}	1.125 1
P_6 (CNTs 15%)	0.087 7	0.956 7	0.494 9	0.757 7	0.138 4	1.019 8	2.68%	1.129 2	2.30×10^{-5}	0.355 9

3. 综合评价指标值的计算

通过将评价指标对应的权值和标准化后的数据代入式(9-3)，可以获得综合评价指标值。表 9-4 列出了六个被评价对象的综合评价指标值。从表中可以发现，对于碳纳米管改性摩擦材料，当 CNTs 含量为 4%时，它表现出了最优异的摩擦学性能，但是当 CNTs 的含量为 2%时，摩擦性能却是最差的。同时，也可以发现当 CNTs 的添加量大于 4%时，其摩擦学性能要大于未添加 CNTs 的摩擦材料。Chang Q 等人[13]发现 CNTs 的加入增加了短切碳纤维/碳纳米管/尼伦 6 混杂复合材料的的摩擦性能，并且 Hwang H J 等人[14]也发现碳纳米管加入摩擦材料里，使其表现出了增长的抗衰退性和摩擦稳定性。因此，使用该模型评价的结果与 Chang Q 和 Hwang H J 等人的报道是一致的。

表 9-4 六个被评价对象的综合评价指标值

综合评价指标	Y_1	Y_2	Y_3	Y_4	Y_5	Y_6
对应的指标值	−0.195 7	−0.322 4	0.406 2	0.370 4	0.051 3	0.167 1

三、模糊综合评价模型的推广

工况条件如比压和转速对摩擦材料摩擦学性能有着非常重要的影响，因而动摩擦因数会随着工况条件的改变而改变[15]。如图 9－2(a)(b)所示，动摩擦因数随着比压和转速的增大而减小。这主要是由于粗糙峰的机械啮合和油膜的剪切力随着比压的增大而减小[16]，继而导致了动摩擦因数的下降。同时，在比压的作用下，润滑油逐渐从摩擦材料内部挤出到摩擦界面，因而更多的润滑油将覆盖粗糙峰[17]，这也导致了动摩擦因数的下降。对于转速，总的系统能量和结合时间会随着转速的增加而增大，这将使摩擦界面温度升高，进而降低了润滑油黏度，导致润滑油膜产生的剪切力下降，并且高的界面温度也会引起材料的软化，这些都将导致动摩擦因数的下降。值得注意的是，Kim S H 等人[3]，Kim S S 等人[18]以及 Berger E J 等人[19]都发现在不同的转速和比压条件下动摩擦因数的相对大小是一致的。他们也发现随着比压和转速的增大动摩擦因数减小，并且相对大小也是一致的。因此，该模糊综合评价模型能够很好地应用于不同转速和比压条件下摩擦材料摩擦学性能的评价。

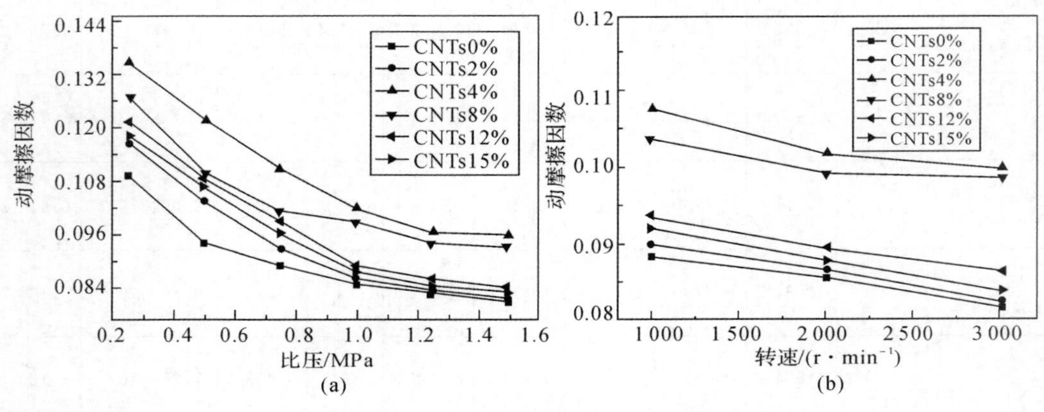

图 9－2 不同工况条件下的动摩擦因数

(a)不同比压条件下；(b)不同转速条件下

四、模糊综合评价模型的检验

1. 一致性检验

$$CI=\frac{\lambda_{\max}-n}{n-1} \tag{9-4}$$

$$CR=\frac{CI}{RI} \tag{9-5}$$

式中，CR 为随机一致性指标；CI 为一致性指标；RI 为平均随机一致性指标；$\lambda_{\max}$ 为最大特征值；n 为评价指标的个数。

通过式(9－4)和式(9－5)可以对判断矩阵进行一致性检验。随机一致性指标 CR 为 0.007 4，远远小于 0.129 4($RI=1.12$)。因此，该判断矩阵具有很好地一致性，进而能够准确地反映评价指标权值的合理性。

2. 通过扭矩曲线检验

摩擦曲线能够很好地从另一个角度反映碳纳米管改性湿式摩擦材料的摩擦学性能[4,17]。在与摩擦因数相同的测试条件下，我们测试得到了试样的摩擦扭矩曲线，如图 9－3 所示。从图中可以看出，P_3(4%CNTs)表现出了最大的摩擦扭矩、最短的结合时间以及最平坦的扭矩曲线，紧接着是 P_4，P_6，P_5，P_1，P_2，这意味着 P_3 的结合效率和稳定性都优于其他样品。因此，扭矩曲线的评价结果与模糊综合评价模型的评价结果是完全一致的。

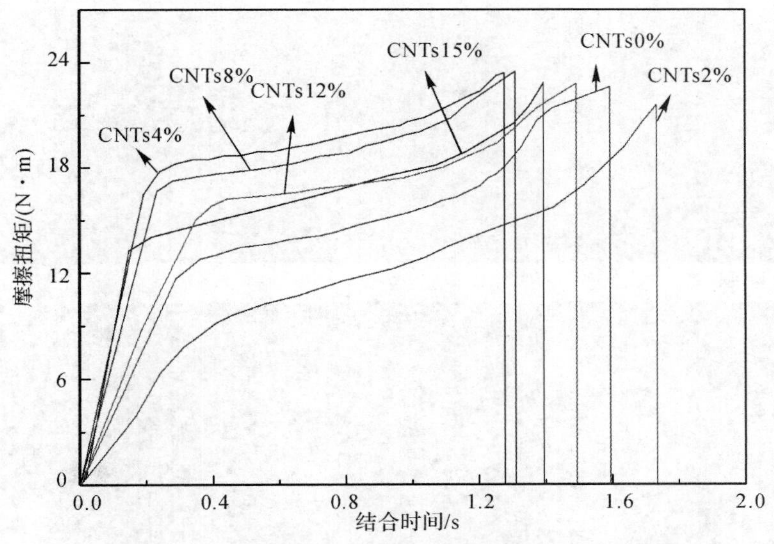

图 9-3　具有不同碳纳米管含量样品的摩擦扭矩曲线

3. 表面结构检验

表面结构对摩擦材料摩擦学性能同样有着非常大的影响，如表面大量的微孔、粗糙峰和沟槽、纤维突出和暴露等[20-22]。因此，表面结构能够间接反应摩擦学性能的好坏。如图 9-4 所示，碳纤维均匀地分散于树脂基体中，形成了具有不同尺寸的微孔。微孔的大小和数量随着碳纳米管含量的增加而增多。多孔的微观结构能够使润滑油顺利到达接触区域，并保持畅通地流进和流出。润滑油能够传走大量的摩擦热量，进而减缓摩擦学性能的衰减。然而，摩擦材料的机械强度却随着微孔的大小和数量的增加而减小，这将导致差的摩擦学性能。与此同时，随着碳纳米管含量的增大，摩擦材料表面逐渐变得平滑，粗糙峰数量减少，这也将弱化摩擦学性能。

从图 9-4 中也可以发现，当碳纳米管含量大于 4%时，试样表面变得非常致密和光滑，相反，当其含量小于 4%时，试样表面结构变得松散，这与 Fei J 等人[23]的研究也是一致的。他们发现拥有合适表面结构(孔隙率和表面粗糙度)的摩擦材料表现出了较好的摩擦学性能。因此，表面结构的评价结果表明 P_3(4% CNTs)将具有优异的摩擦学性能，这与模糊综合评价模型的评价结果也是一致的。

4. 温度检验

在湿式传动过程中，由于摩擦热的产生，温度在不断地发生变化，并且最高温度随着摩擦学性能的变化而变化[24-26]。因此，摩擦界面的温度也可以用来间接地评价摩擦学性能，并且低的温度意味着好的摩擦稳定性和磨损性能。在与磨损率测试相同的测试条件下，我们测试了传动过程中对偶盘的最高温度。如图 9-5 所示，随着结合次数的增加，对偶盘最高温度首先快速增长，紧接着维持在一个常数。值得注意的是，P_3 表现出了最低的温度和最好的摩擦稳定性，然后是 P_4，P_6，P_5，P_1，P_2，这意味着 P_3 拥有最好的摩擦稳定性和磨损性能。Osanai H 等人[27]提出了当摩擦材料具有较好的摩擦学性能时，摩擦表面的温度将是低的，其与模糊综合评价模型的评价结果也是一致的。因此，温度检验的结果也表明该模型是有效的。

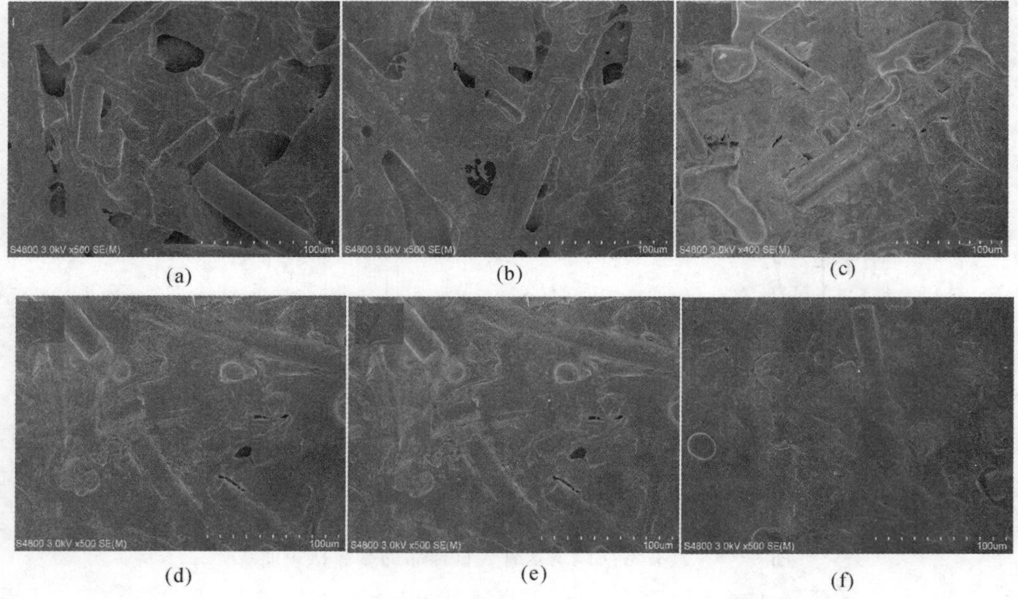

(a) (b) (c) (d) (e) (f)

图 9-4 具有不同 CNTs 含量的样品表面 SEM 图

(a)0%；(b)2%；(c)4%；(d)8%；(e)12%；(f)15%

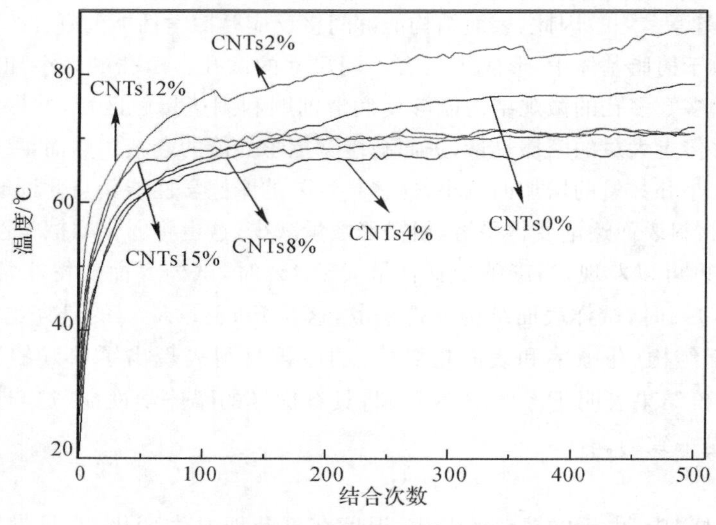

图 9-5 对偶盘最高温度与结合次数之间的关系

9.1.3 小结

本节基于模糊概率理论，通过构造层次分析模型，应用数据标准化和判断矩阵，得到了模糊综合评价模型，并建立了权值函数，将多指标进行了归一化处理。然后，制备了碳纳米管改性湿式摩擦材料，应用该模型对其摩擦学性能进行了评价，进而通过一致性检验、扭矩曲线、表面结构以及温度对评价结果进行了检验。主要结论如下：

(1)一致性检验表明该模型具有很好的一致性。

(2)评价结果表明 P_3 的综合评价指标最大，预示着其具有最好的摩擦学性能，紧接着是 P_4，P_6，P_5，P_1，然而 P_2 的综合评价指标最小，意味着最差的摩擦学性能。这个评价结果与摩擦扭矩曲线、表面结构和温度的评价结果是一致的。

(3)实验结果表明 P_3 展现出了最高的动摩擦因数和动静摩擦因数比以及最低的静摩擦因数和变异系数，而 P_4 展现出了最小的磨损率。

(4)该综合评价模型能够很好地解决定性分析中多指标指向不一致的问题，同时能够很好地降低主观和片面误差，继而它能够被推广到更多的材料性能评价应用中去。

9.2　碳布湿式离合器结合过程的仿真

9.2.1　概述

弄清湿式离合器的结合过程能够很好地促进它的优化与发展，因而对结合过程进行精确地仿真是非常有意义的。为了更好地洞察湿式结合过程，相关的学者进行了大量的实验，包括摩擦材料的组成和结构两个方面。Fei J 等人[12]研究了结合过程中摩擦材料的组成对动摩擦扭矩的影响；Marklund P 等人[28]研究了渗透率对结合过程中温度的影响，发现它对结合过程中的结合时间、离合器温度和边界润滑系数有着重要的影响；Nyman P 等人[21]和 Mäki R 等人[29]报道了表面形貌和润滑油对结合过程中的摩擦特性的影响。因此，对湿式结合过程的深入研究对于优化湿式离合器是非常重要的。

为了更进一步研究湿式离合器的摩擦性能，对结合过程进行仿真(尤其是实际条件下无法测试的结合过程)也是非常有意义的。仿真能够帮助提高湿式离合器设计制造的效率。Natsumeda S 和 Miyoshi T[30]首次在纸基湿式离合器结合过程的研究中引入了雷诺方程；Berger E J 等人[19, 31]基于对纸基摩擦材料表面轮廓、渗透率和沟槽几何尺寸等的研究，提出了改进的雷诺方程，进而通过数值和有限元的方法模拟了该结合过程；考虑到准确的平均流动因子及流体黏度，Yang Y 等人[32]、Gao H 等人[24, 33]和 Marklund P 等人[34]对改进的雷诺方程进行了修正，进而基于改进的雷诺方程和扭矩平衡公式详细地研究了表面粗糙度、流体黏度、摩擦特性、材料渗透率、转动惯量、沟槽面积以及杨氏模量等对扭矩应答的影响。然而，这些研究主要针对烧结铜基和纸基摩擦材料，并且也很少对仿真结果进行实验的验证。

为了更好地研究湿式离合器的结合过程，在本节中，我们对碳布湿式离合器结合过程进行了模拟仿真。依据由于编织而导致的碳布摩擦材料的各向异性，我们对改进的雷诺方程进行了修正。为了阐明该仿真模型的有效性，我们通过实验数据对仿真结果进行了验证分析。Peklenik J[35]首次引入了表面类型参数，它能够准确地描述表面轮廓的方向性，并且将它定义为 x 关联长度与 y 关联长度的比值，其计算过程为

$$\gamma=\frac{\lambda_{0.5x}}{\lambda_{0.5y}} \tag{9-6}$$

式中，γ 为表面类型参数；$\lambda_{0.5x}$ 和 $\lambda_{0.5y}$ 为 x 和 y 轮廓的 0.5 关联长度。

9.2.2 制动模型和数学计算公式

图 9-6 所示为碳布湿式离合器的系统原理,下方的驱动盘以 ω_1 的转速转动,同时上方的从动盘以 ω_2 的转速转动并开始逐渐靠近驱动盘。在此过程中,比压作用下产生的摩擦力使两个表面以相对转动的状态到达一个相对静止的状态。随着时间的延长,在对偶盘和摩擦衬片之间润滑油膜厚度 $h(t)$ 逐渐减小。摩擦产生的热量通过沟槽传递出去,对于碳布而言,编织产生缝隙能够很好地充当沟槽的角色。也正因为碳布的编织特性,使其不能够像纸基摩擦材料那样切割出沟槽。因此,在整个仿真模型中,摩擦盘是没有沟槽存在的。该仿真模型的边界条件为,内径和外径的黏性压力为零,并且当 $t=0$ 时油膜厚度为 1。此外,该模型主要是针对反向编织的碳布摩擦材料而建立的,它的粗糙高度分布应该服从高斯函数。

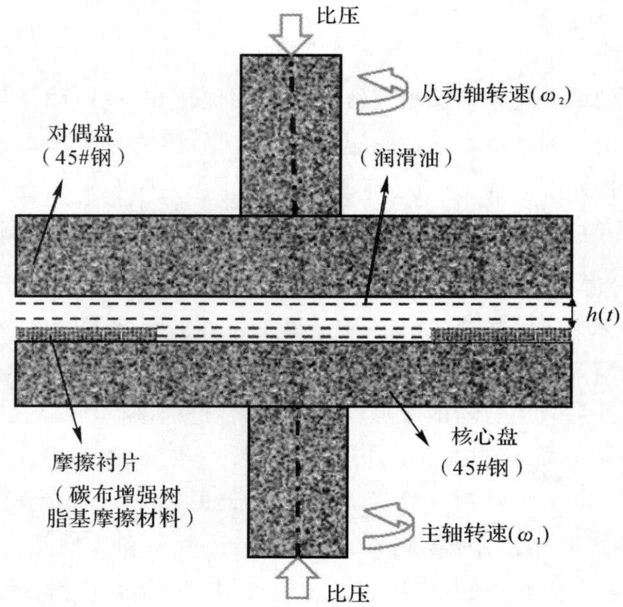

图 9-6 碳布湿式离合器的系统原理图

一、改进的雷诺方程

通过改进的雷诺方程和力的平衡公式可以获得湿式离合器结合过程中的理论油膜厚度[19, 36-37]。由于碳布摩擦材料编织的各向异性,因此选用 $\gamma=3$,并充分考虑表面粗糙度、渗透率以及弹性模量的影响,得到了油膜厚度随时间变化的计算公式[38],即

$$\frac{\mathrm{d}\hat{h}}{\mathrm{d}t}=\frac{\varphi(\hat{h})\psi(\hat{h})\varphi(\hat{h})}{g(\hat{h})A_{\mathrm{n}}}\xi\hat{h}^{3} \tag{9-7}$$

$$\varphi(\hat{h})=1-0.98\exp-\left[0.79\left(\frac{\hat{h}}{\hat{\sigma}}\right)\right] \tag{9-8}$$

$$\psi(\hat{h})=\frac{\hat{h}^{3}(1+\eta)+12\hat{K}_{\mathrm{per}}\hat{d}}{\hat{h}^{3}} \tag{9-9}$$

$$\varphi(\hat{h})=\frac{P_{\mathrm{app}}-P_{\mathrm{c}}(\hat{h})}{P_{\mathrm{app}}} \tag{9-10}$$

$$g(\hat{h})=\frac{1}{2}[1+\mathrm{erf}(\frac{\hat{h}}{\sqrt{2}\hat{\sigma}})] \tag{9-11}$$

$$\xi=\frac{\hat{F}_{\mathrm{app}}P_{\mathrm{app}}h_0^2}{12\mu r_{\mathrm{o}}Q} \tag{9-12}$$

$$\hat{F}_{\mathrm{app}}=\frac{r_{\mathrm{o}}^2-r_{\mathrm{i}}^2}{2r_{\mathrm{o}}^2} \tag{9-13}$$

$$Q=\int_{\hat{r}_{\mathrm{i}}}^{1}\frac{\hat{r}^2+(1-\hat{r}_{\mathrm{i}})\ln(\hat{r})/\ln(\hat{r}_i)}{4}\hat{r}\mathrm{d}\hat{r} \tag{9-14}$$

$$h_T=\int_{-h}^{\infty}(h+z)\Omega(z)\mathrm{d}z=\frac{h}{2}\left[1+\mathrm{erf}\left(\frac{h}{\sqrt{2}\sigma}\right)\right]+\frac{\sigma}{\sqrt{2\pi}}\mathrm{e}^{-\frac{h}{2\sigma^2}} \tag{9-15}$$

式中，$\varphi(\hat{h})$为由 Patir N 和 Cheng H S[37]定义的流动因子；$\psi(\hat{h})$为无量纲渗透率参数；$\varphi(\hat{h})$为无量纲的油膜黏性压力；$g(\hat{h})$为无量纲的表面粗糙度参数；γ 为表面类型参数；h 为理论油膜厚度，m；h_0 为初始油膜厚度，m；$\hat{h}=h/h_0$ 为无量纲的油膜厚度；$\hat{F}_{\mathrm{app}}$为无量纲的应用压力；A_{n}为理论盘的面积，m^2；σ_s 为对偶盘的表面粗糙度；σ_f 为碳布摩擦材料的表面粗糙度；$\sigma=\sqrt{\sigma_s^2+\sigma_f^2}$为 R. M. S. 表面粗糙度，m；$\hat{\sigma}$ 为无量纲的 R. M. S. 表面粗糙度；$\eta=1/(1+\tau hK_{\mathrm{per}})$为 Beavars & Joseph 滑动因子；$\tau=0.2$ 为 Beavars & Joseph 滑动系数[39]；K_{per}为碳布摩擦材料的渗透率，m^2；$\hat{K}_{\mathrm{per}}=K_{\mathrm{per}}/h_0$ 为摩擦材料的无量纲渗透率；d 为湿式摩擦材料衬片的厚度，m；$\hat{d}=d/h_0$ 为无量纲的衬片厚度；P_{app}为应用压力，Pa；$P_{\mathrm{c}}(\hat{h})$为平均粗糙接触压力，Pa；μ 为流体动力黏度，Pa·s；r_{i} 为摩擦材料盘的内径，m；r_{o} 为摩擦材料盘的外径，m；h_T 为平均油膜厚度，m；$\Omega(z)$为高斯分布函数。

由于理论油膜厚度随着压力导数的变化而改变，因而我们定义高斯表面分布为平均油膜厚度。从图 9－7 可以看出，随着时间的延长，平均油膜厚度与理论油膜厚度曲线之间保持着均匀的间隙。

二、结合时间

$$\frac{1}{2}I(\omega_i^2-\omega_{i+1}^2)=\theta fP_{\mathrm{app}}\frac{\omega_i+\omega_{i+1}}{2}\iint r\mathrm{d}A_{\mathrm{n}} \tag{9-16}$$

式中，I 为总的系统惯量；ω_i 为 t_i 时的相对角速度；ω_{i+1}为 t_{i+1}时的相对角速度；θ 为能量转换因子。

在之前的研究中，主要通过辛卜生法则对式(9－16)求解，继而得到结合时间，这种求解方法是复杂的和低精度的。在本节中，依据基于结合过程能量损失的能量守恒定律，我们采用式(9－17)求解得到了结合时间。基于大量的实验数据，计算得到了能量转换因子。图 9－7 显示了相对角速度随时间的延长呈线性减小。

三、扭矩平衡公式

在湿式离合器结合过程中，由流体剪切和表面粗糙峰剪切产生的扭矩在碳布摩擦材料和对偶盘之间传递。总的扭矩由黏性扭矩和粗糙接触扭矩组成，其计算过程为

$$T=T_{\mathrm{c}}+T_{\mathrm{v}}=I\frac{\mathrm{d}\omega_{\mathrm{rel}}}{\mathrm{d}t} \tag{9-17}$$

式中，T 为总的扭矩，N·m；T_{c} 为粗糙接触扭矩，N·m；T_{v} 为黏性扭矩，N·m；

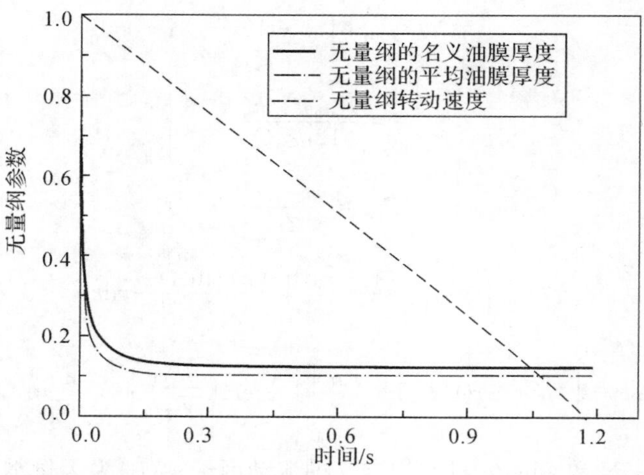

图 9-7　结合过程中油膜厚度和相对角速度的变化

1. 黏性扭矩

基于牛顿流体力学和 Patir N,Cheng H S[37] 提出的流体剪切因子,我们得到了黏性扭矩的计算过程,即

$$T_{\mathrm{v}}=\mu(\varphi_{\mathrm{f}}+\varphi_{\mathrm{fs}})\int_{0}^{2\pi}\int_{r_{\mathrm{i}}}^{r_{\mathrm{o}}}\frac{r^{2}\omega_{\mathrm{rel}}}{h}r\,\mathrm{d}r\mathrm{d}\theta \tag{9-18}$$

$$\varphi_{\mathrm{f}}=hE\left(\frac{1}{h_{T}}\right)=h\int_{-h+\varepsilon}^{\infty}\frac{\Omega(z)}{h+z}\mathrm{d}z \tag{9-19}$$

$$\Omega(z)=\frac{1}{\sqrt{2\pi}}\exp\left(-\frac{z^{2}}{2\sigma^{2}}\right)=\begin{cases}\dfrac{35}{96}\left[1-\left(\dfrac{z}{3\sigma}\right)^{2}\right]^{3} & \text{如果}\ |z|\leqslant\sigma\\ 0 & \text{如果}\ |z|>\sigma\end{cases} \tag{9-20}$$

$$\varphi_{\mathrm{f}}=\frac{35}{32}\hat{z}\left\{(1-\hat{z}^{2})^{3}\ln\frac{1+\hat{z}}{\varepsilon^{*}}+\frac{1}{60}\left[-55+\hat{z}(132+\hat{z}(345+\hat{z}(-160+\hat{z}(-405+\hat{z}(60+147\hat{z})))))\right]\right\} \tag{9-21}$$

如果 $\dfrac{h}{\sigma}\leqslant 3$

$$\varphi_{f}=\frac{35}{32}\hat{z}\left\{(1-\hat{z}^{2})^{3}\ln\frac{\hat{z}+1}{\hat{z}-1}+\frac{\hat{z}}{15}\left[66+\hat{z}^{2}(30\hat{z}^{2}-80)\right]\right\} \tag{9-22}$$

如果 $\dfrac{h}{\sigma}>3$

$$\hat{z}=\frac{h}{3\sigma},\quad \varepsilon^{*}=\frac{\varepsilon}{3\sigma} \tag{9-23}$$

$$\varphi_{\mathrm{fs}}=9.8\left(\frac{\hat{h}}{\hat{\sigma}}\right)^{2.25}\exp\left[-2.90\left(\frac{\hat{h}}{\hat{\sigma}}\right)+0.18\left(\frac{\hat{h}}{\hat{\sigma}}\right)^{2}\right] \tag{9-24}$$

式中,φ_{f} 和 φ_{fs} 分别为压力流动因子和剪切应力因子;ω_{rel} 为相对角速度,rad/s;$\Omega(z)$ 为高斯分布函数;z 为粗糙峰高度,m。

2. 粗糙接触扭矩

粗糙接触扭矩由接触粗糙峰产生，并且随着比压的增大而增大，如图 9－8(a)所示。与此同时，比压对动摩擦因数也有着较大的影响。因此，在本章的研究中，为了更准确的模拟碳布摩擦材料的粗糙接触扭矩，我们引入了碳布接触系数，即

$$T_c = \alpha f \int_0^{2\pi}\int_{r_i}^{r_o} r^2 P_c \mathrm{d}r\mathrm{d}\theta \tag{9-25}$$

$$\alpha = 0.673 + 3.493 \times 10^{-7} P_{app} \tag{9-26}$$

$$P_c = E\frac{A_c}{A_n} \tag{9-27}$$

$$\varepsilon = \frac{A_c}{A_n} = \pi m\beta\sigma\left\{\frac{1}{\sqrt{2\pi}}\exp\left(-\frac{\hat{h}^2}{2\hat{\sigma}^2}\right) + \frac{1}{2}\left(\frac{\hat{h}}{\hat{\sigma}}\right)\left[\operatorname{erf}(\sqrt{2}\hat{\sigma}) - 1\right]\right] \tag{9-28}$$

$$f = 0.1210 - 0.008\ln(v_{rel}) \tag{9-29}$$

式中，α 为无量纲的碳布接触系数；f 为动摩擦因数；P_c 为平均粗糙接触比压，Pa；A_c 为粗糙接触面积，m^2；E 为碳布摩擦材料的弹性模量，Pa；ε 为碳布摩擦材料在结合过程中的压缩应变；m 为碳布摩擦材料的粗糙峰密度，m^2；β 为碳布摩擦材料粗糙峰尖端的半径，m；$v_{rel} = (r_o + r_i)\omega_{rel}/2$ 为平均线速度，m/s。

此外，通过对试样数据进行曲线拟合，我们得到了动摩擦因数随线速度增大而呈对数减小的曲线，如图 9－8(b)所示。

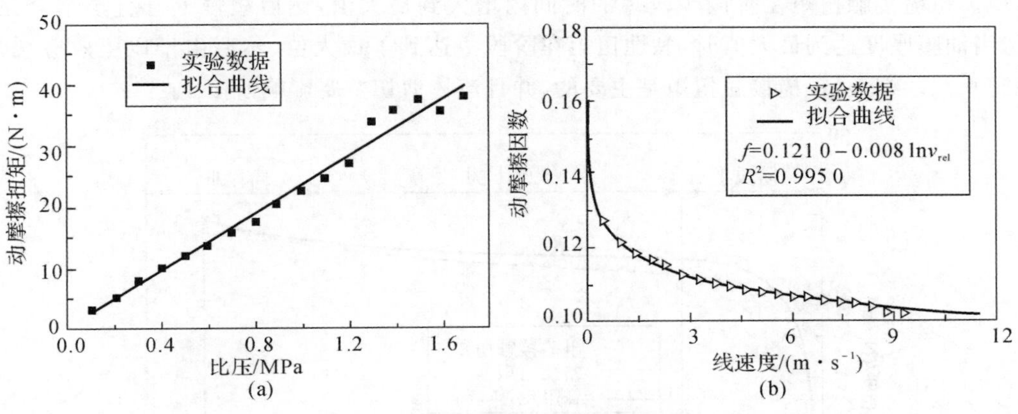

图 9－8　计算粗糙接触扭矩用到的函数关系

(a)动摩擦扭矩-比压；(b)动摩擦因数-线速度

三、求解过程

我们采用二阶龙格-库塔法对式(9－7)进行了求解，得到了油膜厚度随时间变化的数值解。其中，我们取 0.001 s 为求解时间间隔，并且当 ω_{rel} 到达 0 时，停止迭代。为了改善求解结果的精度，我们采用直接积分法对式(9－18)～式(9－24)进行了求解。表 9－5 列出了整个计算过程需要输入的初始参数。

表 9－5　仿真模型中需要输入的初始参数值

输入参数	对应的值
摩擦材料盘的内径，r_i/m	0.036 5
摩擦材料盘的外径，r_o/m	0.051 5
碳布摩擦材料粗糙峰的尖端半径，β/m	6×10^{-4}
碳布摩擦材料粗糙峰密度，m/m^2	2.5×10^{7}
初始油膜厚度，h_0/m	2.54×10^{-5}
碳布摩擦材料衬片的厚度，d/m	1×10^{-3}
对偶盘的表面粗糙度，σ_s/m	0.8×10^{-6}
碳布摩擦材料的表面粗糙度，σ_f/m	8.33×10^{-6}
碳布摩擦材料的渗透率，K_{per}/m^2	$1.659\,6\times10^{-14}$
碳布摩擦材料的弹性模量，E/Pa	$10.546\,8\times10^{6}$
润滑油黏度，μ/Pa·s	0.006 23

9.2.3　结果与讨论

1. 扭矩应答

从图 9－9 所示的扭矩应答曲线可以看出，总的扭矩由黏性扭矩和粗糙接触扭矩加和而成。在阶段 *I*，总的扭矩很快地增长到一个最大值，继而缓慢增长，直至制动后期公鸡尾现象的出现。粗糙接触扭矩在阶段 *I* 较短的时间内增大到最大值，然后缓慢上升直至结合完成。相反，当油膜厚度达到最大值时，黏性扭矩在阶段 *I* 达到了最大值，然后由于压膜效应缓慢地下降到 0[40]。综上，粗糙接触扭矩是主要的，并且流体剪切主要影响阶段 *I*。

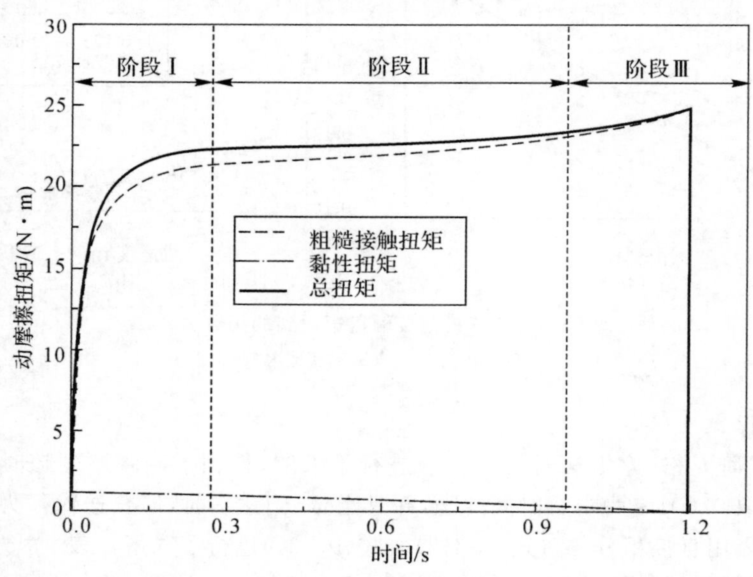

图 9－9　当比压为 1.0 MPa 时，湿式离合器结合过程中的仿真扭矩曲线

2. 比压的影响

$$\Delta\% = \frac{\sum_{i=1}^{n} \frac{|\Delta p_i - \Delta t_i|}{\Delta t_i} \times 100\%}{n} \tag{9-30}$$

式中，$\Delta\%$为平均相对误差；Δp_i 为模型预测值；Δt_i 为实验测试值；n 为计算点的个数，在本节中我们在扭矩曲线上以等间隔的方式选择了 30 个计算点。

为了评价已提出模型的有效性，我们进行了实验验证。图 9－10 显示了不同比压下的模型预测扭矩曲线(MP)与试验测试扭矩曲线(ED)具有很好的一致性。通过式(9－30)对其进行了误差分析，发现当 P_c＝0.5 MPa，1.0 MPa，1.5 MPa 时，它们的相对误差分别为 3.36%，2.30%和 3.98%。因此，该模型能够很好地预测碳布湿式离合器结合过程中的摩擦性能变化，并且对于设计新的湿式离合器来说它是一个很好工具。此外，比压在湿式离合器结合过程中扮演着重要的角色，且对扭矩值、结合时间和摩擦震颤现象等有着较大的影响。如图 9－10 所示，扭矩值随着比压的增大而增大，相反结合时间减小。同时我们也发现，摩擦震颤现象随着比压的增大而变得明显。这主要是由于随着比压的增大，线速度快速减小。因此，在阶段 I 的初始最大扭矩值是小的，紧接着扭矩迅速增大到最大值。

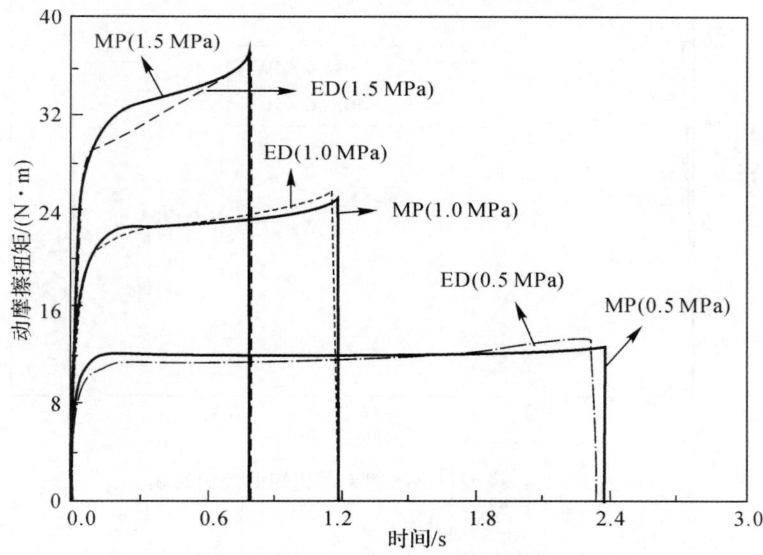

图 9－10　不同比压下扭矩应答的模型预测值和实验测试值

3. 碳布摩擦材料渗透率的影响

渗透率能够反映润滑油浸入到碳布摩擦材料里面的能力，并且能够影响结合时间和黏性扭矩。树脂含量和磨损情况对碳布摩擦材料的渗透率有着较大的影响，Fei J 等人[23] 发现在油润滑条件下，随着树脂含量的增大，阶段Ⅱ中的扭矩减小，同时结合时间延长。然而，更深的机理并没有被阐述。对于具有高渗透率的碳布摩擦材料，润滑油更易于浸入到材料里面。随着树脂含量的增多，渗透率减小，继而采用上述已提出的数值模型，我们研究了渗透率对扭矩应答的影响，如图 9－11 所示。从图中可以看出，黏性扭矩随着渗透率的增大而减小，并且渗透率主要影响的是阶段Ⅰ。在结合过程中。扭矩在阶段Ⅰ首先增大到初始最大值，然后过渡到阶段Ⅱ。这主要是由于随着渗透率的增大，油膜厚度下降得很快。同时，对于低渗透率的摩擦材料，润滑油很难进入碳布摩擦材料里，进而导致更多的润滑油留在了接触表面，这引起了粗糙峰接触出现的延迟。因此，低的扭矩导致了长的结合时间。

9.2.4 小结

在本节的研究中，我们首先成功建立了仿真碳布湿式离合器结合过程中摩擦特性的改进数值模型，并进一步通过实验测试验证了该模型的有效性。然后，通过该模型研究了比压和渗透率对扭矩应答的影响。结果表明，随着比压的增大，扭矩增大、结合时间缩短以及摩擦震颤现象变得严重。增长的渗透率减低了黏性扭矩、延迟了阶段Ⅰ中初始最大扭矩的出现，进一步延长了制动时间。此外，该模型的建立能够进一步弄清碳布湿式离合器的结合过程，并且对优化碳布湿式离合器有着重要的意义。最后，通过该模型，我们能够更好地研究不同碳布摩擦材料(不同编织类型、纤维种类以及高分子种类和含量(酚醛树脂、环氧树脂和聚醚醚酮等高分子))的摩擦学性能，进而为更有效、更低成本寻找更好的反向编织摩擦材料提供依据。

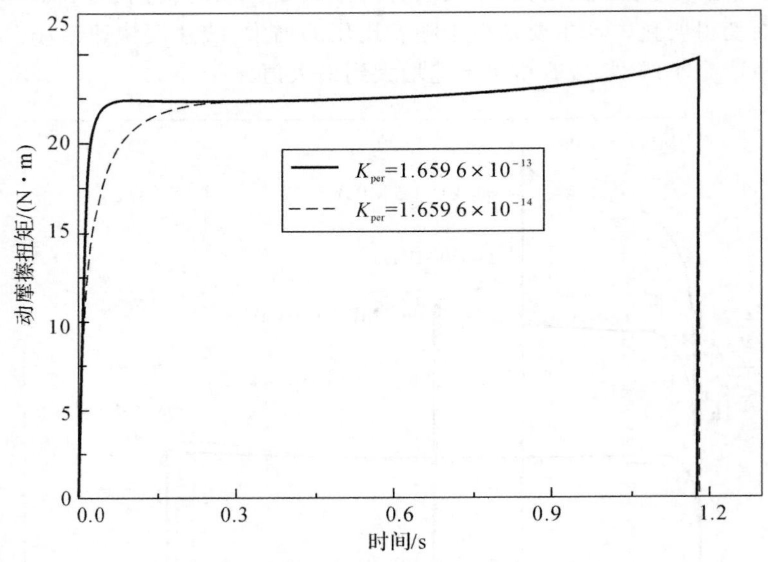

图 9-11　模型预测渗透率对扭矩曲线的影响

9.3 湿式离合器结合过程的温度场仿真

9.3.1 概述

湿式离合器通常应用于各种机械中，尤其是应用在自动变速器中[41]。在较短的结合时间内，可以产生了大量的热量，引起明显的和不均匀的温度上升。结合过程中的温度总是随着摩擦生热和摩擦衬片、润滑油、芯板以及对偶盘之间的热传递的变化而变化[26,42]。许多研究者已经对湿式离合器结合过程中的温度场进行了大量研究。基于派生的热传导方程，Zagrodzki P等人[43]通过数值分析的方法模拟了烧结铜基湿式离合器结合过程中的温度场和热应力，但是并没有把温度场的模型预测数据与试验数据进行对比验证；基于结合理论和变量分离技术，Jen T C等人[44]通过建立精简的数值模型仿真了结合过程中的温度上升和温度分布，但是该模型却是基于二维实体模型和恒能量制动的假设提出的；Tatara R A 等人[45]基于二维热传导方程的瞬态数值解，提出了常规热数值模型仿真结合过程中的温度场；为了预测湿式离合器结合过程中的瞬态热应答，Lai Y G 等人[46]提出了三维有限体积基数值方法，继而应用该模型进行了湿式离合器的沟槽设计。综上，在过去的研究中，对温度场的模拟仿真通常采用的是数值方法，并且摩擦衬片通常是纸基摩擦材料和烧结铜基摩擦材料。

温度对湿式离合器结合过程中的扭矩传递起着至关重要的作用，高的温度会软化摩擦材料和降低润滑油黏度，继而降低摩擦因数。因此，低的和稳定的温度有助于具有很小震荡的平滑扭矩传递的出现。许多研究者通过数值方法研究了温度对扭矩传递的影响。为了更好地模拟这种影响，Davis C L 等人[47]建立了精简的等温模型，同时 Marklund P 等人[48]建立了基于边界润滑机制的摩擦模型；为了模拟热对结合过程的影响，Jang J Y 等人[49]基于统御方程式、边界条件和数值求解技术，构建了综合的计算公式。

此外，温度对摩擦材料的摩擦学性能和失效也有着非常重要的影响。值得一提的是，工况条件（比压、转速和转动惯量）对摩擦材料摩擦磨损性能的影响在某种程度上可以归因于滑动过程中温度的影响[24-25, 50-51]。同时，界面温度上升将引起机械性能（弹性模量和硬度）和润滑特性的下降，继而对摩擦学行为产生影响[52-54]。过高的温度易于烧伤摩擦衬片的表面和损伤机械零件及润滑油，这将导致不稳定的扭矩传递。更重要的是，过高的温度梯度易于产生大的热应力，继而加速摩擦衬片的损伤。Osanai H 等人[27]和 Yang Y 等人[55]采用数值方法研究了温度对摩擦材料表面碳化的影响；Fei J 等人[15]通过 TG－DTG 分析探索了碳纤维增强纸基摩擦材料的热性能，发现该摩擦材料的热衰退可以分为三个阶段，并且树脂含量对第二阶段的衰退温度有着较明显的影响；为了更好地研究温度、速度和载荷对摩擦材料摩擦因数的影响，Zhao H 等人[8]引入了一个新的参数。温度能够影响润滑油的黏度，进而影响油膜产生的剪切应力。不均匀的温度将引起不均匀的磨损和对偶盘的热点。因此，仿真碳布湿式离合器结合过程中的温度场是非常有意义的。

在本节中，我们建立了碳布湿式离合器的热模型，并且通过有限元分析得到了结合过程中的温度场和温度梯度。除此之外，我们也探究了热性能参数对结合过程和碳布摩擦材料损伤的影响。这种损伤被定义为光学显微镜条件下表面粗糙度的增长和 SEM 条件下基体裂纹和纤维断裂的出现。该模型能够帮助湿式离合器设计者在不弱化扭矩传递能力的前提下，限制界面温度到一个安全的水平。同时，该模型也能够很好地为仿真实际和极端（实际测试条件无法实现）工况条件下结合过程中的扭矩传递提供帮助。

9.3.2　碳布湿式离合器热模型的建立

为了模拟仿真碳布湿式离合器结合过程中的温度场，我们建立了摩擦衬片表面与对偶盘表面接触时的热模型，如图 9－12 所示。润滑油能够在摩擦衬片和对偶盘之间进行流动，在滑动界面产生的热量通过润滑油传了出去。计算过程中摩擦副内圆和外圆上都均匀分布着温度恒定的润滑油，这代表着润滑油池。在结合过程中，比压首先增大到初始阶段设定值，继而保持一个常数，直至结合过程结束。由于初始阶段持续的时间是非常短的，并且初始阶段的比压远远小于设定值，因此，在之前的研究中，结合过程中的比压常被当作一个常数设定值来处理[24, 56]。

在该热模型中，我们认为热流、热传导和对流传热三种方式为主要的传热因素。由于热辐射对传热的影响非常小,我们忽略了热辐射。由于位于湿式离合器中的仿真摩擦盘是由一些相似的盘组成的,因而在盘轴向边缘之间的热传导也被忽略[43]。因此,我们假定外边缘($z=0$ 和 $z=Z_{sd}+Z_{fl}+Z_{cd}$)是绝热的,并边界条件为纽曼边界条件(即碳布湿式离合器边界的法向函数是常数)。此外,我们通过来自于 ANSYS 14.5 软件自带的计算公式,对热传导进行了计算,即

$$\frac{\partial T_{sd}}{\partial t}=\frac{k_{sd}}{\rho_{sd}C_{p\text{-}sd}}\left(\frac{\partial^2 T_{sd}}{\partial r^2}+\frac{1}{r}\frac{\partial T_{sd}}{\partial r}+\frac{\partial^2 T_{sd}}{\partial Z_{sd}}\right) \tag{9-31}$$

$$\frac{\partial T_{fl}}{\partial t}=\frac{k_{fl}}{\rho_{fl}C_{p\text{-}fl}}\left(\frac{\partial^2 T_{fl}}{\partial r^2}+\frac{1}{r}\frac{\partial T_{fl}}{\partial r}+\frac{\partial^2 T_{fl}}{\partial Z_{fl}}\right) \tag{9-32}$$

$$\frac{\partial T_{cd}}{\partial t}=\frac{k_{cd}}{\rho_{cd}C_{p\text{-}cd}}\left(\frac{\partial^2 T_{cd}}{\partial r^2}+\frac{1}{r}\frac{\partial T_{cd}}{\partial r}+\frac{\partial^2 T_{cd}}{\partial Z_{cd}}\right) \tag{9-33}$$

式中,T_{sd},T_{fl},T_{cd}分别为对偶盘、摩擦衬片和芯板的温度;t 为结合时间;r 为离合器盘的半径;ρ_{sd},$C_{p\text{-}sd}$,k_{sd}分别为对偶盘的密度、比热容和热导率;ρ_{fl},$C_{p\text{-}fl}$,k_{fl}分别为摩擦衬片的骨架密度、比热容和热导率;ρ_{cd},$C_{p\text{-}cd}$,k_{cd}分别为芯板的密度、比热容和热导率;Z_{sd},Z_{fl},Z_{cd}分别为对偶盘、摩擦衬片和芯板的厚度。

在整个温度场的计算过程中,我们根据摩擦衬片和芯板的热分配系数将摩擦产生的总热量进行了分配,然后在各自的系统中进行独立计算,因此不涉及它们之间的温度耦合。

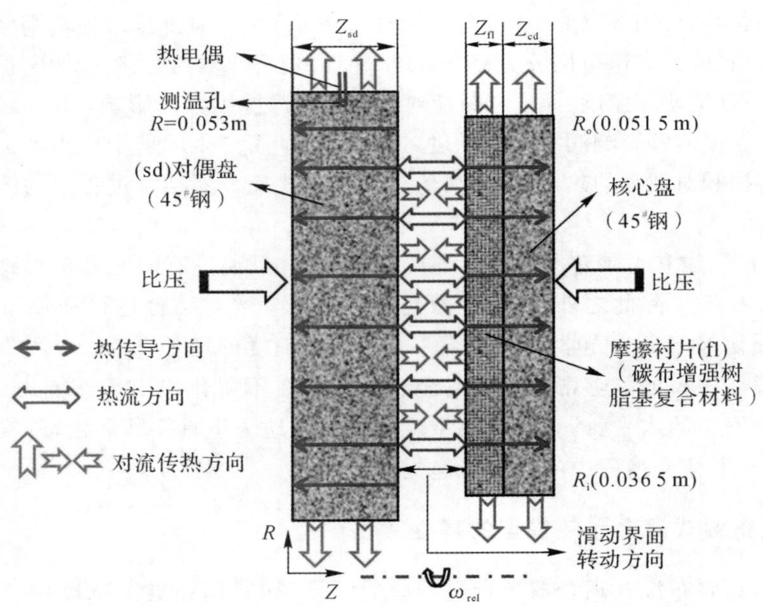

图 9-12　碳布湿式离合器结合过程中的热模型原理图

1. 热流

$$f=0.102\,4+0.018\,6/P_{app}-0.008\ln\left(v_{rel}\right) \tag{9-34}$$

$$\frac{1}{2}I(\omega_i^2-\omega_{i+1}^2)=\theta fP_{app}\frac{\omega_i+\omega_{i+1}}{2}\iint r\mathrm{d}A_n\mathrm{d}t \tag{9-35}$$

$$\omega_{rel}(t)=211.81-155.86t \tag{9-36}$$

$$q(r,t)=rP_{app}f(r,t)\omega_{rel}(t) \tag{9-37}$$

$$q_{sd}(r,t)=\varphi_{sd}\times q(r,t) \tag{9-38}$$

$$q_{fl}(r,t)=\varphi_{fl}\times q(r,t) \tag{9-39}$$

$$\varphi_{sd}=\sqrt{\rho_{sd}C_{p\text{-}sd}k_{sd}}/(\sqrt{\rho_{fl}C_{p\text{-}fl}k_{fl}}+\sqrt{\rho_{sd}C_{p\text{-}sd}k_{sd}}) \tag{9-40}$$

$$\varphi_{fl}=\sqrt{\rho_{fl}C_{p\text{-}fl}k_{fl}}/(\sqrt{\rho_{fl}C_{p\text{-}fl}k_{fl}}+\sqrt{\rho_{sd}C_{p\text{-}sd}k_{sd}}) \tag{9-41}$$

式中，f 为动摩擦因数；P_{app} 为比压；$v_{rel}=(r_o+r_i)\omega_{rel}/2$ 为相对线速度；ω_{rel} 为相对角速度；I 为总的转动惯量；ω_i 为时间 t_i 时的相对角速度；ω_{i+1} 为时间 t_{i+1} 时的相对角速度；θ 为能量守恒因子；A_n 为理论盘的面积；$q(r,t)$ 为热流密度；$q_{sd}(r,t)$，$q_{fl}(r,t)$ 分别为对偶材料和摩擦材料的热流密度；φ_{sd}，φ_{fl} 分别为对偶材料（$45^{\#}$ 钢）和摩擦材料（碳布摩擦材料）的热分配系数。

在摩擦衬片和对偶盘的滑动界面之间，摩擦做功产生了热对流。基于大量的实验数据，考虑到结合过程中的能量损失（尤其是摩擦功转换为机械能量和摩擦噪声），我们计算得到并引入了能量守恒因子 θ。通过式（9－34）～式（9－41），我们计算得到了热对流。其中，依据已测试获得的实验数据，我们将动摩擦因数拟合成了滑动速度和比压的函数，如式（9－34）所示。由第六章的研究可知，动摩擦因数随着比压的增大呈反比例减小，同时随着转速的增大呈对数函数减小。如图 9－13 所示，当比压为 1.0 MPa 时，式（9－34）的拟合曲线与试验数据呈现出了很好的一致性。因此，该热模型在变比压和转速的条件下也可以使用。当时间步长为 0.001 s和初始角速度为 209.33 rad/s 时，通过求解式（9－34）和式（9－35），我们获得了相对角速度 ω_{rel} 和结合时间 t 之间的关系。由于相同工况条件下，结合过程中的摩擦力变化是非常小的，因而我们假设整个结合过程为匀减速运动。因此，相对角速度和结合时间之间的关系符合线性函数，并且我们可以通过曲线拟合和代入法（起点坐标（0，209.33）和终点坐标（1.358，0））获得这种函数方程。为了更准确地反映结合过程中的相对角速度，我们将其拟合成为了时间的函数，如式（9－36）所示。综上，f，P_{app}，v_{rel} 之间的函数关系与 ω_{rel} 和 t 之间的函数关系是确定的，通过代入有限的测试点就可获得这两个方程。因此，尽管在热模型中我们使用了式（9－34）和式（9－36），但是该模型仍可以拓展到更一般的情况。这些经验模型已经在湿式离合器结合过程中的扭矩和温度场的模拟仿真中得到了广泛应用[19, 24, 31-32, 43-44]。

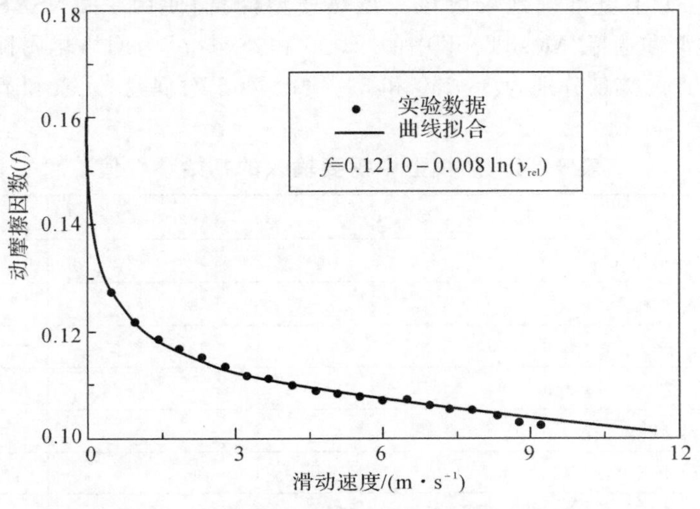

图 9－13　动摩擦因数作为线速度的拟合函数

2. 对流传热

$$q_{\alpha}=\alpha(r)\times(T_{c}-T_{o}) \tag{9-42}$$

$$\alpha(r)=0.332\times k\times r^{-1}\times Pr\times Re \tag{9-43}$$

$$Pr=\eta C_{p}/k \tag{9-44}$$

$$Re=r^{2}\omega_{rel}\rho_{o}/\eta \tag{9-45}$$

$$k_{sd}\frac{\partial T_{sd}}{\partial r}\Big|_{r=r_{1}}=-\alpha(r)_{sd}(T_{sd}-T_{o}),\quad r=r_{i}\sim r_{o} \tag{9-46}$$

$$k_{fl}\frac{\partial T_{fl}}{\partial r}\Big|_{r=r_{1}}=-\alpha(r)_{fl}(T_{fl}-T_{o}),\quad r=r_{i}\sim r_{o} \tag{9-47}$$

$$k_{cd}\frac{\partial T_{cd}}{\partial r}\Big|_{r=r_{i}}=-\alpha(r_{i})_{cd}(T_{cd}-T_{o}) \tag{9-48}$$

$$k_{cd}\frac{\partial T_{cd}}{\partial r}\Big|_{r=r_{o}}=-\alpha(r_{o})_{cd}(T_{cd}-T_{o}) \tag{9-49}$$

式中，q_{α} 为对流传热产生的热流；$\alpha(r)$为对流传热系数；T_c 为离合器盘的温度；T_o 为润滑油的温度；k 为导热系数；P_r 为润滑油的普朗特数，它是流体力学上一个无量纲的标度，并且是运动黏度与热扩散系数的比值；Re 为润滑油的雷诺数，它也是一个无量纲数，并且是流体流动过程中惯性力与黏性力的比值；η 为润滑油的运动黏度；C_p 为比热容；ρ_o 为润滑油在 40℃条件下的粘度；$\alpha(r)_{sd}$ 和 $\alpha(r)_{fl}$ 分别为对偶盘和摩擦衬片在半径 r 处的热对流系数；$\alpha(r_i)_{cd}$ 和 $\alpha(r_o)_{cd}$ 分别为芯板在 r_i 和 r_o 处的热对流系数。

对流传热主要出现在滑动界面、摩擦盘的内圈和外圈上。我们假设油池中润滑油是完全流通的，能够完全浸没离合器盘，并且结合过程中润滑油的温度恒定在 40℃。通过式(9-42)～式(9-49)，我们对对流传热进行了计算[57]。

3. 求解过程

通过直接积分法对式(9-35)进行求解可以获得结合时间，时间步长选择为 0.001 s。当 ω_{rel} 减小到 0 时，减速过程停止，求解得结合时间为 1.358 s，并且下次结合在 30 s 后开始。表 9-6 列出了该热模型中需要输入的初始参数。通过有限元分析中的瞬态传热模型，我们对温度场进行了仿真。为了更准确地求解该三维热模型，我们使用了 ANSYS 14.5，并且选择 solid 70 为单元类型和选择“MeshTool”中的“Hex”和“Sweep”为网格化属性。对于摩擦衬片和芯板，元素和节点的数量分别为 36 250 和 39 780。对于对偶盘，元素和节点的数量分别为 10 350 和 14 288。

表 9-6 热模型中需要输入的初始参数值

初始输入参数	对应的值
离合器盘的内径，r_i/m	0.036 5
离合器盘的外径，r_o/m	0.051 5
对偶盘的密度，ρ_{sd}/(kg・m^{-3})	7 850
摩擦衬片的密度，ρ_{fl}/(kg・m^{-3})	1 105
芯板的密度，ρ_{cd}/(kg・m^{-3})	7 850
润滑油的密度(40℃)，ρ_o/(kg・m^{-3})	868
对偶盘的比热容，$C_{p\text{-}sd}$/[J・(kg・℃)$^{-1}$]	465

续表

初始输入参数	对应的值
摩擦衬片的比热容，$C_{p\text{-}fl}$/[J·(kg·℃)$^{-1}$]	650
芯板的比热容，$C_{p\text{-}cd}$/[J·(kg·℃)$^{-1}$]	465
润滑油的比热容，$C_{p\text{-}o}$/[J·(kg·℃)$^{-1}$]	2 040
对偶盘的导热系数，k_{sd}/[W·(m·℃)$^{-1}$]	54
摩擦衬片的导热系数，k_{fl}/[W·(m·℃)$^{-1}$]	0.45
芯板的导热系数，k_{cd}/[W·(m·℃)$^{-1}$]	54
润滑油的导热系数，k_{o}/[W·(m·℃)$^{-1}$]	0.131
对偶盘的厚度，Z_{sd}/m	8×10^{-3}
摩擦衬片的厚度，Z_{fl}/m	6×10^{-4}
芯板的厚度，Z_{cd}/m	8×10^{-4}
润滑油黏度，η/Pa·s	0.006 23

9.3.3　模拟仿真结果分析

1. 热模型的评价

为了评价热模型仿真得到的结果，我们将计算结果与试验测试数据进行了详细对比，如图 9－14 所示。在每一次结合过程中，我们通过插入对偶盘(0, 0.053, 0.004)坐标处测温孔的温度传感器测试获得了对偶盘的温度，发现计算温度与实测温度具有很好的一致性，并且平均相对误差只有 0.47%，计算过程为

$$\Delta\%=\frac{\sum_{i=1}^{n}\frac{|\Delta p_i-\Delta t_i|}{\Delta t_i}\times100\%}{n}\tag{9-50}$$

式中，$\Delta\%$为平均相对误差；Δp_i 为模型预测值；Δt_i 为实验测试值；n 为对比点的个数。在本节中，我们通过等间隔的方式采集了最高点之前的 10 个点和最高点之后的 20 个点作为对比点。

此外，也可以发现，在实验数据曲线的最高点之后，实验温度要略大于计算温度，这意味着在实际工况条件下，热耗散是慢的。这主要是由于在最高点之后，润滑油的温度是高于 40℃的。因此，上述热模型能够很好地应用于碳布湿式离合器温度场的分析。

2. 摩擦衬片在不同时间下的温度

在比压为 1.0 MPa、初始相对转速为 2 000 r/min 以及总转动惯量为 0.129 4 kg·m^2 的条件下，我们对湿式离合器结合过程中的温度场进行了模拟仿真。设定离合器盘的初始温度为 40℃，同时加热润滑油到 40℃。由图 9－15 可以看出，在 0.439 s 之前温度迅速增长到最大值，然后从 0.439 s 到 1.358 s 迅速减小，最后平滑的减小，直至 1.358 s 后温度达到 40℃。这主要归因于热流、对流传热和热传导之间的平衡。在较高的相对转速条件下，离合器盘的热流要高于对流传热，并且温度差(T_c-T_o)随着时间从 0 延长到 0.439 s 而不断增长。当时间为 0.439 s 时，热流和对流传热达到了动态平衡。随后，对流传热超过热流，温差逐渐减小，直至 31.358 s。然而，由于在 1.358 s 之后，温差逐渐变小以及热流达到了 0，温度的下降趋势变慢。

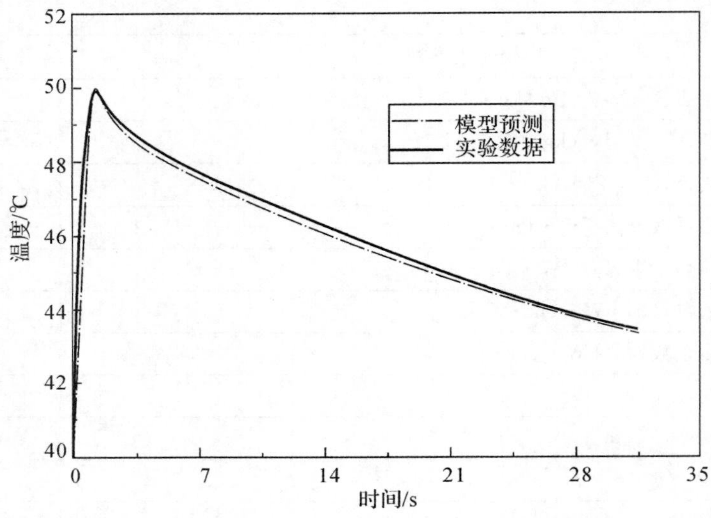

图 9-14　在不同的时间下，对偶盘在 $R=0.053$ m 处的模型预测温度值和实验测试温度值

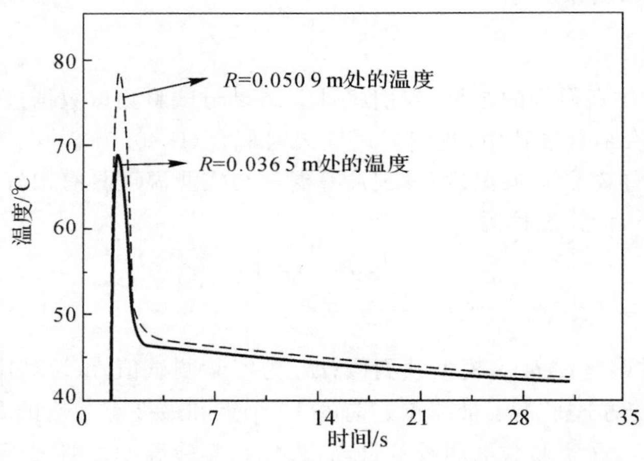

图 9-15　摩擦衬片的温度和时间的关系

3. 摩擦衬片在不同径向下的温度

图 9-16 所示为在 $t=0.439$ s 和 $t=31.358$ s 时摩擦衬片的温度场。从图中可以看出，相同半径处的温度是相同的，并且最高温度出现在摩擦衬片的表面。这主要是由于随着半径的减小摩擦功减小，但是对流传热是不变的。同时，当 $t=0.439$ 时，温度分布范围(41.70～78.24℃)是最大的，如图 9-16(a)所示。当时间为 31.358 s 时，不同半径处的温度(42.17～42.73℃)变得非常接近，如图 9-16(b)所示。

如图 9-17 所示，当半径小于 0.037 0 m 时，摩擦衬片摩擦表面的温度随着半径的增大快速升高，继而缓慢升高，最后又出现下降。同时，当时间为 0.439 s 时，在 $R=0.050$ 9 m 处，温度达到了最大值，并且在 $R=0.037$ 0 m 处有一个转折点，如图 9-17(a)所示。这主要是由于在内、外圈处有大量润滑油吸收了许多热量。然而，当时间为 31.358 s 时，在 0.047 3 m 处出现了最大值，并且在 $R=0.050$ 9 m 处出现了一个转折点，如图 9-17(b)所示。这主要是由于在 1.358 s 之后，热流变成了 0。我们由此推测对于摩擦衬片，最易损伤的位置在 $R=0.0509$ m 处。

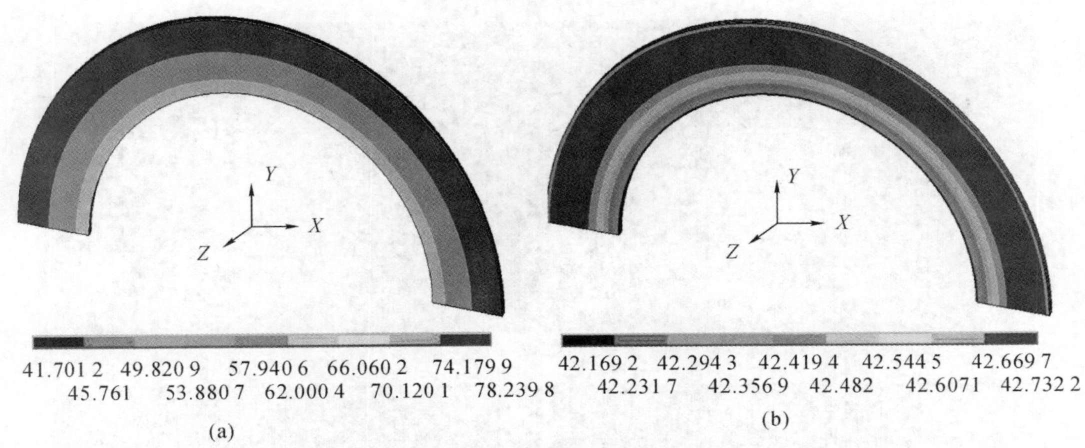

图 9－16　摩擦衬片在不同时间下的温度场

(a) $t=0.439$ s；　(b) $t=31.358$ s

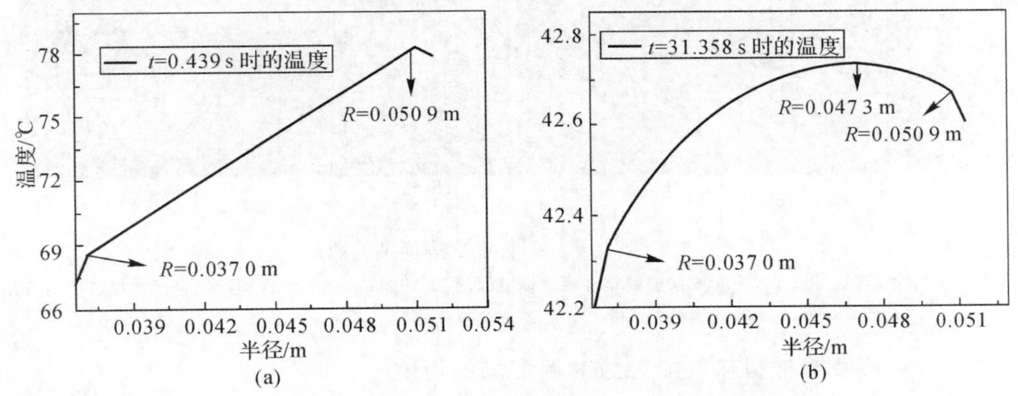

图 9－17　摩擦衬片在不同时间下表面的温度与半径的关系

(a) $t=0.439$ s；　(b) $t=31.358$ s

为了证明上述关于摩擦衬片损伤的推断，我们在比压为 1.5 MPa、初始相对转速为 3 000 r/min 及转动惯量为 0.212 4 kg·m^2 的条件下，对碳布摩擦材料进行了损伤实验测试，这种极端工况条件可以加速碳布摩擦材料的损伤。由于计算公式是相同的，因此不同工况条件下的摩擦衬片的温度场将表现出相同的规律。除此之外，当湿式离合器材料相同时，即使工况条件是不同的，最高温度和最易损伤的位置也都是相同的。因此，尽管工况条件是不同的，但是在实验结果和仿真结果之间的比较仍然是合理的。图 9－18(a)(b)所示为通过数码相机拍摄的摩擦衬片磨损表面的微距摄影图。从图中可以清晰地看出，在 500 次的连续结合后，摩擦衬片的表面变得粗糙，并且在 $R=0.0509$ m 处的编织纹路变得模糊，这预示着在 $R=0.0509$ m 处摩擦衬片出现了明显的损伤。为了更好地分析磨损表面的损伤，我们通过 SEM 观察了 100 次和 500 次连续结合后 $R=0.0509$ m 处的损伤情况，发现在 100 次后，在 $R=0.0509$ m 附近处的摩擦表面出现了很多裂纹(见图 9-19(c)),并且在 500 次之后,在 $R=0.0509$ m 附近处的摩擦表面出现了很多断裂纤维(见图 9-19(d))。综上,该热模型能够很好地预测材料失效。

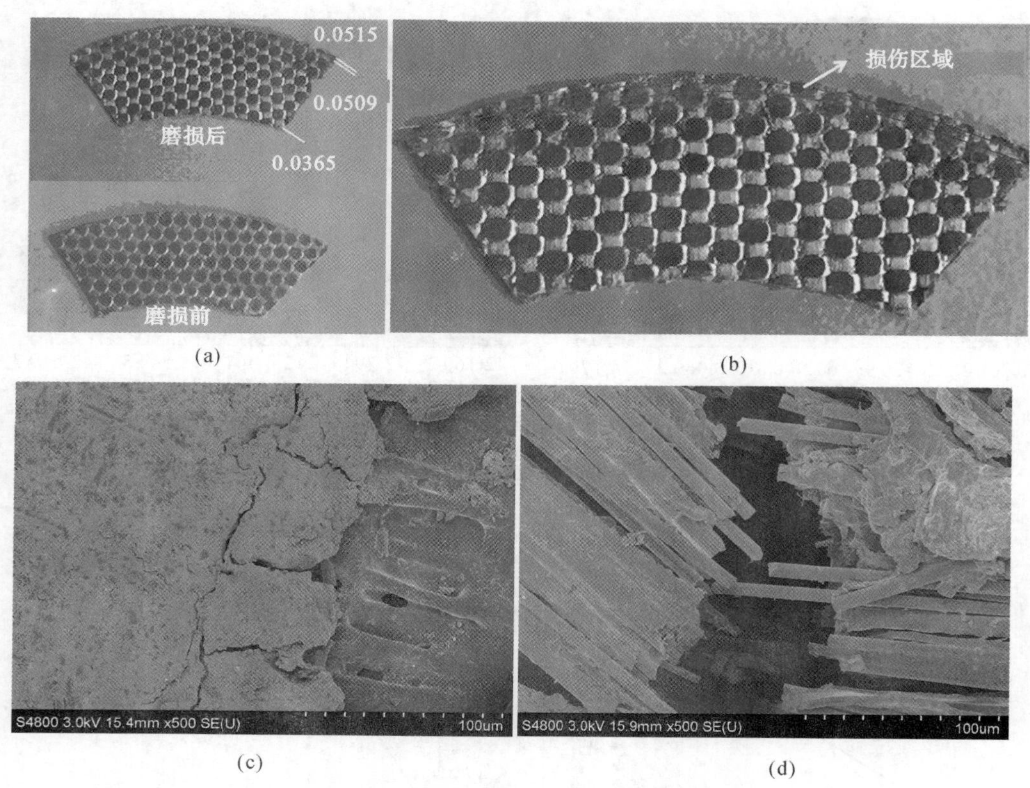

(a) (b) (c) (d)

图 9-18 磨损后样品的表面结构图

(a)(b)磨损表面的微距摄影图; (c)100 次连续结合后磨损表面的 SEM 图; (d)500 次连续结合后磨损表面的 SEM 图

9.3.4 碳布摩擦材料热性能参数对温度场的影响

由于碳布摩擦材料的纤维体积分数[58]、纤维编织结构[59]、制备参数[60]以及树脂含量[61]对其热性能都有着重要的影响,因而通过控制这些参数就可以控制它的热性能参数。因此,利用该模型,我们系统地研究了骨架密度、比热容和导热系数对摩擦衬片最高温度和热分配系数的影响。

1. 骨架密度的影响

如图 9-19 所示,随着骨架密度的增加,最高温度首先快速增长,继而缓慢增长。这主要是由摩擦衬片的热分配系数决定的。从图 9-19 可以看出,随着骨架密度的增长,热分配系数增大,并且增长率基本保持不变。由于骨架密度对摩擦衬片、润滑油和芯板之间的热传导影响很小,因而在摩擦衬片和润滑油之间增长的温度差导致了随着骨架密度的增长,增长率逐渐变小。因此,低的骨架密度有助于降低摩擦衬片的温度。

2. 比热容的影响

如图 9-20 所示,随着摩擦衬片比热容的增长,最高温度快速增长,并且这种增长近似为线性增长，但是在摩擦衬片和润滑油之间的温差减小。因此，碳布摩擦材料低的比热容有利于降低摩擦衬片的温度。

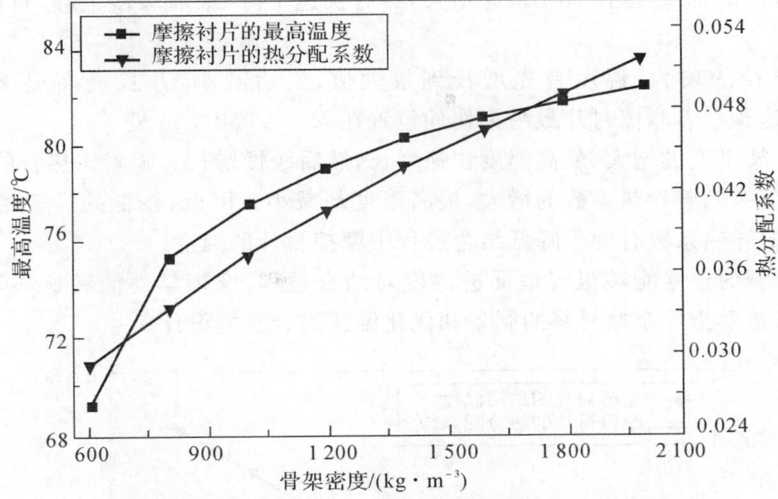

图 9-19 摩擦衬片最高温度、热分配系数以及骨架密度之间的关系

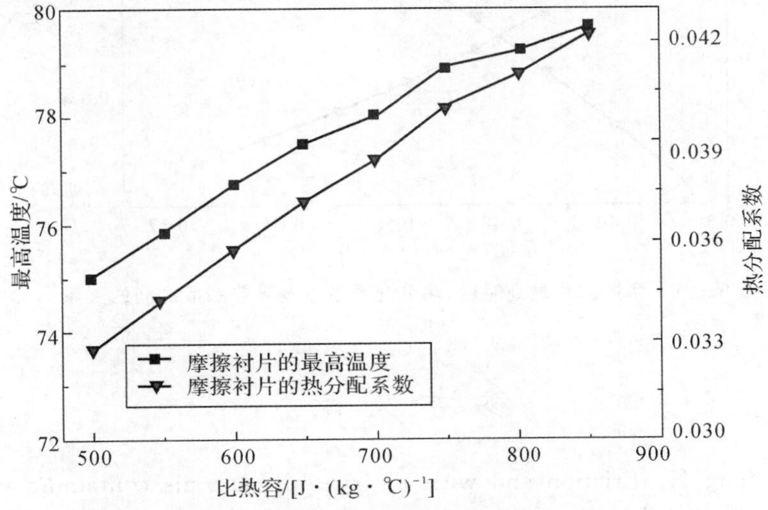

图 9-20 摩擦衬片最高温度、热分配系数以及比热容之间的关系

3. 导热系数的影响

如图 9-21 所示，随着导热系数的增大，最高温度降低，然而热分配系数却增大。这主要是由于在摩擦衬片、润滑油与芯板之间热传导的增长远远超过了摩擦功产生的热流。因此，较高的导热系数有助于降低结合过程中摩擦衬片的温度。

9.3.5 小结

在本节中，基于热流、对流传热和传导传热，我们建立了碳布湿式离合器结合过程中的热模型。紧接着,通过有限元分析对该热模型进行了求解,并且通过实验数据对其进行了验证,继而将它应用于研究结合过程中的温度场。

(1)随着时间的延长,温度首先快速增长,然后快速下降,最后缓慢下降,直至达到初始温度40℃。

(2)随着半径的增大,温度首先增长到最大值,然后减小,并且最高温度出现在 $R=0.0509$ m处,这预示着摩擦衬片最易损伤的位置在 $R=0.0509$ m 处。

(3)随着骨架密度的增大,最高温度快速增长,然后缓慢增长。随着比热容的增长,最高温度快速增长。但是随着导热系数的增大,最高温度却减小。因此,较低的骨架密度、较低的比热容以及较高的导热系数有助于降低结合过程中摩擦衬片的温度。

(4)该热模型的建立能够很好地促进温度对结合过程、摩擦学性能和材料失效影响的研究,同时也可以帮助指导摩擦材料的制备和优化湿式离合器的设计。

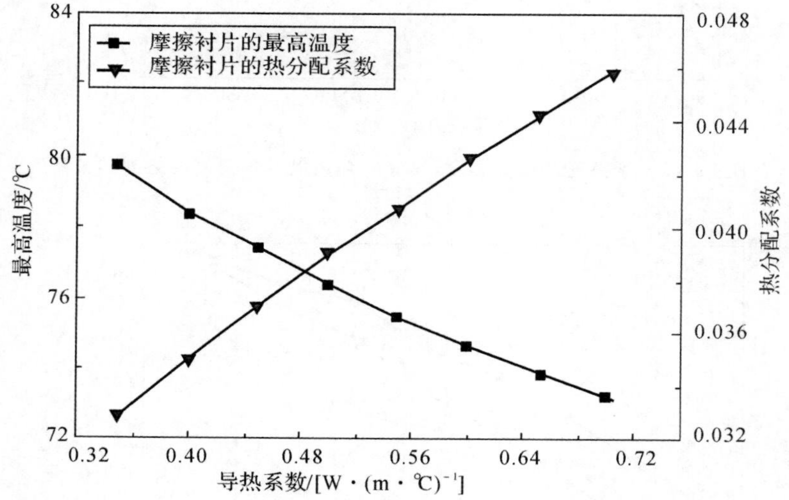

图 9-21　摩擦衬片最高温度、热分配系数以及导热系数之间的关系

参 考 文 献

[1] Kim S J, Jang H. Friction and wear of friction materials containing two different phenolic resins reinforced with aramid pulp[J]. Tribology International, 2000, 33(7):477-484.

[2] Fei J, Wang H K, Huang J F, et al. Effects of carbon fiber length on the tribological properties of paper-based friction materials[J]. Tribology International, 2014, 72(4):179-186.

[3] Kim S H, Jang H. Friction and Vibration of Brake Friction Materials Reinforced with Chopped Glass Fibers[J]. Tribology Letters, 2013, 52(2):341-349.

[4] Zhang X, Li K, Li H, et al. Influence of compound mineral fiber on the properties of paper-based composite friction material[J]. ARCHIVE Proceedings of the Institution of Mechanical Engineers Part J: Journal of Engineering Tribology 1994-1996 (vols

208-210), 2013, 227(11):1241-1252.

[5] Mustafa A, Abdollah M F B, Ismail N, et al. Materials selection for eco-aware lightweight friction, material[J]. Mechanics & Industry, 2014, 15(4):279-285.

[6] Dadkar N, Tomar B S, Satapathy B K. Evaluation of flyash-filled and aramid fibre reinforced hybrid polymer matrix composites (PMC) for friction braking applications [J]. Materials & Design, 2009, 30(10):4369-4376.

[7] Mustafa A, Abdollah M F B, Shuhimi F F, et al. Selection and verification of kenaf fibres as an alternative friction material using Weighted Decision Matrix method[J]. Materials & Design, 2015, 67:577-582.

[8] Zhao H, Morina A, Neville A, et al. Understanding Friction Behavior in Automatic Transmission Fluid LVFA Test: A New Positive Curve Parameter to Friction Coefficient Ratio Index Evaluation[J]. Journal of Tribology, 2011, 133(2): 021802-1-021802-9.

[9] Mortazavi B, Bardon J, Bomfim J A S, et al. A statistical approach for the evaluation of mechanical properties of silica/epoxy nanocomposite: Verification by experiments [J]. Computational Materials Science, 2012, 59:108-113.

[10] Altuzarra A, Moreno-Jiménez J M, Salvador M. Consensus Building in AHP-Group Decision Making: A Bayesian Approach[J]. Operations Research, 2010, 58(6):1755-1773.

[11] Valahzaghard M K, Ferdousnejhad M. Ranking insurance firms using AHP and Factor Analysis[J]. Management Science Letters, 2013, 3(3):937-942.

[12] Fei J, Li H J, Huang J F, et al. Study on the friction and wear performance of carbon fabric/phenolic composites under oil lubricated conditions [J]. Tribology International, 2012, 56(3):30-37.

[13] Chang Qiuxiang, Wang Kesheng, Zhao Haojie. The Friction and Wear Properties of Short Carbon/CNT/PA6 Hybrid Composites Under Dry Sliding Conditions [J]. International Journal of Polymeric Materials, 2013, 62(10):540-543.

[14] Hwang H J, Jung S L, Cho K H, et al. Tribological performance of brake friction materials containing carbon nanotubes[J]. Wear, 2010, 268(3-4):519-525.

[15] Fei J, Li H J, Fu Y W, et al. Effect of phenolic resin content on performance of carbon fiber reinforced paper-based friction material[J]. Wear, 2010, 269(7-8):534-540.

[16] Severin D, Dörsch S. Friction mechanism in industrial brakes[J]. Wear, 2001, 249(9):771-779.

[17] Fei J, Li H J, Qi L H, et al. Carbon-Fiber Reinforced Paper-Based Friction Material: Study on Friction Stability as a Function of Operating Variables [J]. Journal of Tribology, 2008, 130(4):786-791.

[18] Kim S S, Hwang H J, Min W S, et al. Friction and vibration of automotive brake pads containing different abrasive particles[J]. Wear, 2011, 271(7-8):1194-1202.

[19] Berger E J, Sadeghi F, Krousgrill C M, et al. Finite Element Modeling of Engagement of Rough and Grooved Wet Clutches[J]. Journal of Tribology, 1996,

118(1):137-146.

[20] Milayzaki T, Matsumoto T, Yamamoto T. Effect of Visco-Elastic Property on Friction Characteristics of Paper-Based Friction Materials for Oil Immersed Clutches [J]. Journal of Tribology, 1998, 120(2):393-398.

[21] Nyman P, Mäki R, Olsson R, et al. Influence of surface topography on friction characteristics in wet clutch applications[J]. Wear, 2006, 261(1):46-52.

[22] El-Tayeb N S M, Yousif B F, Yap T C. An investigation on worn surfaces of chopped glass fibre reinforced polyester through SEM observations[J]. Tribology International, 2008, 41(5):331-340.

[23] Fei J, Li H J, Fu Y W, et al. Effect of phenolic resin content on performance of carbon fiber reinforced paper-based friction material[J]. Wear, 2010, 269(7-8): 534-540.

[24] Gao H, Barber G C. Engagement of a Rough, Lubricated and Grooved Disk Clutch ith a Porous Deformable Paper-Based Friction Material[J]. Tribology Transactions, 2002, 45(4):464-470.

[25] Sergienko V P, Tseluev M Y. Effect of operation parameters on thermal loading of wet brake discs. Part 1. Problem formulation and methods of study[J]. Journal of Friction and Wear, 2012, 33(5):322-329.

[26] Jie F, Li W, Hieng J, et al. Variation of the tribological properties of carbon fabric composites in their whole service life [J]. Tribology International, 2016, 99: 29-37.

[27] Osanai H, Ikeda K, Kato K. Relations Between Temperature in Friction Surface and Degradation of Friction Materials During Engaging of Wet Friction Paper [C]// SAE International off-Highway and Powderplant Congress and ExPosition, 2006.

[28] Marklund P, Berglund K, Larsson R. The Influence on Boundary Friction of the Permeability of Sintered Bronze[J]. Tribology Letters, 2008, 31(1):1-8.

[29] Mäki R, Ganemi B, Höglund E, et al. Wet clutch transmission fluid for AWD differentials: influence of lubricant additives on friction characteristics [J]. Lubrication Science, 2006, 12(1):47-56.

[30] Natsumeda S, Miyoshi T. Numerical Simulation of Engagement of Paper Based Wet Clutch Facing[J]. Journal of Tribology, 1994, 116(2):232-237.

[31] Berger E J, Sadeghi F, Krousgrill C M. Analytical and Numerical Modeling of Engagement of Rough, Permeable, Grooved Wet Clutches[J]. Journal of Tribology, 1997, 119(1):143-148.

[32] Yang Y, Lam R C, Fujii T. Prediction of Torque Response During the Engagement of Wet Friction Clutch[J]. SAE Transactions, 1998, 107:1625-1635.

[33] Gao H, Barber G C, Shillor M. Numerical Simulation of Engagement of a Wet Clutch With Skewed Surface Roughness[J]. Journal of Tribology, 2002, 124(2): 305-312.

[34] Marklund P, Larsson R. Wet clutch under limited slip conditions - Simplified testing and simulation[J]. ARCHIVE Proceedings of the Institution of Mechanical Engineers

Part J: Journal of Engineering Tribology, 2007, 221(5):545-551.

[35] Peklenik J. New developments in surface characterization and measurements by means of random process analysis [J]. ARCHIVE: Proceedings of the Institution of Mechanical Engineers, 1967, 182:108-126.

[36] Berger E J, Sadeghi F, Krousgrill C M. Analytical and Numerical Modeling of Engagement of Rough, Permeable, Grooved Wet Clutches[J]. Journal of Tribology, 1997, 119(1):143-148.

[37] Patir N, Cheng H S. Application of Average Flow Model to Lubrication Between Rough Sliding Surfaces[J]. Journal of Tribology, 1979, 101(2):95-95.

[38] Zako M, Uetsuji Y, Kurashiki T. Finite element analysis of damaged woven fabric composite materials[J]. Composites Science & Technology, 2003, 63(3):507-516.

[39] Gs B, Dd J. Boundary conditions at a naturally permeable wall[J]. Journal of Fluid Mechanics, 1967, 30(1):197-207.

[40] Prakash J, Tiwari K. Effect of surface roughness on the squeeze film between rotating porous annular discs with arbitrary porous wall thickness[J]. International Journal of Mechanical Sciences, 1985, 27(3):135 - 144.

[41] Ompusunggu A P, Sas P, Brussel H V. Modeling and simulation of the engagement dynamics of a wet friction clutch system subjected to degradation: An application to condition monitoring and prognostics[J]. Mechatronics, 2013, 23(6):700-712.

[42] Marklund P, Mäki R, Larsson R, et al. Thermal influence on torque transfer of wet clutches in limited slip differential applications[J]. Tribology International, 2007, 40(5):876 - 884.

[43] Zagrodzki P. Numerical analysis of temperature fields and thermal stresses in the friction discs of a multidisc wet clutch[J]. Wear, 1985, 101(3):255-271.

[44] Jen T C, Nemecek D J. Thermal analysis of a wet-disk clutch subjected to a constant energy engagement[J]. International Journal of Heat & Mass Transfer, 2008, 51(7-8):1757-1769.

[45] Tatara R A, Payvar P. Multiple engagement wet clutch heat transfer model[J]. Numerical Heat Transfer Applications, 2002, 42(3):215-231.

[46] Lai Y G. Simulation of heat-transfer characteristics of wet clutch engagement processes. Numerical Heat Transfer Part A, 1998, 33:583-97.

[47] Davis C L, Sadeghi F, Krousgrill C M, et al. A Simplified Approach to Modeling Thermal Effects in Wet Clutch Engagement: Analytical and Experimental Comparison[J]. Journal of Tribology, 2000, 122(1):110-118.

[48] Marklund P, Sahlin F, Larsson R. Modelling and simulation of thermal effects in wet clutches operating under boundary lubrication conditions[J]. Proceedings of the Institution of Mechanical Engineers, Part J: Journal of Engineering Tribology, 2009, 223:1129-1141.

[49] Jang J Y, Khonsari M M, Jang J Y. Thermal Characteristics of a Wet Clutch[J]. Journal of Tribology, 1999, 121(3):610-617.

[50] Patnaik A, Kumar M, Satapathy B K, et al. Performance sensitivity of hybrid

phenolic composites in friction braking: Effect of ceramic and aramid fibre combination[J]. Wear, 2010, 269(11):891-899.

[51] Fatima N, Marklund P, Larsson R. Influence of Clutch Output Shaft Inertia and Stiffness on the Performance of the Wet Clutch[J]. Tribology Transactions, 2013, 56(2):310-319.

[52] Bhushan B, Ko P L. Introduction to Tribology[J]. Applied Mechanics Reviews, 2003, 56(1):76-81.

[53] Fei J, Li H J, Huang J F, et al. Study on the friction and wear performance of carbon fabric/phenolic composites under oil lubricated conditions [J]. Tribology International, 2012, 56(3):30-37.

[54] Zhang X, Li K Z, Li H J, et al. Tribological and mechanical properties of glass fiber reinforced paper-based composite friction material [J]. Tribology International, 2014, 69(1):156-167.

[55] Yang Y, Twaddell P S, Chen Y F, et al. Theoretical and Experimental Studies on the Thermal Degradation of Wet Friction Materials [C]// SAE International off - Highway and Powderplant Congress and Exposition, 1997.

[56] Yang Y, Lam R C. Theoretical and experimental studies on the interface phenomena during the engagement of automatic transmission clutch[J]. Tribology Letters, 1998, 5(1):57-67.

[57] Huang Y M, Chen S H. Analytical Study of Design Parameters on Cooling Performance of a Brake Disk [C]// SAE International off - Highway and Powderplant Congress and Exposition, 2006.

[58] Siddiqui M O R, Sun D. Finite element analysis of thermal conductivity and thermal resistance behaviour of woven fabric[J]. Computational Materials Science, 2013, 75(12):45-51.

[59] Yamashita Y, Yamada H, Miyake H. Effective Thermal Conductivity of Plain Weave Fabric and its Composite Material Made from High Strength Fibers[J]. Journal of Textile Engineering, 2008, 54(4):111-119.

[60] Rattan R, Bijwe J. Carbon fabric reinforced polyetherimide composites: Influence of weave of fabric and processing parameters on performance properties and erosive wear [J]. Materials Science & Engineering A, 2006, 420(1-2):342-350.

[61] Dasgupta A, Agarwal R K, Bhandarkar S M. Three-dimensional modeling of woven-fabric composites for effective thermo-mechanical and thermal properties [J]. Composites Science & Technology, 1996, 56(3):209-223.